CB127587

PROCESSAMENTO DE SINAIS EM ACÚSTICA E VIBRAÇÕES

CONSELHO EDITORIAL

André Luiz V. da Costa e Silva
Cecilia Consolo
Dijon De Moraes
Jarbas Vargas Nascimento
Luís Augusto Barbosa Cortez
Marco Aurélio Cremasco
Rogerio Lerner

Blucher

Roberto A. Tenenbaum

PROCESSAMENTO DE SINAIS EM ACÚSTICA E VIBRAÇÕES

Processamento de sinais em acústica e vibrações

© 2024 Roberto A. Tenenbaum

Editora Edgard Blücher Ltda.

Publisher Edgard Blücher
Editor Eduardo Blücher
Pré-produção Aline Flenic
Coordenador editorial Rafael Fulanetti
Coordenação de produção Andressa Lira
Produção editorial Mariana Naime
Diagramação de páginas pré-textuais Horizon Soluções Editoriais
Editoração eletrônica (em LaTeX) Roberto A. Tenenbaum
Revisão de texto Maurício Katayama
Capa Laércio Flenic
Imagem da capa Isabela M. Tenenbaum
Arte final das ilustrações Sofia Oliveira
Coautoria das Seções 7.6; 11.3; 11.5; 11.8; 12.3; 12.4; 12.6 e 12.7 Professor Paulo Henrique Mareze

Blucher

Rua Pedroso Alvarenga, 1245, 4° andar
CEP 04531-934 – São Paulo – SP – Brasil
Tel.: 55 11 3078-5366
contato@blucher.com.br
www.blucher.com.br

Segundo o Novo Acordo Ortográfico, conforme 6. ed. do *Vocabulário Ortográfico da Língua Portuguesa*, Academia Brasileira de Letras, julho de 2021.

É proibida a reprodução total ou parcial por quaisquer meios sem autorização escrita da editora.

Todos os direitos reservados pela Editora Edgard Blücher Ltda.

Dados Internacionais de Catalogação na Publicação (CIP)
Angélica Ilacqua CRB-8/7057

Tenenbaum, Roberto A.
Processamento de sinais em acústica e vibrações / Roberto A. Tenenbaum. – São Paulo: Blucher, 2024.
496 p. : il.

Bibliografia
ISBN 978-85-212-2045-9

1. Acústica 2. Vibração I. Título

24-1332 CDD 620.23

Índice para catálogo sistemático:
1. Acústica

Aos que virão depois de nós.
Bertold Brecht

Sumário

Lista de Figuras

Lista de Tabelas

Apresentação

Com seu *"Processamento de Sinais em Acústica e Vibrações"*, Roberto Tenenbaum escreveu um livro-texto que combina os fundamentos matemáticos do processamento de sinais com aplicações em acústica e vibrações de uma forma única. Este livro fornece todos os fundamentos teóricos de sinais para a análise de fenômenos lineares de som e vibração em várias aplicações, tanto para a tecnologia de medição quanto para a simulação numérica. Ele já pode ser descrito como uma obra de referência em língua portuguesa para todos os professores e estudantes de acústica e vibrações. Todos os fatos são justificados com leis da física e apresentados de forma muito clara e vívida. Como em praticamente todos os livros didáticos de acústica e vibrações, um conhecimento básico de matemática e física é pré-requisito para a leitura.

A Introdução oferece uma abordagem maravilhosa e intuitiva dos conceitos de "sinais" e "sistemas" em processos estacionários e transientes na física e na tecnologia. O autor introduz com elegância a matemática da teoria de sinais e sistemas pela descrição de observações em tempo contínuo e discreto e permite que o leitor compreenda as abordagens básicas em um nível geral. Na Parte A, para sinais contínuos, e na Parte B, para sinais discretos, a análise de sinais no domínio do tempo e da frequência, a filtragem, a análise de correlação e outros algoritmos são elaborados em grande detalhe. É particularmente notável a excelente abordagem didática ao ilustrar as derivações matemáticas abstratas com vários exemplos, o que facilita muito o aprendizado com o objetivo de obter uma compreensão profunda até mesmo de processos complexos. Ainda mais ilustrativa é a conclusão na Parte C, com praticamente todas as mais importantes aplicações padrões do processamento de sinais em métodos de medição e cálculo em acústica e vibrações.

Este livro é uma excelente fonte de informações para qualquer pessoa que queira se aprofundar no estudo da acústica e vibrações ou que já esteja trabalhando nessas áreas. Trata-se da coleção de uma grande quantidade de conhecimento e experiência com análise e processamento de sinais. É uma leitura essencial, especialmente para estudantes ou iniciantes nesse campo, mas também como uma obra de referência para todas as tarefas práticas.

Aachen, fevereiro de 2024
Michael Vorländer
Institute for Hearing Technology and Acoustics
RWTH Aachen University, Alemanha

Prefácio

O único lugar onde o sucesso vem antes do trabalho é no dicionário.
Albert Einstein

Este livro pretende servir de guia para estudantes, envolvidos, praticantes ou simplesmente interessados na estimulante, misteriosa e multidisciplinar área de conhecimento conhecida como *Acústica e Vibrações* (A&V), onde sinais e sistemas desempenham um papel primordial. Se, por um lado, este pretende ser um texto introdutório e fundamental, abrangendo os conceitos básicos necessários ao domínio das principais técnicas em processamento de sinais, tanto contínuos como discretos, também procura abordar as aplicações em acústica e vibrações de modo a tornar o aprendizado prático e objetivo.

Ao decidir escrever um livro-texto sobre *Processamento de Sinais em Acústica e Vibrações* o autor teve dois objetivos em mente: organizar suas notas de aula mais ou menos dispersas em quase cinquenta anos de docência em dinâmica, acústica, vibrações e processamento de sinais; e organizar os conceitos da forma que — a seu critério — deveria ser aprendido. Em outras palavras, a elaboração do livro-texto visa, antes de tudo, "ensinar como gostaria de ter aprendido". Até que ponto esse objetivo terá sido atingido, contudo, somente a estimada leitora e o prezado leitor poderão responder.[1]

Mas há, ainda, uma terceira e importante razão para o surgimento deste texto. Desde há muito, o autor se deparou com inúmeros livros tratando de processamento de sinais em língua inglesa — alguns deles excelentes — e, dentre os quais, alguns poucos voltados a aplicações em acústica e vibrações. Não há, ao menos do conhecimento deste autor, um livro-texto *em língua portuguesa* dedicado a processamento de sinais com aplicações em acústica e vibrações.

[1] Adianto aqui que, por uma questão de economia e simplicidade, referir-me-ei doravante à *leitora* e ao *leitor* na forma padrão da língua portuguesa, que utiliza o gênero masculino referindo-se a todos os gêneros.

Sobre a obra

A obra é voltada a todos os que trabalham com A&V e, por essa razão, espera poder auxiliar arquitetos, engenheiros das mais diversas habilitações, físicos, geólogos, fonoaudiólogos, médicos, biólogos, músicos, sonoplastas e todos os(as) demais profissionais que, de uma maneira ou de outra, enveredam por essa área de conhecimento — correndo, evidentemente, o grande risco de não satisfazer nenhuma das citadas formações.

Pegando carona na frase de Albert Einstein constante da epígrafe, não há como dominar conceitos importantes como distribuição de Dirac, funções complexas, convolução e correlação de sinais, séries e transformadas de Fourier, amostragem de sinais etc., sem um dedicado esforço de introjeção destes e outros conceitos. Ao longo de toda a teoria, que abrange as Partes A e B do texto, um grande número de exemplos ilustrativos é apresentado, buscando esclarecer o mais fielmente possível os conceitos teóricos. Os exemplos selecionados têm o intuito de jogar luz sobre o texto teórico e, algumas vezes, poderão surpreender o leitor por sua banalidade, raramente por sua complexidade.

O autor desta obra é engenheiro de formação. É natural, portanto, que a abordagem do texto seja mais próxima da engenharia do que, por exemplo, da arquitetura ou da música. Contudo, em se tratando de um tema que exige algum domínio da matemática básica em nível universitário, não há como fugir muito de um certo formalismo. Todavia, os inúmeros exemplos espalhados diligentemente pelo autor ao longo do texto devem propiciar aos leitores menos afeitos ao ferramental matemático uma visão de conjunto de como os processos e os procedimentos operam, com o auxílio de gráficos, croquis, diagramas e ilustrações — há mais de 420 figuras ao todo.

O principal intento deste livro é fornecer os fundamentos teóricos para a compreensão dos fenômenos envolvendo o processamento de sinais contínuos (analógicos) e discretos (digitais) e fazer uma ponte para as mais diversas aplicações em A&V. O autor entende, como já mencionado, ser este o primeiro livro-texto, *em português*, sobre Processamento de Sinais, especificamente aplicado a Acústica e Vibrações, devendo, portanto, preencher uma importante lacuna na bibliografia disponível na área.

O estimado leitor deve ser advertido, porém, que não há, aqui, a pretensão de apresentar um *tratado* de processamento de sinais nem de, tampouco, cobrir todos os assuntos pertinentes à matéria. Por um lado, porque o objetivo primordial é abordar, repito, os temas fundamentais para que o leitor possa fazer uma análise adequada de sinais acústicos e vibratórios tendo em mãos todas as ferramentas básicas para as aplicações nesse campo; por outro, porque os desenvolvimentos teóricos e as aplicações práticas de processamento de sinais surgem e se desenvolvem a cada dia. Temas interessantíssimos como cepstrum, transformadas wavelet, modulação de amplitude ou frequência, transformadas z e de Laplace, filtragem digital e sistemas com retroalimentação, só para citar alguns poucos, tiveram que ser tocados superficialmente ou mesmo deixados inteiramente de lado na abordagem essencialmente básica e — assim esperamos — bem fundamentada que o autor pretendeu dar ao texto.

Esta obra pode ser adotada como livro-texto em um curso de um ou dois semestres de formação em processamento de sinais aplicado, não requerendo conhecimento prévio na área. Mas foi estruturada para também poder ser utilizada como uma referência de consulta no dia a dia do profissional. Para tal, especial atenção foi dada ao índice remissivo. Adicionalmente, uma vasta lista de referências bibliográficas, com mais de 250 entradas, é colocada à disposição do leitor, especialmente nas áreas de acústica, vibrações e processamento de sinais — mas não exclusivamente nestas —, de modo a estender ao máximo o alcance do texto. Nessas referências, o leitor encontrará: livros fundamentais, avançados e de extensão; artigos publicados em periódicos e eventos científicos; teses e dissertações acadêmicas; normas; e páginas da Internet de relevância para o tema.

Pré-requisitos

O texto irá requerer do leitor conhecimento de cerca de dois semestres de cálculo básico para a plena compreensão da teoria e sua matemática subjacente. Ao menos um semestre de física elementar (mecânica) também é desejável, embora não obrigatório, uma vez que boa parte dos exemplos espalhados pelo texto exigem noções básicas de mecânica para seu amplo entendimento. E, naturalmente, um conhecimento minimamente mediano de acústica e vibrações é fortemente recomendável para o completo aproveitamento dos exemplos e aplicações espalhados ao longo do texto nas Partes A e B do livro e, principalmente, na Parte C, onde são discutidos os exemplos de aplicações em A&V.

Este livro se presta, como mencionado, a um curso inicial em processamento de sinais para leigos no tema e que pode ser coberto em um ou dois semestres, com cerca de 60 horas-aula. Como a quase totalidade dos exemplos do texto são voltados a A&V, sugere-se ao instrutor que, em havendo disponibilidade, complemente alguns dos exemplos com pequenos e simples ensaios experimentais.

Reconhecimento

O autor gostaria de prestar uma homenagem àqueles que o precederam, no sentido de que ninguém — absolutamente ninguém — compreende e domina um assunto por si só: sempre terá sido iniciado por outrém, mesmo que de forma desinteressada ou mesmo inadvertida. Desse modo, quero, inicialmente, agradecer ao Prof. Jules Gislain Slama, que saiu da França, onde teve a sua formação, dando com os costados no Brasil, mais especificamente em um intercâmbio técnico-científico que resultou em sua fixação na Universidade Federal do Rio de Janeiro (UFRJ), onde este autor trabalhava na oportunidade. Foi o colega Jules que, com sua pronúncia carregada e suas ideias ousadas que me introduziu nos temas instigantes de *"traitement du signal"* (processamento de sinais, traduzindo canhestramente). Tenho um preito de gratidão ao colega Jules Slama.

Da mesma forma, aos demais colegas da área de Acústica e Vibrações do Programa de Engenharia Mecânica da Coppe, UFRJ, Profs. Arthur P. Ripper Neto (*in memoriam*), Moysés Zindeluk e Ricardo E. Musafir, devo incontáveis horas de conversas e debates sobre os mais variados aspectos do assunto, que me clarearam as noções que hoje tento transmitir a meus alunos.

Também quero agradecer aos colegas acústicos da Divisão de Acústica e Vibrações (DIAVI) do Instituto Nacional de Metrologia, Qualidade e Tecnologia (INMETRO), com sede em Xerém, Rio de Janeiro, com cuja equipe o autor compartilhou diversos anos de cooperação técnico-científica em um ambiente de sadia camaradagem. Agradeço, em particular, aos engenheiros Paulo M. Massarani, Marco A. Nabuco de Araújo, Zemar M.D. Soares e Gustavo P. Ripper, que, na convivência dos laboratórios da DIAVI, me ensinaram aspectos práticos e metodológicos das medições em A&V e um certo apreço ao rigor metrológico. Aprendi muito também sobre processamento de sinais com outro "gringo" radicado no Brasil, o engenheiro alemão Swen Müller, que trabalhou por vários anos na DIAVI, desenvolvendo *software* e *hardware*, principalmente com aplicações voltadas para a acústica de salas e, naturalmente, processamento de sinais. Seu brilhante *software* para processamento de sinais — de curiosa denominação como "*Monkey Forest*" — foi de grande auxílio no estudo de sinais acústicos e vibratórios.

Tenho gratidão, também, aos colegas do Curso de Engenharia Acústica da Universidade Federal de Santa Maria que me acolheram gentilmente a partir de 2019. Em particular, este livro deve muito ao Prof. Paulo H. Mareze, que, ao ceder a este autor, gentilmente, material de seu bem-sucedido curso de "Métodos Experimentais em Acústica e Vibrações", forneceu matéria-prima para a elaboração dos Capítulos 11 e 12. Extraí material do curso de métodos experimentais do Prof. Paulo para elaborar, com a sua colaboração e posterior revisão, as Seções 11.3, 11.5, 11.8, 12.3, 12.4, 12.6 e 12.7. O colega também me auxiliou com as medições realizadas para preparar a Seção 11.11. A Seção 7.6, na Parte A do livro, também é de sua coautoria. Também colaboraram com material importante para os capítulos de aplicações o Prof. Christian dos Santos, Seção 11.9, e a Profa. Viviane S.G. Melo, Seção 11.10. Agradeço, ainda, os argutos comentários do Prof. Leonardo Fuks, da Escola de Música da UFRJ, sobre a Seção 11.11.

Também sou grato aos estudantes que se aplicaram com empenho e dedicação a cuidar de aspectos do livro. Dentre estes, destaca-se, sem dúvida, a Arquiteta e mestre em Engenharia Civil Sofia Oliveira que executou com paciência, resiliência e meticulosidade a arte final de praticamente todas as figuras do livro, a partir de meus esboços originais. Uma tarefa hercúlea à qual serei sempre grato. Também colaborou a estudante de Engenharia Acústica Shaliny D. Vattathara, que forneceu a foto original das ruínas de São Miguel das Missões e preparou algumas figuras originais da Seção 7.9 em código `Matlab`®.

Os inúmeros erros e equívocos porventura remanescentes nesta primeira edição são, contudo, de minha exclusiva lavra.

Este livro é dedicado, principalmente, aos que ainda virão. Aos estudantes de toda parte do país que gostam verdadeiramente de A&V e que desejam dominar as técnicas de processamento de sinais aplicadas a essa área tão atraente quanto desafiadora. A estes, espero que o texto ora apresentado seja verdadeiramente útil e proveitoso.

Maio de 2023,

Roberto A. Tenenbaum

Capítulo 1

Introdução

Em tudo, há apenas um modo de começar quando
se deseja discutir adequadamente um assunto:
é preciso entender o objeto da discussão.
Platão

Processamento de Sinais constitui uma disciplina de ampla aplicação nas mais diversas áreas científicas. Tem substancial importância nas Engenharias (Elétrica, Mecânica, Civil, Materiais, Minas, Biomédica, Acústica, entre outras), nas Ciências Exatas e da Terra (Física, Química, Astronomia, Geociências, entre outras), nas Ciências da Saúde (Medicina, Odontologia, Fonoaudiologia, entre outras), nas Ciências Biológicas (Genética, Botânica, Zoologia, Biofísica, entre outras), nas Ciências Agrárias (Agronomia, Zootecnia, Recursos Pesqueiros, entre outras), nas Ciências Sociais Aplicadas (Administração, Economia, Arquitetura e Urbanismo, Demografia, entre outras) e mesmo em Ciências Humanas (Geografia, por exemplo). Seria certamente mais fácil enumerar as áreas do conhecimento humano onde o domínio das técnicas de processamento de sinais *não* constitui um elemento fundamental e de grande aplicação.

Processamento de sinais é uma área do conhecimento que poderíamos comparar à chuva. Em si mesma, não parece constituir nada de muito relevante, porém sem ela outras atividades humanas não poderiam se desenvolver, nem tampouco existir a vida no planeta Terra. Processamento de sinais aplica-se, como mencionado, a vastas áreas do conhecimento, sendo imprescindível em diversas destas, dentre as quais se destaca *Acústica e Vibrações* (A&V).

Mas, o que estamos querendo dizer com esta expressão um tanto enigmática: "*Processamento de Sinais*"? Ora, um sinal — tema discutido com mais detalhes no Capítulo 2 — nada mais é do que uma função de uma ou mais variáveis, que representa um determinado fenômeno (físico, químico, geológico, biológico etc.) do qual nos interessa *extrair informações*. A título de exemplo, o sinal de um eletrocardiograma, captado por um sensor de batimentos cardíacos, pode informar ao profissional de saúde as condições do coração do paciente; um sinal geológico, capturado por um geofone, pode informar ao geólogo ou engenheiro sobre a presença ou não de petróleo ou gás no subsolo; um sinal de um radiotelescópio, capturado por uma antena parabólica, pode assinalar a presença de um astro ainda não identificado etc. Para que se possa *extrair* essas informações dos sinais captados pelos *sensores*, sempre será necessário passar os sinais por um ou mais *dispositivos*, cuja função consiste em filtrar as informações desejadas dos sinais originais. Esses dispositivos proverão as informações buscadas e o procedimento para tal é denominado *processamento de sinais*.

Historicamente, segundo Oppenheim,[1] os princípios de *Processamento de Sinais* provêm das técnicas clássicas de análise numérica do séc. XVII. Na década de 1940, as contribuições de Shannon[2] deram um grande impulso à área. Processamento de sinais cresceu como campo de aplicação para diversas ciências nas décadas de 1960 e 1970 e o advento dos *chips* para computadores digitais favoreceu o surgimento, nos anos 1980, do *processamento digital de sinais*.[3]

Sinais podem ser contínuos ou discretos, podem ser analógicos ou digitais, podem possuir valores reais ou complexos, podem ser função de uma variável temporal, espacial, frequencial ou de outra natureza, podem ser unidimensionais ou multidimensionais, podem ter domínio finito ou terem domínio infinito etc. No Capítulo 2 uma discussão mais ampla sobre os tipos de sinais será apresentada.

Permanente versus transiente

Se estamos em um ambiente silencioso, como em uma biblioteca, um estampido ou um grito deverá certamente nos chamar a atenção. Se, ao contrário, estamos num ambiente ruidoso, como em uma festa, e, subitamente, faz-se silêncio por qualquer razão, nossos sentidos também darão um alerta. Em outras palavras, o que nos chama a atenção — e isso significa que alguma *informação* está sendo transmitida — é o *transiente*.

Se desejamos uma boa noite de sono, os pressupostos são de *regime permanente*: pouca luz e pouco som, mas, principalmente, não variantes com o tempo. É a condição de *estacionaridade* das condições ambientes que vai nos garantir uma noite de sono reparador.

[1] Alan Victor Oppenheim, (1937–) engenheiro eletricista e cientista da computação estadunidense.

[2] Claude Elwood Shannon (1916–2001) matemático e cientista da computação estadunidense.

[3] Ver F. Nebeker (Editor). Fifty Years of Signal Processing: The IEEE Signal Processing Society and its Technologies 1948–1988. Piscataway, 1998 [178].

Toda a informação provém do *regime transiente*. O próprio universo, em permanente expansão, consiste em um sistema em regime transiente, com suas esferas circulantes em uma delicada dinâmica. O reinado dos transientes é consideravelmente maior e mais complexo do que o domínio da estacionaridade. Por essa razão, dentre outras, sinais são tão interessantes de serem estudados e analisados, porque, a rigor, referem-se todos a situações transientes.[4] Podemos dizer, portanto, que o estudo de processamento de sinais é o estudo dos transientes e suas características.

Acústica e vibrações

Concentrando a nossa atenção na apaixonante, instigante e multidisciplinar área de conhecimento conhecida como *Acústica e Vibrações* (A&V), cuja inserção nas áreas científicas supracitadas é — por sua característica de extrema interdisciplinaridade — bastante difícil e controversa, a disciplina de *Processamento de Sinais* é de uso massivo para a solução dos mais variados problemas característicos da área. A título de exemplo, uma das informações mais importantes que se podem extrair de um dado sinal sonoro é seu *conteúdo espectral*, ou seja, seu conteúdo no *domínio da frequência*. Isso é realizado por meio da *série de Fourier* ou da *transformada de Fourier*, como será visto nos Capítulos 6 e 7 deste texto, e a análise no domínio da frequência de um sinal sonoro constitui um dos procedimentos mais importantes em processamento de sinais que serão estudados ao longo do livro.

Em realidade, o conceito de *transformada* perpassa por nossa existência. Por exemplo, sabe-se que, tanto em amplitude quanto em frequência, a percepção humana é muito mais próxima de uma escala logarítmica do que de uma escala linear. Na frequência, identificamos os sons por suas razões e não por suas diferenças, com uma oitava correspondendo a dobrar (ou dividir por dois) a frequência. Já na amplitude, nossa percepção de intensidades sonoras acompanha aproximadamente a escala em dB, que é uma escala logarítmica. Ora, quando aplicamos o logaritmo a uma grandeza, estamos realizando uma transformada (logarítmica). A transformada logarítmica converte produtos/quocientes em somas/subtrações e potenciações/radiciações em produtos/quocientes.

Do mesmo modo, a transformada de Laplace, a transformada de Fourier, a transformada wavelet, a transformada de Hadamard, dentre muitas outras, constituem pontes entre pares de domínios que nos ajudam a estudar inúmeros fenômenos complexos. Em A&V, sem qualquer sombra de dúvida, por tratar-se de sistemas eminentemente lineares, a transformada de Fourier impera e será exaustivamente estudada ao longo deste texto.

O conceito de *sistemas lineares* será abordado no Capítulo 2. Sistemas em que o princípio da superposição se aplica, ou seja, sistemas em que se podem, por assim dizer, adicionar causas e efeitos, recebem um tratamento particular em proces-

[4] A exceção que confirma a regra constituindo, evidentemente, o sinal *corrente contínua*, ou seja, o sinal constante.

samento de sinais, sendo denominados sistemas lineares.[5] Em particular, a área de acústica e vibrações se beneficia das propriedades singulares dos sistemas lineares, justamente pelo fato de lidar com grandezas (p. ex., pressão, velocidade, deslocamento etc.) cujos valores em amplitude são todos muito pequenos, o que nos permite linearizar as equações e utilizar toda a teoria de sistemas lineares.

Estrutura do livro

O livro está organizado em três partes. Após esta *Introdução* e uma apresentação geral sobre *Sinais e Sistemas*, que constituem os Capítulos 1 e 2, respectivamente, a Parte A apresenta os conceitos básicos para o processamento de *Sinais Contínuos*, compreendendo: o Capítulo 3, que trata de *Distribuições* e suas propriedades; o Capítulo 4, que lida com *Base Complexa e Funções Harmônicas*, núcleo da decomposição espectral; o Capítulo 5, que aborda *Convolução e Correlação* de sinais e seus significados e aplicações; o Capítulo 6, que apresenta a *Série de Fourier*, que rege a decomposição de sinais periódicos; e o Capítulo 7, que discute a *Transformada de Fourier* em sua formulação geral e suas propriedades.

Com esse capítulo, encerra-se a parte teórica referente a sinais analógicos, ou contínuos, e a fundamentação de todo o restante do estudo. Em particular, no Capítulo 5, abordam-se *sistemas lineares invariantes no tempo* — situação bem cara, como veremos, à área de Acústica e Vibrações — e o fundamental conceito de *resposta impulsiva* desses sistemas.

Na Parte B são abordados, então, os *Sinais Discretos*. O Capítulo 8, *Amostragem de Sinais*, explica como se obtém um sinal discreto a partir de um sinal contínuo. Este é um capítulo fundamental, por tratar da passagem do domínio contínuo — usual em sinais sonoros — ao domínio discreto — que é o reinado dos computadores digitais. Ali se abordam os principais problemas da discretização de sinais, como o dobramento e a quantização.

O Capítulo 9, *Transformada Discreta de Fourier*, como diz o título, apresenta a transformação de Fourier para sinais discretos, bem como sua inversa. Também nesse capítulo estuda-se a transformada rápida de Fourier, algoritmo que, de certa forma, revolucionou o processamento digital de sinais. O Capítulo 10 examina a *Convolução e Correlação Discretas*, cujos resultados se mostrarão extremamente úteis nos dois capítulos de aplicações.[6]

Na Parte C do livro são apresentadas aplicações de processamento de sinais especificamente em A&V, em particular no que diz respeito aos experimentos mais usuais. O Capítulo 11, *Aplicações em Acústica*, inclui 12 seções, tratando, cada uma, de um aspecto de aplicação de técnicas de processamento de sinais em acústica, particularmente no que toca às medições acústicas; o Capítulo 12, *Aplicações em*

[5]Esses conceitos serão formalmente apresentados e amplamente exemplificados na Seção 2.2.

[6]Para leituras complementares em Processamento de Sinais, sugerimos as excepcionais obras a seguir, todas constantes das Referências Bibliográficas: [28], [47], [48], [62], [98], [100], [135], [136], [152], [165], [186], [187], [188], [191], [196], [205], [225], [227] e [253].

Vibrações, é constituído de nove seções tratando de aplicações de processamento de sinais em ensaios de vibrações.

Ao longo do texto foram espalhados um total de quase 200 exemplos que buscam ilustrar, tanto na teoria, nas Partes A e B do texto, como nas aplicações, na Parte C do livro, situações mais ou menos corriqueiras em A&V e, desse modo, aprofundar a compreensão da matéria.

Capítulo 2

Sinais e Sistemas

Viver verdadeiramente é viver
recebendo as informações adequadas.
Norbert Wiener

A nossa vida está repleta de estímulos a excitar os sentidos. Estímulos visuais, auditivos, táteis, olfativos e gustativos são *captados* pelos nossos órgãos sensoriais (olhos, ouvidos etc.), estimulando o córtex cerebral que processa essas informações, indispensáveis à nossa sobrevivência. Cada estímulo desses corresponde a um *sinal*. Sinais, naturalmente, extrapolam de muito a capacidade humana de percebê-los. Em nosso cotidiano, estímulos dos mais diversos tipos, tais como sinais de rádio, de televisão, de vibração, ou sinais de ultrassom, de batimento cardíaco, eletroencefalográficos, ou, ainda, sinais de sismógrafos, radiotelescópios, sonares, dentre muitíssimos outros que permeiam nosso habitat civilizatório, só podem ser observados por meio de instrumentação adequada.

Sinais podem descrever uma variedade imensa de fenômenos físicos. São usualmente representados matematicamente por meio de *funções temporais*, muito embora possamos ter sinais dependentes de outras variáveis (posição, frequência, número de onda etc.). Sinais podem ser representados por funções reais, complexas, vetoriais ou, ainda, serem função de mais de uma variável. Por exemplo, um sinal acústico de voz ou do ruído de uma máquina podem ser representados por uma função (real ou complexa, dependendo do contexto) da variável tempo, t; já um sinal de imagem 2D (uma fotografia, digamos) requer, naturalmente, duas variáveis espaciais, x e y, digamos, e, no caso de um vídeo, dependerá de duas variáveis espaciais e uma variável temporal.

Cumpre observar que, na maioria dos casos práticos, a função temporal que caracteriza o sinal que estamos analisando é demasiado complexa para ser expressa por uma função analítica. Por exemplo, a Fig. 2.1 apresenta um trecho de sinal de voz humana, captado por um microfone. É claramente inviável representar o sinal por meio de uma função analítica, o que não impede em absoluto seu processamento. Todavia, o prezado leitor observará que, principalmente na Parte A deste livro, utilizaremos basicamente sinais analíticos para melhor caracterizar e exemplificar os conceitos básicos em processamento de sinais.

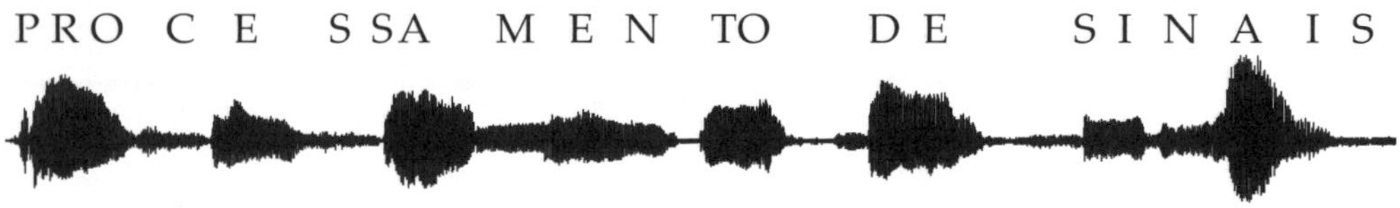

Figura 2.1: Exemplo de sinal temporal de voz pronunciando "Processamento de Sinais".

As aplicações de processamento de sinais são tão vastas que seria impraticável enumerá-las todas aqui, correspondendo a uma tentativa de "*contar estrelas*". Além disso, novas aplicações surgem a cada dia, seja porque novos desenvolvimentos propiciam recursos para a solução de velhos problemas, seja porque velhas técnicas encontram ainda aplicações inovadoras. Algumas dessas aplicações, organizadas em categorias, são descritas a seguir, sem a menor pretensão de esgotar o assunto.[1]

1 *Processamento de voz.* Uma das mais importantes vertentes de aplicação de processamento de sinais é justamente o processamento de sinais de voz. Técnicas para transmitir, sintetizar, filtrar, reconhecer, modificar e autenticar a voz humana são apresentadas sumariamente a seguir (as aplicações, não as técnicas).

   1.1 *Armazenamento e transmissão da fala.* Consiste no processamento do sinal de voz de modo a reduzir o volume de dados a serem transmitidos. Encontram-se aplicações importantes em telefonia digital (fixa ou móvel).

   1.2 *Síntese da voz.* Consiste no processamento de sinais objetivando gerar um som com características semelhantes às da voz humana. Aplicações são comuns em sistemas automáticos de orientação e informação públicas, telefonia, computadores e robôs.

[1]Ver, por exemplo, J.S. Chitode. Signals and Systems. Technical Publications Pune, Pune, 2009, [48] ou D.R. Fanin, R.E. Ziemer, W.H. Tranter. Signals and Systems: Continuous and Discrete. 4th edition, Prentice Hall, London, 1988, [76] ou D.L. Fugal, R.G. Lyons. The Essential Guide to Digital Signal Processing. Prentice Hall, London, 2014, [85].

1.3 *Otimização da voz.* Trata-se de procedimentos de processamento de sinais visando ampliar a inteligibilidade de um sinal de fala. Aplica-se a sistemas de comunicação em ambiente ruidoso, tal como no *cockpit* do piloto de um helicóptero ou no saguão de um aeroporto.

1.4 *Verificação de autenticidade vocal.* Consiste em técnicas de processamento de sinais com o objetivo de fazer o reconhecimento inequívoco de uma pessoa a partir da sua *assinatura vocal.* Aplica-se a praticamente todos os sistemas onde a segurança é essencial, tal como contas bancárias, bancos de dados, portas de acesso, cofres etc. Essa é uma área de grande interface com a criptografia.

1.5 *Reconhecimento de voz.* Consiste em reproduzir um texto escrito a partir da voz falada. Essa conversão acústico-visual é de extrema utilidade, por exemplo, para comandar um computador, um veículo automotor, ou qualquer outro sistema por meio da voz, gerando assim uma interface muito mais amigável.

2 *Processamento de Imagem.* Imagens da Terra, Lua e outros astros são comuns aos nossos olhos, mas quantos não se lembram dessas mesmas imagens desfocadas, confusas, ou mesmo imperceptíveis? Algumas das vertentes de processamento de sinais aplicado ao tratamento de imagens são abordadas a seguir.

2.1 *Radiotelescópios.* As imagens captadas pelos potentes radiotelescópios presentes nos grandes observatórios astronômicos são submetidas a um processamento maciço de sinais para apresentarem o aspecto mais ou menos compreensível que se vê na mídia. Essas técnicas são fundamentais, sobretudo para garantir a precisão das informações contidas na imagem. Alguns algoritmos efetuam uma restauração da imagem, ou seja, buscam remover distorções introduzidas pelo processo de aquisição da mesma, principalmente pela eliminação do ruído aditivo.

2.2 *Ultrassonografia.* As imagens produzidas pela ultrassonografia de aplicação médica, já bastante popularizada, são resultantes do processamento dos sinais de imagem recebidos pelo atuador/sensor. Com a evolução continuada dessas técnicas, as imagens obtidas vêm se aperfeiçoando e tornando-se cada vez mais nítidas e precisas. A ultrassonografia é utilizada também em meios não biológicos, como método não destrutivo de ensaio de materiais. Nesse caso, a ultrassonografia é utilizada para identificar a presença de corrosão, verificar a qualidade de soldas, conferir a espessura de parede em dutos, prospectar falhas em elementos estruturais etc. Aqui, o processamento dos sinais de imagem permite uma maior definição e um aumento substancial da precisão e acurácia do método de ensaio.

2.3 *Tomógrafos.* A tomografia computadorizada é uma técnica de processamento de imagens que reconstrói uma estrutura tridimensional a partir de projeções. Largamente utilizada em medicina, permite uma localização precisa de objetos estranhos ao organismo (uma agulha, por exemplo), pequenos tumores, leves alterações anatômicas etc.

3 *Sismos.* O estudo dos movimentos de vibração da crosta terrestre é de extrema utilidade para o ser humano. Dentre as diversas aplicações, duas se destacam.

3.1 *Abalos sísmicos.* Trata-se do acompanhamento dos sinais sísmicos naturais, com o objetivo principal de conhecer o comportamento geológico de determinada região e, na medida do possível, ser capaz de prever eventuais movimentos sísmicos capazes de gerar prejuízo à atividade ou mesmo pôr em risco a vida humana.

3.2 *Prospecção de petróleo.* Nesse caso, atua-se sobre o sítio geológico excitando (utilizando um explosivo, por exemplo) de modo a, a partir do sinal de excitação e do sinal de resposta (eco) oriundo das distintas camadas geológicas, obter informação sobre a possibilidade de haver petróleo na região. Os sinais dos distintos geofones (sensores de vibração do solo), espalhados adequadamente, são processados, produzindo uma razoável imagem da estrutura geológica da área em estudo (profundidade das camadas, propriedades mecânicas médias etc.).

4 *Radares.* Um radar é um dispositivo de processamento de sinais dito ativo, na medida em que um sinal é *emitido* pelo dispositivo e *imitido* ou captado pelo mesmo dispositivo, com o objetivo de detectar e acompanhar um determinado objeto. A aplicação mais corriqueira — e importante — são os radares das torres de controle dos aeroportos, principais responsáveis pela manutenção de distâncias seguras entre as aeronaves trafegando em suas cercanias.

5 *Sonares.* São dispositivos similares aos radares, portanto ativos, que operam, contudo, com ondas mecânicas ao invés de ondas eletromagnéticas, com o objetivo de detectar e acompanhar corpos submersos. Os sonares permitem aos navios traçar o perfil do fundo do mar, identificar cardumes de peixes, auxiliar na pesquisa de objetos submersos, acompanhar robôs submarinos e outras finalidades (inclusive bélicas). Para cada uma dessas aplicações há técnicas específicas de processamento de sinais de modo a enfatizar o elemento desejado.

6 *Outros exemplos.* Uma série de outros exemplos ocorrem em diversas áreas, além das já citadas, tais como em comunicações, aeronáutica e astronáutica, circuitos elétricos, acústica, vibrações, medicina, geração de energia, meteorologia, entre outros. Eis algumas delas.

6.1 *Automóveis.* A eletrônica embarcada em veículos automotores envolve sistemas de monitoração e controle das condições de frenagem, de tração e de suspensão do veículo. A partir dos sinais monitorados, uma série de acionadores atuam em cada um desses subsistemas de modo a proporcionar maior segurança, economia e melhor desempenho do veículo. São sinais que devem ser processados em tempo curtíssimo para que o controle seja eficaz.

6.2 *Aviões.* Mais ainda que os automóveis, as aeronaves têm uma gama imensa de sinais monitorados continuamente, tais como altitude, velocidade relativa ao ar, pressão atmosférica, temperatura externa, inclinação etc. Nenhum piloto teria capacidade de controlar todos os dados fornecidos por uma aeronave moderna de médio a grande porte. Uma análise contínua e automática dessas informações bem como o cruzamento de diversos dados são necessários para identificação imediata de uma possível pane.

6.3 *Monitoração e diagnóstico de máquinas.* Uma máquina rotativa de grande porte — uma turbina hidráulica, por exemplo — necessita de um sistema contínuo de monitoração de seu funcionamento. Diversos parâmetros, como amplitude de vibração nos mancais, flutuação de velocidade angular, temperatura do lubrificante, velocidade da água a montante e a jusante, vazão etc., devem ser acompanhados para estudar a evolução do conjunto. O processamento desses sinais pode identificar eventuais falhas ou defeitos de operação ou mesmo de construção do equipamento. Muitos outros elementos de maquinário de importância vital para uma planta industrial podem ter seus sinais de ruído, vibração, temperatura, qualidade do óleo lubrificante etc. monitorados e processados objetivando fornecer informações para um sistema de manutenção preditiva.

6.4 *Monitoração clínica.* Pacientes de risco demandam um controle contínuo e permanente de seus sinais clínicos. Sinais cerebrais, cardíacos, das funções respiratórias, das funções renais e uma dezena de outras funções vitais podem ser monitorados simultaneamente pelos profissionais de saúde. Cada um desses sinais, por suas características próprias, demandam um pré-tratamento específico de modo a facilitar ao máximo e com a devida rapidez a interpretação por parte do médico ou enfermeiro.

6.5 *Áudio.* Sistemas de áudio têm uma grande variedade de funções para o processamento dos sinais. Desde o comando de ganho, que altera exclusivamente (ou deveria fazê-lo) a amplitude do sinal, passando pelos controles de graves e agudos, que alteram seu conteúdo espectral, até compressores, reverberadores e circuitos de retardo, introduzem alterações mais ou menos complexas no sinal original. A título de exemplo, recentemente estão muito em voga os sistemas de decodificação de sinais de áudio para utilização de diversos efeitos, tais como som *surround*, sistemas 5.1 para cinema caseiro etc.

O objetivo geral deste texto é, como já mencionado, introduzir os conceitos gerais que envolvem todo procedimento de *processamento de sinais* e, em particular, desenvolver e exemplificar as aplicações em *acústica e vibrações*.

A Seção 2.1 apresenta as definições fundamentais relativas a sinais e uma classificação geral destes — uma dentre as inúmeras taxonomias possíveis. A Seção 2.2 discute brevemente noções gerais sobre sistemas, dando especial atenção ao conceito de sistemas lineares invariantes no tempo.

2.1 Sinais

Sinais costumam vir em dois sabores: podem ser *contínuos* ou *discretos*. Sinais contínuos são modelados matematicamente por meio de *funções contínuas* de uma ou mais variáveis, tais como $s(t)$ ou $s(\mathbf{x})$. Os sinais temporais são, usualmente, contínuos; os sinais espaciais também. Um exemplo de sinal temporal contínuo é a pressão acústica em um ponto de uma sala, medida por um microfone fixo; um exemplo de um sinal espacial contínuo é a luminosidade que passa, em um determinado instante ou intervalo, pela lente de uma câmara fotográfica e impressiona o sensor (ou a película). No primeiro caso, a variável independente é o tempo t; no segundo exemplo, a variável independente é a posição bidimensional, $\mathbf{x} = (x, y)$.[2] Um exemplo de sinal espaçotemporal seria o mesmo microfone girando em um "*boom*",[3] produzindo um sinal de pressão acústica da forma $p(x, y, z, t)$, onde x, y, z são as coordenadas cartesianas do ponto onde se encontra o microfone e t a coordenada temporal. (No caso do "*boom*", x, y e z dependem, naturalmente, de t.)

Sinais discretos são modelados por *séries temporais*, da forma $s[k]$, onde k é um inteiro, também denominado *contador*. Sinais discretos são mais incomuns no mundo físico; contudo, no processamento de sinais, majoritariamente realizado no domínio digital, ou seja, via processadores digitais, os sinais contínuos são convertidos em sinais discretos, num procedimento denominado *discretização*. Usualmente, essa conversão é realizada colhendo-se amostras a intervalos regulares de tempo, um procedimento denominado *amostragem*:[4]

$$s(t) \longrightarrow s[k], \qquad \text{onde} \qquad s[k] = s(k\Delta t), \tag{2.1}$$

sendo Δt o *intervalo de amostragem*.

Um exemplo de sinal discreto por natureza, não resultante da discretização de um sinal contínuo, é a flutuação dos índices da bolsa de valores ou, ainda,

[2] A variável independente t designará sempre um escalar e, exceto quando especificado diferentemente, corresponderá à variável *tempo*. A variável $\mathbf{x}$, assim, em negrito, designará sempre uma variável vetorial e, exceto quando especificado diferentemente, corresponderá à variável *posição*, que pode ter de um a três componentes.

[3] Um sistema de medição acústica com "*boom*", também conhecido como "girafa", consiste em um microfone fixo a uma haste que gira em torno de um ponto fixo durante a medição.

[4] O procedimento de *amostragem* refere-se a *extrair amostras* de um sinal contínuo, transformando uma função da variável tempo, digamos, em uma série temporal. A amostragem será abordada no Capítulo 8.

o número de nascimentos registrados em um cartório a cada dia. Via de regra, variáveis estatísticas correspondem a sinais eminentemente discretos.

A variável de um sinal discreto pode não ser temporal, como, por exemplo, $s[j,k]$, com j,k inteiros, que poderiam representar pontos discretos de uma imagem 2D. Nesse caso, teríamos

$$s(\mathbf{x}) \longrightarrow s[j,k], \qquad \text{onde} \qquad s[j,k] = s(j\Delta x, k\Delta y), \tag{2.2}$$

sendo Δx e Δy os intervalos de amostragem nas direções x e y, respectivamente.

Exemplo 2.1 A Fig. 2.2 ilustra trechos de dois sinais temporais. O primeiro corresponde a uma função $s(t)$, contínua. O segundo corresponde à série temporal $s[k]$. Evidencia-se que o sinal discreto nada mais é, nesse caso, do que uma discretização (bem-sucedida), ou seja, uma amostragem do sinal contínuo, a intervalos Δt. Mais adiante, especificamente nos Capítulos 8 e 9, veremos as condições a serem satisfeitas para que a amostragem de um sinal possa ser considerada como *bem-sucedida*.

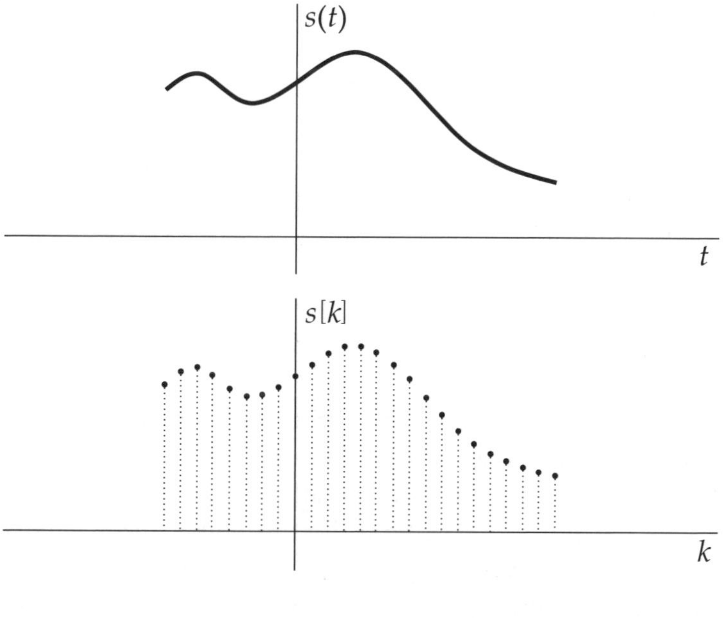

Figura 2.2: Sinal contínuo $s(t)$ e seu correspondente discreto $s[k]$.

Observe que os sinais $s(t)$ e $s[k]$ são visualmente similares mas, ao mesmo tempo, têm estruturas bem distintas. Por um lado, $s(t)$, mesmo que seja definido em um intervalo finito (t_1, t_2), constitui uma função com infinitos valores nesse intervalo. Assim, se $t \in (t_1, t_2)$, $s(t)$ está definido para todos os (infinitos) valores de t. Por outro lado, $s[k]$, que, naturalmente, também é definido no mesmo intervalo (t_1, t_2), tem um número finito de valores. Com efeito, como k é um número inteiro, ou seja, um contador, $s[k] = s(k\Delta t)$ só estará definido para um número finito (enumerável) de pontos no domínio temporal.

Sinais podem ser classificados de uma forma geral segundo o esquema a seguir:

- determinísticos
  - periódicos
    - harmônicos
    - compostos
  - não periódicos
    - transitórios
    - quase periódicos
- aleatórios
  - estacionários
    - ergódigos
    - não ergódigos
  - não estacionários

Sinais são ditos *determinísticos* quando podem ser descritos por uma função matemática. São, portanto, *previsíveis*. Por exemplo, o sinal de vibração de uma máquina rotativa operando em regime permanente pode ser encarado como um sinal determinístico (ao menos enquanto não ocorre uma falha).

Sinais *aleatórios* são aqueles onde impera o acaso. São, portanto, não previsíveis, sendo usualmente conhecidos como *ruído*. Ruídos elétricos, eletrônicos e mecânicos são exemplos de sinais aleatórios. O som do mar ou de uma cachoeira são sinais aleatórios, porquanto imprevisíveis. Sinais aleatórios podem ser estudados a partir de suas propriedades estatísticas, tais como média, variância, desvio padrão, coerência, função de autocorrelação etc.[5]

Sinais determinísticos são ditos *periódicos* quando repetem a si mesmos num dado intervalo de tempo T, denominado *período*, ou seja, $s(t+nT) = s(t)$, n inteiro (se o sinal for contínuo) ou a cada índice N, $s(k+nN) = s(k)$, n inteiro (se o sinal for discreto). São exemplos de sinais periódicos: a sequência das horas do dia (ao longo de vários dias), a vibração de uma bomba hidráulica operando em regime permanente, uma imagem 2-D de pontos regularmente distribuídos nas duas direções etc.

Sinais determinísticos periódicos são ditos *harmônicos* quando, além de periódicos, são da forma $s(t) = a\cos(\omega t) + b\,\text{sen}(\omega t)$ ou, o que é equivalente, $s(t) = A\cos(\omega t - \phi)$, onde A é a *amplitude* do sinal, ω é a *frequência angular* do sinal e ϕ a sua *fase*. Sinais harmônicos, também denominados *tons puros* ou ainda *monocromáticos* (a razão do nome virá a seu tempo), são raros *in natura*. Quando ouvimos um tom de linha telefônica, por exemplo, embora pareça estarmos diante de um tom puro, monocromático, estão presentes, como veremos mais adiante, outros componentes, também harmônicos. A soma de sinais harmônicos de mesma frequência é, naturalmente, um sinal harmônico de mesma frequência. A composição de sinais harmônicos de frequências múltiplas constitui um sinal periódico. A superposição de sinais harmônicos de frequências arbitrárias não múltiplas (por exemplo, a razão entre elas sendo um número irracional) resulta em um sinal *não periódico*.[6]

[5] Ver Capítulo 5.

[6] Todas as questões suscitadas aqui serão discutidas com detalhes nos Capítulos 4, 6 e 7.

Sinais não periódicos, ou seja, aqueles que não se repetem a intervalos constantes, podem ser classificados em *transitórios*, também chamados de *transientes*, ou em *quase periódicos*. Sinais transitórios são resultantes de evento único, tal como o ruído de uma explosão, de uma louça caindo, de um mergulho numa piscina etc. Sinais quase periódicos normalmente resultam de uma combinação de sinais periódicos cuja periodicidade é muito maior que qualquer um dos períodos dos sinais componentes.

Sinais aleatórios são chamados de *estacionários* quando mantêm suas características estatísticas entre diversas amostras do sinal. O ruído de uma cachoeira é um sinal estacionário;[7] o ruído do mar não é. Sinais estacionários são ainda classificados em *ergódicos*, quando suas características estatísticas permanecem as mesmas por períodos mais prolongados de tempo, ou em *não ergódicos*, em caso contrário.

2.2 Sistemas

Um *sistema* será definido, no contexto deste livro, como qualquer objeto do mundo físico capaz de ser excitado por um sinal e responder com um outro sinal. Dados, portanto, os sinais de excitação, $x(t)$, um sistema $\mathcal{S}$ e um sinal de resposta $y(t)$, uma representação simbólica usual do sistema é a apresentada na Fig. 2.3.

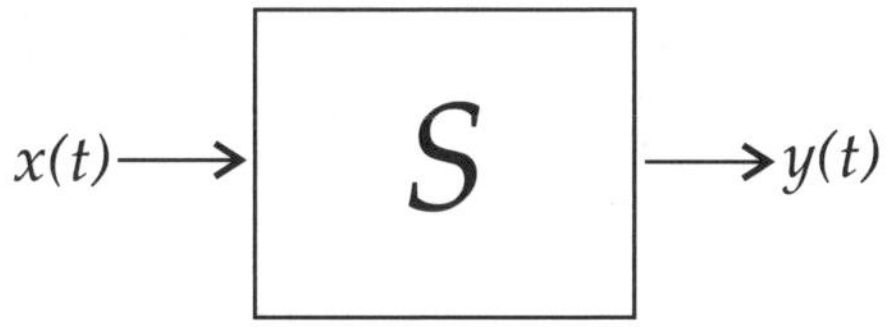

Figura 2.3: Representação esquemática de um sistema $\mathcal{S}$.

Observe que o sinal de excitação, $x(t)$, também denominado *entrada do sistema*, pode ser real, complexo, ou vetorial (vários componentes). O mesmo sucede com o sinal gerado pelo sistema, $y(t)$, chamado de *resposta do sistema* ou *saída do sistema*.

Um sistema cuja resposta é proporcional à excitação é denominado *sistema linear*. Um sistema linear, que notaremos como $\mathcal{SL}$, é, portanto, aquele que, excitado por uma combinação linear de entradas, oferece como resposta a mesma combinação linear de saídas.

Mais precisamente, se α e β são constantes arbitrárias, segue que

$$\begin{aligned} &\text{se} \quad x_1(t) \xrightarrow{\mathcal{SL}} y_1(t) \quad \text{e} \quad x_2(t) \xrightarrow{\mathcal{SL}} y_2(t), \quad \text{então,} \\ &\alpha x_1(t) + \beta x_2(t) \xrightarrow{\mathcal{SL}} \alpha y_1(t) + \beta y_2(t). \end{aligned} \tag{2.3}$$

[7] Se considerarmos o intervalo de tempo de um dia. Se levarmos em conta as variações sazonais das condições pluviométricas — o que exige maior de tempo de observação — o sinal deixaria de ser considerado estacionário.

Para sistemas lineares, portanto, aplica-se o *princípio da superposição*. Um exemplo de sistema linear é uma caixa acústica trabalhando abaixo do seu limite de saturação. Quando a tensão elétrica na entrada aproxima-se da voltagem limite, a caixa deixa de se comportar como um sistema linear. Outro exemplo seria o do sinal de um microfone captado em um determinado ponto de uma sala, para um sinal sonoro emitido, digamos, por um alto-falante, em outro ponto fixo da sala. Nesse caso, o sistema seria a sala, a excitação do sistema o sinal sonoro emitido pelo alto-falante e a resposta do sistema o sinal captado pelo microfone.

No mundo real, há poucos sistemas que podem ser identificados como *estritamente* lineares. Todavia, dentro de determinadas condições, muitos sistemas físicos reais satisfazem as condições para sistemas lineares, ou seja, atendem ao princípio da superposição, desde que a excitação não ultrapasse um determinado valor. Vejamos, por exemplo, uma mola de constante elástica k. Se a excitação do sistema é $x(t) = F(t)$, força aplicada a uma extremidade da mola, e a resposta do sistema é $y(t) = d(t)$, a deformação da mola, a lei de Hooke para molas elásticas lineares estabelece que $d = F/k$, uma relação evidentemente linear. Contudo, se F ultrapassa um valor F_{MAX} a mola não mais obedecerá a lei de Hooke e o sistema deixará de ser linear, passando a comportar-se como um sistema não linear.

Cumpre notar que, em acústica e vibrações, a esmagadora maioria dos sistemas pode ser assumido como um $\mathcal{SL}$. Em acústica, isso se deve ao fato de que as grandezas mecânicas associadas ao fenômeno acústico serem todas muito pequenas, ou seja, tanto a pressão sonora, $p(\mathbf{x}, t)$, a massa específica acústica, $\rho(\mathbf{x}, t)$ e a velocidade de partícula, $\mathbf{v}(\mathbf{x}, t)$, são muito pequenas quando comparadas com os valores médios no meio (P_0, a pressão atmosférica, ρ_0, a massa específica do ar em repouso etc.), de modo que produtos ($p\mathbf{v}$, por exemplo) ou potências (p^2, por exemplo) são negligenciáveis. Nesse caso, então, utilizam-se as equações da *acústica linear*.[8] Há situações em que é necessário considerar as equações da acústica não linear. Isso sucede quando os níveis sonoros são superiores a 130~140 dB,[9] o que ocorre nas proximidades do epicentro de uma explosão, da eclosão de um raio ou de um foguete decolando, por exemplo.

Na área de vibrações, embora de forma um pouco mais restrita, o mais usual é as variáveis $u(\mathbf{x}, t)$, deslocamento, e $\mathbf{v}(\mathbf{x}, t)$, velocidade, serem também pequenas o suficiente para que seus termos de mais alta ordem sejam desprezáveis, o que permite linearizar as equações de movimento. Caso isso não ocorra, será necessário utilizar as equações para vibrações não lineares.[10]

---

[8]Ver, por exemplo, R.A. Tenenbaum. Acústica Aplicada. 2ª edição, 2017 [233], disponível em: https://ratenenbaum. wixsite.com/acustica.

[9]Para o conceito de *decibel* (dB), ver, por exemplo, J. Blauert, N. Xiang. Acoustics for Engineers – Troy Lectures. Springer, Berlim, 2008, [23] ou A.P. Dowling, J.E.F. Williams. Sound and Sources of Sound. John Wiley & Sons, New York, 1983, [68] ou, ainda, C.J. Hemond, Jr. Engineering Acoustics & Noise Control. Prentice-Hall, Englewood Cliffs, 1983, [103].

[10]Ver, por exemplo, D. Wagg, S. Neild. Nonlinear Vibration with Control for Flexible and Adaptive Structures. 2nd edition, Springer, London, 2010, [248].

Exemplo 2.2 Tomemos um sistema mecânico simples constituído por um corpo rígido C com movimento plano, veja Fig. 2.4.

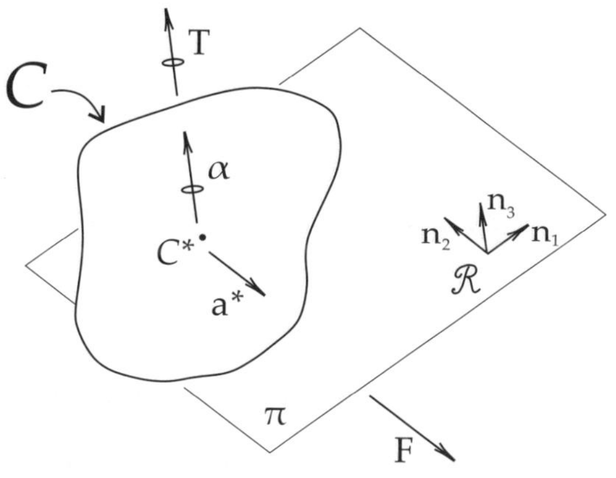

Figura 2.4: Corpo rígido sujeito a uma força resultante **F** e um torque resultante **T**.

Aplicando-se sobre esse corpo uma força $\mathbf{F}(t) = F_1(t)\mathbf{n}_1 + F_2(t)\mathbf{n}_2$, agindo sobre o centro de massa C^* do corpo e paralela ao plano, e um torque $\mathbf{T}(t) = T(t)\mathbf{n}_3$, ortogonal ao plano π do movimento, o corpo reagirá, segundo os princípios dinâmicos:[11]

$$m\mathbf{a}(t) = \mathbf{F}(t); \qquad I\alpha(t) = T(t),$$

sendo **a** o vetor aceleração do centro de massa do corpo e α a aceleração angular do corpo. Portanto, dada uma força $\mathbf{F}(t)$, uma função vetorial, o "sistema corpo" gera um sinal de aceleração $\mathbf{a}(t)$, também um sinal vetorial. Analogamente, dado o torque $T(t)$, uma função escalar (porque trata-se de movimento plano), o sistema gera o sinal de aceleração angular $\alpha(t)$, também um sinal escalar. Observe que m e I, respectivamente massa e momento de inércia do corpo com respeito ao centro de massa, são *parâmetros* do sistema, constantes no caso. Como ambas as relações funcionais entre os sinais de entrada e os sinais de saída são relações lineares, este constitui um sistema linear.

Sistemas que, além de serem lineares, são invariantes no tempo, ou seja, sistemas em que para uma dada entrada tem-se *sempre* a mesma saída, são designados como *sistemas lineares invariantes no tempo*, que designaremos como $\mathcal{SLI}$. Por exemplo, excitando-se acusticamente uma sala e medindo-se o sinal em um microfone colocado em determinada posição, tem-se um sistema linear invariante no tempo, ou seja, haverá uma proporcionalidade entre excitação e resposta, constante no tempo. Se, contudo, houver pessoas movendo-se na sala, esse sistema deixará de ser invariante no tempo, apesar de manter-se um sistema linear.

Exemplo 2.3 No Ex. 2.2 observaram-se três tipos de grandezas: a força **F** e o torque **T**, ambos entradas do sistema; a aceleração **a** e a aceleração angular α, ambas saídas do sistema; e os parâmetros m (massa) e I (momento de inércia), característicos do

[11]Ver, por exemplo, R.A. Tenenbaum, Dinâmica Aplicada. Manole, Barueri, 2016 [230].

sistema. As relações lineares entre entradas e saídas garante ser o sistema linear; o fato de os parâmetros serem constantes, ou seja, invariantes no tempo, assegura tratar-se de um $\mathcal{SLI}$.

Exemplo 2.4 Tomemos agora um sistema regido pela relação simples

$$y(t) = ax^2(t) + bx(t) + c,$$

com a, b e c constantes reais. Assuma que $x(t)$ é a entrada do sistema e $y(t)$ é a saída do sistema. Tomando uma combinação linear de entradas da forma

$$\alpha x_1(t) + \beta x_2(t),$$

com α e β constantes arbitrárias, a resposta do sistema seria (verifique)

$$y_{\text{comb}}(t) = a[\alpha^2 x_1^2(t) + \beta^2 x_2^2(t) + 2\alpha\beta x_1(t)x_2(t)] + b[\alpha x_1(t) + \beta x_2(t)] + c.$$

Contudo, ao somarmos as respostas às excitações $\alpha x_1(t)$ e $\beta x_2(t)$, teríamos

$$y_{soma}(t) = a[\alpha^2 x_1^2(t) + \beta^2 x_2^2(t)] + b[\alpha x_1(t) + \beta x_2(t)] + 2c.$$

Evidentemente, as saídas y_{comb} e y_{soma} não são idênticas, devido ao termo cruzado $2\alpha\beta x_1(t)x_2(t)$, presente no primeiro, e o termo independente, c no primeiro caso e $2c$ no segundo. Portanto, a Eq. (2.3) não é satisfeita e, naturalmente, este *não é* um sistema linear. Observe que a não linearidade provém do termo quadrático $ax^2(t)$ e do termo constante c.

Toda vez que um sistema puder ser representado por meio de um *operador diferencial linear*, então o sistema será também linear. Se, além disso, o operador for a *coeficientes constantes* — não dependentes, portanto, da variável temporal — então teremos um $\mathcal{SLI}$.

Exemplo 2.5 Suponha a esfera de demolição com massa m, suspensa por um cabo de comprimento r, veja Fig. 2.5. A equação diferencial que rege o movimento do pêndulo simples é[12]

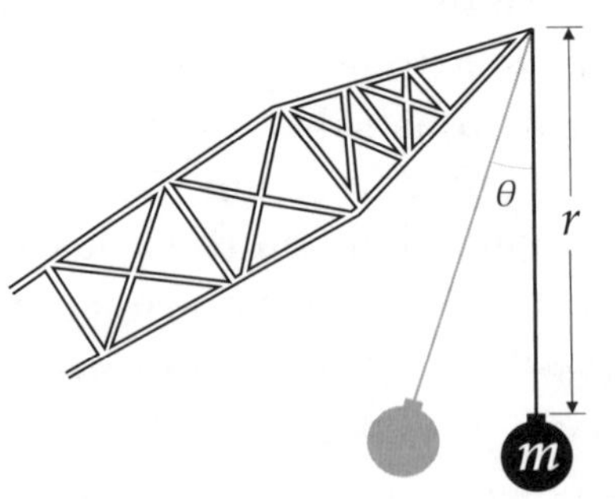

Figura 2.5: Pêndulo simples com massa m e comprimento r.

[12]Veja, por exemplo, R.A. Tenenbaum. Dinâmica Aplicada, Manole, 4ª Edição, Barueri, 2016 [230].

$$\ddot{\theta}(t) + \frac{g}{r}\operatorname{sen}\theta(t) = 0,$$

em que $\theta(t)$ é o ângulo que o cabo do pêndulo faz com a vertical, g é a aceleração da gravidade local e o ponto sobre a variável θ designa sua derivada com respeito a t.[13] Esta é, naturalmente, uma equação diferencial não linear devido à presença da função $\operatorname{sen}\theta$, cuja expansão em série tem potências da variável θ e, portanto, trata-se de um sistema não linear. Todavia, para ângulos θ pequenos, quando podemos fazer a aproximação $\operatorname{sen}\theta \approx \theta$, obtém-se uma equação diferencial linear, da forma

$$\ddot{\theta}(t) + \frac{g}{r}\theta(t) = 0.$$

Observe que se tem um operador diferencial linear,

$$L = \frac{\mathrm{d}^2}{\mathrm{d}t^2} + \frac{g}{r},$$

aplicado à saída do sistema, $\theta(t)$, cujos coeficientes (g e r) são constantes, caracterizando, portanto, um $\mathcal{SLI}$, *para pequenas oscilações*. A solução geral da equação linearizada é

$$\theta(t) = A\cos(\omega_0 t) + B\operatorname{sen}(\omega_0 t),$$

sendo $\omega_0 = \sqrt{g/r}$ e as constantes A e B dependem das condições iniciais. Se a condição inicial dada ao pêndulo for $\theta(0) = \theta_0$ e $\dot{\theta}(0) = 0$ (deslocamento angular θ_0, pequeno, e velocidade inicial nula), a solução se reduzirá a

$$\theta(t) = \theta_0\cos(\omega_0 t).$$

Por outro lado, se a condição inicial dada ao pêndulo for $\theta(0) = 0$ e $\dot{\theta}(0) = v_0/r$, em que v_0 é a velocidade inicial impressa à massa, a solução será

$$\theta(t) = \frac{v}{r\omega_0}\operatorname{sen}(\omega_0 t).$$

Neste exemplo simples, a equação diferencial é homogênea, significando que a entrada do $\mathcal{SLI}$ é nula.

Exemplo 2.6 Considere um sistema oscilatório como o indicado na Fig. 2.6, caracterizado pelos parâmetros m (massa), k (rigidez), e d (amortecimento), todos constantes.[14]

---

[13] O ponto sobre a variável dependente indica sua derivada temporal; dois pontos sobre a variável significam, naturalmente, segunda derivada temporal.

[14] Ver, por exemplo, A. Brandt. Noise and Vibration Analysis: Signal Analysis and Experimental Procedures. John Willey, West Sussex, 2011 [35] ou M. Géradin, D.J. Rixen. Mechanical Vibrations: Theory and Applications to Structural Dynamics. 3rd edition, Chichester, 2015 [90] ou R.N. Iyengar. Elements of Mechanical Vibrations. I.K. International Publishing House, New Delhi, 2010 [128] ou, ainda, S.G. Kelly. Mechanical Vibrations: Theory and Applications. Cengage Learning, Stamford, 2012 [138].

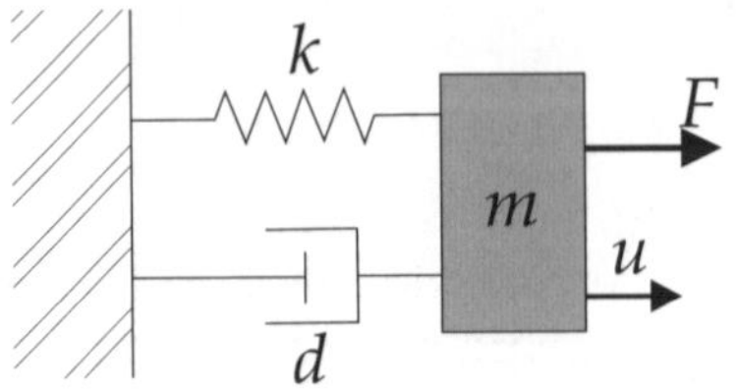

Figura 2.6: Vibração de sistema amortecido com um grau de liberdade, regido por uma equação diferencial linear a coeficientes constantes.

Seja $F(t)$ a força de excitação, aplicada à massa, e $u(t)$ o deslocamento dela com respeito à posição de equilíbrio estático. Portanto, para esse sistema, $F(t)$ é a entrada, ou excitação, e $u(t)$ é a saída, ou resposta. As forças aplicadas à massa são: F, força externa; $F_k = -ku$, força exercida pela mola, proporcional ao deslocamento u; e $F_d = -d\dot{u}$, força exercida pelo amortecedor, proporcional à velocidade, $\dot{u}$. Aplicando-se então o segundo princípio de Newton na direção do movimento, $ma = F$, em que $a = \ddot{u}$ é a aceleração, obtém-se a equação diferencial que rege o deslocamento da massa, $u(t)$,

$$m\ddot{u}(t) + d\dot{u}(t) + ku(t) = F(t).$$

Observe que foi obtida uma equação diferencial linear a coeficientes constantes. O sistema é, portanto, um $\mathcal{SLI}$. Esse sistema pode ser representado, alternativamente, na forma

$$L[u(t)] = F(t), \qquad \text{onde} \qquad L = m\,\frac{\mathrm{d}^2}{\mathrm{d}t^2} + d\,\frac{\mathrm{d}}{\mathrm{d}t} + k$$

é um *operador diferencial linear a coeficientes constantes*. Observe que na representação $L[u] = F$, a excitação (entrada) é F e u é a resposta (saída) do sistema. Todo $\mathcal{SLI}$ é regido por um operador diferencial linear a coeficientes constantes.

Exemplo 2.7 Considere, agora, uma onda sonora que se propaga no interior de um duto longo, como indicado na Fig. 2.7. Em essência, essa pode ser considerada uma onda plana, ou seja, a propagação se dá unicamente na direção x. A equação que rege o campo de pressões sonoras $p(x,t)$, na ausência de fontes, é [15]

$$\frac{\partial^2 p(x,t)}{\partial t^2} - c^2\frac{\partial^2 p(x,t)}{\partial x^2} = 0,$$

em que x é a posição ao longo do duto, t é o tempo e c é a velocidade de propagação da onda sonora no meio considerado.

[15] Veja, por exemplo, J.F. Doyle. Wave Propagation in Structures: Spectral Analysis Using Fast Discrete Fourier Transforms. 2nd edition, Spinger, New York, 1997 [69] ou L. Cremer, M. Heckl, B.A.T. Petersson. Structure-borne Sound: Structure Vibrations and Sound Radiation at Audio Frequencies. 3rd edition, Springer, Berlin, 2005 [58] ou E. Skudrzyk. The Foundations of Acoustics: Basic Mathematics and Basic Acoustics, Springer, New York, 1971 [220] ou, ainda, R.A. Tenenbaum. Acústica Aplicada, 2ª edição, 2020 [233], disponível em: https://ratenenbaum.wixsite.com/acustica.

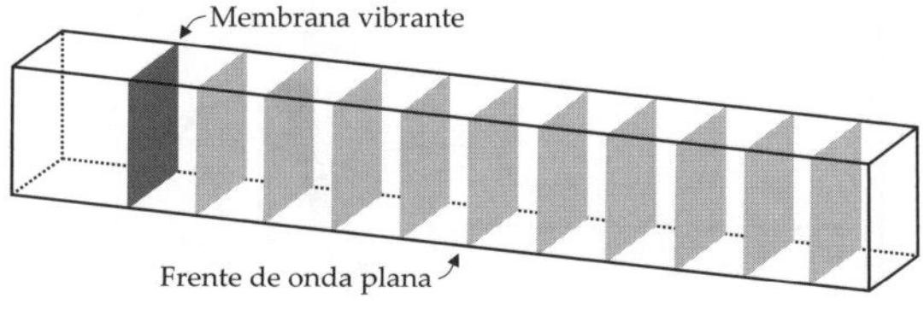

Figura 2.7: Onda plana propagando-se em um duto.

Como c é constante, ou seja, não depende das variáveis independentes x ou t, tem-se uma equação diferencial parcial linear a coeficientes constantes e o sistema pode ser considerado um $\mathcal{SLI}$. Com efeito, a solução geral para a equação — conhecida como solução de D'Alembert — é[16]

$$p(x,t) = f(x-ct) + g(x+ct),$$

em que f e g são funções arbitrárias, dependentes da fonte sonora e das condições de contorno, que se propagam no sentido positivo (f) e negativo (g) de x, admitindo superposição, como ilustrado na Fig. 2.8. Em outros termos, os componentes *progressivo*, $f(x-ct)$, e *regressivo*, $g(x+ct)$, do campo de pressões sonoras propagam-se independentemente no interior do duto em sentidos opostos e, ao se cruzarem, suas amplitudes se adicionam, como ilustrado, devido à linearidade do sistema.

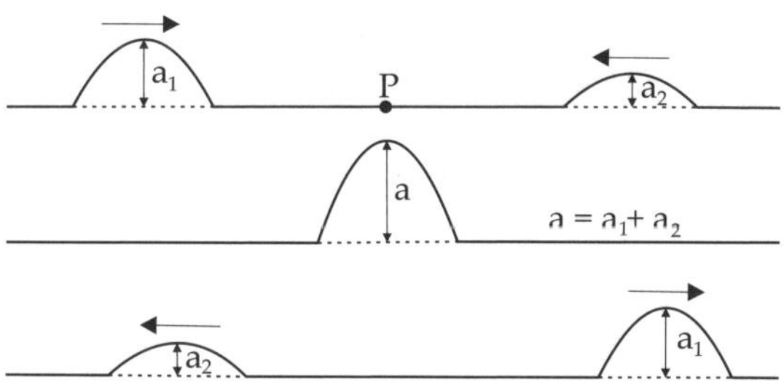

Figura 2.8: Ondas planas propagando-se em um duto, em três momentos distintos. Observe a superposição ao se cruzarem.

Exemplo 2.8 Consideremos agora um sistema dinâmico que envolve controle de movimento. A Fig. 2.9 ilustra um pêndulo invertido acoplado a um trole motorizado, cuja função é controlar a inclinação do pêndulo.[17] M é a massa do trole, m a massa do pêndulo, I seu momento de inércia com respeito ao ponto P e $2l$ o seu comprimento; $u(t)$ é a força controladora aplicada ao trole, $\theta(t)$ é a inclinação do pêndulo e $x(t)$ é o deslocamento do trole. As equações diferenciais que regem esse sistema são:[18]

$$(M+m)\ddot{x}(t) + ml\ddot{\theta}(t) = u(t);$$
$$(I+ml^2)\ddot{\theta}(t) + ml\ddot{x}(t) = mgl\theta(t).$$

[16] Ver, por exemplo, R.A. Tenenbaum. Acústica Aplicada. 2ª edição, R.A. Tenenbaum, Santa Maria, 2020 [233].

[17] Esse sistema pode ser entendido como uma simplificação, no plano da figura, do controle da inclinação de um projétil.

[18] Veja, por exemplo, K. Ogata. Engenharia de Controle Moderno. 4ª edição, Pearson Education do Brasil, São Paulo, 2003 [184].

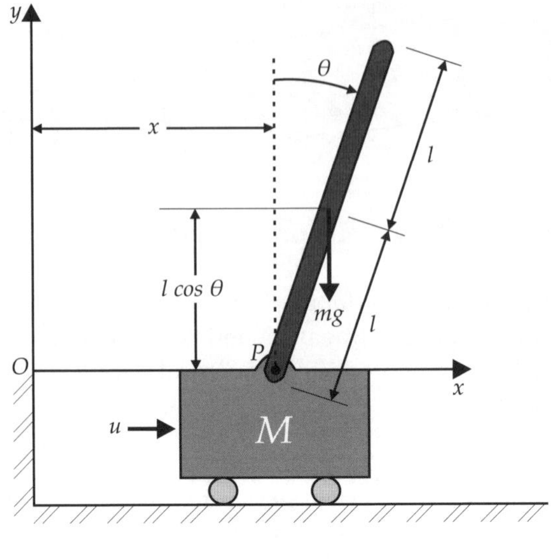

Figura 2.9: Pêndulo invertido.

Esse é um sistema regido por duas equações diferenciais lineares (não há produtos ou potências das funções $x(t)$ e $\theta(t)$ ou suas derivadas), portanto, descreve um sistema linear. Além disso, como os parâmetros M, m, I e l são constantes, tem-se um $\mathcal{SLI}$. Nesse caso, u, a força controladora, pode ser considerada como entrada do sistema e sua saída é o ângulo a ser controlado, $\theta(t)$, sendo $x(t)$ uma variável meramente auxiliar. De fato, eliminando a variável $x(t)$ do par de equações diferenciais, obtém-se

$$-\frac{(M+m)I + Mml^2}{ml}\,\ddot{\theta}(t) + (M+m)\,g\,\theta(t) = u(t)$$

e o $\mathcal{SLI}$ é regido pelo operador diferencial linear de segunda ordem a coeficientes constantes

$$L = -\frac{(M+m)I + Mml^2}{ml}\,\frac{\mathrm{d}^2}{\mathrm{d}t^2} + (M+m)\,g.$$

Exemplo 2.9 Uma barra uniforme horizontal de massa $2m$ apoia-se em duas polias idênticas, cujos eixos distam $2r$ entre si, que giram com a mesma velocidade angular constante ω, porém em sentidos opostos, como indica a Fig. 2.10a. Inserindo-se a barra com seu centro de massa deslocado para a direita de x_0, como indicado, a força de atrito exercida pela polia da direita (para a esquerda) será maior do que a força de atrito exercida pela polia da esquerda (para a direita), acelerando, portanto, a barra naquele sentido até que o centro de massa passe pela origem dos eixos, invertendo-se, então, o sentido da aceleração. Estabelece-se, assim, um movimento periódico da barra que passaremos a investigar. Conhecido o coeficiente de atrito dinâmico, μ, entre as polias e a barra, o mecanismo pode ser entendido como um sistema com oscilação periódica cuja frequência natural, f_{n} passamos a estudar.

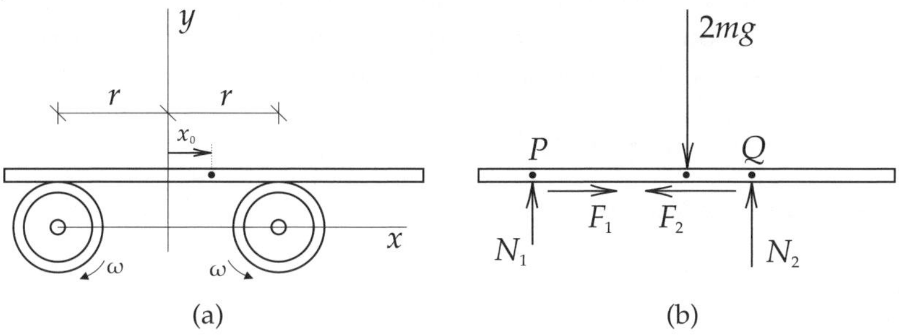

Figura 2.10: (a) Mecanismo composto por uma barra homogênea apoiada na horizontal sobre duas polias idênticas girando com velocidades angulares opostas de mesmo módulo, resultando em um sistema com movimento periódico. (b) Diagrama de forças aplicadas sobre a barra em uma posição genérica.

Os parâmetros conhecidos do sistema são: m, r, μ e ω e deseja-se determinar a frequência natural f_n do sistema em função dos parâmetros. O balanço de forças na direção vertical (y) estabelece que, veja Fig. 2.10b,

$$N_1 + N_2 - 2mg = 0, \tag{a}$$

em que N_1 é a força vertical exercida pela polia da esquerda, no ponto de contato P, e N_2 é a força vertical exercida pela polia da direita, no ponto de contato Q. Fazendo, em seguida, o balanço de momentos na direção z, ortogonal ao plano da figura, com respeito ao ponto P, tem-se

$$N_2 \times 2r - 2mg \times (r + x) = 0, \tag{b}$$

em que g é a aceleração gravitacional e x é a coordenada instantânea do centro de massa. Das Eqs. (a) e (b) obtém-se:

$$N_1 = \frac{r - x}{r}\, mg; \qquad N_2 = \frac{r + x}{r}\, mg.$$

Aplicando, na sequência, o segundo princípio de Newton na direção x, teremos

$$F_1 - F_2 = 2ma,$$

sendo F_1 e F_2 as forças de atrito nos pontos P e Q, respectivamente, e a a aceleração da barra. Portanto,

$$\frac{r - x}{r}\, \mu mg - \frac{r + x}{r}\, \mu mg = 2ma,$$

que resulta em

$$a = -\frac{x}{r}\, \mu g. \tag{c}$$

Observe que a aceleração é negativa (para a esquerda) quando x é positivo, ou seja, quando o centro de massa está à direita da origem, como esperado. Mas, naturalmente, $a = \ddot{x}$, portanto, a equação diferencial que rege o movimento da barra será

$$\ddot{x}(t) + \frac{\mu g}{r}\, x(t) = 0. \tag{d}$$

Ora, esta equação diferencial é a mesma que rege o pêndulo simples linearizado, visto no Ex. 2.5 ou seja, é uma equação do tipo $\ddot{x} + \kappa^2 x = 0$, sendo $\kappa^2 = \mu g/r$ uma constante positiva, caracterizando um sistema linear. Sua solução geral é

$$x(t) = A\cos(\kappa t) + B\,\mathrm{sen}(\kappa t),$$

com as condições iniciais:

$$x(0) = x_0; \qquad \dot{x}(0) = 0,$$

resultando em $A = x_0$ e $B = 0$, logo,

$$x(t) = x_0 \cos\left(\sqrt{\mu g/r}\,t\right),$$

uma solução periódica (e harmônica), cuja frequência natural é

$$f_\mathrm{n} = \frac{1}{2\pi}\sqrt{\frac{\mu g}{r}}.$$

Observe o gentil leitor que o resultado independe da massa m, da velocidade angular ω, e do deslocamento inicial x_0, dependendo, porém, dos parâmetros r e μ.

Exemplo 2.10 O sistema ilustrado na Fig. 2.11 consiste em duas pequenas esferas: P_1, de massa m_1, e P_2, de massa m_2, interligadas por molas, que podem deslizar sem atrito no interior do tubo T, o qual, por sua vez, move-se com velocidade angular constante $\omega = \dot{\theta}$ em torno do eixo que passa por O e é paralelo a $\mathbf{n}_3$.[19]

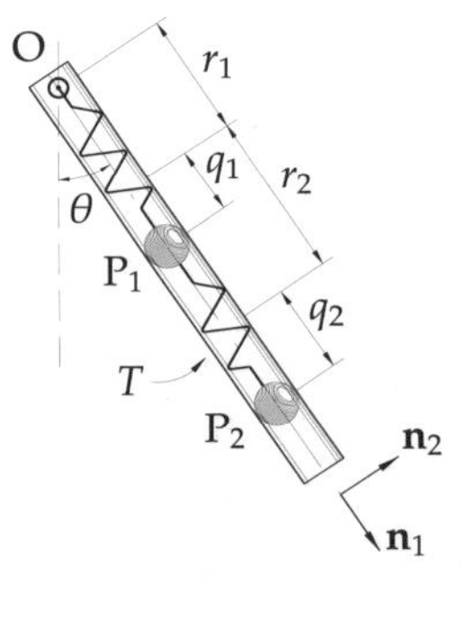

Figura 2.11: Sistema mecânico composto por duas esferas, interligadas por duas molas elásticas movendo-se sem atrito no interior de um tubo T, que gira com velocidade angular constante ω em torno do ponto O.

As molas são elásticas e lineares, de constantes k_1 e k_2 e comprimentos naturais r_1 e r_2. Uma vez que o movimento de T é prescrito, o sistema, holonômico, possui dois graus de liberdade. Tomaremos como coordenadas os deslocamentos das esferas

[19] Embora este sistema mecânico possua apenas dois graus de liberdade, é mais conveniente resolvê-lo utilizando *mecânica analítica*, também conhecida como *mecânica lagrangiana*, ver, por exemplo, T.R. Kane, D.A. Levinson. Dynamics: Theory and Applications. McGraw-Hill, New York, 1985 [134].

em relação às posições naturais das molas, $q_1(t)$ e $q_2(t)$, como indicado na figura. As velocidades das esferas são:

$$\mathbf{v}^{P_1} = \dot{q}_1\mathbf{n}_1 + (r_1 + q_1)\,\omega\mathbf{n}_2;$$
$$\mathbf{v}^{P_2} = \dot{q}_2\mathbf{n}_1 + (r_1 + r_2 + q_2)\,\omega\mathbf{n}_2.$$

Observe que $\mathbf{v}^{P_i} = \mathbf{f}(q_1, q_2, \dot{q}_1, \dot{q}_2)$, $i = 1, 2$. As taxas parciais de variação de posição valem, então,

$$\frac{\partial \mathbf{p}_1}{\partial q_1} = \frac{\partial \mathbf{v}^{P_1}}{\partial \dot{q}_1} = \mathbf{n}_1;$$
$$\frac{\partial \mathbf{p}_1}{\partial q_2} = \frac{\partial \mathbf{v}^{P_1}}{\partial \dot{q}_2} = 0;$$
$$\frac{\partial \mathbf{p}_2}{\partial q_1} = \frac{\partial \mathbf{v}^{P_2}}{\partial \dot{q}_1} = 0;$$
$$\frac{\partial \mathbf{p}_2}{\partial q_2} = \frac{\partial \mathbf{v}^{P_2}}{\partial \dot{q}_2} = \mathbf{n}_1.$$

As forças aplicadas a P_1 são as exercidas pelo peso, pelas duas molas e pelo tubo. A força resultante sobre P_1 vale, então (verifique),

$$\mathbf{F}_1 = \big(-k_1q_1 + k_2(q_2 - q_1) + m_1 g\cos\theta\big)\mathbf{n}_1 + (A - m_1 g\mathrm{sen}\theta)\mathbf{n}_2 + B\mathbf{n}_3,$$

sendo A e B componentes da força de contato exercidas pelo tubo, desconhecidos. Do mesmo modo, as forças aplicadas a P_2 provêm dos mesmos elementos e sua resultante é

$$\mathbf{F}_2 = \big(m_2 g\cos\theta - k_2(q_2 - q_1)\big)\mathbf{n}_1 + (C - m_2 g\mathrm{sen}\theta)\mathbf{n}_2 + D\mathbf{n}_3,$$

sendo C e D, desconhecidos, componentes de força exercidos pelo tubo. As forças ativas generalizadas F_1 e F_2 podem ser então obtidas, segundo a forma (verifique):

$$\begin{aligned}
F_1 &= \mathbf{F}_1 \cdot \frac{\partial \mathbf{p}_1}{\partial q_1} + \mathbf{F}_2 \cdot \frac{\partial \mathbf{p}_2}{\partial q_1} \\
&= -k_1q_1 + k_2(q_2 - q_1) + m_1 g\cos\theta; \\
F_2 &= \mathbf{F}_2 \cdot \frac{\partial \mathbf{p}_1}{\partial q_2} + \mathbf{F}_2 \cdot \frac{\partial \mathbf{p}_2}{\partial q_2} \\
&= -k_2(q_2 - q_1) + m_2 g\cos\theta,
\end{aligned}$$

em que $\theta(t) = \omega t + \theta(0)$ é conhecido a qualquer tempo. As acelerações das duas partículas constituintes do sistema valem:

$$\mathbf{a}^{P_1} = \left(\ddot{q}_1 - (r_1 + q_1)\,\omega^2\right)\mathbf{n}_1 + \left(2\dot{q}_1\omega + (r_1 + q_1)\,\dot{\omega}\right)\mathbf{n}_2;$$
$$\mathbf{a}^{P_2} = \left(\ddot{q}_2 - (r_1 + r_2 + q_2)\,\omega^2\right)\mathbf{n}_1 + \left(2\dot{q}_2\omega + (r_1 + r_2 + q_2)\,\dot{\omega}\right)\mathbf{n}_2.$$

Portanto, as forças de inércia generalizadas valem:

$$
\begin{aligned}
F_1^* &= -m_1\mathbf{a}^{P_1}\cdot\frac{\partial \mathbf{p}_1}{\partial q_1} - m_2\mathbf{a}^{P_2}\cdot\frac{\partial \mathbf{p}_2}{\partial q_1}\\
&= -m_1(\ddot{q}_1 - (r_1+q_1)\,\omega^2);\\
F_2^* &= -m_1\mathbf{a}^{P_1}\cdot\frac{\partial \mathbf{p}_1}{\partial q_2} - m_2\mathbf{a}^{P_2}\cdot\frac{\partial \mathbf{p}_2}{\partial q_2}\\
&= -m_2(\ddot{q}_2 - (r_1+r_2+q_2)\,\omega^2).
\end{aligned}
$$

Aplicando, em seguida, a forma lagrangiana do princípio de D'Alembert, que estabelece que

$$F_s + F_s^* = 0, \qquad s = 1,2,\ldots,r,$$

ou seja, adicionando as forças ativas generalizadas e as forças de inércia generalizadas e igualando a zero, recaímos nas duas equações de movimento para as variáveis q_1 e q_2:

$$-k_1q_1 + k_2(q_2-q_1) + m_1 g\cos\theta - m_1(\ddot{q}_1 - (r_1+q_1)\,\omega^2) = 0; \tag{a}$$

$$-k_2(q_2-q_1) + m_2 g\cos\theta - m_2(\ddot{q}_2 - (r_1+r_2+q_2)\,\omega^2) = 0. \tag{b}$$

Observe o gentil leitor que as incógnitas A, B, C e D, componentes de força, foram naturalmente suprimidas das equações de movimento, sendo essa uma das razões de se utilizar a solução via mecânica analítica. Esse sistema de equações (a) e (b) é um sistema linear nas variáveis q_1 e q_2 porém *acoplado*. Sua solução só pode ser obtida numericamente, ou seja, atribuídos valores para as constantes k_1, k_2, m_1, m_2 (e g), a evolução de $q_1(t)$ e $q_2(t)$, saídas do sistema, podem ser determinadas numericamente em função de $\theta(t)$, entrada do sistema.

Nos próximos cinco capítulos — Capítulos 3 a 7 — serão estabelecidas as bases teóricas para lidar com processamento de sinais contínuos e, particularmente, aplicados a sistemas lineares invariantes no tempo, constituindo a Parte A deste livro. Veremos, na sequência: o Capítulo 3, Distribuições; o Capítulo 4, Base Complexa e Funções Harmônicas; o Capítulo 5, Convolução e Correlação; o Capítulo 6, Série de Fourier; e o Capítulo 7, Transformada de Fourier.

Nos três capítulos seguntes — Capítulos 8 a 10 — são introduzidas as ferramentas necessárias para lidar com sinais discretos, constituindo a Parte B do livro. Veremos, na sequência: o Capítulo 8, Amostragem de Sinais; o Capítulo 9, Transformada Discreta de Fourier; e o Capítulo 10, Convolução e Correlação Discretas.

Finalmente, os dois capítulos subsequentes — Capítulos 11 e 12 — são dedicados às aplicações em *Acústica e Vibrações*, constituindo a Parte C do livro.

I

Parte A — Sinais Contínuos

Capítulo 3

Distribuições

Beleza é o primeiro teste: não há um lugar permanente no mundo para matemática feia.
Godfrey Harold Hardy

Na análise de sinais, estão presentes funções singulares — conhecidas como *funções generalizadas*[1] ou *distribuições* — que desempenham um papel fundamental no estudo teórico de processamento de sinais.

Funções generalizadas ou distribuições são funções, por assim dizer, mal condicionadas, no sentido de que são ilimitadas em determinados pontos de seu domínio ou não possuem derivada definida em todos os seus pontos (ou ambos); de um modo geral, são funções que não podem ser devidamente definidas no arcabouço das funções usuais. Contudo, do ponto de vista — ou de escuta — teórico, são funções cujo conhecimento e capacidade de manipulação são absolutamente fundamentais para a compreensão e o domínio das técnicas de processamento de sinais. Devido à sua singularidade, uma das maneiras mais simples de estudar funções generalizadas é através de funcionais.[2]

O exemplo mais típico de uma função generalizada é o da *distribuição de Dirac*,[3] também conhecida como *delta de Dirac* ou ainda como *impulsão unitária*, veja Fig. 3.1.

---

[1] Ver, por exemplo, I.M. Gel'fand, G.E. Shilov. Generalized Functions. Academic Press, New York, 1964 [87].

[2] O conceito de *funcional* será abordado na Seção 3.1.

[3] Paul Adrien Maurice Dirac (1902–1984), físico britânico que introduziu o conceito em 1930.

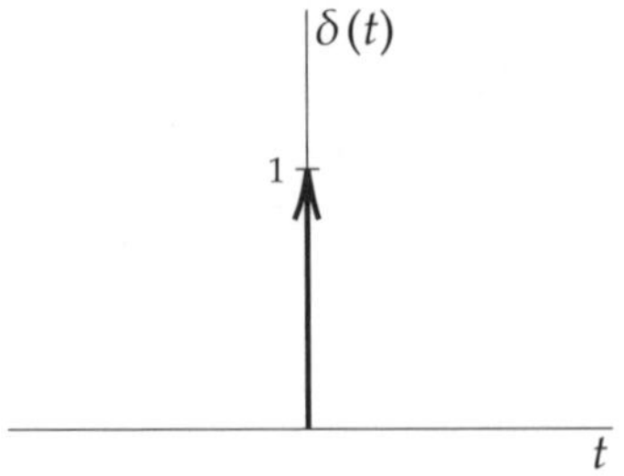

Figura 3.1: Representação gráfica do delta de Dirac, $\delta(t)$.

A distribuição de Dirac é uma função generalizada — porque, como mostra a ilustração, não está definido seu valor ou sua derivada em $t = 0$ — e que vale zero para todo $t \neq 0$ e, digamos assim, "tende a infinito" em $t = 0$, de tal modo que sua integral em todo o domínio dos reais é unitária. Esse é o significado do número '1' no eixo vertical da Fig. 3.1. A distribuição de Dirac é notada como $\delta(t)$. (Essa "definição", contudo, é inconsistente do ponto de vista do cálculo usual, e voltaremos à definição do delta de Dirac na Seção 3.4 com o rigor necessário.)

De uma forma mais geral, a distribuição de Dirac pode ser definida como *defasada* ou *retardada* ou ainda *deslocada* com respeito à origem, na forma $\delta(t - t_0)$, sendo t_0 uma constante.[4] Nesse caso, a função generalizada é considerada como nula quando seu argumento é diferente de zero, ou seja, quando $t \neq t_0$, mantendo-se sua integral em todo o domínio igual à unidade, veja Fig. 3.2.

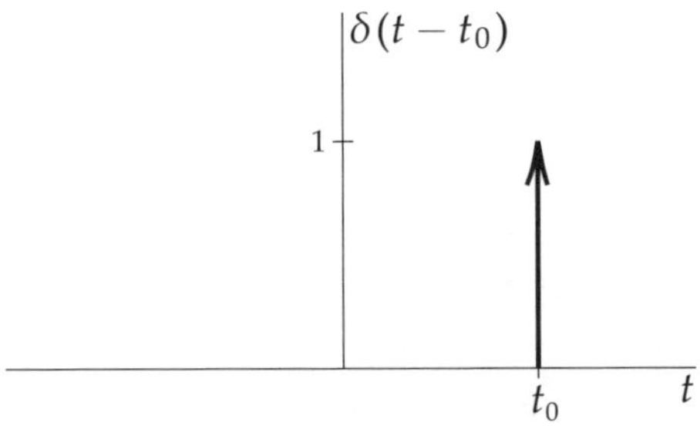

Figura 3.2: Representação gráfica do delta de Dirac deslocado, $\delta(t - t_0)$, com $t_0 > 0$.

A distribuição de Dirac está presente em diversos ramos da física aplicada e, com especial importância, como mencionado anteriormente, no estudo de técnicas de processamento de sinais.

A distribuição de Dirac pode ser igualmente definida em função de uma variável de posição. Por exemplo, se $\mathbf{x} = (x, y)$ corresponde a um ponto no plano de coordenadas x e y, então, podemos ter um delta de Dirac espacial, da forma $\delta(x, y)$, ou um delta de Dirac espacial deslocado, da forma $\delta(x - x_0, y - x_0)$, conforme ilustrado na Fig. 3.3.

[4]Observe que se $t_0 > 0$ o delta é deslocado para a direita, ao passo que se $t_0 < 0$ o delta é deslocado para a esquerda.

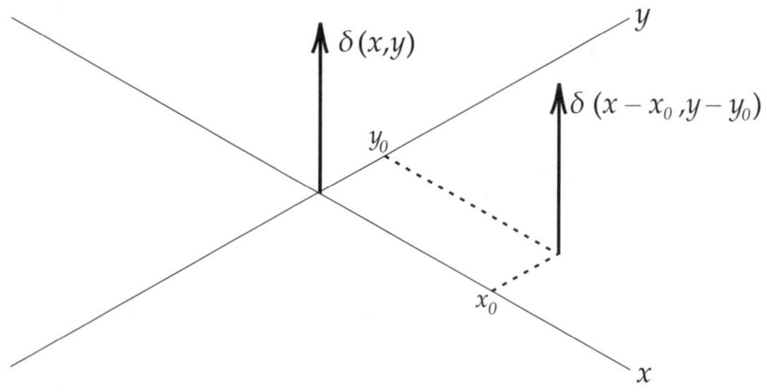

Figura 3.3: Representação gráfica de dois deltas de Dirac espaciais, sendo um na origem e outro deslocado para o ponto (x_0, y_0).

Em suma, a distribuição de Dirac pode ser definida como função de qualquer variável (tempo, frequência, distância, número de onda etc.) podendo esta ser escalar, como indicado nas Figs. 3.1 e 3.2, ou vetorial, como ilustrado na Fig. 3.3. Neste texto, trataremos quase que exclusivamente de distribuições de Dirac temporais e, eventualmente, frequenciais.

A Seção 3.1 discute sumariamente a noção de funcionais e suas implicações sobre o conceito de distribuições. Veremos que é através da aplicação de funcionais às distribuições que podemos melhor compreender as propriedades destas.

A introdução dos espaços de funções nesse ponto favorece a compreensão mais ampla, a posteriori, da série de Fourier e seu significado como decomposição de uma função periódica em uma base de funções ortogonais.

A Seção 3.2 trata das distribuições propriamente ditas. Os conceitos de distribuição e de função generalizada são propositalmente confundidos, uma vez que sua distinção precisa não é de interesse do ponto de vista (ou de escuta) das aplicações práticas. Na Seção 3.3 é introduzido o conceito de produto escalar em um espaço de funções (ordinárias ou generalizadas).

A Seção 3.4 introduz formalmente a distribuição de Dirac. A Seção 3.5 apresenta algumas das principais propriedades das distribuições. A Seção 3.6 reúne as propriedades da distribuição de Dirac e outras distribuições dela derivadas. Finalmente, a Seção 3.7 discute a equivalência entre duas distribuições.

3.1 Funcionais

Um funcional $\mathcal{J}$ é um operador que transforma uma função em um número real, veja Fig. 3.4.

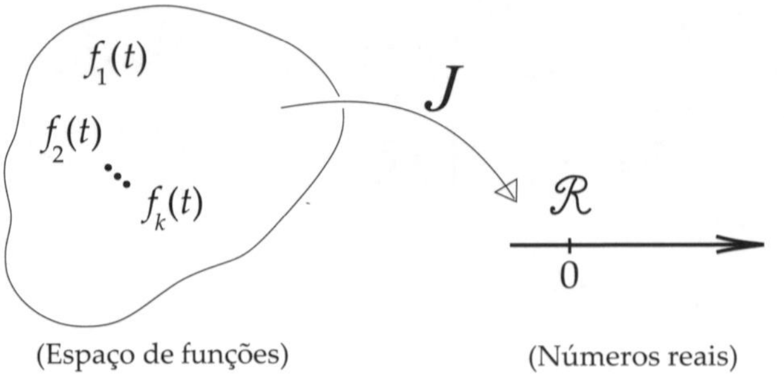

Figura 3.4: Um espaço de funções cuja imagem, através do funcional $\mathcal{J}$, é o eixo dos números reais.

Seja $\mathcal{F}$, então, um *espaço de funções reais*, da variável t, real ou complexa,[5] definida sobre um domínio $\mathcal{D}$, ou seja, $t \in \mathcal{D}$, e em $\mathcal{F}$ estão definidas as operações de *soma de duas funções* e *produto de uma função por um escalar*, λ, na forma:

$$\begin{aligned} h &= f + g \quad \text{se e só se} \quad h(t) = f(t) + g(t), \quad \text{para todo } t \in \mathcal{D}; \\ h &= \lambda f \quad \text{se e só se} \quad h(t) = \lambda f(t), \quad \text{para todo } t \in \mathcal{D}. \end{aligned} \tag{3.1}$$

Um funcional definido sobre o espaço de funções $\mathcal{F}$, converte, portanto, cada função do espaço em um número real. Alguns exemplos ilustram melhor o conceito.

Exemplo 3.1 Seja $\mathcal{J}_1$ o funcional que, para cada função $f(t)$, leve ao real $f(t_0)$, veja Fig. 3.5. Representa-se simbolicamente essse funcional por

$$f(t) \xrightarrow{\mathcal{J}_1} f(t_0).$$

Assim, admitindo, digamos, $t_0 = 0$ teremos que $\mathcal{J}_1[\text{sen}(t)] = 0$, $\mathcal{J}_1[\cos(t)] = 1$ e $\mathcal{J}_1[t^2 - 5] = -5$, etc.

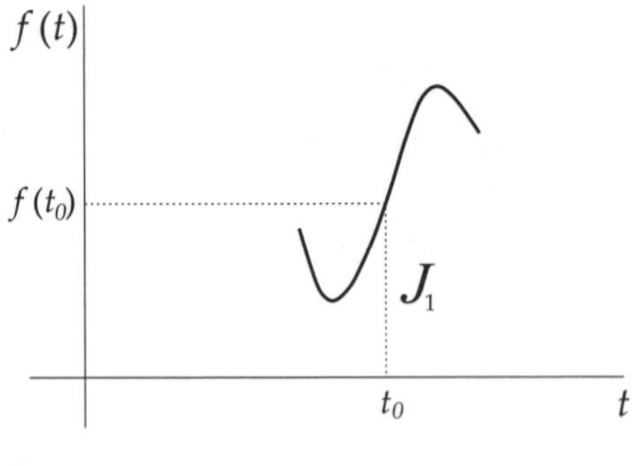

Figura 3.5: O funcional que extrai o valor da função $f(t)$ em t_0.

[5]A variável t pode ser também *vetorial*, bem como as funções pertencentes a $\mathcal{F}$ podem ser complexas. Restringir-nos-emos neste texto, exceto quando indicado explicitamente em contrário, a lidar com funções reais ou complexas de variável real. Cumpre notar, contudo, que nada foi dito sobre as funções que compõem o espaço $\mathcal{F}$ serem funções ordinárias ou funções generalizadas.

Exemplo 3.2 Seja $\mathcal{J}_2$ o funcional, definido no intervalo (a, b), que calcula para cada função $f(t)$ a área sob a curva da função, no intervalo, ou seja,

$$f(t) \xrightarrow{\mathcal{J}_2} \int_a^b f(t)\,\mathrm{d}t.$$

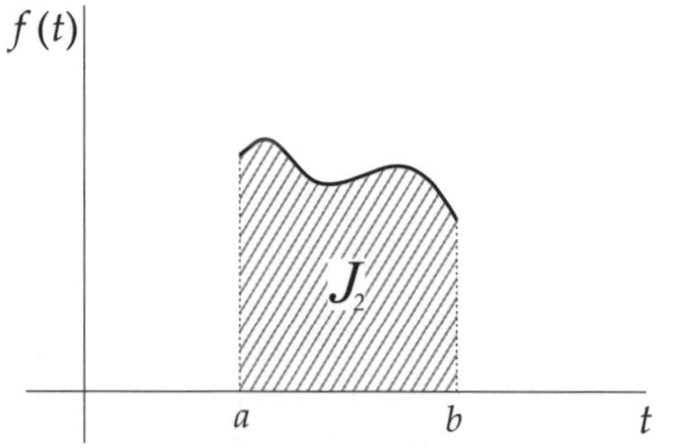

Figura 3.6: Funcional que calcula a área sob a curva $f(t)$.

Observe que a integral é calculada nos limites de integração considerados e que o resultado é necessariamente um número real, veja Fig. 3.6. Note ainda que a área poderá ser negativa, bastando, por exemplo, que $f(t) < 0$ no intervalo (a, b).[6] Se, digamos, $a = -\pi/2$ e $b = \pi/2$, então $\mathcal{J}_2[\text{sen}(t)] = 0$, $\mathcal{J}_2[\cos(t)] = 2$ e $\mathcal{J}_2[3t + 1] = \pi$ (verifique).

Exemplo 3.3 Seja $\mathcal{J}_3$ o funcional que calcula o valor máximo do módulo da função, ou seja,

$$f(t) \xrightarrow{\mathcal{J}_3} \max |f(t)|,$$

em que '$|\ |$' significa módulo ou valor absoluto e 'max' significa o valor máximo, veja Fig. 3.7. Esse funcional é, naturalmente, sempre positivo, exceto quando aplicado à função nula, $f(t) = 0$, para todo t, quando o valor do funcional também será nulo.

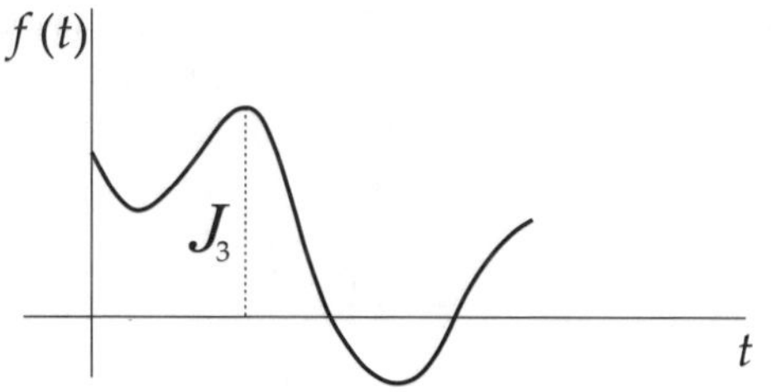

Figura 3.7: Funcional que extrai o valor máximo do módulo de uma função.

Se, digamos, $f(t) = 3\cos(\omega t - \phi)$, então, $\mathcal{J}_3[f(t)] = 3$, independentemente dos valores das constantes ω ou ϕ.

[6]Há outras possibilidades: o gentil leitor consegue conjecturar?

Exemplo 3.4 Considere o funcional $\mathcal{J}_4$, definido no intervalo (a, b), da forma

$$f(t) \xrightarrow{\mathcal{J}_4} \int_a^b f(t)\,\phi(t)\,\mathrm{d}t,$$

sendo $\phi(t)$ uma função dada, fixa, definida no mesmo domínio da função $f(t)$. Aqui, o funcional é semelhante ao do Ex. 3.2 (para o qual $\phi(t) = 1$ no intervalo), mas a função ϕ está presente na integração, ponderando os valores da função $f(t)$.

Exemplo 3.5 Considere agora o funcional, definido em um intervalo (a, b), por

$$f(t) \xrightarrow{\mathcal{J}_5} \int_a^b \sqrt{1 + f'^{\,2}(t)}\,\mathrm{d}t,$$

em que $f'(t)$ designa a derivada de $f(t)$ com respeito ao seu argumento, t. O estimado leitor identifica o que esse funcional calcula? Bem, não é difícil ver que o comprimento de um arco infinitesimal ds da curva de $f(t)$, satisfaz a relação (Pitágoras)

$$\mathrm{d}s^2 = \mathrm{d}t^2 + \mathrm{d}f^2, \quad \text{logo,} \quad \mathrm{d}s = \sqrt{1 + f'^{\,2}}\,\mathrm{d}t.$$

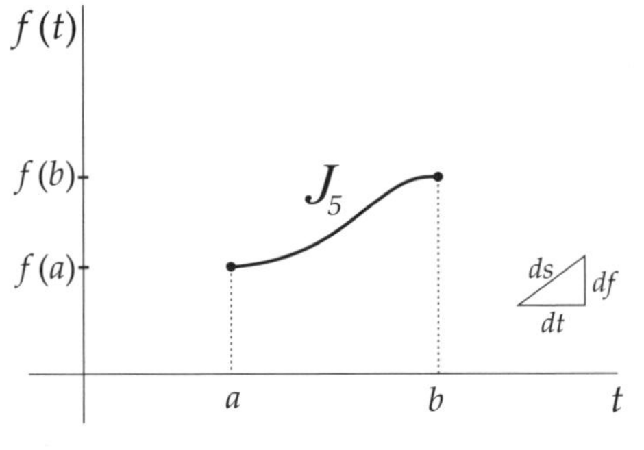

Figura 3.8: Funcional que calcula o comprimento de arco da curva de uma função entre dois extremos dados.

Portanto, a integral computa o comprimento do arco da curva de $f(t)$ entre os pontos de coordenadas $\big(a, f(a)\big)$ e $\big(b, f(b)\big)$, veja Fig. 3.8. Dentre todas as funções que passam pelos pontos $(a, f(a))$ e $(b, f(b))$, aquela que fornecerá o menor valor para $\mathcal{J}_5$ será $f_{\min}(t) = mt + n$, uma reta, portanto,[7] em que

$$m = \frac{f(a) - f(b)}{a - b} \qquad \text{e} \qquad n = \frac{af(b) - bf(a)}{a - b}.$$

Um funcional é dito *linear* se e somente se, quando aplicado a uma combinação linear de funções, leva a um número real igual à combinação linear dos funcionais componentes, ou seja,

$$\mathcal{J}[\alpha f(t) + \beta g(t)] = \alpha \mathcal{J}[f(t)] + \beta \mathcal{J}[g(t)], \tag{3.2}$$

[7]Diz-se, nesse caso, que a função $f_{\min}(t)$ é aquela que *minimiza* o funcional.

sendo α e β constantes reais.

Exemplo 3.6 São lineares (verifique) os funcionais dos Exs. 3.1, 3.2 e 3.4. Os funcionais dos Exs. 3.3 e 3.5 não satisfazem a definição (3.2), portanto são não lineares. Sugerimos ao estimado leitor que procure contra-exemplos para estes últimos.

Um funcional é dito *contínuo* se e somente se, dada uma sequência *convergente* de funções $f_k(t) \longrightarrow f^*(t)$, isto é, uma sequência de funções $f_k(t)$, $k = 1, 2, \ldots$ que convergem para a função $f^*(t)$, onde '$\longrightarrow$' simboliza convergência, então, o valor do funcional aplicado a cada função dessa sequência também converge para o valor do funcional aplicado à função $f^*(t)$, ou seja,

$$\mathcal{J}[f_k(t)] \longrightarrow \mathcal{J}[f^*(t)]. \tag{3.3}$$

Observe que a primeira convergência se dá no espaço de funções, $\mathcal{F}$, significando que a *distância* entre duas funções da sequência cai com k crescente, enquanto que a segunda convergência se dá no espaço dos números reais, significando redução de distâncias no sentido usual.[8]

A distância entre duas funções no espaço $\mathcal{F}$ dependerá da *métrica* utilizada. Aqui, por simplicidade, adotaremos como *distância* $\mathcal{D}i$ *entre duas funções* $f(t)$ e $g(t)$, definidas num dado intervalo (a, b), a expressão

$$\mathcal{D}i(f, g) = \int_a^b |f(t) - g(t)| \, \mathrm{d}t. \tag{3.4}$$

Observe que, segundo a métrica definida pela Eq. (3.4), a distância entre duas funções é sempre positiva, sendo nula somente se $f(t) = g(t)$ para todo t. Note também que $\mathcal{D}i$ é um funcional. Fixando-se a função $f(t)$, o funcional aplica-se sobre a função $g(t)$; já fixando-se $g(t)$, o funcional aplica-se sobre $f(t)$.

Exemplo 3.7 A distância $\mathcal{D}i$ entre as funções $f(t) = 3t^2$ e $g(t) = 2t^2 - 1$, no intervalo $(0, 1)$, é

$$\begin{aligned} \mathcal{D}i(f, g) &= \int_0^1 |3t^2 - 2t^2 + 1| \, \mathrm{d}t \\ &= \int_0^1 |t^2 + 1| \, \mathrm{d}t \\ &= \left(t^3/3 + t\right)\Big|_0^1 \\ &= 4/3. \end{aligned}$$

[8]O leitor mais atento deve ter percebido que a definição de funcional contínuo guarda estreitíssima relação com o conceito de continuidade de funções ordinárias: se $x \longrightarrow x^*$, então, $f(x) \longrightarrow f(x^*)$, f contínua.

A distância $\mathcal{D}i$ entre as funções $l(t) = t + 1$ e $m(t) = t - 1$, no mesmo intervalo, é

$$\begin{aligned}\mathcal{D}i(l,m) &= \int_0^1 |(t+1) - (t-1)|\,\mathrm{d}t \\ &= \int_0^1 |2|\,\mathrm{d}t \\ &= (2t)\Big|_0^1 \\ &= 2.\end{aligned}$$

Exemplo 3.8 Considere a sequência de funções $S_k(t)$, definidas no intervalo $(-\pi, \pi)$, da forma

$$S_k(t) = \frac{4}{\pi} \sum_{l=1}^{k} \frac{\operatorname{sen}((2l-1)t)}{2l-1},$$

cuja sequência converge para[9]

$$S^*(t) = \begin{cases} -1, & -\pi < t < 0 \\ 0, & t = 0 \\ 1, & 0 < t < \pi \end{cases}$$

no intervalo. A Fig. 3.9 ilustra $S_1(t)$, $S_2(t)$ e $S^*(t)$. O funcional

$$f(t) \xrightarrow{\mathcal{J}_1} f(0)$$

é contínuo sobre essa sequência. Com efeito, $S_k(0) = 0$ para todo k inteiro e $S^*(0) = 0$. O funcional

$$f(t) \xrightarrow{\mathcal{J}_2} \int_{-\pi}^{\pi} f(t)\,\mathrm{d}t$$

também é contínuo pois a área sob a curva de $S_k(t)$ é nula, para todo k inteiro, o mesmo sucedendo com a área sob $S^*(t)$, no intervalo em consideração.

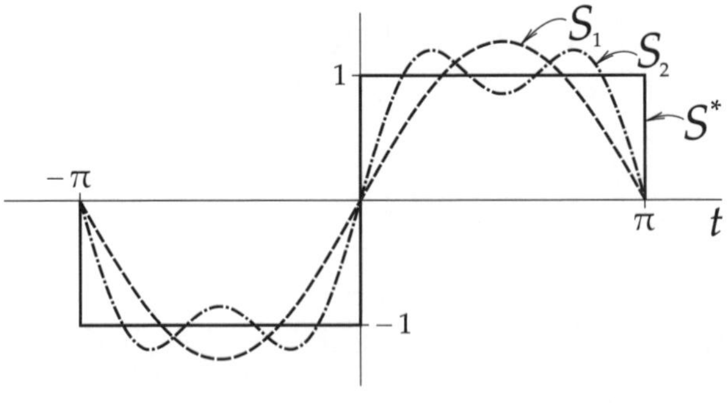

Figura 3.9: Gráfico indicando $S_1(t)$, $S_2(t)$ e $S^*(t)$ no intervalo $(-\pi, \pi)$.

[9] Ver, por exemplo, I.M. Gelfand, S.V. Fomin. Calculus of Variations. Prentice-Hall, Englewood Cliffs, 1963 [88].

Observe, agora, que o funcional

$$f(t) \xrightarrow{\mathcal{J}_2} \int_0^{\pi} f(t)\,\mathrm{d}t$$

também é contínuo pois a área sob a curva das funções S_k, no intervalo $(0, \pi)$ converge para o valor π. Busque outros exemplos.

3.2 Distribuições

Dispomos, agora, de um ferramental matemático para definir adequadamente as *distribuições* ou *funções generalizadas*.[10] Mas vamos, primeiramente, definir funções auxiliares, ordinárias, que denominaremos *funções teste*. Seja $\phi(t)$ uma função da variável t satisfazendo as seguintes propriedades:

$$|\phi(t)| < \infty, \qquad \text{para todo } t; \tag{3.5}$$

$$\lim_{t \to \pm\infty} \phi(t) = 0. \tag{3.6}$$

Em outras palavras, a função $\phi(t)$ deverá ser "bem comportada" o suficiente, de modo a ser limitada em todos os pontos do eixo dos reais e tender para zero no infinito (positivo ou negativo). Uma função assim condicionada é denominada *função teste*. Cumpre notar, portanto, que uma função teste é uma função ordinária; todavia, uma função teste, por satisfazer as Eqs. (3.5) e (3.6) pertence a uma classe de funções mais restrita. A Fig. 3.10 ilustra três exemplos de funções teste.

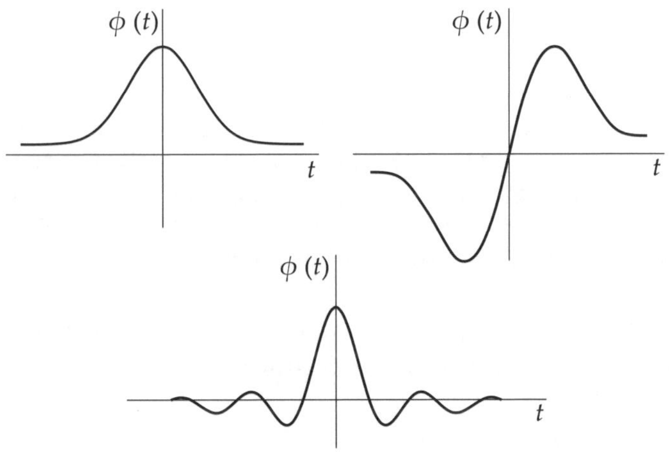

Figura 3.10: Três exemplos de funções teste.

Observe que todo sinal real, ou seja, todo sinal que possa ser *medido* por meio de algum instrumento, constitui uma função teste, uma vez que um sinal real

[10]Para mais detalhes, ver, por exemplo, I.M. Gel'fand, G.E. Shilov. Generalized Functions. Academic Press, New York, 1964 [87].

nunca terá valores ilimitados, satisfazendo, portanto, a condição (3.5), e sempre terá um início e um fim, satisfazendo, assim, a condição (3.6). A título de exemplo, a função matemática $\cos(\omega t)$ *não* é uma função teste pois satisfaz a primeira condição mas não satisfaz a segunda; já a mesma função definida no intervalo $(-\pi, \pi)$, sendo nula no restante do domínio, constitui uma função teste, satisfazendo ambas as condições.

Exemplo 3.9 Uma *função janela*, também chamada de *filtro ideal*, e notada como $\sqcap_\tau(t)$, é uma função analítica, definida por (veja Fig. 3.11)

$$\sqcap_\tau(t) = \begin{cases} 0, & |t| \geq \tau \\ 1, & |t| < \tau. \end{cases}$$

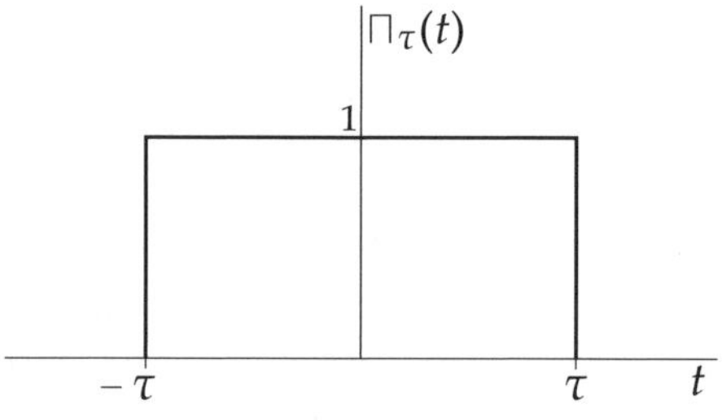

Figura 3.11: Função janela $\sqcap_\tau(t)$, centrada na origem.

Note que $\sqcap_\tau(t)$ tem suporte, ou largura, igual a 2τ. Por satisfazer as Eqs. (3.5) e (3.6) a função janela constitui uma função teste.

Exemplo 3.10 A função $A\,\text{sen}(\omega t)/(\omega t)$ é uma função teste por satisfazer as condições expressas nas Eqs. (3.5) e (3.6). Já a função $\text{sen}(\omega t)$ não constitui uma função teste por não satisfazer a condição (3.6) e a função $\tan(\omega t)$ também não por não satisfazer a condição (3.5). Contudo, a função $\phi(t) = A\,\text{sen}(\omega t) \cdot \sqcap_\tau(t)$ atende às duas condições, constituindo, portanto, uma função teste.

Uma *distribuição* ou *função generalizada* $T(t)$ é definida a partir da *aplicação* de um funcional linear e contínuo sobre uma função teste, na forma

$$\mathcal{J}_T[\phi(t)] = \int_{-\infty}^{\infty} T(t)\phi(t)\,\mathrm{d}t, \tag{3.7}$$

onde se lê: *T distribuído sobre φ*. Note que a distribuição de uma função generalizada $T(t)$ aplicada a $\phi(t)$ é definida como uma integral do produto das duas funções em todo o domínio real. Observe que $\mathcal{J}_T$ é um funcional tal como $\mathcal{J}_4$, visto no Ex. 3.4, porém com limites de integração infinitos. A integral envolve o produto de duas funções, sendo uma a função generalizada $T(t)$ e outra uma função teste $\phi(t)$. Atente para o fato de que a função generalizada está sendo *definida* a partir da aplicação do funcional da Eq. (3.7). Essa forma de definir algo (a função generalizada) a partir de uma operação (o funcional) não é novidade alguma. Por exemplo, dado o vetor $\mathbf{u}$ e a matriz (ou tensor) A, um vetor $\mathbf{v}$ pode ser definido pela aplicação da matriz A sobre o vetor $\mathbf{u}$, na forma $\mathbf{v} = A\mathbf{u}$.[11]

Exemplo 3.11 Uma carga $q(x)$, com dimensão física [MT^{-2}], ou kg/s^2 em unidades SI, distribuída sobre uma viga engastada de comprimento c, veja Fig. 3.12, produz um momento fletor, no ponto que dista s do engaste, igual a[12]

$$M(s) = \int_s^c q(x)\, x \, \mathrm{d}x.$$

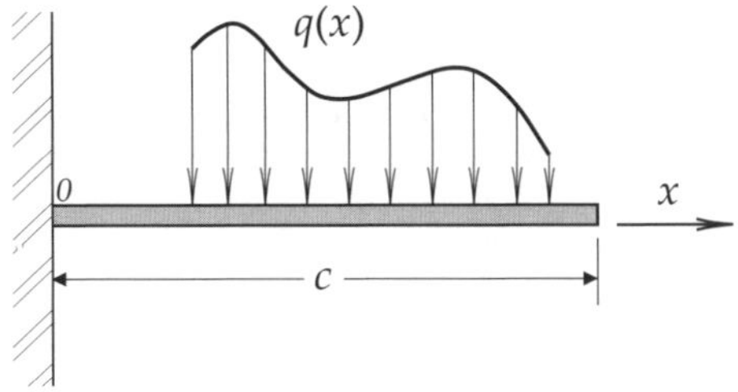

Figura 3.12: Um carregamento $q(x)$ aplicado a uma viga de comprimento c.

O momento no engaste, portanto, pode ser calculado por

$$M_0 = \int_0^c q(x)\, x \, \mathrm{d}x.$$

Note que o momento fletor no engaste é, portanto, a distribuição da carga $q(x)$ sobre a função teste

$$\phi(x) = \begin{cases} 0, & x \notin (0,c) \\ x, & x \in [0,c]. \end{cases}$$

Observe que, neste exemplo, a noção de *distribuição* aplicou-se à distribuição (com trocadilho) de uma carga sobre uma viga. Contudo, $q(x)$, como indica a Fig. 3.12, constitui uma função ordinária. Vejamos o próximo exemplo.

Exemplo 3.12 Consideremos agora o caso de uma força concentrada de módulo F_0 aplicada no ponto $x = x_0$ da viga de comprimento c, veja Fig. 3.13.

[11]Há inúmeros outros casos similares de definição indireta. A título de exemplo, o *produto tensorial* entre dois vetores $\mathbf{u}$ e $\mathbf{v}$, notado como $\mathbf{u} \otimes \mathbf{v}$, é definido a partir de sua aplicação em um terceiro vetor arbitrário $\mathbf{w}$, na forma $(\mathbf{u} \otimes \mathbf{v})\mathbf{w} = (\mathbf{v} \cdot \mathbf{w})\mathbf{u}$, onde o símbolo '$\cdot$' denota o produto escalar entre vetores.

[12]Veja, por exemplo, J.L. Meriam. Statics. 5th edition, John Wiley & Sons, New York, 2001 [171].

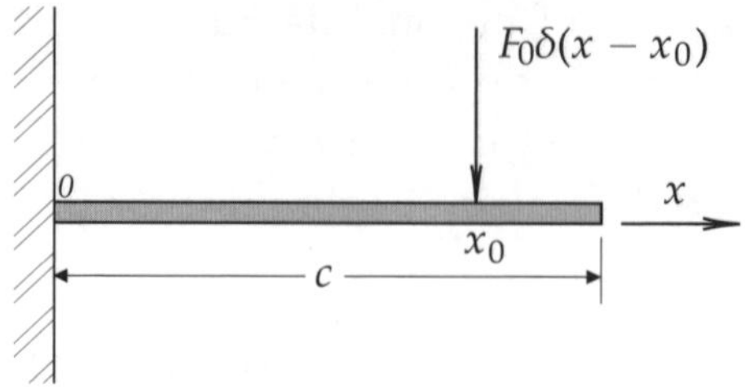

Figura 3.13: Força concentrada aplicada em um ponto x_0 da viga.

Nesse caso, a força concentrada pode ser expressa pela função generalizada $F_0\delta(x - x_0)$. O momento fletor, no ponto que dista s do engaste, é igual a

$$M(s) = \int_s^c F_0\delta(x - x_0)\, x\, \mathrm{d}x.$$

O momento no engaste, portanto, pode ser calculado por

$$M_0 = \int_0^c F_0\delta(x - x_0)\, x\, \mathrm{d}x.$$

Nesse caso, o momento fletor na origem é calculado pela distribuição da função generalizada $F_0\delta(x - x_0)$ sobre a mesma função teste vista no Ex. 3.11,

$$\phi(x) = \begin{cases} 0, & x \notin (0, c) \\ x, & x \in [0, c]. \end{cases}$$

Como se verá no Ex. 3.19, Seção 3.4, o valor do momento fletor no engaste vale $F_0 x_0$, como esperado.[13]

3.3 Produto interno

O *produto interno* ou *produto escalar* entre duas funções $f(t)$ e $g(t)$, pertencentes a um dado espaço de funções reais $\mathcal{F}$, é notado como $<f, g>$. Tal como no produto escalar entre dois vetores, o resultado é um número real e o produto escalar deve satisfazer as seguintes propriedades, sendo λ um número real:[14]

$$\begin{aligned}
&1. \text{ comutatividade: } < f, g > = < g, f >; \\
&2. \text{ distributividade: } < f, (g + h) > = < f, g > + < f, h >; \\
&3. \text{ produto por escalar: } < \lambda f, g > = < f, \lambda g > = \lambda < f, g >; \\
&4. \text{ positividade: } < f, f > \geq 0, \text{ com } < f, f > = 0 \longleftrightarrow f = 0, \ \forall t.
\end{aligned} \tag{3.8}$$

O conceito de produto escalar encerra a ideia de *projeção*. Assim, dados, por exemplo, dois vetores em um plano, o produto escalar entre eles indica o quanto

[13]Observe que $\delta(x - x_0)$ tem dimensão física $[1/\mathrm{L}]$, portanto, $F_0\delta(x - x_0)$ tem dimensão física $[\mathrm{M}/\mathrm{T}^{-2}]$ e M_0 terá dimensão $[\mathrm{ML}^2\mathrm{T}^{-2}]$, ou seja, Nm em unidades SI, como convém a um momento.

[14]Os símbolos '$\longleftrightarrow$' e '$\forall$' significam, respectivamente, 'se e somente se' e 'para todo'.

um dos vetores tem em comum com o outro, conforme indicado na Fig. 3.14. Se, por exemplo, os vetores forem *ortogonais* seu produto escalar será nulo, expressando o fato de que eles não têm nada em comum.[15]

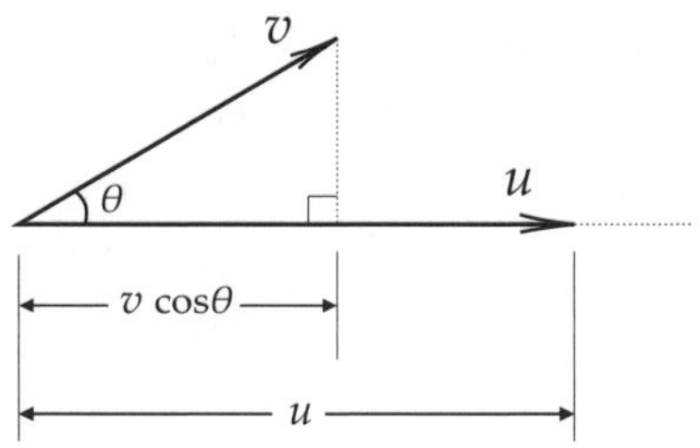

Figura 3.14: Produto escalar entre dois vetores $\mathbf{u}$ e $\mathbf{v}$: $\mathbf{u} \cdot \mathbf{v} = uv\cos\theta$.

É fácil verificar que o produto escalar de dois vetores satisfaz as condições estabelecidas nas Eqs. (3.8). Com efeito, dados três vetores em um espaço, digamos, tridimensional, $\mathbf{u} = (u_1, u_2, u_3)$, $\mathbf{v} = (v_1, v_2, v_3)$ e $\mathbf{w} = (w_1, w_2, w_3)$, e sendo o produto escalar $\mathbf{u} \cdot \mathbf{v}$ nesse espaço definido como

$$\mathbf{u} \cdot \mathbf{v} = \sum_{i=1}^{3} u_i v_i, \tag{3.9}$$

então:

$$\begin{aligned}
&1.\ \mathbf{u} \cdot \mathbf{v} = \sum_{i=1}^{3} u_i v_i = \sum_{i=1}^{3} v_i u_i = \mathbf{v} \cdot \mathbf{u};\\
&2.\ \mathbf{u} \cdot (\mathbf{v} + \mathbf{w}) = \sum_{i=1}^{3} u_i (v_i + w_i) = \sum_{i=1}^{3} u_i v_i + \sum_{i=1}^{3} u_i w_i = \mathbf{u} \cdot \mathbf{v} + \mathbf{u} \cdot \mathbf{w};\\
&3.\ (\lambda \mathbf{u}) \cdot \mathbf{v} = \sum_{i=1}^{3} \lambda u_i v_i = \sum_{i=1}^{3} u_i \lambda v_i = \mathbf{u} \cdot (\lambda \mathbf{v}) = \lambda \sum_{i=1}^{3} u_i v_i = \lambda(\mathbf{u} \cdot \mathbf{v});\\
&4.\ \mathbf{u} \cdot \mathbf{u} = \sum_{i=1}^{3} u_i u_i = \sum_{i=1}^{3} u_i^2 \geq 0, \text{ com } \mathbf{u} \cdot \mathbf{u} = 0 \text{ se e somente se } \mathbf{u} = 0.
\end{aligned} \tag{3.10}$$

Observe que a Eq. (3.10.1) expressa a propriedade de comutatividade do produto escalar de dois vetores. A Eq. (3.10.2), por sua vez, expressa a propriedade de distributividade com respeito à soma do produto escalar de dois vetores. Já a Eq. (3.10.3) expressa a propriedade de distributividade com respeito ao produto por um escalar. Finalmente, a Eq. (3.10.4) expressa a propriedade de positividade do produto escalar de dois vetores.

Bem, e qual seria uma boa definição de produto escalar para o espaço de funções $\mathcal{F}$? A primeira coisa a observar é que o espaço de funções, ao contrário

[15]Bem, ambos podem gostar da cor verde e de música de Villa-Lobos, mas no que concerne ao conceito de orientação espacial, vetores ortogonais continuam a não ter *absolutamente* nada em comum.

de um espaço de vetores, tem dimensão infinita. Portanto, no lugar de somatórios deveremos ter integrais.

Por outro lado, o produto escalar de vetores tem, como mencionado, um sentido de projeção, ou seja, do quanto um vetor tem em comum com o outro. Assim, se dois vetores $\mathbf{u}$ e $\mathbf{v}$ são ortogonais, seu produto escalar é nulo: $\mathbf{u} \cdot \mathbf{v} = 0$. Nesse sentido, buscamos uma definição de produto escalar no espaço de funções que satisfaça as Eqs. (3.8), que garanta a condição de *ortogonalidade* entre duas funções (seja lá o que isso signifique) e que resulte em um número real.

Uma possível definição para o produto escalar no espaço de funções é[16]

$$< f(t), g(t) > = \int_{-\infty}^{\infty} f(t) g(t)\, \mathrm{d}t. \tag{3.11}$$

É, também, fácil verificar que a definição dada pela Eq. (3.11) satisfaz integralmente as Eqs. (3.8). Senão, vejamos:

$$\begin{aligned}
&1.\ < f, g > = \int_{-\infty}^{\infty} f(t)\, g(t)\, \mathrm{d}t = \int_{-\infty}^{\infty} g(t)\, f(t)\, \mathrm{d}t = < g, f >; \\
&2.\ < f, (g+h) > = \int_{-\infty}^{\infty} f(t)\, \big(g(t) + h(t)\big)\, \mathrm{d}t = \int_{-\infty}^{\infty} f(t)\, g(t)\, \mathrm{d}t \\
&\qquad + \int_{-\infty}^{\infty} f(t)\, h(t)\, \mathrm{d}t = < f, g > + < f, h >; \\
&3.\ < (\lambda f), g > = \int_{-\infty}^{\infty} \big(\lambda f(t)\big)\, g(t)\, \mathrm{d}t = \int_{-\infty}^{\infty} f(t)\, \big(\lambda g(t)\big)\, \mathrm{d}t \\
&\qquad = < f, (\lambda g) > = \lambda \int_{-\infty}^{\infty} f(t)\, g(t)\, \mathrm{d}t = \lambda < f, g >; \\
&4.\ < f, f > = \int_{-\infty}^{\infty} f^2(t)\, \mathrm{d}t \geq 0, \text{ com } < f, f > = 0 \\
&\qquad \text{se e somente se } f = 0, \quad \text{para todo } t.
\end{aligned} \tag{3.12}$$

Portanto, adotaremos, para a definição da distribuição de uma função generalizada $T(t)$ sobre uma função teste $\phi(t)$ a forma

$$\mathcal{J}_T[\phi(t)] = < T(t), \phi(t) > = \int_{-\infty}^{\infty} T(t) \phi(t)\, \mathrm{d}t. \tag{3.13}$$

Note-se que a Eq. (3.13) será lida, como anteriormente, T *distribuído sobre* ϕ, mas doravante essa operação será indicada como $< T(t), \phi(t) >$, onde T será designado indistintamente como função generalizada ou distribuição.[17]

[16] Dizemos "uma possível definição" de produto escalar em um espaço de funções porque, por óbvio, outras definições são possíveis, desde que satisfazendo as Eqs. (3.8); todavia a Eq. (3.11) é a forma mais simples e corriqueira.

[17] À semelhança do que fazemos com funções reais: quando $y = f(x)$, a variável x é o domínio de f, a variável y é a imagem e f representa a operação que leva x em y. Contudo, usualmente confundimos y com f como, por exemplo, quando nos referimos à derivada como y' ao invés de f'. Note, ainda, que a operação definida na Eq. (3.13) nada mais é do que um produto interno, ou produto escalar, entre a função generalizada $T(t)$ e a função teste $\phi(t)$, razão pela qual adotaremos também a notação alternativa $<,>$.

Uma função analítica é um caso particular de uma função generalizada. Assim, por exemplo, a distribuição de uma função janela, $\sqcap_\tau(t)$, sobre uma função teste $\phi(t)$ é um caso particular de distribuição.

Exemplo 3.13 A distribuição de uma função janela $\sqcap_\tau(t)$ sobre uma função teste $\phi(t)$ é

$$< \sqcap_\tau(t), \phi(t) > = \int_{-\infty}^{\infty} \sqcap_\tau(t)\phi(t)\,\mathrm{d}t = \int_{-\tau}^{\tau} \phi(t)\,\mathrm{d}t.$$

Observe que a função janela tem suporte (trecho não nulo da função) 2τ e, por isso, os limites de integração foram reduzidos ao intervalo $(-\tau, \tau)$. Sua distribuição sobre uma função teste, portanto, calcula a área sob a curva da mesma no intervalo. Se tomarmos, por exemplo, $\phi(t) = A\,\mathrm{sen}(\omega t)/\omega t$, então,[18]

$$\begin{aligned}
< \sqcap_\tau(t), \phi(t) > &= \int_{-\tau}^{\tau} A \frac{\mathrm{sen}(\omega t)}{\omega t}\,\mathrm{d}t \\
&= A \sum_{n=0}^{\infty} \frac{(-1)^n (\omega t)^{2n+1}}{\omega(2n+1)(2n+1)!}\Bigg|_{\tau}^{\tau} \\
&= A \left[t - \frac{\omega^2}{18} t^3 + \cdots \right]_{-\tau}^{\tau} \\
&\approx 2A\tau - \frac{A\omega^2}{9}\tau^3.
\end{aligned}$$

3.4 Distribuição de Dirac

A *distribuição de Dirac*, também denominada *delta de Dirac*, ou ainda *impulsão unitária*, e notada como $\delta(t)$, é uma função generalizada que, distribuída sobre uma função teste $\phi(t)$, extrai o seu valor em $t = 0$, ou seja,

$$< \delta(t), \phi(t) > = \phi(0). \tag{3.14}$$

A distribuição de Dirac é nula em todo o domínio da variável t, exceto para $t = 0$, ou seja,

$$\delta(t) = 0, \quad \text{para todo} \;\; t \neq 0. \tag{3.15}$$

Com efeito, suponhamos que uma função teste $\phi(t)$ é tal que $\phi(0) = 0$, $\phi(t) > 0$ para todo $t > 0$ e $\phi(t) < 0$ para todo $t < 0$, veja Fig. 3.15. A distribuição de $\delta(t)$ sobre $\phi(t)$ será, segundo a Eq. (3.14), nula, ou seja,

$$< \delta(t), \phi(t) > = \int_{-\infty}^{\infty} \delta(t)\phi(t)\,\mathrm{d}t = 0.$$

[18] Ver, por exemplo, D. Zwillinger. Standard Mathematical Tables and Formulae. 31st edition, CRC, Boca Raton, 2003 [257].

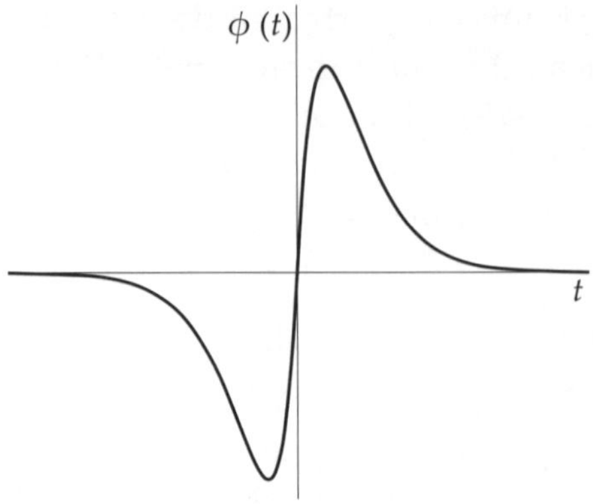

Figura 3.15: Função teste tal que $\phi(0) = 0$.

Isso significa que integrando em todo o domínio $t \in (-\infty, \infty)$, para qualquer $\phi(t)$ com a única condição de que $\phi(0) = 0$, o resultado é nulo. Portanto, a única posibilidade é que a distribuição de Dirac seja nula em todo domínio, excetuando-se, naturalmente, o ponto $t = 0$, sobre o qual nada se pode afirmar.

Exemplo 3.14 Seja $\phi(t) = 3\,\text{sen}(\omega t)/(\omega t)$.[19] Então,

$$
\begin{aligned}
< \delta(t), \phi(t) > &= \phi(0) \\
&= \lim_{t \to 0} 3 \frac{\text{sen}(\omega t)}{(\omega t)} \\
&= 3.
\end{aligned}
$$

(Lembrando que o limite quando $x \to 0$ da função $\text{sen}(x)/x$ vale 1.) A Fig. 3.16 ilustra a função $\phi(t)$, que passa pelo ponto $(0, 3)$, juntamente com o delta de Dirac. A distribuição de $\delta(t)$ sobre $\phi(t)$, portanto, extrai, como era de se esperar, o valor de ϕ na origem.

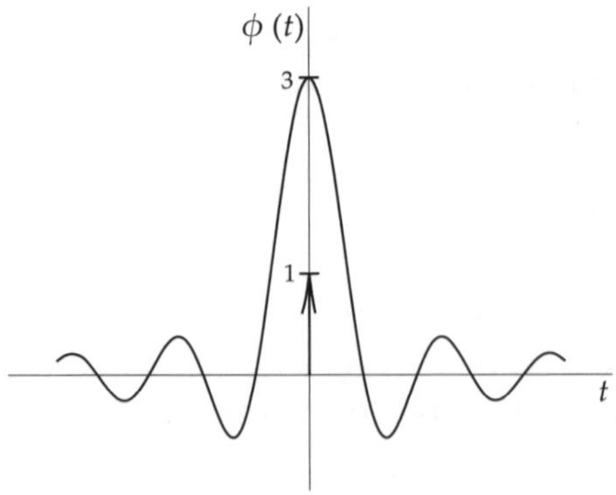

Figura 3.16: A função teste $3\,\text{sen}(\omega t)/(\omega t)$ e a distribuição de Dirac $\delta(t)$.

[19]A função $\text{sen}(\omega t)/(\omega t)$ costuma ser notada como $\text{sinc}(\omega t)$.

A integral em todo o domínio $t \in (-\infty, \infty)$ da distribuição de Dirac é unitária, ou seja,

$$\int_{-\infty}^{\infty} \delta(t)\,\mathrm{d}t = 1. \tag{3.16}$$

De fato, tomando-se como função teste $\phi(t) = \sqcap_\tau(t)$, com $\tau \neq 0$, e sabendo-se que $\delta(t) = 0$ para todo $t \neq 0$, então,

$$\begin{aligned} \int_{-\infty}^{\infty} \delta(t)\,\mathrm{d}t &= \int_{-\infty}^{\infty} \delta(t) \sqcap_\tau (t)\,\mathrm{d}t \\ &= < \delta(t), \sqcap_\tau(t) > \\ &= \sqcap_\tau(0) \\ &= 1. \end{aligned}$$

A Fig. 3.17 ilustra a representação gráfica usual da distribuição de Dirac.

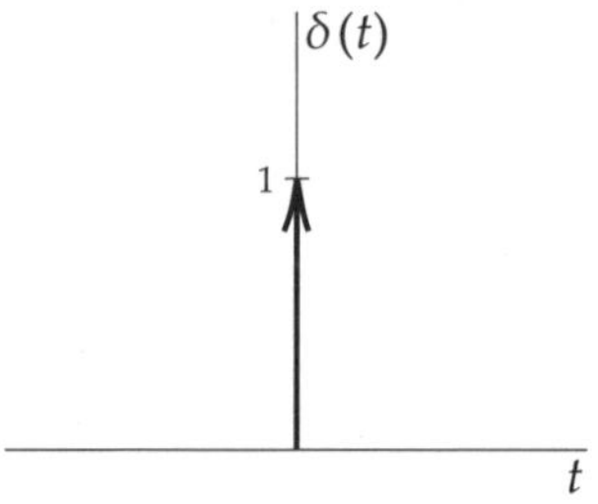

Figura 3.17: Representação gráfica da distribuição de Dirac.

Observe-se que, se t for a variável *tempo*, a Eq. (3.16) indica que a *dimensão física* da distribuição de Dirac é $[1/\mathrm{T}]$, ou seja, s^{-1} em unidades SI. Analogamente, se x for a variável *posição*, $\delta(x)$ terá dimensão $[1/\mathrm{L}]$, ou seja, m^{-1} em unidades SI. As propriedades da distribuição de Dirac expressas pelas Eqs. (3.15) e (3.16) nos permitem representá-la como indicado na Fig. 3.17. A seta indica que o valor de δ "tende a infinito" e a amplitude grafada na origem — com valor unitário — representa o valor de sua integral em todo o domínio. No restante deste, o gráfico indica o valor nulo.

Além de satisfazer as Eqs. (3.15) e (3.16), a distribuição de Dirac satisfaz algumas outras relações notáveis, a saber:[20]

$$\delta(t) = \lim_{\omega \to 0} \frac{1}{\sqrt[\omega]{\pi}} e^{-t^2/\omega^2}; \tag{3.17}$$

$$\delta(t) = \lim_{\omega \to 0} \frac{1}{\sqrt[\omega]{\mathrm{j}\pi}} e^{\mathrm{j}t^2/\omega^2}; \tag{3.18}$$

[20] Ver, por exemplo, I.M. Gel'fand, G.E. Shilov. Generalized Functions. Academic Press, New York, 1964 [87] ou A. Papoulis. Signal Analysis. Mc.Graw-Hill, New York, 1984 [191].

$$\delta(t) = \lim_{\omega\to\infty} \frac{\text{sen}(\omega t)}{\pi t}; \tag{3.19}$$

$$\delta(t) = \int_{-\infty}^{\infty} e^{\pm j2\pi f t}\, df, \tag{3.20}$$

sendo j o unitário do eixo imaginário do plano complexo.[21]

A Fig. 3.18 ilustra uma das possíveis intrepretações para o $\delta(t)$.

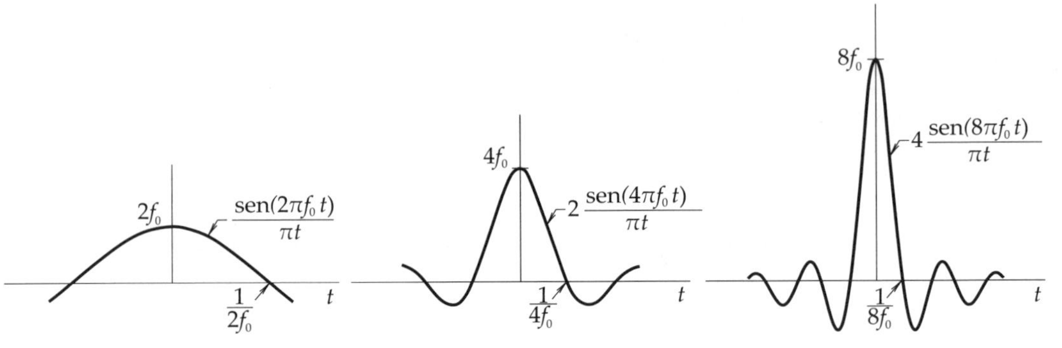

Figura 3.18: Sequência de funções do tipo $\text{sen}(\omega t)/(\pi t)$ convergindo para $\delta(t)$, como indica a Eq. (3.19).

Conforme ilustra a Fig. 3.18, uma sequência de funções do tipo $\text{sen}(\omega_0 t)/(\omega_0 t)$ com $\omega_0 \to \infty$, tende a $\delta(t)$, tal como expressa a Eq. (3.19). Note que

$$\begin{aligned}\frac{\text{sen}(\omega_0 t)}{\omega_0 t} &= 2f_0 \frac{\text{sen}(2\pi f_0 t)}{2\pi f_0 t} \\ &= \frac{\text{sen}(2\pi f_0 t)}{\pi t},\end{aligned} \tag{3.21}$$

portanto, as funções representadas na Fig. 3.18 são de fato cossenos amortecidos que aproximam-se, no limite, de $\delta(t)$.

Já quanto à Eq. (3.20), será visto no Capítulo 4, que as exponenciais complexas constituem vetores girantes no plano complexo e, para todo $t \neq 0$, haverá um vetor em oposição a $e^{j2\pi f t}$ de modo que a integral se anulará. Contudo, para $t = 0$ o vetor deixa de ser girante e a integral será ilimitada, como convém a um $\delta(t)$.[22]

Analogamente à Eq. (3.20), para o delta de Dirac deslocado tem-se uma expressão similar, da forma

$$\delta(t - t_0) = \int_{-\infty}^{\infty} e^{j2\pi f(t-t_0)}\, df \tag{3.22}$$

cuja prova é trivial a partir da Eq. (3.20).

[21] O plano complexo será introduzido no Capítulo 4.

[22] Veja, também, o Capítulo 4.

3.5 Propriedades das distribuições

A seguir, veremos algumas das propriedades mais importantes das distribuições. Essas propriedades permitirão manipular as distribuições com maior facilidade, inclusive favorecendo a operação de diferenciação de funções generalizadas.

3.5.1 Translação

$$< T(t-a), \phi(t) > = < T(t), \phi(t+a) >. \tag{3.23}$$

Essa propriedade estabelece que deslocar para, digamos, a direita ($a > 0$) a função generalizada $T(t)$ equivale a deslocar para a esquerda a função teste $\phi(t)$. A prova é trivial. Chamemos $u = t - a$. Substituindo na Eq. (3.23), tem-se $< T(t-a), \phi(t) > = < T(u), \phi(u+a) > = < T(t), \phi(t+a) >$, uma vez que a variável u é muda (também chamada *ligada*).

Exemplo 3.15 Voltando ao Ex. 3.11, veja Fig. 3.12, suponhamos $a = x_0 > 0$, de modo que $q(x - x_0)$ significa uma carga deslocada para a direita de uma distância x_0. Ora, deslocar a carga para a direita é equivalente a deslocar a viga para a esquerda da mesma distância x_0, veja Fig. 3.19, ou seja,

$$M_0 = \int_0^c q(x - x_0)\, x \,\mathrm{d}x = \int_0^c q(x)\,(x + x_0)\,\mathrm{d}x.$$

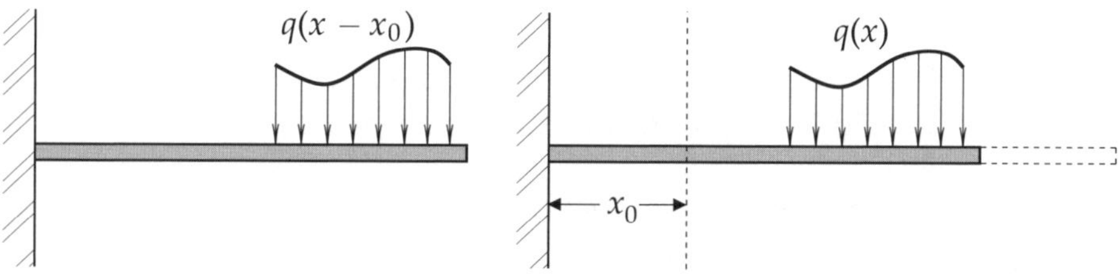

Figura 3.19: Deslocando a carga ou a viga em sentidos opostos.

3.5.2 Escala

$$< T(at), \phi(t) > = \frac{1}{|a|} < T(t), \phi(t/a) > . \tag{3.24}$$

A propriedade indica que aplicar uma escala $a \neq 0$ na distribuição $T(t)$ equivale a aplicar a escala inversa na função teste $\phi(t)$ e dividir o resultado pelo módulo da constante de escala a. A prova também passa, como no caso da propriedade de translação, por uma substituição de variáveis. Façamos agora $u = at$, de modo que $du = a\,dt$. Então, teremos

$$\begin{aligned} < T(at), \phi(t) > &= \int_{-\infty}^{\infty} T(u)\phi(u/a)\,du/a \\ &= \frac{1}{a}\int_{-\infty}^{\infty} T(u)\phi(u/a)\,du \\ &= \frac{1}{|a|} < T(t), \phi(t/a) > . \end{aligned}$$

Observe que se $a > 0$, a expressão está correta. Se, contudo, $a < 0$, então a integral ficará multiplicada por $-1/a$, um número positivo. Daí a utilização do termo $1/|a|$.

Exemplo 3.16 Vejamos qual é o resultado da distribuição de $\delta(-5t)$ sobre a função teste $\phi(t) = A\,\text{sen}(\omega t)/(\omega t)$. Bem, nesse caso, a escala é $a = -5$ e teremos, segundo a Eq. (3.24),

$$\begin{aligned} < T(at), \phi(t) > &= < \delta(-5t), A\frac{\text{sen}(\omega t)}{\omega t} > \\ &= \frac{1}{5} < \delta(t), A\frac{\text{sen}(-\omega t/5)}{-\omega t/5} > \\ &= \frac{1}{5}\lim_{t\to 0} A\frac{\text{sen}(-\omega t/5)}{-\omega t/5} \\ &= \frac{A}{5}. \end{aligned}$$

3.5.3 Multiplicação por função integrável

Seja $\alpha(t)$ uma função cuja integral em todo o domínio esteja definida. Então, $\alpha(t)$ é dita uma *função integrável*. Se $T(t)$ é uma função generalizada, então, a distribuição de αT sobre uma função teste ϕ pode ser calculada por

$$< \alpha(t)T(t), \phi(t) > = < T(t), \alpha(t)\phi(t) >. \tag{3.25}$$

A propriedade estabelece que é indiferente multiplicar uma função integrável $\alpha(t)$ pela função generalizada $T(t)$ ou pela função teste $\phi(t)$, que o resultado da distribuição será o mesmo. A prova é trivial. De fato,

$$\begin{aligned} < \alpha(t)T(t), \phi(t) > &= \int_{-\infty}^{\infty} \alpha(t)T(t)\phi(t)\,dt \\ &= \int_{-\infty}^{\infty} T(t)\alpha(t)\phi(t)\,dt \\ &= < T(t), \alpha(t)\phi(t) > . \end{aligned}$$

Exemplo 3.17 Vamos exemplificar a propriedade de multiplicação por função integrável com $\alpha(t) = \cos(\omega t)$, $T(t) = \delta(t - t_0)$ e $\phi(t) = \sqcap_\tau(t)$. Nesse caso, teremos, segundo a Eq. (3.25),

$$\begin{aligned} < \alpha(t)T(t), \phi(t) > &= < \delta(t-t_0), \cos(\omega t) \sqcap_\tau (t) > \\ &= < \delta(t), \cos(\omega(t+t_0)) \sqcap_\tau (t+t_0) > \\ &= \cos(\omega t_0) \sqcap_\tau (t_0). \end{aligned}$$

Note que se $t_0 > \tau$, o resultado da distribuição se anula; já se $t_0 < \tau$ o resultado da distribuição será $\cos(\omega t_0)$.

3.5.4 Diferenciação

Seja $T'(t)$ a derivada com respeito ao argumento t da função generalizada $T(t)$. Cumpre notar que, mesmo que $T(t)$ seja uma *função analítica*, sua derivada pode não estar definida no sentido usual. Por exemplo, a função analítica $\sqcap_\tau(t)$ não tem derivada definida nos pontos $t = \pm\tau$. Contudo, sua derivada $\sqcap'_\tau(t)$, pode ser definida para funções generalizadas e diz-se que a derivada está definida *no sentido das distribuições*.

A derivada de $T(t)$ distribuída sobre uma função teste $\phi(t)$ é dada por

$$< T'(t), \phi(t) > = - < T(t), \phi'(t) > . \tag{3.26}$$

Esta é, talvez, a mais interessante dentre as propriedades das distribuições. Veja a demonstração a seguir, via integração por partes (lembre-se que funções teste se anulam quando $t \to \pm\infty$).

$$\begin{aligned} < T'(t), \phi(t) > &= \int_{-\infty}^{\infty} T'(t)\phi(t)\,\mathrm{d}t \\ &= T(t)\phi(t)\Big|_{-\infty}^{\infty} - \int_{-\infty}^{\infty} T(t)\phi'(t)\,\mathrm{d}t \\ &= 0 - 0 - \int_{-\infty}^{\infty} T(t)\phi'(t)\,\mathrm{d}t \\ &= - < T(t), \phi'(t) > . \end{aligned}$$

Exemplo 3.18 Sejam $T(t) = \sqcap_\tau(t)$ e $\phi(t) = A\,\mathrm{sen}(\omega t)/(\omega t)$. Observe que $\phi(t)$ é, de fato, uma função teste, pois é limitada em todo o seu domínio e $\lim_{t\to\pm\infty} \phi(t) = 0$, enquanto $T(t)$ é uma função analítica. A derivada de T, T', não está definida no sentido usual, uma vez que seus valores em $t = \pm\tau$ são singulares, como já mencionado. Contudo, no sentido das distribuições, T' está definido, pois, segundo a propriedade da diferenciação, Eq. (3.26), sua distribuição sobre $\phi(t)$ resulta em

$$\begin{aligned} < T'(t), \phi(t) > &= - < T(t), \phi'(t) > \\ &= - \int_{-\tau}^{\tau} \phi'(t)\,\mathrm{d}t \\ &= \phi(t)\Big|_{\tau}^{-\tau} \\ &= 0. \end{aligned}$$

Observe que o resultado da integração foi nulo devido à simetria, tanto de $T(t)$ como de $\phi(t)$. Contudo, o importante a reter é o fato de obtermos um resultado para a derivada da função janela em $t = \pm\tau$. Com efeito, como se demonstrará na Seção 3.6, $\sqcap'(t) = \delta(t+\tau) - \delta(t-\tau)$.

A propriedade de diferenciação de uma função generalizada $T(t)$ pode ser ampliada para derivadas de ordem arbitrária n. Com efeito, a derivada de ordem n, um inteiro positivo, de uma função função generalizada $T(t)$ é dada por

$$< T^{(n)}(t), \phi(t) > = (-1)^n < T(t), \phi^{(n)}(t) > . \quad (3.27)$$

Pode-se demonstrar facilmente a Eq. (3.27), por exemplo, para $n = 2$, aplicando-se a Eq. (3.26) sobre si mesma, ou seja,

$$\begin{aligned} < T''(t), \phi(t) > &= - < T'(t), \phi'(t) > \\ &= (-1)^2 < T(t), \phi''(t) > . \\ &= < T(t), \phi''(t) > . \end{aligned}$$

A Eq. (3.27) pode ser, então, demonstrada para um n genérico por indução.[23]

3.6 Propriedades da distribuição de Dirac

Naturalmente, a distribuição de Dirac deverá satisfazer as propriedades gerais das distribuições, abordadas na Seção 3.5, como será visto a seguir.

3.6.1 Translação

$$< \delta(t-a), \phi(t) > = \phi(a). \quad (3.28)$$

Com efeito, da Eq. (3.23),

$$\begin{aligned} < \delta(t-a), \phi(t) > &= < \delta(t), \phi(t+a) > \\ &= \phi(a). \end{aligned}$$

Cumpre observar, a partir da propriedade de translação, que a distribuição de Dirac constitui um *amostrador ideal*, no sentido de que extrai exatamente o valor da função teste em $t = 0$ e, deslocado para a direita de a, extrai o valor da função em $t = a$. Esse conceito será explorado mais adiante, particularmente no Capítulo 8.

Exemplo 3.19 Voltemos ao carregamento aplicado a uma viga engastada, discutido no Ex. 3.11. O momento fletor no engaste poderia ser calculado como

$$\begin{aligned} M_0 &= \int_0^c F_0\,\delta(x-x_0)\,x\,\mathrm{d}x \\ &= < F_0\,\delta(x-x_0), x > \\ &= F_0 x_0. \end{aligned}$$

[23]Uma prova é feita por *indução* quando se demonstra que, se uma relação vale para um número n qualquer, então, também valerá para $n+1$.

Observe que esse é o resultado esperado para o momento fletor devido a uma força de módulo F_0 aplicada em um ponto $x = x_0$, com respeito à origem, conforme mencionado no Ex. 3.11.

A distribuição $\delta(t - t_0)$ é grafada como indicado na Fig. 3.20.

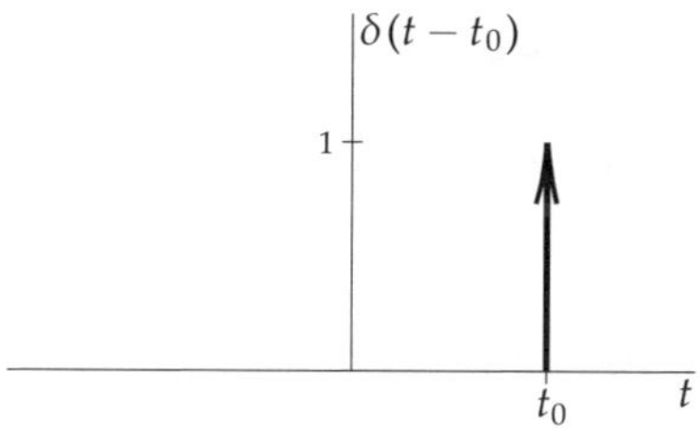

Figura 3.20: Representação gráfica do delta de Dirac deslocado.

Cumpre observar que

$$\int_{-\infty}^{\infty} \delta(l - l_0)\, \mathrm{d}l = 1, \tag{3.29}$$

ou seja, a integral é unitária tal como para a distribuição $\delta(t)$, e que

$$\delta(t - t_0) = 0 \quad \text{para todo } t \neq a. \tag{3.30}$$

3.6.2 Escala

$$< \delta(at), \phi(t) > = \frac{1}{|a|}\phi(0). \tag{3.31}$$

Observe que $\delta(at)$ extrai simplesmente o valor de $\phi(t)$ na origem, dividindo o resultado pelo módulo de a. Com efeito, utilizando a Eq. (3.24), tem-se

$$\begin{aligned} < \delta(at), \phi(t) > &= \frac{1}{|a|} < \delta(t), \phi(t/a) > \\ &= \frac{1}{|a|}\phi(0). \end{aligned}$$

Exemplo 3.20 A função generalizada $\delta(-5t)$ distribuida sobre uma função teste $\phi(t)$ resultará em

$$< \delta(-5t), \phi(t) > = \frac{1}{5}\phi(0).$$

Todavia, o delta de Dirac deslocado, segundo a propriedade de escala, fornecerá

$$< \delta(at - t_0), \phi(t) > = \frac{1}{|a|}\phi(t_0/a). \tag{3.32}$$

Exemplo 3.21 A função generalizada $\delta(-5t - t_0)$ distribuida sobre uma função teste $\phi(t)$ resultará em

$$< \delta(-5t - t_0), \phi(t) > = \frac{1}{5}\phi(-t_0/5).$$

3.6.3 Multiplicação por função integrável

A propriedade de multiplicação por função integrável deriva diretamente da Eq. (3.25) e da definição da distribuição de Dirac, ou seja,

$$< \alpha(t)\delta(t), \phi(t) > = \alpha(0)\phi(0), \tag{3.33}$$

cuja prova é trivial.

Exemplo 3.22 Seja $\alpha(t) = 3\cos(\omega_0 t)$. Esta é uma função integrável. Então, a distribuição de seu produto por $\delta(t - \pi/\omega_0)$ sobre uma função teste $\phi(t)$ é

$$\begin{aligned} < \alpha(t)\,\delta(t - \pi/\omega_0), \phi(t) > &= < \delta(t - \pi/\omega_0), \alpha(t)\phi(t) > \\ &= < \delta(t), \alpha(t + \pi/\omega_0)\phi(t + \pi/\omega_0) > \\ &= \alpha(\pi/\omega_0)\phi(\pi/\omega_0) \\ &= -3\phi(\pi/\omega_0). \end{aligned}$$

A propriedade de multiplicação por uma função integrável também nos mostra que, no sentido das distribuições, os produtos entre duas funções generalizadas nem sempre têm os resultados esperados.

Exemplo 3.23 Vejamos quem é a função generalizada resultante do produto de $\cos(\omega t)$ e $\delta(t)$. Como esse produto resulta em uma função generalizada, é necessário distribuí-la sobre uma função teste, portanto,

$$\begin{aligned} < \cos(\omega t)\delta(t), \phi(t) > &= < \delta(t), \cos(\omega t)\phi(t) > \\ &= \cos(0)\phi(0) \\ &= \phi(0) \\ &= < \delta(t), \phi(t) >, \end{aligned}$$

portanto, $\cos(\omega t)\delta(t) = \delta(t)$, no sentido das distribuições. E quanto vale o produto $\text{sen}(\omega t)\delta(t)$? Verifique.

3.6.4 Diferenciação

A distribuição de Dirac, embora com um comportamento nada suave, admite diferenciação, no sentido das distribuições. Senão vejamos.

$$< \delta'(t), \phi(t) > = -\phi'(0). \tag{3.34}$$

Com efeito, da Eq. (3.26) e da definição da distribuição de Dirac, tem-se

$$\begin{aligned} < \delta'(t), \phi(t) > &= -< \delta(t), \phi'(t) > \\ &= -\phi'(0). \end{aligned}$$

Essa propriedade define, a rigor, a função generalizada $\delta'(t)$, derivada, no sentido das distribuições, de $\delta(t)$. A Fig. 3.21 ilustra a representação gráfica das distribuições $\delta(t)$ e $\delta'(t)$.

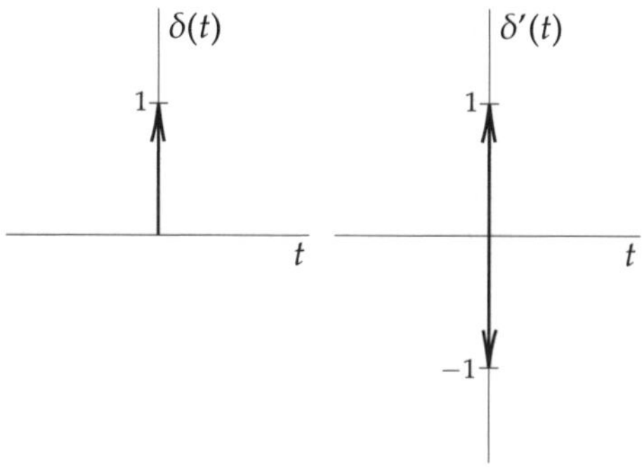

Figura 3.21: As distribuições $\delta(t)$ e $\delta'(t)$ em suas representações gráficas.

Observe que, na representação gráfica do delta de Dirac, o sinal é apresentado como nulo em todo domínio, excetuando-se em $t = 0$, quando ele, por assim dizer, "sobe e desce instantaneamente". Já a sua derivada, pode ser interpretada como um par de deltas simétricos na origem, o positivo representando a subida instantânea do sinal delta e o negativo traduzindo sua descida, também instantânea. Esses gráficos, contudo, devem ser entendidos apenas como uma *representação* dos sinais, sendo a derivada da distribuição de Dirac definida, rigorosamente falando, pela Eq. (3.34).

Exemplo 3.24 Foi dito, anteriormente, que a função analítica $\sqcap_\tau(t)$ não tem derivadas definidas nos pontos $t = \pm\tau$. Contudo, podemos aplicar a propriedade dada pela Eq. (3.26), na forma

$$\begin{aligned} < \sqcap'_\tau(t), \phi(t) > &= -< \sqcap_\tau(t), \phi'(t) > \\ &= -\int_{-\tau}^{\tau} \phi'(t)\,\mathrm{d}t \\ &= \phi(t)\Big|_{\tau}^{-\tau} \\ &= \phi(-\tau) - \phi(\tau). \end{aligned}$$

Todavia, podemos observar que $\phi(-\tau) = < \delta(t+\tau), \phi(t) >$ e que $\phi(\tau) = < \delta(t-\tau), \phi(t)$ portanto,

$$\phi(-\tau) - \phi(\tau) = < \big(\delta(t+\tau) - \delta(t-\tau)\big), \phi(t) >.$$

Conclui-se, então, que[24]

$$\sqcap'_\tau(t) = \delta(t+\tau) - \delta(t-\tau).$$

Portanto, a função janela admite — no sentido das distribuições — derivada em $t = \pm\tau$, veja Fig. 3.22.

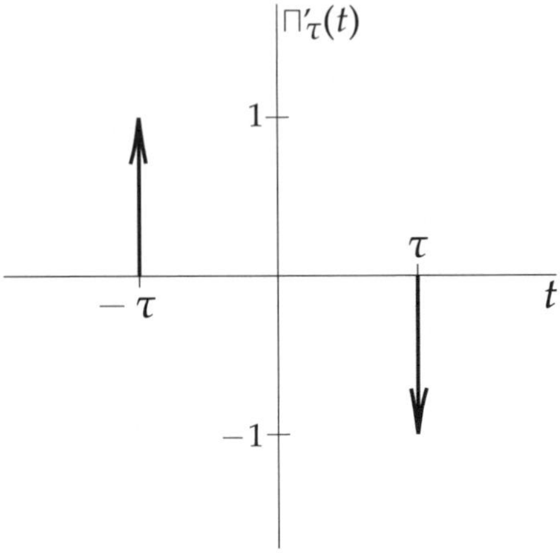

Figura 3.22: Primeira derivada da função janela.

Generalizando-se a Eq. (3.34), tem-se

$$< \delta^{(n)}(t), \phi(t) > = (-1)^n \phi^{(n)}(0), \tag{3.35}$$

em que $y^{(n)}(t)$ indica a n-ésima derivada de $y(t)$. Portanto, dentro da teoria das distribuições, a função generalizada $\delta(t)$ admite diferenciação de qualquer ordem.

A derivada da distribuição de Dirac é definida, sempre no sentido das distribuições, pela Eq. (3.34), verificando-se que δ' extrai a derivada da função teste no ponto $t = 0$, com sinal trocado. Combinações das propriedades permitem a determinação de diversos resultados, como ilustra o exemplo a seguir.

Exemplo 3.25 Vejamos qual é o resultado da distribuição de $\delta'(t-t_0)$ sobre a função teste $\text{sinc}(\omega t)$, com $\omega = \pi/t_0$.[25]

$$\begin{aligned} <\delta'(t-t_0), \text{sen}(\omega t)/(\omega t)> &= -<\delta(t-t_0), (\text{sen}(\omega t)/(\omega t))'> \\ &= -<\delta(t-t_0), \frac{\omega t\cos(\omega t) - \text{sen}(\omega t)}{\omega t^2}>. \end{aligned}$$

---

[24] Veja a Seção 3.7.

[25] Como já mencionado, a função notada como $\text{sinc}(\omega t)$ nada mais é que a função $\text{sen}(\omega t)/(\omega t)$.

Utilizando, em seguida, a propriedade de translação do delta de Dirac, teremos

$$
\begin{aligned}
< \delta'(t-t_0), \mathrm{sen}(\omega t)/(\omega t) > &= - < \delta(t), \frac{\omega(t+t_0)\cos(\omega(t+t_0)) - \mathrm{sen}(\omega(t+t_0))}{\omega(t+t_0)^2} > \\
&= -\frac{\omega t_0 \cos(\omega t_0) - \mathrm{sen}(\omega t_0)}{\omega t_0^2} \\
&= -\frac{\pi\cos(\pi) - \mathrm{sen}(\pi)}{\pi t_0} \\
&= \frac{1}{t_0}.
\end{aligned}
$$

Exemplo 3.26 Avaliemos, agora, o resultado da distribuição $\delta''(t-t_0)$ sobre a mesma função teste. Segundo a Eq. (3.35), tem-se

$$
\begin{aligned}
< \delta''(t-t_0), \frac{\mathrm{sen}(\omega t)}{(\omega t)} > &= < \delta(t-t_0), \left[\frac{\mathrm{sen}(\omega t)}{\omega t}\right]'' > \\
&= < \delta(t-t_0), \frac{(2-\omega t^2)\,\mathrm{sen}(\omega t) - (\omega + t)\cos(\omega t)}{\omega t^3} > .
\end{aligned}
$$

E, novamente, lançando mão da propriedade de translação, teremos

$$
\begin{aligned}
< \delta''(t-t_0), \frac{\mathrm{sen}(\omega t)}{(\omega t)} > &= < \delta(t), \frac{(2-\omega(t+t_0)^2)\,\mathrm{sen}(\omega(t+t_0))}{\omega(t+t_0)^3} \\
&\quad - \frac{(\omega + (t+t_0))\cos(\omega(t+t_0))}{\omega(t+t_0)^3} > \\
&= \frac{(2-\omega t_0^2)\,\mathrm{sen}(\omega t_0) - \omega t_0 \cos(\omega t_0)}{\omega t_0^3} \\
&= \frac{(2-\pi t_0)\,\mathrm{sen}(\pi) - \pi\cos(\pi)}{\pi t_0^2} \\
&= \frac{1}{t_0^2}.
\end{aligned}
$$

3.6.5 Pente de deltas

Considere a função generalizada $P_\tau(t)$, denominada *pente de deltas* de espaçamento τ, também conhecida como *trem de impulsos*, da forma, veja Fig. 3.23,

$$
P_\tau(t) = \sum_{k=-\infty}^{\infty} \delta(t-k\tau), \qquad k \text{ inteiro}. \tag{3.36}
$$

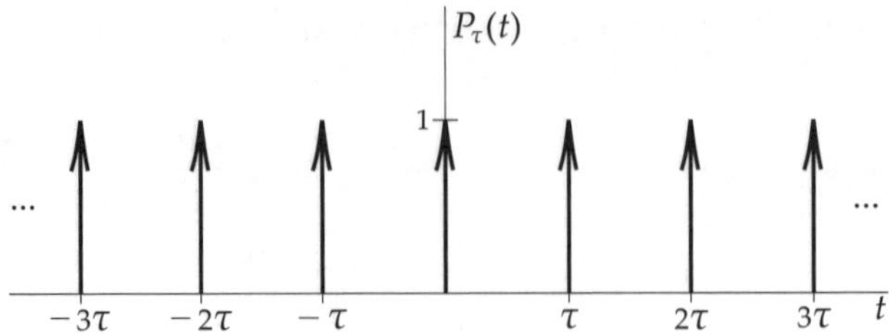

Figura 3.23: A função generalizada pente de deltas de espaçamento τ.

Ou seja, um pente de deltas é uma função generalizada composta de uma infinidade de deltas de Dirac igualmente espaçados de τ. Trata-se, portanto de uma função periódica[26] cujo período é τ. Sua distribuição sobre uma função teste $\phi(t)$ resulta em

$$\begin{aligned}
< P_\tau(t), \phi(t) > &= < \sum_{k=-\infty}^{\infty} \delta(t - k\tau), \phi(t) > \\
&= \sum_{k=-\infty}^{\infty} < \delta(t), \phi(t + k\tau) > \qquad (3.37) \\
&= \sum_{k=-\infty}^{\infty} \phi(k\tau).
\end{aligned}$$

Em outros termos, a distribuição de um pente de deltas sobre uma função teste extrai valores desta última a intervalos constantes, τ, ou seja, produz uma *amostragem regular* da função teste. Observe-se que o resultado da distribuição do pente de deltas sobre a função teste resulta em uma sequência ou uma série de valores, igualmente espaçados, como ilustrado na Fig. 2.2.

Exemplo 3.27 Considere o sinal $s(t) = \cos(2\pi f t) \cdot \sqcap_{T_0}(t)$, com $f = 2$ Hz e $T_0 = 1$ s, veja Fig. 3.24.

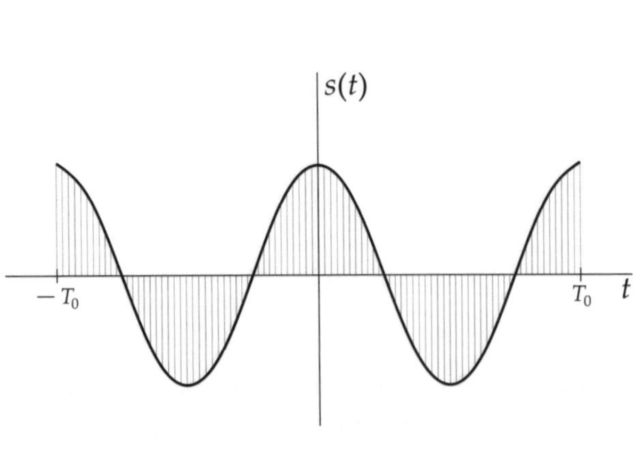

Figura 3.24: Gráfico do sinal resultante da distribuição de $P_\tau(t)$ sobre $s(t)$.

[26]Ver Seção 6.1.

Se distribuirmos o pente de deltas $P_\tau(t)$, com $\tau = 1$ ms sobre o sinal $s(t)$, que é uma função teste, ter-se-ão 2.001 amostras do sinal, na forma

$$\sum_{k=-1000}^{1000} s(k\tau).$$

Note-se que, neste exemplo, o contador k varia no intervalo $(-1000, 1000)$ devido ao suporte limitado do sinal $s(t)$.

3.6.6 Degrau unitário

A função *degrau unitário*, $u(t)$, também conhecida como função de Heaviside,[27] é definida pela expressão

$$u(t) = \begin{cases} 0, & t < 0 \\ 1, & t \geq 0, \end{cases} \tag{3.38}$$

ou seja, é uma função nula para t negativo e constante e unitária para t positivo,[28] veja Fig. 3.25.

Exemplo 3.28 O produto $u(t)\cos(\omega t)$ resulta em um sinal da forma

$$u(t)\cos(\omega t) = \begin{cases} 0, & t < 0, \\ \cos(\omega t), & t \geq 0, \end{cases}$$

como ilustrado na Fig. 3.25. Se t representa a variável temporal, então $u(t - t_0)$, multiplicada por qualquer sinal $s(t)$, indica que o sinal tem início a partir do instante $t = t_0$.

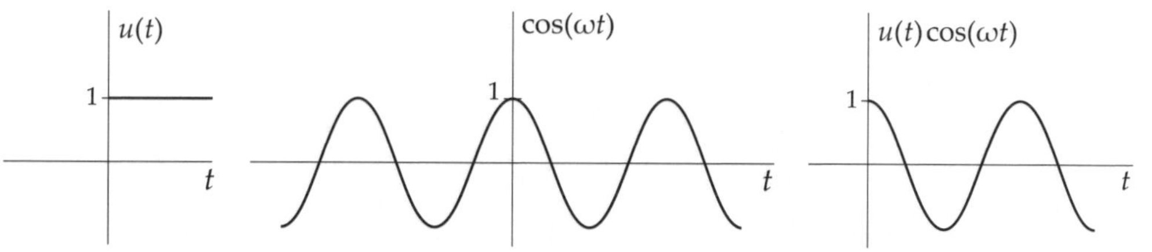

Figura 3.25: Funções degrau unitário, $\cos(\omega t)$ e seu produto.

A derivada da função degrau unitário é a distribuição de Dirac (sempre no sentido das distribuições).

$$u'(t) = \delta(t). \tag{3.39}$$

[27] Oliver Heaviside (1850–1925), matemático e engenheiro eletricista inglês.

[28] Alguns autores definem $u(0) = 1/2$, mas, por simplicidade, manteremos neste texto a definição da Eq. (3.38).

Com efeito, distribuindo u' sobre uma função teste arbitrária $\phi(t)$, tem-se

$$
\begin{aligned}
< u'(t), \phi(t) > &= - < u(t), \phi'(t) > \\
&= -\int_0^\infty \phi'(t)\,\mathrm{d}t \\
&= \phi(t)\Big|_\infty^0 \\
&= \phi(0) \\
&= < \delta(t), \phi(t) >,
\end{aligned}
$$

portanto, uma vez que $u'(t)$ distribuído sobre uma função teste arbitrária resulta no mesmo que a distribuição de $\delta(t)$ sobre a mesma função teste, resulta na Eq. (3.39).

Cumpre observar que, reversivamente, a integral da distribuição de Dirac no intervalo $[0, t)$, $t \geq 0$, corresponde à função degrau unitário, ou seja,

$$
u(t) = \int_0^t \delta(s)\,\mathrm{d}s. \tag{3.40}
$$

Exemplo 3.29 Qual seria, então, a derivada segunda, sempre no sentido das distribuições, do sinal degrau unitário? Bem, segundo a Eq. (3.39), $u'(t) = \delta(t)$, portanto, $u''(t) = \delta'(t)$. Distribuindo sobre uma função teste arbitrária $\phi(t)$, teremos,

$$
\begin{aligned}
< u''(t), \phi(t) > &= < u(t), \phi''(t) > \\
&= \int_0^\infty \phi''(t)\,\mathrm{d}t \\
&= \phi'(t)\Big|_0^\infty \\
&= -\phi'(0).
\end{aligned}
$$

De outro modo, como $u''(t) = \delta'(t)$, então,

$$
\begin{aligned}
< u''(t), \phi(t) > &= < \delta'(t), \phi(t) > \\
&= - < \delta(t), \phi'(t) > \\
&= -\phi'(0).
\end{aligned}
$$

A Fig. 3.26 ilustra o sinal $u(t)$ e suas derivadas primeira e segunda.

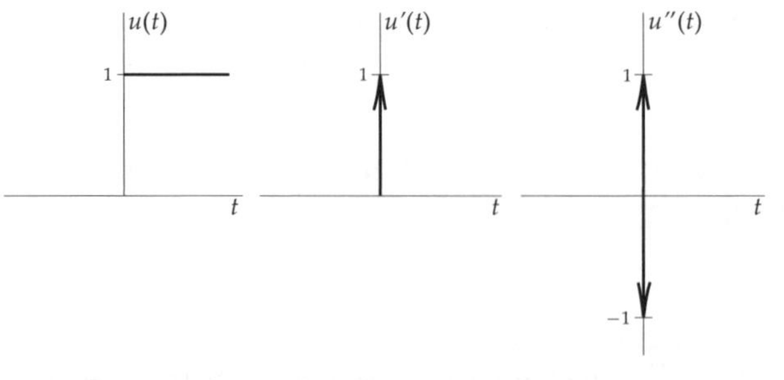

Figura 3.26: Representação gráfica do sinal $u(t)$ e suas primeira e segunda derivadas.

Exemplo 3.30 Seja agora a função teste $\phi(t)$ da forma, veja Fig. 3.27,

$$\phi(t) = \begin{cases} \dfrac{A}{t_0}(t_0 - t), & t \in (0, t_0) \\ \\ \dfrac{A}{t_0}(t + t_0), & t \in (-t_0, 0). \end{cases}$$

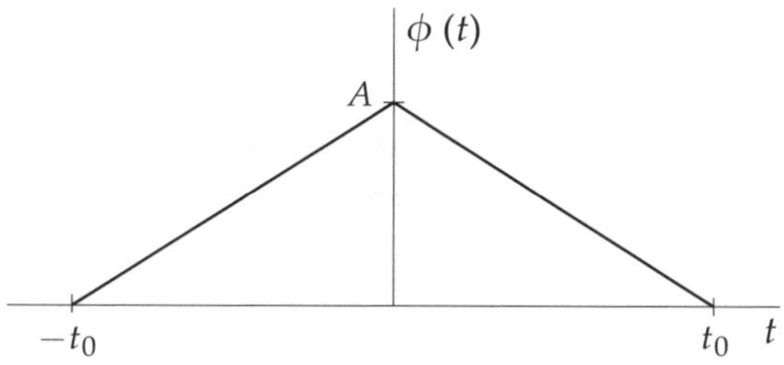

Figura 3.27: A função teste $\phi(t)$.

A distribuição de $u'(t)$ sobre $\phi(t)$ é dada por

$$\begin{aligned} < u'(t), \phi(t) > &= < \delta(t), \phi(t) > \\ &= \phi(0) \\ &= A. \end{aligned}$$

Por outro lado, a distribuição de $u(t)$ sobre $\phi(t)$ será

$$\begin{aligned} < u(t), \phi(t) > &= \int_0^\infty \phi(t)\,\mathrm{d}t \\ &= \int_0^{t_0} A(1 - t/t_0)\,\mathrm{d}t \\ &= A\left(t - \frac{t^2}{2t_0}\right)\Bigg|_0^{t_0} \\ &= At_0/2, \end{aligned}$$

que corresponde à área sob a segunda metade de $\phi(t)$, veja Fig. 3.27.

3.7 Equivalência

Duas funções generalizadas $T_1(t)$ e $T_2(t)$ são ditas *equivalentes* ou *iguais* se suas distribuições sobre uma mesma função teste arbitrária resultam no mesmo número real. Em outros termos,

$$T_1(t) = T_2(t) \quad \longleftrightarrow \quad < T_1(t), \phi(t) > = < T_2(t), \phi(t) >, \quad \forall \phi(t). \tag{3.41}$$

Exemplo 3.31 Considere $T_1(t) = \cos^2(\omega t)\delta(t)$ e $T_2(t) = \delta(t)$ duas distribuições cuja equivalência deseja-se verificar. Então, se $\phi(t)$ é uma função teste arbitrária, tem-se,

$$
\begin{aligned}
< \cos^2(\omega t)\delta(t), \phi(t) > &= < \delta(t), \cos^2(\omega t)\phi(t) > \\
&= \cos^2(0)\phi(0) \\
&= \phi(0) \\
&= < \delta(t), \phi(t) > .
\end{aligned}
$$

Então, pode-se concluir que $T_1(t) = \cos^2(\omega t)\delta(t)$ e $T_2(t) = \delta(t)$ são funções generalizadas equivalentes.

O método utilizado no Ex. 3.31 já foi utilizada anteriormente, como, por exemplo, na demonstração da Eq. (3.39), dentre outras. Para verificar se duas funções generalizadas são equivalentes, basta distribuir uma delas sobre uma função teste arbitrária e verificar se resulta o mesmo que a distribuição da outra função sobre a mesma função teste.

Exemplo 3.32 No Ex. 3.24 verificou-se que a derivada da função janela era igual a um par de deltas deslocados, na forma,

$$\sqcap'_\tau(t) = \delta(t+\tau) - \delta(t-\tau).$$

A demonstração desse resultado pode ser obtida utilizando o mesmo método adotado no exemplo anterior, ou seja, distribuindo-se $\sqcap'_\tau(t)$ sobre uma função teste arbitrária.

$$
\begin{aligned}
< \sqcap'_\tau(t), \phi(t) > &= - < \sqcap_\tau(t), \phi'(t) > \\
&= \phi(t)\big|_{\tau}^{-\tau} \\
&= \phi(-\tau) - \phi(\tau) \\
&= < \big(\delta(t+\tau) - \delta(t-\tau)\big), \phi(t) >,
\end{aligned}
$$

o que demonstra a equivalência entre as duas distribuições.

Capítulo 4

Base Complexa e Funções Harmônicas

Deus criou os números inteiros,
tudo o mais é trabalho humano.
Leopold Kronecker

A grande maioria dos sinais carrega informação de amplitude e fase. Quando a fase não importa, dizemos que o sinal é exclusivamente de amplitude e seu processamento é mais simples. Por exemplo, se estamos ouvindo música através de um sistema de áudio estéreo, não nos importa, para a boa apreciação musical, a *fase* do sinal e sim outras características, tais como *amplitude, conteúdo espectral, dinâmica,* entre muitos outros. Contudo, se as posições relativas entre os alto-falantes e o ouvinte não estiverem adequadamente ajustadas, haverá uma influência da fase dos sinais enviados pelos dois alto-falantes que poderá prejudicar significativamente a audição e a apreciação musical.

Quando a fase traz informações relevantes, o sinal necessitará ser processado no domínio complexo, como se verá a seguir. Este capítulo faz uma curta revisão elementar de variáveis complexas, mostrando como lidar com informações de amplitude e fase, e preparando o leitor para a passagem ao domínio da frequência, onde necessariamente teremos que trabalhar com funções complexas. A Seção 4.1 apresenta as propriedades dos vetores complexos, definindo sua álgebra. A Seção 4.2 discute as funções complexas de variável real, ou seja, vetores no plano complexo que dependem de uma variável real. A Seção 4.3 apresenta as funções harmônicas como um caso particular de funções complexas e discute sua importância na análise de sinais. Finalmente, a Seção 4.4 introduz a representação espectral de sinais.

4.1 Vetores complexos

Um número z é dito *complexo* quando pode ser expresso como um vetor, no *plano complexo*, na forma $z = a + \mathrm{j}b$, onde a e b são números reais, o número 1 é a base (ou seja, a unidade) do eixo real e j é a base (ou seja, a unidade) do eixo imaginário, veja Fig. 4.1. A forma $z = a + \mathrm{j}b$ também é conhecida como *representação trigonométrica* de um número complexo.

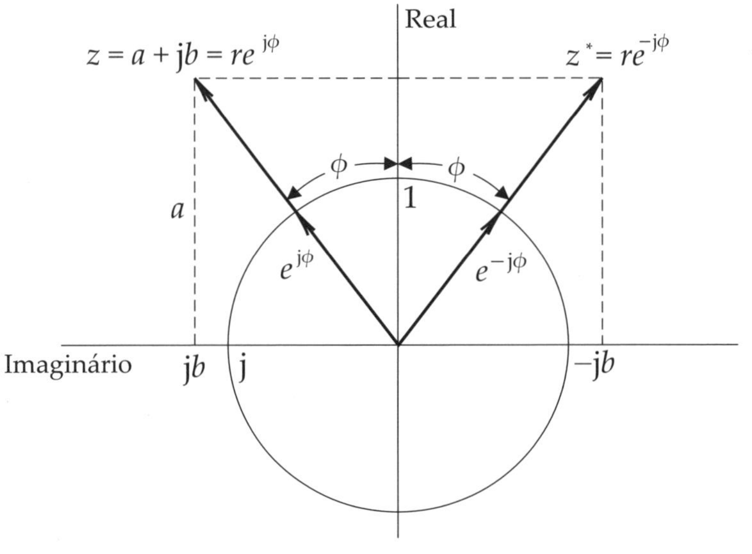

Figura 4.1: Vetores no plano complexo. Observe que o eixo real aponta para cima e o imaginário para a esquerda, o que é uma mera convenção cuja conveniência se evidenciará em breve. Observe ainda o círculo de raio unitário centrado na origem.

Observe que o eixo dos reais (o eixo vertical, na Fig. 4.1) tem como base da escala, o número 1, unitário dos reais, enquanto o eixo dos imaginários (o eixo horizontal, apontando para a esquerda) tem como base da escala o imaginário j, o unitário dos imaginários, de tal modo que o vetor z, um complexo, é a soma vetorial de $a \cdot 1$ com $b \cdot \mathrm{j}$, como indicado na figura. O escalar a é chamado de *parte real* de z e designado pela notação $\Re(z)$; o escalar b é denominado *parte imaginária* de z e notado como $\Im(z)$. Observe que $b = \Im(z)$ é, contudo, um *número real*.

O *módulo* de z, $r = |z|$, que é uma medida do comprimento do vetor z, e o ângulo de fase ou, mais simplesmente, a *fase* de z, $\phi(z)$, estão relacionados, naturalmente, com as partes real e imaginária de z segundo, veja Fig. 4.1:

$$r = |z| = \sqrt{a^2 + b^2}; \qquad \phi = \tan^{-1} \frac{b}{a}. \tag{4.1}$$

Inversamente, tem-se:

$$a = r\cos\phi; \qquad b = r\,\text{sen}\,\phi. \tag{4.2}$$

Segundo as famosas identidades de Euler:[1]

$$\begin{aligned} e^{j\phi} &= \cos\phi + j\,\text{sen}\,\phi; \\ e^{-j\phi} &= \cos\phi - j\,\text{sen}\,\phi. \end{aligned} \tag{4.3}$$

Note-se que o módulo do vetor complexo $e^{j\phi}$ é unitário, pois

$$|e^{j\phi}| = \sqrt{\cos^2\phi + \text{sen}^2\,\phi} = 1, \qquad \text{para todo } \phi. \tag{4.4}$$

Portanto, $e^{j\phi}$ é efetivamente um vetor unitário no plano complexo, independentemente da fase ϕ, sendo denominado *versor*, razão pela qual o vetor $e^{j\phi}$ é representado, na Fig. 4.1, como o raio de um círculo unitário no plano complexo. Cumpre notar ainda que, das Eqs. (4.3), resolvendo-se para $\cos\phi$ e $\text{sen}\,\phi$ obtém-se:

$$\begin{aligned} \cos\phi &= \frac{1}{2}\left(e^{j\phi} + e^{-j\phi}\right); \\ \text{sen}\,\phi &= \frac{1}{2j}\left(e^{j\phi} - e^{-j\phi}\right). \end{aligned} \tag{4.5}$$

Exemplo 4.1 Observe que, em particular, se $\phi = 0$, então, $e^{j\phi} = e^0 = 1$, um real puro e positivo; se $\phi = \pi/2$, então $e^{j\phi} = e^{j\pi/2} = j$, um imaginário puro, também positivo; se $\phi = \pi$, então $e^{j\phi} = e^{j\pi} = -1$, um real negativo; e se $\phi = 3\pi/2$, então $e^{j\phi} = e^{j3\pi/2} = -j$, um imaginário puro, negativo, veja Fig. 4.1.

Todo vetor complexo z pode ser expresso, portanto, segundo a identidade de Euler, como

$$z = r(\cos\phi + j\text{sen}\,\phi) = r\,e^{j\phi}. \tag{4.6}$$

De fato, o versor $e^{j\phi}$ carrega a informação de fase do vetor z, uma vez que tem a mesma direção no plano complexo, enquanto r tem a mesma informação de amplitude. A forma $z = re^{j\phi}$ é conhecida como *representação de Euler* do vetor complexo z, também conhecida como *forma exponencial* do vetor complexo, enquanto a forma $z = r(\cos\phi + j\text{sen}\phi)$, como já mencionado, é denominada *representação trigonométrica* do vetor complexo z.

O *produto* de dois vetores complexos $z_1 = r_1 e^{j\phi_1}$ e $z_2 = r_2 e^{j\phi_2}$ é dado por

$$z_1 \cdot z_2 = r_1 r_2\, e^{j(\phi_1+\phi_2)}, \tag{4.7}$$

[1]Leonhard Paul Euler (1707–1783), cientista suiço, considerado um dos maiores matemáticos de seu tempo, introduziu o conceito do unitário imaginário j. Observe que as identidades de Euler estão representadas geometricamente na Fig. 4.1.

ou seja, para multiplicarmos dois vetores complexos basta multiplicar seus módulos e somar suas fases. Com efeito, ao fazermos o produto de z_1 por z_2, teremos

$$\begin{aligned} z_1 \cdot z_2 &= r_1\, e^{j\phi_1} \cdot r_2\, e^{j\phi_2} \\ &= r_1 r_2\, e^{j\phi_1} e^{j\phi_2} \\ &= r_1 r_2\, e^{j(\phi_1+\phi_2)}. \end{aligned}$$

Exemplo 4.2 Seja $z_1 = 1 - j$ e $z_2 = 2e^{-j\pi/2}$. Primeiramente converteremos z_1 à forma exponencial ou representação de Euler. Assim,

$$\begin{aligned} r_1 &= \sqrt{1+1} = \sqrt{2}, \\ \phi_1 &= \tan^{-1}\left(\frac{-1}{1}\right) = -\frac{\pi}{4}. \end{aligned}$$

Portanto, $z_1 = \sqrt{2}\,e^{-j\pi/4}$ e

$$z_1 \cdot z_2 = 2\sqrt{2}\,e^{-j(\pi/4+\pi/2)} = 2\sqrt{2}\,e^{-j3\pi/4},$$

veja Fig. 4.2.

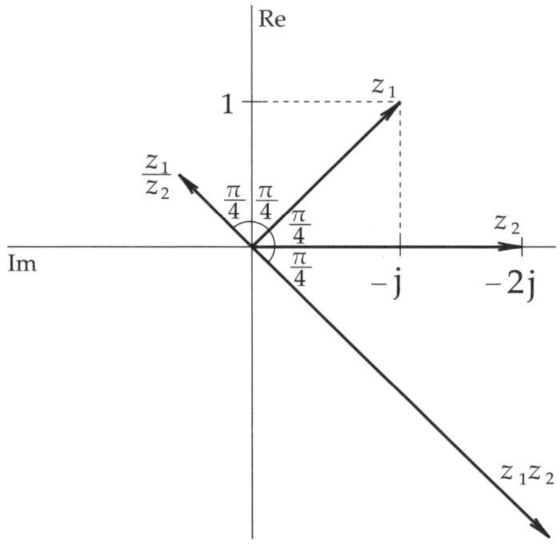

Figura 4.2: Os vetores complexos z_1 e z_2, seu produto e seu quociente.

O *quociente* de dois vetores complexos $z_1 = r_1 e^{j\phi_1}$ e $z_2 = r_2 e^{j\phi_2}$ é dado por

$$\frac{z_1}{z_2} = \frac{r_1}{r_2} e^{j(\phi_1-\phi_2)}, \tag{4.8}$$

ou seja, para dividirmos dois vetores complexos basta dividir seus módulos e subtrair suas fases.

Exemplo 4.3 Voltando ao Ex. 4.2, o quociente z_1/z_2 será

$$\frac{z_1}{z_2} = \frac{\sqrt{2}}{2} e^{-j(\frac{\pi}{4}-\frac{\pi}{2})} = \frac{\sqrt{2}}{2} e^{j\frac{\pi}{4}}, \text{ veja a Fig. 4.2.}$$

Cumpre notar que, naturalmente, o produto e o quociente de dois vetores complexos poderiam ser definidos a partir de suas formas trigonométricas, ou seja,[2]

$$z_1 \cdot z_2 = (a_1 + \mathrm{j}b_1) \cdot (a_2 + \mathrm{j}b_2) = (a_1a_2 - b_1b_2) + \mathrm{j}(a_1b_2 + a_2b_1) \tag{4.9}$$

e

$$\frac{z_1}{z_2} = \frac{a_1 + \mathrm{j}b_1}{a_2 + \mathrm{j}b_2} = \frac{(a_1a_2 + b_1b_2) + \mathrm{j}(a_2b_1 - a_1b_2)}{a_2^2 + b_2^2}. \tag{4.10}$$

A *potência* de grau n de um vetor complexo $z = r\,e^{\mathrm{j}\phi}$ é definida como

$$z^n = r^n e^{\mathrm{j}n\phi}. \tag{4.11}$$

Portanto, o quadrado de z vale

$$z^2 = r^2 e^{\mathrm{j}2\phi}. \tag{4.12}$$

Cumpre notar que o quadrado de um vetor complexo não é necessariamente nem real nem positivo.

A *raiz* de grau n de um vetor complexo $z = r\,e^{\mathrm{j}\phi}$ será

$$\sqrt[n]{z} = \sqrt[n]{r}\,e^{\mathrm{j}\phi/n}. \tag{4.13}$$

Portanto, para calcular a raiz de grau n de um vetor complexo, basta calcular a raiz de grau n de seu módulo r e dividir sua fase ϕ por n.

Exemplo 4.4 Vejamos, então, qual é o quadrado do unitário imaginário j. Escrevendo

$$\begin{aligned} \mathrm{j}^2 &= \left(e^{\mathrm{j}\frac{\pi}{2}}\right)^2 \\ &= e^{\mathrm{j}\pi} \\ &= -1, \end{aligned}$$

tem-se, como conclusão, que $\mathrm{j}^2 = -1$. Analogamente, o quadrado do vetor complexo $-\mathrm{j} = e^{\mathrm{j}3\pi/2}$ será

$$(-\mathrm{j})^2 = e^{\mathrm{j}3\pi} = -1,$$

ou seja,[3]

$$-1 = (\pm\mathrm{j})^2.$$

[2]Veja Ex. 4.4 para melhor compreensão dos resultados apresentados nas Eqs. (4.9) e (4.10).

[3]Observe o amável leitor que, ao contrário do que é vulgarmente divulgado, j não é, *por definição*, igual a $\sqrt{-1}$.

Exemplo 4.5 E como se pode calcular a raiz cúbica de 1 no domínio complexo? Bem, assumindo que a resposta é um vetor complexo da forma $z = r\,e^{j\theta}$, tem-se

$$z^3 = r^3 e^{j3\theta} = 1.$$

Logo, as soluções são: $z_1 = 1$, $z_2 = e^{j2\pi/3}$ e $z_3 = e^{-j2\pi/3}$ (três vetores complexos com módulo unitário). Com efeito, é trivial verificar, com base na Eq. (4.11), que o cubo de qualquer uma dessas três soluções vale 1, veja Fig. 4.3.

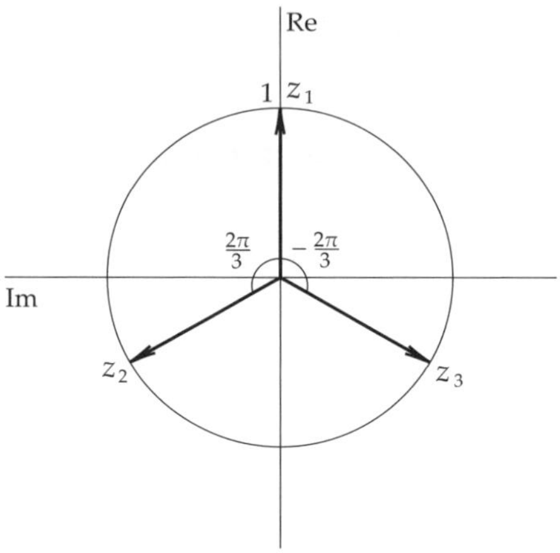

Figura 4.3: As três raízes, no plano complexo, da equação $z^3 = 1$.

Observe que, com efeito, conforme estabelece a Eq. (4.13), o módulo de $z = 1$ é $r = 1$ e, portanto, $\sqrt[3]{r} = \sqrt[3]{1} = 1$ e $\phi = 2k\pi$, portanto $\phi/3 = 0$ ou $\pm 2\pi/3$.

O *conjugado* de um complexo z, designado por z^*, é o vetor imagem especular de z com respeito ao eixo real, veja Fig. 4.1, ou seja, se $z = a + jb$ então,

$$z^* = a - jb. \tag{4.14}$$

Expressando agora z na forma exponencial, veja Eq. (4.6), tem-se, equivalentemente que, se $z = r\,e^{j\phi}$, então,

$$z^* = r\,e^{-j\phi}, \tag{4.15}$$

ou seja, o conjugado de z tem o mesmo módulo de z e a fase oposta à de z.

Exemplo 4.6 Se $z_1 = 2(1 + j) = 2\sqrt{2}\,e^{j\pi/4}$, então,

$$z_1^* = 2(1 - j) = 2\sqrt{2}\,e^{-j\pi/4}.$$

Se $z_2 = \sqrt{3} - j = 2\,e^{-j\pi/6}$, então,

$$z_2^* = \sqrt{3} + j = 2\,e^{j\pi/6}.$$

Podemos utilizar o conceito de conjugado para obter uma forma alternativa para o resultado da *divisão* de dois complexos. Assim, se $z_1 = a + \mathrm{j}b$ e $z_2 = c + \mathrm{j}d$, então, seu quociente z_1/z_2 pode ser obtido multiplicando o numerador e o denominador por z_2^*, visando eliminar a parte imaginária deste, ou seja,

$$\begin{aligned} \frac{z_1}{z_2} &= \frac{a + \mathrm{j}b}{c + \mathrm{j}d} \\ &= \frac{(a + \mathrm{j}b)(c - \mathrm{j}d)}{(c + \ jd)(c - \mathrm{j}d)} \\ &= \frac{(ac + bd) + \mathrm{j}(bc - ad)}{c^2 + d^2}. \end{aligned} \tag{4.16}$$

Note que as Eqs. (4.10) e (4.16) expressam o mesmo resultado.

Exemplo 4.7 Voltando ao Ex. 4.3, vamos recalcular o quociente entre os vetores complexos $z_1 = 1 - \mathrm{j}$ e $z_2 = 2e^{-\mathrm{j}\pi/2}$. Primeiramente, converteremos z_2 à forma trigonométrica, ou seja,

$$z_2 = -2\mathrm{j}.$$

Então, segundo a Eq. (4.16), tem-se,

$$\begin{aligned} \frac{z_1}{z_2} &= \frac{1 - \mathrm{j}}{-2\mathrm{j}} \\ &= \frac{(1 - \mathrm{j})2\mathrm{j}}{-2\mathrm{j}\,2\mathrm{j}} \\ &= \frac{2\mathrm{j} + 2}{4} \\ &= \frac{1}{2}(1 + \mathrm{j}), \end{aligned}$$

cujo módulo é $r = \sqrt{2}/2$ e cuja fase vale $\phi = \pi/4$, tal como calculado no Ex. 4.3.

O *módulo* r de um vetor complexo z pode ser calculado como a raiz quadrada do produto de z por seu conjugado z^*, ou seja,

$$z \times z^* = r\,e^{\mathrm{j}\phi} \times r\,e^{-\mathrm{j}\phi} = r^2,$$

portanto,

$$r = \sqrt{z \times z^*}. \tag{4.17}$$

Observe que para a obtenção do módulo r de um vetor complexo z não se calcula $\sqrt{z^2}$ — que pode resultar em um número real negativo, ou mesmo em um vetor complexo — mas extrai-se a raiz quadrada do produto de z pelo seu conjugado, z^*, o que resulta necessariamente em um real positivo, como convém a um módulo.

Exemplo 4.8 Sejam $z_1 = 3 + 4\mathrm{j}$ e $z_2 = -2\mathrm{j}$, veja Fig. 4.4.

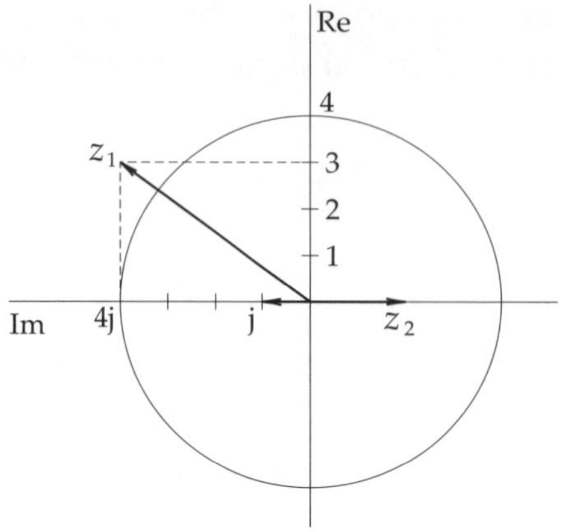

Figura 4.4: Vetores z_1 e z_2 no plano complexo.

O módulo de z_1 é

$$r_1 = \sqrt{3^2 + 4^2} = 5$$

e sua fase é (considerando cinco casas decimais)

$$\phi_1 = \tan^{-1}\frac{4}{3} \approx 0,92730 = 0,29517\,\pi \text{ rad.}$$

Portanto, z_1 pode ser expresso, na forma exponencial, como

$$z_1 = 5\,e^{\mathrm{j}\,0,29517\,\pi}.$$

Por outro lado, o módulo de z_2 é $r_2 = 2$ e sua fase é (veja Fig. 4.4) $\phi_2 = -\pi/2$, podendo z_2, portanto, ser expresso como

$$z_2 = 2\,e^{-\mathrm{j}\pi/2}.$$

O produto de z_1 por z_2 será, segundo a Eq. (4.7),

$$z_1 \times z_2 = 10\,e^{-\mathrm{j}\,0,20483\,\pi}.$$

O quadrado de z_1 será, segundo a Eq. (4.12),

$$z_1^2 = 25\,e^{\mathrm{j}\,0,59033\,\pi},$$

um vetor complexo, e o quadrado de z_2 será, também segundo a Eq. (4.12),

$$z_2^2 = 4\,e^{-\mathrm{j}\pi} = -4,$$

um número real, porém negativo. Os conjugados de z_1 e de z_2 são, respectivamente:

$$z_1^* = 5\,e^{-\mathrm{j}\,0,29517\,\pi}; \quad \text{e} \quad z_2^* = 2\,e^{\mathrm{j}\pi/2} = 2\mathrm{j}.$$

Observe que o conjugado de z_2 é também um imaginário puro. Para finalizar, o produto de z_1 por seu conjugado é

$$z_1 \times z_1^* = 5\,e^{\mathrm{j}\,0{,}29517\,\pi} \times 5\,e^{-\mathrm{j}\,0{,}29517\,\pi} = 25\,e^0 = 25 = r_1^2,$$

e, analogamente,

$$z_2 \times z_2^* = 2\,e^{-\mathrm{j}\pi/2} \times 2\,e^{\mathrm{j}\pi/2} = 4\,e^0 = 4 = r_2^2,$$

confirmando o que estabelece a Eq. (4.17).

O conjugado do produto de dois vetores complexos é igual ao produto de seus conjugados, ou seja,

$$(z_1 \times z_2)^* = z_1^* \times z_2^*. \tag{4.18}$$

Com efeito,

$$\begin{aligned}(z_1 \times z_2)^* &= \left(r_1 r_2\, e^{\mathrm{j}(\phi_1+\phi_2)}\right)^* \\ &= r_1 r_2\, e^{-\mathrm{j}(\phi_1+\phi_2)} \\ &= r_1\, e^{-\mathrm{j}\phi_1} \cdot r_2\, e^{-\mathrm{j}\phi_2} \\ &= z_1^* \times z_2^*.\end{aligned}$$

Exemplo 4.9 Voltando ao Ex. 4.8, é fácil verificar que

$$z_1^* \times z_2^* = 10\,e^{\mathrm{j}\,0{,}20483\,\pi}$$

e que

$$\begin{aligned}(z_1 \times z_2)^* &= \left(10\,e^{-\mathrm{j}\,0{,}20483\,\pi}\right)^* \\ &= 10\,e^{\mathrm{j}\,0{,}20483\,\pi},\end{aligned}$$

confirmando a identidade expressa pela Eq. (4.18).

4.2 Funções complexas

Admitamos agora que um vetor complexo z seja dependente de uma variável real t. Diremos, então, que $z(t)$ é uma *função complexa de variável real*. O vetor complexo $z(t)$ terá parte real $\Re[z(t)]$ e parte imaginária $\Im[z(t)]$, ambas funções reais da variável real t. A função complexa $z(t)$ pode, portanto, ser expressa, na forma trigonométrica, como

$$z(t) = a(t) + \mathrm{j}b(t) = \Re[z(t)] + \mathrm{j}\,\Im[z(t)]. \tag{4.19}$$

Funções complexas são também conhecidas como *sinais complexos*.

Naturalmente, tudo o que foi apresentado na seção anterior relativo a vetores complexos vale para funções complexas, que nada mais são do que vetores complexos que variam com t. Então, $z(t)$ pode ser expressa no modo exponencial, ou *representação de Euler*, como

$$z(t) = r(t)\, e^{j\phi(t)}, \tag{4.20}$$

onde $r(t)$ é o módulo de $z(t)$, portanto uma função real e não negativa, conhecida como *amplitude* ou *magnitude* do sinal $z(t)$, e $\phi(t)$ é a *fase* de $z(t)$, também uma função real (podendo, naturalmente, ser positiva, negativa ou nula).

As relações entre parte real, parte imaginária, módulo e fase, expressas pelas Eqs. (4.1) e (4.2) permanecem válidas no caso de funções complexas, ou seja,

$$\begin{aligned} r(t) &= |z(t)| = \sqrt{a^2(t) + b^2(t)}\,; \\ \phi(t) &= \tan^{-1}\frac{b(t)}{a(t)}, \end{aligned} \tag{4.21}$$

e, inversamente,

$$\begin{aligned} a(t) &= r(t)\cos\phi(t); \\ b(t) &= r(t)\,\mathrm{sen}\,\phi(t). \end{aligned} \tag{4.22}$$

Exemplo 4.10 Suponhamos $r(t) = A(\mathrm{sen}(pt) + 1)$, onde A e p são constantes reais, e $\phi(t) = qt + \theta$, onde q e θ são também constantes reais. Nesse caso, a função complexa $z(t)$ pode ser expressa como

$$z(t) = A(\mathrm{sen}(pt) + 1)\, e^{j(qt+\theta)}.$$

Naturalmente, seu módulo $r(t)$ e sua fase $\phi(t)$, segundo a Eq. (4.21), são, respectivamente:

$$\begin{aligned} r(t) &= A(\mathrm{sen}(pt) + 1); \\ \phi(t) &= qt + \theta. \end{aligned}$$

Suas partes real e imaginária podem, segundo a Eq. (4.22), ser expressas por:

$$\begin{aligned} \Re[z(t)] &= A(\mathrm{sen}(pt) + 1)\cos(qt + \theta); \\ \Im[z(t)] &= A(\mathrm{sen}(pt) + 1)\,\mathrm{sen}(qt + \theta), \end{aligned}$$

A Fig. 4.5 ilustra o módulo, a fase, a parte real e a parte imaginária de $z(t)$. Observe o prezado leitor que, efetivamente, o gráfico de $r(t)$ indica uma senoide de amplitude dois, porém deslocada de dois no eixo vertical, oscilando, portanto, entre zero e quatro; enquanto o gráfico de $\phi(t)$ é de uma função afim,[4] descrevendo, portanto, uma reta. Por outro lado, os gráficos das partes real e imaginária, indicam funções periódicas, ver Seção 6.1.

[4]A rigor, uma função da forma $y = ax + b$ é denominada *função afim*, sendo considerada uma *função linear* exclusivamente se $b = 0$.

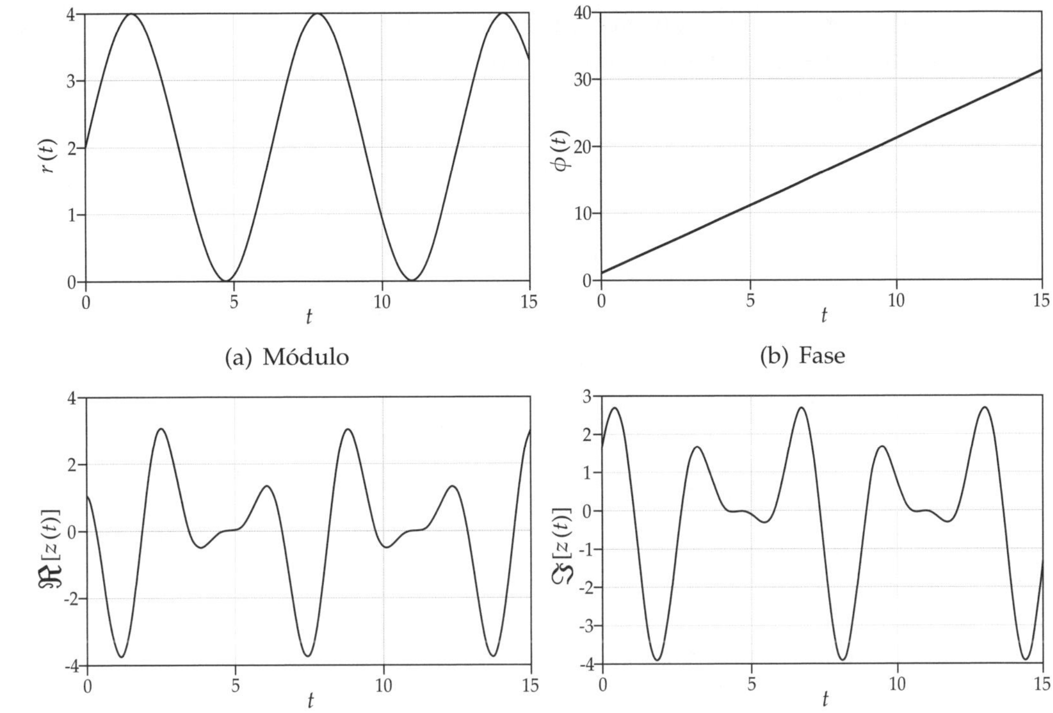

(a) Módulo (b) Fase

(c) Parte real (d) Parte imaginária

Figura 4.5: Gráficos de módulo, fase, parte real e parte imaginária de $z(t) = A(\text{sen}(pt) + 1)\, e^{\mathrm{j}(qt+\theta)}$, para $t \in (0, 15)$, com $A = 2$, $p = 2$, $q = 1$ e $\theta = 1$.

4.3 Funções harmônicas

Quando uma função complexa $z(t)$ tem módulo r constante e a fase é uma função afim da variável t, da forma

$$\phi(t) = kt + \theta, \tag{4.23}$$

onde k e θ são constantes reais, ela é dita uma *função harmônica*. A constante θ é denominada *fase inicial* da função pois, quando $t = 0$, $\phi = \theta$.

Portanto, se $z_h(t)$ é uma função harmônica, pode ser expressa como

$$z_h(t) = re^{\mathrm{j}(kt+\theta)} = r[\cos(kt + \theta) + \mathrm{j}\,\text{sen}(kt + \theta)]. \tag{4.24}$$

Suponhamos agora que a variável real t represente o *tempo*. Nesse caso, a constante k é substituída, por convenção, pela constante ω, que é denominada *velocidade angular* ou, mais propriamente, *frequência angular*. A constante ω tem dimensão física $[\mathrm{T}^{-1}]$, sendo medida em rad/s no sistema internacional de unidades (SI). O produto ωt terá unidades em radianos no mesmo sistema de unidades, adimensional, portanto. O ângulo de fase inicial θ, medido em rad no SI é, naturalmente, também adimensional.

Observando agora a Fig. 4.6, veremos que $z_h(t)$, agora, passa a ser um *vetor complexo girante* ou seja, um vetor no plano complexo que gira com uma velocidade angular ω constante.

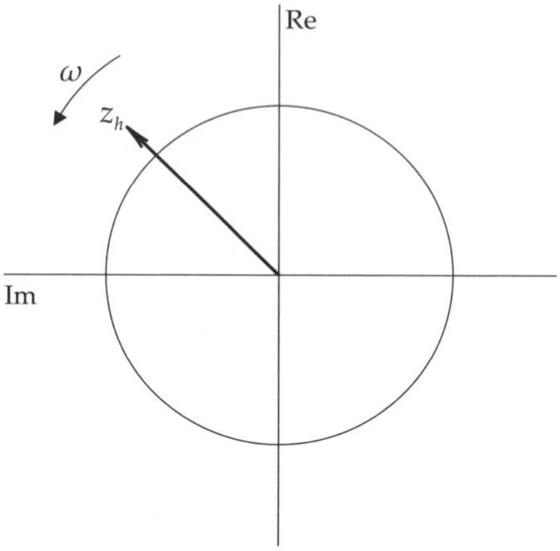

Figura 4.6: Função harmônica, $z_h(t)$, representada como um vetor girante no plano complexo, com velocidade angular ω constante.

Funções harmônicas são também conhecidas — especialmente na área de acústica — como *tons puros*, ou ainda como *sinais monocromáticos*.[5] A frequência angular ω está relacionada com a frequência circular, ou mais simplesmente, *frequência*, f, segundo a relação simples

$$\omega = 2\pi f, \tag{4.25}$$

que traduz o fato de que a cada volta (digamos, em um círculo) percorremos 2π radianos. A frequência f, também com dimensão $[T^{-1}]$, é medida em ciclos ou voltas por segundo, e a unidade no SI é o Hertz (Hz).[6]

Uma função harmônica $z_h(t)$, portanto, pode ser expressa em uma das formas alternativas — trigonométrica ou exponencial — a seguir

$$z_h(t) = r\, e^{j(2\pi f t+\theta)} = r[\cos(2\pi f t + \theta) + j\,\text{sen}(2\pi f t + \theta)], \tag{4.26}$$

onde r é o seu *módulo*, f é a sua *frequência* e θ é a sua *fase inicial*, todos os três parâmetros invariantes com o tempo.

A pergunta natural, a seguir, seria como expressar as funções harmônicas reais, tais como $A\cos(\omega t \pm \theta)$ ou $B\,\text{sen}(\omega t \pm \theta)$? Bem, a função harmônica $A\cos(\omega t) = A\cos(2\pi f t)$ pode ser expressa, segundo a identidade de Euler, como uma soma

---

[5]Este último termo é apropriado da óptica, traduzindo o fato de que uma cor "pura" corresponde a uma única frequência das ondas eletromagnéticas.

[6]Em homenagem a Heinrich Rudolf Hertz (1857–1894), físico alemão que estudou as ondas eletromagnéticas.

de duas funções complexas conjugadas, ou seja,

$$A\cos(\omega t) = \frac{A}{2}\left(e^{j\omega t} + e^{-j\omega t}\right) = \frac{A}{2}\left(e^{j2\pi f t} + e^{-j2\pi f t}\right). \tag{4.27}$$

Embora possa parecer uma forma um tanto estranha de representar uma função harmônica real, veremos que essa representação de uma função harmônica no plano complexo é extremamente conveniente e significativa. A Fig. 4.7 ilustra um

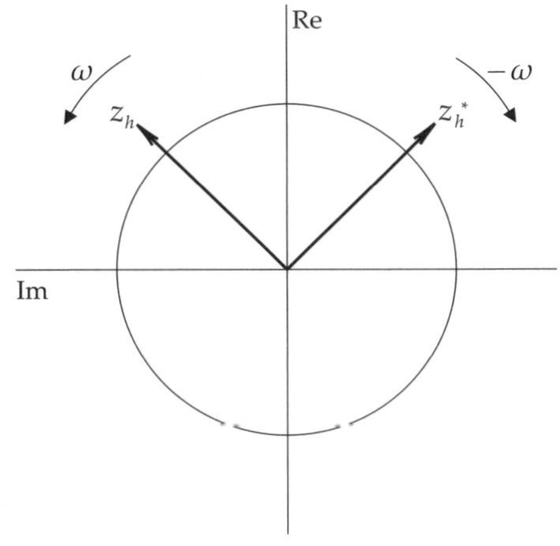

Figura 4.7: Par de vetores girantes conjugados com velocidade angular constante ω.

par de vetores complexos girantes conjugados, $z_h(t)$ e $z_h^*(t)$. O primeiro gira no sentido trigonométrico (anti-horário) com velocidade angular ω; o segundo gira no sentido horário com velocidade angular de mesmo módulo e sentido oposto, $-\omega$. Como expressa a Eq. (4.27), a soma desses dois vetores conjugados é sempre real e, devido ao fato de ω ser constante, corresponderá a uma função harmônica também real, como ilustrado na Fig. 4.8.

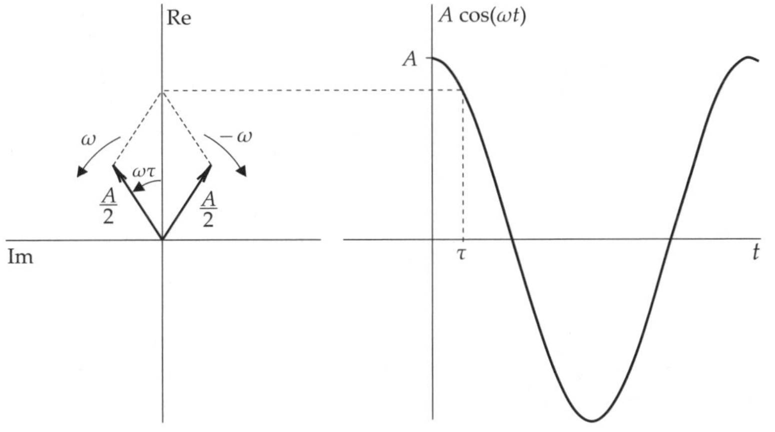

Figura 4.8: Representação de uma função harmônica real de fase nula como a soma vetorial de dois vetores complexos conjugados e girantes.

Observando-se a Fig. 4.8, temos, à esquerda, o mesmo par de vetores girantes no plano complexo da Fig. 4.7, cada um deles com módulo $A/2$, e, à direita, a correspondente função harmônica real, variando no tempo. A cada volta completa, ou giro, dos vetores no plano complexo, corresponde a um ciclo, ou *período*, da função harmônica. Note-se, ainda, que a adoção da convenção utilizada para as direções dos eixos do plano complexo permitiu uma associação direta com o gráfico da função com a variável t, como ilustrado na figura.

E como seria a representação de uma função harmônica real com uma fase inicial, ou seja, uma função harmônica que não tivesse argumento nulo em $t = 0$? Utilizando a decomposição expressa pela Eq. (4.27) tem-se,

$$A\cos(\omega t + \theta) = \frac{A}{2}\left(e^{\mathrm{j}(\omega t+\theta)} + e^{-\mathrm{j}(\omega t+\theta)}\right). \tag{4.28}$$

Nesse caso, no domínio dos vetores complexos, a exponencial $e^{\mathrm{j}\omega t}$ ficou multiplicada pelo versor $e^{\mathrm{j}\theta}$, ou seja, girou do ângulo $+\theta$ no plano complexo, enquanto a exponencial $e^{-\mathrm{j}\omega t}$ ficou multiplicada pelo versor $e^{-\mathrm{j}\theta}$, ou seja, girou do ângulo $-\theta$ no plano complexo. A Fig. 4.9 mostra que, por um lado, a função harmônica $A\cos(\omega t + \theta)$, em sua representação no domínio do tempo, ficou *atrasada* em relação à função $A\cos(\omega t)$; por outro, em sua representação no plano complexo ela ganhou uma fase inicial positiva θ. É facil verificar que o atraso τ no domínio do tempo vale, simplesmente, o quociente entre a fase inicial θ e a frequência angular ω, ou seja,

$$\tau = \frac{\theta}{\omega}. \tag{4.29}$$

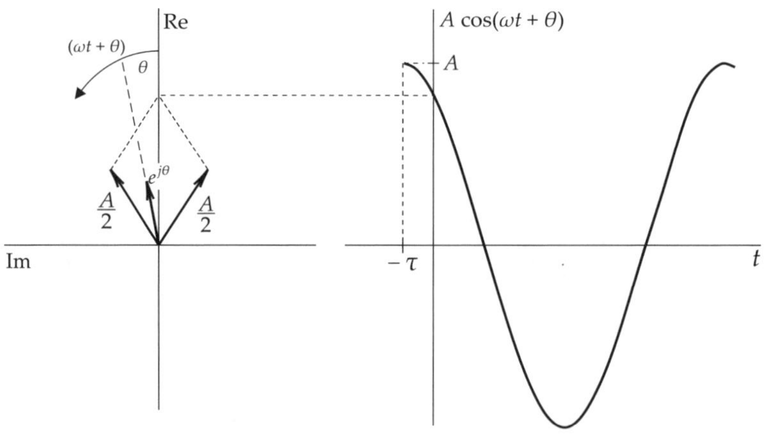

Figura 4.9: Representação de uma função harmônica real defasada como a soma vetorial de dois vetores complexos com fase inicial não nula.

Vejamos, em seguida, como representar no plano complexo a função harmônica real $z_h(t) = B\,\mathrm{sen}(\omega t)$. Ora, $\mathrm{sen}(\omega t) = \cos(\omega t - \pi/2)$, ou seja, as funções seno e coseno só diferem por uma fase fixa de $\pi/2$. Portanto,

$$\begin{aligned} B\,\mathrm{sen}(\omega t) &= B\cos(\omega t - \pi/2) \\ &= \frac{B}{2}\left(e^{\mathrm{j}(\omega t-\pi/2)} + e^{-\mathrm{j}(\omega t-\pi/2)}\right) \\ &= \frac{B}{2}\left(e^{\mathrm{j}\omega t}e^{-\mathrm{j}\pi/2} + e^{-\mathrm{j}\omega t}e^{\mathrm{j}\pi/2}\right). \end{aligned} \tag{4.30}$$

Lembrando agora que $e^{\mathrm{j}\pi/2} = \mathrm{j}$ e $e^{-\mathrm{j}\pi/2} = -\mathrm{j}$, pode-se escrever, da Eq. (4.30), que

$$\begin{aligned} B\,\mathrm{sen}(\omega t) &= \frac{-\mathrm{j}B}{2}\left(e^{\mathrm{j}\omega t} - e^{-j\omega t}\right) \\ &= \frac{B}{2\mathrm{j}}\left(e^{\mathrm{j}\omega t} - e^{-\mathrm{j}\omega t}\right), \end{aligned} \tag{4.31}$$

tal como estabelece a Eq. (4.5).

Toda combinação linear de funções harmônicas *de mesma frequência* é também uma função harmônica. Sejam, então, A e B dois números reais. A função

$$z_h(t) = A\cos(\omega t + \theta_1) + B\,\mathrm{sen}(\omega t + \theta_2), \tag{4.32}$$

onde θ_1 e θ_2 são suas fases iniciais, é também harmônica, de frequência angular ω. Contudo, uma combinação linear de $A\cos(\omega_1 t)$ e $B\,\mathrm{sen}(\omega_2 t)$, com $\omega_1 \neq \omega_2$, não constitui uma função harmônica. Com efeito, será abordado no Capítulo 6 quais são as condições para a quais uma combinação linear de funções harmônicas resulte em outra função harmônica ou numa função periódica ou mesmo numa função não periódica.

Exemplo 4.11 Considere os sinais harmônicos $x_1(t) = 2\,\mathrm{sen}(\omega t)$ e $x_2(t) = 3\cos(\omega t)$. Note que os sinais $x_1(t)$ e $x_2(t)$ têm amplitudes e fases distintas porém a mesma frequência ω. Definindo, em seguida, o sinal $y(t) = \alpha x_1(t) + \beta x_2(t)$, onde α e β são constantes reais, então $y(t)$ constitui uma combinação linear dos sinais $x_1(t)$ e $x_2(t)$. A Fig. 4.10a ilustra os três sinais, no intervalo $t \in (-\pi, \pi)$, com $\omega = 4$ rad/s, $\alpha = 1$ e $\beta = 1,5$. Observe o leitor que os três sinais apresentam um comportamento sinusoidal, ou seja, constituem sinais harmônicos de mesma frequência angular ω. Considere, agora, o sinal $x_3(t) = \cos(3\,\omega t)$, um sinal também harmônico porém com frequência angular $3\,\omega$. O sinal $z(t) = x_1(t) + 1.5\,x_3(t)$ constitui, naturalmente, uma combinação linear dos sinais $x_1(t)$ e $x_3(t)$. A Fig. 4.10b ilustra os sinais $x_1(t)$, $x_3(t)$ e $z(t)$, no intervalo $t \in (-\pi, \pi)$, com $\omega = 4$ rad/s. Observe o gentil leitor que como a combinação linear se fez com sinais de frequências distintas, embora múltiplas, o gráfico de $z(t)$ não apresenta um sinal harmônico, mas um sinal periódico.

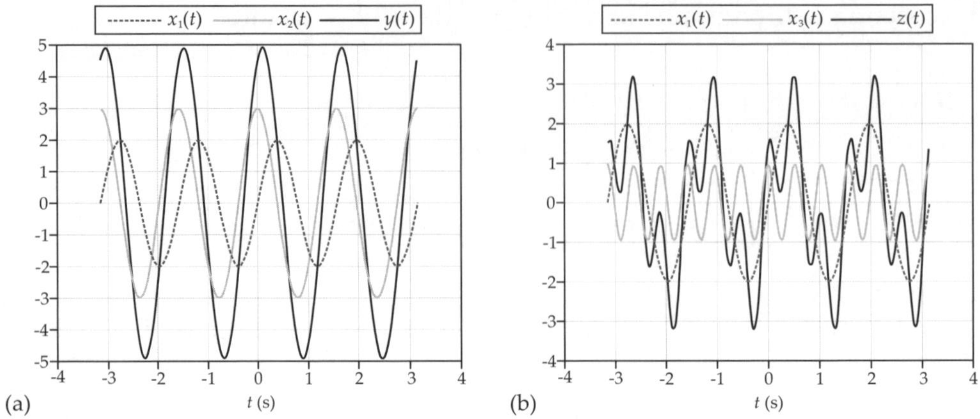

Figura 4.10: (a) Sinais $x_1(t)$, $x_2(t)$ e $y(t)$, combinação linear de $x_1(t)$ e $x_2(t)$, todos harmônicos com frequência angular idêntica, $\omega = 4$ rad/s. (b) Sinais $x_1(t)$, $x_3(t)$ e $z(t)$, combinação linear de $x_1(t)$ e $x_3(t)$, sendo os dois primeiros harmônicos e o terceiro não harmônico (mas periódico).

4.4 Representação espectral

Voltemos, agora, à Eq. (3.20), reproduzida a seguir,

$$\delta(t) = \int_{-\infty}^{\infty} e^{j2\pi ft}\,\mathrm{d}f. \tag{4.33}$$

Essa equação nos diz que a distribuição de Dirac é o resultado da integração na variável f em todo o intervalo $(-\infty, \infty)$ da exponencial complexa $e^{j2\pi ft}$. Ora, uma mera troca de variáveis f e t permite escrever

$$\delta(f) = \int_{-\infty}^{\infty} e^{j2\pi ft}\,\mathrm{d}t. \tag{4.34}$$

Observe que, do lado esquerdo da Eq. (4.34), tem-se uma distribuição de Dirac *no domínio da frequência*, enquanto do lado direito tem-se a integração da mesma exponencial complexa, agora, porém, na variável t, também no intervalo $(-\infty, \infty)$. A Fig. 4.11 ilustra uma distribuição de Dirac no domínio da frequência.

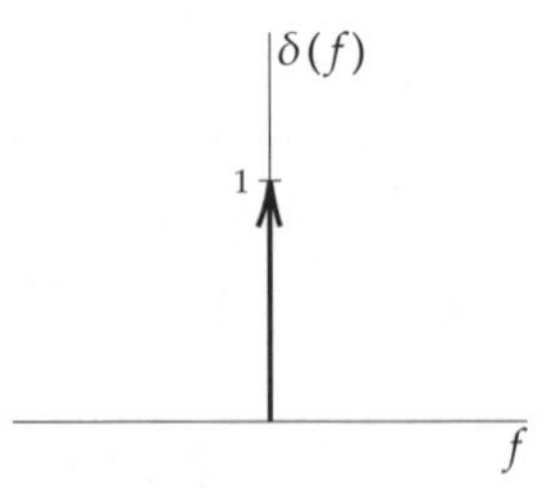

Figura 4.11: Representação gráfica da distribuição de Dirac no domínio da frequência.

Do ponto de vista — ou de escuta — conceitual, a distribuição de Dirac no domínio da frequência atende às mesmas propriedades da distribuição de Dirac no domínio do tempo, ou seja, é nula em todo o domínio f — exceto em $f = 0$ — e sua integral é unitária, como expressam as Eqs. (4.35) e (4.36):

$$\delta(f) = 0, \quad \forall t \neq 0; \tag{4.35}$$

$$\int_{-\infty}^{\infty} \delta(f)\,\mathrm{d}f = 1. \tag{4.36}$$

A Fig. 4.11 é também denominada uma *representação espectral*.[7] Chamamos de representação espectral ou *espectro* de um sinal no domínio do tempo a sua representação no domíno da frequência.[8] Essa correspondência entre os dois domínios será meticulosamente explorada nos Capítulos 6 e 7.

Voltando mais uma vez à discussão dos vetores complexos girantes $e^{\mathrm{j}2\pi ft}$, observe o gentil leitor que quando integramos a exponencial complexa para todos os valores de t no domínio $(-\infty, \infty)$, como expresso na Eq. (4.34), estamos, em realidade, somando todos os versores girando com uma dada velocidade angular $\omega = 2\pi f$.

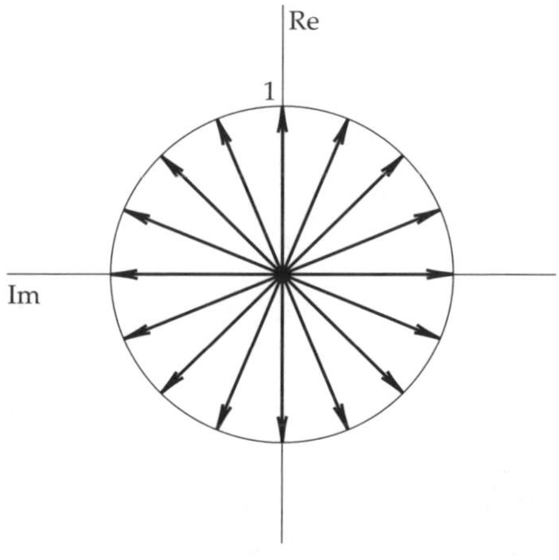

Figura 4.12: Ilustração de vetores exponenciais complexos girantes numa dada frequência f com soma nula.

Ora, se $f \neq 0$, o termo $2\pi ft$ garante que o vetor complexo gire em torno da origem e, a cada volta completa[9] dos vetores unitários complexos, essa soma será nula, veja Fig. 4.12. Contudo, se $f = 0$, então $e^{\mathrm{j}2\pi ft} = e^0 = 1$ e a integral de $-\infty$

[7] Será visto, na Seção 7.2, que esta é a representação espectral da função temporal corrente contínua unitária, ou seja, a função $1(t)$.

[8] Como o autor alerta em diversos pontos ao longo deste texto, tratamos, preferencialmente, as variáveis complementares t e f como *tempo* e *frequência*, respectivamente, mas outras variáveis complementares, como posição e número de onda, por exemplo, são admissíveis.

[9] Não esqueça de que toda integral consiste em um somatório.

a $+\infty$ da exponencial será ilimitada. Em outros termos, o resultado da integral presente na Eq. (4.34) será nulo para todo $f \neq 0$ e "tende a infinito" se $f = 0$, resultando, portanto, na distribuição de Dirac no domínio da frequência, $\delta(f)$, como ilustra a Fig. 4.11. Um raciocínio análogo pode ser conduzido, trocando as variáveis t e f, de modo a interpretar a Eq. (4.33).

Vamos buscar, agora, encontrar uma representação espectral para as funções harmônicas reais $x(t) = A\cos(2\pi f_0 t)$ e $y(t) = B\,\text{sen}(2\pi f_0 t)$. Segundo a Eq. (4.27), a função $A\cos(2\pi f_0 t)$ é a soma de duas exponenciais complexas conjugadas e girantes, com velocidade angular $\omega_0 = 2\pi f_0$, e amplitude $A/2$. Como cada uma dessas exponenciais complexas corresponde, no domínio da frequência, a um delta de Dirac deslocado da frequência $\pm f_0$, a representação espectral do sinal $A\cos(2\pi f_0 t)$ é dado por

$$\hat{x}(f) = \frac{A}{2}\left[\delta(f + f_0) + \delta(f - f_0)\right], \tag{4.37}$$

onde a simbologia '^' será utilizada para designar o *espectro* ou o *domínio espectral*.[10]

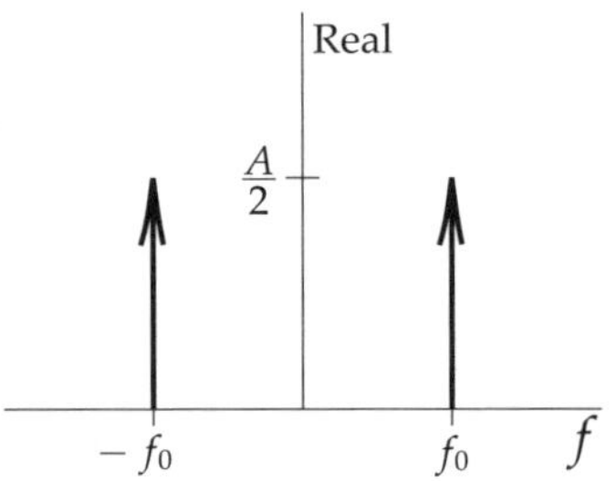

Figura 4.13: Representação espectral da função harmônica real $A\cos(2\pi f_0 t)$.

O espectro do sinal $x(t)$ é plotado na Fig. 4.13 em um gráfico 2D. Observe o estimado leitor que, nesse caso, o espectro do sinal é inteiramente real. Isso se deve ao fato de a fase inicial ser nula, ou seja, $\theta = 0$. Se tomarmos uma fase diferente de zero, então o espectro do sinal será complexo, como será discutido no Capítulo 6.

Por outro lado, segundo a Eq. (4.31), o sinal $y(t) = B\,\text{sen}(2\pi f_0 t)$ corresponde a uma *diferença* de duas exponenciais complexas conjugadas e girantes, com velocidade angular $\omega_0 = 2\pi f_0$, e amplitude $A/2\text{j}$. Como cada uma dessas exponenciais complexas corresponde, no domínio da frequência, a um delta de Dirac deslocado da frequência $\pm f_0$, a representação espectral do sinal $y(t) = B\,\text{sen}(2\pi f_0 t)$ é

$$\hat{y}(f) = \text{j}\frac{B}{2}\left[\delta(f + f_0) - \delta(f - f_0)\right], \tag{4.38}$$

cujo gráfico está indicado na Fig. 4.14.

[10]Digamos que, por assim dizer, no domínio espectral há sempre uma garoa persistente, de modo que o sinal, ao passar para esse domínio, sempre necessitará de um chapeuzinho.

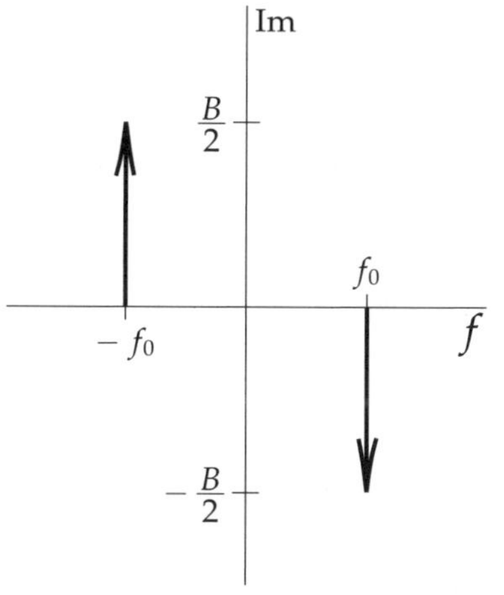

Figura 4.14: Representação espectral da função harmônica real $B\,\mathrm{sen}(2\pi f_0 t)$.

Note bem o caro leitor que agora o gráfico indica a amplitude na direção do eixo imaginário. Isso se dá, naturalmente, devido à presença do termo j na expressão (4.31), mas também porque o sinal $B\,\mathrm{sen}(2\pi f_0 t)$ nada mais é do que uma versão transladada, ou defasada, do sinal $B\cos(2\pi f_0 t)$ de uma fase $\theta = \pi/2$ o que, como será visto no Capítulo 6, corresponde a uma rotação da representação espectral.

Em resumo, uma cossenoide possui uma única frequência f_0 e seu espectro é um par de distribuições de Dirac deslocadas de $\pm f_0$, cada uma com amplitude igual à metade da amplitude do sinal temporal. Por outro lado, uma senoide possui também uma única frequência f_0 e seu espectro é um par de distribuições de Dirac deslocadas de $\pm f_0$, sendo uma negativa, cada uma com amplitude igual à metade da amplitude do sinal temporal, porém dividido pelo unitário j do eixo imaginário. Qualquer outro sinal sinusoidal, de fase diferente de $k\pi/2$, k inteiro, terá um espectro complexo, com partes real e imaginária diferentes de zero, o que será discutido no Capítulo 6.

Capítulo 5

Convolução e Correlação

Nos encontramos na situação de um homem que não pode considerar um objeto de seu interesse senão através de lentes cujas propriedades ópticas desconhece.
Max Plank

Este capítulo discute os conceitos de convolução e correlação entre dois ou mais sinais, operações matematicamente similares, porém com interpretações físicas bastante distintas. A Seção 5.1 apresenta a definição matemática da convolução, sua interpretação geométrica, e sua interpretação física. A Seção 5.2 apresenta as principais propriedades do produto de convolução, com exemplos. A Seção 5.3 trata especificamente da convolução de duas distribuições, mostrando o que ocorre com um sinal quando convoluído com a distribuição de Dirac e suas importantes propriedades e consequências teóricas e práticas. A Seção 5.4 trata de sistemas lineares e invariantes no tempo e suas respostas impulsivas, realçando a importância do conceito de resposta impulsiva para a análise de sinais. Finalmente, a Seção 5.5, introduz o conceito de correlação entre dois sinais e de função de autocorrelação.

5.1 Convolução de dois sinais

A *convolução* de dois sinais é uma operação matemática que apresenta um importantíssimo e fundamental conceito em distintos campos da física, tendo especial significado para lidar com sistemas lineares, sendo portanto de grande interesse na área de Acústica & Vibrações. Para introduzir o conceito de convolução, tomaremos um exemplo em acústica.

Exemplo 5.1 Suponhamos que $x(t)$ seja o sinal temporal que é emitido por um instrumento musical — um violoncelo, digamos — sendo executado no interior de uma sala de concertos, a qual chamaremos de objeto S_1. O som é captado por um microfone, objeto M, e o sinal enviado a um amplificador, objeto A, e daí para um conjunto de alto-falantes, objeto F, que transmitem o concerto para uma audiência em outra sala, objeto S_2. Bem, o concerto que é apreciado pela audiência na sala S_2, que capta, digamos, um sinal $y(t)$, é o mesmo executado pelo violoncelista? A resposta é *não*, uma vez que o sinal $x(t)$ passou por diversas transformações, como indicado na Fig. 5.1. O que sucede é que o sinal emitido pelo violoncelo, $x(t)$, é sucessivamente

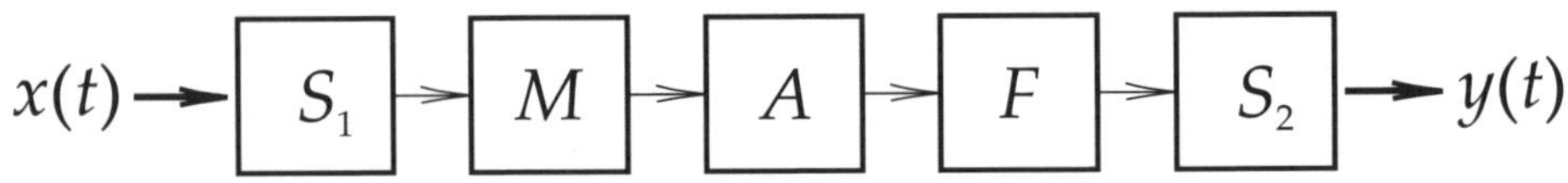

Figura 5.1: O sinal $x(t)$ passando por diversos sistemas até sua saída, $y(t)$.

convoluído com alguma característica — também um sinal — dos objetos S_1, M, A, F e S_2, nessa ordem, resultando em um sinal $y(t) \neq x(t)$, que constitui o som que é apreciado pela plateia na segunda sala. Se admitirmos que cada um dos objetos citados pode ser considerado como um sistema linear, então as sucessivas convoluções se farão com as *respostas impulsivas*[1] desses objetos.

O *produto de convolução* entre os sinais $x(t)$ e $h(t)$ é um terceiro sinal $y(t)$ definido por

$$y(t) = \int_{-\infty}^{\infty} x(\tau)h(t-\tau)\,\mathrm{d}\tau, \tag{5.1}$$

em que, observe-se, a integração é realizada na variável (muda) τ. Cumpre notar ainda que, matematicamente, é necessário calcular a integral em todo o domínio $\tau \in (-\infty, \infty)$, *para cada valor* de t, o que significa tratar-se de um cálculo computacionalmente oneroso.

O produto de convolução é representado pelo símbolo '$*$', de modo que se escreve, de forma simplificada,

$$y(t) = x(t) * h(t). \tag{5.2}$$

Não é natural, ou mesmo simples, a relação entre o conceito físico de produto de convolução, introduzido no Ex. 5.1 e ilustrado na Fig. 5.1 e a sua definição matemática, expressa pela Eq. (5.1). Na realidade, a expressão matemática envolve quatro operações, a saber: 1. espelhamento, $h(\tau) \rightarrow h(-\tau)$; 2. deslocamento, $h(-\tau) \rightarrow h(t-\tau)$; 3. multiplicação, $h(t-\tau) \rightarrow x(\tau)h(t-\tau)$; e 4. integração na variável muda τ, no intervalo $(-\infty, \infty)$, para cada instante de tempo t.

[1]O conceito de resposta impulsiva de um sistema será introduzido formalmente na Seção 5.4.

Exemplo 5.2 A Fig. 5.2 ilustra o procedimento de convolução entre dois sinais do tipo janela deslocada, cujo resultado é um sinal triangular. Considere-se, então,

$$x(t) = \sqcap_T(t-T)$$

e

$$h(t) = \frac{1}{2} \sqcap_T (t-T)$$

O produto de convolução, será

$$\begin{aligned} y(t) &= x(t) * h(t) \\ &= \frac{1}{2} \int_{-\infty}^{\infty} \sqcap_T(\tau - T) \sqcap_T (t-\tau-T)\, \mathrm{d}\tau \\ &= \frac{1}{2} \int_{0}^{2T} \sqcap_T(\tau - T) \sqcap_T (t-\tau-T)\, \mathrm{d}\tau + \frac{1}{2} \int_{2T}^{4T} \sqcap_T(\tau - T) \sqcap_T (t-\tau-T)\, \mathrm{d}\tau. \end{aligned}$$

Note-se que no cálculo da integral mostrou-se conveniente dividir o domínio em duas partes, $t \in (0, 2T)$ e $t \in (2T, 4T)$, resultando em (verifique)

$$y(t) = \begin{cases} \dfrac{t}{4T}, & t \in (0, 2T) \\ 1 - \dfrac{t}{4T}, & t \in (2T, 4T), \end{cases}$$

como indica a Fig. 5.2.

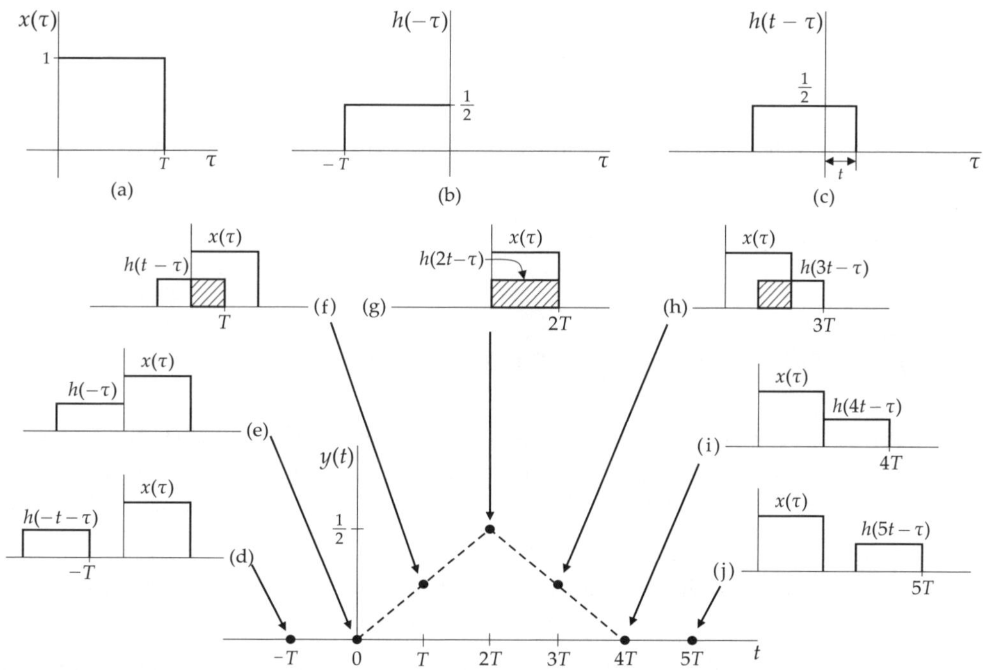

Figura 5.2: Procedimento de convolução entre dois sinais do tipo janela, resultando em um sinal triangular.

Observe que o sinal $h(t)$, após o espelhamento ou rebatimento, desloca-se passando, por assim dizer, pelo sinal $x(t)$ (como um trem passando por uma estação). Observe ainda que o suporte do sinal resultante, $y(t)$, é a soma dos suportes dos sinais componentes, $x(t)$ e $h(t)$. Em (a), tem-se uma janela de largura T e altura 1, deslocada para a direita de $T/2$. Essa janela permanecerá fixa durante todo o processo de convolução, como uma estação de trem. Em (b), tem-se uma janela de mesma largura e altura igual a $1/2$, também deslocada de $T/2$, mas já rebatida. Em (c), tem-se a janela discutida em (b), porém com uma translação (variável) t. Esta janela irá, portanto, se delocar com a variável t, como se tratasse de um trem passando pela estação. Observa-se em (d) o trem aproximando-se da estação. O produto das duas janelas nesse instante é nulo, como indicado na figura central. Em (e), a janela 'trem' chega à janela 'estação', porém o produto de convolução ainda é nulo, uma vez que a integral do produto é nula. Em (f), tem-se uma integração positiva, indicada pela área hachurada, resultando em um produto de convolução diferente de zero. Em (g), tem-se o máximo do produto de convolução, ou seja as posições relativas entre as duas janelas resultam no valor máximo da integral. Em (h), tem-se o trem abandonando a estação, reduzindo-se, portanto, o produto de convolução. Em (i), anula-se a integral e, de (j) em diante, o produto de convolução será nulo.

5.2 Propriedades da convolução

Vejamos, a seguir, algumas propriedades fundamentais do produto de convolução. Essas propriedades serão extremamente úteis para a compreensão, por exemplo, do significado da resposta impulsiva de sistemas lineares invariantes no tempo na análise de sinais.

5.2.1 Comutatividade

O produto de convolução é *comutativo*. A comutatividade se traduz por

$$y(t) = x(t) * h(t) = h(t) * x(t), \tag{5.3}$$

ou seja,

$$\int_{-\infty}^{\infty} x(\tau)h(t-\tau)\,\mathrm{d}\tau = \int_{-\infty}^{\infty} h(\tau)x(t-\tau)\,\mathrm{d}\tau. \tag{5.4}$$

Com efeito, fazendo $u = t - \tau$, o membro da esquerda transforma-se no membro da direita, na Eq. (5.4), uma vez que tanto u como τ são variáveis mudas.

Exemplo 5.3 Voltando à Fig. 5.2, é facil observar que, trocando a ordem dos sinais janela, o resultado do produto de convolução permanecerá inalterado.

Exemplo 5.4 Embora matematicamente os sinais sejam comutáveis no produto de convolução, nem sempre o são na vida real pelo simples fato de desempenharem tarefas não comutáveis. Assim, na situação discutida no Ex. 5.1, os blocos ilustrados na Fig. 5.1 não podem "trocar de lugar" e o microfone M, por exemplo, não pode tomar a função (ao menos nessa situação) do conjunto de alto-falantes F ou a sala S1 substituir o amplificador A, e vice-versa. Veja também o Ex. 5.7.

Exemplo 5.5 Bem, o Ex. 5.3 não foi, por assim dizer, um exemplo muito honesto, pois a troca proposta foi entre dois sinais janela, cuja única diferença é de amplitude. Vejamos, então, o que sucede com o produto de convolução entre os sinais $x(t) = \sqcap_T(t-T)$, uma janela de largura $2T$ deslocada para a direita de T, e o sinal triangular, veja Fig. 5.3, dado por

$$h(t) = \begin{cases} t/(2T), & t \in (0, 2T) \\ 0, & t \notin (0, 2T). \end{cases}$$

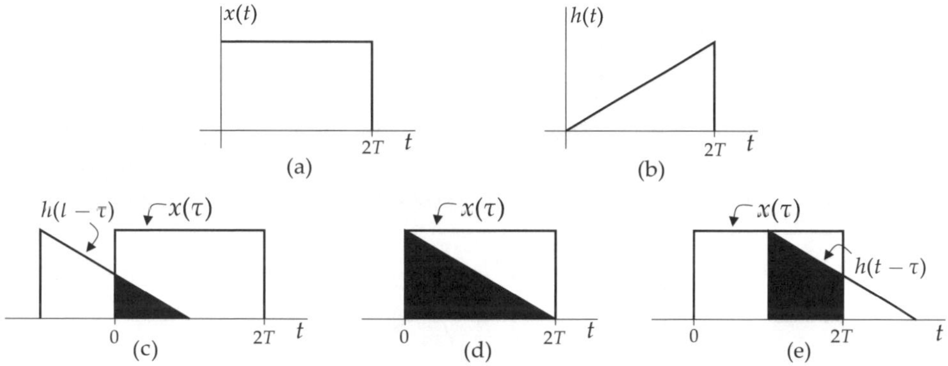

Figura 5.3: (a) Sinal $x(t)$; (b) sinal $h(t)$; (c) instantâneo do período em que o sinal $h(t)$ rebatido está "entrando" no sinal $x(t)$; (d) instante em que o valor da integral do produto de convolução é máximo; e (e) instantâneo do período em que o sinal $h(t)$ rebatido está "saindo" do sinal $x(t)$.

Bem, segundo a Eq. (5.1), teríamos

$$y(t) = x(t) * h(t) = \int_{-\infty}^{\infty} x(\tau)h(t-\tau)\,\mathrm{d}\tau.$$

A integral não necessita ser calculada em todo o intervalo $(-\infty, \infty)$, uma vez que os dois sinais têm suportes finitos, ambos iguais a $2T$. Além disso, por simplicidade, a integração pode ser realizada em duas partes: uma no intervalo $(0, 2T)$, quando o sinal $h(t)$ rebatido está, por assim dizer, iniciando a interação com o sinal $x(t)$; outra no intervalo $(2T, 4T)$, quando o sinal $h(t)$ rebatido está deixando de interagir com o sinal $x(t)$. A Fig. 5.3 ilustra os sinais $x(t)$ e $h(t)$, bem como dois momentos do produto de convolução. Integrando, então, no intervalo $(0, 2T)$, tem-se,

$$\begin{aligned} y_1(t) &= \int_0^{2T} \sqcap_T(\tau - T)h(t-\tau)\,\mathrm{d}\tau \\ &= \int_0^t \frac{\tau}{2T}\,\mathrm{d}\tau \\ &= \left.\frac{\tau^2}{4T}\right|_0^t \\ &= \frac{t^2}{4T}, \quad t \in (0, 2T). \end{aligned}$$

Já para o intervalo $(2T, 4T)$, ter-se-á

$$\begin{aligned} y_2(t) &= \int_{2T}^{4T} \sqcap_T(\tau - T) h(t-\tau)\,\mathrm{d}\tau \\ &= \int_0^t \left(1 - \frac{\tau}{2T}\right) \mathrm{d}\tau \\ &= \left(\tau - \frac{\tau^2}{4T}\right)\Big|_0^t \\ &= t - \frac{t^2}{4T}, \quad t \in (2T, 4T). \end{aligned}$$

Portanto,

$$y(t) = y_1(t) + y_2(t) = \begin{cases} \dfrac{t^2}{4T}, & t \in (0, 2T) \\ t - \dfrac{t^2}{4T}, & t \in (2T, 4T). \end{cases}$$

A Fig. 5.4 indica o resultado do produto de convolução dos sinais $x(t)$ e $h(t)$ para $T = 5$ segundos. Note que, efetivamente, $y(t)$ possui um ponto de inflexão em $t = 2T$, o que confirma a necessidade de a integração ser realizada em duas etapas.

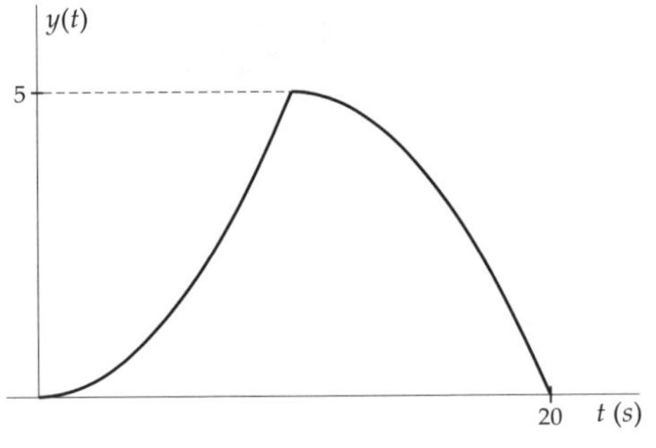

Figura 5.4: Gráfico do produto de convolução $y(t) = x(t) * h(t)$, para $T = 5$.

Comutando agora os sinais, teremos

$$y'(t) = h(t) * x(t) = \int_{-\infty}^{\infty} h(\tau) x(t-\tau)\,\mathrm{d}\tau,$$

em que o produto de convolução com os sinais comutados foi notado (provisoriamente) como $y'(t)$. Ora, para calcular $y'(t)$, é necessário repartir a integração em dois intervalos, tal como foi feito no caso anterior. Então, teremos, para o intervalo $(0, 2T)$,

$$\begin{aligned} y_1'(t) &= \int_0^{2T} h(\tau) \sqcap_T (t - \tau + T)\,\mathrm{d}\tau \\ &= \int_0^t \frac{\tau}{2T}\,\mathrm{d}\tau \\ &= \frac{\tau^2}{4T}\Big|_0^t \\ &= \frac{t^2}{4T}, \quad t \in (0, 2T). \end{aligned}$$

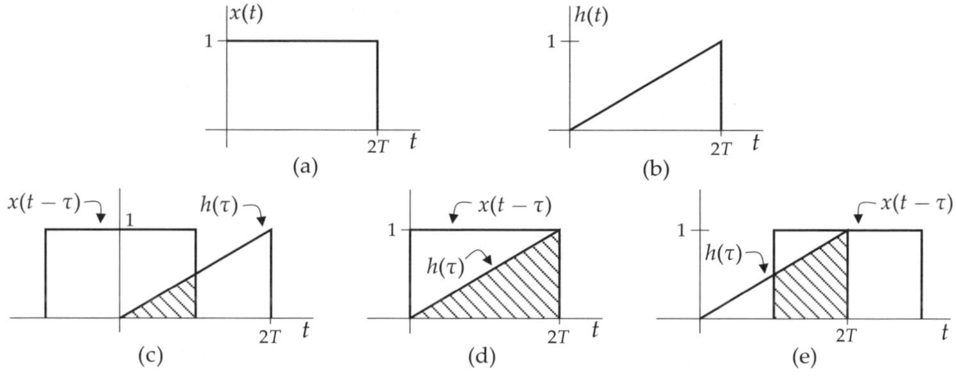

Figura 5.5: Procedimento de convolução com a comutação entre os sinais $x(t)$ e $h(t)$.

Já para o intervalo $(2T, 4T)$, ter-se-á

$$\begin{aligned}
y_2'(t) &= \int_{2T}^{4T} h(\tau) \sqcap_T (t-\tau+T)\,\mathrm{d}\tau \\
&= \int_0^t \left(1-\frac{\tau}{2T}\right)\mathrm{d}\tau \\
&= \left(\tau-\frac{\tau^2}{4T}\right)\Big|_0^t \\
&= t-\frac{t^2}{4T}, \quad t\in(2T,4T).
\end{aligned}$$

Portanto,

$$y'(t) = y_1'(t) + y_2'(t) = \begin{cases} \dfrac{t^2}{4T}, & t\in(0,2T) \\ t-\dfrac{t^2}{4T}, & t\in(2T,4T). \end{cases}$$

Concluindo, $y'(t) = y(t)$, confirmando a propriedade de comutatividade, expressa na Eq. (5.3).

5.2.2 Linearidade

O produto de convolução é um *operador linear*, isto é, o produto de convolução de um sinal $x(t)$ com uma combinação linear de sinais, digamos, da forma $\alpha h_1(t) + \beta h_2(t)$, resulta na combinação linear dos produtos de convolução, ou seja, matematicamente, teremos

$$x(t) * \big(\alpha h_1(t) + \beta h_2(t)\big) = \alpha x(t) * h_1(t) + \beta x(t) * h_2(t). \tag{5.5}$$

De fato, segundo a definição de produto de convolução, Eq. (5.1), e utilizando-se a Eq. (5.3), tem-se

$$\begin{aligned} x(t) * \big(\alpha h_1(t) + \beta h_2(t)\big) &= \int_{-\infty}^{\infty} x(t-\tau)\big(\alpha h_1(\tau) + \beta h_2(\tau)\big)\,\mathrm{d}\tau \\ &= \int_{-\infty}^{\infty} \alpha x(t-\tau) h_1(\tau)\,\mathrm{d}\tau + \int_{-\infty}^{\infty} \beta x(t-\tau) h_2(\tau)\,\mathrm{d}\tau \\ &= \alpha x(t) * h_1(t) + \beta x(t) * h_2(t). \end{aligned}$$

Exemplo 5.6 Tomemos $x(t) = \sqcap_T(t-T)$ e $h_1(t) = \frac{1}{2}\sqcap_T(t-T)$, como no Ex. 5.2, e

$$h_2(t) = \begin{cases} t/(2T), & t \in (0, 2T) \\ 0, & t \notin (0, 2T), \end{cases}$$

como no Ex. 5.5. Então, segundo a Eq. (5.5),

$$y(t) = x(t) * \big(2h_1(t) + h_2(t)\big) = 2x(t) * h_1(t) + x(t) * h_2(t).$$

Ora, o primeiro produto de convolução tem como resultado o sinal triângulo, calculado no Ex. 5.2 com amplitude dobrada; ao passo que o segundo produto de convolução terá resultado idêntico ao sinal obtido no Ex. 5.5. Desse modo, ter-se-á (verifique)

$$y(t) = \frac{1}{4T}\begin{cases} 2t + t^2, & t \in (0, 2T) \\ 8T + (4T-2)t - t^2, & t \in (2T, 4T). \end{cases}$$

A Fig. 5.6 apresenta o resultado do produto de convolução, $y(t)$, para $T = 5$ s.

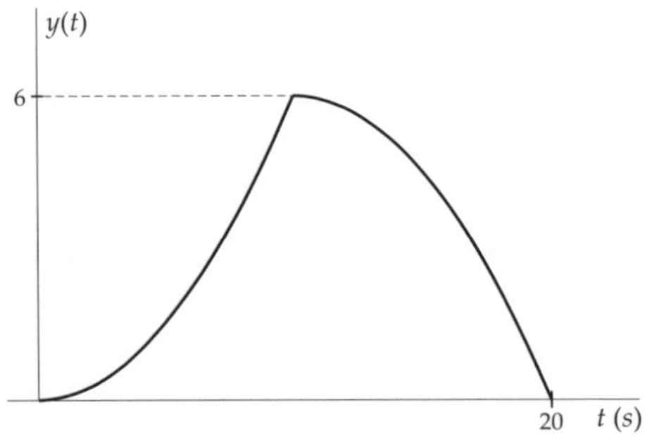

Figura 5.6: Gráfico do produto de convolução $y(t) = x(t) * \big(2h_1(t) + h_2(t)\big)$, para $T = 5$.

5.2.3 Associatividade

O produto de convolução é *associativo*. A associatividade se traduz por

$$y(t) = x(t) * \big[h_1(t) * h_2(t)\big] = \big[x(t) * h_1(t)\big] * h_2(t). \tag{5.6}$$

A demonstração da Eq. (5.6) pode ser obtida a partir de uma mera mudança de variáveis. Seja, então, $s = \tau - r$, de modo que

$$\begin{aligned}
x * [h_1 * h_2] &= \int_{-\infty}^{\infty} x(t-\tau)(h_1 * h_2)(\tau)\,\mathrm{d}\tau \\
&= \int_{-\infty}^{\infty} x(t-\tau) \int_{-\infty}^{\infty} h_1(\tau - r) h_2(r)\,\mathrm{d}r\,\mathrm{d}\tau \\
&= \int_{-\infty}^{\infty} h_2(r) \int_{-\infty}^{\infty} x(t-\tau) h_1(\tau - r)\,\mathrm{d}\tau\,\mathrm{d}r \\
&= \int_{-\infty}^{\infty} h_2(r) \int_{-\infty}^{\infty} x(t-r-s) h_1(s)\,\mathrm{d}s\,\mathrm{d}r \\
&= \int_{-\infty}^{\infty} h_2(r)(x * h_1)(t-r)\,\mathrm{d}r \\
&= [x * h_1] * h_2.
\end{aligned}$$

A Eq. (5.6) pode ser generalizada para um número arbitrário N de sinais, ou seja,

$$\begin{aligned}
y(t) &= x(t) * [h_1(t) * h_2(t) * \cdots * h_N(t)] \\
&= \ldots \\
&= [x(t) * h_1(t) * h_2(t) * \ldots] * h_N(t).
\end{aligned} \tag{5.7}$$

Essa proposição pode ser demonstrada por indução e será deixada a cargo do leitor.

Exemplo 5.7 De acordo com o que foi brevemente discutido no Ex. 5.1, o sinal ouvido na segunda sala pode ser expresso como

$$y(t) = x(t) * h_1(t) * h_2(t) * h_3(t) * h_4(t) * h_5(t),$$

onde $h_1(t)$ é a resposta impulsiva do objeto S_1, $h_2(t)$ é a resposta impulsiva do objeto M, $h_3(t)$ é a resposta impulsiva do objeto A, $h_4(t)$ é a resposta impulsiva do objeto F e $h_5(t)$ é a resposta impulsiva do objeto S_2. Desse modo, a cadeia de transmissão sonora ilustrada na Fig. 5.1, envolvendo ambas as salas, o microfone, o amplificador e o conjunto de alto-falantes — se admitidos individualmente como sistemas lineares — é, como um todo, um sistema linear cuja resposta impulsiva $h_S(t)$ pode ser expressa por

$$h_S(t) = h_1(t) * h_2(t) * h_3(t) * h_4(t) * h_5(t)$$

e, portanto,

$$y(t) = x(t) * h_S(t).$$

Observe o amável leitor que a propriedade de associatividade desempenha um papel bastante prático na análise de sistemas. Desse modo, os subsistemas discutidos no Ex. 5.1 podem ser agrupados da forma que for mais conveniente, sem que isso influencie o resultado final. Contudo, conforme já mencionado, a comutatividade não se aplica, na prática, nesse caso uma vez que as funções dos subsistemas não são comutáveis.

Bem, o leitor mais curioso poderia (ou deveria) estar se perguntando, afinal, qual a razão para que $y(t) = x(t) * h_S(t)$? A resposta definitiva a essa importante pergunta será apresentada na Seção 5.4. Antes, contudo, é necessário discutirmos como pode ser feita a convolução de duas distribuições, tema abordado na próxima seção.

5.3 Convolução de duas distribuições

Uma vez que foi definido matematicamente o produto de convolução de dois sinais ou funções ordinárias, pode-se verificar qual seria o resultado do produto de convolução de duas funções generalizadas, ou distribuições. Sejam, então, $f(t)$ e $g(t)$ duas funções generalizadas dadas. Seu produto de convolução, $(f * g)(t)$ será, em princípio, uma nova função generalizada. Para verificar, portanto, como calcular $f * g$, vamos distribuir sobre uma função teste arbitrária $\phi(t)$. Assim,

$$< (f * g)(t), \phi(t) > = \int_{-\infty}^{\infty} \int_{-\infty}^{\infty} f(\tau) g(t - \tau) \phi(t) \, \mathrm{d}\tau \, \mathrm{d}t. \tag{5.8}$$

Definindo agora a variável muda $u = t - \tau$, tem-se

$$\begin{aligned} < (f * g)(t), \phi(t) > &= \int_{-\infty}^{\infty} \int_{-\infty}^{\infty} f(\tau) g(u) \phi(u + \tau) \, \mathrm{d}u \, \mathrm{d}t \\ &= \int_{-\infty}^{\infty} f(\tau) \int_{-\infty}^{\infty} g(u) \phi(u + \tau) \, \mathrm{d}u \, \mathrm{d}t \\ &= < f(\tau), < g(u), \phi(u + \tau) >> . \end{aligned} \tag{5.9}$$

Colocando em palavras, distribuir o produto de convolução de duas funções generalizadas sobre uma função teste arbitrária é equivalente a distribuir uma delas sobre a função teste[2] e, em seguida, distribuir a outra função generalizada sobre o resultado da primeira distribuição.

O operador de convolução é chamado de *produto* não à toa. E, como todo produto (produto de reais, produto de funções, produto de vetores etc.), deve possuir um *elemento unitário*.[3] Pois o elemento unitário do produto de convolução

[2]Lembre-se que o produto de convolução é comutativo, logo, a ordem não importa.

[3]O elemento unitário — também conhecido como elemento neutro — de um produto em um determinado espaço é aquele que, quando aplicado a um objeto qualquer do espaço, não altera esse objeto. Por exemplo, o elemento unitário do produto dos números reais é o número 1, pois $1 \times n = n \times 1 = n$ para todo n real; o elemento unitário do produto de matrizes quadradas é a matriz identidade $\mathbb{1}$, pois $\mathbb{1}M = M\mathbb{1} = M$ para qualquer matriz quadrada M.

é a distribuição de Dirac. De fato, tem-se que

$$\begin{aligned} x(t) * \delta(t) &= \int_{-\infty}^{\infty} x(\tau)\delta(t-\tau)\,\mathrm{d}\tau \\ &= < x(\tau), \delta(t-\tau) > \\ &= x(t). \end{aligned} \tag{5.10}$$

Alternativamente, utilizando a Eq. (5.9), tem-se

$$\begin{aligned} < (x*\delta)(t), \phi(t) > &= < x(\tau), < \delta(u), \phi(u+\tau) >> \\ &= < x(\tau), \phi(\tau) > \end{aligned} \tag{5.11}$$

e, como a função teste $\phi(t)$ é arbitrária, necessariamente $x(t) * \delta(t) = x(t)$.

Exemplo 5.8 Considere $x(t)$ o sinal de entrada em um amplificador e $y(t)$ a sua saída. Um amplificador ideal seria aquele que amplifica o sinal de entrada sem qualquer outra alteração, ou seja, onde

$$y(t) = Ax(t),$$

onde A é o fator de amplificação. Como $y(t) = x(t) * h_A(t)$, onde $h_A(t)$ é a resposta impulsiva do amplificador, conclui-se que

$$h_A(t) = A\delta(t),$$

em um amplificador ideal. Esse tema será retomado na Seção 5.4

O produto de convolução de um sinal com o delta de Dirac deslocado resultará no sinal igualmente deslocado, ou seja,

$$\begin{aligned} x(t) * \delta(t-t_0) &= \int_{-\infty}^{\infty} x(\tau)\delta(t-t_0-\tau)\,\mathrm{d}\tau \\ &= < x(\tau), \delta(t-t_0-\tau) > \\ &= x(t-t_0). \end{aligned} \tag{5.12}$$

Exemplo 5.9 Seja $f(t)$ a função janela de largura a deslocada para a direita de $a/2$ com amplitude A, ou seja, $f(t) = A\sqcap_{a/2}(t-a/2)$. Considere, ainda, a função generalizada $h(t) = \delta(t+\tau) + \delta(t-\tau)$. Se $\tau > a$, então, segundo a Eq. (5.12) e a propriedade de linearidade do produto de convolução, ter-se-á

$$f(t) * h(t) = A\sqcap_{a/2}(t-a/2+\tau) + A\sqcap_{a/2}(t-a/2-\tau).$$

A Fig. 5.7 ilustra o resultado da convolução.

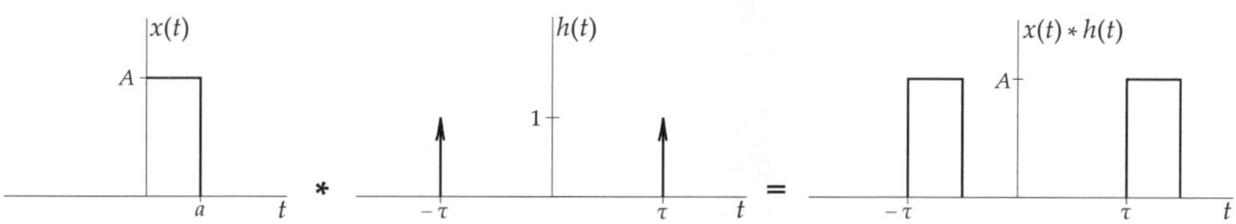

Figura 5.7: Convolução de uma função janela deslocada com um par de deltas de Dirac, resultando em um par de janelas assimétricas.

A diferenciação de um sinal é equivalente à convolução com a derivada da distribuição de Dirac, ou seja,

$$x'(t) = x(t) * \delta'(t). \tag{5.13}$$

De fato, distribuindo-se sobre uma função teste arbitrária $\phi(t)$, tem-se

$$\begin{aligned} < x(t) * \delta'(t), \phi(t) > &= < x(\tau), < \delta'(u), \phi(u+\tau) >> \\ &= < x(\tau), < \delta(u), -\phi'(u+\tau) >> \\ &= < x(\tau), -\phi'(\tau) > \\ &= < x'(\tau), \phi(\tau) > . \end{aligned}$$

E, como $\phi(t)$ é arbitrária, recai-se na Eq. (5.13).

A Eq. (5.13) pode ser generalizada para diferenciação de ordem arbitrária, ou seja,

$$x^{(n)}(t) = x(t) * \delta^{(n)}(t), \tag{5.14}$$

cuja demonstração pode ser realizada por indução.

Como o operador de convolução é linear, podemos generalizar ainda o conceito de diferenciação para operadores diferenciais lineares. Seja então $L[y(t)]$ um operador diferencial linear de ordem n aplicado, digamos, à saída $y(t)$ de um sistema, ou seja,

$$L[y(t)] = \sum_{k=0}^{n} a_k \frac{\mathrm{d}^k}{\mathrm{d}t^k} [y(t)], \tag{5.15}$$

sendo a_k coeficientes reais constantes. Então, tendo em vista as Eqs. (5.5) e (5.14), pode-se escrever

$$L[y(t)] = \left(\sum_{k=0}^{n} a_k \delta^k(t) \right) * y(t). \tag{5.16}$$

Exemplo 5.10 Consideremos mais uma vez o sistema massa-mola-amortecedor, descrito inicialmente no Ex. 2.6 (reveja-o). Como visto naquele exemplo, a equação diferencial linear que rege o comportamento do sistema é

$$L[u(t)] = F(t), \qquad \text{onde} \qquad L = m\,\frac{\mathrm{d}^2}{\mathrm{d}t^2} + d\,\frac{\mathrm{d}}{\mathrm{d}t} + k.$$

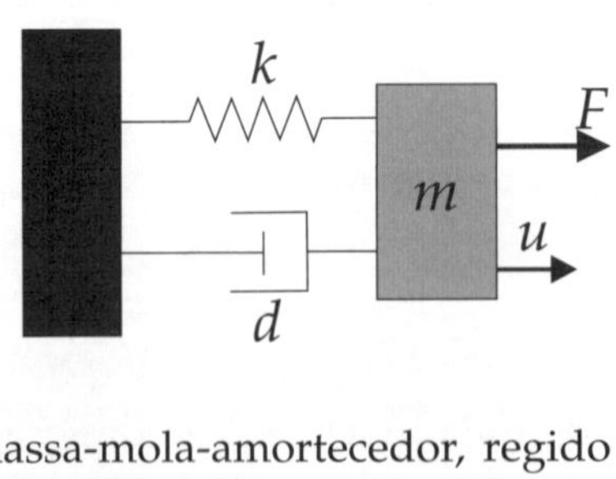

Figura 5.8: Sistema massa-mola-amortecedor, regido por uma equação diferencial linear a coeficientes constantes.

O operador diferencial L pode, então, ser substituído, segundo a Eq. (5.16), pelo produto de convolução e a equação diferencial linear que rege o sistema pode ser expressa como

$$\left[m\delta''(t) + d\delta'(t) + k\delta(t)\right] * u(t) = F(t).$$

A diferenciação de um produto de convolução de dois sinais (funções ordinárias ou funções generalizadas) se faz *diferenciando apenas uma das funções componentes*, ou seja,

$$[f(t) * g(t)]' = f'(t) * g(t) = f(t) * g'(t). \tag{5.17}$$

Bem, esse não é propriamente o resultado esperado de uma "derivada do produto", mas se considerarmos (o que é o caso mais geral) $f(t)$ e $g(t)$ como funções generalizadas, tem-se, distribuindo sobre uma função teste arbitrária $\phi(t)$,

$$\begin{aligned} < [f(t) * g(t)]', \phi(t) > &= - < f(t) * g(t), \phi'(t) > \\ &= \quad < f(\tau), < g(u), \phi'(u+\tau) >> \\ &= < f(\tau), < g'(u), \phi(u+\tau) >> \\ &= < [f(t) * g'(t)], \phi(t) > . \end{aligned}$$

Observe que a demonstração acima prova a segunda parte da Eq. (5.17). Contudo, como já vimos que o produto de convolução é comutativo, é só trocar a ordem de $f(t)$ e $g(t)$ e a outra parte da equação restará demonstrada.

Exemplo 5.11 Voltando ao Ex. 5.2, vimos que o produto de convolução operado entre os sinais $x(t) = \sqcap_\tau(t-\tau)$ e $h(t) = \frac{1}{2}\sqcap_\tau(t-\tau)$ é um sinal triangular, que pode ser expresso por

$$y(t) = \begin{cases} \dfrac{t}{2}, & t \in (0, 2\tau) \\ 1 - \dfrac{t}{2}, & t \in (2\tau, 4\tau). \end{cases}$$

Naturalmente, a derivada do produto de convolução, calculada diretamente, será o sinal, veja Fig. 5.9,

$$y'(t) = \begin{cases} 1/2, & t \in (0, 2\tau) \\ -1/2, & t \in (2\tau, 4\tau). \end{cases}$$

que também pode ser expresso como (confira)

$$y'(t) = \frac{1}{2}[\sqcap_\tau(t-\tau) - \sqcap_\tau(t-3\tau)].$$

Mas, como já foi visto no Ex. 3.24,

$$\sqcap_\tau'(t-\tau) = \delta(t) - \delta(t-2\tau),$$

portanto, segundo a Eq. (5.17), tem-se

$$\begin{aligned} y'(t) &= \sqcap'_\tau(t-\tau) * \frac{1}{2}\sqcap_\tau(t-\tau) \\ &= [\delta(t) - \delta(t-2\tau)] * \frac{1}{2}\sqcap_\tau(t-\tau) \\ &= \frac{1}{2}[\sqcap_\tau(t-\tau) - \sqcap_\tau(t-3\tau)], \end{aligned}$$

confirmando o resultado previsto anteriormente.

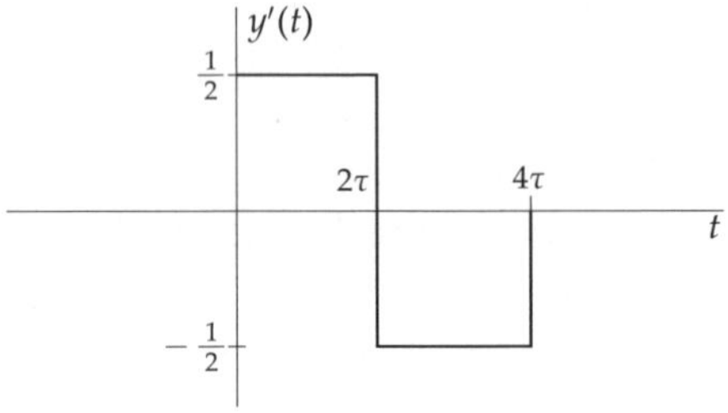

Figura 5.9: Gráfico de $y'(t)$.

5.4 Resposta impulsiva

Veremos agora um dos conceitos mais importantes relacionados à distribuição de Dirac, associada a um sistema linear invariante no tempo. Seja, então, dado um sistema linear invariante no tempo ($\mathcal{SLI}$). Ao excitarmos o sistema com uma distribuição de Dirac, a resposta do sistema, que designaremos por $h(t)$, é denominada *resposta impulsiva do sistema*. Em outras palavras, $h(t)$ é como o $\mathcal{SLI}$ responde a uma excitação impulsiva.

Já se o sistema for excitado por um sinal arbitrário, digamos, $x(t)$, sua resposta será um sinal que designaremos como $y(t)$. Vamos buscar, nesta seção, uma relação geral entre $x(t)$, $y(t)$ e $h(t)$. A Fig. 5.10 ilustra a situação.

Figura 5.10: Excitações e respostas em um sistema linear invariante no tempo. Se excitado com $\delta(t)$ o sistema responde com $h(t)$, sua resposta impulsiva; se excitado com um sinal arbitrário $x(t)$ o sistema responde com o sinal $y(t)$.

Exemplo 5.12 Considere um $\mathcal{SLI}$ que amplifica as entradas na forma

$$y(t) = 27x(t),$$

em que $x(t)$ é a entrada do sistema e $y(t)$ sua saída. Ora, a resposta impulsiva desse sistema será, por definição,

$$h(t) = 27\delta(t).$$

O produto de convolução de $x(t)$ com $h(t)$ será

$$x(t) * h(t) = x(t) * (27\delta(t)) = 27x(t) = y(t).$$

Nesse caso banal, portanto, o produto de convolução do sinal de excitação do sistema com a sua resposta impulsiva resultou no sinal de saída do sistema. Isso não foi uma casualidade e esse resultado será estabelecido a seguir para *qualquer* $\mathcal{SLI}$.

Seja então um sistema linear invariante no tempo $\mathcal{SLI}$, regido pelo operador diferencial linear L. Se o sistema é excitado por uma distribuição de Dirac, $\delta(t)$, gerando a resposta impulsiva $h(t)$, então pode-se escrever

$$L[h(t)] = \delta(t). \tag{5.18}$$

A saída $y(t)$ de um sistema linear invariante no tempo é o resultado do produto de convolução do sinal de excitação do sistema, $x(t)$ com a resposta impulsiva do sistema, $h(t)$, ou seja,

$$y(t) = x(t) * h(t). \tag{5.19}$$

A Eq. (5.19) constitui uma das mais importantes relações envolvendo sistemas lineares invariantes no tempo. Para demonstrá-la, considere L o operador diferencial linear que rege o sistema, de modo que $L[y(t)] = x(t)$. Podemos, então, escrever

$$\begin{aligned} L[y(t)] &= x(t) \\ &\overset{(5.10)}{=} x(t) * \delta(t) \\ &\overset{(5.18)}{=} x(t) * L[h(t)] \\ &\overset{(5.17)}{=} L[x(t) * h(t)]. \end{aligned}$$

Ora, se $L[y(t)] = L[x(t) * h(t)]$ para todo operador diferencial linear L, então, a conclusão é a expressa pela Eq. (5.19). Na sequência da demonstração acima, a segunda linha resulta da Eq. (5.10); a terceira linha é consequência da Eq. (5.18); e a última linha deriva da Eq. (5.17), conforme indicado na demonstração da Eq. (5.19).

Exemplo 5.13 Considere um carrinho C, de massa m, que pode mover-se com atrito desprezível sobre um plano horizontal, veja Fig. 5.11. C está inicialmente em repouso quando aplica-se uma força $f(t)$ que será tomada como entrada ou excitação do sistema. Consideraremos a velocidade $v(t)$ de C como a saída do sistema.[4]

[4]Observe, prezado leitor, que o que consideramos como *entrada* ou *saída* de um sistema é qualquer variável escolhida, por mera conveniência, associada ao sistema. No caso em análise, tanto posição, velocidade, ou aceleração poderiam ter sido escolhidos como saídas do sistema.

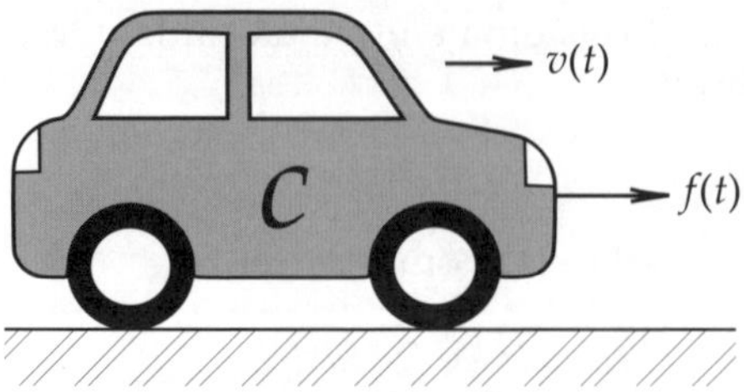

Figura 5.11: Carrinho C, movendo-se com velocidade v, e sendo acelerado pela força $f(t)$.

Este é um sistema mecânico regido pela segunda lei de Newton,

$$ma(t) = m\dot{v}(t) = f(t),$$

uma equação diferencial linear a coeficientes constantes. Portanto, trata-se de um $\mathcal{SLI}$. Primeiramente, consideremos uma força impulsiva $f(t) = \delta(t)$. Nesse caso, a velocidade de C pode ser obtida de

$$m\dot{v}(t) = \delta(t), \quad \text{logo,} \quad v(t) = \frac{1}{m}\int \delta(t)\,\mathrm{d}t = \frac{1}{m}, \quad t \geq 0.$$

Portanto, excitado com uma força impulsiva, aplicada em $t = 0$, o carrinho passa a mover-se com uma velocidade constante, como indicado na Fig. 5.12a. Note ainda que a *resposta impulsiva* de C será $h(t) = 1/m$.[5]

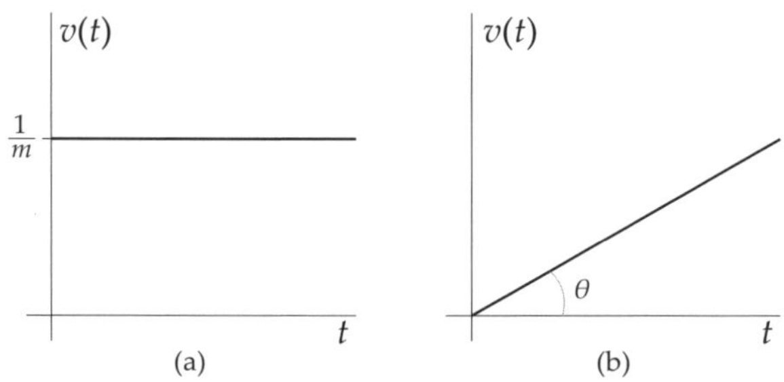

Figura 5.12: Comportamento da velocidade de C para duas condições: (a) resposta impulsiva e (b) resposta a uma força constante F, $v(t) = (F/m)t$. Note que $\theta = \tan^{-1}(F/m)$.

Suponhamos, em seguida, que sobre C aplica-se, a partir de $t = 0$, uma força de módulo constante F. A excitação pode ser expressa por $f(t) = Fu(t)$, onde $u(t)$ é a função degrau unitário, definida pela Eq. (3.38). Teremos, então,

$$\begin{aligned} v(t) &= \frac{F}{m}\int_0^t u(\tau)\,\mathrm{d}\tau \\ &= \frac{F}{m}t, \quad t > 0, \end{aligned}$$

[5]Se o atento leitor estranhou a dimensão física do resultado, não se assuste: a constante '1' tem dimensão $[MLT^{-1}]$, de modo que o resultado final terá dimensão $[LT^{-1}]$, como convém a uma velocidade.

ou seja, a velocidade de C tem um comportamento linear, como indica a Fig. 5.12b. Mas, se $v(t) = (F/m)\,t$ é a resposta à excitação $f(t) = Fu(t)$ e $h(t) = 1/m$ é a resposta impulsiva do sistema, então, segundo a Eq. (5.19) tem-se, conforme previsto,

$$\begin{aligned} v(t) &= \int_{-\infty}^{\infty} Fu(t-\tau)\frac{1}{m}\,\mathrm{d}\tau \\ &= \frac{F}{m}\int_{0}^{\infty} u(t-\tau)\,\mathrm{d}\tau \\ &= \frac{F}{m}t, \quad \text{para} \quad t > 0. \end{aligned}$$

Exemplo 5.14 Considere uma sala onde, em um determinado ponto, tem-se um alto-falante e, em outro ponto, um ouvinte. Se $x(t)$ for o sinal sonoro emitido pelo alto-falante e $y_e(t)$ e $y_d(t)$ os sinais captados, respectivamente, pelas orelhas esquerda e direita do ouvinte, esse sistema pode ser considerado um $\mathcal{SLI}$, nesse caso, com uma entrada, $x(t)$, e duas saídas, $y_e(t)$ e $y_d(t)$. Portanto, podemos escrever que, se $h_e(t)$ e $h_d(t)$ forem os componentes — orelhas esquerda e direita — de sua resposta impulsiva biauricular,[6] então $y_e(t) = x(t) * h_e(t)$ e $y_d(t) = x(t) * h_d(t)$.

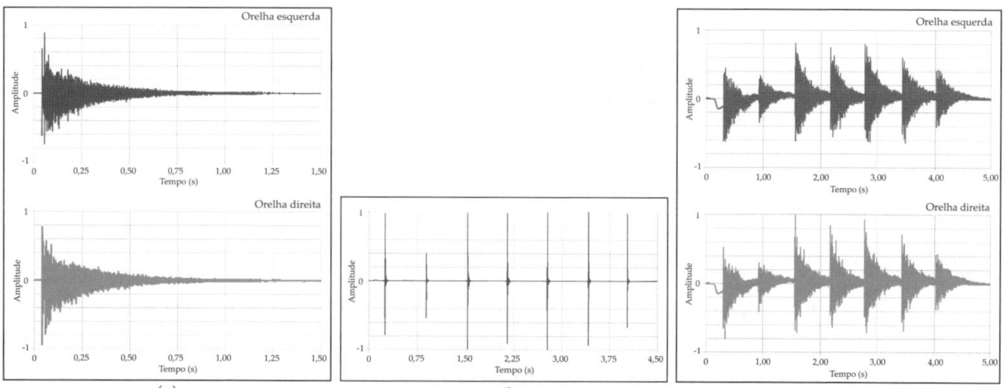

(a) (b) (c)

Figura 5.13: (a) Resposta impulsiva biauricular para um par fonte-receptor em uma sala, h_e e h_d; (b) Sequência de palmas anecoicas; (c) Resultado do produto de convolução entre os sinais, y_e e y_d. Todas as amplitudes são normalizadas com respeito ao seu valor máximo.

A Fig. 5.13a ilustra uma resposta impulsiva biauricular (dois canais) de uma sala medianamente reverberante. Os gráficos indicados traduzem, portanto, os sinais $h_e(t)$ e $h_d(t)$, ou seja, o som que seria captado na sala pelos ouvidos esquerdo e direito, para uma excitação impulsiva no alto-falante. Em 5.13b se pode observar o sinal anecoico $x(t)$, ou seja, um sinal gravado em uma câmara anecoica,[7] portanto

[6]Veja, por exemplo, Y. Ando. Architectural Acoustics: Blending Sound Sources, Sound Fields and Listeners. Springer, New York, 1998 [5] ou E. Brandão. Acústica de Salas: projeto e modelagem, Blucher, São Paulo, 2016 [31] ou, ainda, M. Vorländer. Auralization: Fundamentals of Acoustics, Modeling, Simulation, Algorithms and Acoustic Virtual Reality. Springer, Berlin, 2008 [246].

[7]Uma câmara anecoica é uma sala bastante amortecida de modo a que sinais sonoros ali registrados não apresentam "ecos".

sem reverberação, no caso, uma sequência de palmas. Observe que as palmas são bastante "secas", ou seja, têm todas curta duração. Na Fig. 5.13c se podem observar os sinais $y_e(t)$ e $y_d(t)$ que constituem o resultado do produto de convolução, em dois canais, entre o sinal anecoico $x(t)$ e as respostas impulsivas biauriculares, $h_e(t)$ e $h_d(t)$. Observando atentamente a figura, se pode perceber que a sequência de palmas anecoicas converteu-se, após convoluir com as respostas impulsivas biauriculares da sala, em outra sequência de pulsos, porém muito mais prolongados, incorporando a reverberação da sala. Em outros termos, a sequência de palmas original, mostrada na Fig. 5.13b, um sinal sonoro "seco" por ter sido gravado em uma câmara anecoica, foi convertido em uma sequência de pulsos, agora com a reverberação da sala, e que soará aos ouvidos *como a sequência de palmas seria escutada em seu interior.*[8]

Exemplo 5.15 Retomemos o sistema massa-mola-amortecedor descrito no Ex. 5.6, veja Fig. 5.14.

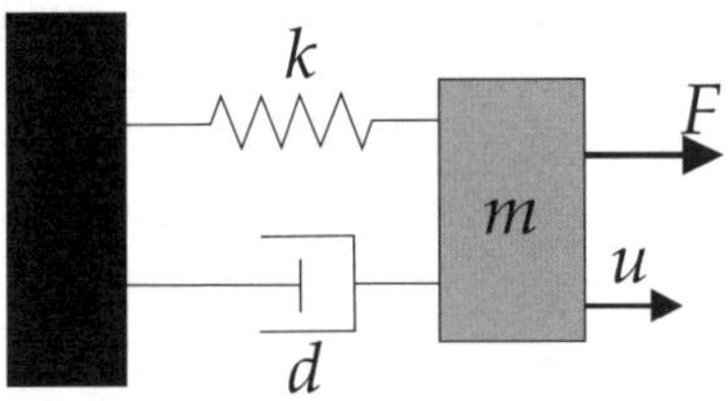

Figura 5.14: Sistema massa-mola-amortecedor, regido por uma equação diferencial linear a coeficientes constantes.

Se $F(t)$ é uma força excitadora, a resposta do $\mathcal{SLI}$ pode ser tomada como sendo o deslocamento da massa, $u(t)$. Se considerarmos $F(t)$ uma força impulsiva, o deslocamento da massa será a resposta impulsiva do sistema, $h(t)$. Lembremos, do Ex. 5.6, que o sistema é regido pelo operador diferencial linear

$$L[u(t)] = F(t), \qquad \text{sendo} \qquad L = m\,\frac{\mathrm{d}^2}{\mathrm{d}t^2} + d\,\frac{\mathrm{d}}{\mathrm{d}t} + k.$$

Visando determinar a resposta impulsiva desse sistema, vamos, primeiramente, definir alguns parâmetros que podem simplificar as expressões. Sejam, então:

$$\omega_n = 2\pi f_n = 2\pi\sqrt{\frac{k}{m}} \quad \text{a frequência angular natural do sistema não amortecido;}$$

$$\zeta = \frac{d}{2m\omega_n} \quad \text{o fator de amortecimento viscoso;}$$

$$\omega_d = \sqrt{1-\zeta^2}\,\omega_n \quad \text{a frequência angular natural amortecida do sistema.}$$

[8]Ver, por exemplo, R.A. Tenenbaum. Manual do Usuário do código computacional RAIOS 7, [234], disponível em https://ratenenbaum.wixsite.com/acustica.

Pode-se demonstrar que a resposta impulsiva desse sistema é expressa por[9]

$$h(t) = \frac{1}{m\omega_d}\operatorname{sen}(\omega_d t)e^{-\zeta\omega_n t}, \quad \text{para} \quad t > 0.$$

Observe que a resposta impulsiva é composta por uma oscilação com a frequência ω_d, dada pelo termo $\operatorname{sen}(\omega_d t)$, amortecida, contudo, pelo termo $e^{-\zeta\omega_n t}$ que é evanescente. Seja agora uma excitação harmônica, ver Capítulo 4. A função $\cos(\omega t)$ é harmônica, ou seja, uma excitação da forma $F(t) = F_0 \cos(\omega t)$, onde F_0 é uma força constante e ω é a frequência angular da excitação, também constante. Definindo

$$A = \frac{F_0}{\omega_n^2},$$

pode-se mostrar que a solução geral para $L[u(t)] = F(t)$ é da forma[10]

$$u(t) = U\cos(\omega t - \phi),$$

ou seja, a massa move-se harmonicamente com a frequência de excitação ω, onde a amplitude U vale

$$U = \frac{A}{\sqrt{[1-(\omega/\omega_n)^2]^2 + (2\zeta\omega/\omega_n)^2}}$$

e a fase ϕ é dada por

$$\phi = \tan^{-1}\frac{2\zeta\omega/\omega_n}{1-(\omega/\omega_n)^2}.$$

Portanto, da Eq. (5.19) pode-se escrever que

$$\begin{aligned} u(t) &= \int_{-\infty}^{\infty} F(t-\tau)h(\tau)\,d\tau \\ &= \int_0^{\infty} F_0\cos(\omega(t-\tau))\frac{1}{m\omega_d}\operatorname{sen}(\omega_d\tau)e^{-\zeta\omega_n\tau}\,d\tau \\ &= \frac{A\omega_n^2}{m\omega_d}\int_0^{\infty}\cos(\omega(t-\tau))\operatorname{sen}(\omega_d\tau)e^{-\zeta\omega_n\tau}\,d\tau. \end{aligned}$$

Mas, observe que o termo exponencial da resposta impulsiva, $e^{-\zeta\omega_n\tau}$, decai rapidamente quando $t \to \infty$ e, portanto,[11]

$$\begin{aligned} u(t) &= \frac{A\omega_n^2}{m\omega_d}\int_0^{\infty}\cos(\omega(t-\tau))\operatorname{sen}(\omega_d\tau)\,d\tau \\ &= U\cos(\omega t - \phi). \end{aligned}$$

Diversos outros procedimentos de processamento de sinais envolvendo o produto de convolução são de grande interesse econômico. Vamos exemplificar com

[9] Ver, por exemplo, Meirovitch, L. Elements of Vibration Analysis, McGraw-Hill, New York, 1975 [167].

[10] Ver, por exemplo, L. Meirovitch. Analytical Methods in Vibration. The Macmillan Company, New York, 1989, [168].

[11] Ver, por exemplo, W.J. Palm. Mechanical Vibrations. John Wiley, New York, 2007, [189].

uma dessas situações envolvendo, essencialmente, ondas acústicas, e que é comumente aplicada em *prospecção de petróleo.*

Exemplo 5.16 Como é sabido, as atividades envolvendo a perfuração de poços de petróleo e gás — seja em terra, seja em um campo submarino — é extremamente dispendiosa, representando um percentual variável mas sempre significativo do custo final da produção de petróleo e gás. Visando minimizar esse custo, previamente à *perfuração* propriamente dita, desenvolve-se uma etapa anterior denominada *prospecção.* Esse procedimento consiste em uma pesquisa, em uma determinada região, sobre a possibilidade maior ou menor de, em uma dada camada geológica, haver fortes indícios de presença de petróleo e gás.[12] O procedimento, grosso modo, é ilustrado na Fig. 5.15. Uma fonte sonora de alta energia a partir de um ponto situado bem próximo à superfície, emite uma onda acústica que propaga-se ao longo de distintas camadas geológicas que, por possuírem impedâncias mecânicas (acústicas) distintas,[13] refletem com diferentes amplitudes e fases, a onda excitadora e essas reflexões são captadas por geofones espalhados ao longo do terreno.

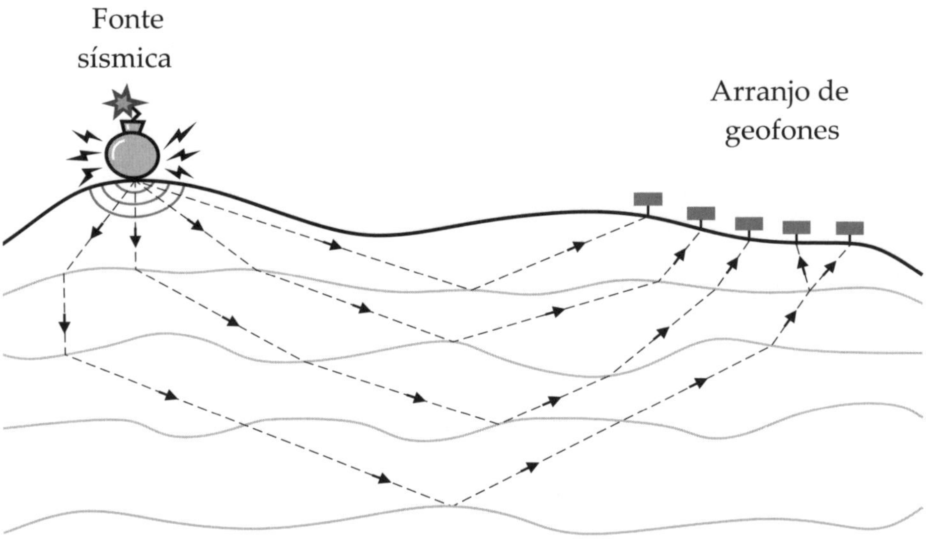

Figura 5.15: Esquema geral de um procedimento de prospecção de petróleo em uma dada região.

A análise dos sinais (excitação e resposta) do *sistema geológico* é feita a partir de um modelo geológico da região, tomado como ponto de partida, em um procedimento de *otimização,* buscando ajustar o modelo à distribuição geológica real do terreno, por iterações sucessivas, buscando a solução de um problema de *identificação,* também denominado *problema inverso.* Ao final do processo, o que se deseja obter é a resposta impulsiva do sistema geológico e o procedimento como um todo é denominado *deconvolução.* Em outros termos, sendo $x(t)$ o sinal de excitação e $y(t)$ o sinal

[12]Veja, por exemplo, R.D. Strum and D.E. Kirk. First Principles of Discrete Systems and Digital Signal Processing. Addison-Wesley, New York, 1989 [226].

[13]Ver, por exemplo, R.A. Tenenbaum. Acústica Aplicada, Edição R.A. Tenenbaum, Nova Friburgo, 2017 [233].

de resposta nos geofones ($y(t)$, na verdade, é vetorial, pois são múltiplas as saídas) o procedimento de deconvolução visa extrair $h(t)$ da Eq. (5.19). Na Seção 7.5 do Capítulo 7, voltaremos às técnicas de deconvolução.

5.5 Correlação entre sinais

A *função de correlação* entre os sinais $x(t)$ e $y(t)$ é um terceiro sinal $S_{xy}(t)$ definido por

$$S_{xy}(t) = \int_{-\infty}^{\infty} x(\tau)y(t+\tau)\,\mathrm{d}\tau, \tag{5.20}$$

em que, observe-se, a integração é realizada na variável (muda) τ. Cumpre notar ainda que, tal como no produto de convolução, é necessário calcular a integral em todo o domínio $\tau \in (-\infty, \infty)$, *para cada valor* de t, o que significa que trata-se de um cálculo computacionalmente oneroso. Embora haja uma grande semelhança entre as Eqs. (5.1) e (5.20) as suas interpretações e seus significados físicos, bem como suas propriedades, são bem distintas. A Fig. 5.16 ilustra o procedimento

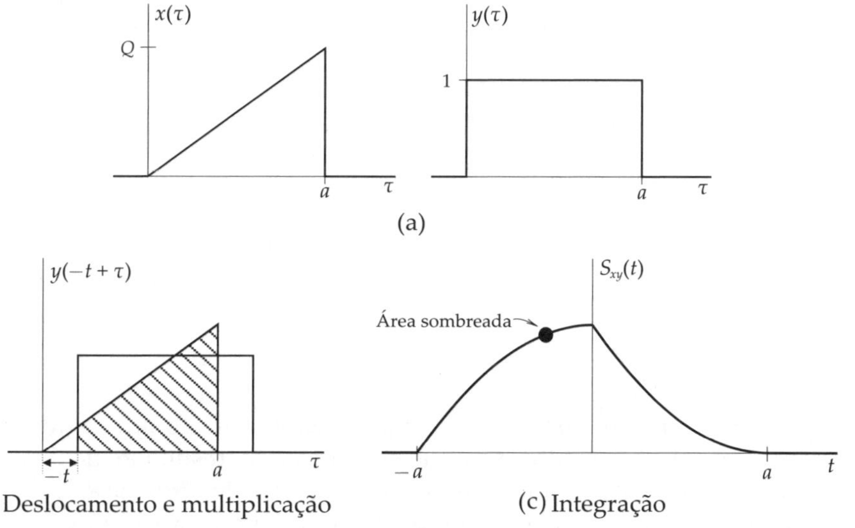

Figura 5.16: Exemplificação gráfica de um procedimento de correlação entre dois sinais.

de correlação entre dois sinais. Ao contrário da Fig. 5.2, observa-se a ausência do procedimento de *rebatimento*, que corresponde matematicamente à troca do sinal no argumento do segundo sinal: $t - \tau \to t + \tau$.

O procedimento de cálculo da função de correlação entre dois sinais pode ser também interpretada como se o sinal $x(t)$ fosse uma estação ferroviária e o sinal $y(t)$ fosse um trem que passa pela estação. A integração, portanto, é realizada, para cada instante t, sobre o trecho em comum entre os dois sinais, como ilustra a região hachurada da Fig. 5.16.

A função de correlação entre dois sinais, grosso modo, fornece informações sobre a presença de características comuns aos dois sinais. Por exemplo, a função de correlação entre os sinais de entrada e saída de um sistema indica propriedades do sistema, conforme será ilustrado nos exemplos. As informações extraídas da função de correlação entre dois sinais dependerá muito da aplicação em questão. Correlação entre sinais são comumente encontradas em aplicações tais como sonares, radares, geofísica e acústica, entre outras.

Exemplo 5.17 A Fig. 5.17 ilustra a utilização do produto de correlação em uma aplicação envolvendo um sistema de radar.

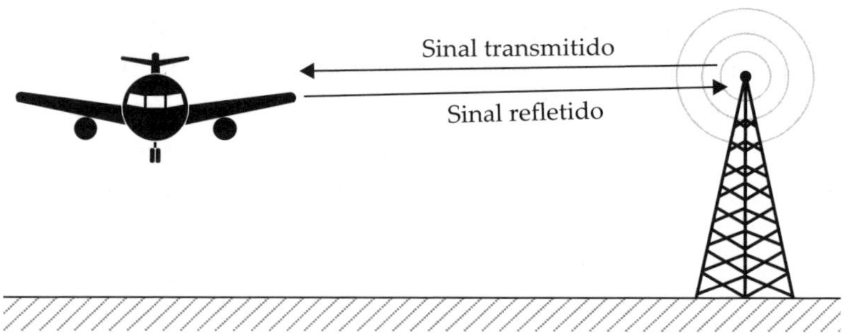

Figura 5.17: Exemplo de atuação de um radar detectando um avião: a correlação será feita entre o sinal transmitido e o refletido.

Seja $x(t)$ o sinal emitido pelo radar e $y(t)$ o sinal refletido pelo avião que o sensor capta. Podemos afirmar que entre os dois sinais haverá uma relação do tipo

$$y(t) = ax(t - \Delta t) + r(t), \tag{5.21}$$

em que a é o fator de atenuação do sinal enviado, Δt é o atraso (ida e volta) entre $x(t)$ e $y(t)$, e $r(t)$ é um ruído aditivo ao sinal captado, resultante de diversas variáveis não controláveis. Então, ao calcularmos a função de correlação $S_{xy}(t)$ o valor do máximo dessa função ocorrerá em $t = \Delta t$, o que fornecerá a informação da distância em que se encontra a aeronave. Se, no lugar de um radar, tivéssemos um sonar, a situação seria essencialmente a mesma, com uma substancial diferença no termo Δt, que seria, naturalmente, mais significativo, devido à grande diferença entre as velocidades das ondas eletromagnéticas e ondas mecânicas (acústicas). Geralmente, em qualquer aplicação, o sinal refletido, $y(t)$, é fortemente corrompido pelo ruído aditivo de modo que sua mera observação pode não fornecer qualquer informação sobre, digamos, a presença ou não de uma aeronave no campo do radar, um cardume de peixes no campo do sonar ou uma camada geológica propensa a conter petróleo, no campo do geofone. Contudo, correlacionando os dois sinais, a informação do termo Δt pode, geralmente, ser extraída, o que, em última análise, nos informa sobre a distância do alvo ao sensor (avião à torre de radar, cardume de peixes ao navio etc.).

Exemplo 5.18 Sejam $x(t) = \sqcap_T(t-T)$, ou seja, uma janela de largura $2T$ deslocada para a direita de T e

$$y(t) = \begin{cases} At/(2T), & t \in (0,2T) \\ 0, & t \notin (0,2T), \end{cases}$$

ou seja, um sinal triangular, restrito ao domínio $(0,2T)$, veja Fig. 5.18.

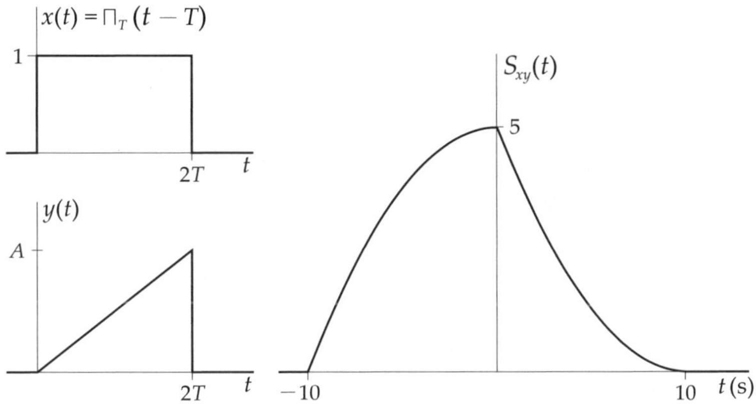

Figura 5.18: Sinais $x(t)$, $y(t)$ e sua função de correlação $S_{xy}(t)$, com $T = 5$ s e $A = 1$.

Para calcular a função de correlação entre os sinais $x(t)$ e $y(t)$ segundo a Eq. (5.20), é necessário considerar dois trechos ou intervalos distintos. Na primeira parte, quando o "trem" $y(\tau)$ está, por assim dizer, entrando na "estação" $x(\tau)$ e $t < T$, como mostra a Fig 5.19a. Nesse primeiro trecho, portanto, a integração se faz entre t e $2T$. Na segunda parte, o "trem" $y(\tau)$ está, por assim dizer, saindo da "estação" $x(\tau)$ e $t > T$, como mostra a Fig 5.19b. Nesse segundo trecho, portanto, a integração se faz entre 0 e $2T - t$.

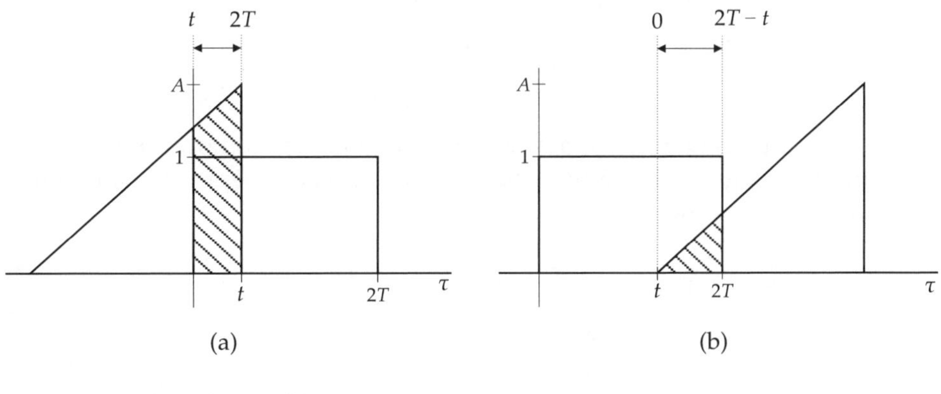

Figura 5.19: Sinais $x(t)$ e $y(t)$ em dois momentos do procedimento do cálculo da função de correlação.

Então, para $t < 0$, tem-se,

$$
\begin{aligned}
S_{xy_-}(t) &= \int_{-\infty}^{\infty} x(\tau)y(t+\tau)\,\mathrm{d}\tau \\
&= \int_{t}^{2T} 1 \cdot \frac{A\tau}{2T}\,\mathrm{d}\tau \\
&= \left.\frac{A\tau^2}{4T}\right|_{t}^{2T} \\
&= \frac{A}{4T}\left(4T^2 - t^2\right), \quad t \in (-2T, 0).
\end{aligned}
$$

Para $t > 0$, ter-se-á

$$
\begin{aligned}
S_{xy_+}(t) &= \int_{-\infty}^{\infty} x(\tau)y(t+\tau)\,\mathrm{d}\tau \\
&= \int_{0}^{2T-t} 1 \cdot \frac{A\tau}{2T}\,\mathrm{d}\tau \\
&= \left.\frac{A\tau^2}{4T}\right|_{0}^{2T-t} \\
&= \frac{A}{4T}(2T - t)^2, \quad t \in (0, 2T).
\end{aligned}
$$

Portanto,

$$
S_{xy}(t) = S_{xy_-}(t) + S_{xy_+}(t) = \frac{A}{4T}\begin{cases} 4T^2 - t^2, & t \in (-2T, 0) \\ (2T - t)^2, & t \in (0, 2T). \end{cases}
$$

Cumpre notar que o suporte da função de correlação entre os dois sinais é a soma dos suportes de cada um dos sinais, ou seja, $4T$, neste caso. E, como era de se esperar, o valor máximo da função de correlação ocorre em $t = 0$, como mostra a Fig. 5.18.

Exemplo 5.19 Vejamos um outro exemplo similar. Seja $x(t) = \sqcap_T(t - T)$, ou seja, a mesma janela de largura $2T$ deslocada de T, e

$$
y(t) = \begin{cases} A(1 - t/2T), & t \in (0, 2T) \\ 0, & t \notin (0, 2T), \end{cases}
$$

um sinal triangular, porém agora descendente, tal como indicado na Fig. 5.20. De forma análoga ao Ex. 5.18, a função de correlação será calculada em duas partes. Para $t < 0$, tem-se

$$
\begin{aligned}
S_{xy_-}(t) &= \int_{-t}^{2T} 1 \cdot A\left(1 - \frac{\tau}{2T}\right)\mathrm{d}\tau \\
&= A\left[\tau - \frac{\tau^2}{4T}\right]_{-t}^{2T} \\
&= \frac{A}{4T}(t + 2T)^2, \quad t \in (-2T, 0).
\end{aligned}
$$

Já para $t > 0$, ter-se-á

$$\begin{aligned} S_{xy_+}(t) &= \int_0^{2T-t} 1 \cdot A\left(1 - \frac{\tau}{2T}\right) \mathrm{d}\tau \\ &= A\left[\tau - \frac{\tau^2}{4T}\right]_0^{2T-t} \\ &= \frac{A}{4T}(4T^2 - t^2), \quad t \in (0, 2T). \end{aligned}$$

Portanto,

$$S_{xy}(t) = S_{xy_-}(t) + S_{xy_+}(t) = \frac{A}{4T}\begin{cases} (t+2T)^2, & t \in (-2T, 0) \\ 4T^2 - t^2, & t \in (0, 2T). \end{cases}$$

A Fig. 5.20 mostra o resultado da função de correlação para $T = 5$ s e $A = 2$.

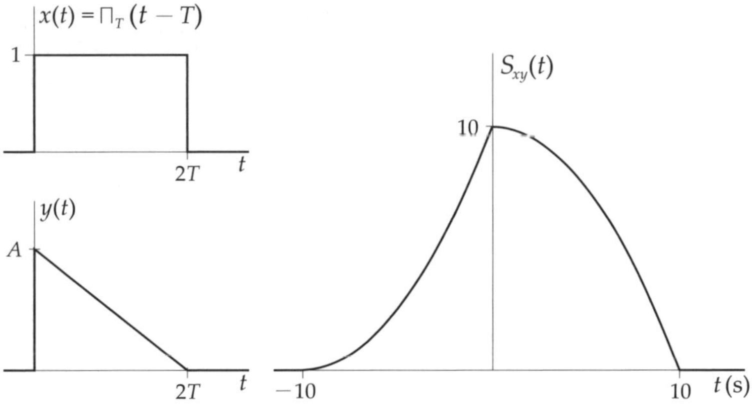

Figura 5.20: Sinais $x(t)$, $y(t)$ e sua função de correlação $S_{xy}(t)$, com $T = 5$ s e $A = 2$.

Observa-se que o resultado obtido guarda bastante similaridade com aquele alcançado no Ex. 5.18. Como pode ser observado, comparando as Figs. 5.20 e 5.18, o suporte da função de correlação é o mesmo, uma vez que os suportes dos sinais componentes também o são. A forma da função de correlação também á similar, com uma inversão das concavidades e com a diferença de que o seu valor máximo, que ocorre em $t = 0$ em ambos os casos, agora é o dobro do valor anterior, devido ao fato de que, neste exemplo, $A = 2$. Em verdade, como deve ter percebido o atento leitor, uma função de correlação nada mais é do que a outra função de correlação rebatida (a menos da constante A). Isso se deve, naturalmente, ao fato de o sinal $y(t)$ deste exemplo ser igual ao rebatimento do sinal $y(t)$ do Ex. 5.18, enquanto que os sinais $x(t)$ de ambos são idênticos.

Se $x(t)$ e $y(t)$ são dois sinais distintos, a função de correlação, dada pela Eq. (5.20), é denominada *correlação cruzada*. Os Exs. 5.18 e 5.19 ilustram, portanto, casos de correlação cruzada. Já a função de correlação entre um sinal e si mesmo é denominada *autocorrelação*. A autocorrelação, portanto, é definida por

$$S_{xx}(t) = \int_{-\infty}^{\infty} x(\tau)x(t+\tau)\,\mathrm{d}\tau. \tag{5.22}$$

Exemplo 5.20 Vamos determinar a função de autocorrelação do sinal

$$x(t) = \begin{cases} e^{-\alpha t}, & t \geq 0 \\ 0, & t < 0. \end{cases}$$

Da Eq. (5.22), tem-se

$$\begin{aligned} S_{xx}(t) &= \int_{-\infty}^{\infty} x(\tau)x(t+\tau)\,\mathrm{d}\tau \\ &= \begin{cases} \displaystyle\int_{0}^{\infty} e^{-\alpha t} e^{-\alpha(t+\tau)}\,\mathrm{d}\tau, & t \geq 0 \\ \displaystyle\int_{t}^{\infty} e^{-\alpha t} e^{-\alpha(t+\tau)}\,\mathrm{d}\tau, & t < 0 \end{cases} \\ &= \frac{e^{-\alpha|t|}}{2\alpha}, \quad -\infty < t < \infty. \end{aligned}$$

A Fig. 5.21 ilustra o sinal $x(t)$, para $\alpha = 0,2$, e o resultado da função de autocorrelação, segundo a Eq. (5.22). Observe o prezado leitor que a função de autocorrelação atinge o seu valor máximo em $t = 0$, ou seja, quando o deslocamento relativo entre $x(t)$ e si mesmo é nulo.

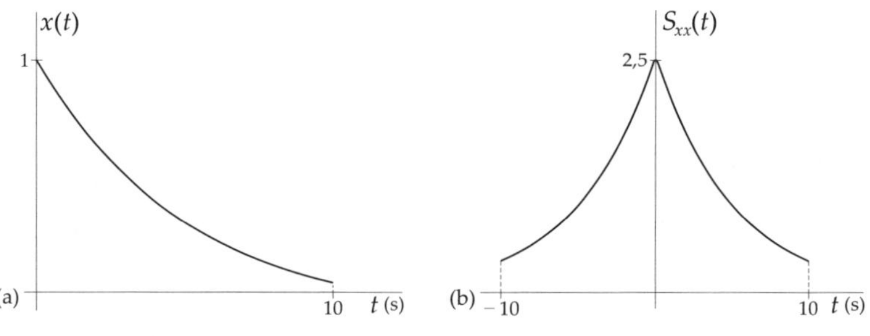

Figura 5.21: (a) Sinal $x(t)$, para $\alpha = 0,2$ e (b) sua função de autocorrelação.

A função de correlação cruzada entre dois sinais *não é comutativa* — e esta é a razão da presença dos índices x e y na Eq. (5.20), pois $S_{xy}(t) \neq S_{yx}(t)$, em geral, para $x(t) \neq y(t)$. Na Subseção 5.5.1 maiores detalhes serão fornecidos sobre as propriedades das funções de correlação cruzada e autocorrelação, bem como de sua relação com o produto de convolução.

A função de correlação de um sinal $x(t)$ com uma distribuição de Dirac resulta no próprio sinal $x(t)$, ou seja,

$$S_{\delta x}(t) = x(t). \tag{5.23}$$

com efeito,

$$\begin{aligned} S_{\delta x}(t) &= \int_{-\infty}^{\infty} \delta(\tau)x(t+\tau)\,\mathrm{d}\tau \\ &= < \delta(\tau), x(t+\tau) > \\ &= x(t). \end{aligned}$$

Note que, nesse caso, a função de correlação cruzada é comutativa, ou seja,

$$S_{\delta x}(t) = S_{x\delta}(t), \qquad \forall\ x(t), \tag{5.24}$$

cuja prova é trivial.

Exemplo 5.21 Sejam os sinais $x(t) = \sqcap_T(t)$, ou seja, uma janela de largura $2T$ centrada na origem, e $y(t) = P_\tau(t)$, isto é, um pente de deltas de espaçamento $\tau > 2T$, veja Fig. 5.22. A função de correlação cruzada entre esses dois sinais será

$$\begin{aligned}
S_{xy}(t) &= \int_{-\infty}^{\infty} x(u)y(t+u)\,\mathrm{d}u \\
&= \int_{-\infty}^{\infty} \sqcap_T(u) \sum_{k=-\infty}^{\infty} \delta(t+u-k\tau)\,\mathrm{d}u \\
&= \sum_{k=-\infty}^{\infty} \int_{-\infty}^{\infty} \sqcap_T(u)\delta(t+u-k\tau)\,\mathrm{d}u \\
&= \sum_{k=-\infty}^{\infty} \langle \sqcap_T(u), \delta(t+u-k\tau) \rangle \\
&= \sum_{k=-\infty}^{\infty} \sqcap_T(t-k\tau).
\end{aligned}$$

Portanto, a função de correlação cruzada entre os sinais será um sinal janela periodizado, tal como ilustrado na Fig. 5.22. Note que espaçamento entre as janelas vale $\tau - 2T$.

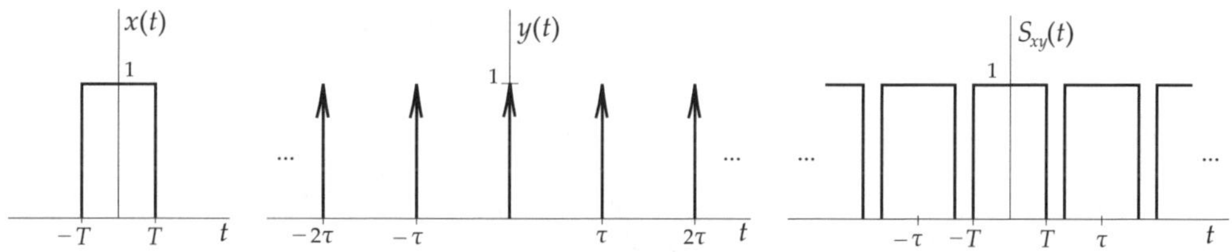

Figura 5.22: O sinal janela de largura $2T$, $x(t) = \sqcap_T(t)$, o sinal pente de deltas de espaçamento τ, $y(t) = P_\tau(t)$, e sua função de correlação cruzada, $S_{xy}(t)$.

O atento leitor deve ter observado que, neste exemplo, utilizamos a variável muda u, no lugar da variável muda τ, por razões óbvias, o que sempre é possível em se tratando de uma variável muda.

5.5.1 Propriedades da correlação

Algumas propriedades da função de correlação são apresentadas, demonstradas e exemplificadas a seguir. Todas as demonstrações são bastante triviais, partindo sempre da definição de função de correlação, Eq. (5.20), e tomando a variável (muda) $u = t + \tau$, com $\tau = u - t$ e $\mathrm{d}u = \mathrm{d}\tau$.

1. A alteração da ordem dos sinais em uma função de correlação cruzada resulta em um rebatimento, ou seja,

$$S_{yx}(t) = S_{xy}(-t). \tag{5.25}$$

De fato, tomando a variável $u = t + \tau$, tem-se,

$$\begin{aligned} S_{yx}(t) &= \int_{-\infty}^{\infty} y(\tau)x(t+\tau)\,\mathrm{d}\tau \\ &= \int_{-\infty}^{\infty} y(u-t)x(u)\,\mathrm{d}u \\ &= \int_{-\infty}^{\infty} x(u)y(-t+u)\,\mathrm{d}u \\ &= S_{xy}(-t). \end{aligned}$$

Exemplo 5.22 Voltando ao Ex. 5.18, a função de correlação $S_{yx}(t)$ pode ser obtida invertendo-se o sinal da variável t, o que resulta em

$$S_{yx}(t) = S_{xy}(-t) = \begin{cases} \dfrac{A}{4T}\,(2T+t)^2, & t \in (-2T, 0) \\ \dfrac{A}{4T}\left(4T^2 - t^2\right), & t \in (0, 2T). \end{cases}$$

Observe que a função de correlação cruzada $S_{yx}(t)$ é, com efeito, o rebatimento no tempo t da função $S_{xy}(t)$, calculada no Ex. 5.18, como indica a Fig. 5.23.

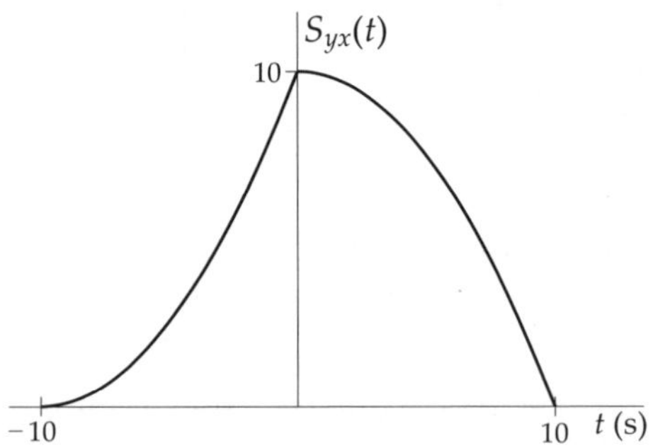

Figura 5.23: A função de correlação $S_{yx}(t)$, com $T = 5$ s e $A = 2$.

Observe-se que, segundo a Eq. (5.25), caso a função de correlação cruzada $S_{xy}(t)$ resulte numa função par, então, nesse caso os índices comutam e $S_{xy}(t) = S_{yx}(t)$.

2. Toda função de autocorrelação é uma função par, ou seja

$$S_{xx}(t) = S_{xx}(-t). \tag{5.26}$$

Analogamente à demonstração da Eq. (5.25), tem-se

$$\begin{aligned} S_{xx}(t) &= \int_{-\infty}^{\infty} x(\tau)x(t+\tau)\,d\tau \\ &= \int_{-\infty}^{\infty} x(u-t)x(u)\,du \\ &= \int_{-\infty}^{\infty} x(u)x(-t+u)\,du \\ &= S_{xx}(-t). \end{aligned}$$

Exemplo 5.23 Voltando ao Ex. 5.20, veja Fig. 5.21, verificou-se que a função de autocorrelação do sinal $x(t) = e^{-\alpha t}$ é

$$S_{xx}(t) = \frac{e^{-\alpha|t|}}{2\alpha}, \quad -\infty < t < \infty,$$

uma função par, pois $S_{xx}(t) = S_{xx}(-t)$.

3. A função de correlação pode sempre ser calculada por meio de um produto de convolução, na forma,

$$S_{xy}(t) = x(-t) * y(t), \tag{5.27}$$

ou

$$S_{xy}(t) = x(t) * y(-t). \tag{5.28}$$

Com efeito, tem-se

$$\begin{aligned} S_{xy}(t) &= \int_{-\infty}^{\infty} x(\tau)x(t+\tau)\,d\tau \\ &= \int_{-\infty}^{\infty} x(u-t)y(u)\,du \\ &= \int_{-\infty}^{\infty} y(u)x(t-u)\,du \\ &= x(-t) * y(t), \end{aligned}$$

o que demonstra a Eq. (5.27), uma vez que as variáveis são mudas. Invertendo-se os sinais, a Eq. (5.28) pode ser igualmente demonstrada.

Exemplo 5.24 A correlação cruzada entre os sinais $x(t) = \sqcap_T(t-T)$ e o sinal

$$y(t) = \begin{cases} A(1-t/2T), & t \in (0, 2T) \\ 0, & t \notin (0, 2T), \end{cases}$$

foi calculada no Ex. 5.19, estando o resultado ilustrado na Fig. 5.20. Pode-se observar, todavia, que o sinal

$$h(t) = \begin{cases} t/(2T), & t \in (0,2T) \\ 0, & t \notin (0,2T), \end{cases}$$

discutido no Ex. 5.5 nada mais é do que o sinal $y(t)$ rebatido, ou seja, $h(-t) = y(t)$. E, com efeito, o produto de convolução $y(t) = x(t) * h(t)$ obtido naquele exemplo é, como mostra a Fig. 5.4, idêntico ao sinal resultante da função de correlação $S_{xy}(t)$, a menos, naturalmente, da constante A.

4. A função de autocorrelação da distribuição de Dirac é a própria distribuição de Dirac, ou seja,

$$S_{\delta\delta}(t) = \delta(t). \tag{5.29}$$

É facil verificar a Eq. (5.29), pois

$$\begin{aligned} S_{\delta\delta}(t) &= \int_{-\infty}^{\infty} \delta(\tau)\delta(t+\tau)\,\mathrm{d}\tau \\ &= < \delta(\tau), \delta(t+\tau) > \\ &= \delta(t). \end{aligned}$$

5.5.2 Correlação normalizada

A correlação cruzada entre dois sinais também pode ser definida com uma *normalização*. A normalização tem o intuito de extrair a informação da função de correlação a menos das amplitudes dos sinais. Dados, então, dois sinais $x(t)$ e $y(t)$ com suportes finitos, a correlação cruzada normalizada, notada como $\bar{S}_{xy}(t)$, é definida por

$$\bar{S}_{xy}(t) = \frac{\displaystyle\int_{-\infty}^{\infty} x(\tau)y(t+\tau)\,\mathrm{d}\tau}{\left(\displaystyle\int_{-\infty}^{\infty} x^2(t)\,\mathrm{d}t \int_{-\infty}^{\infty} y^2(t)\,\mathrm{d}t\right)^{1/2}}. \tag{5.30}$$

A função de correlação cruzada normalizada, $\bar{S}_{xy}(t)$, terá dimensão física nula, ou seja, será *adimensional*. Com efeito, a dimensão física do numerador da Eq. (5.30) será o produto das dimensões físicas de $x(t)$ e $y(t)$, o mesmo sucedendo com as dimensões físicas do denominador.

Exemplo 5.25 Voltando ao Ex. 5.18, para determinarmos a correlação cruzada normalizada de $x(t)$ e $y(t)$ calculemos, inicialmente, as integrais quadráticas

$$\int_{-\infty}^{\infty} x^2(t)\,\mathrm{d}t = \int_{0}^{2T} 1\,\mathrm{d}t = 2T$$

e

$$\int_{-\infty}^{\infty} y^2(t)\,\mathrm{d}t = \int_0^{2T} A^2\big(1 - t/(2T)\big)^2\,\mathrm{d}t = \frac{2}{3}A^2T.$$

O denominador da Eq. (5.30) pode ser então calculado como

$$\left(\int_{-\infty}^{\infty} x^2(t)\,\mathrm{d}t \int_{-\infty}^{\infty} y^2(t)\,\mathrm{d}t\right)^{1/2} = \sqrt{2T\cdot 2A^2T/3} = \frac{2\sqrt{3}}{3}AT.$$

Portanto, a função de correlação cruzada normalizada será (veja Ex. 5.18),

$$\bar{S}_{xy}(t) = \frac{\sqrt{3}}{8T^2}\begin{cases} 4T^2 - t^2, & t \in (-2T, 0) \\ (2T - t)^2, & t \in (0, 2T). \end{cases}$$

Observe o leitor que o termo A, que exprime a amplitude de um dos sinais é automaticamente eliminado no procedimento de normalização, não comparecendo no resultado final. Já a amplitude do outro sinal já era unitária, não alterando a normalização.

Exemplo 5.26 No estudo de acústica de salas, uma das informações mais importantes consiste na *resposta impulsiva biauricular*, conhecida internacionalmente pela sigla BRIR,[14] para um dado par fonte-receptor.[15]

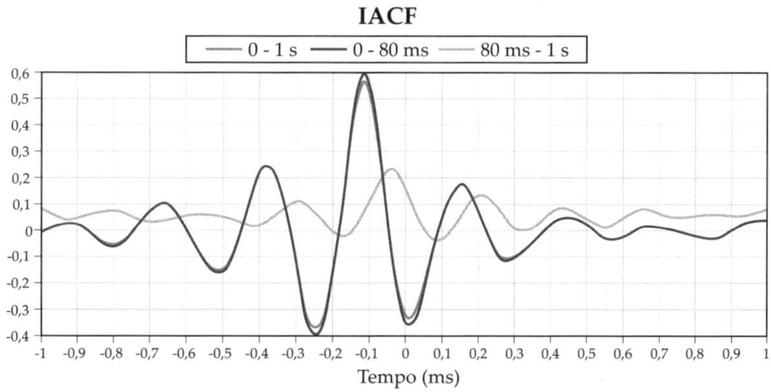

Figura 5.24: Gráfico indicando três funções de correlação cruzada interauricular, conhecidas como IACF_A (de *all*, global, de 0 a 1 s), IACF_E (de *early*, precoce, de 0 a 80 ms) e IACF_L (de *late*, tardia, de 80 ms a 1 s).

A partir da BRIR, podem-se calcular importantes *parâmetros biauriculares*, como, por exemplo, a *função de correlação cruzada interauricular*, IACF,[16] cuja essência, como diz

[14] Do inglês, *Binaural Room Impulse Response*.

[15] Ver, por exemplo, J. Blauert. Spatial Hearing: The Psycophysics of Human Sound Localization. Revised Edition, The MIT Press, London, 1983 [22] ou M. Vorländer. Auralization: Fundamentals of Acoustics, Modeling, Simulation, Algorithms and Acoustic Virtual Reality. Springer, Berlin, 2008 [246].

[16] Sigla, em inglês, para *Interaural Cross-Correlation Function*. Ver, por exemplo, L.L. Beranek. Concert and Opera Halls: How They Sound. Acoustical Society of America, Woodbury, 1996, [18].

o nome, é uma função de correlação calculada entre os sinais sonoros presentes nas orelhas esquerda e direita do receptor. Assim, se $h_e(t)$ e $h_d(t)$ são as respostas impulsivas da sala para uma dada fonte sonora e captadas, respectivamente, pelas orelhas esquerda e direita do receptor, a expressão para o IACF é

$$\text{IACF}(\tau) = \frac{\displaystyle\int_{\tau_1}^{\tau_2} h_e(t)h_d(t+\tau)\,\mathrm{d}t}{\left(\displaystyle\int_{\tau_1}^{\tau_2} h_e^2(t)\,\mathrm{d}t \int_{\tau_1}^{\tau_2} h_d^2(t)\,\mathrm{d}t\right)^{1/2}}.$$

Observe o amável leitor que o IACF é de fato uma função de correlação cruzada entre dois sinais, normalizada, contudo, pelas médias quadráticas dos mesmos. Note ainda que o IACF é definido em um dado intervalo (τ_1, τ_2). A Fig. 5.24 ilustra uma função de correlação cruzada interaural calculada em um ponto de uma sala, com $\tau_1 = -1$ ms e $\tau_2 = 1$ ms, computada para três intervalos de tempo da resposta impulsiva: $(0, 1)$ s; $(0, 80)$ ms; e $(80, 1000)$ ms.[17]

A função de autocorrelação também pode ser definida com uma normalização, ou seja,

$$\bar{S}_{xx}(t) = \frac{\displaystyle\int_{-\infty}^{\infty} x(\tau)x(t+\tau)\,\mathrm{d}\tau}{\displaystyle\int_{-\infty}^{\infty} x^2(t)\,\mathrm{d}t}. \tag{5.31}$$

A função de autocorrelação normalizada $\bar{S}_{xx}(t)$, portanto, possui no denominador a energia do sinal[18] e, à semelhança da função de correlação cruzada normalizada $\bar{S}_{xy}(t)$, é também adimensional.

Exemplo 5.27 Voltando ao sinal $x(t)$ indicado no Ex. 5.20, sua função de autocorrelação foi calculada como sendo

$$S_{xx}(t) = \frac{e^{-\alpha|t|}}{2\alpha}.$$

A energia do sinal pode ser obtida de

$$\begin{aligned}\int_{-\infty}^{\infty} x^2(t)\,\mathrm{d}t &= \int_0^{\infty} e^{-2\alpha t}\,\mathrm{d}t \\ &= -\frac{1}{2\alpha}e^{-2\alpha t}\Big|_0^{\infty} \\ &= \frac{1}{2\alpha}.\end{aligned}$$

[17]Esses intervalos de tempo da resposta impulsiva biauricular da sala correspondem, respectivamente, ao tempo global, as primeiras reflexões e as reflexões tardias. Ver, por exemplo, Y. Ando. Architectural Acoustics: Blending Sound Sources, Sound Fields and Listeners. Springer, New York, 1998, [5].

[18]A energia de um sinal será objeto de estudo na Seção 6.5.

Portanto, a sua função de autocorrelação normalizada será

$$\begin{aligned}\bar{S}_{xx}(t) &= \frac{e^{-\alpha|t|}}{2\alpha} \Big/ \frac{1}{2\alpha} \\ &= e^{-2\alpha|t|}.\end{aligned}$$

Na Seção 7.5 do Capítulo 7 será visto como as operações de convolução e correlação podem ser realizadas com maior facilidade — sem a necessidade de integrações, como as indicadas nas Eqs. (5.1) e (5.20) — no domínio transformado via transformada de Fourier (domínio da frequência, se t for a variável temporal).

Capítulo 6

Série de Fourier

Por que repetir antigos erros
com tantos novos erros a serem cometidos?
Bertrand Russel

Conforme foi visto no Capítulo 4, as funções harmônicas reais podem ser decompostas em um par de vetores girantes com a mesma velocidade angular em sentidos opostos no plano complexo. A amplitude de cada um desses vetores é igual à metade da amplitude da função harmônica original e a velocidade angular de rotação dos vetores é igual à frequência angular da função harmônica correspondente. Neste capítulo, iremos ampliar esse conceito de decomposição em vetores girantes no plano complexo para funções não harmônicas, porém periódicas. Por simplicidade, consideraremos neste capítulo que a variável t representa o tempo. Generalizações do significado da variável t como espaço ou outros domínios poderão ser feitos com facilidade a posteriori.

A Seção 6.1 apresenta o conceito e as principais propriedades das funções periódicas. A Seção 6.2 introduz a decomposição de Fourier, apresentando, comentando e exemplificando as expressões que conduzem aos *coeficientes de Fourier*, que nada mais são que os componentes do sinal em questão nas diferentes frequências. A Seção 6.3 introduz uma analogia imagética e acústica, buscando propiciar ao leitor uma compreensão mais intuitiva da decomposição de Fourier. A Seção 6.4 descreve, demonstra e exemplifica as principais propriedades da série de Fourier. Na Seção 6.5 aborda-se a energia e potência de sinais contínuos periódicos, sejam eles reais ou complexos. Finalmente, na Seção 6.6, discute-se a preservação da energia de um sinal periódico ao aplicar-se a decomposição de Fourier.

6.1 Funções periódicas

Seja $x(t)$ uma função real da variável t (um sinal real). O sinal $x(t)$ é dito *periódico* de *período* T se, para todo $t \in (-\infty, \infty)$, então

$$x(t) = x(t + kT), \qquad k = 0, \pm 1, \pm 2, \ldots \tag{6.1}$$

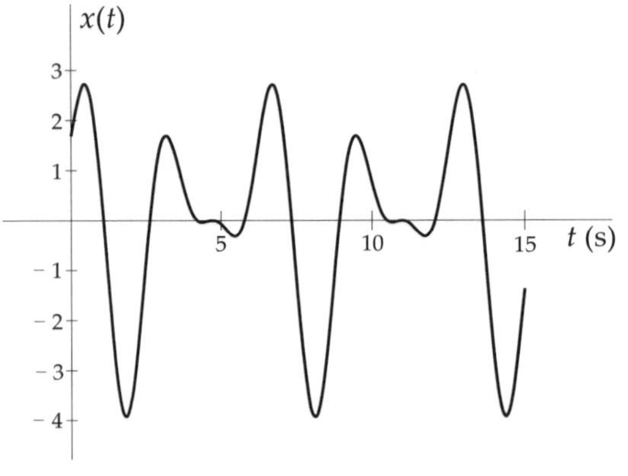

Figura 6.1: Exemplo de um sinal periódico com período $T \approx 6,43$ s. São apresentados pouco mais de dois períodos completos.

A Fig. 6.1 ilustra um trecho de um sinal periódico. Naturalmente, toda função harmônica é uma função periódica mas nem toda função periódica é uma função harmônica. O *período* T de uma função periódica é o intervalo de tempo, entre dois pontos idênticos[1] quaisquer da função, como ilustrado.

Se o período de um sinal periódico é T, define-se sua *frequência fundamental*, f_1, como[2]

$$f_1 = \frac{1}{T}. \tag{6.2}$$

Naturalmente, se t é a variável temporal, T tem dimensão de tempo (segundos, s, no SI) e f_1 terá dimensão de 1/s (Hertz, Hz, no SI). Todavia, outros domínios são possíveis, tal como t ser uma posição, x, (metros, m, no SI). Nesse caso, $k_1 = f_1$ não será uma frequência e sim um *número de onda*, cuja unidade é 1/m, no SI. Restringir-nos-emos, nos exemplos incluídos neste capítulo, a sinais no domínio do tempo. Mas, de todo modo, é importante observar que t e f (ou x e k) são *domínios complementares*, com dimensões (e, naturalmente, unidades) inversas.

[1] Isto é, mesmo valor da função e mesmas derivadas.

[2] O leitor mais curioso logo verá a razão da adoção do subscrito '1' na notação da frequência fundamental.

Exemplo 6.1 Seja o sinal onda quadrada periódica, $x(t) = \sqcap\!\sqcup_T(t)$, definida por, veja Fig. 6.2,

$$x(t) = \begin{cases} 1, & t \in (-T/4 + kT, T/4 + kT), \quad k \text{ inteiro}, \\ -1, & t \in (T/4 + kT, 3T/4 + kT). \end{cases}$$

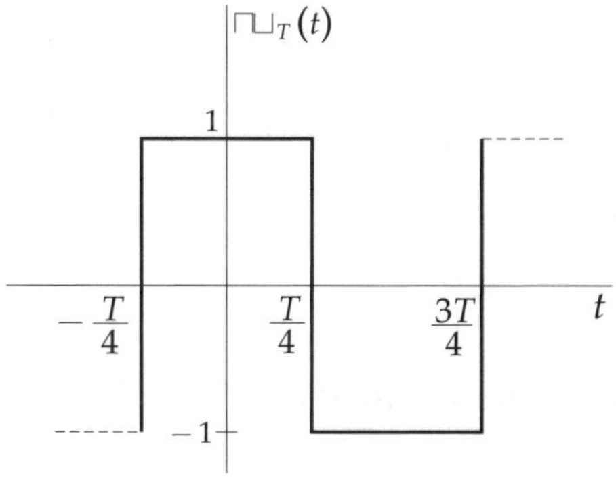

Figura 6.2: Sinal onda quadrada de período T e amplitude unitária.

Trata-se de um sinal periódico de período T e frequência fundamental $f_1 = 1/T$.

Um sinal $x(t)$ é *par* se e só se

$$x(-t) = x(t), \quad \text{para todo } t. \tag{6.3}$$

Um sinal $x(t)$ é *ímpar* se e só se

$$x(-t) = -x(t), \quad \text{para todo } t. \tag{6.4}$$

Um sinal $x(t)$ que não satisfaz a nenhuma das duas condições anteriores não é, evidentemente, nem par nem ímpar.

Exemplo 6.2 O sinal $z(t) = \cos(\omega t)$, periódico, é par e o sinal $x(t) = \operatorname{sen}(\omega t)$, também periódico, é ímpar. Já o sinal $y(t) = \cos(\omega t + \pi/3)$ é periódico porém não é nem par nem ímpar, veja Fig. 6.3.

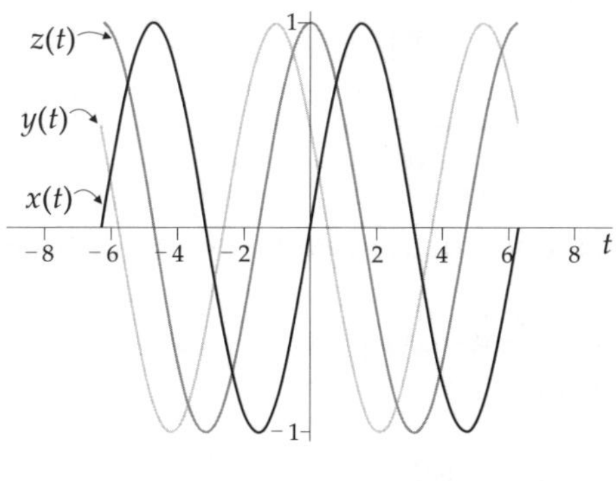

Figura 6.3: Sinais $z(t) = \cos(\omega t)$, $x(t) = \operatorname{sen}(\omega t)$ e $y(t) = \cos(\omega t + \pi/3)$, e suas paridades.

Note, contudo, que os três sinais têm a mesma frequência ω. O sinal $\sqcap_\tau(t)$ é par e o sinal $\sqcap_\tau(t-t_0)$, $|t_0| < \tau$, não é nem par nem ímpar. Ambos, contudo, são não periódicos. O sinal onda quadrada estudado no Ex. 6.1 é periódico e par.

Um sinal real $x(t)$ arbitrário pode ser sempre decomposto em uma parte par, $x_p(t)$, e uma parte ímpar, $x_i(t)$, ou seja,

$$x(t) = x_p(t) + x_i(t) \tag{6.5}$$

em que:

$$x_p(t) = \frac{1}{2}\big(x(t) + x(-t)\big); \tag{6.6}$$

$$x_i(t) = \frac{1}{2}\big(x(t) - x(-t)\big). \tag{6.7}$$

Com efeito, substituindo-se as Eqs. (6.6) e (6.7) na Eq. (6.5) obtém-se uma identidade. Note que

$$x_p(-t) = \frac{1}{2}\big(x(-t) + x(t)\big) = x_p(t),$$

um sinal par, portanto, e que

$$x_i(-t) = \frac{1}{2}\big(x(-t) - x(t)\big) = -x_i(t),$$

um sinal ímpar.

Exemplo 6.3 O sinal onda quadrada deslocado, $x(t) = \sqcap\!\sqcup_T(t - T/8)$, veja Ex. 6.1, ilustrado na Fig. 6.4, não é nem par nem ímpar. De fato,

$$\sqcap\!\sqcup_T(-t + T/8) \neq \pm \sqcap\!\sqcup_T(t - T/8).$$

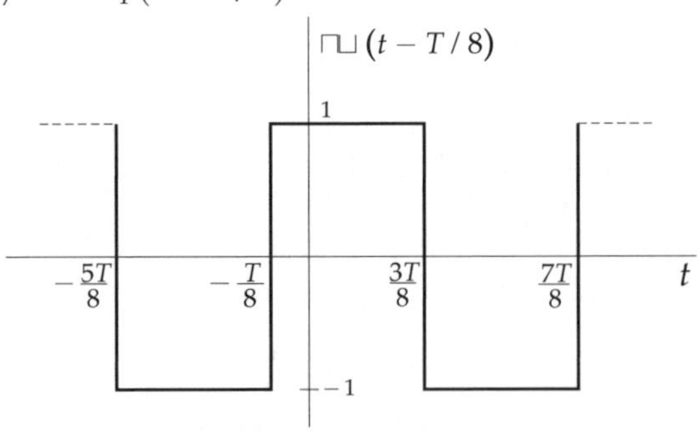

Figura 6.4: Sinal onda quadrada deslocado de $T/8$ para a direita.

Contudo, podemos obter seus componentes par e ímpar, $x_p(t)$ e $x_i(t)$, segundo as Eqs. (6.6) e (6.7), na forma:

$$x_p(t) = \frac{1}{2}\big(\sqcap\!\sqcup_T(t - T/8) + \sqcap\!\sqcup_T(-t + T/8)\big);$$

$$x_i(t) = \frac{1}{2}\big(\sqcap\!\sqcup_T(t - T/8) - \sqcap\!\sqcup_T(-t + T/8)\big).$$

A Fig. 6.5 ilustra os sinais $x_p(t)$ e $x_i(t)$. É fácil verificar que:

$$x_p(-t) = \frac{1}{2}(\sqcap\!\sqcup_T(-t+T/8) + \sqcap\!\sqcup_T(t-T/8)) = x_p(t);$$
$$x_i(-t) = \frac{1}{2}(\sqcap\!\sqcup_T(-t+T/8) - \sqcap\!\sqcup_T(t-T/8)) = -x_i(t).$$

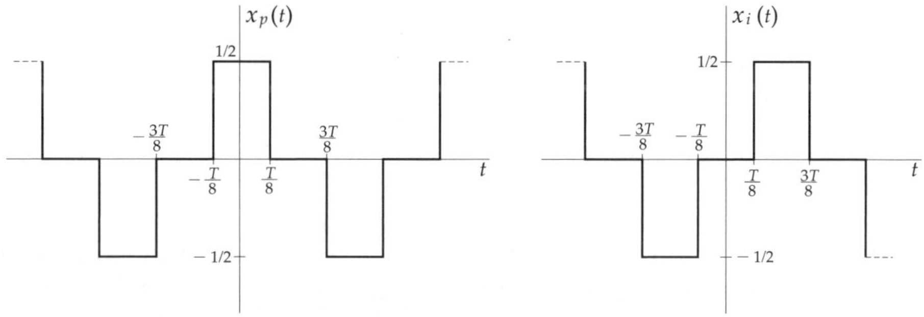

Figura 6.5: Gráficos de $x_p(t)$ e $x_i(t)$.

Qualquer combinação linear de funções harmônicas de mesmo período ou de períodos múltiplos é uma função periódica de igual período (no caso de funções harmônicas de mesmo período) ou de período igual ao maior deles (no caso de períodos múltiplos). Uma combinação linear de funções harmônicas reais com razão de períodos não racional, resulta em uma função *não periódica*.

Exemplo 6.4 Considere os sinais $x_1(t) = 2\cos(\omega_0 t)$ e $x_2(t) = \text{sen}(4\omega_0 t)$, com $\omega_0 = \pi$ rad/s. Evidentemente, x_1 é harmônico e par, de período $T_1 = 2\pi/\omega_0$, e x_2 é harmônico e ímpar, de período $T_2 = \pi/(2\omega_0)$. O sinal $x_3(t) = \alpha x_1(t) + \beta x_2(t)$, α e β reais, é uma função periódica (mas não harmônica) de período $T = T_1 = 2$ s, veja Fig. 6.6. Veja também o Ex. 4.11.

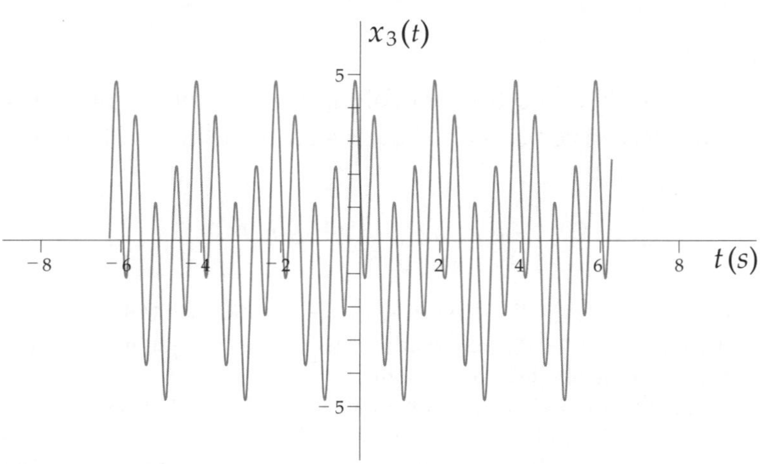

Figura 6.6: Gráfico de $x_3(t)$ para $\alpha = 1$, $\beta = -3$.

6.2 Série de Fourier

Toda função periódica $x(t)$, de período T, pode ser expressa exatamente por uma série infinita, conhecida como *relação de síntese*, da forma

$$\begin{aligned} x(t) &= \sum_{n=-\infty}^{\infty} c(f_n)\, e^{j2\pi f_n t} \\ &= \sum_{n=-\infty}^{\infty} \hat{x}(f_n)\, e^{j2\pi f_n t} \\ &= \sum_{n=-\infty}^{\infty} \hat{x}(f_n)\, e^{j2\pi n t/T}, \end{aligned} \tag{6.8}$$

em que $f_n = nf_1 = n/T$, $n = 0, \pm 1, \pm 2, \ldots$, são frequências, discretas, múltiplas, portanto, da frequência fundamental da função, f_1, e $c(f_n) = \hat{x}(f_n)$ são coeficientes, geralmente complexos, denominados *coeficientes de Fourier*.[3] A Eq. (6.8), portanto, garante que toda função periódica pode ser decomposta em uma série — que pode ser finita ou infinita — de funções harmônicas, denominada *série de Fourier*, também conhecida como *decomposição de Fourier*.[4] Com efeito, para cada valor inteiro de n tem-se um versor $e^{j2\pi f_n t} = e^{j2\pi n t/T}$ multiplicado por um coeficiente $\hat{x}(f_n)$ e um valor simétrico $-n$ onde o coeficiente $\hat{x}(f_{-n}) = \hat{x}^*(f_n)$ multiplica o versor conjugado, $e^{j2\pi f_{-n} t} = e^{-j2\pi n t/T}$. Como foi visto no Capítulo 4, cada par desses vetores conjugados corresponde a uma função harmônica real de frequência f_n e período T/n. Por essa razão se diz também que a série de Fourier decompõe funções periódicas em componentes constituídos de senos e cossenos.

A série de Fourier foi expressa, segundo a Eq. (6.8) em termos das frequências circulares, f_n, podendo também ser expressa em termos da frequências angulares, $\omega_n = 2\pi f_n$, na forma

$$x(t) = \sum_{n=-\infty}^{\infty} \hat{x}(\omega_n)\, e^{j\omega_n t}. \tag{6.9}$$

A série de Fourier, tal como foi concebida originalmente por Jean-Baptiste Fourier, utilizava uma decomposição em funções sinusoidais, na forma[5]

$$x(t) = \frac{1}{2}a_0 + \sum_{n=1}^{\infty} a_n \cos(\omega_n t) + \sum_{n=1}^{\infty} b_n \operatorname{sen}(\omega_n t), \tag{6.10}$$

[3] Como prometido, fica agora evidenciada a razão para o subscrito '1' na frequência fundamental.

[4] Jean-Baptiste Fourier (1768–1830), matemático e físico francês, que introduziu a decomposição de funções periódicas na série que leva o seu nome.

[5] Para maiores detalhes sobre as variadas formulações da série de Fourier, veja, por exemplo, L.C. Ludeman. Fundamentals of Digital Signal Processing. John Willey & Sons, New York, 1987 [159] ou J. Max. Méthodes et Techniques de Traitement du Signal et Applications aux Mesures Physiques. Tome 1, Masson et Cie, Paris, 1972 [164], ou, ainda, R.D. Strum, D.E. Kirk. First Principles of Discrete Systems and Digital Signal Processing. Addison-Wesley, New York, 1988 [226].

em que, naturalmente, os termos a_0, a_n e b_n seriam os coeficientes de Fourier correspondentes, embora distintos daqueles apresentados na Eq. (6.8). Essa formulação que, matematicamente, é equivalente à estabelecida na Eq. (6.8), não será utilizada neste texto, uma vez que traz maiores dificuldades para manipulação algébrica, por ser menos compacta. Além disso, após a discussão apresentada no Capítulo 4 o autor acredita que o sagaz leitor já possui uma razoável intimidade com as exponenciais complexas. Portanto, a Eq. (6.10) é apresentada aqui exclusivamente por razões históricas.

A série de Fourier de uma função periódica permite que se faça a *representação espectral* da mesma. Com efeito, a decomposição de Fourier permite representar a função $x(t)$ em um domínio discreto de frequências f_n (ou ω_n), $n = 0, \pm 1, \pm 2, \ldots$, denominado *espectro do sinal*. Como dito anteriormente, o espectro de um sinal periódico é discreto e, em geral, complexo. Isso significa que para representá-lo adequadamente, seria necessário um gráfico tridimensional, com parte real e parte imaginária versus frequência. Pode-se, contudo, plotar seu espectro real, $\Re[\hat{x}(f_n)]$, e seu espectro imaginário, $\Im[\hat{x}(f_n)]$, ou ainda, como se faz mais comumente, indicar seu espectro de amplitude, ou módulo, $r[\hat{x}(f_n)] = |\hat{x}(f_n)|$, e seu espectro de fase, $\phi[\hat{x}(f_n)]$, todos esses em gráficos 2D.

Exemplo 6.5 Sejam os sinais $s_1(t) = A\cos(\omega t + \pi/2)$ e $s_2(t) = 2A\cos(3\omega t)$. Considere ainda $s(t) = s_1(t) + s_2(t)$. Deseja-se determinar a decomposição espectral de $s(t)$. A Fig. 6.7 ilustra $s(t)$, no intervalo $(-2\pi, 2\pi)$ s, para $\omega = 2\pi$ rad/s.

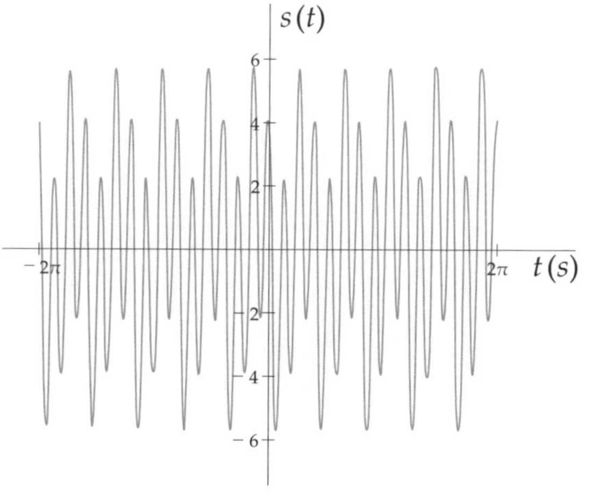

Figura 6.7: Gráfico de $s(t)$ no intervalo $(-2\pi, 2\pi)$.

Observe que $s_1(t)$ tem, de fato, a forma de uma função seno, devido à fase inicial de $-\pi/2$. Note ainda que, como as frequências são múltiplas, $s(t)$ resulta em uma função periódica de período $T = 2\pi/\omega$. O sinal $s_1(t)$ tem uma única frequência, $f_1 = \omega/(2\pi)$, enquanto $s_2(t)$ possui também uma única frequência, $3f_1$. Mas, como foi visto no Capítulo 4, a cada frequência positiva corresponde uma negativa, de modo a garantir que o sinal harmônico seja real. Portanto, na decomposição de

Fourier, o somatório reduz-se aos valores não nulos dos coeficientes, ou seja, para $n = -3, -1, 1, 3$. Portanto,

$$\begin{aligned} s(t) &= \hat{s}(f_{-3})e^{j2\pi f_{-3}t} + \hat{s}(f_{-1})e^{j2\pi f_{-1}t} + \hat{s}(f_1)e^{j2\pi f_1 t} + \hat{s}(f_3)e^{j2\pi f_3 t} \\ &= \hat{s}(f_{-3})e^{-j6\pi t/T} + \hat{s}(f_{-1})e^{-j2\pi t/T} + \hat{s}(f_1)e^{j2\pi t/T} + \hat{s}(f_3)e^{j6\pi t/T}. \end{aligned}$$

A função cosseno de fase nula corresponde a um par de vetores girantes com fase inicial também nula, ou seja, meio dia em ponto no plano complexo. A função seno de fase nula, contudo, corresponde a vetores girantes com fases iniciais opostas de $\pm\pi/2$, ou seja, três e quinze (o relógio, de fato, nunca está nessa posição, mas à guisa de analogia, serve). Portanto teremos:

$$\begin{aligned} &\hat{x}(f_1) = \frac{A}{2}e^{\frac{j\pi}{2}} = \frac{jA}{2}; \quad \hat{x}(f_{-1}) = \frac{A}{2}e^{\frac{-j\pi}{2}} = -\frac{jA}{2}; \\ &\hat{x}(f_3) = A; \quad \hat{x}(f_{-3}) = A. \end{aligned}$$

Portanto, $s(t)$ pode ser expresso, segundo a decomposição de Fourier, por

$$s(t) = Ae^{-j6\pi f_1 t} - \frac{jA}{2}e^{-j2\pi f_1 t} + \frac{jA}{2}e^{j2\pi f_1 t} + Ae^{j6\pi f_1 t}.$$

No domínio da frequência, cada vetor girante com velocidade angular constante ω, corresponde, como já vimos, a um delta de Dirac na frequência $f = \omega/2\pi$. Portanto, o espectro de $s(t)$ pode ser expresso como

$$\hat{s}(f) = A\big(\delta(f + 3f_1) + \delta(f - 3f_1)\big) + \frac{jA}{2}\big(\delta(f - f_1) - \delta(f + f_1)\big).$$

A Fig. 6.8 ilustra o espectro de $s(t)$ em um gráfico 3D, com quatro valores dos coeficientes de Fourier, sendo dois reais e dois imaginários.

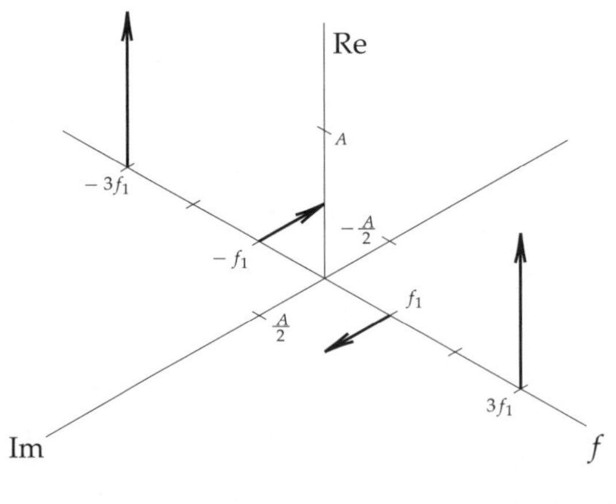

Figura 6.8: Espectro de $s(t) = A\cos(\omega t + \pi/2) + 2A\cos(3\omega t)$ em um diagrama 3D.

No Ex. 6.5, o espectro de $s(t)$ foi facilmente determinado, uma vez que se tratava de uma soma de duas funções harmônicas, cujos espectros já haviam sido discutidos no Capítulo 4. No caso mais geral, todavia, não conhecemos a decomposição espectral do sinal e precisamos encontrar uma *expressão geral* para a determinação dos coeficientes de Fourier, conhecido o sinal temporal. É justamente disso que trataremos a seguir.

De modo análogo à decomposição de vetores tri-dimensionais em bases linearmente independentes,[6] a série de Fourier constitui uma decomposição de funções periódicas em uma base — esta, porém, com dimensão infinita — de funções linearmente independentes, como pode ser demonstrado. Além disso, do mesmo modo que a base de vetores no espaço tri-dimensional pode ser convenientemente escolhida de modo a ser ortonormal, ou seja, constituída de vetores mutuamente ortogonais e unitários, a base no espaço de funções pode ser escolhida de tal forma que seus elementos guardem as mesmas propriedades de ortogonalidade e de módulo unitário. Ora, as exponenciais complexas têm, como já foi visto no Capítulo 4, módulo unitário. Para verificarmos sua ortogonalidade, podemos lançar mão do conceito de produto escalar no espaço de funções, abordado na Seção 3.3.

Para um espaço de funções reais $\mathcal{F}$, uma boa definição de produto escalar entre duas funções $f(t)$ e $g(t)$ é, como já visto na Eq. (3.11),

$$< f(t), g(t) > = \int_{-\infty}^{\infty} f(t)g(t)\, \mathrm{d}t. \tag{6.11}$$

Já em um espaço de funções complexas $\mathcal{C}$, a definição de produto escalar é da forma

$$< f(t), g(t) > = \int_{-\infty}^{\infty} f(t)g^*(t)\, \mathrm{d}t, \tag{6.12}$$

em que $g^*(t)$ é o conjugado de $g(t)$. Se $f(t)$ e $g(t)$ forem reais, então $g^*(t) = g(t)$ e a Eq. (6.12) recai na Eq. (6.11).

Se as funções do espaço são periódicas de período T, a integração pode ser restrita ao período, conduzindo à expressão

$$< f(t), g(t) > = \frac{1}{T}\int_{0}^{T} f(t)g^*(t)\, \mathrm{d}t. \tag{6.13}$$

É fácil verificar que as definições acima satisfazem plenamente as propriedades exigidas para o produto escalar, Eqs. (3.8). Cumpre notar que, embora num espaço de funções não tenhamos mais interpretações geométricas como no espaço vetorial tri-dimensional, a noção de *projeção* preserva-se. Em outras palavras, o produto escalar entre duas funções $f(t)$ e $g(t)$ indica, por assim dizer, o quanto de uma tem na outra, que é a ideia que está subjacente ao conceito de projeção.

Exemplo 6.6 Vejamos qual será o resultado do produto escalar entre as funções $x_1(t) = e^{jk\omega t}$ e $x_2(t) = e^{jn\omega t}$, k e n inteiros. Como trata-se de duas funções complexas

[6] Ver, por exemplo, R.A. Tenenbaum. Dinâmica Aplicada. 4ª edição, Manole, Barueri, 2016 [230].

e harmônicas de período, digamos, T, tem-se, segundo a Eq. (6.13),

$$\begin{aligned}
< x_1(t), x_2(t) > &= \frac{1}{T}\int_0^T e^{jk\omega t} e^{-jn\omega t}\,dt \\
&= \frac{1}{T}\int_0^T e^{j(k-n)\omega t}\,dt \\
&= \frac{1}{T}\left[\int_0^T \cos((k-n)\omega t)\,dt + j\int_0^T \text{sen}((k-n)\omega t)\,dt\right].
\end{aligned}$$

Ora, se $k \neq n$, as integrais se anulam por serem calculadas em um número inteiro $(k-n)$ de períodos das funções harmônicas. Ao contrário, se $k = n$, então a integral da esquerda vale T e a da direita é nula. Portanto, o produto escalar vale zero se $k \neq n$ e vale um se $k = n$. Em resumo,

$$< e^{jk\omega t}, e^{jn\omega t} > = \begin{cases} 1, & k = n \\ 0, & k \neq n, \end{cases}$$

ou seja, as funções adotadas como base para a decomposição de sinais periódicos são, de fato, *ortonormais*, ou seja, são unitárias e ortogonais.

Reteremos, por sua importância, o resultado obtido no Ex. 6.6, que garante constituírem as exponenciais complexas uma base ortonormal natural para o espaço de funções, ou seja,

$$< e^{jk\omega t}, e^{jn\omega t} > = \begin{cases} 1, & k = n \\ 0, & k \neq n. \end{cases} \tag{6.14}$$

Para completarmos a decomposição de funções periódicas falta-nos, portanto, somente uma expressão para o cálculo dos coeficientes de Fourier.[7] Para tal, faremos simplesmente o produto escalar do sinal $x(t)$ com os vetores da base do espaço de funções, de modo a determinar a projeção daquele nestes, ou seja,[8]

$$\hat{x}(f_n) = \frac{1}{T}\int_0^T x(t)\, e^{-j2\pi f_n t}\,dt = \frac{1}{T}\int_0^T x(t)\, e^{-j2\pi nt/T}\,dt. \tag{6.15}$$

Observe que, efetivamente, a Eq. (6.15), calcula os coeficientes $\hat{x}(f_n)$, para $n = 0, \pm 1, \pm 2 \ldots$, sendo conhecida como *relação de análise*.[9] Em particular, o coeficiente de Fourier para $n = 0$ será

$$\hat{x}(0) = \frac{1}{T}\int_0^T x(t) e^0\,dt = \frac{1}{T}\int_0^T x(t)\,dt, \tag{6.16}$$

[7] Para uma demonstração formal da expressão para os coeficientes de Fourier, ver, por exemplo, R. Courant. Differential and Integral Calculus. 2nd edition, Vol. 1, John Wiley, New York, 1940 [56] ou D.L. Kreider, R.G. Kuller, D.R. Ostberg, F.W. Perkins. An Introduction to Linear Analysis. Addison-Wesley, Palo Alto, 1966 [147].

[8] Observe que, *por convenção*, utiliza-se a exponencial complexa negativa na expressão para o coeficiente de Fourier, Eq. (6.15), ao passo que utiliza-se a exponencial complexa positiva na definição da decomposição de Fourier, Eq. (6.8).

[9] As relações de síntese, Eq. (6.8), e de análise, Eq. (6.15), são expressões complementares; a primeira sintetiza o sinal no domínio da variável "t"; a segunda analisa (ou decompõe) o sinal no domínio da variável "f".

ou seja, o coeficiente de Fourier para a frequência nula é, nada mais nada menos, do que a média do valor do sinal em um período. Se, por exemplo, $x(t)$ for um sinal harmônico de frequência f_1 e média nula, então $\hat{x}(0) = 0$ e ter-se-ão somente dois coeficientes de Fourier não nulos: $\hat{x}(f_{-1})$ e $\hat{x}(f_1)$.

Cabe aqui um comentário importante antes de seguirmos adiante. Sinais periódicos são, geralmente, *sinais contínuos* — muito embora possam também haver sinais periódicos discretos, como, por exemplo, o pente de deltas visto na Seção 3.6.5. Os seus espectros, contudo, são sinais eminentemente *discretos*, cujos valores são dados pela Eq. (6.15), podendo estes serem reais, imaginários ou, o que será a maioria dos casos, complexos. Vejamos, na sequência, alguns exemplos de sinais periódicos contínuos.

Exemplo 6.7 Comecemos, visando a aplicação da expressão para os coeficientes de Fourier, Eq. (6.15), com o sinal $x(t) = A\cos(\omega_0 t)$, cujo espectro já foi apresentado na Seção 4.4. Levando em consideração o que estabelecem as Eqs. (4.34) e (6.14) e aplicando a Eq. (6.15), ter-se-á

$$\begin{aligned}\hat{x}(f_n) &= \frac{1}{T}\int_0^T A\cos(2\pi f_0 t)\, e^{-\mathrm{j}2\pi f_n t}\,\mathrm{d}t\\ &= \frac{A}{2T}\int_0^T \left[e^{\mathrm{j}2\pi f_0 t} + e^{-\mathrm{j}2\pi f_0 t}\right] e^{-\mathrm{j}2\pi f_n t}\,\mathrm{d}t\\ &= \frac{A}{2T}\int_0^T \left[e^{-\mathrm{j}2\pi(f_n+f_0)t} + e^{-\mathrm{j}2\pi(f_n-f_0)t}\right]\mathrm{d}t\\ &= \frac{A}{2}\left[\delta(f+f_0) + \delta(f-f_0)\right].\end{aligned}$$

Portanto, $\hat{x}(f_{-1}) = \dfrac{A}{2}\,\delta(f+f_0)$ e $\hat{x}(f_1) = \dfrac{A}{2}\,\delta(f+f_0)$, como indica a Fig. 4.13.

Exemplo 6.8 Voltando ao Ex. 6.1 (veja também a Fig. 6.2), vamos agora determinar os coeficientes de Fourier para a onda quadrada de período T. Segundo a Eq. (6.15),

$$\hat{x}(f_n) = \frac{1}{T}\int_{-T/4}^{3T/4} x(t)\, e^{-\mathrm{j}2\pi nt/T}\,\mathrm{d}t.$$

Essa integração necessita ser separada em duas: a primeira integral no intervalo $(-T/4, T/4)$; e a segunda integral no intervalo $(T/4, 3T/4)$. Tem-se, então,

$$\begin{aligned}\hat{x}(f_n) &= \frac{1}{T}\left[\int_{-T/4}^{T/4} e^{-\mathrm{j}2\pi nt/T}\,\mathrm{d}t - \int_{T/4}^{3T/4} e^{-\mathrm{j}2\pi nt/T}\,\mathrm{d}t\right]\\ &= \frac{\mathrm{j}}{2\pi n}\left[e^{-\mathrm{j}2\pi nt/T}\Big|_{-T/4}^{T/4} - e^{-\mathrm{j}2\pi nt/T}\Big|_{T/4}^{3T/4}\right]\\ &= \frac{\mathrm{j}}{2\pi n}\left[2e^{-\mathrm{j}\frac{\pi}{2}n} - e^{\mathrm{j}\frac{\pi}{2}n} - e^{-\mathrm{j}\frac{3\pi}{2}n}\right].\end{aligned}$$

Observe que, para $n = 0$, obtém-se da Eq. (6.16), $\hat{x}(f_0) = 0$, o que confirma o fato de o sinal onda quadrada ter média nula. Para $n = \pm 1$ tem-se:

$$\begin{aligned}\hat{x}(f_1) &= \frac{\mathrm{j}}{2\pi}\left(2e^{-\mathrm{j}\frac{\pi}{2}} - e^{\mathrm{j}\frac{\pi}{2}} - e^{-\mathrm{j}\frac{3\pi}{2}}\right) = \frac{2}{\pi};\\ \hat{x}(f_{-1}) &= \frac{\mathrm{j}}{-2\pi}\left(2e^{\mathrm{j}\frac{\pi}{2}} - e^{-\mathrm{j}\frac{\pi}{2}} - e^{\mathrm{j}\frac{3\pi}{2}}\right) = \frac{2}{\pi}.\end{aligned}$$

Para $n = \pm 2$ tem-se:

$$\hat{x}(f_2) = \frac{\mathrm{j}}{4\pi}\left(2e^{-\mathrm{j}\pi} - e^{\mathrm{j}\pi} - e^{-\mathrm{j}3\pi}\right) = 0;$$
$$\hat{x}(f_{-2}) = \frac{\mathrm{j}}{-4\pi}\left(2e^{\mathrm{j}\pi} - e^{-\mathrm{j}\pi} - e^{\mathrm{j}3\pi}\right) = 0,$$

Para $n = \pm 3$ tem-se:

$$\hat{x}(f_3) = \frac{\mathrm{j}}{6\pi}\left(2e^{-\mathrm{j}\frac{3\pi}{2}} - e^{\mathrm{j}\frac{3\pi}{2}} - e^{-\mathrm{j}\frac{9\pi}{2}}\right) = -\frac{2}{3\pi};$$
$$\hat{x}(f_{-3}) = \frac{\mathrm{j}}{-6\pi}\left(2e^{-\mathrm{j}\frac{3\pi}{2}} - e^{\mathrm{j}\frac{3\pi}{2}} - e^{-\mathrm{j}\frac{9\pi}{2}}\right) = -\frac{2}{3\pi},$$

e assim por diante.

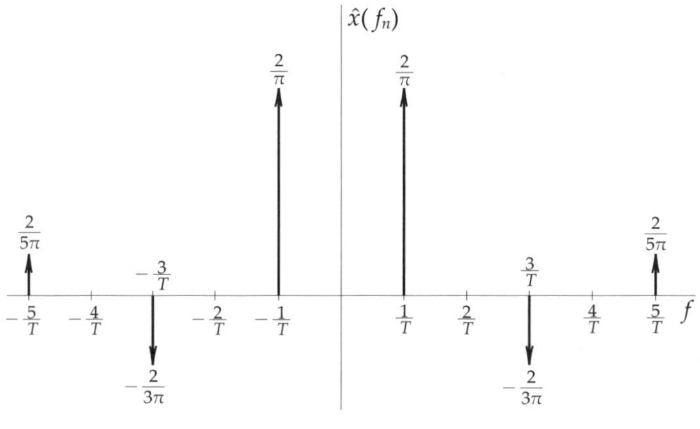

Figura 6.9: Cinco primeiros componentes do espectro da onda quadrada.

A Fig. 6.9 ilustra os primeiros cinco componentes de Fourier do espectro da onda quadrada. No caso do sinal onda quadrada da Fig. 6.2, os coeficientes de Fourier são em número infinito e evanescentes, ou seja, tendem a zero com n crescente. Observa-se que os coeficientes de Fourier pares, ou seja, aqueles em que n é par, são todos nulos e que os coeficientes de Fourier ímpares apresentam um decaimento, em módulo, com a frequência e uma alternância de sinal. Além disso, os coeficientes de Fourier são todos reais e, para qualquer n, $\hat{x}(f_n) = \hat{x}(f_{-n})$, ou seja, o espectro é par. Devido ao fato de a onda quadrada ser um sinal com mudanças bruscas de direção em sua curva, exigirá um maior conteúdo espectral. Voltaremos a esse tema na Seção 6.3.

Exemplo 6.9 A Fig. 6.10 ilustra um sinal periódico, de período $T = 2T_0$, denominado *dente de serra*, $x(t) = \wedge\!\!\!\backslash_{2T_0}(t)$. Sua expressão analítica é

$$x(t) = \frac{t}{T_0}, \quad t \in (-T_0 + 2kT_0, T_0 + 2kT_0), \quad k = 0, \pm 1, \pm 2, \ldots .$$

Para determinar seu espectro, vamos aplicar a Eq. (6.15), que calcula os coeficientes de Fourier.

$$
\begin{aligned}
\hat{x}(f_n) &= \frac{1}{T}\int_0^T x(t)\, e^{-\mathrm{j}2\pi n t/T}\, \mathrm{d}t \\
&= \frac{1}{2T_0^2}\int_{-T_0}^{T_0} t\, e^{-\mathrm{j}\pi n t/T_0}\, \mathrm{d}t.
\end{aligned}
$$

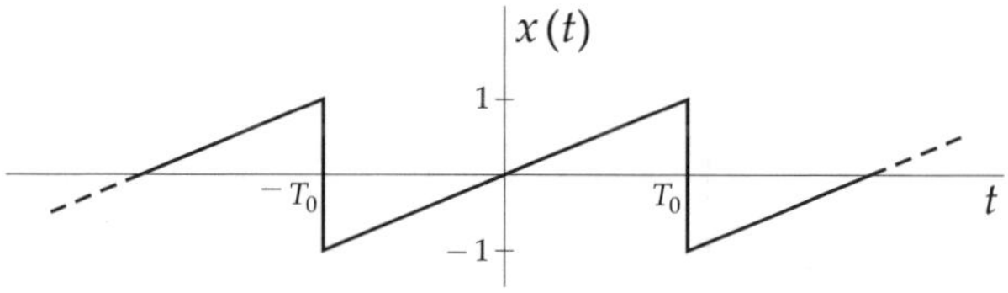

Figura 6.10: Gráfico do sinal temporal dente de serra.

Observe o prezado leitor que, para $n = 0$, tem-se

$$
\begin{aligned}
\hat{x}(0) &= \frac{1}{2T_0^2}\int_{-T_0}^{T_0} t\, \mathrm{d}t \\
&= \frac{1}{2T_0^2}\frac{t^2}{2}\Big|_{-T_0}^{T_0} \\
&= 0,
\end{aligned}
$$

o que confirma o fato de que o sinal dente de serra tem média nula, conforme estabelece a Eq. (6.16). Para determinar o termo genérico $\hat{x}(f_n)$, utilizaremos, por simplicidade, $\omega_n = 2\pi f_n = \pi n/T_0$, e a identidade $e^{-\mathrm{j}\omega_n t} = \cos(\omega_n t) - \mathrm{j}\,\mathrm{sen}(\omega_n t)$. O termo geral dos coeficientes de Fourier será, portanto,

$$
\begin{aligned}
\hat{x}(f_n) &= \frac{1}{2T_0^2}\int_{-T_0}^{T_0} t\big(\cos(\omega_n t) - \mathrm{j}\,\mathrm{sen}(\omega_n t)\big)\, \mathrm{d}t \\
&= \frac{1}{2T_0^2}\left[\int_{-T_0}^{T_0} t\cos(\omega_n t)\, \mathrm{d}t - \mathrm{j}\int_{-T_0}^{T_0} t\,\mathrm{sen}(\omega_n t)\, \mathrm{d}t\right] \\
&= \frac{1}{2T_0^2}\left[\frac{\cos(\omega_n t)}{\omega_n^2} + \frac{t\,\mathrm{sen}(\omega_n t)}{\omega_n} - \mathrm{j}\frac{\mathrm{sen}(\omega_n t)}{\omega_n^2} + \mathrm{j}\frac{t\cos(\omega_n t)}{\omega_n}\right]_{-T_0}^{T_0} \\
&= \frac{\mathrm{j}}{T_0^2}\left[\frac{T_0\cos(\omega_n T_0)}{\omega_n} - \mathrm{j}\frac{\mathrm{sen}(\omega_n T_0)}{\omega_n^2}\right] \\
&= \frac{\mathrm{j}}{\pi^2 n^2}\left[\pi n\cos(\pi n) - \mathrm{j}\,\mathrm{sen}(\pi n)\right].
\end{aligned}
$$

Atentando para a expressão geral obtida para os coeficientes de Fourier, observa-se que $\cos(\pi n) = \pm 1$ e que $\mathrm{sen}(\pi n) = 0$, para n inteiro. Portanto,

$$
\hat{x}(f_n) = \mathrm{j}\frac{(-1)^{n-1}}{\pi n}.
$$

A Fig. 6.11 ilustra os cinco primeiros coeficientes de Fourier do sinal dente de serra, ou seja, para $n = 0, \pm 1, \pm 2, \pm 3, \pm 4, \pm 5$.[10] Cabe observar aqui que o espectro do sinal

[10] O leitor já deve ter notado que quando nos referimos aos 'm primeiros coeficientes de Fourier', estamos nos referindo aos m primeiros valores positivos no eixo das frequências.

dente de serra é ímpar e imaginário puro. Na Seção 6.4 será discutida a relação entre paridade de sinais nos dois domínios. É fácil verificar que $\hat{x}(f_1) = j/\pi$, $\hat{x}(f_{-1}) = -j/\pi$, $\hat{x}(f_2) = -j/2\pi$, $\hat{x}(f_{-2}) = j/2\pi$, $\hat{x}(f_3) = j/3\pi$, $\hat{x}(f_{-3}) = -j/3\pi$ etc.

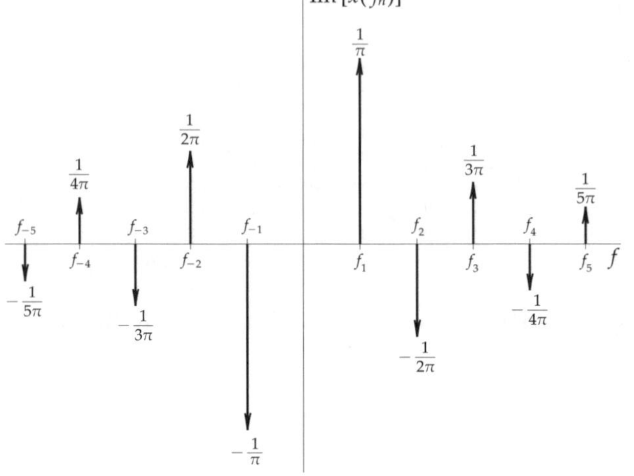

Figura 6.11: Espectro do sinal dente de serra, indicando os cinco primeiros coeficientes de Fourier, todos imaginários.

Exemplo 6.10 Examinemos agora o sinal periódico triangular $x(t) = \vee\!\vee(t)$, de período T, ilustrado na Fig. 6.12.

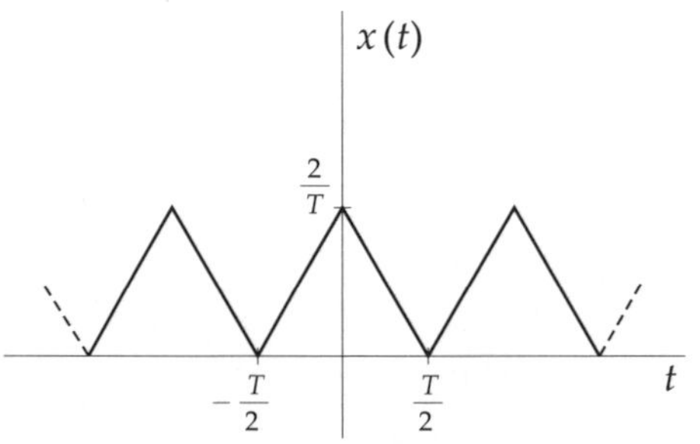

Figura 6.12: Sinal triangular periódico de período T e amplitude $2/T$.

Esse sinal, par, pode ser expresso matematicamente como

$$x(t) = \frac{2}{T}\begin{cases} 1 + \frac{2t}{T}, & t \in (T/2 + kT, T + kT), \quad k \text{ inteiro}, \\ 1 - \frac{2t}{T}, & t \in (0 + kT, T/2 + kT). \end{cases}$$

Para determinar os coeficientes de Fourier de $x(t)$ lançamos mão, mais uma vez, da Eq. (6.15), utilizando, por simplicidade de notação, $\omega_n = 2\pi f_n = 2\pi n/T$. Tem-se, então,

$$
\begin{aligned}
\hat{x}(f_n) &= \frac{1}{T}\int_{-T/2}^{T/2} x(t)\, e^{-j\omega_n t}\, dt \\
&= \frac{2}{T^2}\left[\int_{-T/2}^{0}\left(1+\frac{2t}{T}\right) e^{-j\omega_n t}\, dt + \int_{0}^{T/2}\left(1-\frac{2t}{T}\right) e^{-j\omega_n t}\, dt\right].
\end{aligned}
$$

Temos, mais uma vez, uma integração a ser realizada em duas etapas. Chamemos de I_1 e I_2 as duas integrais. Computando a primeira integral, tem-se

$$
\begin{aligned}
I_1 &= \int_{-T/2}^{0}\left(e^{-j\omega_n t} + \frac{2}{T} t e^{-j\omega_n t}\right) dt \\
&= \frac{1}{-j\omega_n}\left[e^{-j\omega_n t}\left(1+\frac{2}{T}\left(t-\frac{1}{-j\omega_n}\right)\right)\right]_{-T/2}^{0} \\
&= \frac{-T^2}{4\pi^2 n^2}\left[\frac{2}{T}\left(e^{j\pi n}-1\right) - j\omega_n\right].
\end{aligned}
$$

Computando a segunda integral, tem-se

$$
\begin{aligned}
I_2 &= \int_{0}^{T/2}\left(e^{-j\omega_n t} - \frac{2}{T} t e^{-j\omega_n t}\right) dt \\
&= \frac{1}{-j\omega_n}\left[e^{-j\omega_n t}\left(1-\frac{2}{T}\left(t-\frac{1}{-j\omega_n}\right)\right)\right]_{0}^{T/2} \\
&= \frac{-T^2}{4\pi^2 n^2}\left[\frac{2}{T}\left(e^{-j\pi n}-1\right) + j\omega_n\right].
\end{aligned}
$$

Portanto,

$$
\begin{aligned}
\hat{x}(f_n) &= \frac{2}{T^2}(I_1 + I_2) \\
&= \frac{-1}{\pi n^2 T}\left(e^{j\pi n} - 1 + e^{-j\pi n} - 1\right) \\
&= \frac{2}{\pi^2 n^2 T}(1-\cos(\pi n)).
\end{aligned}
$$

Ora, para n ímpar, $\cos(\pi n) = -1$ e, portanto,

$$
\hat{x}(f_n) = \frac{4}{\pi^2 n^2 T.}
$$

Por outro lado, para n par, $\cos(\pi n) = 1$ e $\hat{x}(f_n) = 0$. O sinal onda triangular possui média não nula e, portanto, o seu componente de Fourier para a frequência zero é calculada segundo a Eq. (6.16), que fornece a média da área sob a curva do sinal em um período, veja Fig. 6.12,

$$
\hat{x}(0) = \frac{1}{T}\int_{-T/2}^{T/2} x(t)\, dt = \frac{1}{T}\frac{1}{2}\left(T\cdot\frac{2}{T}\right) = \frac{1}{T}.
$$

De fato, do termo geral, tem-se:

$$\begin{aligned}
\hat{x}(f_1) &= \frac{4}{\pi^2 T} = \hat{x}(f_{-1});\\
\hat{x}(f_2) &= 0 = \hat{x}(f_{-2});\\
\hat{x}(f_3) &= \frac{4}{9\pi^2 T} = \hat{x}(f_{-3});\\
\hat{x}(f_4) &= 0 = \hat{x}(f_{-4});\\
\hat{x}(f_5) &= \frac{4}{25\pi^2 T} = \hat{x}(f_{-5});\\
&\dots \quad \dots \quad \dots
\end{aligned}$$

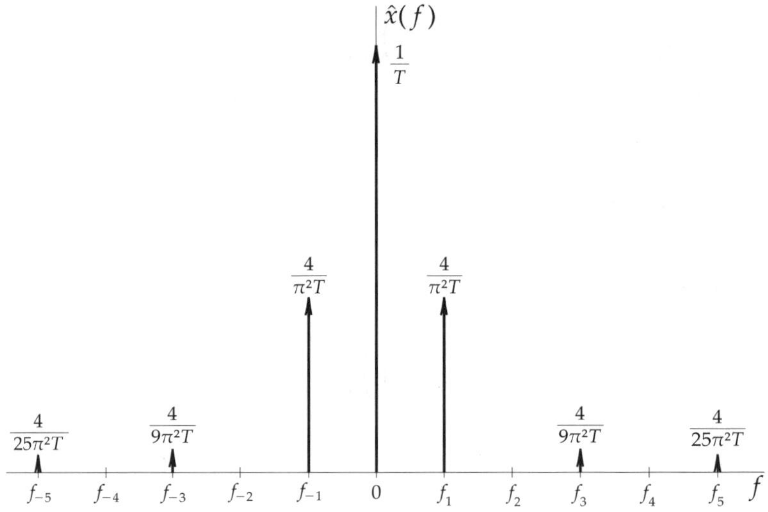

Figura 6.13: Espectro (real) da onda triangular para $|n| \leq 5$.

A Fig. 6.13 ilustra os três primeiros componentes do espectro de $x(t)$.[11] Observe também o prezado leitor que, embora as expressões para I_1 e I_2 contemplem partes real e imaginária, o resultado final, $\hat{x}(f)$, é real. Note ainda que o sinal e seu espectro são ambos reais e pares.

Séries de Fourier, como anteriormente mencionado, aplicam-se também a domínios outros que não o tempo. Se, por exemplo, um sinal depende exclusivamente da posição espacial x, ou seja, $s = s(x)$ de tal modo que $s(x + rL) = s(x)$, onde r é um inteiro e L é um comprimento dado, então diz-se que s é um sinal periódico no domínio espacial, de período L, e pode ser expresso pela decomposição de Fourier, na forma

$$s(x) = \sum_{n=-\infty}^{\infty} \hat{s}(k_r)\, e^{j2\pi k_r x}, \tag{6.17}$$

[11]Diz um velho adágio que "Os quatro mosqueteiros eram três: Porthos e Aramis". Na realidade, a Fig. 6.13 ilustra *onze* componentes de Fourier, para $n = 0, \pm 1, \pm 2, \dots, \pm 5$.

na qual $k_r = rk_1 = r/L$, $r = 0, \pm 1, \pm 2, \ldots$ são valores de um domínio complementar, denominado *número de onda*.[12] O número de onda k tem, portanto, dimensão $[\mathrm{L}^{-1}]$, assim como a frequência tem dimensão $[\mathrm{T}^{-1}]$. Analogamente, os coeficientes de Fourier, para esse caso, serão dados pela expressão

$$\hat{s}(k_r) = \frac{1}{L}\int_0^L s(x)\, e^{-\mathrm{j}2\pi k_r x}\, \mathrm{d}x = \frac{1}{L}\int_0^L s(x)\, e^{-\mathrm{j}2\pi r x/L}\, \mathrm{d}x. \tag{6.18}$$

Exemplo 6.11 Tomemos como exemplo de sinal periódico espacial o belíssimo desenho, em pedras portuguesas pretas e brancas, que remete às ondas do mar, e que faz famoso no mundo todo o calçadão da praia de Copacabana, no Rio de Janeiro,[13] veja Fig. 6.14.

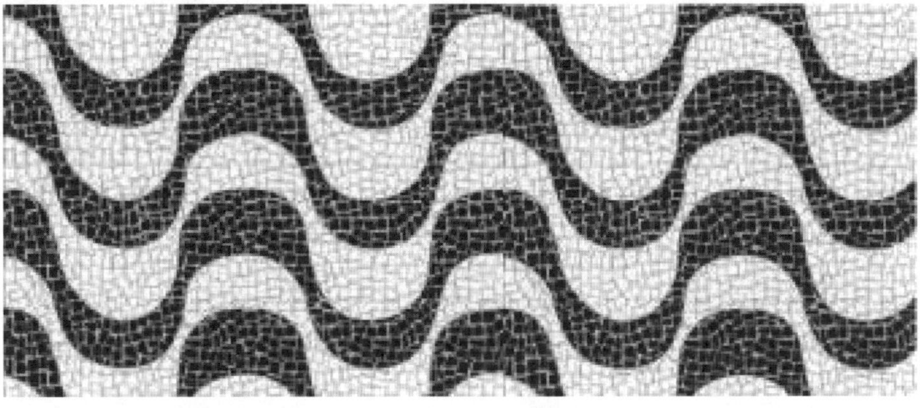

Figura 6.14: Imagem do calçadão da praia de Copacabana, no Rio de Janeiro.

Embora o desenho do projeto original seja baseado em círculos, vamos assumir, por simplicidade, que o projeto baseia-se em formas sinusoidais. Tomando, então, uma das faixas negras do desenho, avaliemos como seria o sinal espacial, na direção horizontal da Fig. 6.14, da *espessura*, medida na vertical, da faixa. Seja, então, $s_1(x)$ a linha divisória entre a faixa em consideração e a faixa branca imediatamente acima e seja $s_2(x)$ a linha divisória entre a faixa em questão e a faixa branca imediatamente abaixo. Note que a variável x, aqui, designa a distância no sentido horizontal, tomado a partir de uma origem arbitrária. Suponhamos, então,

$$s_1(x) = A\cos(k_0 x) \qquad \text{e} \qquad s_2(x) = B\cos(k_0 x) - C,$$

com $B \neq A$, C representando o deslocamento vertical entre as faixas e, naturalmente, o número de onda k_0 — que desempenha o papel da frequência angular — sendo o mesmo para os dois sinais, naturalmente. A espessura $e(x)$ da faixa negra em análise será dada, então, por

$$e(x) = s_1(x) - s_2(x) = (A - B)\cos(k_0 x) + C.$$

[12] No mesmo sentido em que a frequência é um domínio complementar ao tempo.

[13] O desenho, contudo, é o mesmo da calçada da Praça do Rocio, em Lisboa, e também da calçada da praia de Cascais, ambos em Portugal.

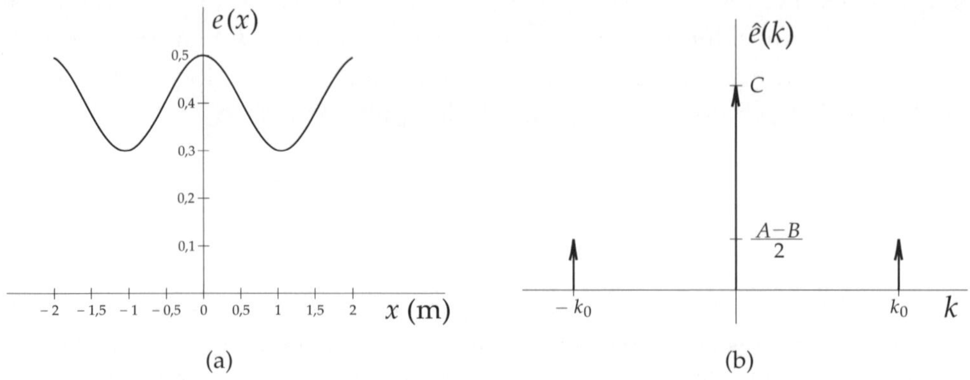

Figura 6.15: (a) Espessura da faixa negra, $e(x)$, no intervalo abrangendo aproximadamente dois ciclos. (b) Espectro $\hat{e}(k)$, constituindo-se de três componentes espectrais.

A Fig. 6.15a plota o gráfico de $e(x)$ em um intervalo que abrange aproximadamente dois ciclos completos, para $A = 1$ m, $B = 0{,}8$ m, $C = 0{,}4$ m e $k_0 = 3\ \mathrm{m}^{-1}$. O espectro de $e(x)$, segundo a Eq. (6.20),[14] será a soma do espectro de $(A - B)\cos(k_0 x)$ com o espectro de C, resultando em

$$\hat{e}(k) = \frac{A-B}{2}[\delta(k+k_0) + \delta(k-k_0)] + C\delta(k),$$

cujo resultado é apresentado na Fig. 6.15b. Note que o sinal $e(x)$, tomando como referência a origem para a posição x utilizada na Fig. 6.15a, é real e par e que seu espectro $\hat{e}(k)$ também é real e par.

Exemplo 6.12 Ao longo desta seção foram exemplificados diversos casos de utilização da Eq. (6.15) para o cálculo dos coeficientes de Fourier de um dado sinal. Essa é uma equação que fornece a *análise* do sinal. Neste exemplo, faremos o inverso, ou seja, partiremos dos coeficientes de Fourier para a determinação do sinal temporal, tal como estabelece a Eq. (6.8), ou seja, faremos a *síntese* do sinal. Sejam, então, dados os seguintes coeficientes de Fourier:

$$\hat{s}(f_1) = \frac{\mathrm{j}A}{2};$$
$$\hat{s}(f_{-1}) = \frac{-\mathrm{j}A}{2};$$
$$\hat{s}(f_3) = A;$$
$$\hat{s}(f_{-3}) = A,$$

com todos os demais coeficientes de Fourier nulos. Note que $f_1 = 1/T = f_0$ e que $f_3 = 3/T = 3f_0$. Então, segundo a Eq. (6.8), o sinal temporal será

$$\begin{aligned} s(t) &= A\,e^{\mathrm{j}6\pi t/T} + \frac{-\mathrm{j}A}{2}\,e^{-\mathrm{j}2\pi t/T} + \frac{\mathrm{j}A}{2}\,e^{\mathrm{j}2\pi t/T} + A\,e^{-\mathrm{j}6\pi t/T} \\ &= A\left[\left(e^{\mathrm{j}6\pi t/T} + e^{-\mathrm{j}6\pi t/T}\right) + \mathrm{j}\frac{1}{2}\left(e^{\mathrm{j}2\pi t/T} - e^{-\mathrm{j}2\pi t/T}\right)\right] \\ &= A\left[2\cos(6\pi f_0 t) + \mathrm{sen}(2\pi f_0 t)\right]. \end{aligned}$$

[14] Veja, também, Subseção 6.4.1.

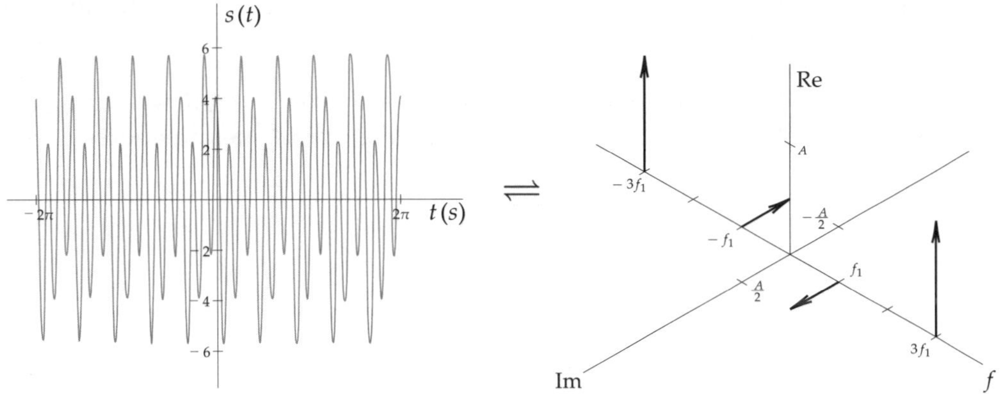

(a) (b)

Figura 6.16: (a) Gráfico de $s(t)$ no intervalo $(-2\pi, 2\pi)$. (b) Espectro $\hat{s}(f_n)$ em um diagrama 3D.

A Fig. 6.16a mostra o resultado do sinal $s(t)$, ao passo que a Fig. 6.16b ilustra seu espectro. O leitor minimamente atento deve ter percebido que este nada mais é que o sinal periódico estudado no Ex. 6.5.

Exemplo 6.13 Tons ou notas musicais constituem sinais periódicos, ou seja, sinais que são constituídos de uma frequência — denominada *frequência fundamental* — e seus *harmônicos*, ou seja, frequências múltiplas inteiras da frequência fundamental. Portanto, sons musicais constituem, essencialmente, sinais compostos por harmônicos.[15] Todavia, o que sucede com sinais com componentes espectrais que não são exatamente múltiplos inteiros da frequência fundamental? Comecemos com o espectro, puramente real, do sinal $x_1(t)$, indicado na Fig. 6.17.

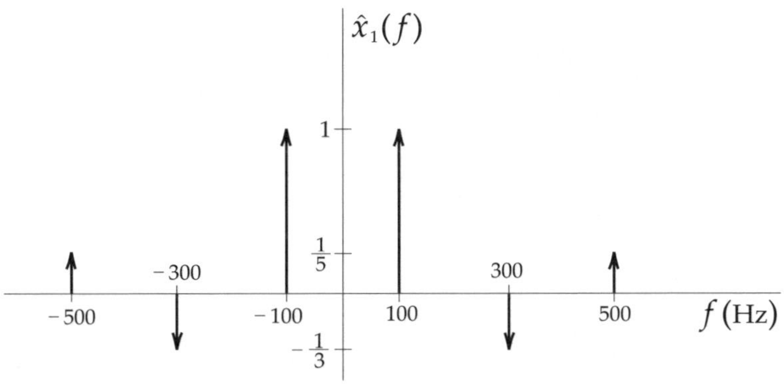

Figura 6.17: Espectro do sinal $x_1(t)$.

[15] A palavra *harmonia* que, em música, significa uma combinação de elementos que geram uma sensação, por assim dizer, prazerosa, no sentido mais geral, significa concórdia, ausência de confrontos. Sinais harmônicos (ver Seção 4.3), nesse contexto, seriam sinais que "não criam conflitos".

Tem-se uma frequência fundamental de 100 Hz, com amplitude 1, um harmônico de 300 Hz, com amplitude $-1/3$ e um harmônico de 500 Hz e amplitude $1/5$. Já a Fig. 6.18 mostra o espectro do sinal $x_2(t)$, com a mesma frequência fundamental, tendo-se porém um componente com frequência $200\sqrt{2} \approx 282,843$ Hz e outro com frequência $300\sqrt{3} \approx 519,615$ Hz, com as mesmas amplitudes anteriores.

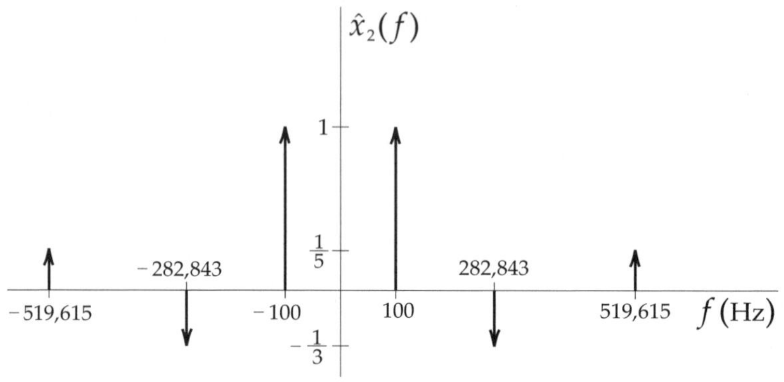

Figura 6.18: Espectro do sinal $x_2(t)$.

Note o estimado leitor que, no caso do sinal $x_2(t)$, não temos mais frequências múltiplas inteiras da frequência fundamental. Utilizando então a Eq. (6.8) para sintetizar os sinais $x_1(t)$ e $x_2(t)$ obtêm-se as funções apresentadas nas Figs. 6.19a e 6.19b, respectivamente.

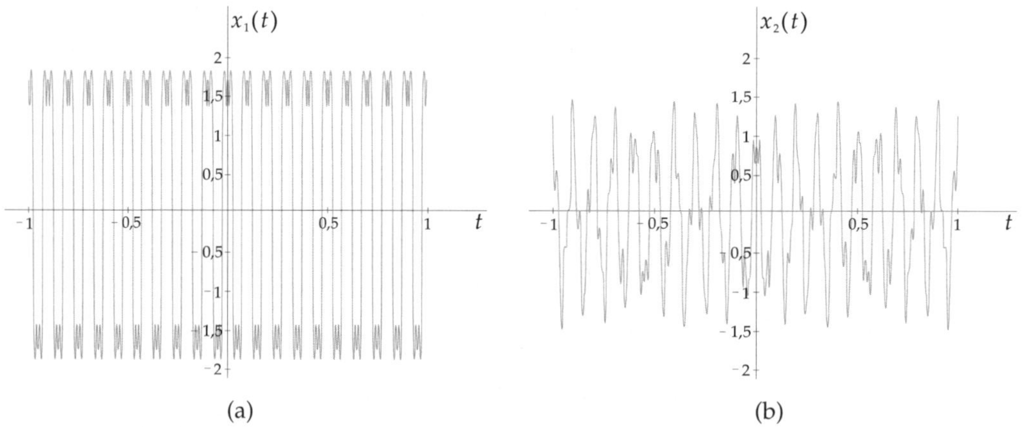

Figura 6.19: Sinais temporais (a) $x_1(t)$ e (b) $x_2(t)$, obtidos a partir da Eq. (6.8).

Ao sintetizar os dois sinais, o que se verifica é que, enquanto $x_1(t)$ constitui, evidentemente, um sinal periódico, portanto passível de ser interpretado como um "som musical", o sinal $x_2(t)$ é irremediavelmente não periódico, porquanto não composto por harmônicos, ou seja, múltiplos inteiros, da frequência fundamental. Efetivamente, se emitirmos simultaneamente os três tons puros com as frequências de 100

Hz, $200\sqrt{2}$ Hz e $300\sqrt{3}$ Hz não ouviremos um som "harmônico", mas uma sonoridade, por assim dizer, "desarmônica" ou "desagradável", com características de um sinal sonoro "desafinado".

Exemplo 6.14 Continuando na linha da *acústica musical*, na assim chamada *escala temperada*, que é a escala utilizada atualmente na música ocidental, as notas que compõem uma oitava, digamos, do C_4 (dó central de um piano) ao B_4 — que constituem 12 notas, a saber: C, $C^\sharp$, D, $E^\flat$, E, F, $F^\sharp$, G, $G^\sharp$, A, $B^\flat$ e B — são igualmente espaçadas em frequência em uma escala logarítmica, ou seja

$$\frac{f_{i+1}}{f_i} = K, \quad K \text{ uma constante.}$$

Portanto, como uma oitava significa dobrarmos (ou dividirmos) por 2 a frequência e como em uma oitava há 12 notas, a cada *semitom*, ou seja, a cada degrau da escala (do C ao $C^\sharp$, do $C^\sharp$ ao D etc.), teremos

$$K = \sqrt[12]{2} = 1,059456 \approx 1,06,$$

ou seja, sobe-se (ou desce-se) a frequência aproximadamente 6% a cada semitom. Admitindo, então, que a afinação é feita a partir do A_4 com frequência de 440 Hz, as frequências das notas da oitava central do piano (com três casas decimais) serão como constam da Tabela 6.1.[16]

Tabela 6.1: Frequências das notas da oitava central do piano.

Nota	Frequência (Hz)	Nota	Frequência (Hz)
C	261,626	$F^\sharp$	369,994
$C^\sharp$	277,183	G	391,995
D	293,665	$G^\sharp$	415,305
$E^\flat$	311,127	A	440,000
E	329,628	$B^\flat$	466,164
F	349,228	B	493,883

Desse modo, um acorde, digamos, de C^M (dó maior), que é composto pelas três notas C, E e G, terá, como frequências fundamentais (não estamos considerando seus harmônicos) as frequências 261,626 Hz, 329,628 Hz e 391,995 Hz. Obviamente, essas frequências não guardam entre si uma razão de números inteiros, pois:

$$r_1 = \frac{329,628}{261,626} = 1,25992; \quad r_2 = \frac{391,995}{329,628} = 1,18920; \quad r_3 = \frac{391,995}{261,626} = 1,49830. \quad \text{(a)}$$

Já na escala pitagórica as razões correspondentes seriam:

$$r_1 = \frac{5}{4} = 1,25; \quad r_2 = \frac{6}{5} = 1,2; \quad r_3 = \frac{3}{2} = 1,5. \quad \text{(b)}$$

Comparando-se os valores irracionais de (a) com os valores racionais de (b), o que se depreende é que a escala temperada introduz um pequeno grau de "desafinação" no acorde de C^M e, por extensão, nos demais acordes.

[16]Ver, por exemplo, E. Neuwirth. Musical Temperaments. Springer, Wien, 1997 [179] ou S. Levarie, E. Levy. Tone: A Study in Musical Acoustics. 2nd edition, The Ken State University Press, Kent, 1980 [154].

6.3 Maloma e Taketi

Os termos do título da presente seção foram inventados pelo autor deste texto, não significando rigorosamente nada. Contudo, poderão vir a ser muito úteis ao leitor na compreensão mais profunda da decomposição de Fourier. Tomemos, então, dois desenhos abstratos como aqueles indicados na Fig. 6.20, elaborados por uma famosa artista plástica.

Os nomes de batismo que a autora das duas obras escolheu foram "Maloma" e "Taketi". Ela pede então uma ajuda ao gentil leitor para rotular com o nome mais adequado cada um dos quadros. Qual seria a sua opinião, estimado leitor? Maloma para o quadro da Fig. 6.20a e Taketi para o quadro da Fig. 6.20b, ou o exato oposto?

(a) (b)

Figura 6.20: Dois desenhos de natureza abstrata que se deseja batizar.

(Tente escolher uma dentre as respostas antes de continuar a leitura.)

Procure analisar com atenção cada um dos desenhos. Ou, ao contrário, siga aquilo que sua intuição apontou antes mesmo de pensar racionalmente no assunto. A figura da esquerda tem uma aparência mais de "Maloma" ou de "Taketi"? E o desenho da direita, se parece mais com a palavra "Taketi" ou a palavra "Maloma"?

Observe que qualquer que seja a sua escolha, ao menos por ora, ela será baseada exclusivamente em sua intuição e, portanto, a escolha poderá estar baseada em inúmeras associações não muito conscientes. Associações quanto à sonoridade das palavras "Maloma" e "Taketi", a título de exemplo.

Bem, a grande maioria das pessoas escolhe a segunda opção: "Taketi" para o desenho da esquerda e "Maloma" para o desenho da direita. (Se essa não foi sua opinião, amável leitor, não se preocupe: não há um 'certo' ou um 'errado' nessa questão e você está em seu pleno e inalienável direito de exercer livremente sua preferência.)

Bem, e qual seria a razão da escolha da maioria recair em "Taketi" e "Maloma", nessa ordem, da esquerda para a direita, na Fig. 6.20? A resposta tem a ver com *decomposição espectral*, ou seja, o principal assunto abordado no presente capítulo. A palavra "Maloma" soa suave, fácil de pronunciar. Bebês começam a falar com "mamãe", "mamar", "bebê", "babá" e outras palavras com consoantes bilabiais, que são mais fáceis de articular. O conteúdo espectral dessas palavras é de baixa frequência, ou seja, com poucos coeficientes de Fourier não nulos. Já a palavra "Taketi" é bem mais áspera, dura, de maior dificuldade de articulação, cujo som prenuncia maior conteúdo espectral, com mais coeficientes de Fourier não nulos.

Por outro lado, o desenho da direita é formado por curvas suaves, que sugerem um conteúdo de baixa frequência, como os sinais $\text{sen}(\omega t)$ e $\cos(\omega t)$ que, por serem monocromáticos, têm apenas um componente espectral. Já o desenho da esquerda, possui muitos ângulos agudos — que indicam mudanças bruscas de direção — o que, por sua vez, sugere a existência de componentes de alta frequência, como, por exemplo, o sinal janela, $\sqcap_\tau(t)$, ou o sinal onda quadrada, $\sqcap\!\sqcup_T(t)$.

Deve estar claro para o gentil leitor que estamos tratando de uma mera *analogia*. Mas as ideias introduzidas nesta seção podem ser utilizadas livremente para interpretar subjetivamente o conteúdo espectral de um sinal. Os conceitos de "Maloma" e "Taketi" são relativos, ou seja, nenhum sinal será perfeitamente "Maloma" ou inteiramente "Taketi", mas podemos dizer que um sinal $s_1(t)$ é mais "Maloma" (ou "Taketi") que outro sinal $s_2(t)$ dependendo de seu conteúdo espectral.

Os sinais mais "Maloma" de todos seriam, por assim dizer, os sinais monocromáticos, como $A\cos(\omega t \pm \phi)$ e $B\,\text{sen}(\omega t \pm \phi)$ ou o sinal corrente contínua, ou seja, um sinal que não apresenta nenhuma oscilação. Já os sinais mais "Taketi" de todos seriam, como veremos brevemente, o delta de Dirac, nosso já velho conhecido, e o ruído branco, cujas características espectrais serão apreciadas no Capítulo 7.

Exemplo 6.15 A Fig. 6.21 ilustra dois sinais no domínio do tempo.

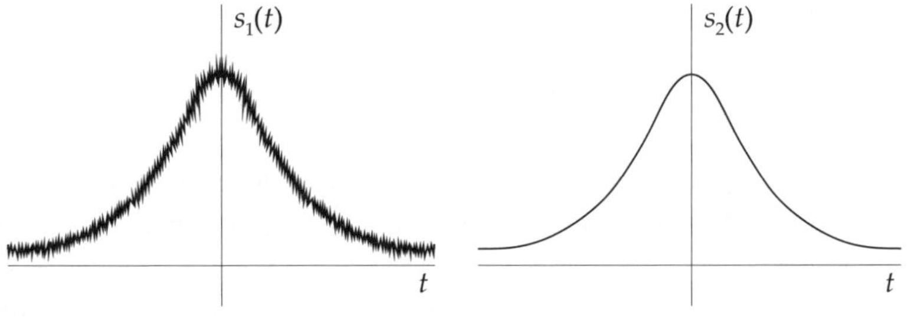

Figura 6.21: Exemplo de dois sinais, o da esquerda mais "Taketi" e o da direita mais "Maloma".

O sinal da esquerda, mais áspero, mais "nervoso", constitui um sinal mais "Taketi" do que o sinal da direita, mais suave, como se a sua curva tivesse sido "lixada". O sinal da direita, mais "Maloma", portanto, pode ser obtido a partir do sinal da esquerda por meio de uma filtragem passa-baixa, que corta seu conteúdo espectral de alta frequência. Quanto maior a aspereza de um sinal,[17] mais frequentes serão as alterações de direção da curva que o representa, o que sempre significará portanto maior conteúdo espectral, ou seja, mais "Taketi" será o sinal.

6.4 Propriedades da série de Fourier

Algumas propriedades da série de Fourier são apresentadas nesta seção. Como será visto nos exemplos, elas são extremamente úteis tanto para a manipulação de pares transformados como para o cálculo propriamente dito dos coeficientes de Fourier. Todas as demonstrações das propriedades partem da definição da decomposição de Fourier, Eq. (6.8), e dos respectivos componentes de Fourier, Eq. (6.15). Sejam, então, $x(t)$ e $y(t)$ sinais (temporais, digamos) periódicos de período T e $\hat{x}(f_n)$ e $\hat{y}(f_n)$, $n = 0, \pm 1, \pm 2, \dots$ seus respectivos coeficientes de Fourier. Diremos que temos pares transformados. Tanto pares oriundos da série de Fourier como da transformada de Fourier, discutida no Capítulo 7, serão representadas pelo mesmo símbolo '$\rightleftharpoons$'.

$$x(t) \rightleftharpoons \hat{x}(f_n); \qquad y(t) \rightleftharpoons \hat{y}(f_n), \tag{6.19}$$

em que o símbolo '$\rightleftharpoons$' representa a passagem do domínio do tempo (digamos) para o domínio da frequência e vice-versa. A decomposição em série de Fourier satisfaz as propriedades discutidas a seguir.

6.4.1 Linearidade

Esta é uma das propriedades mais importantes da decomposição de Fourier. A propriedade estabelece que, se temos uma combinação linear de sinais periódicos, teremos, no domínio da frequência, a mesma combinação linear de espectros e vice-versa, ou seja,

$$\alpha x(t) + \beta y(t) \rightleftharpoons \alpha \hat{x}(f_n) + \beta \hat{y}(f_n). \tag{6.20}$$

Para demonstrar a propriedade de linearidade, consideremos $z(t) = \alpha x(t) + \beta y(t)$ uma combinação linear dos sinais $x(t)$ e $y(t)$. Aplicando a combinação linear

---

[17] Estamos aqui nos referindo a um conceito de aspereza meramente sensorial, tátil, não nos referindo, portanto ao conceito de *aspereza* — *roughness* no termo em inglês — cuja definição na área de acústica é mais rigorosa. Veja, por exemplo, H. Fastl, E. Zwicker. Psycoacoustics: Facts and Models. 3rd edition, Springer, Berlin, 2007, [77].

à Eq. (6.15), tem-se,

$$\begin{aligned}\alpha\hat{x}(f_n)+\beta\hat{y}(f_n)&=\frac{\alpha}{T}\int_0^T x(t)e^{-j2\pi nt/T}\,dt+\frac{\beta}{T}\int_0^T y(t)e^{-j2\pi nt/T}\,dt\\&=\frac{1}{T}\int_0^T\big(\alpha x(t)+\beta y(t)\big)e^{-j2\pi nt/T}\,dt\\&=\frac{1}{T}\int_0^T z(t)e^{-j2\pi nt/T}\,dt\\&=\hat{z}(t).\end{aligned}$$

Exemplo 6.16 Sejam $x(t) = \cos(\omega_0 t)$ e $y(t) = \cos(2\omega_0 t)$ dois sinais periódicos. Os espectros de $x(t)$ e $y(t)$ são, como visto anteriormente,

$$\hat{x}(f)=\frac{1}{2}\left[\delta(f+f_0)+\delta(f-f_0)\right] \quad \text{e} \quad \hat{y}(f)=\frac{1}{2}\left[\delta(f+2f_0)+\delta(f-2f_0)\right], \quad f_0=\frac{\omega_0}{2\pi}.$$

Portanto, se $z(t) = 2x(t) + 3y(t)$, tem-se, pela propriedade de linearidade,

$$\hat{z}(f)=\frac{1}{2}\left[3\delta(f+2f_0)+2\delta(f+f_0)+2\delta(f-f_0)+3\delta(f-2f_0)\right],$$

como ilustrado na Fig. 6.22.

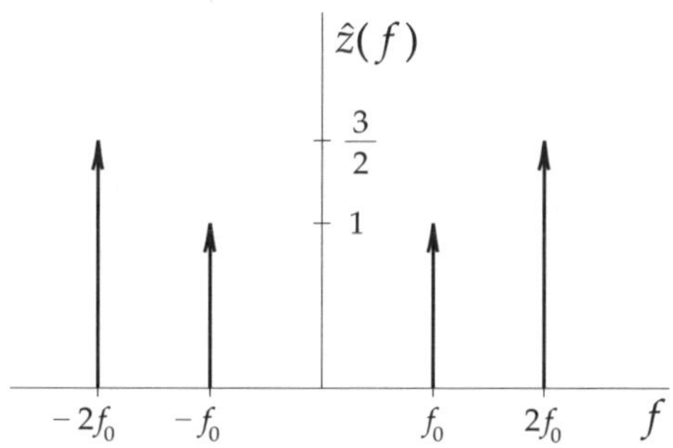

Figura 6.22: Espectro de $z(t)$.

6.4.2 Escala

Comprimir no domínio do tempo corresponde a espalhar no domínio da frequência — e vice versa —, além de introduzir um fator de escala na amplitude, segundo a expressão

$$x(at) \rightleftharpoons \frac{1}{|a|}\,\hat{x}\left(\frac{f_n}{a}\right). \tag{6.21}$$

Para verificarmos a Eq. (6.21), façamos $u = at$, com $dt = du/a$ e, como $f_n = n/T$ então $f_n/a = n/(aT)$. Portanto,

$$\begin{aligned}\frac{1}{T}\int_0^T x(at)\,e^{-j2\pi n(at)/T}\,dt&=\frac{1}{aT}\int_0^T x(u)\,e^{-j2\pi nu/T}\,du\\&=\frac{1}{a}\hat{x}\left(\frac{f_n}{a}\right).\end{aligned}$$

Observe que se $a > 0$, o resultado está correto; porém, se $a < 0$, du será negativo, invertendo o sinal da integral, de modo que o resultado será sempre positivo, e daí o módulo, como indica a Eq. (6.21).

Exemplo 6.17 Conforme foi demonstrado na Seção 4.4, a representação de Fourier do sinal periódico $x(t) = A\cos(\omega_0 t)$ é dada por

$$\hat{x}(f) = \frac{A}{2}\left[\delta(f + f_0) + \delta(f - f_0)\right],$$

com $f_0 = \omega_0/(2\pi)$. Portanto, se aplicarmos uma escala no domínio do tempo, definindo, digamos, $\tau = t/6$, teremos o seguinte par transformado

$$A\cos(\omega_0 \tau) \rightleftharpoons 3A\left[\delta(f + 6f_0) + \delta(f - 6f_0)\right].$$

A Fig. 6.23 ilustra o sinal $x(t)$ e seu espectro antes e depois da aplicação da escala $a = 1/6$.

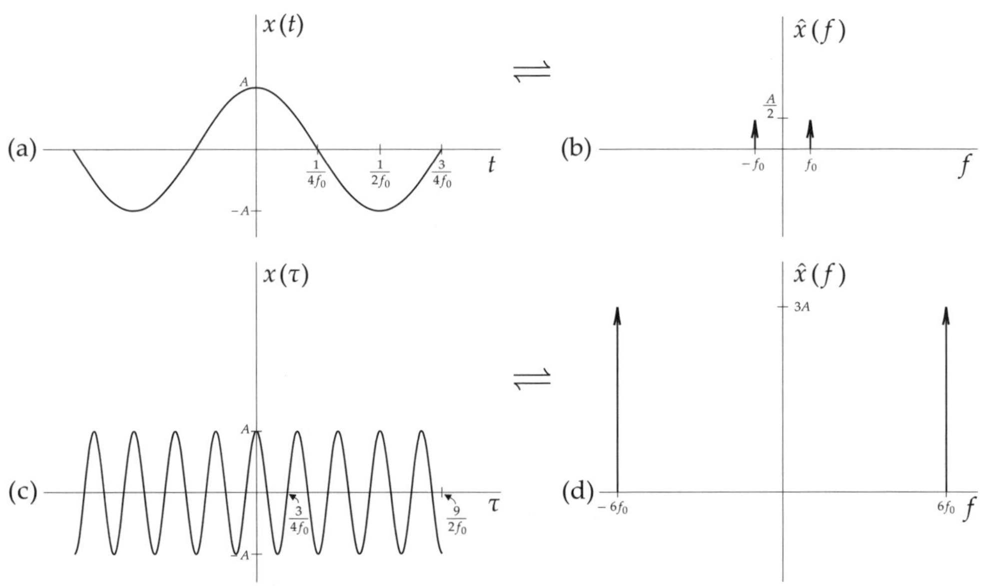

Figura 6.23: Gráficos de: (a) o sinal $x(t)$; (b) seu espectro, $\hat{x}(f)$; (c) o sinal escalado por $a = 1/6$, $x(\tau) = x(at)$, comprimido, portanto; e (d) o espectro deste último, $\hat{x}(f/a)$, espalhado e multiplicado pelo inverso do módulo da escala.

6.4.3 Translação

Essa propriedade estabelece que uma *translação* no domínio do tempo corresponde a uma *rotação* no plano complexo, no domínio da frequência, ou seja,

$$x(t - t_0) \rightleftharpoons e^{-j2\pi n t_0/T}\,\hat{x}(f_n). \tag{6.22}$$

Observe que, como o versor $e^{j\theta}$ é unitário, o espectro de amplitude não fica alterado, ou seja, os *módulos* dos coeficientes de Fourier não se alteram. Com efeito, fazendo $\tau = t - t_0$, com $\mathrm{d}\tau = \mathrm{d}t$, da Eq. (6.15) tem-se

$$\begin{aligned} x(t-t_0) &\rightleftharpoons \frac{1}{T}\int_0^T x(\tau - t_0)\, e^{-\mathrm{j}2\pi n\tau/T}\,\mathrm{d}\tau \\ &= \frac{1}{T}\int_0^T x(\tau)\, e^{-\mathrm{j}2\pi n(\tau+t_0)/T}\,\mathrm{d}\tau \\ &= e^{-\mathrm{j}2\pi n t_0/T}\frac{1}{T}\int_0^T x(\tau)\, e^{-\mathrm{j}2\pi n\tau/T}\,\mathrm{d}\tau \\ &= e^{-\mathrm{j}2\pi n t_0/T}\hat{x}(f_n), \end{aligned}$$

confirmando, portanto, a Eq. (6.22).

Exemplo 6.18 Seja, mais uma vez, $x(t) = A\cos(2\pi f_0 t)$, cujo espectro é, como visto no Ex. 6.17,

$$\hat{x}(f) = \frac{A}{2}\left[\delta(f+f_0) + \delta(f-f_0)\right].$$

O sinal $y(t) = A\,\mathrm{sen}(2\pi f_0 t)$ pode ser interpretado como um cosseno transladado para a direita de $t_0 = 1/(4f_0)$, ou seja,

$$y(t) = A\,\mathrm{sen}(2\pi f_0 t) = A\cos\big(2\pi f_0(t - t_0)\big).$$

Então, pela propriedade de translação, Eq. (6.22), e lembrando que só há um coeficiente de Fourier não nulo, ou seja, $n = \pm 1$, então,

$$\begin{aligned} \hat{y}(f_1) &= \frac{A}{2}\, e^{-\mathrm{j}2\pi 1 t_0/T}\hat{x}(f_1) \\ &= \frac{A}{2}\, e^{-\mathrm{j}\pi/2}\hat{x}(f_1) \\ &= -\mathrm{j}\frac{A}{2}\,\hat{x}(f_1) \end{aligned}$$

e

$$\begin{aligned} \hat{y}(f_{-1}) &= \frac{A}{2}\, e^{-\mathrm{j}2\pi(-1)t_0/T}\hat{x}(f_{-1}) \\ &= \frac{A}{2}\, e^{\mathrm{j}\pi/2}\hat{x}(f_{-1}) \\ &= \mathrm{j}\frac{A}{2}\,\hat{x}(f_{-1}), \end{aligned}$$

portanto,

$$\hat{y}(f) = \mathrm{j}\frac{A}{2}\left[\delta(f+f_0) - \delta(f-f_0)\right],$$

que constitui o espectro do sinal $A\,\mathrm{sen}(2\pi f_0 t)$, conforme indicado na Seção 4.4.

Exemplo 6.19 Vejamos mais uma vez o efeito da translação do sinal $x(t) = 2A\cos(\omega_0 t)$ agora, porém, com deslocamentos sucessivos, tal como ilustrado na Fig. 6.24.

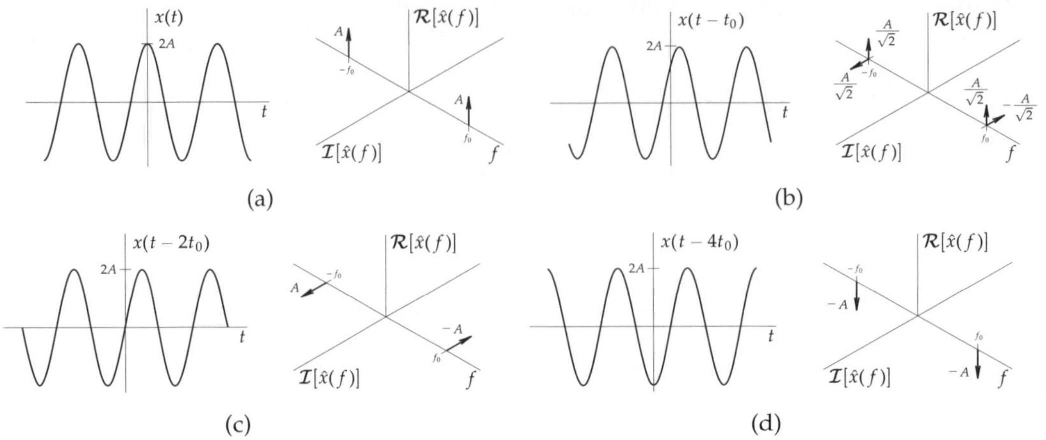

Figura 6.24: Sinal $x(t) = 2A\cos(\omega_0 t - \theta)$ e seu correspondente espectro em um diagrama 3D, para: (a) $\theta = 0$; (b) $\theta = \pi/4$; (c) $\theta = \pi/2$; e (d) $\theta = \pi$.

Mostra-se inicialmente, na Fig. 6.24a, o sinal original, e seu espectro em um diagrama 3D, indicando suas partes real e imaginária. Tal como visto anteriormente, o espectro do sinal $x(t) = 2A\cos(\omega_0 t)$ constitui um par de deltas de Dirac na frequência de amplitude A, simétricos e reais. Seja, agora, $t_0 = 1/(8f_0) = \pi/(4\omega_0)$. A Fig. 6.24b ilustra o sinal $x(t)$ transladado de t_0, ou seja, $x(t - t_0) = 2A\cos(\omega_0(t - t_0)) = 2A\cos(\omega_0 t - \pi/4)$ e seu respectivo espectro. Note-se que houve uma rotação de $\pi/4$ do espectro original, sendo esta no sentido trigonométrico para frequências negativas e no sentido horário para frequências positivas. Resulta, portanto, que o espectro ficou complexo. Em seguida, um novo deslocamento de t_0 resulta em $x(t - 2t_0) = 2A\cos(\omega_0(t - 2t_0)) = 2A\cos(\omega_0 t - \pi/2) = 2A\,\mathrm{sen}(\omega_0 t)$. A Fig. 6.24c ilustra o sinal e seu espectro, que, por sofrer nova rotação de $\pi/4$ no plano complexo torna-se um imaginário puro, como indicado. Finalmente, após uma nova translação, agora de $2t_0$, o sinal se transforma em $x(t - 4t_0) = 2A\cos(\omega_0(t - 4t_0)) = 2A\cos(\omega_0 t - \pi) = -2A\cos(\omega_0 t)$. Como se pode observar na Fig. 6.24d, uma nova rotação no domínio da frequência, agora de $\pi/2$, tansforma o espectro do sinal em $-\hat{x}(f)$, inteiramente real, porém negativo.

6.4.4 Rotação

Essa propriedade estabelece que a uma *rotação* no plano complexo no domínio do *tempo*, corresponde uma *translação* no domínio da frequência, ou seja,

$$e^{j2\pi f_0 t}\, x(t) \rightleftharpoons \hat{x}(f_n - f_0). \tag{6.23}$$

Cumpre notar aqui que, usualmente, lidamos com sinais temporais eminentemente reais. Contudo, nada impede que se entenda sinais reais como sinais temporais complexos, cuja parte imaginária é nula. Ao aplicarmos uma rotação, pela multiplicação por um versor complexo, o sinal passa a ser também complexo no domínio do tempo. A Eq. (6.23) pode ser facilmente verificada. Com efeito, se

$x(t) \rightleftharpoons \hat{x}(f_n)$, então, da Eq. (6.15), tem-se,

$$\begin{aligned}\frac{1}{T}\int_0^T e^{j2\pi f_0 t}\,x(t)\,e^{-j2\pi f_n t}\,dt &= \frac{1}{T}\int_0^T x(t)\,e^{-j2\pi(f_n-f_0)t}\,dt\\ &= \hat{x}(f_n-f_0).\end{aligned}$$

Exemplo 6.20 Consideremos um sinal temporal complexo, definido por

$$x_g(t) = e^{j\pi t/T}\begin{cases}1, & t\in(-T/4+kT, T/4+kT), \quad k \text{ inteiro},\\ -1, & t\in(T/4+kT, 3T/4+kT).\end{cases}$$

Ora, esse não é senão o sinal onda quadrada, estudado nos Exs. 6.1 e 6.8 (revejam-os), porém girado no plano complexo, no domínio do tempo, de $j2\pi f_0 t = j\pi t/T$, portanto, $f_0 = 1/(2T)$. Em outros termos, tem-se que

$$x_g(t) = e^{j2\pi f_0 t}\sqcap\!\sqcup_T(t).$$

Portanto, segundo a Eq. (6.23), o espectro de $x_g(t)$ será igual ao espectro da onda quadrada indicado na Fig. 6.9, deslocado para a direita de f_0. A Fig. 6.25 ilustra o resultado.

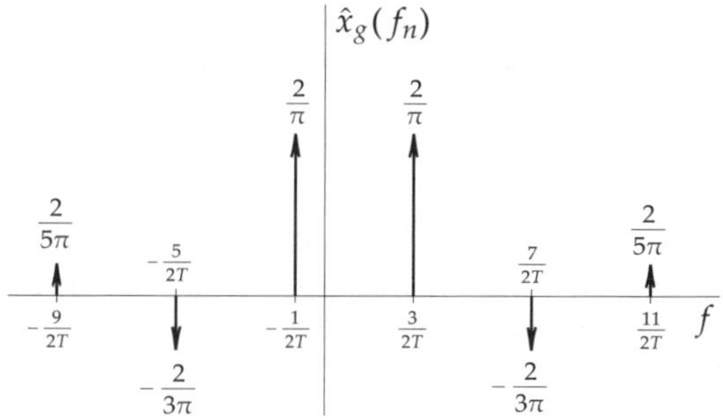

Figura 6.25: Espectro da onda quadrada deslocado para a direita de $f_0 = 1/(2T)$.

6.4.5 Paridade

Se um sinal periódico $x_p(t)$ é real e par, sua decomposição de Fourier será real e par, ou seja, os coeficientes de Fourier serão todos reais e pares.

$$\begin{aligned}\text{Se}\quad & x_p(-t) = x_p(t),\ \forall t,\\ \text{então,}\quad & \hat{x}_p(-f_n) = \hat{x}_p(f_n),\ \forall n\\ \text{e}\quad & \Im[\hat{x}_p(f)] = 0.\end{aligned} \tag{6.24}$$

Por outro lado, se um sinal periódico $x_i(t)$ é real e ímpar, sua decomposição de Fourier será imaginária e ímpar, ou seja, os coeficientes de Fourier serão todos imaginários e ímpares.

$$\begin{aligned}\text{Se}\quad & x_i(-t) = -x_i(t),\ \forall t,\\ \text{então,}\quad & \hat{x}_i(-f_n) = -\hat{x}_i(f_n),\ \forall n\\ \text{e}\quad & \Re[\hat{x}_i(f)] = 0.\end{aligned} \tag{6.25}$$

Para verificar as Eqs. (6.24) e (6.25), observe que a Eq. (6.15), que define os coeficientes de Fourier, pode ser expressa alternativamente, segundo as Eqs. (4.3), como

$$\hat{x}(f_n) = \frac{1}{T}\left[\int_0^T x(t)\cos(2\pi f_n t)\,\mathrm{d}t + \mathrm{j}\int_0^T x(t)\,\mathrm{sen}(2\pi f_n t)\,\mathrm{d}t\right]. \tag{6.26}$$

Ora, se $x_p(t)$ é um sinal real e par, então a integral da direita na Eq. (6.26) se anula, ou seja, $\Im\left[\hat{x}_p(t)\right] = 0$, e a integral da esquerda, envolvendo o produto de duas funções pares, será também par, conforme afirma a Eq. (6.24). Por outro lado, se $x_i(t)$ é um sinal real e ímpar, então a integral da esquerda na Eq. (6.26) se anula, ou seja, $\Re\left[\hat{x}_i(t)\right] = 0$ e a integral da direita, envolvendo duas funções ímpares, será igualmente ímpar, conforme afirma a Eq. (6.25).

Exemplo 6.21 Estudamos, no Ex. 6.8, o sinal onda quadrada, um sinal periódico e par, onde os coeficientes de Fourier se mostraram reais e simétricos com respeito à origem, veja Fig. 6.9. Na Seção 4.4, vimos que o espectro do sinal $\cos(\omega t)$, um sinal periódico e par, é também real e par. Foi mostrado, no Ex. 6.9 um exemplo de sinal periódico e ímpar, e os coeficientes de Fourier se mostraram todos imaginários e ímpares, veja Fig. 6.11. Na Seção 4.4, vimos que o espectro do sinal $\mathrm{sen}(\omega t)$, um sinal periódico e ímpar, é também imaginário e ímpar. Finalmente, no Ex. 6.10 estudou-se o sinal onda triangular, veja Fig. 6.12, um sinal real e par, e cujo espectro, calculado naquele exemplo, mostrou-se também real e par, veja Fig. 6.13.

Para finalizar o assunto de paridade de sinais periódicos, cumpre observar que o espectro de um sinal real nem par nem ímpar será complexo, ou seja, com partes real e imaginária não nulas. Se, além disso, o sinal for *real*, então seu espectro terá parte real par e parte imaginária ímpar. Voltaremos a esse assunto de forma mais completa no Capítulo 7.

6.4.6 Diferenciação

A operação de diferenciação corresponde a uma multiplicação, no espectro, pelo fator $\mathrm{j}2\pi f_n$, ou seja,

$$x'(t) \rightleftharpoons \mathrm{j}2\pi f_n\,\hat{x}(f_n). \tag{6.27}$$

Como consequência, se o espectro de $x(t)$ for real, o espectro de sua derivada será imaginário, e vice-versa. Para verificarmos a Eq. (6.27), lançaremos mão, mais uma vez, da Eq. (6.15).[18]

$$\begin{aligned}
\hat{x}'(f_n) &= \frac{1}{T}\int_0^T x'(t)e^{-j2\pi f_n t}\,dt \\
&= \frac{1}{T}\int_0^T \left[x(t)e^{-j2\pi f_n t}\right]'\,dt - \frac{1}{T}\int_0^T x(t)\left[e^{-j2\pi f_n t}\right]'\,dt \\
&= \frac{1}{T}\left(x(t)e^{-j2\pi f_n t}\right)\Big|_0^T + j2\pi f_n \frac{1}{T}\int_0^T x(t)e^{-j2\pi f_n t}\,dt \\
&= 0 + j2\pi f_n\,\hat{x}(f_n).
\end{aligned}$$

Exemplo 6.22 Voltemos aos sinais $x(t) = A\cos(\omega_0 t)$ e $y(t) = A\,\text{sen}(\omega_0 t)$, com $\omega_0 = 2\pi f_0$. Como se viu no Capítulo 4, seus espectros são, respectivamente,

$$\hat{x}(f) = \frac{A}{2}[\delta(f+f_0)+\delta(f-f_0)] \quad \text{e} \quad \hat{y}(f) = j\,\frac{A}{2}[\delta(f+f_0)-\delta(f-f_0)],$$

ou seja, só há dois componentes espectrais, tanto para $x(t)$ como para $y(t)$, a saber: $f_1 = f_0$ e $f_{-1} = -f_0$, ou, em outros termos, têm-se os seguintes coeficientes de Fourier não nulos:

$$\begin{aligned}
&\hat{x}(f_1) = \hat{x}(f_{-1}) = \frac{A}{2}; \\
&\hat{y}(f_1) = -j\frac{A}{2}; \quad \hat{y}(f_{-1}) = j\frac{A}{2}.
\end{aligned}$$

Ora,

$$x'(t) = -2\pi f_0 A\,\text{sen}(2\pi f_0 t) = -2\pi f_0\,y(t).$$

Portanto, segundo a propriedade de linearidade, Eq. (6.20), tem-se

$$\hat{x}'(f) = -2\pi f_0\,\hat{y}(f),$$

ou seja, os coeficientes de Fourier de $x'(t)$ serão:

$$\hat{x}'(f_{-1}) = -2\pi f_0\,\hat{y}(f_{-1}) = -2\pi f_0\,j\frac{A}{2} = -j\pi f_0 A;$$

$$\hat{x}'(f_1) = -2\pi f_0\,\hat{y}(f_1) = -2\pi f_0\,j\frac{-A}{2} = j\pi f_0 A.$$

Mas, pela propriedade da diferenciação, Eq. (6.27), também podemos escrever que

$$\hat{x}'(f) = j\,2\pi f_0\,\hat{x}(f),$$

portanto,

$$\hat{x}'(f_{-1}) = j2\pi(-f_0)\frac{A}{2} = -j\pi f_0 A \qquad \text{e} \qquad \hat{x}'(f_1) = j2\pi f_0\frac{A}{2} = j\pi f_0 A,$$

[18]Observe o prezado leitor que a notação $\hat{x}'(f)$ indica o *espectro da derivada* de $x(t)$ e não a *derivada do espectro* de $x(t)$.

como calculado anteriormente.

A Eq. (6.27) pode ser generalizada para derivadas de ordem p (p um inteiro). Então, se $x^{(p)}(t)$ é a p-ésima derivada do sinal $x(t)$, ter-se-á

$$x^{(p)}(t) \rightleftharpoons (\mathrm{j}2\pi f_n)^p\, \hat{x}(f_n). \tag{6.28}$$

Em particular, para $p = 2$, tem-se

$$x''(t) \rightleftharpoons -4\pi^2 f_n^2\, \hat{x}(f_n). \tag{6.29}$$

A Eq. (6.29) pode ser demonstrada simplesmente aplicando-se a Eq. (6.27) duas vezes; a derivação da Eq. (6.28) pode ser efetuada por indução, ficando a cargo do dedicado leitor.

Exemplo 6.23 Voltando mais uma vez ao sinal $x(t) = A\cos(\omega_0 t)$, sua segunda derivada é $x''(t) = -\omega_0^2 A\cos(\omega_0 t) = -\omega_0^2\, x(t)$. Da propriedade de linearidade, Eq. (6.20), tem-se que

$$x''(t) \rightleftharpoons -\omega_0^2\, \hat{x}(f_n).$$

E, segundo a Eq. (6.29), tem-se

$$x''(t) \rightleftharpoons -\omega_0^2\, \hat{x}(f_n),$$

que indica o mesmo resultado.

6.5 Energia e potência de sinais

Sinais estão usualmente associados com *transmissão de informação*. Se estivermos, por exemplo, conversando com alguém ao telefone, há uma transmissão de informação nos dois sentidos da linha telefônica, carreada pelos sinais de voz. Toda transmissão de informação está associada a uma *transmissão de energia*. Energia, como é sabido, é medida em Joules (J) no sistema internacional de unidades (SI). Por exemplo, em nossa conta de luz mensal, o consumo de energia é medido em quilowatt-hora (kW-h), onde um kW-h corresponde a $3,6 \times 10^6$ J.

A quantidade de energia por unidade de tempo, é denominada *potência*. A unidade de potência no sistema internacional de unidades é o Watt (W) que é definido como um Joule por segundo. O conceito de potência tem importância em processamento de sinais por avaliar a capacidade de transmitir informação *por unidade de tempo*. A ideia de potência tem um significado bem geral em física aplicada, podendo se avaliar a potência luminosa de uma lâmpada, a potência mecânica de um motor a combustão interna, ou a potência geradora em uma hidretétrica — para ficar em somente três exemplos, dentre os incontáveis existentes, de ordens de grandeza bem distintas.

Em acústica e vibrações também se utilizam os conceitos de energia e potência para caracterizar a transmissão de informação entre subsistemas. Para caracterizar adequadamente uma fonte sonora, um dos elementos mais importantes é a sua *potência sonora*, medida em Watts; já na avaliação da transmissibilidade de vibrações entre dois elementos estruturais o que importa é a *potência mecânica* transmitida entre eles, também avaliada em Watts. O fluxo de energia em uma onda sonora é dado pelo vetor *intensidade sonora*, **I**, que é medido em Watts/m^2, uma outra forma de energia ou potência. Por exemplo, a pressão sonora $p(t)$ em um microfone é dada em Pascals (1 Pa = 1 N/m^2), no SI; já a tensão elétrica $v(t)$ entre os bornes de uma bateria é dada em Volts. Bem, nem a pressão sonora nem a tensão elétrica são formas de energia ou potência. Contudo, ao calcularmos pressões quadráticas ou voltagens quadráticas, estamos ingressando no universo das energias e potências. Com efeito, pode-se mostrar que[19]

$$I = \frac{p^2}{\mathcal{Z}}, \tag{6.30}$$

em que I é o módulo do vetor intensidade sonora, $\mathcal{Z} = \rho_0 c$ é uma constante, igual ao produto da massa específica média do meio, ρ_0, e a velocidade de propagação da onda sonora, c, sendo $\mathcal{Z}$ conhecida como a *impedância acústica característica do meio*, e p^2 é a pressão acústica quadrática.

Nesta seção, consideremos $x(t)$ um sinal contínuo e real e $z(t)$ um sinal contínuo e complexo, ambos periódicos. Podemos, então, definir a potência instantânea do sinal $x(t)$ como sendo

$$P_x(t) = x^2(t). \tag{6.31}$$

Já a potência instantânea do sinal $z(t)$ é definida como

$$P_z(t) = z(t)z^*(t), \tag{6.32}$$

sendo que, como anteriormente indicado, $z^*(t)$ é o conjugado de $z(t)$.

Exemplo 6.24 Consideremos a pressão sonora monocromática captada por um microfone,

$$p(t) = A\cos(\omega_0 t + \theta),$$

em que A é a amplitude, $\omega_0 = 2\pi f_0$ a frequência angular e θ a fase inicial, como de praxe. Sua potência instantânea será, simplesmente,

$$P_p(t) = p^2(t) = A^2\cos^2(\omega_0 t + \theta).$$

Cumpre notar que a pressão sonora $p(t)$ é um sinal complexo, com amplitude a fase, podendo ser expresso, alternativamente, por

$$p(t) = \frac{A}{2}\left(e^{\mathrm{j}(\omega_0 t+\theta)} + e^{-\mathrm{j}(\omega_0 t+\theta)}\right),$$

[19] Ver, por exemplo, L.L. Beranek. Acoustics. 4th edition, Acoustical Society of America, Woodbury, 1996, [17] ou R.P. Carvalho. Acústica Arquitetônica. 2ª edição, Thesaurus, Brasília, 2010, [42].

ou ainda como

$$p(t) = r\,e^{j\phi(t)},$$

em que o módulo r é constante e a fase ϕ pode ser dependente do tempo. Sua potência, portanto, pode ser expressa como

$$P_p(t) = r^2\,e^{j2\phi(t)}.$$

Exemplo 6.25 Admita agora um sinal periódico complexo da forma

$$z(t) = re^{j\omega_0 t}$$

com, digamos, $r = 5$ volts e $\omega_0 = 4\pi$ rad/s. Seu conjugado é

$$z^*(t) = 5\,e^{-j4\pi t}$$

e, portanto,

$$P_z(t) = z(t)\,z^*(t) = 25\,e^{(j4\pi t - j4\pi t)} = 25.$$

Cumpre notar que, neste exemplo, a potência instantânea obtida tem unidade de volts quadráticos, que é uma unidade compatível para potência de sinais.[20]

Pode-se, então, definir a potência média de um sinal num dado intervalo ou duração. Assim, temos que a potência média do sinal real $x(t)$ no intervalo T a partir do instante t_0 é dada por

$$\overline{P}_x(T, t_0) = \frac{1}{T}\int_{t_0}^{t_0+T} x^2(t)\,dt \tag{6.33}$$

e a potência média do sinal complexo $z(t)$ no intervalo T a partir do instante t_0 é definida como

$$\overline{P}_z(T, t_0) = \frac{1}{T}\int_{t_0}^{t_0+T} z(t)\,z^*(t)\,dt. \tag{6.34}$$

Note que a barra '$-$' sobre o símbolo da potência indica média no intervalo e que a potência média é obtida integrando-se a potência instantânea em um período T, dividindo-se o resultado por T.

Exemplo 6.26 Voltando ao Ex. 6.24, a potência média do sinal $p(t)$ no intervalo T a partir do instante t_0 será

$$\begin{aligned}\overline{P}_p(T, t_0) &= \frac{1}{T}\int_{t_0}^{t_0+T} A^2\cos^2(\omega_0 t + \theta)\,dt \\ &= \frac{A^2}{T}\left[\frac{t}{2} + \frac{1}{2\omega_0}\text{sen}(\omega_0 t)\cos(\omega_0 t)\right]_{t_0}^{t_0+T} \\ &= \frac{A^2}{2T}\left[T + \frac{1}{\omega_0}\Big(\text{sen}(\omega_0(t_0+T))\cos(\omega_0(t_0+T)) - \text{sen}(\omega_0 t_0)\cos(\omega_0 t_0)\Big)\right].\end{aligned}$$

[20] A potência de um sinal não necessariamente será medida em Watts, mas sim em uma unidade que lhe seja proporcional, como é o caso de volts quadráticos ou de pascals quadráticos.

Admitamos agora que T é um múltiplo inteiro do período de $p(t)$, ou seja,

$$T = \frac{2\pi n}{\omega_0}, \quad n \text{ inteiro.}$$

Nesse caso, $\cos(\omega_0(t_0 + T)) = \cos(\omega_0 t_0)$ e $\operatorname{sen}(\omega_0(t_0 + T)) = \operatorname{sen}(\omega_0 t_0)$ e, portanto, a potência média do sinal $p(t)$ no intervalo T a partir do instante t_0 será

$$\overline{P}_p(T, t_0) = \frac{A^2}{2}.$$

Cumpre observar que esse é o resultado obtido no cálculo da pressão efetiva quadrática para um sinal monocromático de pressão acústica.[21] De fato, a pressão efetiva, também denominada p_{rms}[22] será

$$p_{\text{rms}} = \sqrt{\overline{P}_p} = \frac{A}{\sqrt{2}}.$$

Exemplo 6.27 Voltando ao Ex. 6.25, a potência média do sinal complexo $z(t)$ no intervalo $T = 10$ s a partir de $t_0 = 0$ é

$$\begin{aligned}\overline{P}_z(T, t_0) &= \frac{1}{T}\int_{t_0}^{t_0+T} r\,e^{j\omega_0 t}\,r\,e^{-j\omega_0 t} \\ &= \frac{1}{10}\int_0^{10} 25\,dt \\ &= 25.\end{aligned}$$

Observe que, neste caso, como a potência instantânea, calculada no Ex. 6.25, mostrou-se independente do tempo, a potência média calculada resultou igual àquela. A unidade física do resultado continua sendo, naturalmente, volts quadráticos.

Se tivermos dois sinais reais, $x_1(t)$ e $x_2(t)$, podemos definir a *potência instantânea de interação* entre eles da forma

$$P_{x_1 x_2}(t) = x_1(t)x_2(t) \tag{6.35}$$

e, naturalmente, como o produto de reais é comutativo,

$$P_{x_1 x_2}(t) = P_{x_2 x_1}(t) \tag{6.36}$$

Se tivermos dois sinais complexos, $z_1(t)$ e $z_2(t)$, podemos definir a potência instantânea de interação entre eles da forma

$$P_{z_1 z_2}(t) = z_1(t)z_2^*(t) \tag{6.37}$$

[21] Ver, por exemplo, F.A. Everest, K.C. Pohlmann. Master Handbook of Acoustics. 6th edition, McGraw-Hill, New York, 2001 [72] ou L.E. Kinsler, A.R. Frey, A.B. Coppens and J.V. Sanders. Fundamentals of Acoustics. 4th edition, John Wiley, New York, 2000 [140].

[22] O índice 'rms' vem do inglês *root mean square*, raíz média quadrática.

e, também,

$$P_{z_2 z_1}(t) = z_2(t) z_1^*(t) \tag{6.38}$$

com, naturalmente,

$$P_{z_2 z_1}(t) = P_{z_1 z_2}^*(t). \tag{6.39}$$

Exemplo 6.28 Considere o sinal onda quadrada de período T, tal como discutido no Ex. 6.1, ou seja, $x(t) = \sqcap\!\sqcup_T(t)$, e o sinal dente de serra, apresentado no Ex. 6.9, de mesmo período T, isto é, $y(t) = \vee\!\!\!\wedge_T(t)$, veja Fig. 6.26.

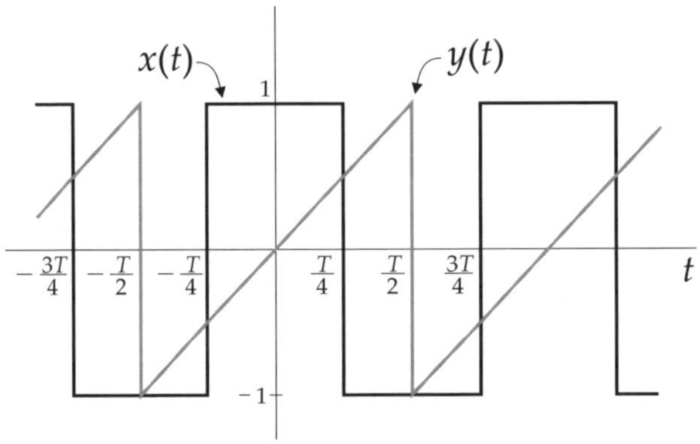

Figura 6.26: Sinais onda quadrada e dente de serra de mesmo período T.

A potência instantânea de interação entre esses dois sinais, segundo a Eq. (6.35), é

$$P_{xy}(t) = \sqcap\!\sqcup_T(t)\, \vee\!\!\!\wedge_T(t).$$

A potência instantânea de interação será nula em $t = 0$ pois um dos sinais se anula em $t = 0$. Já em $t = T/2$, teremos, admitindo que $y(T/2) = 1$,

$$\begin{aligned} P_{xy}(T/2) &= \sqcap\!\sqcup_T(T/2)\, \vee\!\!\!\wedge_T(T/2) \\ &= (-1)(1) \\ &= -1. \end{aligned}$$

Observe o leitor, com base neste exemplo, que a potência de interação efetivamente depende de t.

Agora, pode-se definir a *potência média de interação* de dois sinais reais $x_1(t)$ e $x_2(t)$ sobre um intervalo T a partir de um instante t_0 como

$$\overline{P}_{x_1 x_2}(T, t_0) = \frac{1}{T} \int_{t_0}^{t_0+T} x_1(t) x_2(t)\, \mathrm{d}t \tag{6.40}$$

e, nesse caso,

$$\overline{P}_{x_1 x_2}(T, t_0) = \overline{P}_{x_2 x_1}(t_0, T). \tag{6.41}$$

Da mesma forma, pode-se definir a potência média de interação de dois sinais complexos $z_1(t)$ e $z_2(t)$ sobre um intervalo T a partir de um instante t_0 como

$$\overline{P}_{z_1z_2}(T, t_0) = \frac{1}{T}\int_{t_0}^{t_0+T} z_1(t)z_2^*(t)\,\mathrm{d}t \tag{6.42}$$

e, nesse caso,

$$\overline{P}_{z_2z_1}(T, t_0) = \overline{P}^*_{z_1z_2}(t_0, T). \tag{6.43}$$

Exemplo 6.29 Voltemos ao Ex. 6.28 para, agora, calcular a potência média de interação dos dois sinais, digamos, sobre o intervalo de um período, T, e a partir do instante $t_0 = -T/2$, veja Fig. 6.26. Tem-se, então, segundo a Eq. (6.40),

$$\begin{aligned}
\overline{P}_{xy}(T, -T/2) &= \frac{1}{T}\int_{-T/2}^{T/2} x(t)y(t)\,\mathrm{d}t \\
&= \frac{1}{T}\left[-\int_{-T/2}^{-T/4}\frac{2t}{T}\,\mathrm{d}t + \int_{-T/4}^{T/4}\frac{2t}{T}\,\mathrm{d}t - \int_{T/4}^{T/2}\frac{2t}{T}\,\mathrm{d}t\right] \\
&= \frac{1}{T^2}\left[-t^2\Big|_{-T/2}^{-T/4} + t^2\Big|_{-T/4}^{T/4} - t^2\Big|_{T/4}^{T/2}\right] \\
&= \frac{1}{T^2}\left[-\left(\frac{T^2}{16} - \frac{T^2}{4}\right) + 0 - \left(\frac{T^2}{4} - \frac{T^2}{16}\right)\right] \\
&= 0.
\end{aligned}$$

Com efeito, uma inspeção um pouco mais minuciosa do gráfico da Fig. 6.26 evidencia que a integral do produto dos sinais $x(t)$ e $y(t)$ no intervalo $(-T/2, T/2)$ é nula. Em seguida, calculemos a potência média de interação dos dois sinais no intervalo $T/2$ a partir de $t_0 = 0$. Segundo a Eq. (6.40), ter-se-á

$$\begin{aligned}
\overline{P}_{xy}(T/2, 0) &= \frac{2}{T}\int_{0}^{T/2} x(t)y(t)\,\mathrm{d}t \\
&= \frac{2}{T}\left[\int_{0}^{T/4}\frac{2t}{T}\,\mathrm{d}t - \int_{T/4}^{T/2}\frac{2t}{T}\,\mathrm{d}t\right] \\
&= \frac{2}{T^2}\left[t^2\Big|_{0}^{T/4} - t^2\Big|_{T/4}^{T/2}\right] \\
&= \frac{2}{T^2}\left[\frac{T^2}{16} - 0 - \frac{T^2}{4} + \frac{T^2}{16}\right] \\
&= -\frac{1}{4}.
\end{aligned}$$

Caso os sinais reais $x_1(t)$ e $x_2(t)$ sejam ilimitados no tempo (diz-se que esses sinais têm *suporte ilimitado*), a potência média de interação é definida como

$$\overline{P}_{x_1x_2}(t) = \lim_{T\to\infty}\frac{1}{T}\int_{0}^{T} x_1(t)x_2(t)\,\mathrm{d}t. \tag{6.44}$$

No caso de sinais complexos $z_1(t)$ e $z_2(t)$, a potência média de interação é definida como

$$\overline{P}_{z_1z_2}(t) = \lim_{T\to\infty} \frac{1}{T} \int_0^T z_1(t)z_2^*(t)\,\mathrm{d}t, \tag{6.45}$$

com

$$\overline{P}_{z_2z_1}(t) = \bar{P}^*_{z_1z_2}(t) \tag{6.46}$$

Observe o estimado leitor que, como estamos lidando por ora com sinais periódicos, então tem-se que

$$\overline{P}_{x_1x_2}(t) = \lim_{T\to\infty} \frac{1}{T} \int_0^T x_1(t)x_2(t)\,\mathrm{d}t = \int_0^T x_1(t)x_2(t)\,\mathrm{d}t = \overline{P}_{x_1x_2}(T,t_0),$$

ou seja, para sinais periódicos as Eqs. (6.44) e (6.40) são equivalentes. Naturalmente, o mesmo sucede com as Eqs. (6.45) e (6.42).

Suponhamos agora que temos dois sinais reais, um deles porém ($x_1(t)$, digamos) com suporte limitado ao intervalo (t_1, t_2). Nesse caso, então, diz-se que o sinal $x_1(t)$ é um *sinal transiente*. Observe-se que a definição dada na Eq. (6.44) não mais é aplicável, pois a potência de interação tende a zero, e podemos definir a *energia de interação* entre os sinais como

$$E_{x_1x_2}(t_1,t_2) = \int_{t_1}^{t_2} x_1(t)x_2(t)\,\mathrm{d}t. \tag{6.47}$$

E, no caso de dois sinais complexos $z_1(t)$ e $z_2(t)$, sendo ao menos um deles com suporte limitado ao intervalo (t_1, t_2), a energia de interação seria definida como

$$E_{z_1z_2}(t_1,t_2) = \int_{t_1}^{t_2} z_1(t)z_2^*(t)\,\mathrm{d}t. \tag{6.48}$$

Exemplo 6.30 Voltando mais uma vez ao Ex. 6.28, veja Fig. 6.27, tomemos, agora, $x_l(t)$ o sinal onda quadrada limitado, definido no intervalo $(0, 2T)$, ou seja,

$$x_l(t) = \sqcap_T(t-T)\,\sqcap\!\sqcup_T(t),$$

supondo, agora, que a meia largura da função janela é T.

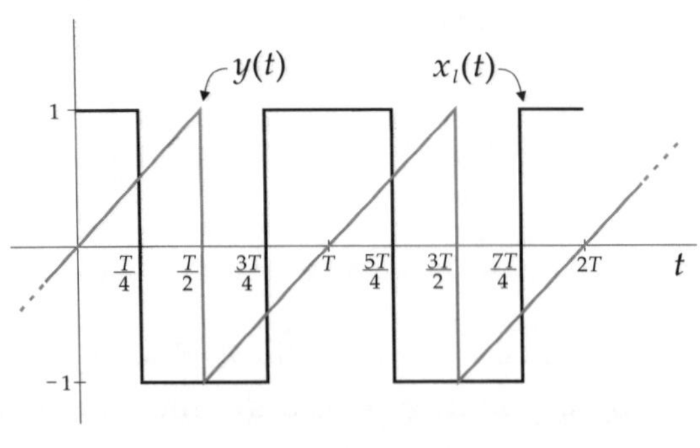

Figura 6.27: Os sinais $x_l(t)$, limitado ao intervalo $(0, 2T)$, e $y(t) = \wedge\!\!\!\wedge_T(t)$.

A energia de interação entre o sinal $x_l(t)$ e o sinal dente de serra, $y(t)$, segundo a Eq. (6.47), é

$$E_{x_l y}(0,2T) = \int_0^{2T} x_l(t)y(t)\,\mathrm{d}t = \left[\int_0^{T/4} \frac{2t}{T}\,\mathrm{d}t - \int_{T/4}^{T/2} \frac{2t}{T}\,\mathrm{d}t + \cdots - \int_{7T/4}^{2T} \frac{2t}{T}\,\mathrm{d}t\right].$$

Observe que, para calcular a energia, é necessário particionar a integral em oito trechos. Visando contornar esse trabalho algébrico, vejamos, na Fig. 6.28, o resultado do produto $x_l(t)y(t)$ no intervalo $(0,2T)$.

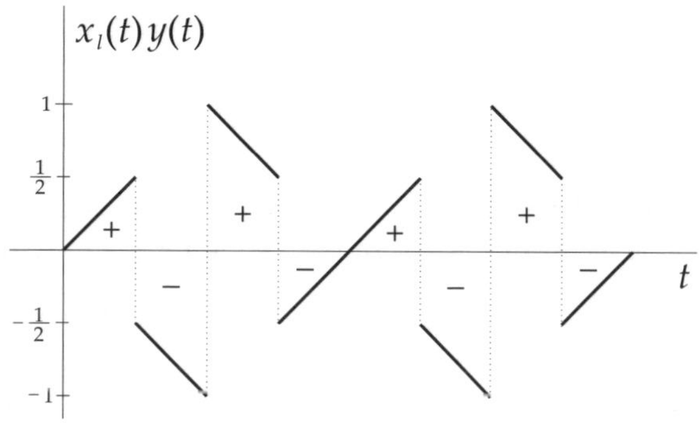

Figura 6.28: O sinal $x_l(t)y(t)$, no intervalo $(0,2T)$, com indicação das áreas positivas e negativas.

A identificação, por mera inspeção, das áreas positivas e negativas que se anulam mutuamente na integração no intervalo permite dizer que, nesse intervalo (verifique),

$$E_{x_l y}(0,2T) = 0.$$

Observando mais uma vez a Fig. 6.28, pode-se verificar ser possível calcular a energia de interação entre os sinais $x_l(t)$ e $y(t)$ para outros intervalos quaisquer. Por exemplo, se tomarmos o intervalo $(T/2,T)$, ter-se-á

$$\begin{aligned}
E_{x_l y}(T/2,T) &= \int_{T/2}^{T} x_l(t)y(t)\,\mathrm{d}t \\
&= \left[\int_{T/2}^{3T/4} \left(-\frac{2t}{T}+2\right)\,\mathrm{d}t + \int_{3T/4}^{T} \left(\frac{2t}{T}-2\right)\,\mathrm{d}t\right] \\
&= \left(-\frac{t^2}{T}+2t\right)\Bigg|_{T/2}^{3T/4} + \left(\frac{t^2}{T}-2t\right)\Bigg|_{3T/4}^{T} \\
&= T\left[-\frac{9}{16}+\frac{6}{4}+\frac{1}{4}-1+1-2-\frac{9}{16}+\frac{3}{2}\right] \\
&= \frac{T}{8}.
\end{aligned}$$

Observe o amável leitor que a energia possui uma dimensão física distinta da potência, com um termo "T" a mais, devido à diferença nas definições de potência média de interação, Eq. (6.40) e de energia média de interação, Eq. (6.47). Essa diferença de dimensionalidade, todavia, não pôde ser observada no cálculo de $E_{x_l y}(0,2T)$, devido ao fato de ter resultado nula.

A *energia* de um sinal real $x(t)$ com suporte finito é a energia de interação do sinal consigo próprio, ou seja, dado um intervalo (t_1, t_2) onde o suporte do sinal está contido, sua energia será

$$E_{xx}(t_1, t_2) = \int_{t_1}^{t_2} x^2(t)\,dt. \tag{6.49}$$

A *energia* de um sinal complexo $z(t)$ com suporte finito é a energia de interação do sinal consigo próprio, ou seja, dado um intervalo (t_1, t_2) onde o suporte do sinal está contido, sua energia será

$$E_{zz}(t_1, t_2) = \int_{t_1}^{t_2} |z(t)|^2\,dt = \int_{t_1}^{t_2} z(t)z^*(t)\,dt. \tag{6.50}$$

Exemplo 6.31 Seja $p(t)$ um sinal de pressão sonora, adquirido em um intervalo $(0, T)$. Sua energia nesse intervalo, admitindo o sinal como real, é

$$E_{pp}(0, T) = \int_0^T p^2(t)\,dt.$$

Veja que a energia do sinal de pressão sonora nada mais é do que o intervalo de integração T multiplicado pela pressão efetiva quadrática, $\overline{p}^2$. Com efeito, a pressão efetiva, também conhecida como pressão raiz média quadrática e notada como p_{rms} é definida como[23]

$$\overline{p} = p_{\text{rms}} = \left[\frac{1}{T}\int_0^T p^2(t)\,dt\right]^{1/2}.$$

Tradicionalmente, existem três padrões de tempo de integração para a o cálculo da pressão efetiva, a saber: $T = 1$ s, padrão denominado 'lento' (*slow*); $T = 125$ ms, padrão denominado 'rápido' (*fast*); e $T = 35$ ms, padrão denominado 'impulso' (*impulse*), com distintas aplicações.[24]

6.6 Teorema de Parseval

O teorema de Parseval para sinais periódicos estabelece que o sinal no domínio do tempo (digamos) e seu espectro no domínio transformado (frequência, digamos) possuem a mesma energia, ou seja, *a série de Fourier preserva a energia do sinal.*[25] Matematicamente, o teorema de Parseval para sinais periódicos pode ser expresso como

$$E_t = \frac{1}{T}\int_0^T |x(t)|^2\,dt = \sum_{n=-\infty}^{\infty} |\hat{x}(f_n)|^2 = E_f. \tag{6.51}$$

[23] Para maiores detalhes quanto ao conceito de pressão efetiva veja, por exemplo, F.J. Fahy. Sound Intensity. Elsevier, London, 1989, [74] ou C.M. Harris (Editor). Handbook of Acoustical Measurements and Noise Control. Acoustical Society of America, Woodbury, 1998, [96].

[24] Veja, por exemplo, S.R. Bistafa. Acústica Aplicada ao Controle de Ruído. 2ª edição, Edgar Blücher, São Paulo, 2011 [21] ou D.E. Hall. Basic Acoustics. Harper & Row, New York, 1987 [94].

[25] Marc-Antoine Parseval (1755–1836), matemático francês que demonstrou, em 1799, a equivalência entre as energias nas duas representações de um sinal com o teorema que leva seu nome.

Note o prezado leitor que a energia no domínio do tempo, E_t, é avaliada como a média de uma integral em um período do sinal quadrático, tal como na definição de potência média de interação de sinais, Eq. (11.39), para $x_1(t) = x_2(t)$. Por outro lado, o sinal de módulo '$|\,|$' se deve ao fato de a Eq. (6.51) contemplar a possibilidade de o sinal $x(t)$ ser complexo, ver Eq. (6.42). No caso de $x(t)$ ser complexo, como discutido no Capítulo 4, $|x(t)|^2 = x(t)\,x^*(t)$; já no caso de $x(t)$ ser real, então, $|x(t)|^2 = x^2(t)$, simplesmente.

A energia calculada no domínio espectral, E_f, por sua vez, consiste no somatório (podendo este possuir infinitos termos) dos coeficientes de Fourier quadráticos do sinal, para todos os valores de f_n, $n = 0, \pm 1, \pm 2, \ldots$. Como o espectro é geralmente complexo, justifica-se plenamente o uso do módulo '$|\,|$', ou seja, $|\hat{x}(f_n)|^2 = \hat{x}(f_n)\,\hat{x}^*(f_n)$. Além disso, por estarmos tratando de sinais periódicos, seu espectro é discreto e sua energia é calculada como a soma quadrática de todos os coeficientes de Fourier, como indica a Eq. (6.51).

Apresenta-se, a seguir, uma demonstração[26] do teorema de Parseval. Tomemos, então, um sinal periódico $x(t)$ que, segundo a decomposição de Fourier, Eq. (6.8), pode ser expresso como

$$x(t) = \sum_{n=-\infty}^{\infty} \hat{x}(f_n) e^{\mathrm{j}2\pi f_n t}$$

em que, lembremos, os coeficientes de Fourier, segundo a Eq. (6.15), valem

$$\hat{x}(f_n) = \frac{1}{T}\int_0^T x(t)\, e^{-\mathrm{j}2\pi f_n t}\,\mathrm{d}t.$$

Admitindo o caso mais geral de $x(t)$ ser complexo, seu conjugado será

$$x^*(t) = \sum_{n=-\infty}^{\infty} \hat{x}^*(f_n) e^{-\mathrm{j}2\pi f_n t}.$$

A energia do sinal, portanto, será

$$\begin{aligned}
\frac{1}{T}\int_0^T |x(t)|^2\,\mathrm{d}t &= \frac{1}{T}\int_0^T x(t)\,x^*(t)\,\mathrm{d}t \\
&= \frac{1}{T}\int_0^T x(t) \sum_{n=-\infty}^{\infty} \hat{x}^*(f_n) e^{-\mathrm{j}2\pi f_n t}\,\mathrm{d}t \\
&= \sum_{n=-\infty}^{\infty} \hat{x}^*(f_n) \frac{1}{T}\int_0^T x(t) e^{-\mathrm{j}2\pi f_n t}\,\mathrm{d}t \\
&= \sum_{n=-\infty}^{\infty} \hat{x}^*(f_n)\hat{x}(f_n) \\
&= \sum_{n=-\infty}^{\infty} |\hat{x}(f_n)|^2,
\end{aligned}$$

[26]Para mais detalhes, ver, por exemplo, D.G. Figueiredo. Análise de Fourier e Equações Diferenciais Parciais. Blucher, São Paulo, 1977 [79].

ficando, assim, demonstrada a Eq. (6.51).

Exemplo 6.32 Começaremos com um exemplo bem simples, o par transformado

$$x(t) = \cos(\omega_0 t) \rightleftharpoons \hat{x}(f_n) = \frac{1}{2}[\delta(f + f_0) + \delta(f - f_0)],$$

ilustrado na Fig. 6.29, onde, como de praxe,

$$f_0 = \frac{1}{T} = \frac{\omega_0}{2\pi}.$$

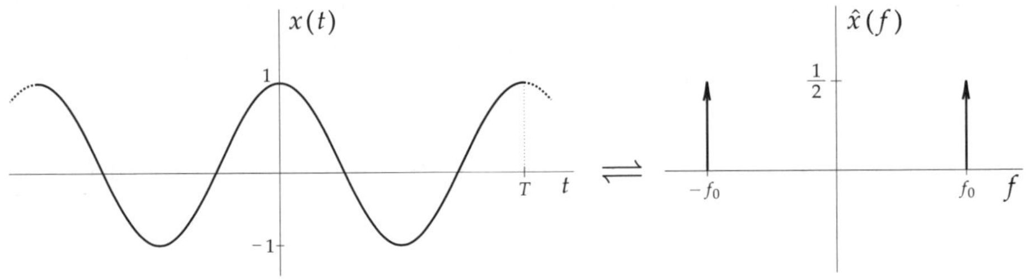

Figura 6.29: Gráfico de $x(t) = \cos(\omega_0 t)$ e seu espectro, $\hat{x}(f)$.

No domínio do tempo, a energia E_t do sinal é

$$\begin{aligned}
E_t &= \frac{1}{T}\int_0^T |x(t)|^2 \, dt \\
&= \frac{1}{T}\int_0^T \cos^2(\omega_0 t) \, dt \\
&= \frac{1}{T}\left[\frac{t}{2} + \frac{\text{sen}(2\omega_0 t)}{4\omega_0}\right]_0^T \\
&= \frac{1}{T}\left[\frac{T}{2} + \frac{\text{sen}(2\omega_0 T)}{4\omega_0} - 0 - 0\right] \\
&= \frac{1}{2}.
\end{aligned}$$

No domínio da frequência, os coeficientes de Fourier a serem considerados são apenas dois: $\hat{x}(-f_0) = 1/2$ e $\hat{x}(f_0) = 1/2$, ambos reais. Portanto, a energia E_f do sinal no domínio da frequência é

$$E_f = \sum_{n=-\infty}^{\infty} |\hat{x}(f_n)|^2 = \left(\frac{1}{2}\right)^2 + \left(\frac{1}{2}\right)^2 = \frac{1}{2}.$$

Portanto, $E_t = E_f$, conforme prevê a Eq. (6.51).

Exemplo 6.33 Vejamos agora o sinal onda quadrada, $x(t) = \sqcap\!\sqcup_T(t)$, estudado no Ex. 6.1, veja Fig. 6.2, e cujo espectro foi calculado no Ex. 6.8, veja Fig. 6.9. Bem, a energia do sinal no domínio do tempo, E_t é, simplesmente,

$$\begin{aligned} E_t &= \frac{1}{T}\left[\int_{-T/4}^{T/4} 1^2\,\mathrm{d}t + \int_{T/4}^{3T/4} (-1)^2\,\mathrm{d}t\right] \\ &= \frac{1}{T}\left[t\,\Big|_{-T/4}^{T/4} + t\,\Big|_{T/4}^{3T/4}\right] \\ &= \frac{1}{T}\left[\frac{T}{4} + \frac{T}{4} + \frac{3T}{4} - \frac{T}{4}\right] \\ &= 1. \end{aligned}$$

Agora, para determinarmos a energia do espectro da onda quadrada, precisamos somar os quadrados dos coeficientes de Fourier, calculados no Ex. 6.8, cujo termo geral é

$$\hat{x}(f_n) = \begin{cases} \dfrac{2}{n\pi}, & n \text{ ímpar}, \\ 0, & n \text{ par}. \end{cases}$$

Portanto, teremos,[27]

$$\begin{aligned} E_f &= \sum_{n=-\infty}^{\infty} |\hat{x}(f_n)|^2 \\ &= 2\left(\frac{4}{\pi^2} + 0 + \frac{4}{9\pi^2} + 0 + \frac{4}{25\pi^2} + 0 + \cdots\right) \\ &= \frac{8}{\pi^2}\left(1 + \frac{1}{9} + \frac{1}{25} + \cdots\right) \\ &= 1, \end{aligned}$$

satisfazendo, portanto a Eq. (6.51). O curioso leitor pode eventualmente estar se perguntando qual a razão do número 2, em evidência na segunda linha do cálculo da energia do espectro. É preciso lembrar que, como ilustra a Fig. 6.9, o espectro é par, de modo que $\hat{x}(f_n) = \hat{x}(f_{-n})$, para todo n, bastando portanto calcular a energia para frequências positivas e multiplicar o resultado por dois, lembrando que $\hat{x}(0) = 0$.

Exemplo 6.34 Voltemos, agora, ao Ex. 6.20, onde foi analisado um sinal periódico temporal complexo, $x_g(t)$. Como visto naquele exemplo, trata-se do mesmo sinal onda quadrada, girado no plano complexo no domínio do tempo, ou seja, multiplicado por $e^{j2\pi f_0 t}$. Ora, como a exponencial complexa é unitária, a energia do sinal temporal não se altera e, portanto, podemos afirmar que o sinal temporal possui a mesma energia do sinal onda quadrada original, como verificado no Ex. 6.33, ou seja,

$$E_t = \frac{1}{T}\int_0^T x_g(t)x_g^*(t)\,\mathrm{d}t = 1$$

Por outro lado, a Fig. 6.25 mostra que $\hat{x}_g(f_n)$, o espectro da onda quadrada girada, é o mesmo espectro da onda quadrada original, somente deslocado para a direita da

[27]Para mais informações a respeito do limite do somatório veja, por exemplo, K. Knopp. Theory and Application of Infinite Series, Dover, London, 1990 [144] ou M.R. Spiegel. Mathematical Handbook of Formulas and Tables. McGraw-Hill, New York, 1968 [223].

frequência $f_0 = 1/(2T)$. Portanto, sua energia será idêntica à do espectro original, e podemos afirmar então que

$$E_f = \sum_{n=-\infty}^{\infty} |\hat{x}(f_n)|^2 = 1.$$

Portanto, também nesse caso se confirma a validade do teorema de Parseval.

Em resumo, o teorema de Parseval, ao nos garantir a preservação da energia de um sinal, seja ele real, imaginário ou complexo, permite que, por assim dizer, transitemos entre os dois domínios — por exemplo, tempo e frequência — sem nos preocupar com alterações na energia do sinal. Veremos, principalmente nas aplicações constantes da Parte C do livro, que, muitas vezes, o processamento de um dado sinal até a extração de toda a informação desejada, pode envolver a execução da transformada de Fourier e da transformada inversa de Fourier mais de uma vez. O que o teorema de Parseval nos garante é podermos fazê-lo sem perda de informação energética.

Capítulo 7

Transformada de Fourier

Poderás ir até a esquina
comprar cigarros e voltar
ou mudar-te para a China
— só não podes sair de onde tu estás.
Mario Quintana

Neste capítulo abordaremos a forma geral de passar um sinal ou função qualquer, periódico ou não, permanente ou transiente, real ou complexo, do domínio da variável t (tempo, digamos) para o domínio espectral, ou seja, da variável f (frequência, no caso), e vice-versa. A transformada de Fourier constitui o principal procedimento que pode ser aplicado a um dado sinal, visando extrair mais informações, sendo sua utilização de uso generalizado em toda física aplicada. Outras transformações similares, como a *transformada de Laplace*[1] e a *transformada wavelet*,[2] podem ser entendidas como uma generalização da transformada de Fourier e não serão abordadas neste texto.

Na Seção 7.1 apresentam-se as fórmulas para o cálculo das transformadas de Fourier direta e inversa, comentando-se sobre expressões alternativas e ilustrando-se com exemplos. Outros domínios físicos que não *tempo* e *frequência* são também comentados. Na Seção 7.2 apresenta-se a transformada de Fourier da função generalizada impulso unitário, exemplificando-se com transformadas de distribuições

[1]Pierre-Simon Laplace (1749–1827), físico e matemático francês.

[2]Ver, por exemplo, S. Mallat. A Wavelet Tour of Signal Processing. Academic Press, San Diego, 1998 [162].

dela derivadas. A Seção 7.3 apresenta as principais propriedades da transformada de Fourier, com exemplos. Mostra-se que as propriedades da transformada de Fourier auxiliam sobremaneira na obtenção de espectros de distintos sinais. Em seguida, apresenta-se, na Seção 7.4, o teorema de Parseval para a transformada de Fourier, que garante a conservação da energia — e da potência — dos sinais ao passarmos de um domínio a outro. A Seção 7.5 introduz o teorema da convolução, mostrando que o produto de convolução em uma dado domínio torna-se um produto simples no domínio transformado, e vice-versa. Uma relação similar entre os dois domínios também é apresentada para a função de correlação. A Seção 7.6 introduz o conceito de coerência entre sinais, incluindo as definições de densidade autoespectral de potência e de função de densidade espectral cruzada. Na Seção 7.7 apresentam-se alguns tipos de ruído comumente utilizados em acústica e vibrações e sua composição espectral. A Seção 7.8 apresenta uma abordagem, bastante comum na área de acústica, de obtenção de informações aproximadas no domínio da frequência por meio de *filtros analógicos* e, dentre estes, os filtros de $1/n$ oitava, n inteiro. Finalmente, a Seção 7.9 ilustra uma série de pares transformados clássicos, à guisa de resumo. Afora quando explicitamente indicado de modo diverso, entenderemos que t designa a variável temporal, enquanto f indica a variável no domínio da frequência.

Exemplo 7.1 A título de introdução, digamos que temos um sinal temporal, ilustrado na Fig. 7.1, que será observado por duas janelas distintas. Naturalmente, o sinal temporal é uma soma de três sinais sinusoidais de frequências, amplitudes e fases distintas e, vistos da "janela temporal" constituirá um sinal composto. Os três sinais componentes, vistos da "janela frequencial" (que mostra unicamente as frequências positivas) indicam três picos nas frequências correspondentes e respectivas amplitudes.

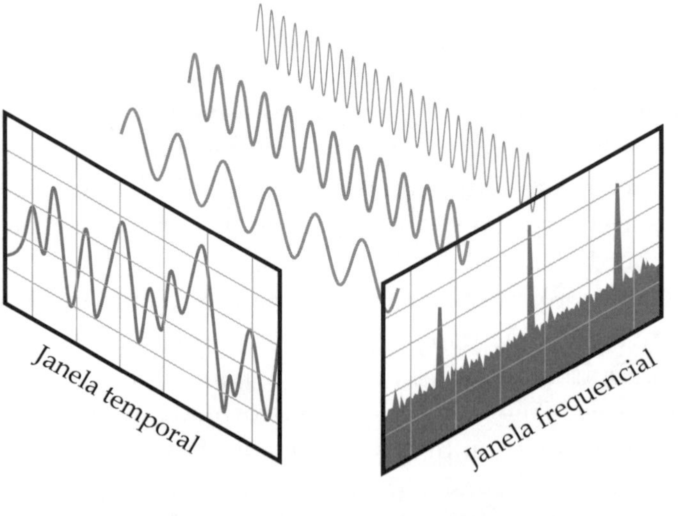

Figura 7.1: Sinal temporal visto por uma "janela temporal" e por uma "janela frequencial".

O que se verá, ao longo deste capítulo, é como se pode calcular matematicamente essas duas vistas de um mesmo sinal — tempo e frequência — o que inclui não somente componentes de amplitude nos dois domínios, mas também componentes de fase. Mais do que isso, aprenderemos como passar de uma janela à outra, por meio de expressões simples. No Capítulo 9, Parte B do livro, ver-se-á a contrapartida numérica da transformada de Fourier, ou seja, como passar do domínio do tempo para o domínio da frequência, e vice-versa, sinais não analíticos. Embora a Fig. 7.1 ilustre um sinal contínuo com um espectro discreto — que pode, portanto ser calculado utilizando a série de Fourier, veja Capítulo 6 —, o que veremos a seguir são expressões para passarmos ao domínio da frequência sinais de qualquer natureza.

7.1 A integral de Fourier

Seja $x(t)$ um sinal, agora não mais periódico, como discutido no Capítulo 6. Ora, podemos interpretar um sinal *não* periódico como um sinal periódico cujo período T é muito grande, ou seja, $T \to \infty$. Isso significa dizer que o sinal não mais possui frequência fundamental ou, o que é equivalente, que $f_1 \to 0$. Passar, portanto, o sinal para o domínio da frequência, levar-nos-á não mais a um espectro discreto, como ocorreu com as funções periódicas, mas a uma função contínua da frequência, ou seja, teremos um *espectro contínuo*. Por outro lado, a decomposição espectral não mais pode ser efetuada a partir de um somatório com coeficientes discretos multiplicando os vetores da base exponencial complexa, mas exige a avaliação de uma integral em todo o domínio do sinal.

Assim, poder-se-á expressar um sinal arbitrário $x(t)$ como

$$x(t) = \int_{-\infty}^{\infty} \hat{x}(f)\, e^{j2\pi f t}\, \mathrm{d}f. \tag{7.1}$$

Observe que, comparando com a expressão da decomposição em série de Fourier, Eq. (6.8), a expressão acima, além da integral no lugar do somatório, contém o termo $\hat{x}(f)$, que traduz o *espectro complexo* de $x(t)$, agora uma função contínua da variável f. A Eq. (7.1) é denominada *transformada inversa de Fourier*, no sentido de que leva um sinal no domínio da frequência, $\hat{x}(f)$, a um sinal no domínio do tempo, $x(t)$.

A determinação do espectro $\hat{x}(f)$ se fará utilizando uma expressão similar à utilizada para o cálculo dos coeficientes de Fourier, Eq. (6.15), ou seja, pode-se expressar o sinal $\hat{x}(f)$ como

$$\hat{x}(f) = \int_{-\infty}^{\infty} x(t)\, e^{-j2\pi f t}\, \mathrm{d}t. \tag{7.2}$$

O espectro de $x(t)$, portanto, é calculado, tal como para funções periódicas, como o produto escalar, no espaço de funções, entre o sinal temporal e a base exponencial complexa, para cada valor da variável t. A Eq. (7.2) é denominada *transformada direta de Fourier*, ou simplesmente *transformada de Fourier*, no sentido de que leva um sinal no domínio do tempo, $x(t)$, a seu correspondente no domínio da frequência, $\hat{x}(f)$.

É importante observar a simetria entre as Eqs. (7.2) e (7.1). A rigor, a única diferença entre as expressões para as transformadas de Fourier direta e inversa é o *sinal* do expoente da exponencial complexa.

O procedimento de *transformar*, no sentido de Fourier, um dado sinal $x(t)$ também pode ser representado simplificadamente por

$$\hat{x}(f) = \mathcal{F}[x(t)], \tag{7.3}$$

em que o símbolo '$\mathcal{F}$' representa a integral de Fourier, explicitada na Eq. (7.2). Analogamente, o símbolo '$\mathcal{F}^{-1}$' será utilizado para representar a transformada inversa de Fourier, descrita pela Eq. (7.1), ou seja,

$$x(t) = \mathcal{F}^{-1}[\hat{x}(f)]. \tag{7.4}$$

Cumpre notar ainda que, da fórmula de Euler, $e^{\pm \mathrm{j}\theta} = \cos\theta \pm \mathrm{j}\,\mathrm{sen}\theta$, o espectro de um sinal $x(t)$ pode ser obtido como

$$\hat{x}(f) = \int_{-\infty}^{\infty} x(t)\big(\cos(2\pi f t) - \mathrm{j}\,\mathrm{sen}(2\pi f t)\big)\,\mathrm{d}t \tag{7.5}$$

e, se $x(t)$ for real, as partes real e imaginária de sua transformada de Fourier serão, respectivamente,

$$\Re\big[\hat{x}(f)\big] = \int_{-\infty}^{\infty} x(t)\cos(2\pi f t)\,\mathrm{d}t \tag{7.6}$$

e

$$\Im\big[\hat{x}(f)\big] = -\int_{-\infty}^{\infty} x(t)\,\mathrm{sen}(2\pi f t)\,\mathrm{d}t. \tag{7.7}$$

As expressões para o par transformado devem ser compatíveis. Isso significa dizer que substituindo-se, por exemplo, a expressão para o cálculo da transformada de Fourier na expressão para o cálculo da transformada inversa de Fourier, deveremos obter uma identidade matemática, tal como

$$\begin{aligned} x(t) &= \int_{-\infty}^{\infty} \hat{x}(f)\, e^{\mathrm{j}2\pi f t}\,\mathrm{d}f \\ &= \int_{-\infty}^{\infty} \left(\int_{-\infty}^{\infty} x(u)\, e^{-\mathrm{j}2\pi f u}\,\mathrm{d}u\right) e^{\mathrm{j}2\pi f t}\,\mathrm{d}f \\ &= \int_{-\infty}^{\infty} x(u) \int_{-\infty}^{\infty} e^{\mathrm{j}2\pi f(t-u)}\,\mathrm{d}f\,\mathrm{d}u \\ &= \int_{-\infty}^{\infty} x(u)\delta(t-u)\,\mathrm{d}u \\ &= < x(u), \delta(t-u) > \\ &= x(t). \end{aligned} \tag{7.8}$$

Observe que, na demonstração da consistência do par transformado de Fourier, lançou-se mão da Eq. (3.22).

Tal como foi feito na série de Fourier, notaremos o par transformado na forma

$$x(t) \rightleftharpoons \hat{x}(f), \tag{7.9}$$

que significa que podemos passar de um domínio a outro (de tempo para frequência ou de espaço para número de onda, por exemplo) e vice-versa, utilizando as Eqs. (7.2) e (7.1). Observe que $x(t)$ e $\hat{x}(f)$ são representações equivalentes para o mesmo sinal.

Se $x(t)$ for um sinal real, $\hat{x}(f)$ será, em geral, um espectro complexo, ou seja,

$$\hat{x}(f) = \Re[\hat{x}(f)] + \mathrm{j}\Im[\hat{x}(f)]. \tag{7.10}$$

O *espectro de amplitude* é, naturalmente,

$$r(f) = |\hat{x}(f)| = \left[\Re^2[\hat{x}(f)] + \Im^2[\hat{x}(f)]\right]^{1/2} \tag{7.11}$$

e o *espectro de fase* será

$$\phi(f) = \tan^{-1}\frac{\Im[\hat{x}(f)]}{\Re[\hat{x}(f)]}, \tag{7.12}$$

tal como discutido no Capítulo 4. Portanto, o espectro de $x(t)$ também pode ser expresso por

$$\hat{x}(f) = r(f)\, e^{\mathrm{j}\phi(f)}, \tag{7.13}$$

em que $r(f)$ e $\phi(f)$ estão definidos nas Eqs. (7.11) e (7.12), respectivamente.

Exemplo 7.2 Suponhamos que seja dado um sinal real da forma

$$x(t) = \begin{cases} \beta e^{-\alpha t}, & t \geq 0 \\ 0, & t < 0, \end{cases}$$

com α e β números reais, veja Fig. 7.2a. Sua transformada de Fourier pode ser, então, calculada por

$$\begin{aligned} \hat{x}(f) &= \int_{-\infty}^{\infty} \beta e^{-\alpha t} e^{-\mathrm{j}2\pi f t}\, \mathrm{d}t \\ &= \beta \int_{0}^{\infty} e^{-(\alpha+\mathrm{j}2\pi f)t}\, \mathrm{d}t \\ &= \frac{-\beta}{\alpha+\mathrm{j}2\pi f}\, e^{-(\alpha+\mathrm{j}2\pi f)t}\Big|_0^{\infty} \\ &= \frac{\beta}{\alpha+\mathrm{j}2\pi f} \\ &= \frac{\alpha\beta - \mathrm{j}2\pi\beta f}{\alpha^2 + (2\pi f)^2}. \end{aligned}$$

Tem-se então:

$$\Re[\hat{x}(f)] = \frac{\alpha\beta}{\alpha^2 + (2\pi f)^2}; \quad \Im[\hat{x}(f)] = \frac{-2\pi\beta f}{\alpha^2 + (2\pi f)^2};$$
$$|\hat{x}(f)| = \frac{\beta}{\sqrt{\alpha^2 + (2\pi f)^2}}; \quad \phi(f) = \tan^{-1}\left(\frac{-2\pi f}{\alpha}\right).$$

A Fig. 7.2 ilustra o sinal $x(t)$ e sua transformada de Fourier, $\hat{x}(f)$, indicando suas partes real e imaginária, seu módulo e sua fase.

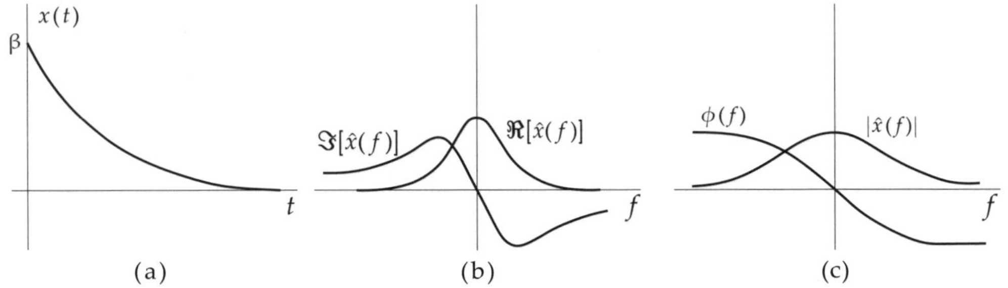

Figura 7.2: Gráficos de: (a) $x(t)$; (b) partes real e imaginária de $\hat{x}(f)$; e (c) módulo e fase de $\hat{x}(f)$.

Exemplo 7.3 Vejamos, agora, qual será a transformada de Fourier do sinal $x(t) = e^{-t^2}$, veja Fig. 7.3a. Bem, aplicando a Eq. (7.2), tem-se[3]

$$\begin{aligned}\hat{x}(f) &= \int_{-\infty}^{\infty} e^{-t^2}\, e^{-j2\pi f t}\, dt \\ &= \int_{-\infty}^{\infty} e^{-(t^2 + j2\pi f t)}\, dt \\ &= \sqrt{\pi}\, e^{-(\pi f)^2}.\end{aligned}$$

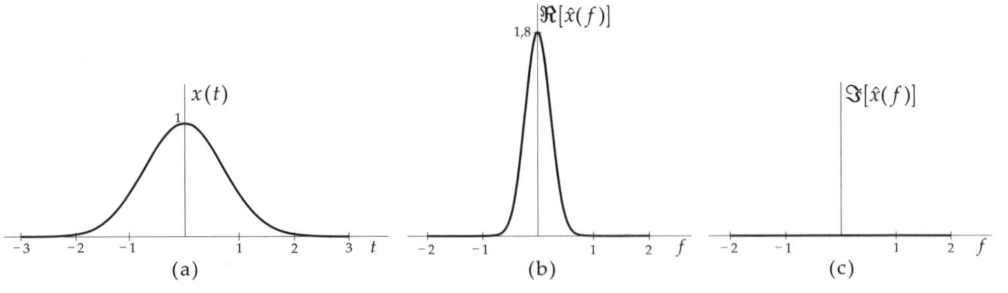

Figura 7.3: Os sinais (a) $x(t)$, (b) $\Re[\hat{x}(f)]$ e (c) $\Im[\hat{x}(f)]$.

[3]Para a integral definida, ver, por exemplo, H.J. Bartsch. Handbook of Methematical Formulas. Academic Press, New York, 1974 [15] ou A. Jeffrey. Handbook of Mathematical Formulas and Integrals. Academic Press, San Diego, 1995 [130].

Observe que a transformada de Fourier, neste caso, é puramente real. As Figs. 7.3b e 7.3c ilustram as partes real e imaginária da transformada. Analogamente, se agora aplicarmos a Eq. (7.1) para determinar a transformada inversa de Fourier do sinal $\hat{x}(f)$, visando a confirmação da compatibilidade expressa pela Eq. (7.8), teremos

$$\begin{aligned}
\mathcal{F}^{-1}[\hat{x}(f)] &= \int_{-\infty}^{\infty} \sqrt{\pi}\, e^{-(\pi f)^2} e^{j2\pi f t}\, \mathrm{d}f \\
&= \sqrt{\pi} \int_{-\infty}^{\infty} e^{-\left((\pi f)^2 - j2\pi f t\right)}\, \mathrm{d}f \\
&= e^{-t^2} \\
&= x(t).
\end{aligned}$$

Sinais periódicos também admitem transformada de Fourier, ou seja, seus espectros podem ser calculados tanto via Eq. (7.2) como via Eq. (6.8). Em outras palavras, a série de Fourier pode ser interpretada como um caso particular da transformada de Fourier.

Exemplo 7.4 Seja agora $x(t) = A\cos(2\pi f_0 t)$. Sua transformada de Fourier será

$$\begin{aligned}
\hat{x}(f) &= \int_{-\infty}^{\infty} A\cos(2\pi f_0 t)\, e^{-j2\pi f t}\, \mathrm{d}t \\
&= \frac{A}{2} \int_{-\infty}^{\infty} \left[e^{j2\pi f_0 t} + e^{-j2\pi f_0 t} \right] e^{-j2\pi f t}\, \mathrm{d}t \\
&= \frac{A}{2} \int_{-\infty}^{\infty} \left[e^{-j2\pi (f+f_0) t} + e^{-j2\pi (f-f_0) t} \right] \mathrm{d}t \\
&= \frac{A}{2} \left[\delta(f+f_0) + \delta(f-f_0) \right].
\end{aligned}$$

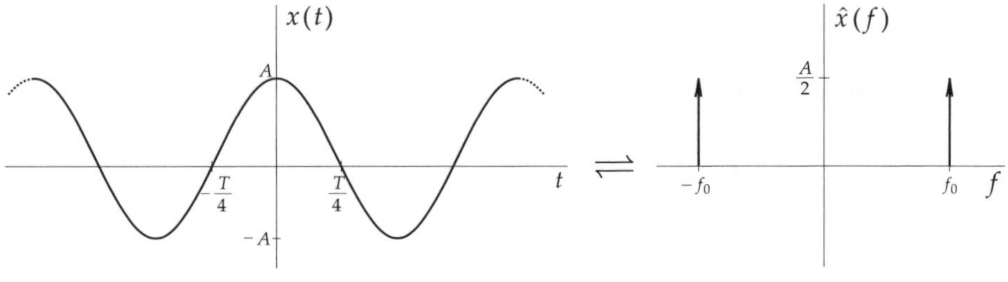

Figura 7.4: O sinal $A\cos(\omega_0 t)$ e sua transformada de Fourier, $\delta(f+f_0) + \delta(f-f_0)$.

A Fig. 7.4 ilustra o sinal no tempo e seu espectro. Este já havia sido determinado anteriormente, seja na Seção 4.4, seja na Seção 6.2, nesta última via série de Fourier. Observe que, como já indicado, o espectro do sinal é real e discreto.

Há todo um conjunto de condições a serem satisfeitas pela função $x(t)$ para que sua transformada de Fourier exista. Não nos deteremos aqui nos aspectos matemáticos formais que garantem a *existência* de $\hat{x}(f)$, por não ser esse o escopo deste texto. Podemos afirmar, contudo, que todo sinal realizável fisicamente e mesmo alguns sinais incomuns, como as distribuições, possuem transformada de Fourier, seja no sentido estrito, seja num sentido ampliado, como sucede com as distribuições.

Embora de uso amplo em vastíssimas áreas do conhecimento, a definição da transformada de Fourier e sua inversa não têm uma forma única internacionalmente aceita. Além da definição anteriormente apresentada, Eqs. (7.2) e (7.1), o par transformado pode ser expresso de forma genérica por:

$$\begin{aligned} \hat{x}(\omega) &= K_1 \int_{-\infty}^{\infty} x(t)\, e^{-j\omega t}\, dt; \\ x(t) &= K_2 \int_{-\infty}^{\infty} \hat{x}(\omega) e^{j\omega t}\, d\omega, \end{aligned} \tag{7.14}$$

em que a primeira expressão corresponde, naturalmente, à transformada direta e a segunda à inversa. As constantes K_1 e K_2 assumem diferentes valores, de acordo com o usuário e a área de aplicação. Para que se tenha compatibilidade entre as Eqs. (7.14), é necessário que $K_1 K_2 = 1/(2\pi)$. Alguns autores preferem $K_1 = 1$ e $K_2 = 1/(2\pi)$, que está de acordo com a definição aqui adotada, lembrando que $\omega = 2\pi f$, portanto, $d\omega = 2\pi\, df$, enquanto outros adotam $K_1 = K_2 = 1/\sqrt{2\pi}$ etc. Observe que, em qualquer caso, a transformada e sua inversa são calculadas a menos de uma constante multiplicativa. Do ponto de vista da energia, como veremos na Seção 7.4, uma definição que supera qualquer eventual conflito é aquela aqui adotada, Eqs. (7.2) e (7.1).

Exemplo 7.5 Seja dado o sinal transiente[4]

$$x(t) = \begin{cases} 1, & |t| < T, \\ 0, & |t| \geq T, \end{cases}$$

e sua transformada de Fourier,

$$\begin{aligned} \hat{x}(f) &= \int_{-\infty}^{\infty} x(t)\, e^{-j2\pi f t}\, dt \\ &= \int_{-T}^{T} e^{-j2\pi f t}\, dt \\ &= \int_{-T}^{T} \big[\cos(2\pi f t) - j\,\mathrm{sen}(2\pi f t)\big]\, dt \\ &= \frac{1}{2\pi f}\,\mathrm{sen}(2\pi f t)\Big|_{-T}^{T} + \frac{j}{2\pi f}\,\cos(2\pi f t)\Big|_{-T}^{T} \\ &= 2T\frac{\mathrm{sen}(2\pi f T)}{2\pi f T}. \end{aligned}$$

[4]O conceito de *sinal transiente*, em oposição ao conceito de *sinal estacionário*, refere-se a uma ocorrência única, não repetitiva, ver Seção 2.1. Ver, alternativamente, J.V. Candy. Signal Processing: The Modern Approach. McGraw-Hill, New York, 1988 [43].

Note que $x(t)$ nada mais é do que uma função janela de largura $2T$, veja Fig. 7.5.[5]

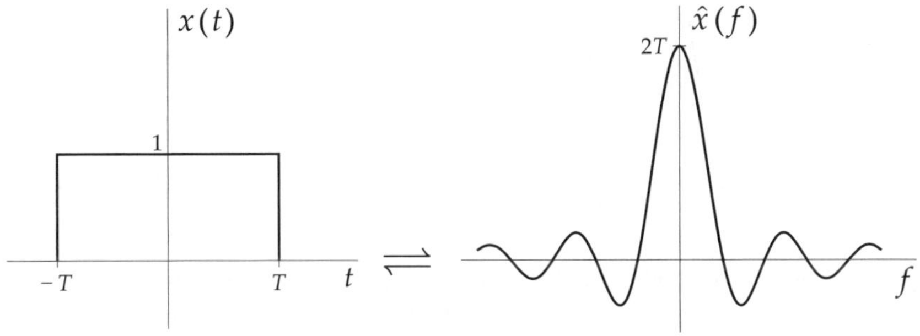

Figura 7.5: A função janela no domínio do tempo e sua transformada de Fourier, a função cosseno amortecido, no domínio da frequência.

Portanto, a transformada de Fourier da função janela é a função cosseno amortecido, da forma $\operatorname{sen}(x)/x$, também notado como $\operatorname{sinc}(x)$, puramente real, como ilustra a Fig. 7.5. Note que o espectro $\hat{x}(f)$ se anula quando $\operatorname{sen}(2\pi fT) = 0$, ou seja, nos pontos $f = k/(2T)$, com $k = \pm 1, \pm 2, \ldots$.

Exemplo 7.6 Considere agora o sinal $x(t)$ cujo espectro, puramente real, é

$$\hat{x}(f) = \begin{cases} 1, & |f| < \nu, \\ 0, & |f| > \nu, \end{cases}$$

ou seja, uma janela na frequência, também denominada *filtro ideal*, no sentido de que 'corta' as frequências fora do intervalo $(-\nu, \nu)$, também conhecido como *filtro passa baixa*, veja Fig. 7.6. Sua transformada inversa pode ser então calculada, por

$$\begin{aligned} x(t) &= \int_{-\infty}^{\infty} \hat{x}(f)\, e^{j2\pi ft}\, df \\ &= \int_{-\nu}^{\nu} e^{j2\pi ft}\, df \\ &= \int_{-\nu}^{\nu} \left[\cos(2\pi ft) + j\operatorname{sen}(2\pi ft)\right] df \\ &= \frac{1}{2\pi t}\operatorname{sen}(2\pi ft)\Big|_{-\nu}^{\nu} - \frac{j}{2\pi t}\cos(2\pi ft)\Big|_{-\nu}^{\nu} \\ &= \frac{1}{2\pi t}\, 2\operatorname{sen}(2\pi\nu t) + 0 \\ &= 2\nu\frac{\operatorname{sen}(2\pi\nu t)}{2\pi\nu t}. \end{aligned}$$

[5]Observe o caro leitor que na derivação do espectro adotou-se a substituição da forma exponencial complexa por seus correspondentes trigonométricos. A integração, contudo, pode ser efetuada diretamente na forma exponencial e sugere-se ao leitor que verifique, a título de exercício, que o resultado é idêntico.

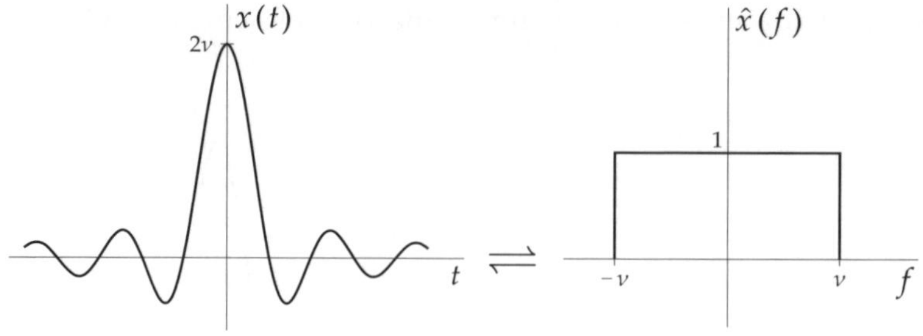

Figura 7.6: Sinal cosseno amortecido $\text{sinc}(2\pi\nu t)$ no domínio do tempo e sua transformada de Fourier, uma função janela de largura 2ν no domínio da frequência.

Note que o sinal temporal $x(t)$ se anula quando $\text{sen}(2\pi\nu t) = 0$, ou seja, nos pontos $t = k/(2\nu)$, com $k = \pm 1, \pm 2, \ldots$.

A simetria observada nos Exs. 7.5 e 7.6 será discutida na Seção 7.3 e resulta do fato de que as expressões para as tranformadas direta e inversa de Fourier diferirem, essencialmente, quanto ao sinal da exponencial complexa, como indicam as Eqs. (7.1) e (7.2).

Como observado anteriormente, a transformada de Fourier se aplica também a sinais espaciais e com mais de uma dimensão. Assim, por exemplo, se $\mathcal{D}$ for um domínio espacial bidimensional, com x e y representando as duas variáveis espaciais, tem-se um sinal $s(x, y)$, onde, por exemplo, s é a cota na direção z, ortogonal ao plano xy, de uma dada superfície, tal como exemplificado na Fig. 7.7, no Ex. 7.7.

Exemplo 7.7 Uma caixa de ovos pode ser entendida como uma superfície 3D, onde a coordenada z pode ser expressa como um sinal, periódico, da forma $z(x, y)$, veja Fig. 7.7.

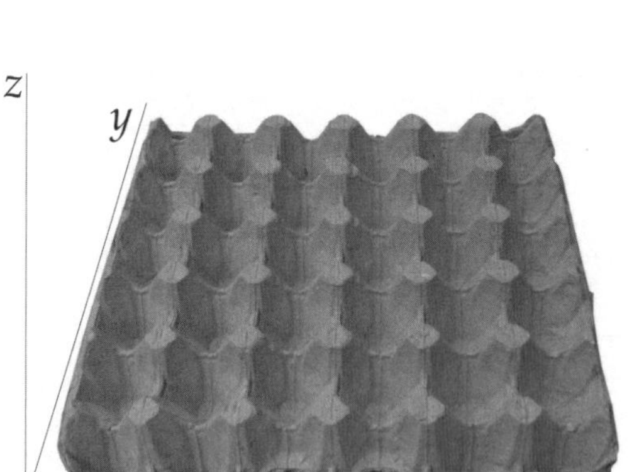

Figura 7.7: Imagem da superfície de uma caixa de ovos com $s(x, y)$ correspondendo aos valores na vertical z, função da posição horizontal x, y. Observe que $s(x, y)$ é (idealmente) periódico em ambas as direções.

O sinal $s(x, y)$ terá transformada de Fourier espacial bidimensional definida por

$$\hat{s}(k_x, k_y) = \int_{-\infty}^{\infty} \int_{-\infty}^{\infty} s(x, y)\, e^{-j2\pi(k_x x + k_y y)}\, dx\, dy, \tag{7.15}$$

em que k_x e k_y são os *números de onda* nas direções x e y, com dimensão física $[L^{-1}]$.[6]

Analogamente, a transformada inversa de Fourier poderá ser calculada por

$$s(x, y) = \int_{-\infty}^{\infty} \int_{-\infty}^{\infty} \hat{s}(k_x, k_y)\, e^{j2\pi(k_x x + k_y y)}\, dk_x\, dk_y. \tag{7.16}$$

As Eqs. (7.15) e (7.16) expressam, portanto, o par transformado

$$s(x, y) \rightleftharpoons \hat{s}(k_x, k_y) \tag{7.17}$$

nos domínios espacial e do número de onda, ambos bidimensionais.

Exemplo 7.8 A Fig. 7.8a ilustra a superfície de uma placa de um material de absorção sonora, cuja espessura $z(x, y)$, medida na vertical, pode ser expressa em função das coordenadas x e y no plano horizontal por

$$z(x, y) = A\cos(k_x x)\, \cos(k_y y) + (A + B),$$

onde A é a amplitude das funções harmônicas nas duas direções e B corresponde à espessura mínima da placa, de sorte que a espessura máxima será $2A + B$, veja Fig. 7.8b.

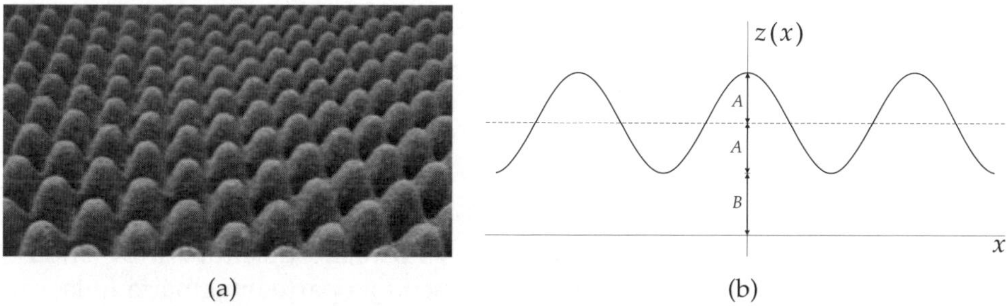

Figura 7.8: (a) Imagem de uma placa de material absorvente acústico constituída por uma superfície periódica em duas dimensões espaciais. (b) Croqui da seção reta da placa na direção x, com a espessura $z(x)$.

k_x e k_y são os números de onda nas duas direções. Nesse caso, $k_y = k_x = k_0$, de modo que as direções x e y são intercambiáveis, ou seja, a espessura é expressa por

$$z(x, y) = A\cos(k_0 x)\cos(k_0 y) + (A + B).$$

[6]Note o estimado leitor que as variáveis no domínio original e no domínio espectral correspondente são sempre complementares, ou seja, com dimensões inversas entre si. Assim, se o sinal for temporal, com dimensão [T], o domínio espectral terá dimensão de frequência, $[T^{-1}]$; analogamente se a variável for espacial, com dimensão [L], o domínio espectral será o número de onda, com dimensão $[L^{-1}]$.

Note que o valor mínimo da espessura e da placa, que ocorre quando $\cos(k_x x) = \cos(k_y y) = -1$, vale $e_{\min}(x,y) = -A + (A+B) = B$ e que o valor máximo da espessura da placa, que ocorre quando $\cos(k_x x) = \cos(k_y y) = 1$, vale $e_{\max}(x,y) = A + (A+B) = 2A + B$, como mostra a Fig. 7.8b. O espectro espacial de $z(x,y)$ será dado, segundo a Eq. (7.15), por

$$\begin{aligned}\hat{z}(k_x,k_y) &= \int_{-\infty}^{\infty}\int_{-\infty}^{\infty} z(x,y)\, e^{-j2\pi(k_x x + k_y y)}\, dk_x\, dk_y \\ &= \int_{-\infty}^{\infty}\int_{-\infty}^{\infty} \big(A\cos(k_0 x)\cos(k_0 y) + (A+B)\big)\, e^{-j2\pi(k_x x + k_y y)}\, dk_x\, dk_y.\end{aligned}$$

O cálculo da integral dupla pode ser efetuada de maneira similar à integral simples calculada no Ex. 7.4 (reveja-o), resultando em[7]

$$\begin{aligned}\hat{z}(k_x,k_y) = \frac{A}{2}\,&[\delta(k_x + k_0, k_y) + \delta(k_x - k_0, k_y) + \delta(k_x, k_y + k_0) + \delta(k_x, k_y - k_0)] \\ &+ (A+B)\delta(k_x,k_y).\end{aligned}$$

A Fig. 7.9 ilustra o espectro espacial resultante, calculado na expressão acima, no plano do número de onda.

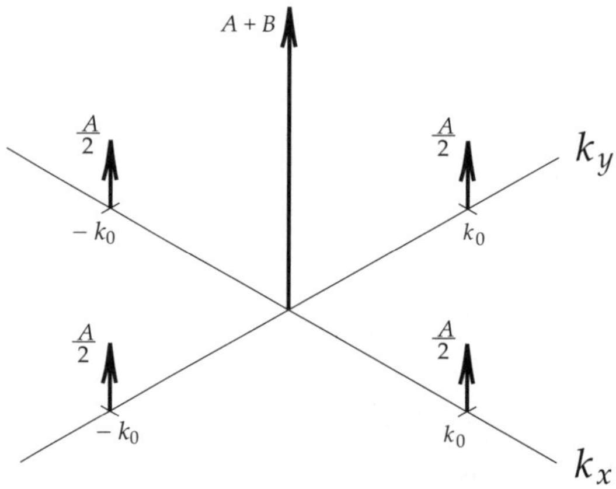

Figura 7.9: Espectro espacial $\hat{z}(k_x,k_y)$ no plano do número de onda. A direção vertical indica a parte real do espectro, sendo a parte imaginária nula.

7.2 Transformada da distribuição de Dirac

A distribuição de Dirac, $\delta(t)$, embora não integrável no sentido usual, também dito no sentido de Riemann,[8] é integrável no sentido das distribuições, conforme foi discutido no Capítulo 3, e possui transformada de Fourier. O espectro de $\delta(t)$ é a função constante unitária, ou seja,

$$\delta(t) \rightleftharpoons 1(f), \tag{7.18}$$

[7]Sugerimos ao dedicado leitor que calcule esse espectro, a título de exercício.

[8]Georg Friedrich Bernhard Riemann (1826–1866), matemático alemão que formulou de forma rigorosa o conceito de integração de funções analíticas.

como indicado na Fig. 7.10. Com efeito,

$$\begin{aligned}\hat{\delta}(f) &= \int_{-\infty}^{\infty} \delta(t)\, e^{-\mathrm{j}2\pi f t}\, \mathrm{d}t \\ &= <\delta(t), e^{-\mathrm{j}2\pi f t}> \\ &= e^{0f} \\ &= 1(f).\end{aligned}$$

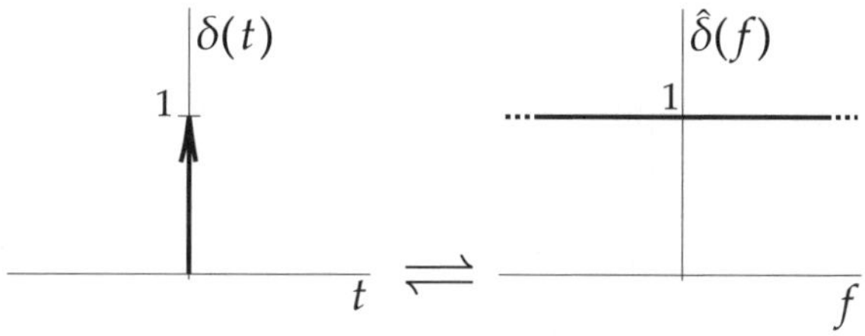

Figura 7.10: O delta de Dirac e sua transformada de Fourier, a função constante unitária.

Diz-se, portanto, que a distribuição de Dirac tem conteúdo espectral infinito ou ilimitado, ou seja, contém todas as frequências.[9] Portanto, excitar um sistema com um impulso unitário $\delta(t)$ no domínio do tempo, corresponde a excitar o sistema com todas as frequências, de uma só vez. A resposta do sistema a essa excitação, como já se viu no Capítulo 5, é denominada *resposta impulsiva* do sistema. Sua importância reside justamente no fato de, por conter todas as frequências, corresponder a excitar todas as frequências do sistema de uma forma, por assim dizer, democrática. A transformada de Fourier da resposta impulsiva de um sistema é denominada *resposta em frequência*, também conhecida como *função de transferência* do sistema.

Analogamente ao que expressa a Eq. (7.18), a transformada de Fourier do sinal unitário constante, $1(t)$, é o sinal $\delta(f)$, ou seja,

$$1(t) \rightleftharpoons \delta(f). \tag{7.19}$$

De fato,

$$\begin{aligned}\hat{1}(f) &= \int_{-\infty}^{\infty} 1(t)\, e^{-\mathrm{j}2\pi f t}\, \mathrm{d}t \\ &= \int_{-\infty}^{\infty} e^{-\mathrm{j}2\pi f t}\, \mathrm{d}t \\ &= \delta(f).\end{aligned}$$

Com efeito, o sinal temporal unitário constante $1(t)$, também conhecido como *sinal de corrente contínua unitária*, não possui nenhuma flutuação[10] e seu espectro, $\delta(f)$,

[9] E, por essa razão, podemos dizer que o delta de Dirac é o sinal mais "Taketi" de todos.
[10] Sendo, portanto, o sinal mais "Maloma" de todos.

é nulo em todas as frequências diferentes de zero, concentrando toda sua energia em $f = 0$. A Fig 7.11 ilustra a função temporal corrente contínua unitária, $1(t)$, e sua transformada de Fourier, $\delta(f)$.

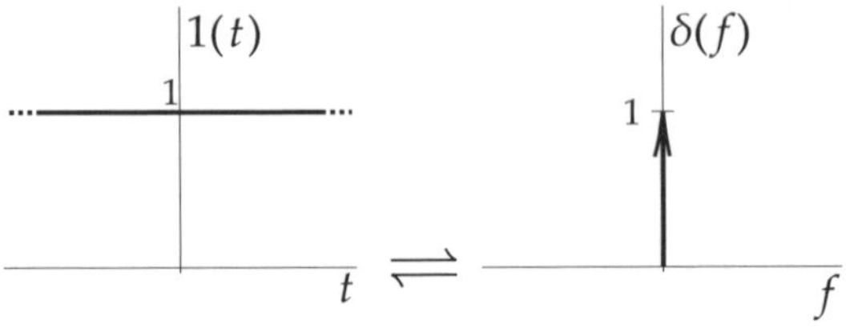

Figura 7.11: A função temporal constante unitária e sua transformada de Fourier, o sinal delta de Dirac na frequência.

Exemplo 7.9 Voltemos ao Ex. 5.13, onde um carrinho C, de massa m, move-se sob a ação de uma força $F(t)$ com velocidade, $v(t)$, veja Fig. 7.12.

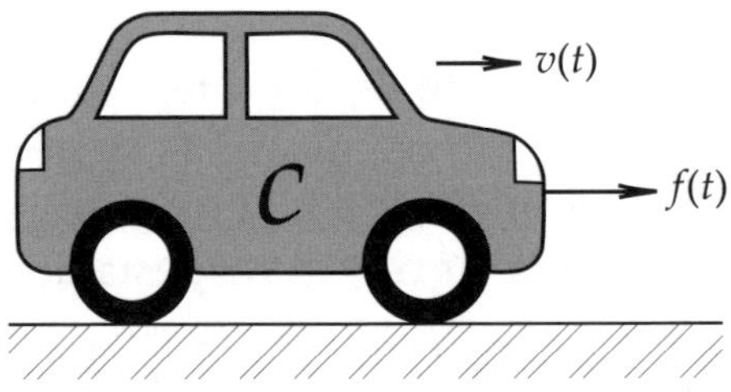

Figura 7.12: Carrinho movendo-se com velocidade $v(t)$ sob a ação da força $F(t)$.

Naquele exemplo, a resposta impulsiva do sistema (linear) foi calculada, tomando-se a força impulsiva $F(t) = \delta(t)$ atuante como entrada do sistema e a velocidade resultante como saída do mesmo, valendo

$$h(t) = \frac{1}{m},$$

ou seja, aplicando-se uma impulsão unitária ao carrinho, inicialmente em repouso, este mover-se-á com velocidade constante $v = 1/m$. Portanto, a função de transferência desse sistema, que é a transformada de Fourier da resposta impulsiva, será

$$\hat{h}(f) = \frac{1}{m}\delta(f).$$

Exemplo 7.10 Voltando ao sistema linear massa-mola-amortecedor com um grau de liberdade estudado no Ex. 5.15, veja Fig. 7.13, foi calculado naquele exemplo sua resposta impulsiva, expressa por

$$h(t) = \frac{1}{m\omega_d}\text{sen}(\omega_d t)\, e^{-\zeta\omega_n t}, \quad \text{para} \quad t > 0.$$

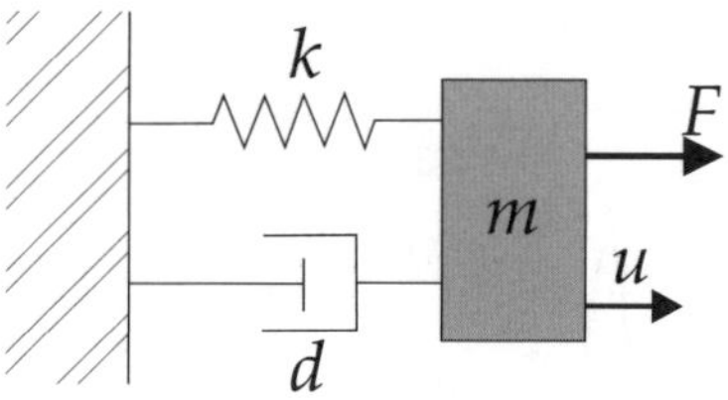

Figura 7.13: Sistema massa-mola-amortecedor, regido por uma equação diferencial linear a coeficientes constantes.

Observe o prezado leitor que a resposta impulsiva tem, por assim dizer, dois componentes, sendo um oscilatório com frequência angular amortecida ω_d, dado por $\text{sen}(\omega_d t)$, e outro com decaimento, dado por $e^{-\zeta\omega_n t}$, o que resulta, portanto em uma oscilação amortecida, como mostra a Fig. 7.14. O decaimento da oscilação será tão mais rápido quanto maior for o fator de amortecimento viscoso ζ que, em última análise, é proporcional à constante de amortecimento viscoso d, reveja o Ex. 5.15.

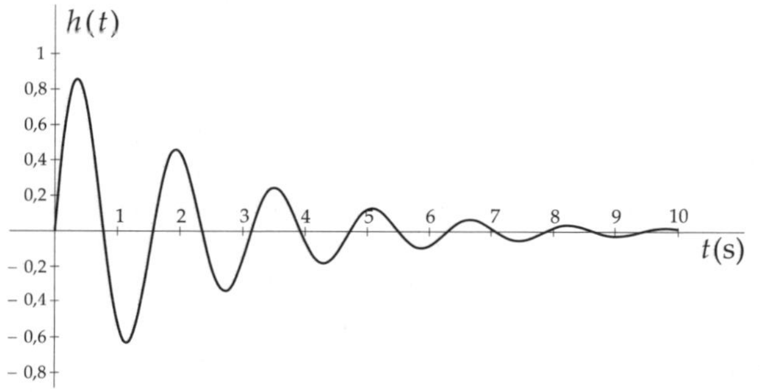

Figura 7.14: Resposta impulsiva do sistema massa-mola-amortecedor, $h(t)$.

A função de transferência do sistema ou função de resposta em frequência será a transformada de Fourier de $h(t)$, que pode ser expressa na forma[11]

$$\hat{h}(\omega) = \frac{1}{1 - (\omega/\omega_n)^2 + \mathrm{j}2\zeta\omega/\omega_n},$$

sendo que $\omega = 2\pi f$ é a frequência angular de excitação, ou seja, admite-se que $F(t)$ é harmônica, com frequência angular ω. O módulo de $\hat{h}(\omega)$ será, portanto,

$$|\hat{h}(\omega)| = \frac{1}{\sqrt{[1 - (\omega/\omega_n)^2]^2 + [2\zeta(\omega/\omega_n)]^2}},$$

cujo gráfico é mostrado na Fig. 7.15.

[11]Ver, por exemplo, A.P. Ripper Neto. Vibrações Mecânicas. E-Papers, Rio de Janeiro, 2007 [204] ou V. Prodonoff. Vibrações Mecânicas: Simulação e Análise. Maity, Rio de Janeiro, 1990 [197].

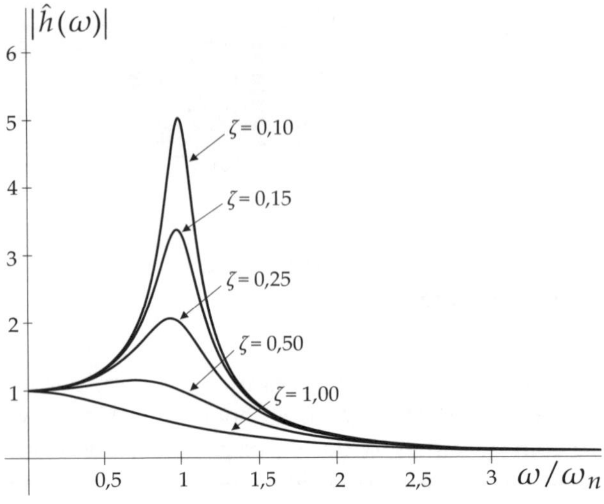

Figura 7.15: Gráfico do módulo da função de transferência de um sistema vibrante amortecido com um grau de liberdade em função da frequência angular normalizada, ω/ω_n, para distintos valores do fator de amortecimento viscoso ζ.

Observe que o eixo das abcissas indica a *frequência angular normalizada*, ω/ω_n, enquanto o eixo das ordenadas indica $|\hat{h}(\omega)|$. Quando a frequência de excitação se aproxima da frequência natural, ou seja, quando $|\omega - \omega_n| \to 0$, o sistema entra em ressonância, aumentando sua amplitude, como indica o gráfico. Note ainda que a forma da curva de $|\hat{h}(\omega)|$ é dependente do valor do fator de amortecimento viscoso ζ. Se $\zeta \to 0$ a amplitude de oscilação tende a crescer indefinidamente na frequência de ressonância, o que levaria à destruição do sistema.[12] Se a intenção do projetista for obter pequenas amplitudes de oscilação, o que a Fig. 7.15 indica é que o sistema deve ser projetado para ter uma frequência natural suficientemente baixa, de modo que a razão ω/ω_n seja alta, resultando em pequenas amplitudes, como indica o gráfico.

Bem, e qual seria a transformada de Fourier da distribuição de Dirac deslocada? Ora, deslocando o delta para a direita de $t_0 > 0$, ter-se-á

$$\begin{aligned} \mathcal{F}[\delta(t-t_0)] &= \int_{-\infty}^{\infty} \delta(t-t_0)\, e^{-\mathrm{j}2\pi f t}\, \mathrm{d}t \\ &= < \delta(t-t_0), e^{-\mathrm{j}2\pi f t} > \\ &= e^{-\mathrm{j}2\pi f t_0}. \end{aligned} \tag{7.20}$$

Analogamente, deslocando o distribuição de Dirac para a esquerda de $t_0 > 0$, teríamos

$$\mathcal{F}[\delta(t+t_0)] = e^{\mathrm{j}2\pi f t_0}, \tag{7.21}$$

resultado cuja demonstração é idêntica à derivação da Eq. (7.20), com o sinal trocado. Observe, portanto, que, em ambos os casos, a transformada de Fourier resulta em um complexo.

[12] Felizmente, em todo sistema mecânico desse gênero há amortecimento, o que atua em favor da segurança.

Exemplo 7.11 Dado um delta de Dirac no domínio da frequência, $\delta(f)$, sua transformada inversa de Fourier é uma função constante, como expressa a Eq. (7.19). Se tivermos um par de deltas na frequência com frequências simétricas e mesma amplitude, a transformada inversa de Fourier se constituirá, como já foi visto no Ex. 7.4, em um sinal harmônico, da forma $A\cos(\omega_0 t)$. Se tivermos uma sequência finita de deltas em frequência, igualmente espaçados, corresponderá a um sinal periódico (uma soma finita de harmônicos), tal como foi visto em diversos exemplos no Capítulo 6. Se, contudo, tivermos uma sequência infinita de deltas igualmente espaçados (um pente de deltas em frequência) corresponderá, no domínio do tempo, a outro pente de deltas.[13] A Fig. 7.16 ilustra um par transformado pente de deltas. Observe que o

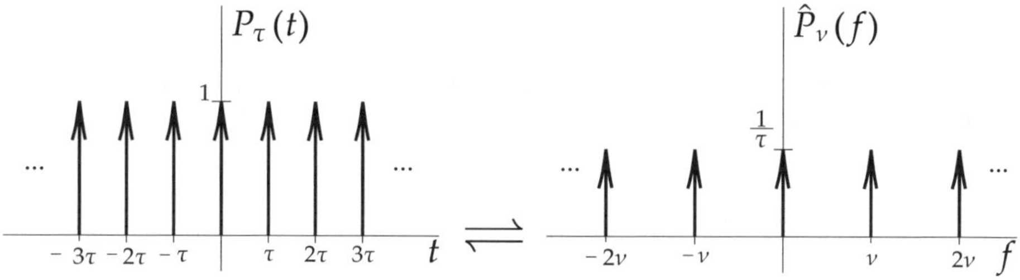

Figura 7.16: Um pente de deltas unitário de espaçamento τ no domínio do tempo (um sinal periódico) e sua transformada de Fourier, outro pente de deltas, com amplitude $1/\tau$ e espaçamento $\nu = 1/\tau$, no domínio da frequência.

espaçamento no domínio do tempo é τ e o correspondente espaçamento no domínio da frequência é $\nu = 1/\tau$. Portanto, pentes temporais 'finos', ou seja, com pequeno espaçamento τ, corresponderão a pentes frequenciais 'grossos', ou seja, com grandes espaçamentos ν, e vice-versa. Como $P_\tau(t)$ é um sinal periódico, podemos calcular o seu coeficiente de Fourier, na forma,

$$\begin{aligned}
c(f_n) &= \frac{1}{\tau}\int_{-\tau/2}^{\tau/2} P_\tau(t)\, e^{-\mathrm{j}2\pi f_n t}\,\mathrm{d}t \\
&= \frac{1}{\tau}\int_{-\tau/2}^{\tau/2} \Big(\sum_{k=-\infty}^{\infty} \delta(t-k\tau)\Big)\, e^{-\mathrm{j}2\pi f_n t}\,\mathrm{d}t \\
&= \frac{1}{\tau}\int_{-\tau/2}^{\tau/2} \delta(t)\, e^{-\mathrm{j}2\pi f_n t}\,\mathrm{d}t \\
&= \frac{1}{\tau} < \delta(t), e^{-\mathrm{j}2\pi f_n t} > \\
&= \frac{1}{\tau}
\end{aligned}$$

ou seja, todos os coeficientes de Fourier são iguais a $\nu = 1/\tau$. Note que no cálculo dos coeficientes de Fourier o somatório foi eliminado porque a integral é avaliada em um único período, englobando o intervalo $(-\tau/2, \tau/2)$, o que só deixa, do somatório, o termo com $k = 0$. Por outro lado, a distribuição de $\delta(t)$ sobre a exponencial complexa

[13]Observe o prezado leitor que um pente de deltas no domínio do tempo constitui um sinal periódico e que seu espectro, necessariamente discreto, também apresenta uma periodicidade, esta no domínio da frequência.

resulta em $e^0 = 1$, portanto,

$$\hat{P}_\nu(f) = \frac{1}{\tau} \sum_{n=-\infty}^{\infty} \delta(f - n/\tau)$$
$$= \nu \sum_{n=-\infty}^{\infty} \delta(f - n\nu).$$

Exemplo 7.12 Seja dado o pente de deltas temporal

$$P_\tau(t) = A \sum_{k=-\infty}^{\infty} \delta(t - k\tau),$$

com $\tau = 1$ ms e $A = 5$. Então, o pente de deltas correspondente no domínio da frequência será

$$\hat{P}_\nu(f) = 5\nu \sum_{n=-\infty}^{\infty} \delta(f - n\nu),$$

onde $\nu = 1/\tau = 1$ kHz. Assim, como será visto no Capítulo 8, se utilizarmos um pente de deltas temporal com o espaçamento de $\tau = 1$ milissegundos para amostrar um dado sinal, teremos informação no domínio espectral até a frequência de 1 kHz.[14]

7.3 Propriedades da transformada de Fourier

As propriedades da transformada de Fourier são os equivalentes contínuos das propriedades da série de Fourier. Sua utilização facilita amplamente o cálculo de transformadas. Sejam então os pares transformados

$$x(t) \rightleftharpoons \hat{x}(f), \qquad y(t) \rightleftharpoons \hat{y}(f) \qquad \text{e} \qquad z(t) \rightleftharpoons \hat{z}(f),$$

em que $x(t)$, $y(t)$ e $z(t)$ são sinais, reais ou complexos, e $\hat{x}(f)$, $\hat{y}(f)$ e $\hat{z}(f)$ seus respectivos espectros, usualmente complexos.[15] As variáveis t e f correspondem a domínios complementares. Como anteriormente mencionado, se t for tempo, com dimensão física[16] [T], então f é frequência, com dimensão [T^{-1}]; se t for espaço, com dimensão física [L], então f é número de onda, com dimensão [L^{-1}], e assim por diante.

As seguintes propriedades se aplicam ao par transformado.

[14]Bem, na verdade, não teremos informação espectral até 1 kHz, e sim a metade disso, ou menos, mas essa discussão deixaremos para o Capítulo 8.

[15]Somente sinais com características bem específicas possuem transformada de Fourier real. Por exemplo, um sinal real e par terá transformada de Fourier também real e par. Veja discussão mais completa sobre paridade de sinais e seus espectros na Subseção 7.3.7.

[16]A *dimensão física* é representada, basicamente, pelas letras maiúsculas M, L, e T que traduzem, respectivamente, as grandezas fundamentais Massa, Comprimento (ou distância) e Tempo, sempre colocadas entre colchetes. Cumpre notar que Carga elétrica, Temperatura absoluta, Intensidade luminosa e Quantidade de matéria também são consideradas grandezas fundamentais. Será dada especial atenção a esse tema na Parte C do livro.

7.3.1 Linearidade

Esta é uma das propriedades mais importantes da transformada de Fourier, estabelecendo que a uma combinação linear de sinais corresponde a mesma combinação linear de espectros, ou seja,

$$\alpha x(t) + \beta y(t) \rightleftharpoons \alpha \hat{x}(f) + \beta \hat{y}(f). \tag{7.22}$$

Para demonstrar a Eq. (7.22), basta aplicar a Eq. (7.2) à combinação linear de sinais, ou seja,

$$\begin{aligned}\int_{-\infty}^{\infty} [\alpha x(t) + \beta y(t)]\, e^{-j2\pi f t}\, dt &= \alpha \int_{-\infty}^{\infty} x(t)\, e^{-j2\pi f t}\, dt + \beta \int_{-\infty}^{\infty} y(t)\, e^{-j2\pi f t}\, dt \\ &= \alpha \hat{x}(f) + \beta \hat{y}(f).\end{aligned}$$

Exemplo 7.13 Consideremos $x(t) = A$, $y(t) = B\cos(2\pi f_0 t)$ e $z(t) = x(t) + y(t)$. Como já visto, a transformada de Fourier de $x(t)$ é

$$\hat{x}(f) = A\,\delta(f)$$

e a transformada de Fourier de $y(t)$ é

$$\hat{y}(f) = \frac{B}{2}[\delta(f + f_0) + \delta(f - f_0)].$$

Portanto, segundo a Eq. (7.22),

$$\hat{z}(f) = \hat{x}(f) + \hat{y}(f) = \frac{B}{2}\delta(f + f_0) + A\,\delta(f) + \frac{B}{2}\delta(f - f_0).$$

A Fig. 7.17 ilustra os sinais e seus espectros. Note que $z(t)$ nada mais é que um sinal cossenoidal de média não nula e que seu espectro indica isso apresentando valor não nulo em $f = 0$.

7.3.2 Simetria

A propriedade de simetria estabelece que o espectro do espectro de um sinal é igual ao sinal original rebatido, ou seja,

$$\mathcal{F}[\hat{x}(t)] = x(-f). \tag{7.23}$$

Para demonstrar a Eq. (7.23), tomemos a Eq. (7.1) e troquemos o sinal da variável t (o que significa um rebatimento), ou seja,

$$x(-t) = \int_{-\infty}^{\infty} \hat{x}(f)\, e^{-j2\pi f t}\, df.$$

Bem, se trocarmos agora as variáveis t e f, teremos

$$x(-f) = \int_{-\infty}^{\infty} \hat{x}(t)\, e^{-j2\pi f t}\, dt = \mathcal{F}[\hat{x}(t)].$$

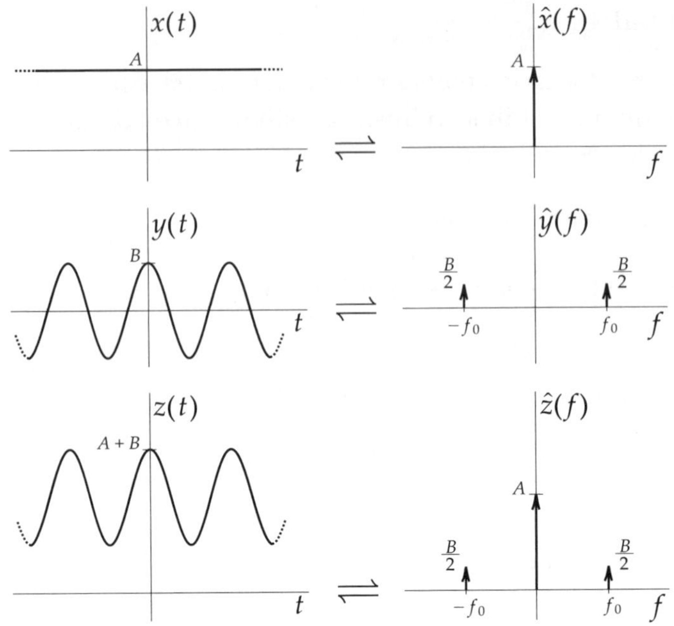

Figura 7.17: Os sinais $x(t)$, $y(t)$ e $z(t)$ e seus respectivos espectros, todos reais.

Exemplo 7.14 Consideremos o sinal $x(t)$ visto no Ex. 7.2, com α e β positivos,

$$x(t) = \begin{cases} \alpha e^{-\beta t}, & t \geq 0 \\ 0, & t < 0 \end{cases}$$

e sua transformada de Fourier, cujas partes real e imaginária, calculadas naquele exemplo, são:

$$\Re[\hat{x}(f)] = \frac{\alpha\beta}{\beta^2 + (2\pi f)^2};$$

$$\Im[\hat{x}(f)] = \frac{-2\pi f \alpha}{\beta^2 + (2\pi f)^2},$$

ou seja,

$$\hat{x}(f) = \frac{\alpha}{\beta^2 + (2\pi f)^2}(\beta - \mathrm{j}2\pi f).$$

Então, segundo a Eq. (7.23),

$$\mathcal{F}[\hat{x}(t)] = \begin{cases} \alpha e^{\beta f}, & f \leq 0 \\ 0. & f > 0 \end{cases}$$

A Fig. 7.18 ilustra o exemplo.

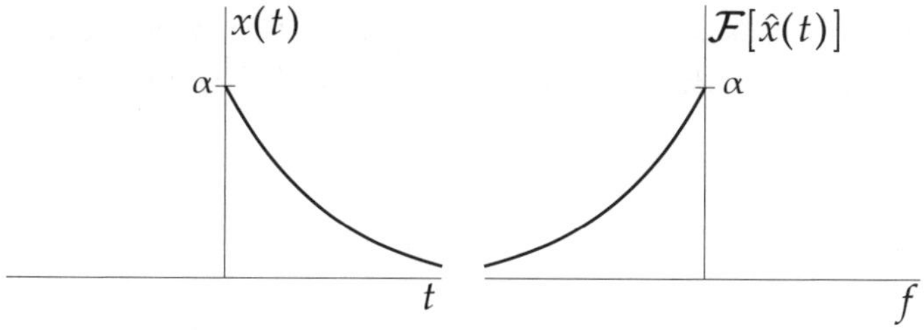

Figura 7.18: Sinal original e sinal rebatido obtido a partir do espectro do espectro.

Note-se que se $x(t)$ for um sinal par, então, a Eq. (7.23) reduz-se a

$$\mathcal{F}[\hat{x}(t)] = x(f), \quad x(t) \text{ par.} \tag{7.24}$$

Exemplo 7.15 Como já foi visto no Ex. 7.5, a transformada de Fourier da função janela é o sinal cosseno amortecido, ou seja,

$$A \sqcap_\tau (t) \rightleftharpoons 2A\tau \frac{\text{sen}(2\pi f \tau)}{2\pi f \tau}.$$

Como a função janela (não deslocada) é par, então, teremos, segundo a Eq. (7.24),

$$\mathcal{F}\left[2A\tau \frac{\text{sen}(2\pi f \tau)}{2\pi f \tau}\right] = A \sqcap_\tau (f).$$

Sugere-se ao paciente leitor que reveja os Exs. 7.5 e 7.6 para uma melhor perspectiva sobre a propriedade de simetria da transformada de Fourier.

7.3.3 Escala

Comprimir no domínio do tempo corresponde a espalhar no domínio da frequência e vice-versa, além de introduzir um fator de escala na amplitude, segundo a expressão

$$x(at) \rightleftharpoons \frac{1}{|a|} \hat{x}\left(\frac{f}{a}\right) \tag{7.25}$$

e, analogamente,

$$\frac{1}{|a|} x\left(\frac{t}{a}\right) \rightleftharpoons \hat{x}(af). \tag{7.26}$$

Para demonstrar a Eq. (7.25) ou a Eq. (7.26) tomemos a variável $u = at$, com $du = a dt$. Então,

$$\begin{aligned}
\mathcal{F}[x(at)] &= \int_{-\infty}^{\infty} x(u)\, e^{-j2\pi f t}\, \mathrm{d}t \\
&= \int_{-\infty}^{\infty} x(u)\, e^{-j2\pi u f/a} \frac{du}{a} \\
&= \frac{1}{a} \hat{x}\left(\frac{f}{a}\right)
\end{aligned}$$

e, caso $a < 0$, trocam-se os limites da integração, de modo a que $1/a$ é sempre positivo, resultando no módulo presente nas Eqs. (7.25) e (7.26).

Exemplo 7.16 Como já visto no Ex. 7.5, a transformada de Fourier do sinal janela é o sinal cosseno amortecido. Se aplicarmos uma escala, digamos, com $a = 1/2$ e $a = 1/4$, ampliando o suporte do sinal janela, o resultado no domínio transformado será a correspondente redução do suporte do sinal cosseno amortecido, bem como a introdução do fator de escala na amplitude, conforme ilustra a Fig. 7.19. Observe o leitor que a Fig. 7.19 indica efetivamente que, como os domínios tempo e frequência constituem domínios complementares e inversos ($f = 1/t$; $t = 1/f$), à compressão em um dos domínios corresponde à distensão no outro, e vice-versa.[17]

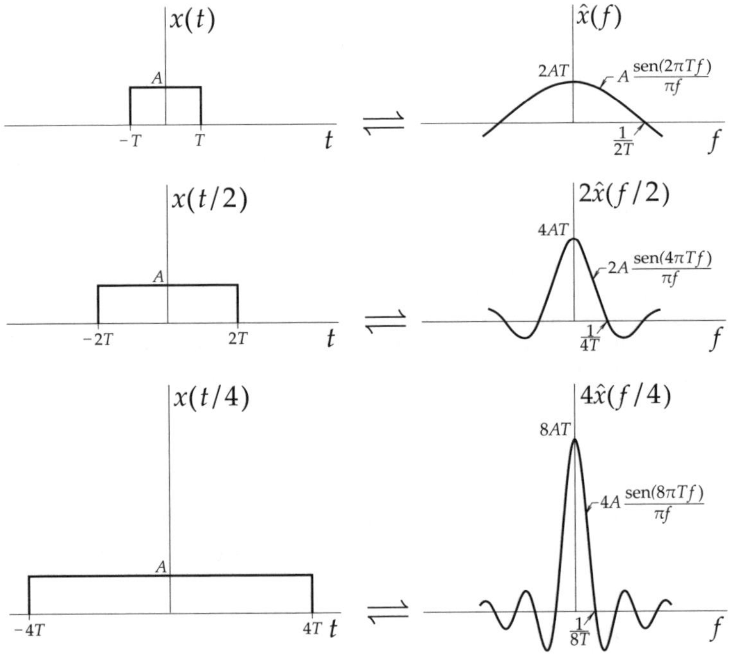

Figura 7.19: O sinal janela e sua transformada de Fourier em três escalas distintas.

Exemplo 7.17 Foi abordado, no Ex. 7.11, o cálculo da transformada de Fourier de um pente de deltas de espaçamento τ da forma

$$P_\tau(t) = \sum_{k=-\infty}^{\infty} \delta(t - k\tau).$$

[17]Note o amável leitor que, observando a Fig. 7.19, no limite, a janela temporal se converteria no sinal corrente contínua, ao passo que seu espectro se converteria em um delta de Dirac.

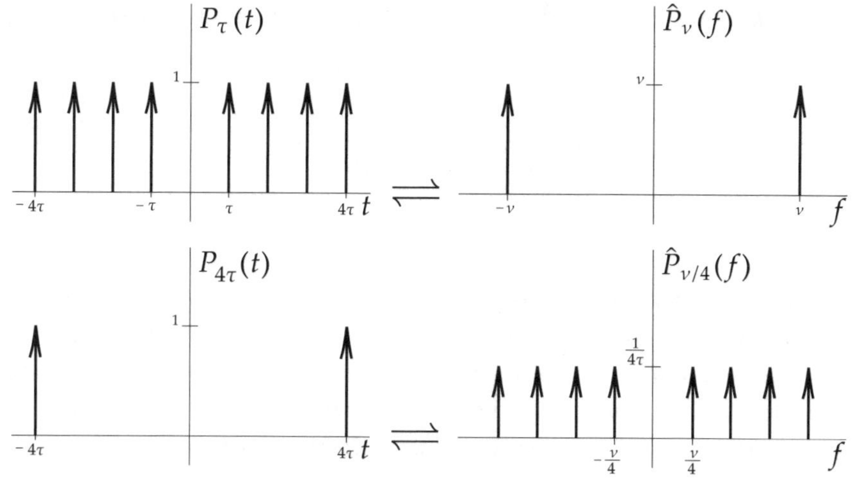

Figura 7.20: Pente de deltas original e seu correspondente escalado por $a = 4$ e seus espectros respectivos.

A transformada de Fourier do pente de deltas será outro pente de deltas, no domínio da frequência, de espaçamento $\nu = 1/\tau$, da forma

$$\hat{P}_\nu(f) = \nu \sum_{n=-\infty}^{\infty} \delta(f - n\nu).$$

Ora, se aplicarmos uma escala, digamos, de $a = 4$ no domínio do tempo, espaçando portanto o pente de deltas ele assumirá a forma

$$P_{4\tau}(t) = \sum_{k=-\infty}^{\infty} \delta(t - 4k\tau)$$

e seu espectro será, segundo a Eq. (7.25),

$$\hat{P}_{\nu/4}(f) = \frac{\nu}{4} \sum_{n=-\infty}^{\infty} \delta(f - n\nu/4).$$

A Fig. 7.20 ilustra os pentes no domínio do tempo e da frequência nas duas escalas.

7.3.4 Translação

A propriedade estabelece que uma translação no domínio do tempo corresponde a uma rotação no plano complexo, no domínio da frequência.

$$x(t - t_0) \rightleftharpoons e^{-j2\pi f t_0}\, \hat{x}(f). \tag{7.27}$$

Observe que, como a exponencial complexa é unitária, o espectro de amplitude, ou seja, o *módulo* da transformada não fica alterado. Para demonstrar a Eq. (7.27) basta fazermos $u = t - t_0$, com $\mathrm{d}u = \mathrm{d}t$, então, da Eq. (7.2) tem-se,

$$\begin{aligned}\mathcal{F}\left[x(t-t_0)\right] &= \int_{-\infty}^{\infty} x(u)\, e^{-\mathrm{j}2\pi f(u+t_0)}\,\mathrm{d}u \\ &= e^{-\mathrm{j}2\pi f t_0} \int_{-\infty}^{\infty} x(u)\, e^{-\mathrm{j}2\pi f u}\,\mathrm{d}u \\ &= e^{-\mathrm{j}2\pi f t_0}\, \hat{x}(f).\end{aligned}$$

Observe o estimado leitor que quando falamos em *rotação no plano complexo* no domínio da frequência, é preciso atentar para o *sentido* dessa rotação. Com efeito, para f positivo, ao multiplicarmos o espectro $\hat{x}(f)$ por $e^{-\mathrm{j}2\pi f t_0}$, com $t_0 > 0$, estamos falando de uma rotação no sentido horário, ao passo que para f negativo, estamos nos referindo a uma rotação no sentido trigonométrico.[18]

Exemplo 7.18 Considere como exemplo da propriedade de translação o sinal $x(t) = 2A\cos(2\pi f_0 t)$, veja a Fig. 7.21a, que constitui uma reprodução da Fig. 6.24.

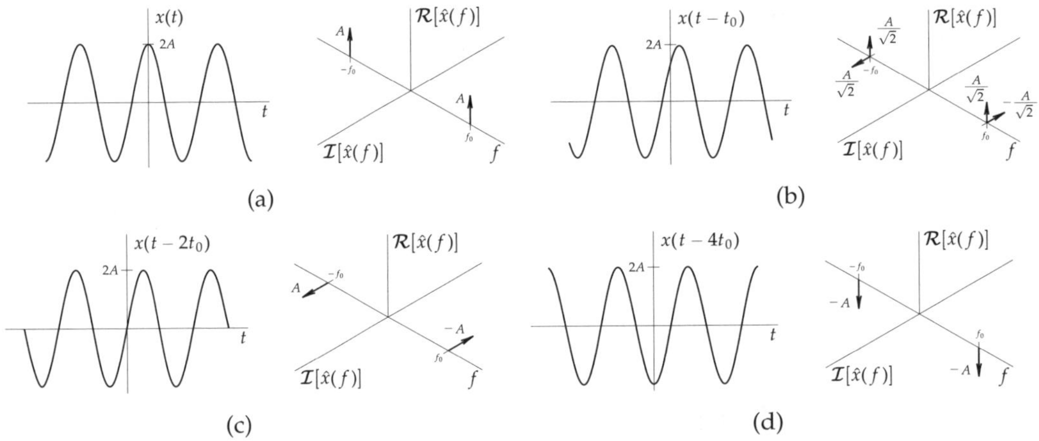

Figura 7.21: Ilustração da propriedade de translação da transformada de Fourier, indicando, a cada translação no domíno do tempo, uma rotação correspondente no domínio da frequência.

Sua transformada de Fourier constitui o já conhecido par de deltas dado por $\hat{x}(f) = A[\delta(f + f_0) + \delta(f - f_0)]$, como ilustrado. Note que o espectro é apresentado em um diagrama 3D, com partes real e imaginária versus frequência. Como já sabemos, a transformada de Fourier do sinal cosseno não defasado é real e a Fig. 7.21a indica que a parte imaginária é nula. A Fig. 7.21b mostra o sinal $x(t - t_0)$, com $t_0 = 1/(8f_0)$, e as partes real e imaginária de sua transformada de Fourier, indicando que houve uma rotação no plano complexo de $\pi/4$. Note que a rotação se dá no sentido horário para $f > 0$ e no sentido trigonométrico para $f < 0$. A Fig. 7.21c mostra uma nova translação de $x(t)$, agora com $t_0 = 1/(4f_0)$. Nesse caso, o sinal assume a forma de

[18]No sentido trigonométrico a 'regra da mão direita' indica o polegar apontando pra *fora* do plano complexo; já no sentido horário o polegar apontaria para *dentro* do plano complexo.

uma função seno e, como indica a figura, sua transformada de Fourier é inteiramente imaginária, correspondendo a uma rotação no plano complexo igual a $\pi/2$ com relação ao espectro original. Finalmente, a Fig. 7.21d mostra uma translação em relação ao sinal original de $t_0 = 1/(2f_0)$, resultando no sinal $x(t - t_0) = -x(t)$, cuja transformada de Fourier, naturalmente, é a mesma do sinal original com o sinal trocado, como mostra a Fig. 7.21d. Observe ainda que, em qualquer caso, o módulo da transformada de Fourier do sinal $x(t)$, deslocado ou não, será $\sqrt{2}A$ e que as rotações se deram sempre no sentido horário para frequências positivas e no sentido trigonométrico para frequências negativas.[19]

Exemplo 7.19 Seja agora o sinal temporal corrente contínua $x(t) = A$, sendo A uma constante real positiva. Sabemos que sua transformada de Fourier vale $\hat{x}(f) = A\,\delta(f)$. Qual seria a transformada de Fourier de $y(t) = x(t - t_0)$? Bem, é fácil observar que $y(t) = x(t)$ para qualquer t_0. Portanto, as transformadas de Fourier de ambos os sinais devem ser idênticas. Ora, segundo a Eq. (7.27), a transformada de Fourier de $y(t)$ é

$$\begin{aligned}\hat{y}(f) &= e^{-j2\pi f t_0}\,\hat{x}(f)\\ &= Ae^{-j2\pi f t_0}\,\delta(f).\end{aligned}$$

Mas as funções generalizadas $e^{-j2\pi f t_0}\delta(f)$ e $\delta(f)$ constituem distribuições equivalentes, tal como definido na Eq. (3.41), portanto, $\hat{y}(f) = A\,\delta(f)$, como previsto.

7.3.5 Rotação

A propriedade de rotação — à semelhança da propriedade de translação — diz que uma rotação no domínio do tempo corresponde a uma translação no domínio da frequência.[20]

$$e^{j2\pi f_0 t}\,x(t) \rightleftharpoons \hat{x}(f - f_0). \tag{7.28}$$

Para demonstrar a Eq. (7.28), basta fazermos $\nu = f - f_0$, com $d\nu = df$, na Eq. (7.1), ou seja,

$$\begin{aligned}\mathcal{F}^{-1}\left[\hat{x}(f - f_0)\right] &= \int_{-\infty}^{\infty} \hat{x}(\nu)\,e^{j2\pi t(\nu + f_0)}\,d\nu\\ &= e^{j2\pi f_0 t}\int_{-\infty}^{\infty} \hat{x}(\nu)\,e^{j2\pi t\nu}\,d\nu\\ &= e^{j2\pi f_0 t}x(t).\end{aligned}$$

Exemplo 7.20 Seja $x(t)$ o sinal corrente contínua de amplitude $A > 0$. Seu espectro, como sabemos, é $\hat{x}(f) = A\delta(f)$. Então, naturalmente, $\hat{x}(f - f_0) = A\delta(f - f_0)$.

[19] O leitor mais atento terá observado que o Ex. 7.18 é idêntico ao Ex. 6.19, já visto no Capítulo 6.

[20] Rotação no domínio do tempo pode soar estranho ao caro leitor, uma vez que lidamos, na maioria esmagadora dos casos, com sinais temporais *reais*. Mas nada impede que a transformada de Fourier seja aplicada a um sinal complexo, e o processamento de sinais comumente envolve sucessivos procedimentos em domínios tanto reais como complexos.

Portanto, conforme prevê a Eq. (7.28),

$$\begin{aligned}\mathcal{F}^{-1}[\hat{x}(f-f_0)] &= \int_{-\infty}^{\infty} A\delta(f-f_0)\, e^{j2\pi f t}\,\mathrm{d}f \\ &= A < \delta(f-f_0), e^{j2\pi f t} > \\ &= A < \delta(f), e^{j2\pi (f+f_0) t} > \\ &= A\, e^{j2\pi f_0 t},\end{aligned}$$

A Fig. 7.22 ilustra uma translação no domínio da frequência e a correspondente rotação no domínio do tempo. Observe que a rotação no domínio do tempo, dada por $A\, e^{j2\pi f_0 t}$ gera uma hélice em um gráfico 3D, uma vez que seu módulo será sempre igual a A, o que garante que o raio da hélice é constante, e seu passo será também constante. Portanto, efetivamente, o espectro do sinal $A\, e^{j2\pi f_0 t}$ indicado na Fig. 7.22c é o sinal $A\delta(f - f_0)$, representado na Fig. 7.22d.

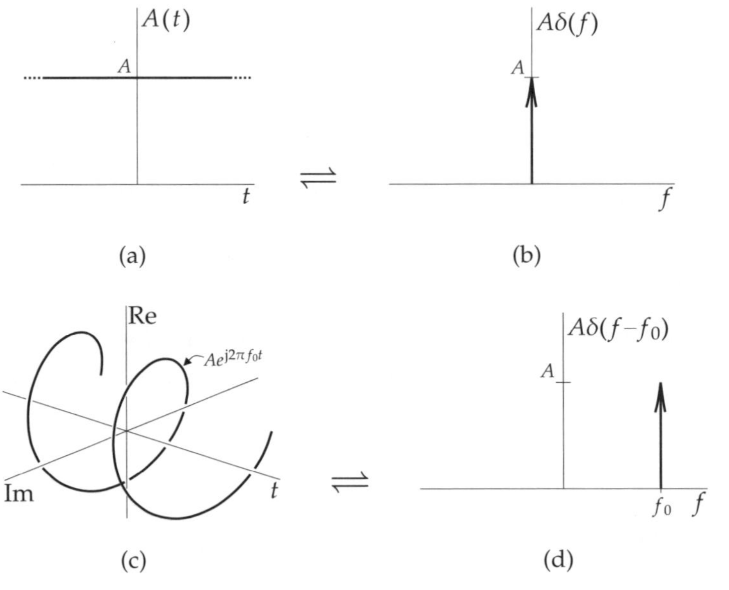

Figura 7.22: Funções no domínio do tempo e seus correspondentes no domínio da frequência. (a) $A(t)$, (b) $A\,\delta(f)$, (c) $A\, e^{j2\pi f_0 t}$, em um gráfico 3D, e (d) $A\,\delta(f - f_0)$.

Este exemplo, bastante simples, ilustra como os conceitos de *translação* e *rotação* transitam nos dois domínios (temporal e frequencial, no caso). Sugerimos ao esforçado leitor que busque outros exemplos de modo a ampliar sua intuição com respeito ao tema.

7.3.6 Diferenciação

A operação de diferenciação corresponde a uma multiplicação, no espectro, pelo fator $j2\pi f$, ou seja,

$$x'(t) \rightleftharpoons j2\pi f\, \hat{x}(f). \tag{7.29}$$

Para demonstrar a Eq. (7.29), basta aplicar a Eq. (7.2) à derivada do sinal, ou seja,

$$
\begin{aligned}
\mathcal{F}[x'(t)] &= \int_{-\infty}^{\infty} x'(t)\, e^{-\mathrm{j}2\pi f t}\, \mathrm{d}t \\
&= x(t)\, e^{-\mathrm{j}2\pi f t}\Big|_{-\infty}^{\infty} - \int_{-\infty}^{\infty} x(t) \left(e^{-\mathrm{j}2\pi f t}\right)' \mathrm{d}t \\
&= 0 + \mathrm{j}2\pi f \int_{-\infty}^{\infty} x(t)\, e^{-\mathrm{j}2\pi f t}\, \mathrm{d}t \\
&= \mathrm{j}2\pi f\, \hat{x}(f).
\end{aligned}
$$

O leitor mais atento deve ter observado que, na demonstração da Eq. (7.29), utilizou-se integração por partes (segunda linha) e que o sinal $x(t)$ foi assumido como tendo suporte finito, ou seja, que $\lim_{t\to\pm\infty} x(t) = 0$ (terceira linha).[21] Cumpre notar, ainda, que o sinal no domínio da frequência, usualmente complexo, ao ser multiplicado pelo fator $\mathrm{j}2\pi f$, um imaginário puro, terá sua parte real alterada para parte imaginária e sua parte imaginária alterada para parte real.

Exemplo 7.21 Voltemos ao sinal janela, $\sqcap_\tau(t)$, de largura 2τ e centrada na origem, cuja primeira derivada consiste no par de distribuições de Dirac, da forma $\sqcap'_\tau(t) = \delta(t+\tau) - \delta(t-\tau)$, veja Ex. 3.24. Então, segundo a Eq. (7.29), tem-se

$$
\mathcal{F}[\sqcap'_\tau(t)] = \mathrm{j}2\pi f \cdot 2\tau \frac{\mathrm{sen}(2\pi f\tau)}{2\pi f\tau} = \mathrm{j}2\,\mathrm{sen}(2\pi f\tau).
$$

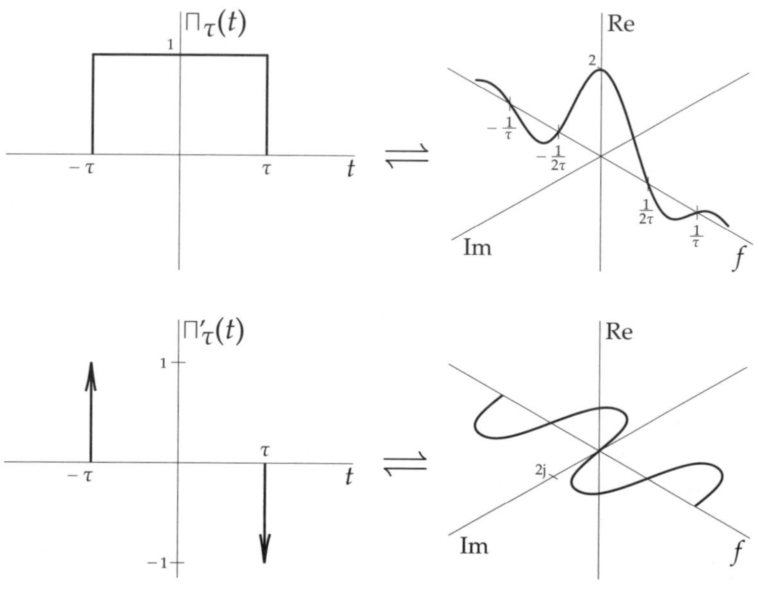

Figura 7.23: Função janela, sua derivada temporal e os respectivos espectros.

[21] Isso, com efeito, é verdadeiro para todo sinal do universo físico real.

A Fig. 7.23 ilustra, utilizando diagramas 3D no domínio da frequência, a função janela, sua derivada com respeito à variável t, e as respectivas transformadas de Fourier. Note que o espectro do sinal janela consiste em um real puro e que o espectro de sua derivada consiste em um imaginário puro. Observe ainda o estimado leitor que, com efeito, a transformada de Fourier de $\sqcap'_\tau(t)$ é, segundo as Eqs. (7.20) e (7.21),

$$\begin{aligned}\mathcal{F}[\sqcap'_\tau(t)] &= \mathcal{F}[\delta(t+\tau) - \delta(t-\tau)] \\ &= e^{j2\pi f\tau} - e^{-j2\pi f\tau}\end{aligned}$$

Mas, segundo as identidades de Euler, Eqs. (4.3) e (4.5),

$$e^{j2\pi f\tau} - e^{-j2\pi f\tau} = j2\,\mathrm{sen}(2\pi f\tau),$$

como calculado anteriormente.

A Eq. (7.29) pode ser generalizada para derivadas de ordem superior. Assim, se $x^{(n)}(t)$ é a derivada de ordem n do sinal $x(t)$, então, podemos escrever

$$\mathcal{F}[x^{(n)}(t)] = (j2\pi f)^n\,\hat{x}(f). \tag{7.30}$$

Em particular,

$$\mathcal{F}[x''(t)] = (j2\pi f)^2\,\hat{x}(t) = -4(\pi f)^2\,\hat{x}(f). \tag{7.31}$$

Note-se que a Eq. (7.31) pode ser demonstrada simplesmente aplicando a Eq. (7.29) sobre si mesma. Já a Eq. (7.30) pode ser demonstrada por um procedimento de indução que, como de praxe, deixaremos a cargo do leitor.

Exemplo 7.22 Seja $x(t) = A\cos(\omega_0 t)$, onde, naturalmente, $\omega_0 = 2\pi f_0$. Sua transformada de Fourier, como é sabido, é $\hat{x}(f) = (A/2)[\delta(f+f_0) + \delta(f-f_0)]$. Sua derivada segunda com respeito ao tempo vale

$$x''(t) = -A\omega_0^2\cos(\omega_0 t).$$

A transformada de Fourier de $x''(t)$ será, segundo a propriedade de linearidade, Eq. (7.22),

$$\begin{aligned}\mathcal{F}[x''(t)] &= -\frac{A\omega_0^2}{2}\,[\delta(f+f_0) + \delta(f-f_0)] \\ &= -4(\pi f_0)^2\,\frac{A}{2}[\delta(f+f_0) + \delta(f-f_0)] \\ &= -4(\pi f_0)^2\,\hat{x}(f),\end{aligned}$$

tal como previsto na Eq. (7.31).

7.3.7 Paridade

Foi dito, no início deste capítulo, que sinais reais têm, em geral, espectros complexos — mas nem sempre. Por outro lado, sinais complexos possuem transformadas de Fourier também complexas, em geral, mas não em todos os casos. Bem, aqui contamos a história completa. A Tabela 7.1 apresenta os resultados relativos à paridade dos sinais temporais (digamos) e seus correspondentes frequenciais. Observe-se que todos esses resultados relativos à paridade são facilmente demonstráveis utilizando-se as definições de transformada de Fourier direta e inversa, Eqs. (7.2) e (7.1), sendo as derivações deixadas a cargo do nosso esforçado e sagaz leitor.[22]

Tabela 7.1: Paridade nos domínios do tempo e da frequência.

nº	**Tempo** $x(t)$	**Frequência** $\hat{x}(f)$
1	Real puro	Real par, Imaginária ímpar
2	Imaginário puro	Real ímpar, Imaginária par
3	Real par, Imaginária ímpar	Real puro
4	Real ímpar, Imaginária par	Imaginário puro
5	Real par	Real par
6	Real ímpar	Imaginário ímpar
7	Imaginário par	Imaginário par
8	Imaginário ímpar	Real ímpar
9	Complexo par	Complexo par
10	Complexo ímpar	Complexo ímpar

A Tabela 7.1 correlaciona os possíveis casos de sinais reais ou complexos com paridade definida. Por exemplo, a Linha 3 indica que se o sinal temporal for complexo, com parte real par e parte imaginária ímpar, sua transformada de Fourier será puramente real. Já a Linha 9 afirma que se o sinal temporal for complexo com ambas as partes, real e imaginária, pares, sua transformada de Fourier será complexa com ambas as partes também pares. Naturalmente, há diversos sinais que não se enquadram em nenhuma das dez categorias da Tabela 7.1.

Exemplo 7.23 Vimos, no Ex. 6.8, veja Fig. 6.11, que a onda quadrada, um sinal real e par, tem espectro real e par, como indica a Linha 5 da Tabela 7.1, o que é claramente visualizado na Fig. 6.9. Por outro lado, vimos no Ex. 6.9, o sinal dente de serra, um sinal real e ímpar, veja Fig. 6.10, cujo espectro é imaginário e ímpar, como indica a Linha 6 da Tabela 7.1, o que é claramente visualizado na Fig. 6.11. Já o Ex. 7.2 que estuda a exponencial decrescente, um sinal real puro, porém sem paridade definida, apresenta um espectro com parte real par e parte imaginária ímpar, conforme indica a Linha 1 da Tabela 7.1 e é ilustrado na Fig. 7.2.

[22]Ver, por exemplo, E.O. Brigham. The Fast Fourier Transform and Its Applications. Prentice-Hall, New Jersey, 1982 [37] ou P.S.R. Diniz, E.A.B. Silva, S.L. Netto. Processamento Digital de Sinais: Projeto e Análise de Sistemas. 2ª edição, Bookmann, Porto Alegre, 2014 [66] ou, ainda, A. Papoulis. The Fourier Integral and Its Applications. 2nd edition, McGraw-Hill, New York, 1984 [190].

7.4 Teorema de Parseval

Tal como na série de Fourier, tem-se na transformada de Fourier o teorema de Parseval que garante serem iguais as energias dos sinais no domínio original (tempo, digamos) e no domínio transformado (frequência, nesse caso). Em outros termos, o que o teorema de Parseval garante é a *preservação da energia* na transformação de Fourier. Sejam, então, os pares transformados,

$$x(t) \rightleftharpoons \hat{x}(f) \qquad \text{e} \qquad y(t) \rightleftharpoons \hat{y}(f). \tag{7.32}$$

Então, pode-se afirmar que a energia de interação de dois sinais independe de sua representação, seja no domínio original, seja no domínio transformado. Matematicamente, pode-se escrever

$$E_{xy} = \int_{-\infty}^{\infty} x(t)y^*(t)\,\mathrm{d}t = \int_{-\infty}^{\infty} \hat{x}(f)\hat{y}^*(f)\,\mathrm{d}f = E_{\hat{x}\hat{y}}. \tag{7.33}$$

Em particular, para um único sinal $x(t)$, conserva-se sua energia pela transformação de Fourier, ou seja,

$$E_{xx} = \int_{-\infty}^{\infty} x(t)x^*(t)\,\mathrm{d}t = \int_{-\infty}^{\infty} \hat{x}(f)\hat{x}^*(f)\,\mathrm{d}f = E_{\hat{x}\hat{x}}, \tag{7.34}$$

ou, o que é equivalente,

$$E_{xx} = \int_{-\infty}^{\infty} |x(t)|^2\,\mathrm{d}t = \int_{-\infty}^{\infty} |\hat{x}(f)|^2\,\mathrm{d}f = E_{\hat{x}\hat{x}}. \tag{7.35}$$

Observe o leitor que as Eqs. (7.33) e (7.34) assumem que os sinais $x(t)$ e $y(t)$ possam ser complexos. Se ambos forem reais, então $x^*(t) = x(t)$ e $y^*(t) = y(t)$, desaparecendo o sinal de conjugado do lado esquerdo das equações. Do lado direito, contudo, os sinais $\hat{x}(f)$ e $\hat{y}(f)$ são usualmente complexos, sendo necessário tomarmos o conjugado de um deles para calcularmos a energia de interação.

Vamos demonstrar a seguir a Eq. (7.34) que traduz a conservação da energia de um dado sinal pela transformada de Fourier. A Eq. (7.35) é uma consequência direta da Eq. (7.34) e a Eq. (7.33) pode ser demonstrada de forma análoga, sendo deixada a prova para o dedicado leitor, a título de exercício.

O conjugado do sinal $x(t)$ pode ser expresso em termos do conjugado de sua transformada de Fourier, na forma

$$x^*(t) = \int_{-\infty}^{\infty} \hat{x}^*(f)\,e^{-\mathrm{j}2\pi f t}\,\mathrm{d}f.$$

Portanto, a energia do sinal $x(t)$ no domínio do tempo pode ser expressa por

$$\begin{aligned}
E_{xx} &= \int_{-\infty}^{\infty} x(t)x^*(t)\,\mathrm{d}t \\
&= \int_{-\infty}^{\infty} x(t)\left[\int_{-\infty}^{\infty} \hat{x}^*(f)\,e^{-\mathrm{j}2\pi ft}\,\mathrm{d}f\right]\mathrm{d}t \\
&= \int_{-\infty}^{\infty}\left[\int_{-\infty}^{\infty} x(t)\,e^{-\mathrm{j}2\pi ft}\,\mathrm{d}t\right]\hat{x}^*(f)\,\mathrm{d}f \\
&= \int_{-\infty}^{\infty} \hat{x}(f)\hat{x}^*(f)\,\mathrm{d}f \\
&= E_{\hat{x}\hat{x}}.
\end{aligned}$$

Observe que, da segunda para a terceira linha na demonstração do teorema de Parseval, houve uma troca na ordem das integrações.

Exemplo 7.24 Voltemos ao sinal real $x(t)$, estudado no Ex. 7.2, com α e β positivos,

$$x(t) = \begin{cases} \beta e^{-\alpha t}, & t \geq 0 \\ 0, & t < 0. \end{cases}$$

Sua transformada de Fourier, calculada naquele exemplo, é

$$\hat{x}(f) = \frac{\beta}{\alpha^2 + (2\pi f)^2}(\alpha - \mathrm{j}2\pi f).$$

A energia do sinal no domínio do tempo vale

$$\begin{aligned}
E_{xx} &= \int_{-\infty}^{\infty} x^2(t)\,\mathrm{d}t \\
&= \int_{0}^{\infty} \left(\beta e^{-\alpha t}\right)^2\,\mathrm{d}t \\
&= -\frac{\beta^2}{2\alpha}\,e^{-2\alpha t}\Big|_0^{\infty} \\
&= \frac{\beta^2}{2\alpha}.
\end{aligned}$$

Por outro lado, a energia do espectro complexo $\hat{x}(f)$, será

$$\begin{aligned}
E_{\hat{x}\hat{x}} &= \int_{-\infty}^{\infty} \hat{x}(f)\hat{x}^*(f)\,\mathrm{d}f \\
&= \int_{-\infty}^{\infty} \frac{\beta}{\alpha^2 + (2\pi f)^2}(\alpha - \mathrm{j}2\pi f) \times \frac{\beta}{\alpha^2 + (2\pi f)^2}(\alpha + \mathrm{j}2\pi f)\,\mathrm{d}f \\
&= \int_{-\infty}^{\infty} \frac{\beta^2}{\alpha^2 + (2\pi f)^2}\,\mathrm{d}f \\
&= \frac{\beta^2}{2\pi\alpha}\tan^{-1}\frac{2\pi f}{\alpha}\Big|_{-\infty}^{\infty} \\
&= \frac{\beta^2}{2\alpha}.
\end{aligned}$$

Portanto, como prevê a Eq. (7.34),

$$E_{xx} = E_{\hat{x}\hat{x}}.$$

Exemplo 7.25 Considere agora o sinal

$$x(t) = \left(\frac{\alpha}{\pi}\right)^{\frac{1}{2}} e^{-\alpha t^2},$$

ilustrado na Fig. 7.24a. Aplicando-se a Eq. (7.2), sua transformada de Fourier pode ser calculada, resultando no espectro[23]

$$\begin{aligned}\hat{x}(f) &= \left(\frac{\alpha}{\pi}\right)^{\frac{1}{2}} \int_{-\infty}^{\infty} e^{-\alpha t^2} e^{-\mathrm{j}2\pi f t}\, \mathrm{d}t \\ &= \left(\frac{\alpha}{\pi}\right)^{\frac{1}{2}} \left(\frac{\pi}{\alpha}\right)^{\frac{1}{2}} e^{-\frac{\pi^2 f^2}{\alpha}} \\ &= e^{-\frac{\pi^2 f^2}{\alpha}}.\end{aligned}$$

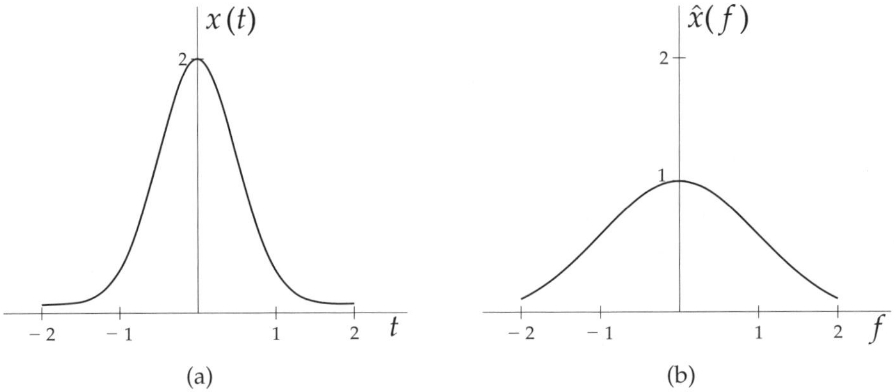

Figura 7.24: Gráficos (a) do sinal $x(t)$, para $\alpha = 4\pi$, e (b) de seu espectro, $\hat{x}(f)$.

A energia do sinal no domínio do tempo vale

$$\begin{aligned}E_{xx} &= \int_{-\infty}^{\infty} \left[\left(\frac{\alpha}{\pi}\right)^{\frac{1}{2}} e^{-\alpha t^2}\right]^2 \mathrm{d}t \\ &= \frac{\alpha}{\pi} \int_{-\infty}^{\infty} e^{-2\alpha t^2}\, \mathrm{d}t \\ &= \frac{\alpha}{\pi}\sqrt{\frac{\pi}{2\alpha}} \\ &= \sqrt{\frac{\alpha}{2\pi}}.\end{aligned}$$

[23]Para a integração da função exponencial, veja, por exemplo, H.J. Bartsch. Handbook of Mathematical Formulas. Academic Press, New York, 1974 [15] ou A. Jeffrey. Handbook of Mathematical Formulas and Integrals. Academic Press, San Diego, 1995 [130].

Já a energia do sinal no domínio da frequência será

$$
\begin{aligned}
E_{\hat{x}\hat{x}} &= \int_{-\infty}^{\infty} \left[e^{-\frac{\pi^2}{\alpha}f^2}\right]^2 \mathrm{d}f \\
&= \int_{-\infty}^{\infty} e^{-\frac{2\pi^2}{\alpha}f^2} \mathrm{d}f \\
&= \sqrt{\frac{\pi}{2\pi^2/\alpha}} \\
&= \sqrt{\frac{\alpha}{2\pi}}.
\end{aligned}
$$

Portanto, confirmando mais uma vez a Eq. (7.34), as energias do sinal nos dois domínios são idênticas.

Cabe aqui ressaltar que o teorema de Parseval aplica-se a *sinais com energia finita*. Por exemplo, sinais tais como $A\cos(\omega_0 t)$ ou $\delta(t)$, bem como suas transformadas de Fourier, não possuem energia finita, não fazendo sentido, portanto, comparar suas energias nos dois domínios.

7.5 Transformadas de convoluções e correlações

Considere dois sinais definidos sobre a variável t, sendo um o sinal $x(t)$ e o outro $h(t)$, cujo produto de convolução (veja Capítulo 5) é dado por

$$
y(t) = x(t) * h(t) = \int_{-\infty}^{\infty} x(\tau)h(t-\tau)\,\mathrm{d}\tau. \tag{7.36}
$$

Se tivermos os pares transformados

$$
x(t) \rightleftharpoons \hat{x}(f), \quad h(t) \rightleftharpoons \hat{h}(f) \quad \text{e} \quad y(t) \rightleftharpoons \hat{y}(f), \tag{7.37}
$$

então, vale a relação

$$
\hat{y}(f) = \hat{x}(f)\hat{h}(f), \tag{7.38}
$$

ou seja, o produto de convolução de dois sinais no domínio do tempo (digamos) se converte em um produto comum de funções, ou sinais, no domínio da frequência, ou no domínio transformado. Em outros termos, podemos escrever que

$$
x(t) * h(t) \rightleftharpoons \hat{x}(f)\hat{h}(f) \tag{7.39}
$$

A Eq. (7.39) é denominada *teorema da convolução*. Este é um resultado bastante importante em processamento de sinais, pois permite, por um lado, realizar a integração da convolução, Eq. (7.36), de forma mais expedita e, por outro lado, permite realizar a *deconvolução*, como veremos mais adiante nesta seção. Para demonstrar o teorema da convolução, Eq. (7.39), tomemos uma variável muda $u = t - \tau$, com $\mathrm{d}u = \mathrm{d}t$, de modo que

$$\begin{aligned}
\mathcal{F}[x(t) * h(t)] &= \int_{-\infty}^{\infty} \left[\int_{-\infty}^{\infty} x(\tau) h(t-\tau) \, \mathrm{d}\tau \right] e^{-\mathrm{j}2\pi f t} \, \mathrm{d}t \\
&= \int_{-\infty}^{\infty} x(\tau) \int_{-\infty}^{\infty} h(u) \, e^{-\mathrm{j}2\pi f(u+\tau)} \, \mathrm{d}u \, \mathrm{d}\tau \\
&= \int_{-\infty}^{\infty} x(\tau) \, e^{-\mathrm{j}2\pi f \tau} \, \mathrm{d}\tau \int_{-\infty}^{\infty} h(u) \, e^{-\mathrm{j}2\pi f u} \, \mathrm{d}u \\
&= \hat{x}(f) \hat{h}(f).
\end{aligned}$$

A Fig. 7.25 ilustra o teorema da convolução aplicado a um sistema linear invariante no tempo ($\mathcal{SLI}$).

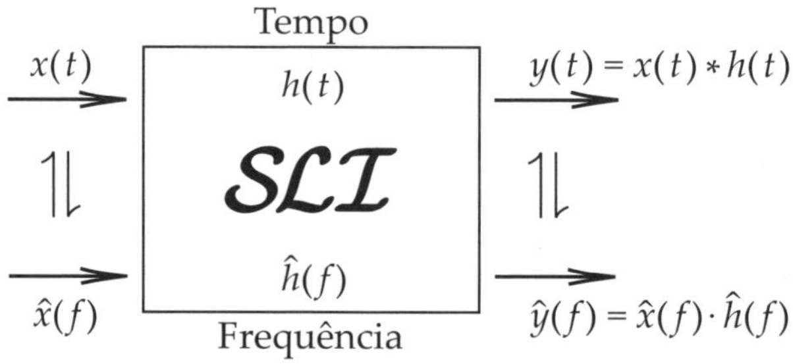

Figura 7.25: Ilustração de um $\mathcal{SLI}$ com resposta impulsiva $h(t)$ e função de transferência $\hat{h}(f)$, com entradas e saídas tanto no domínio do tempo como no domínio da frequência.

Note o leitor que o $\mathcal{SLI}$ tem como *características* sua resposta impulsiva, $h(t)$ e sua função de transferência $\hat{h}(f)$. Portanto, se o sinal de excitação do $\mathcal{SLI}$ é $x(t)$, sua resposta será $y(t)$, dada pela Eq. (7.36). No domínio da frequência, o sinal de excitação correspondente é $\hat{x}(f)$ e a resposta do sistema será $\hat{y}(f)$, segundo a Eq. (7.38) e como indicado na Fig. 7.25.

Reiterando o que indica a Fig. 7.25, as funções caracteríticas de um $\mathcal{SLI}$ são sua resposta impulsiva, $h(t)$, e sua função de transferência, $\hat{h}(f)$, a segunda sendo a transformada de Fourier da primeira. Se $x(t)$ for a excitação do sistema, então $y(t) = x(t) * h(t)$ será a resposta do sistema, no domínio do tempo. Já no domínio da frequência, se $\hat{x}(f)$ é o espectro do sinal de excitação do sistema, o espectro de sua resposta será $\hat{y}(f) = \hat{x}(f)\hat{h}(f)$.

Exemplo 7.26 Considere o produto de convolução de dois sinais janela de largura 2τ, ou seja, $x(t) = \sqcap_\tau(t)$ e $h(t) = \sqcap_\tau(t)$. Então, como já foi visto no Ex. 5.2, seu produto de convolução será

$$y(t) = x(t) * h(t) = \begin{cases} 1 - t/(2\tau), & t \in (0, 2\tau) \\ 1 + t/(2\tau), & t \in (-2\tau, 0), \end{cases}$$

ou seja, um sinal do tipo triângulo, como mostra a Fig. 7.26.

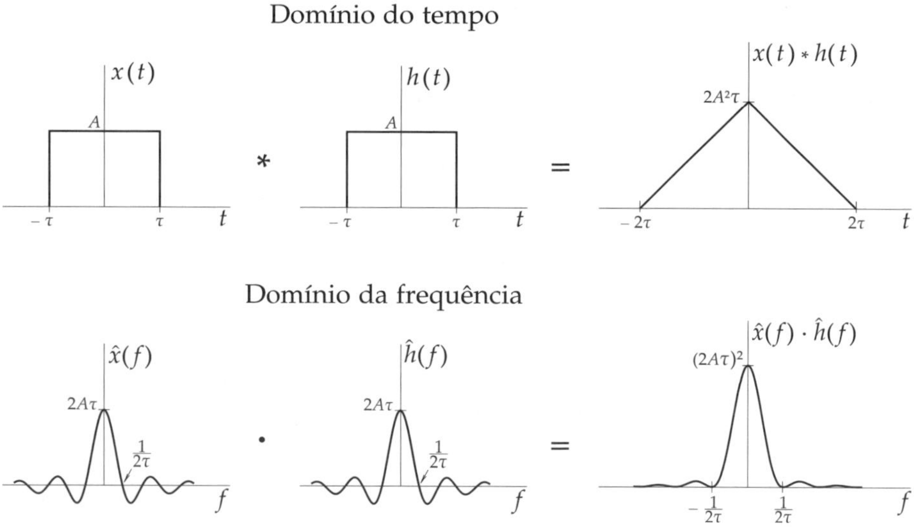

Figura 7.26: Ilustração do teorema da convolução aplicado à convolução de dois sinais janela temporais, o que resulta, no domínio da frequência, no sinal $\text{sinc}^2(2\pi f\tau)$.

Ora, como já discutido no Ex. 7.5, a transformada de Fourier do sinal janela centrado na origem é o sinal cosseno amortecido, da forma $\text{sinc}(2\pi f\tau)$, e, naturalmente, o produto de duas funções do tipo $\text{sinc}(2\pi f\tau)$ é o sinal $\text{sinc}^2(2\pi f\tau)$. Portanto, segundo o teorema da convolução, Eq. (7.39), o sinal $\text{sinc}^2(2\pi f\tau)$ é a transformada de Fourier do sinal triângulo. Desse modo, na parte superior da Fig. 7.26, que mostra as operações no domínio do tempo, vê-se que o produto de convolução das janelas resulta no sinal triângulo, de suporte 4τ. Já na parte inferior da Fig. 7.26, que mostra as operações correspondentes no domínio da frequência, tem-se o produto simples das transformadas de Fourier das funções janela, o que resulta no sinal $\text{sinc}^2(2\pi f\tau)$, a transformada de Fourier do sinal triângulo.

A Eq. (7.38) estabelece que uma convolução no domínio do tempo (digamos) corresponde a um produto simples no domínio da frequência ou seja, no domínio transformado. Analogamente, se tivermos

$$\hat{y}(f) = \hat{x}(f) * \hat{h}(f), \tag{7.40}$$

então valerá a relação inversa

$$y(t) = x(t)h(t), \tag{7.41}$$

ou seja, o produto de convolução no domínio da frequência (digamos) se converte em um produto comum de funções no domínio do tempo, ou no domínio transformado. Isso pode ser expresso, portanto, por

$$\hat{x}(f) * \hat{h}(f) \rightleftharpoons x(t)h(t). \tag{7.42}$$

A demonstração da Eq. (7.42) é inteiramente similar à demonstração da Eq. (7.39). Lembremos, primeiramente, que a convolução no domínio da frequência é da forma

$$\hat{x}(f) * \hat{h}(f) = \int_{-\infty}^{\infty} \hat{x}(\nu)\hat{h}(f-\nu)\,\mathrm{d}\nu. \tag{7.43}$$

Tomando agora uma variável muda $v = f - \nu$, tem-se,

$$\begin{aligned}
\mathcal{F}^{-1}[\hat{x}(f) * \hat{h}(f)] &= \int_{-\infty}^{\infty} \left[\int_{-\infty}^{\infty} \hat{x}(\nu)\hat{h}(f-\nu)\,\mathrm{d}\nu\right] e^{\mathrm{j}2\pi f t}\,\mathrm{d}f \\
&= \int_{-\infty}^{\infty} \hat{x}(\nu) \int_{-\infty}^{\infty} \hat{h}(v)\, e^{\mathrm{j}2\pi f(v+\nu)}\,\mathrm{d}v\,\mathrm{d}\nu \\
&= \int_{-\infty}^{\infty} \hat{x}(\nu)\, e^{\mathrm{j}2\pi \nu t}\,\mathrm{d}\nu \int_{-\infty}^{\infty} \hat{h}(v)\, e^{\mathrm{j}2\pi v t}\,\mathrm{d}v \\
&= x(t)h(t).
\end{aligned}$$

Exemplo 7.27 Tomemos os sinais $x(t) = A\cos(2\pi f_0 t)$ e $h(t) = \sqcap_\tau(t)$. Suas transformadas de Fourier são, respectivamente, veja Fig. 7.27,

$$\hat{x}(f) = \frac{A}{2}\left[\delta(f+f_0) + \delta(f-f_0)\right]$$

e

$$\hat{h}(f) = 2\tau\frac{\operatorname{sen}(2\pi f\tau)}{2\pi f\tau},$$

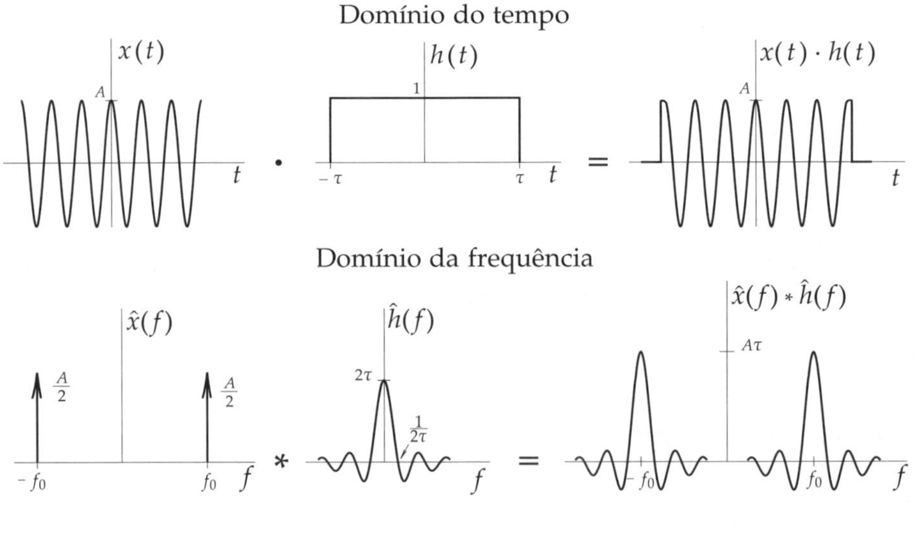

Figura 7.27: Ilustração da relação entre o produto dos sinais $x(t)$ e $h(t)$, no domínio do tempo, e o produto de convolução de seus espectros, $\hat{x}(f)$ e $\hat{h}(f)$.

Vê-se, na parte superior da Fig. 7.27, as operações no domínio do tempo e, na parte inferior, as correspondentes operações no domínio da frequência. Observe que o produto $x(t) \cdot h(t)$ nada mais é do que o sinal $x(t)$ original *truncado* no intervalo $(-\tau, \tau)$, como mostra a Fig. 7.27. No domínio da frequência, esse procedimento corresponde à convolução entre $\hat{x}(f)$ e $\hat{h}(f)$, o que resulta em um par de sinais cosseno amortecido simetricamente distribuídos em relação à origem, como ilustrado.

A Eq. (7.39) propicia uma técnica utilíssima para proceder ao produto de convolução de dois sinais. Com efeito, a Eq. (7.36), que define o produto de convolução de dois sinais, não constitui uma relação simples pelo fato de exigir, como anteriormente mencionado, a integração em todo o domínio $\tau \in (-\infty, \infty)$ *para cada valor* da variável t, o que pode vir a ser computacionalmente custoso. Contudo, com a utilização da Eq. (7.39) pode-se, primeiramente, passar os sinais para o domínio da frequência, em seguida multiplicá-los — o que constitui uma operação bastante simples — e, finalmente retornar ao domínio original (tempo, digamos) via transformada inversa de Fourier. Desse modo, o produto de convolução dos sinais $x(t)$ e $h(t)$ pode ser calculado por

$$y(t) = x(t) * h(t) = \mathcal{F}^{-1}\big[\mathcal{F}[x(t)]\mathcal{F}[h(t)]\big]. \tag{7.44}$$

Conforme se verá na Seção 9.5, no domínio discreto, a integral de Fourier, Eq. (7.2), pode ser efetuada por meio de um algoritmo rápido — conhecido como FFT (do inglês, *Fast Fourier Transform*, transformada rápida de Fourier) —, tornando desse modo o produto de convolução por meio da Eq. (7.44) extremamente vantajosa.

Exemplo 7.28 O Ex. 5.14, no Capítulo 5, mostrou uma situação de aurilização em uma determinada sala, a partir de um sinal anecoico oriundo de uma sequência de palmas. Releia-o. Como mencionado naquele exemplo, veja Fig. 5.13, em (a) tem-se o sinal da resposta impulsiva biauricular da sala para um par fonte-receptor, em (b) tem-se o sinal (monoauricular) das palmas anecoicas e em (c) tem-se o sinal biauricular da *aurilização*, para aquele par, resultante do produto de convolução dos sinais indicados em (a) e (b). Bem, mas como é executado o procedimento, por assim dizer, por trás das cortinas, para obter os sinais mostrados na Fig. 5.13? A resposta está descrita pela Eq. (7.44): o sinal biauricular (a) e o sinal monoauricular (b) são, inicialmente, passados para o domínio da frequência, via FFT. Os espectros são, então, multiplicados e ao produto resultante é aplicada uma transfomada inversa rápida de Fourier, que utiliza, essencialmente, o mesmo algoritmo rápido — conhecido como IFFT —, obtendo-se então a aurilização desejada, como mostra a Fig. 5.13c.

Uma classe bem interessante de problemas que podem ser resolvidos a partir da Eq. (7.39) são os chamados *problemas inversos* ou *problemas de identificação*.[24] Suponhamos que tem-se um $\mathcal{SLI}$ cujas entrada, $x(t)$, e saída, $y(t)$, foram medidas e, portanto, são conhecidas, mas não dispomos da resposta impulsiva $h(t)$ do sistema. *Identificar*, portanto, o sistema seria encontrar $h(t)$ dados $x(t)$ e $y(t)$.

Naturalmente, a Eq. (5.1) ou a Eq. (5.2) não podem ser utilizadas pois o produto de convolução *não* possui um operador inverso, ou seja, não dispomos de

[24]Ver, por exemplo, A. Kirsch. An Introduction to the Mathematical Theory of Inverse Problems. Springer, New York, 1996 [141].

um "quociente de convolução". Todavia, passando ao domínio espectral via transformada de Fourier, podemos sim, utilizar a Eq. (7.38) para obter a *função de transferência* do sistema, na forma

$$\hat{h}(f) = \frac{\hat{y}(f)}{\hat{x}(f)}. \tag{7.45}$$

Cumpre notar que a Eq. (7.45) só pode ser utilizada na região em que $\hat{x}(f) \neq 0$. Isso significa dizer que o conteúdo espectral do sinal de excitação $x(t)$ deve ser suficientemente largo, de modo a se dispor de informação em toda faixa de frequência de interesse. Mas, uma vez atendido esse requisito, a resposta impulsiva do sistema pode ser calculada como função dos sinais originais de excitação, $x(t)$, e resposta, $y(t)$, na forma

$$h(t) = \mathcal{F}^{-1}\left[\frac{\mathcal{F}[y(t)]}{\mathcal{F}[x(t)]}\right]. \tag{7.46}$$

A Eq. (7.46) é denominada equação de *deconvolução*. Note o atento leitor que, com a Eq. (7.46) é possível, via transformadas direta e inversa de Fourier, obter-se, por assim dizer, como que um "quociente de convolução".

Exemplo 7.29 Em acústica de salas, caracterizar adequadamente um determinado recinto é, antes de tudo, conhecer a sua resposta impulsiva para cada par fonte-receptor.[25]

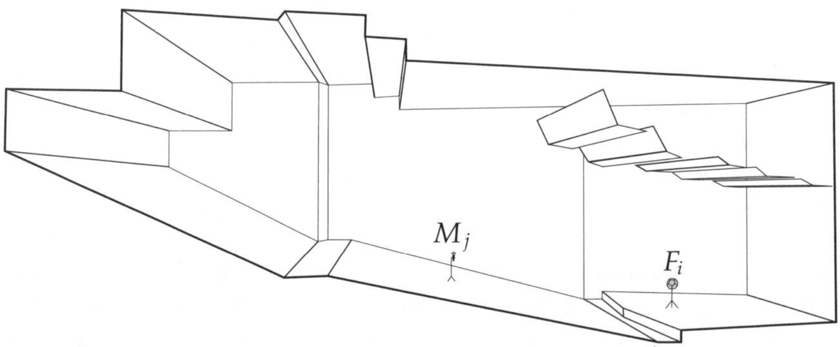

Figura 7.28: Uma sala com uma fonte sonora F_i emitindo um sinal sonoro $x_i(t)$ e um microfone M_j captando o sinal $y_j(t)$. A deconvolução, Eq. (7.46), aplicada a esses sinais permite a determinação da resposta impulsiva da sala para o par F_i–M_j.

Se $x_i(t)$ é um sinal de banda larga emitido pela fonte sonora F_i no interior da sala, veja Fig. 7.28, e $y_j(t)$ é o sinal captado pelo microfone M_j, então, a resposta impulsiva da sala — conhecida internacionalmente pela sigla RIR, do inglês *Room Impulse Response*

[25]Ver, por exemplo, M. Barron. Auditorium Acoustics and Architectural Design. E&FN Spon, London, 1993 [14] ou E. Brandão. Acústica de Salas: Projeto e Modelagem. Edgar Blucher, São Paulo, 2016 [31] ou, ainda, H. Kuttruff. Room Acoustics. 4th edition, Spon Press, New York, 1999 [149].

— para o par F_i–M_j pode ser obtida pela Eq. (7.46). Portanto, a RIR para o par F_i–M_j será calculada como

$$h_{ij}(t) = \mathcal{F}^{-1}\left[\frac{\mathcal{F}[y_j(t)]}{\mathcal{F}[x_i(t)]}\right].$$

Note que a exigência de que o sinal de excitação da sala, $x_i(t)$, seja de banda larga é de fato imperioso, uma vez que sua transformada de Fourier, $\hat{x}_i(f)$, não pode se anular em nenhum ponto da região de interesse em frequência,[26] de modo que não haja singularidades no cálculo da resposta impulsiva $h_{ij}(t)$.[27]

Exemplo 7.30 Abordaremos a seguir um outro exemplo de problema inverso que pode se beneficiar, para a sua solução, da utilização da Eq. (7.46). Na identificação de danos em estruturas, uma das técnicas mais refinadas, no sentido da possibilidade de reproduzir com acurácia tanto a localização como as demais características do dano (intensidade, formato etc.), é aquela que utiliza o fenômeno de propagação de ondas mecânicas (acústicas).

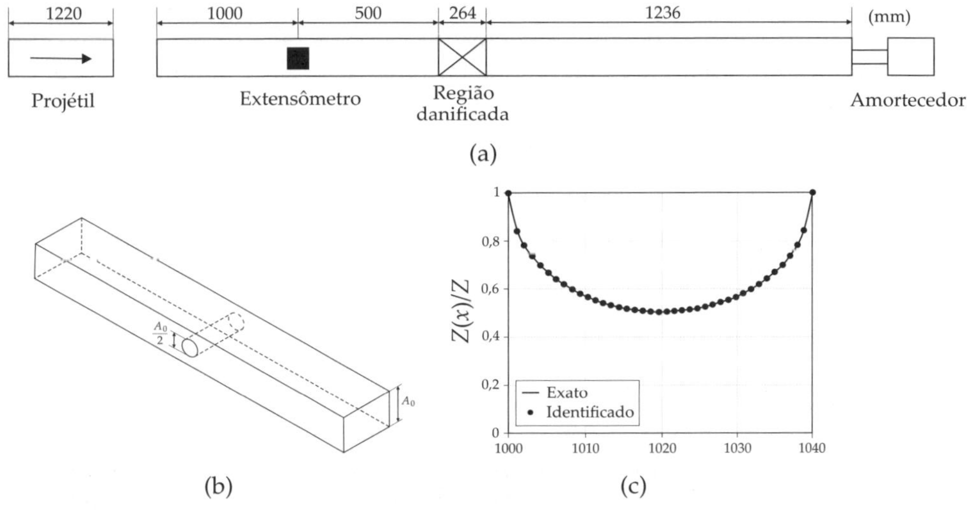

Figura 7.29: (a) Esquema de ensaio de uma barra esbelta instrumentada com extensômetros elétricos. (b) Barra com um furo cilíndrico transversal, caracterizando o dano. (c) Perfil da impedância normalizada no trecho do furo, onde existe uma redução da impedância mecânica $Z(x)$, e sua identificação.

A Fig. 7.29 ilustra um exemplo bastante simples de um procedimento para identificação de um furo cilíndrico transversal em uma barra esbelta de seção reta retangular. O procedimento de ensaio é o seguinte. A barra da Fig. 7.29b é colocada em um suporte, mostrado na Fig. 7.29a, onde, na extremidade da direita há um amortecedor de impacto e, na da esquerda, incide um projétil que choca-se com a barra em

[26]Por óbvio, não pode haver divisão por zero.

[27]Ver, por exemplo, L. Cremer, H.A. Müller. Principles and Applications of Room Acoustics. Volume 1, Applied Science Publishers, London, 1982 [59] e L. Cremer, H.A. Müller. Principles and Applications of Room Acoustics. Volume 2, Applied Science Publishers, London, 1982 [60].

teste. O impacto gerado pelo projétil propaga uma onda de compressão para a direita (progressiva) ao longo da barra. Essa onda é capturada por uma estação de extensômetros elétricos — que medem a *deformação dinâmica* local da barra —, registrando, então, um sinal que designaremos por $x(t)$. Na sequência, essa onda atinge a região danificada (no nosso exemplo, o furo cilíndrico transversal). O dano gera uma onda de tração que se propaga no sentido oposto (regressiva) e que, por sua vez, é também capturada pela estação de extensômetros, produzindo um sinal que será designado por $y(t)$. Pode-se demonstrar facilmente que este é um $\mathcal{SLI}$, com excitação $x(t)$ e resposta $y(t)$, ambos medidos pela montagem experimental.[28] Na modelagem do problema, a resposta impulsiva $h(t)$ da barra impactada é relacionada à variação da impedância mecânica (impedância acústica) ao longo do comprimento da mesma, $Z(x)$, onde Z é a impedância e x é a distância medida ao longo do comprimento.[29] No trecho homogêneo da barra, $Z(x) = Z_0$, sua impedância nominal.[30] Contudo, no trecho onde o furo cilíndrico está presente, tem-se um Z variável, cujo perfil é aquele ilustrado pela linha contínua na Fig. 7.29c. Resolvendo-se, então, a Eq. (7.46), obtém-se $h(t)$ que dependerá, naturalmente, de $Z(x)$, portanto, de $A(x)$.

A Fig. 7.29c mostra o perfil de impedância $Z(x)$ identificado, que corresponde a uma discretização da variação da seção reta da barra no trecho considerado. Observe que, por exemplo, o valor mínimo da impedância se dá em $x = 1020$ mm — localização do eixo de simetria do furo — com um valor de 50% da seção reta, ou seja, foram identificados, com excelente acurácia, tanto a posição quanto a forma do dano à estrutura.

A Fig. 7.30 ilustra a identificação de perfis de impedância em estruturas esbeltas em dois casos reais, onde a variação de seção reta, portanto de impedância mecânica, deveu-se a processos de acentuada corrosão. A Fig. 7.30a mostra um caso em que a redução de seção reta chega a 35% da seção reta nominal da estrutura; a Fig. 7.30b apresenta uma situação em que essa redução chega a 50% da seção reta nominal. Observe o gentil leitor que a identificação, embora não tão precisa como no caso do furo cilíndrico, ainda é suficientemente precisa para identificar com segurança se há comprometimento estrutural inaceitável, dada a proximidade entre os perfis reais e aqueles identificados pelo procedimento de deconvolução. Observe ainda que as curvas de erro absoluto para os dois casos, indicados nas Figs. 7.30c e 7.30d indicam pequenos desvios com relação aos perfis reais, de ordem de grandeza inferior a 5%, com o erro médio quadrático (MSE),[31] sendo menor do que 5×10^{-4} em qualquer dos dois casos.[32]

---

[28] O comportamento desse sistema é regido por uma equação diferencial parcial linear, veja Ex. 2.7.

[29] Pode-se mostrar que há uma relação funcional simples entre a impedância, $Z(x)$ e a área da seção reta, $A(x)$, ver, por exemplo, R.A. Tenenbaum, M. Zindeluk. An exact solution for the one-dimensional elastic wave equation in layered media. *Journal of the Acoustical Society of America*, 92(6):3364–3370, 1992 [228].

[30] Ver, por exemplo, C.J. Hemond, Jr. Engineering Acoustics & Noise Control. Prentice-Hall, Englewood Cliffs, 1983 [103] ou E.M. Kohen. Impedancia Acustica. Panamericana, Buenos Aires, 1985 [145].

[31] MSE é a sigla internacionalmente utilizada para erro médio quadrático, do inglês, *Mean Square Error*. O erro médio quadrático entre dois sinais — no caso, os sinais $Z_r(x)$, *real*, e $Z_i(x)$, *identificado* — é definido como sendo o somatório das diferenças quadráticas dos sinais, ponto a ponto, dividido pelo número de pontos: $\text{MSE} = \left(\sum_{k=1}^{N} |Z_r(x_k) - Z_i(x_k)|^2\right)/N$.

[32] Ver, por exemplo, J.P. Fouque, J. Garnier, G. Papanicolau, K. Solna. Wave Propagation and Time Reversal in Randomly Layered Media. Springer, New York, 2007 [82].

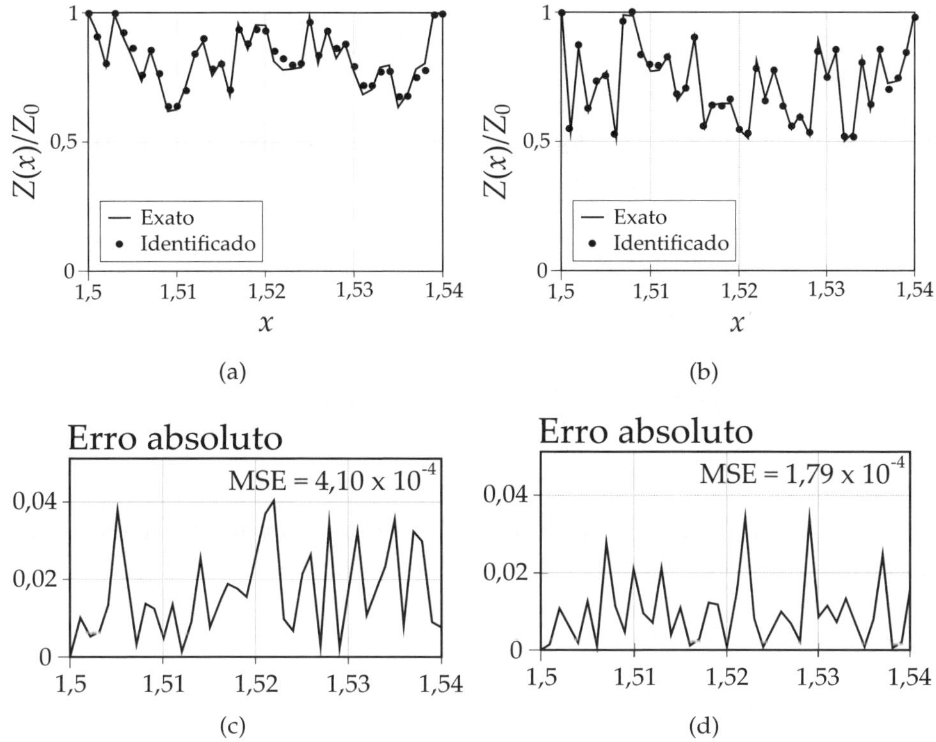

Figura 7.30: Comparação entre perfis reais e identificados, via deconvolução, para duas situações de corrosão: (a) seção reta com perda de impedância de até 35%; (b) seção reta com perda de impedância de até 50%; (c) erro absoluto entre o valor real (exato) e o identificado, para o caso (a); idem, para o caso (b).

Considere dois sinais definidos sobre a variável t, sendo um o sinal $x(t)$ e o outro $y(t)$, cuja função de correlação cruzada, veja Seção 5.5, é dada por

$$S_{xy}(t) = \int_{-\infty}^{\infty} x(\tau)y(t+\tau)\,\mathrm{d}\tau. \tag{7.47}$$

Se tivermos os pares transformados

$$x(t) \rightleftharpoons \hat{x}(f), \quad y(f) \rightleftharpoons \hat{y}(f) \quad \text{e} \quad S_{xy}(t) \rightleftharpoons \hat{S}_{xy}(f), \tag{7.48}$$

então, vale a relação

$$\hat{S}_{xy}(f) = \hat{x}^*(f)\hat{y}(f), \tag{7.49}$$

ou seja, a função de correlação cruzada no domínio do tempo (digamos) se converte em um produto comum de funções no domínio da frequência, ou no domínio transformado, com um dos espectros conjugado. Portanto, podemos escrever

$$S_{xy}(t) \rightleftharpoons \hat{x}^*(f)\hat{y}(f) \tag{7.50}$$

e, analogamente,

$$S_{yx}(t) \rightleftharpoons \hat{x}(f)\hat{y}^*(f) \tag{7.51}$$

A Eq. (7.50) — ou (7.51) — é denominada *teorema da correlação*. Para demonstrar esse resultado, tomemos uma variável muda $u = t + \tau$, de modo que

$$\begin{aligned}\hat{S}_{xy}(f) &= \int_{-\infty}^{\infty}\left[\int_{-\infty}^{\infty} x(\tau)y(t+\tau)\,\mathrm{d}\tau\right] e^{-\mathrm{j}2\pi f t}\,\mathrm{d}t\\ &= \int_{-\infty}^{\infty} x(\tau)\int_{-\infty}^{\infty} y(u)\,e^{-\mathrm{j}2\pi f(u-\tau)}\,\mathrm{d}u\,\mathrm{d}\tau\\ &= \int_{-\infty}^{\infty} x(\tau)\,e^{\mathrm{j}2\pi f\tau}\,\mathrm{d}\tau\int_{-\infty}^{\infty} y(u)\,e^{-\mathrm{j}2\pi f u}\,\mathrm{d}u\\ &= \hat{x}^*(f)\,\hat{y}(f).\end{aligned}$$

Inversamente, se tivermos, no domínio da frequência, uma correlação entre os espectros,

$$\hat{S}_{xy}(f) = \int_{-\infty}^{\infty} \hat{x}(\nu)\hat{y}(\nu+f)\,\mathrm{d}\nu, \tag{7.52}$$

então valerá a relação inversa

$$S_{xy}(t) = x^*(t)y(t), \tag{7.53}$$

ou seja, a função de correlação cruzada no domínio da frequência se converte em um produto comum de funções no domínio do tempo, ou no domínio transformado, com uma das funções conjugada. A demonstração desse resultado é idêntica à anterior, Eq. (7.51), simplesmente invertendo-se o sinal da exponencial complexa, sendo, portanto, essa tarefa deixada a cargo do esforçado leitor, a título — como sempre — de exercício.

Exemplo 7.31 Voltemos agora ao Ex. 5.21 (reveja-o), onde foi exemplificada a função de correlação de um sinal janela, $x(t) = \sqcap_T(t)$, e um sinal pente de deltas,

$$y(t) = P_\tau(t) = \sum_{k=-\infty}^{\infty} \delta(t - k\tau).$$

Conforme calculado no citado exemplo, a função de correlação cruzada entre esses dois sinais vale

$$S_{xy}(t) = \sum_{k=-\infty}^{\infty} \sqcap_T(t - k\tau),$$

veja Fig. 5.22. Agora, vamos calcular a transformada de Fourier de $S_{xy}(t)$, utilizando a Eq. (7.49). Como já visto no Ex. 7.5, a transformada de Fourier do sinal janela é a função cosseno amortecido, da forma

$$\hat{x}(f) = 2T\frac{\mathrm{sen}(2\pi f T)}{2\pi f T}.$$

Por outro lado, segundo o Ex. 7.11, a transformada de Fourier do sinal pente de deltas é

$$\hat{y}(f) = \nu \sum_{n=-\infty}^{\infty} \delta(f - n\nu), \qquad \nu = \frac{1}{\tau}.$$

Portanto, segundo a Eq. (7.49),

$$\begin{aligned}\hat{S}_{xy}(f) &= 2T\frac{\operatorname{sen}(2\pi f T)}{2\pi f T} \times \nu \sum_{n=-\infty}^{\infty} \delta(f - n\nu) \\ &= \nu \sum_{n=-\infty}^{\infty} \frac{\operatorname{sen}\big(2\pi(f - n\nu)T\big)}{\pi(f - n\nu)} \delta(f - n\nu).\end{aligned}$$

No caso particular da função de autocorrelação,

$$S_{xx}(t) = \int_{-\infty}^{\infty} x(\tau)x(t+\tau)\,\mathrm{d}\tau, \tag{7.54}$$

com os pares transformados

$$x(t) \rightleftharpoons \hat{x}(f) \quad \text{e} \quad S_{xx}(t) \rightleftharpoons \hat{S}_{xx}(f), \tag{7.55}$$

então, segundo a Eq. (7.49), teremos

$$\hat{S}_{xx}(f) = \hat{x}^*(f)\hat{x}(f) = |\hat{x}(f)|^2, \tag{7.56}$$

ou seja, a transformada de Fourier da função de autocorrelação nada mais é do que o módulo quadrático da transformada de Fourier do sinal original.[33]

Exemplo 7.32 Vimos no Ex. 5.20 que a função de autocorrelação do sinal

$$x(t) = \begin{cases} e^{-\alpha t}, & t \geq 0 \\ 0, & t < 0. \end{cases}$$

é a função

$$S_{xx}(t) = \frac{e^{-\alpha|t|}}{2\alpha}, \qquad -\infty < t < \infty.$$

A transformada de Fourier de $x(t)$ pode ser calculada como

$$\begin{aligned}\hat{x}(f) &= \int_0^{\infty} e^{-\alpha t} e^{-\mathrm{j}2\pi f t}\,\mathrm{d}t \\ &= \int_0^{\infty} e^{-(\alpha+\mathrm{j}2\pi f)t}\,\mathrm{d}t \\ &= \frac{-1}{\alpha + \mathrm{j}2\pi f} e^{-(\alpha+\mathrm{j}2\pi f)t}\Big|_0^{\infty} \\ &= \frac{1}{\alpha + \mathrm{j}2\pi f} \\ &= \frac{\alpha - \mathrm{j}2\pi f}{\alpha^2 + (2\pi f)^2}.\end{aligned}$$

[33]Também conhecido como *densidade espectral de energia* do sinal.

O conjugado da transformada de Fourier de $x(t)$ será, naturalmente,

$$\hat{x}^*(f) = \frac{\alpha + \mathrm{j}2\pi f}{\alpha^2 + (2\pi f)^2}.$$

Portanto, o módulo quadrático de $\hat{x}(f)$ vale

$$|\hat{x}(f)|^2 = \hat{x}(f)\hat{x}^*(f) = \frac{1}{\alpha^2 + (2\pi f)^2}.$$

Por outro lado, a transformada de Fourier da função de autocorrelação será

$$\hat{S}_{xx}(f) = \int_{-\infty}^{\infty} \frac{e^{-\alpha|t|}}{2\alpha} e^{-\mathrm{j}2\pi f t}\,\mathrm{d}t$$

Separando a integração nos domínios $(-\infty, 0)$ e $(0, \infty)$ tem-se, para $t > 0$,

$$\begin{aligned}\hat{S}_{xx_+}(f) &= \frac{1}{2\alpha}\int_0^{\infty} e^{-(\alpha+\mathrm{j}2\pi f)t}\,\mathrm{d}t \\ &= \frac{-1}{2\alpha(\alpha+\mathrm{j}2\pi f)} e^{-(\alpha+\mathrm{j}2\pi f)t}\Big|_0^{\infty} \\ &= \frac{\alpha - \mathrm{j}2\pi f}{2\alpha(\alpha^2 + (2\pi f)^2)}.\end{aligned}$$

Por outro lado, para $t < 0$, observe que $|t|$ permanece inalterado, mas a exponencial complexa troca o sinal de seu expoente, portanto,

$$\begin{aligned}\hat{S}_{xx_-}(f) &= \frac{1}{2\alpha}\int_{-\infty}^{0} e^{-(\alpha-\mathrm{j}2\pi f)t}\,\mathrm{d}t \\ &= \frac{-1}{2\alpha(\alpha+\mathrm{j}2\pi f)} e^{-(\alpha-\mathrm{j}2\pi f)t}\Big|_{-\infty}^{0} \\ &= \frac{\alpha + \mathrm{j}2\pi f}{2\alpha(\alpha^2 + (2\pi f)^2)}.\end{aligned}$$

Desse modo, como indica a Eq. (7.56),

$$\begin{aligned}\hat{S}_{xx}(f) &= \hat{S}_{xx_-}(f) + \hat{S}_{xx_+}(f) \\ &= \frac{\alpha + \mathrm{j}2\pi f}{2\alpha(\alpha^2 + (2\pi f)^2)} + \frac{\alpha - \mathrm{j}2\pi f}{2\alpha(\alpha^2 + (2\pi f)^2)} \\ &= \frac{1}{\alpha^2 + (2\pi f)^2}.\end{aligned}$$

O sagaz leitor pode estar se perguntando se, para a determinação do espectro da função de correlação cruzada ou da função de autocorrelação, não seria mais vantajoso operar diretamente com essas funções, ou seja, simplesmente calcular as transformadas de Fourier das funções de correlação cruzada ou de autocorrelação. E estará coberto de razão, caso $S_{xy}(t)$ ou $S_{xx}(t)$ já sejam conhecidas. Contudo, em caso contrário, quase sempre é mais fácil calcular o espectro dos sinais componentes e realizar seu produto simples, como expressam as Eqs. (7.49) e (7.56), obtendo assim os espectros das funções de correlação cruzada ou de autocorrelação *sem a necessidade de efetuar* os produtos de correlação propriamente ditos, Eq. (7.47) e (7.54).

O teorema da correlação também favorece uma técnica útil para proceder ao cálculo da função de correlação de dois sinais, já que a fórmula original — tal como ocorre com a integral da convolução — é computacionalmente custosa. Contudo, com a utilização das Eqs. (7.47) e (7.49) pode-se, primeiramente, passar os sinais para o domínio da frequência, não esquecendo de conjugar um deles, em seguida multiplicá-los, e finalmente retornar ao domínio original (tempo, digamos) via transformada inversa de Fourier. Desse modo, a função de correlação cruzada entre os sinais $x(t)$ e $y(t)$ pode ser calculada por

$$S_{xy}(t) = \mathcal{F}^{-1}\Big[\mathcal{F}\big[x(t)\big]^{*}\mathcal{F}\big[y(t)\big]\Big] \tag{7.57}$$

e, analogamente, a função de autocorrelação do sinal $x(t)$ pode ser obtida por

$$S_{xx}(t) = \mathcal{F}^{-1}\Big[\mathcal{F}\big[x(t)\big]^{*}\mathcal{F}\big[x(t)\big]\Big]. \tag{7.58}$$

Exemplo 7.33 Seja, agora, o sinal, veja Fig. 7.31a,

$$x(t) = \sqrt{\frac{\alpha}{\pi}}\, e^{-\alpha t^2},$$

Sua transformada de Fourier será[34]

$$\begin{aligned}
\hat{x}(f) &= \int_{-\infty}^{\infty} \sqrt{\frac{\alpha}{\pi}}\, e^{-\alpha t^2}\, e^{-\mathrm{j}2\pi f t}\, \mathrm{d}t \\
&= \sqrt{\frac{\alpha}{\pi}} \int_{-\infty}^{\infty} e^{-(\alpha t^2 + \mathrm{j}2\pi f t)}\, \mathrm{d}t \\
&= e^{-\frac{\pi^2}{\alpha} f^2}.
\end{aligned}$$

Trata-se de um espectro real, de modo que $\hat{x}^*(f) = \hat{x}(f)$ e, portanto, segundo a Eq. (7.56),

$$\hat{S}_{xx}(f) = \hat{x}^*(f)\,\hat{x}(f) = e^{-\frac{2\pi^2}{\alpha} f^2}.$$

Podemos então calcular a função de autocorrelação do sinal $x(t)$ utilizando a Eq. (7.58) no lugar da Eq. (7.54), ou seja,

$$\begin{aligned}
S_{xx}(t) &= \mathcal{F}^{-1}\left[\hat{S}_{xx}(f)\right] \\
&= \int_{-\infty}^{\infty} e^{-\frac{2\pi^2}{\alpha} f^2}\, e^{\mathrm{j}2\pi f t}\, \mathrm{d}f \\
&= \int_{-\infty}^{\infty} e^{-\left(\frac{2\pi^2}{\alpha} f^2 - \mathrm{j}2\pi t f\right)}\, \mathrm{d}f \\
&= \sqrt{\frac{\alpha}{2\pi}}\, e^{-\frac{\alpha}{4} t^2}.
\end{aligned}$$

[34]Para a integração, veja M.R. Spiegel. Mathematical Handbook of Formulas and Tables, McGraw-Hill, New York, 1968 [223] ou, alternativamente, D. Zwillinger. Standard Mathematical Tables and Formulae. 31st edition, CRC, Boca Raton, 2003 [257].

A Fig. 7.31 ilustra $x(t)$, $\hat{x}(f)$ e $S_{xx}(t)$, para $\alpha = 4\pi$.

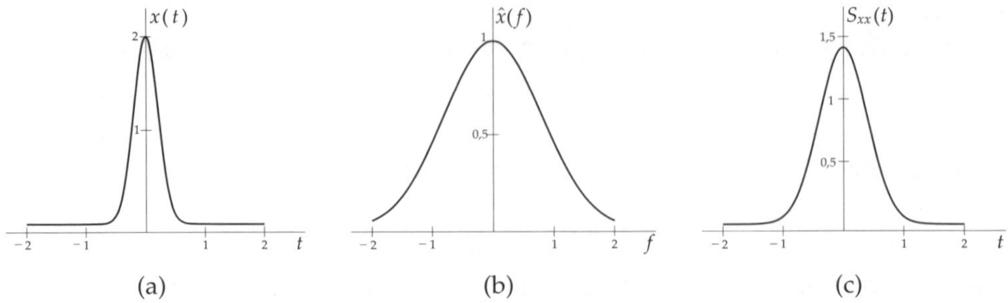

Figura 7.31: (a) O sinal $x(t)$, (b) seu espectro, $\hat{x}(f)$, e (c) sua função de autocorrelação, $S_{xx}(t)$.

7.6 Coerência entre sinais[35]

Viu-se que a transformada de Fourier da resposta impulsiva de um sistema linear invariante no tempo é denominada *resposta em frequência*, também conhecida como *função de transferência do sistema* ou ainda como *função de resposta em frequência do sistema*. Quando necessário avaliar a qualidade de uma função de resposta em frequência entre dois sinais $x(t)$ e $y(t)$ de um sistema, julga-se que a *função de coerência* entre esses dois sinais talvez seja uma das ferramentas mais úteis durante os testes iniciais e checagem pré-experimento. Obviamente, o mesmo estimador deve ser utilizado e assegurado seu valor durante os ensaios, como forma de monitoramento. Em muitas situações, como ruído externo causado por automóveis e aeronaves, máquinas que são automaticamente ligadas no momento da medição podem corromper e descorrelacionar os dados de saída com os de entrada. Ou até mesmo uma simples falha de transdutor ou rompimento de cabos podem ser descobertos seguindo os dados de coerência em função da frequência.

O conceito de coerência no campo da acústica e vibrações, aparentemente, significa a mesma coisa para todas as pessoas que trabalham na área, pelo menos em um nível intuitivo. Ser coerente significa ter ligação, nexo, conexão ou relação harmônica entre dois fatos ou dois conceitos. De qualquer forma, uma definição matemática formal necessita ser apresentada aqui.

A *função de coerência* é uma função no domínio da frequência que fornece a mesma informação básica que a função de correlação, mas apresenta-se de uma forma mais clara, prática e utilizável e geralmente com uma resolução melhorada em relação à função de correlação. Como já mencionado, ela pode ser usada para avaliar a fidelidade das funções de transferência entre dois sinais.

Uma interpretação pode ser pensada em termos de relação entre as fases dos sinais, tal que: quando os processos são altamente coerentes, a variabilidade da diferença de fase entre os sinais é pequena; quando os processos são incoerentes,

[35]Esta seção foi elaborada em coautoria com o Prof. Paulo H. Mareze.

a diferença de fase tem um elevado grau de variabilidade. Matematicamente, a coerência é definida em termos das densidades espectrais de potência e densidade espectral cruzada entre os sinais de interesse que se desejam avaliar.

A *função de densidade auto-espectral de potência* de um registro histórico no domínio do tempo, $x(t)$, é a transformada de Fourier da função de auto-correlação, isto é,

$$\hat{S}_{xx}(f) = \mathcal{F}[S_{xx}(t)] = \int_{-\infty}^{\infty} S_{xx}(t)\, e^{-j2\pi f t}\, dt. \tag{7.59}$$

Pode-se dizer que a densidade auto-espectral de potência fornece informações dos dados de energia no domínio da frequência, assim como as funções de correlação fornecem informações no domínio do tempo.

Então, de forma semelhante, a *função de densidade espectral cruzada,* também conhecida como *espectro cruzado* $\hat{S}_{xy}(f)$ entre dois sinais com registros históricos no tempo é dada pela própria transformada de Fourier da função de correlação cruzada, ou seja,

$$\hat{S}_{xy}(f) = \mathcal{F}[S_{xy}(t)] = \int_{-\infty}^{\infty} S_{xy}(t)\, e^{-j2\pi f t}\, dt. \tag{7.60}$$

Assim, as funções de densidade autospectral $\hat{S}_{xx}(f)$ e $\hat{S}_{yy}(f)$ são funções pares com valores reais. Também é verdadeiro afirmar que $\hat{S}_{xx}(f)$ e $\hat{S}_{yy}(f)$ são não negativas para todos os valores de frequência. Devido ao fato de a função de correlação cruzada não ser uma função par, a função de densidade espectral cruzada é, evidentemente, um complexo.

Esse resultado assim como as respectivas transformadas inversas são frequentemente chamadas de relações de Wiener-Khintchin.[36] Essas relações foram descobertas no início dos anos 1930, e o nome é dado em homenagem aos matemáticos, Norbert Wiener[37] e Aleksandr Khinchin,[38] que provaram de forma independente a relação de transformação de Fourier entre funções de correlação e funções de densidade espectral.

A partir das propriedades de simetria relacionadas à estacionariedade das funções de correlação, é possível demonstrar que:

$$\begin{aligned} \hat{S}_{xx}(-f) &= \hat{S}^*_{xx}(f) = \hat{S}_{xx}(f); \\ \hat{S}_{yy}(-f) &= \hat{S}^*_{yy}(f) = \hat{S}_{yy}(f); \\ \hat{S}_{xy}(-f) &= \hat{S}^*_{xy}(f) = \hat{S}_{yx}(f), \end{aligned} \tag{7.61}$$

em que '$*$' representa o *complexo conjugado* como de praxe, veja Seção 4.1.

[36] Ver, por exemplo, J.S. Bendat, A.G. Piersol. Random Data: Analysis and Measurement Procedures. John Wiley, London, 2011 [16].

[37] Norbert Wiener (1894–1964), matemático e filósofo estadunidense.

[38] Aleksandr Yakovlevich Khinchin (1894–1959), matemático russo.

As *funções de densidade autospectrais unilaterais*, $\hat{G}_{xx}(f)$ e $\hat{G}_{yy}(f)$ e a *função de densidade espectral cruzada unilateral*, $\hat{G}_{xy}(f)$, tal que a frequência f varia somente no intervalo $(0,\infty)$, são definidas por:

$$\begin{aligned}
\hat{G}_{xx}(f) &= 2\hat{S}_{xx}(f) = 2\int_{-\infty}^{\infty} S_{xx}(t)\, e^{-\mathrm{j}2\pi f t}\,\mathrm{d}t, \;\; 0 < f < \infty \text{ e } 0, \;\; t \leq 0; \\
\hat{G}_{yy}(f) &= 2\hat{S}_{yy}(f) = 2\int_{-\infty}^{\infty} S_{yy}(t)\, e^{-\mathrm{j}2\pi f t}\,\mathrm{d}t, \;\; 0 < f < \infty \text{ e } 0, \;\; t \leq 0; \\
\hat{G}_{xy}(f) &= 2\hat{S}_{xy}(f) = 2\int_{-\infty}^{\infty} S_{xy}(t)\, e^{-\mathrm{j}2\pi f t}\,\mathrm{d}t, \;\; 0 < f < \infty \text{ e } 0, \;\; t \leq 0;.
\end{aligned} \tag{7.62}$$

A Fig. 7.32 ilustra graficamente a relação entre as funções $\hat{G}_{xx}(f)$ e $\hat{S}_{xx}(f)$.

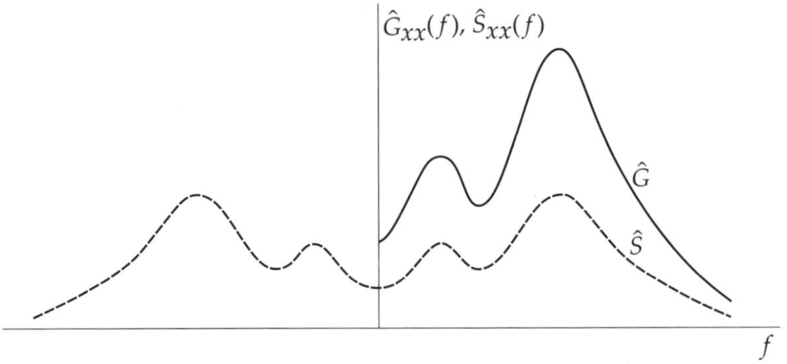

Figura 7.32: Funções de densidade autospectrais, unilateral, $\hat{G}_{xx}(f)$, e bilateral, $\hat{S}_{xx}(f)$ (adaptado de [16]).

Pode-se notar, na Fig. 7.32, a simetria de $\hat{S}_{xx}(f)$ em relaçao ao eixo de frequências. Além disso, verifica-se o dobramento da função $\hat{G}_{xx}(f)$, válido somente para o eixo positivo de frequências. A partir do conjunto das Eqs. (7.62) e recordando-se da característica complexa da função de densidade espectral cruzada, tem-se que

$$\hat{G}_{xy}(f) = 2\int_{-\infty}^{\infty} S_{xy}(t)\, e^{-\mathrm{j}2\pi f t}\,\mathrm{d}t = C_{xy}(f) - \mathrm{j}\, Q_{xy}(f), \tag{7.63}$$

tal que $C_{xy}(f)$ é chamada de *função de densidade espectral coincidente*, também conhecida como *co-espectro*, e $Q_{xy}(f)$ é chamada de *função de densidade espectral em quadratura*, também conhecida como *quad-espectro*.

Uma prova matemática será agora apresentada para mostrar que a função de densidade espectral cruzada, $\hat{G}_{xy}(f)$, é limitada pela desigualdade

$$\left|\hat{G}_{xy}(f)\right|^2 \leq \hat{G}_{xx}(f)\hat{G}_{yy}(f). \tag{7.64}$$

Para qualquer valor de frequência f, a função $\hat{G}_{xy}(f)$ pode ser expressa como

$$\hat{G}_{xy}(f) = \left|\hat{G}_{xy}(f)\right| e^{-\mathrm{j}\theta_{xy}(f)}, \tag{7.65}$$

em que $|\hat{G}_{xy}(f)|$ é seu módulo e $\theta_{xy}(f)$ sua fase. Também podemos dizer que

$$\hat{G}_{yx}(f) = \hat{G}^*_{xy}(f) = \left|\hat{G}_{xy}(f)\right| e^{j\theta_{xy}(f)}. \tag{7.66}$$

Considere agora que $\hat{x}(f)$ e $\hat{y}(f)$ são as tranformadas finitas de Fourier dos sinais temporais, $x(t)$ e $y(t)$, respectivamente. Para quaisquer constantes reais a e b, o valor absoluto da quantidade apresentada na Eq. (7.66) será sempre maior ou igual a zero, ou seja,

$$\left|a\hat{x}(f) + b\hat{y}(f)e^{j\theta_{xy}(f)}\right|^2 \geq 0, \tag{7.67}$$

o que é o mesmo que definir que

$$a^2 \left|\hat{x}(f)\right|^2 + ab\left[\hat{x}^*(f)\hat{y}(f)e^{j\theta_{xy}(f)} + \hat{x}(f)\hat{y}^*(f)e^{-j\theta_{xy}(f)}\right] + b^2 \left|\hat{y}(f)\right|^2 \geq 0. \tag{7.68}$$

Tomando o valor esperado da Eq. (7.68) sobre os valores discretos de frequência, multiplicando por $(2/T)$ e calculando o limite quando $T \to \infty$, obtém-se

$$a^2\hat{G}_{xx}(f) + ab\left[\hat{G}_{xy}(f)e^{j\theta_{xy}(f)} + \hat{G}_{yx}(f)e^{-j\theta_{xy}(f)}\right] + b^2\hat{G}_{yy}(f) \geq 0 \tag{7.69}$$

tal que

$$\hat{G}_{xy}(f)e^{j\theta_{xy}(f)} + \hat{G}_{yx}(f)e^{-j\theta_{xy}(f)} = 2\left|\hat{G}_{xy}(f)\right|. \tag{7.70}$$

Então,

$$a^2\hat{G}_{xx}(f) + 2ab\left|\hat{G}_{xy}(f)\right| + b^2\hat{G}_{yy}(f) \geq 0. \tag{7.71}$$

O resultado que se segue agora torna-se exatamente como apresentado anteriormente, ou seja,

$$\left|\hat{G}_{xy}(f)\right|^2 \leq \hat{G}_{xx}(f)\hat{G}_{yy}(f). \tag{7.72}$$

Isso também prova que, para qualquer valor de frequência f, as quantidades bilaterais satisfazem a desigualdade

$$\left|\hat{S}_{xy}(f)\right|^2 \leq \hat{S}_{xx}(f)\hat{S}_{yy}(f). \tag{7.73}$$

O *coeficiente de coerência*, também chamado de *função de coerência quadrática*, pode agora ser definido por

$$\gamma^2_{xy}(f) = \frac{\left|\hat{G}_{xy}(f)\right|^2}{\hat{G}_{xx}(f)\hat{G}_{yy}(f)} = \frac{\left|\hat{S}_{xy}(f)\right|^2}{\hat{S}_{xx}(f)\hat{S}_{yy}(f)}. \tag{7.74}$$

Além disso, ele satisfaz a relação

$$0 \leq \gamma^2_{xy}(f) \leq 1, \tag{7.75}$$

ou seja, o coeficiente de coerência está contido no intervalo $[0,1]$.

A função de coerência complexa, $\gamma_{xy}(f)$, pode ser definida por

$$\gamma_{xy}(f) = \left|\gamma_{xy}(f)\right| e^{-\mathrm{j}\theta_{xy}(f)}, \tag{7.76}$$

em que, naturalmente,

$$\left|\gamma_{xy}(f)\right| = \sqrt{\gamma_{xy}^2(f)}. \tag{7.77}$$

O utilizador da função deve deixar claro se a função de coerência refere-se ao valor quadrático ou à sua magnitude. Esta seria a parte positiva da própria raiz quadrada do termo da Eq. (7.74).

Finalmente, é possível perceber que função de coerência, $\gamma_{xy}(f)$, tem relação direta com a transformada de Fourier da correlação cruzada, $S_{xy}(t)$, mas também depende das transformadas de Fourier das autocorrelações dos sinais de entrada e de saída, $S_{xx}(t)$ e $S_{yy}(t)$.

Para um sistema com uma entrada única de sinal, correlacionada com uma saída única, sem adição de ruídos estranhos nos estágios de entrada ou saída, ter-se-á

$$\gamma_{xy}^2(f) = \frac{\left|\hat{h}(f)\hat{G}_{xx}(f)\right|^2}{\hat{G}_{xx}(f)|\hat{h}(f)|^2\hat{G}_{xx}(f)} = 1. \tag{7.78}$$

Observe que somente para esse caso ideal a coerência seria unitária. Mas, geralmente, $\gamma_{xy}^2(f) < 1$, pelos seguintes motivos:

1. presença de ruídos espúrios aos sinais de entrada e/ou de saída durante as medições;

2. possibilidade de presença de erros de desvio (*Bias*) de resolução nas estimativas espectrais;

3. o sistema que relaciona $x(t)$ e $y(t)$ não é linear; e

4. a saída $y(t)$ corresponde a entradas adicionais desconhecidas, além de $x(t)$.

Como exemplo, considere um sistema com ruído externo, $n(t)$, adicionado na saída, conforme ilustrado na Fig. 7.33. Aqui, portanto, $y(t) = v(t) + n(t)$ e

$$\hat{G}_{yy}(f) = \hat{G}_{vv}(f) + \hat{G}_{nn}(f). \tag{7.79}$$

Além disso, $\hat{G}_{xy}(f) = \hat{G}_{xv}(f)$ é válido desde que o ruído externo seja considerado completamente descorrelacionado com o sinal de entrada, portanto, $S_{xn}(\tau) = 0$ e $\hat{G}_{xn}(f) = 0$.

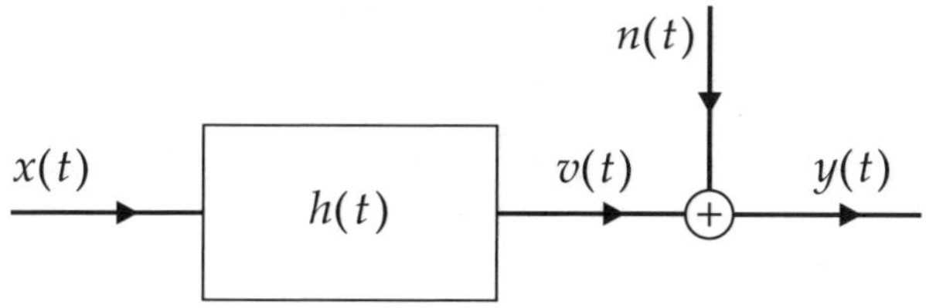

Figura 7.33: Sistema linear com ruído espúrio adicionado ao estágio de saída.

Então,

$$\hat{G}_{vv}(f) = |\hat{h}(f)|^2 \hat{G}_{xx}(f). \tag{7.80}$$

Mas também podemos considerar que

$$|\hat{h}(f)|^2 = \left|\hat{G}_{xv}(f)/\hat{G}_{xx}(f)\right|^2 = \left|\hat{G}_{xy}(f)/\hat{G}_{xx}(f)\right|^2. \tag{7.81}$$

Substituindo a Eq. (7.81) na Eq. (7.80), ter-se-á

$$\hat{G}_{vv}(f) = \left|\hat{G}_{xy}(f)/\hat{G}_{xx}(f)\right|^2 \hat{G}_{xx}(f) = \gamma^2_{xy}(f)\hat{G}_{yy}(f), \tag{7.82}$$

e, consequentemente,

$$\gamma^2_{xy}(f) = \left[1 + \frac{\hat{G}_{nn}(f)}{\hat{G}_{vv}(f)}\right]^{-1}. \tag{7.83}$$

A Eq. (7.82) representa o espectro de potência de saída coerente, ou seja, é a densidade espectral de saída que está associada à entrada. Assim, $\hat{G}_{yy}(1 - \gamma^2_{xy})(f)$ é a fração da densidade espectral de saída devido aos ruídos espúrios. A Eq. (7.83) indica que a coerência é uma porção fracionária da densidade espectral de saída que é linearmente correlacionada com a entrada.

A *relação sinal/ruído*, SNR (do inglês, *Signal to Noise Ratio*), pode ser então facilmente avaliada a partir da função de coerência, de modo que

$$\text{SNR} = \frac{\hat{G}_{vv}(f)}{\hat{G}_{nn}(f)} = \frac{\gamma^2_{xy}(f)}{1 - \gamma^2_{xy}(f)}. \tag{7.84}$$

Exemplos de coerência *adequada* e *inadequada* e as funções de resposta em frequência correspondentes são apresentados nas Figs 7.34 e 7.35, respectivamente. Os resultados representam a medição de curvas (magnitude e fase) obtidas em um ensaio de tubo de impedância, ver Subseção 11.8.1, na qual o microfone mais distante do corpo de prova é o de referência e o microfone mais próximo é o de medição.[39] A distância entre microfones é da ordem de 23,5 mm, em um tubo de 28 mm de diâmetro.

[39]Ver ISO 10534-2. Acoustics – Determination of sound absorption coefficient and impedance in impedance tubes, Part 2: Transfer-function method, International Standardization Organization, 2001 [123].

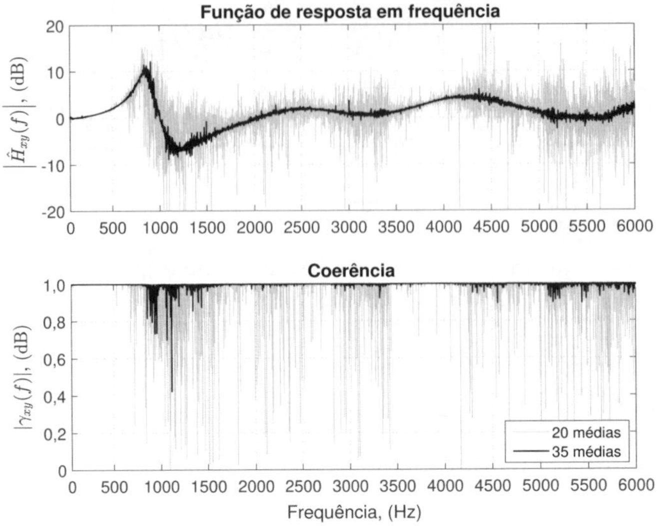

Figura 7.34: Comparação de duas funções de resposta em frequência com as duas coerências inadequadas em um sistema linear; aquisição com 20 e 35 médias (Figura gentilmente cedida pelo Prof. Dr. Paulo H. Mareze).

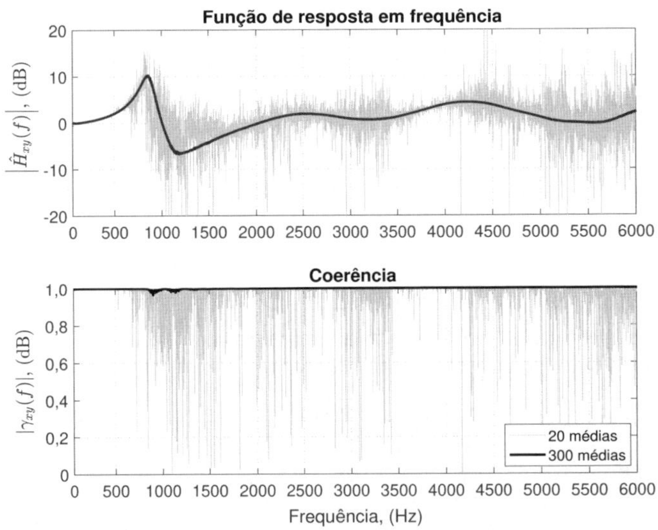

Figura 7.35: Comparação de duas funções de resposta em frequência com uma das coerências adequada em um sistema linear; aquisição com 35 e 300 médias (Figura gentilmente cedida pelo Prof. Dr. Paulo H. Mareze).

Pode-se notar que a influência do número de médias escolhida para o teste experimental altera significativamente a qualidade da curva de coerência, assim como a suavidade da curva de magnitude da resposta em frequência. Quanto maior o número de médias, melhor será o resultado. Entretanto, após o valor de 300 médias (para o caso explicitado), o resultado praticamente não se altera mais, não ocorrendo melhorias evidentes.

Uma coerência considerada boa ou adequada, como a indicada na Fig. 7.34, sugere que o ruído espúrio não se apresenta de forma significativa, que a saída é completamente correlacionada à entrada e que a função de resposta em frequência representa de fato a resposta do sistema em relação ao sinal de entrada. A Fig. 7.35 é o resultado de uma relação sinal/ruído deficiente, consequente de médias insuficientes (apenas duas médias). A baixa coerência sugere que a função de resposta em frequência não está claramente definida e a saída é uma função da entrada e de algum ruído espúrio elevado.

Dentre as aplicações práticas da função de coerência na análise de sinais de ruído e vibração, podem-se utilizar:

1. como ferramenta de diagnóstico;
2. na identificação dos caminhos de transmissão;
3. no estudo das características de resposta do sistema; e
4. na identificação de fontes de ruído.

7.7 Ruídos e seus espectros

Sinais aleatórios estacionários e ergódicos, veja Seção 2.1, são chamados de *ruídos de banda larga* devido ao fato de seu espectro ter conteúdo em frequência amplo.[40]

Usualmente, os ruídos são elementos indesejáveis em processamento de sinais, pelo fato de não portarem informação útil sobre o sistema que está sendo analisado. A título de exemplo, a Fig. 5.17, que ilustra sinais emitidos e captados por um radar, e a Eq. (5.21) que relaciona os dois sinais, indicam apresença de um ruído, $r(t)$, em geral desconhecido e cuja eliminação total ou parcial é desejável para a maior eficiência do sistema. Procedimentos similares, envolvendo hidrofones, microfones ou geofones, também envolvem ruídos de banda larga, inerentes ao sistema de medição, e cuja eliminação permite reduzir o grau de incerteza da medição correspondente.

Todavia, ruídos de banda larga com espectros controlados podem ser também bastante úteis como sinais de excitação de sistemas, conforme será visto na Seção 11.2. Abordaremos aqui duas categorias de ruído de banda larga muito utilizados em diversas áreas, particularmente em Acústica e Vibrações (A&V). O primeiro deles é o *ruído branco*.

O ruído branco é definido como tendo a mesma energia, ou intensidade, em qualquer frequência. Tem, naturalmente, seu nome apropriado da óptica, onde se diz que uma luz contendo todas as frequências da faixa luminosa[41] constitui-se em uma luz branca.

---

[40] Em se tratando de *sinais sonoros*, costumamos a nos referir ao ruído de banda larga como um *som indesejável* devido ao incômodo que usualmente provoca.

[41] A região de frequências que abrange o fenômeno da luz visível ao olho humano compreende uma estreita faixa do espectro das ondas eletromagnéticas, indo de $f_1 = 4,3 \times 10^{14}$ a $f_2 = 7,5 \times 10^{14}$ Hz, aproximadamente, ou seja, menos do que uma oitava $(f_2/f_1 < 2)$.

A Fig. 7.36 ilustra dois exemplos de ruído branco, um dependente da variável temporal t, e outro dependente das variáveis espaciais x, y. O ruído branco temporal, ilustrado na Fig. 7.36a, apresenta um som similar a um aparelho de rádio (ou tv) fora do ar; o ruído branco espacial, ilustrado na Fig. 7.36b, reproduz uma imagem similar à de um aparelho de tv fora do ar.

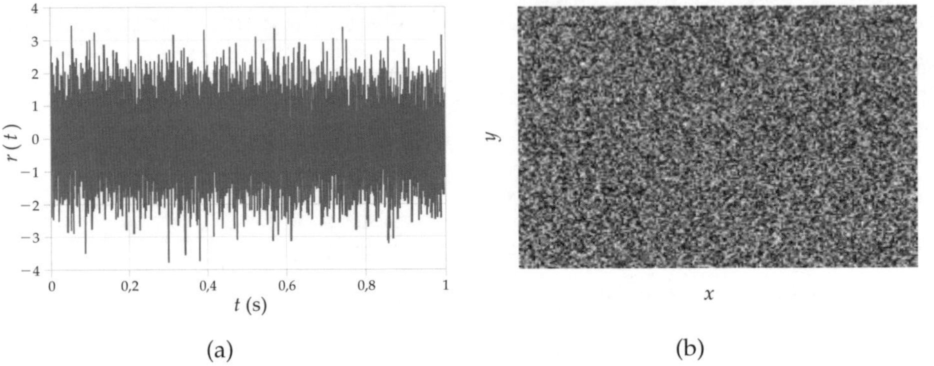

Figura 7.36: (a) Sinal de ruído branco temporal. (b) Sinal de ruído branco espacial 2-D no plano x, y.

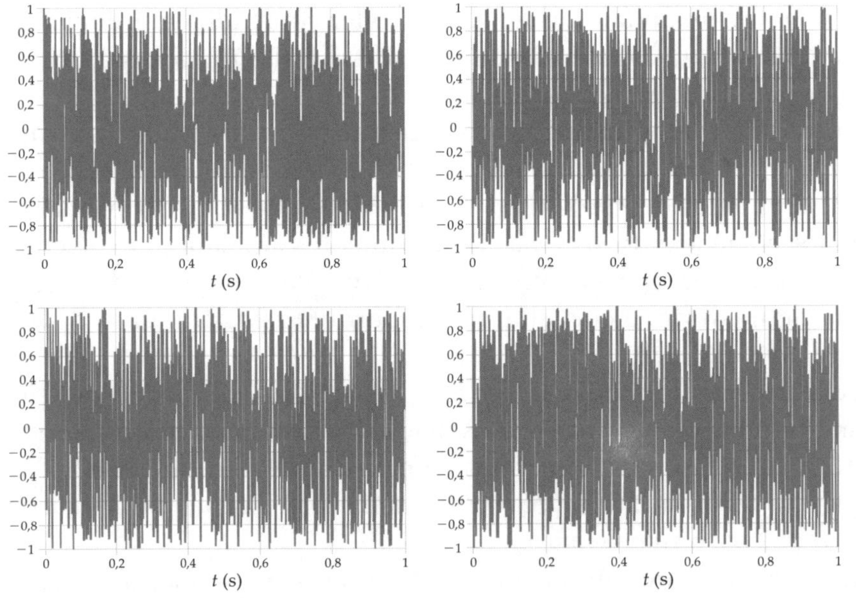

Figura 7.37: Quatro trechos de ruído branco temporal normalizado, evidenciando que, embora estatisticamente similares, não se repetem.

A Fig. 7.37 ilustra quatro trechos de ruído branco temporal, com duração de um segundo cada, com amplitude normalizada no intervalo $(-1, 1)$. Observando os quatro gráficos, evidencia-se que se trata, por assim dizer, do mesmo sinal, porém, os quatro trechos são distintos entre si, o que provém do fato de o ruído branco constituir um sinal aleatório.

Se, em seguida, fizermos a transformada de Fourier de um desses trechos com duração de um segundo, o espectro de amplitude[42] do sinal se mostrará de banda larga, porém não exatamente uniforme, tal como mostra a Fig. 7.38, ou seja, a energia do sinal não estará distribuída uniformemente em todas as frequências.

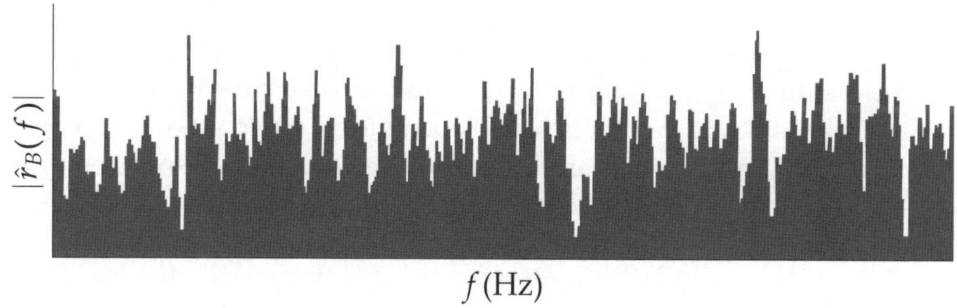

Figura 7.38: Espectro de amplitude de um trecho curto do ruído branco temporal.

Se, contudo, tomarmos um trecho suficientemente longo do sinal temporal, digamos, dois minutos — o que corresponderia a 120 trechos do sinal temporal anterior —, o módulo de sua transformada de Fourier se mostrará uniforme, ou seja, aproximadamente uma constante para todas as frequências, como mostra a Fig. 7.39.

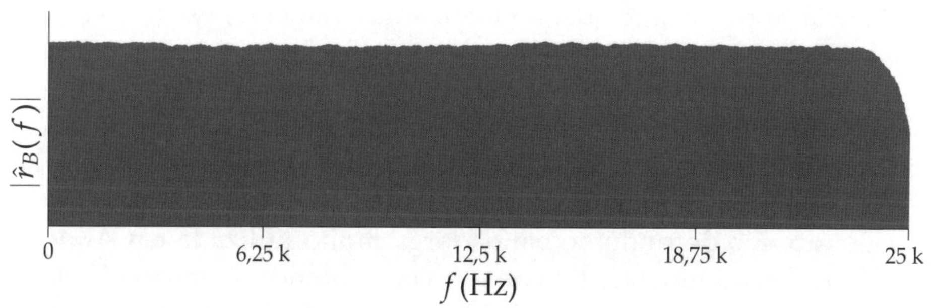

Figura 7.39: Espectro de amplitude de um trecho longo do ruído branco temporal como o mostrado na Fig. 7.36a.

Note, contudo, que o espectro do ruído branco ilustrado na Fig. 7.39 apresenta um decaimento a partir de, aproximadamente, 20 kHz. Todo ruído branco tem uma *frequência de corte*. Em outras palavras, possui uma frequência a partir da qual seu espectro decai, não mais permanecendo plano e horizontal. Para aplicações em áudio, esse seria um ruído, por assim dizer, *suficientemente branco*, no sentido de que possui espectro plano e horizontal na região de interesse de áudio, que é de 20 Hz a 20 kHz. Para aplicações em vibrações, onde as frequências de interesse são

[42]Lembrando, o *espectro de amplitude* nada mais é do que o *módulo* da transformada de Fourier do sinal.

bem inferiores a 20 kHz, ruídos brancos com frequências de corte bem menores podem ser utilizados.

Pode-se dizer, então, que, se $r_B(t)$ representa o trecho (longo) de ruído branco, seu espectro de amplitude será

$$|\hat{r}_B(f)| \approx K, \qquad K \text{ uma constante.} \tag{7.85}$$

Essa característica espectral do ruído branco, como certamente já percebeu o sagaz leitor, é similar à característica espectral da distribuição de Dirac, ou seja, se tomarmos trechos cada vez mais longos de ruído branco — o que, na prática, é equivalente a realizarmos um grande número de médias de espectros de trechos menores —, o espectro de amplitude tenderá a uma constante.

Podemos, portanto, escrever que

$$\lim_{N\to\infty} \frac{1}{N} \sum_{n=1}^{N} |\hat{r}_{B_n}(f)| = K\hat{\delta}(f), \tag{7.86}$$

em que $|\hat{r}_{B_n}(f)|$ é a amplitude do espectro do n-ésimo trecho do ruído branco, tal como ilustrado na Fig. 7.37. Colocando em outros termos, tomando-se um número suficientemente grande de trechos do ruído branco obtém-se uma transformada de Fourier de módulo constante, um múltiplo, portanto, do espectro da distribuição de Dirac.[43]

Em A&V utiliza-se o ruído branco para excitar um sistema visando a obtenção de sua resposta impulsiva, já que, ao menos teoricamente, excitar o sistema com ruído branco é equivalente a excitá-lo com uma distribuição de Dirac. Existem técnicas bem mais expeditas para a determinação da resposta impulsiva de sistemas, utilizando-se de outros sinais de excitação, também de banda larga, tais como os sinais de varredura sinusoidal ou os sinais do gênero sequências de comprimento máximo.[44] Essas técnicas serão exploradas na Parte C deste texto.

Um segundo tipo de ruído de banda larga muito utilizado em A&V é o *ruído rosa*. O nome é, naturalmente, tal como o ruído branco, emprestado da óptica e a sua distribuição espectral é correspondente à da luz de coloração rosa. O ruído rosa é concebido para apresentar a mesma energia por bandas de frequência de largura percentual constante.[45]

Como é sabido, uma escala logarítmica transforma produtos em somas e potências em produtos e, portanto, ao multiplicarmos uma frequência por um número real n, andamos para a direita na reta das frequências em escala logarítmica

[43]Conforme se verá no Capítulo 9, não é possível, na prática, realizar-se a transformada de Fourier de um sinal temporal extremamente longo, sendo necessário analisarem-se trechos menores e proceder-se a uma média.

[44]Ver, por exemplo, M.R. Schroeder. Number Theory in Science and Communication: With Applications in Cryptography, Physics, Digital Information, Computing, and Self-Similarity. 3rd edition, Springer, Berlin, 1997 [214].

[45]Ver, por exemplo, S.R. Bistafa. Acústica Aplicada ao Controle do Ruído. Blücher, São Paulo, 2006 [21]. Veja também a Seção 7.8.

o mesmo que andamos para a esquerda se dividirmos a mesma frequência por n. Desse modo, colocando o eixo das frequências em uma escala logarítmica, ao multiplicarmos uma dada frequência por dois, subimos uma oitava[46] e ao dividirmos uma frequência por dois, descemos uma oitava. O ruído rosa, nessa escala logarítmica, apresenta um espectro horizontal, ou seja, *possui a mesma energia por banda de frequência.*

Assim, se $r_R(t)$ é um ruído rosa, seu espectro de amplitude será

$$|\hat{r}_R(f)| = K, \quad \text{com } f \text{ numa escala logarítmica.} \tag{7.87}$$

Naturalmente, o que foi discutido com respeito à aleatoriedade do ruído branco também vale com respeito ao ruído rosa, ou seja, o comportamento do espectro do ruído rosa só é alcançado após serem feitas um número significativo de médias de trechos do ruído, de modo que, mais especificamente,

$$\lim_{N\to\infty} \frac{1}{N} \sum_{n=1}^{N} |\hat{r}_{R_n}(f)| = K, \quad \text{com } f \text{ numa escala logarítmica.} \tag{7.88}$$

O ruído rosa temporal soa como o trovejar de uma cachoeira. Diferentemente do ruído branco, que é mais "Taketi", o ruído rosa é, comparativamente, mais "Maloma". Assim como a cor rosa tem mais componentes vermelhos, que se caracterizam por serem de baixa frequência no espectro da luz visível, e menos componentes azuis, de mais alta frequência nesse espectro, o ruído rosa tem mais componentes de baixa do que de alta frequência, no espectro audível.

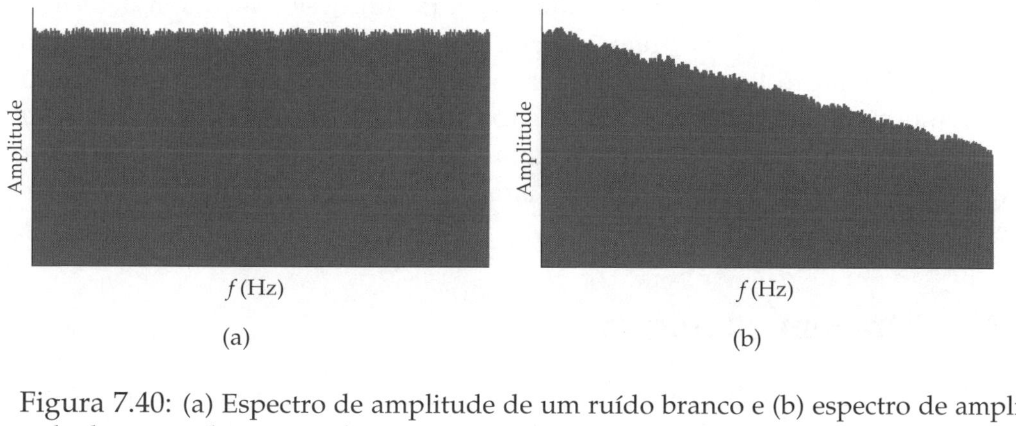

Figura 7.40: (a) Espectro de amplitude de um ruído branco e (b) espectro de amplitude de um ruído rosa, ambos em uma escala linear de frequências.

Note, porém, que em uma escala linear de frequências, o espectro do ruído rosa apresentará um decaimento também linear em sua energia, como mostra a Fig. 7.40, que compara o comportamento espectral dos ruídos branco e rosa.

[46]Para quem não sabe, uma *oitava* tem esse nome derivado da música, pois após subirmos (ou descermos) sete notas musicais consecutivas — sem as alterações — chegamos a uma nota com o mesmo nome, porém com o dobro (ou a metade) da frequência.

Observe o estimado leitor que a escala vertical, de amplitudes, também é uma escala logarítmica, em dB, e que, nessa escala, o decaimento do ruído rosa é de 3 dB por oitava.

Colocando, agora, o eixo das frequências em uma escala logarítmica, observa-se que a energia do ruído branco cresce linearmente, indicando um incremento de 3 dB por oitava, como mostra a Fig. 7.41a, ao passo que a energia do ruído rosa permanece constante, como ilustra a Fig. 7.41b. Em outras palavras, o ruído branco possui mais energia nas bandas de alta frequência, ao passo que o ruído rosa apresenta a mesma energia em todas as bandas de mesma largura percentual.

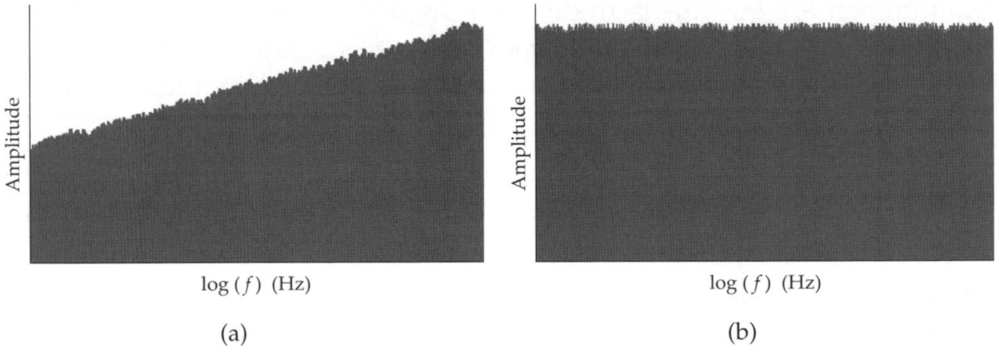

Figura 7.41: (a) Espectro de amplitude de um ruído branco e (b) espectro de amplitude de um ruído rosa, ambos em uma escala logarítmica de frequências.

Em resumo, o ruído branco, ao apresentar um espectro similar ao da distribuição de Dirac, é apropriado para excitar sistemas lineares, visando a determinação de sua resposta impulsiva, não levando em consideração a percepção auditiva humana. Por outro lado, o ruído rosa, ao apresentar um espectro de amplitude com a mesma energia *por banda de frequência*, é mais adequado a excitar sistemas acústicos onde a percepção humana é mais relevante. Isso se deve ao fato de a audição humana, fortemente não linear, ajustar-se melhor, por assim dizer, a escalas logarítmicas na frequência.[47]

7.8 Filtragem analógica

Em diversos campos de aplicação, particularmente na área de acústica, é comum serem utilizados *filtros* como uma alternativa para a análise em frequência via transformada de Fourier. Uma filtragem consiste em uma operação — usualmente executada por meio de circuitos eletrônicos — sobre sinais temporais que atenua ou mesmo elimina determinados componentes em frequência de um dado sinal, sem a necessidade de proceder a transformada de Fourier do mesmo.

[47]Ver, por exemplo, H. Helmholtz. On the Sensations of Tone, Dover, New York, 1954 (Republicação do original *Die Lehre von den Tonempfindungen*, de 1885 [102], ou, alternativamente, M. Campbell and C. Greated. The Musician's Guide to Acoustics. Schirmer, New York, 1987 [40].

Classicamente, tem-se três grandes categorias de filtros, também conhecidos como *filtros passivos*: os *filtros passa-baixa*; os *filtros passa-alta*; e os *filtros passa-banda*. Os filtros passa-baixa cortam, por assim dizer, as frequências superiores a um determinado valor estabelecido. Os filtros passa-alta, ao contrário, cortam as frequências inferiores a um valor especificado. Já os filtros passa-banda, como o nome indica, cortam valores acima e abaixo de valores pré-estabelecidos, o que resulta deixar passar somente uma banda de frequências. A Fig. 7.42 indica, esquematicamente, o comportamento geral das três categorias de filtros. Usualmente, os filtros analógicos não apresentam um corte abrupto, mas sim uma *curva de decaimento* com a frequência. Em fitragem analógica é padrão adotar-se um decaimento de 3 dB como sendo o *ponto de corte* do filtro. A Fig. 7.42a ilustra um filtro passa-baixa com frequência de corte f_1. A Fig. 7.42b mostra um filtro passa-banda com frequência central f_3, frequência de corte inferior f_2 e frequência de corte superior f_4. Finalmente, a Fig. 7.42c apresenta um filtro passa-alta com frequência de corte f_5.[48] As escalas nos gráficos são logarítmicas, tanto em amplitude (dB) como em frequência.

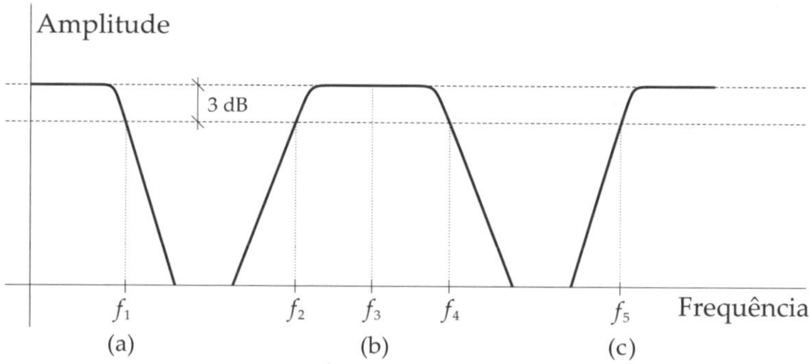

Figura 7.42: Esquema geral de atuação de filtros analógicos e suas frequências de corte: (a) passa-baixa; (b) passa-banda; (c) passa-alta.

A Fig. 7.43a ilustra um *filtro ideal*, que atua como se fosse uma janela, só que no domínio da frequência. O filtro passa-banda ideal tem uma frequência central f_0 e frequências de corte superior e inferior f_2 e f_1, respectivamente. No filtro ideal, esse corte é abrupto, ou seja, o filtro corta todas as frequências $f > f_2$ e todas as frequências $f < f_1$. Os filtros analógicos reais têm o comportamento indicado na Fig. 7.43b e têm um decaimento que apresenta uma atenuação acentuada para as frequências fora do intervalo (f_1, f_2). Esse intervalo é denominado *banda de passagem* do filtro, sendo f_0 a sua *frequência central*. Como o eixo das frequências utilizado em acústica constitui uma escala logarítmica,[49] a relação entre as três

[48] Ver, por exemplo, R.A. Tenenbaum. Acústica Aplicada. 2ª edição, R.A. Tenenbaum, Santa Maria, 2020 [233] ou S.R. Bistafa. Acústica Aplicada ao Controle de Ruído. 2ª Edição, Edgar Blucher, São Paulo, 2011 [21].

[49] Ver a Norma IEC-61260-1. Electroacoustics: Octave-band and fractional-octave-band filters – Part 1: Specifications, 2014 [110].

frequências é dada pela média geométrica

$$f_0 = \sqrt{f_1 f_2}. \tag{7.89}$$

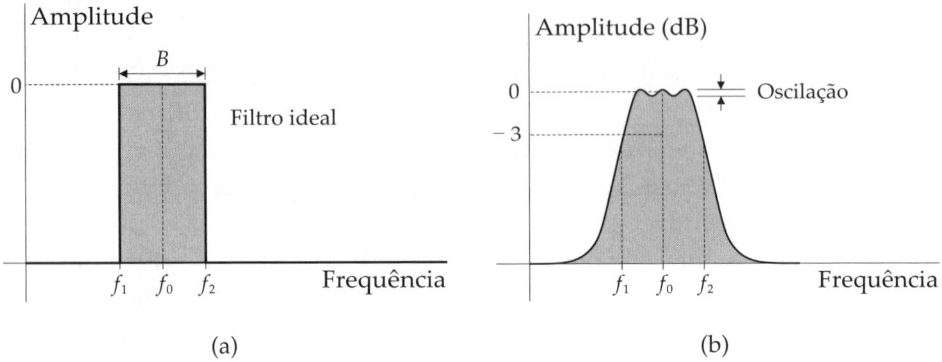

Figura 7.43: Filtros passa-banda com frequência central f_0: (a) filtro ideal de largura de banda $f_2 - f_1$; (b) fitro real de mesma largura de banda. Note que a frequência de corte é definida quando o decaimento do filtro atinge -3 dB.

Para fazer uma análise (aproximada) em frequência de um sinal podem ser aplicados filtros de $1/n$ de oitava, onde n é um inteiro. Para $n = 1$ têm-se os filtros de $1/1$ oitava, ou mais simplesmente *filtros de oitava*.[50] A Fig. 7.44 ilustra um assim chamado *banco de filtros de oitava*.

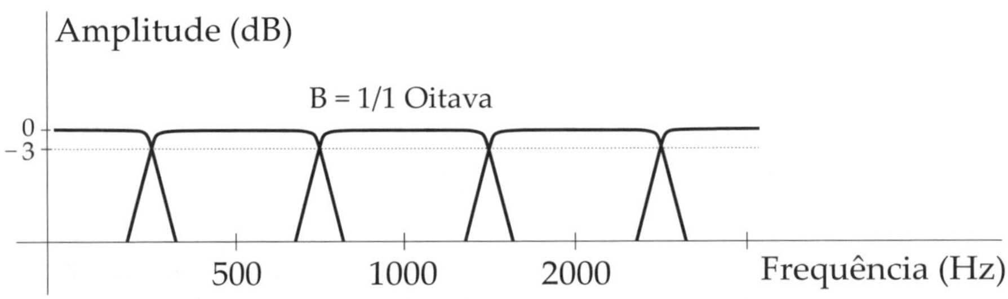

Figura 7.44: Banco de filtros de 1/1 oitavas.

As frequências centrais adotadas internacionalmente em acústica para o banco de filtros de oitava constam da Tabela 7.2

Tabela 7.2: Frequências centrais padrão dos filtros de oitava adotados internacionalmente em acústica (Hz).

31,5	63	125	250	500	1 k	2 k	4 k	8 k	16 k

[50]São denominados filtros de oitava, justamente porque suas frequências centrais são, cada uma, o dobro da anterior, como na escala musical.

Desejando-se uma análise em frequência mais fina, pode-se recorrer a um *banco de filtros de* 1/3 *oitava*. Como o nome diz, três filtros de 1/3 oitava compreendem um filtro de 1/1 oitava. A Fig. 7.45 ilustra um banco de filtros de 1/3 oitava.

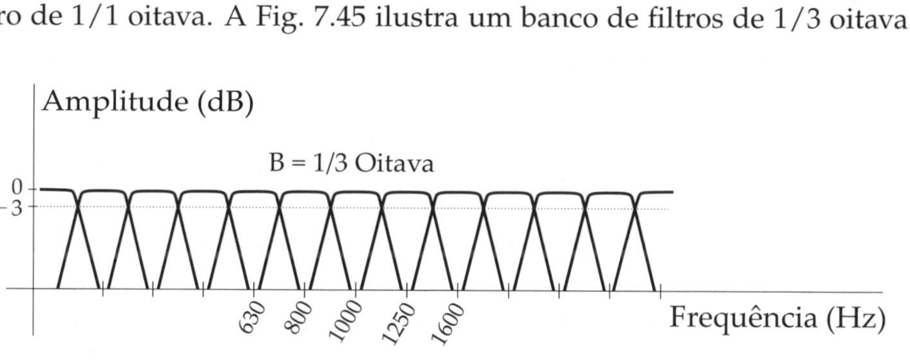

Figura 7.45: Banco de filtros de 1/3 oitava.

A Tabela 7.3 apresenta as frequências centrais dos filtros de 1/3 oitava internacionalmente adotados em acústica.

Tabela 7.3: Frequências centrais padrão dos filtros de 1/3 oitava internacionalmente adotados em acústica (Hz).

25	31,5	40	50	63	80	100	125	160	200
250	315	400	500	630	800	1.000	1.250	1.600	2.000
2.500	3.150	4.000	5.000	6.300	8.000	10.000	12.500	16.000	20.000

Desejando-se refinar ainda mais a análise, pode-se recorrer a bancos de filtros com valores de n maiores. Não é incomum utilizar-se, em acústica, bancos de filtros de 1/12 oitava, onde cada grupo de quatro filtros sucessivos compreenderão um filtro de 1/3 oitava. Medidores de nível de pressão sonora, veja Seção 11.3, se utilizam de filtros de 1/1 oitava e 1/3 oitava para uma primeira análise em frequência, sendo que somente medidores mais sofisticados (e mais onerosos) realizam a transformada rápida de Fourier (FFT), veja Seção 9.5, para uma análise mais precisa dos sinais no domínio da frequência. Como será visto na Seção 9.5, o advento da FFT possibilitou uma análise em frequência bem mais detalhada; todavia, não devemos nos esquecer de que a análise por filtragem em bandas de $1/n$ oitava, por ser realizada no domínio do tempo por meio de circuitos eletrônicos simples, sempre terá a vantagem de ser instantânea.

7.9 Exemplos de pares transformados

Nesta seção é apresentada uma tabela com um conjunto de 30 exemplos de pares transformados mais comuns, por assim dizer. Tem-se o par transformado, expresso matematicamente, o gráfico da função temporal, à esquerda, e o gráfico de sua transformada de Fourier, à direita. Em todos os espectros mostrados, a parte real é sempre representada em linha contínua, ao passo que a parte imaginária é sempre representada em linha pontilhada ou, alternativamente, o módulo da transformada é apresentada em linha contínua e sua fase em linha pontilhada.

Diversos desses pares foram objeto de exemplos discutidos ao longo dos Capítulos 6 e 7. Os demais podem ser verificados, a título de exercício, pelo dedicado leitor. Também sugere-se a construção dos gráficos de outros exemplos, utilizando um programa computacional como o `Matlab`®, ou outro equivalente.[51]

Cumpre notar que, com a tabela de transformadas aqui apresentada e as propriedades da transformada de Fourier discutidas na Seção 7.3, um grande número de transformadas de Fourier de funções analíticas pode ser obtido com relativa facilidade. Todavia, sinais não descritos de forma analítica poderão ter suas transformadas de Fourier calculadas com o auxílio de um computador digital, a partir de sua discretização, conforme se verá nos Capítulos 8 e 9.

A discretização de sinais é discutida no Capítulo 8. Após ter-se um sinal amostrado, ou seja, convertido de uma função contínua em uma série de valores discretos, é possível aplicar-se a *transformada discreta de Fourier*. A transformada discreta de Fourier é discutida no Capítulo 9 e corresponde à contrapartida discreta da transformada de Fourier.

Em termos práticos, portanto, se, digamos, adquirimos o sinal sonoro captado por um microfone em um determinado ponto, esse sinal não terá características analíticas — exceto em casos excepcionais — de modo a se poder realizar sua transformada de Fourier utilizando as expressões vistas neste capítulo. Para se obter o espectro do sinal, dever-se-á aplicar a transformada discreta de Fourier por meio de um algoritmo eficiente, conhecido como transformada rápida de Fourier, que será estudada na Seção 9.5. Todavia, toda a compreensão que foi alcançada a partir do estudo da transformada de Fourier não terá sido em vão, uma vez que a interpretação dos sinais e suas transformadas é, em essência, a mesma, tanto no domínio contínuo como no domínio discreto.

No que se segue, $u(t)$ é a função degrau unitário, $\text{sgn}(t)$ é a função sinal e $\text{sinc}(t)$ é o sinal cosseno amortecido, $\text{sen}(\omega t)/(\omega t)$. Nos pares transformados 1 a 18, apresenta-se, no domínio da frequência, gráficos de parte real, em linha sólida e parte imaginária, em linha pontilhada; nos pares transformados 19 a 28, apresenta-se, no domínio da frequência, o módulo, em linha sólida e a fase, em linha pontilhada.

Os seguintes valores foram adotados nos gráficos a seguir de $s(t)$ e $\hat{s}(f)$: $\alpha = 1$; $\omega_0 = 10$ rad/s; e $a = 1$.

[51] Ver, por exemplo, L.F. Chaparro, A. Akan. Signals and Systems Using MATLAB. 3rd edition, Academic Press, London, 2019 [45] ou T.S. Eiali, M.A. Karim. Continuous Signals and Sistems with MATLAB. CRC Press, Boca Raton, 2001 [71], ou V.K. Ingle, J.G. Proakis. Digital Signal Processing Using MATLAB. 3rd edition, CL Engineering, 2012 [114] ou, ainda, A. Palamides, A. Veloni. Signals and Systems Laboratory with MATLAB. CRC Press, Boca Raton, 2011 [188].

PAR TRANSFORMADO DOMÍNIO DO TEMPO DOMÍNIO DA FREQUÊNCIA

1.

$$s(t) = e^{-\pi t^2} \rightleftharpoons e^{-\pi f^2} = \hat{s}(f).$$

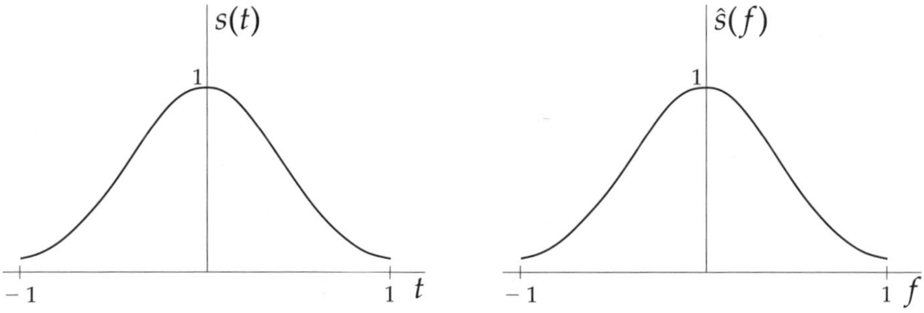

Figura 7.46: O sinal $s(t) = e^{-\pi t^2}$ e seu espectro (partes real e imaginária).

2.

$$s(t) = te^{-\pi t^2} \rightleftharpoons -\mathrm{j}fe^{-\pi f^2} = \hat{s}(f).$$

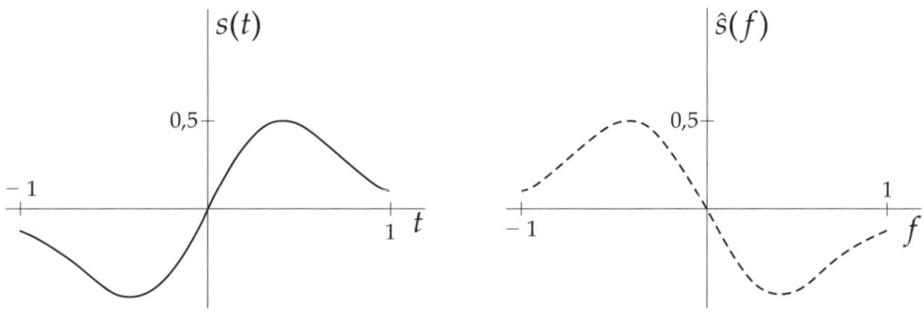

Figura 7.47: O sinal $s(t) = te^{-\pi t^2}$ e seu espectro (partes real e imaginária).

3.

$$s(t) = e^{-|t|} \rightleftharpoons \frac{2}{1 + (2\pi f)^2} = \hat{s}(f).$$

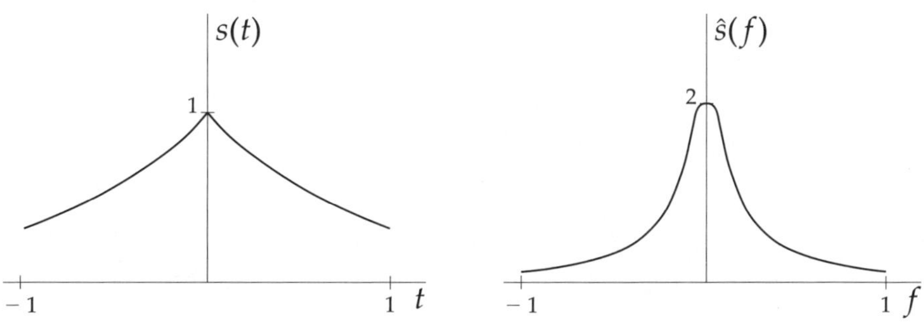

Figura 7.48: O sinal $s(t) = e^{-|t|}$ e seu espectro (partes real e imaginária).

PAR TRANSFORMADO DOMÍNIO DO TEMPO DOMÍNIO DA FREQUÊNCIA

4.

$$s(t) = \delta(t) \rightleftharpoons 1(f) = \hat{s}(f).$$

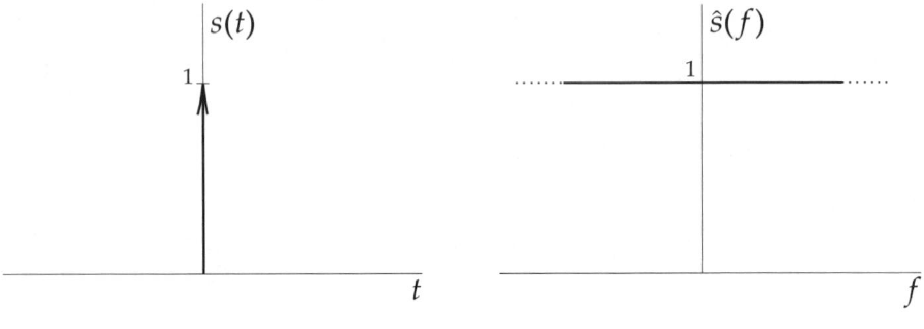

Figura 7.49: O delta de Dirac e seu espectro (partes real e imaginária).

5.

$$s(t) = 1(t) \rightleftharpoons \delta(f) = \hat{s}(f).$$

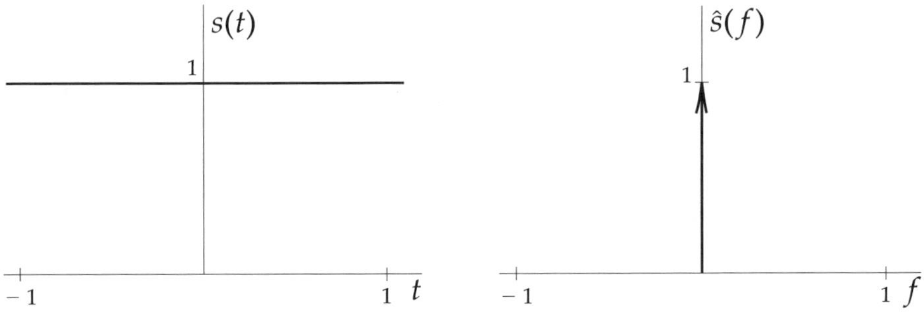

Figura 7.50: O sinal corrente contínua e seu espectro (partes real e imaginária).

6.

$$s(t) = \cos(2\pi f_0 t) \rightleftharpoons \frac{1}{2}[\delta(f + f_0) + \delta(f - f_0)] = \hat{s}(f).$$

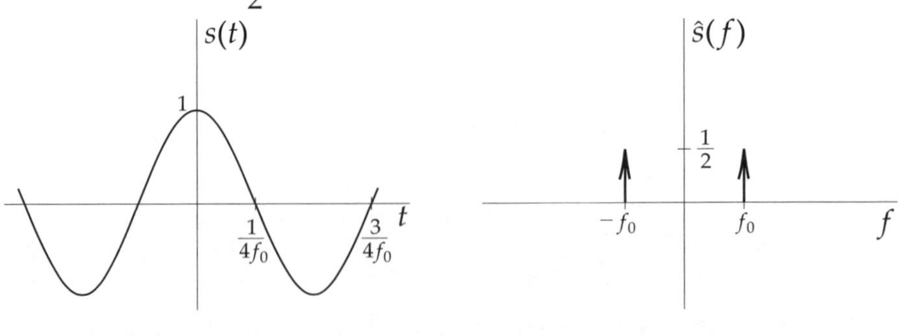

Figura 7.51: O sinal $s(t) = \cos(2\pi f_0 t)$ e seu espectro (partes real e imaginária).

PAR TRANSFORMADO DOMÍNIO DO TEMPO DOMÍNIO DA FREQUÊNCIA

7.

$$s(t) = \text{sen}(2\pi f_0 t) \rightleftharpoons \frac{\mathrm{j}}{2}[\delta(f + f_0) - \delta(f - f_0)] = \hat{s}(f).$$

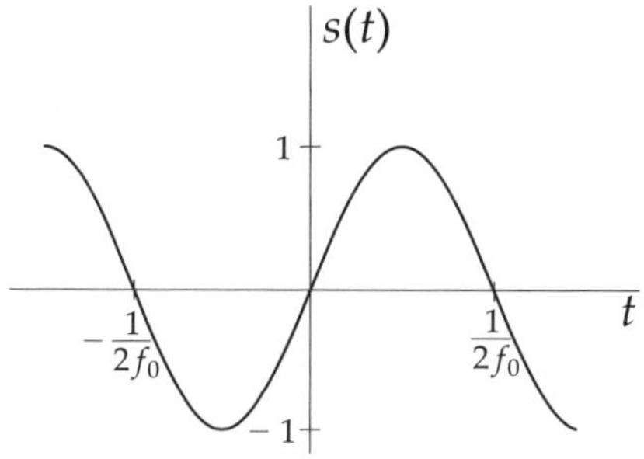

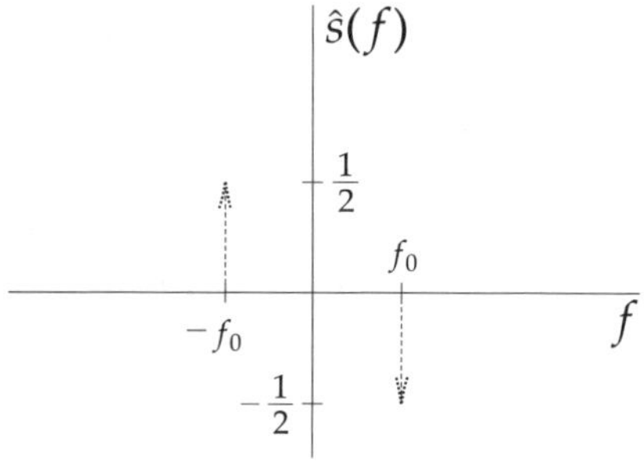

Figura 7.52: O sinal $s(t) = \text{sen}(2\pi f_0 t)$ e seu espectro (partes real e imaginária).

8.

$$s(t) = \frac{1}{2}[\delta(t + t_0) - \delta(t - t_0)] \rightleftharpoons \mathrm{j}\,\text{sen}(2\pi f t_0) = \hat{s}(f).$$

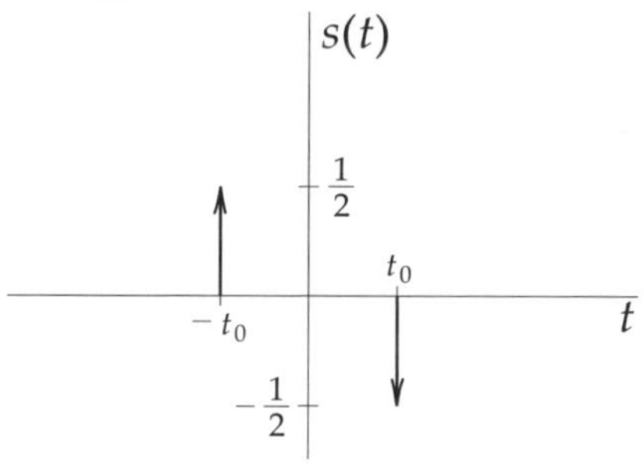

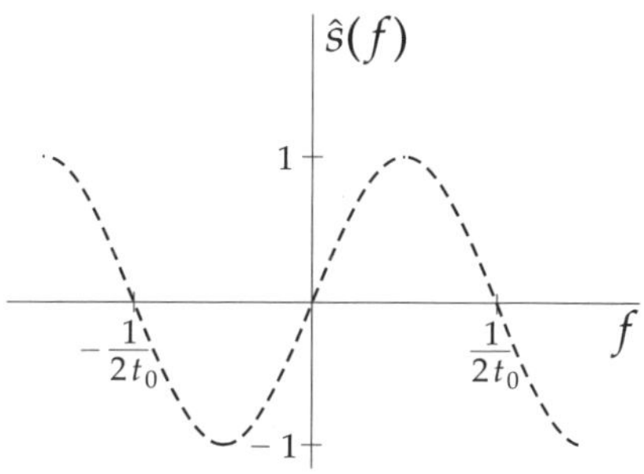

Figura 7.53: O sinal $s(t) = \frac{1}{2}[\delta(t + t_0) - \delta(t - t_0)]$ e seu espectro (partes real e imaginária).

9.

$$s(t) = \frac{1}{2}[\delta(t + t_0) + \delta(t - t_0)] \rightleftharpoons \cos(2\pi f t_0) = \hat{s}(f).$$

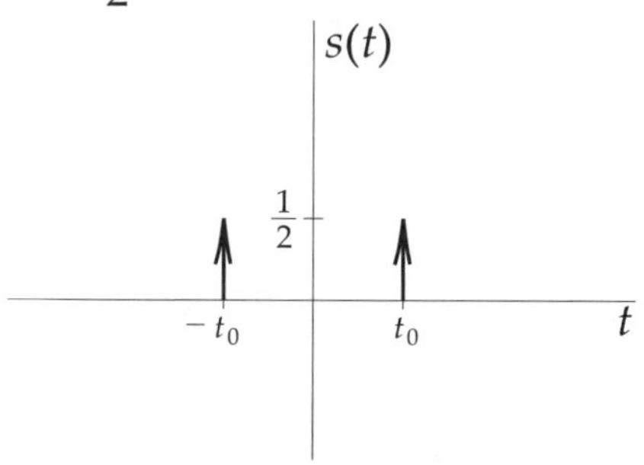

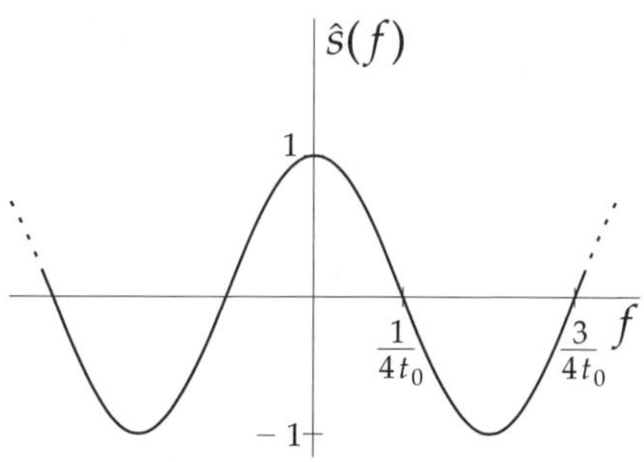

Figura 7.54: O sinal $s(t) = \frac{1}{2}[\delta(t + t_0) + \delta(t - t_0)]$ e seu espectro (partes real e imaginária).

PAR TRANSFORMADO DOMÍNIO DO TEMPO DOMÍNIO DA FREQUÊNCIA

10.

$$s(t) = \sqcap_T(t) \rightleftharpoons 2T\,\frac{\text{sen}(2\pi f T)}{2\pi f T} = \hat{s}(f).$$

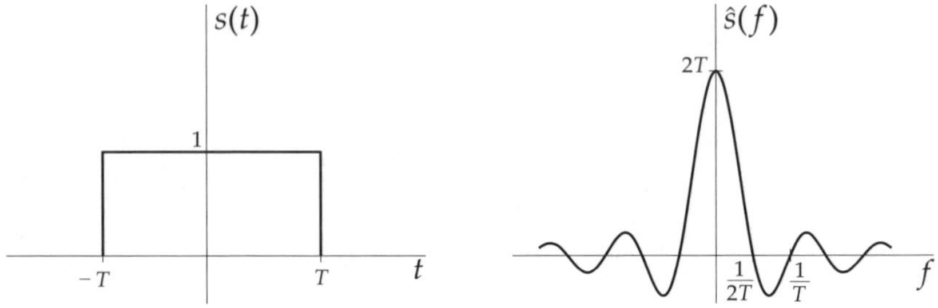

Figura 7.55: O sinal $s(t) = \sqcap_T(t)$ e seu espectro (partes real e imaginária).

11.

$$s(t) = \text{sgn}(t) = \begin{cases} 1, & t \geq 0, \\ -1, & t < 0 \end{cases} \rightleftharpoons -\frac{\mathrm{j}}{\pi f} = \hat{s}(f).$$

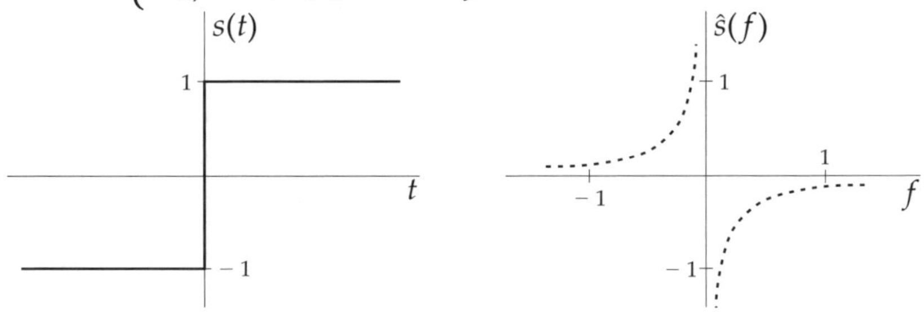

Figura 7.56: O sinal $s(t) = \text{sgn}(t)$ e seu espectro (partes real e imaginária).

12.

$$s(t) = u(t) = \begin{cases} 1, & t \geq 0, \\ 0, & t < 0 \end{cases} \rightleftharpoons \frac{1}{2}\delta(f) - \frac{\mathrm{j}}{2\pi f} = \hat{s}(f).$$

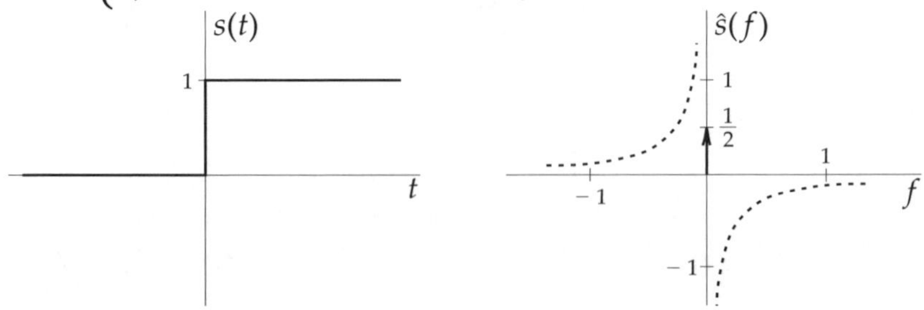

Figura 7.57: O sinal $s(t) = u(t)$ e seu espectro (partes real e imaginária).

PAR TRANSFORMADO DOMÍNIO DO TEMPO DOMÍNIO DA FREQUÊNCIA

13.

$$s(t) = \wedge_{2T}(t) = \begin{cases} \dfrac{t}{2T} + 1, & t \in (-2T, 0) \\ 1 - \dfrac{t}{2T}, & t \in (0, 2T) \end{cases} \rightleftharpoons 2T \left(\frac{\text{sen}(2\pi f T)}{2\pi f T} \right)^2 = \hat{s}(f).$$

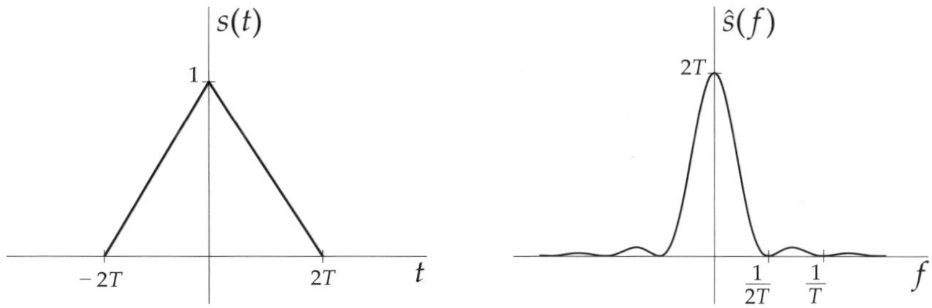

Figura 7.58: O sinal $s(t) = \wedge_{2T}(t)$ e seu espectro (partes real e imaginária).

14.

$$s(t) = \left(\frac{\text{sen}(2\pi f_0 t)}{2\pi f_0 t} \right)^2 \rightleftharpoons \frac{1}{2f_0} \begin{cases} \dfrac{f}{2f_0} + 1, & f \in (-2f_0, 0) \\ 1 - \dfrac{f}{2f_0}, & f \in (0, 2f_0) \end{cases} = \hat{s}(f).$$

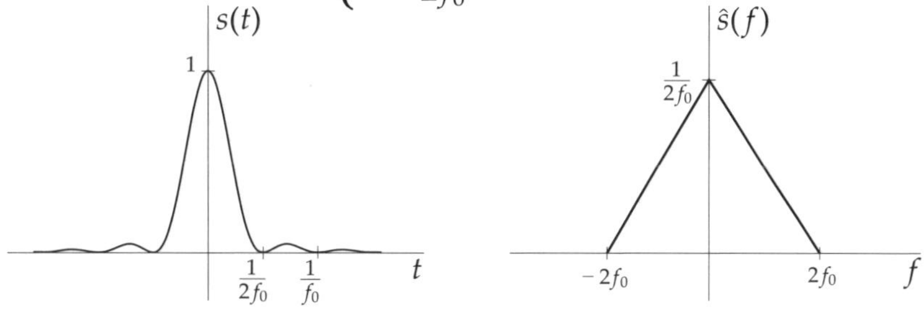

Figura 7.59: O sinal $s(t) = \text{sinc}^2(2\pi f_0 t)$ e seu espectro (partes real e imaginária).

15.

$$s(t) = \frac{1}{2} \sum_{k=1}^{2} \left[\delta(t + kt_0/2) + \delta(t - kt_0/2) \right] \rightleftharpoons 2\cos(3\pi f t_0/2)\cos(\pi f t_0/2) = \hat{s}(f).$$

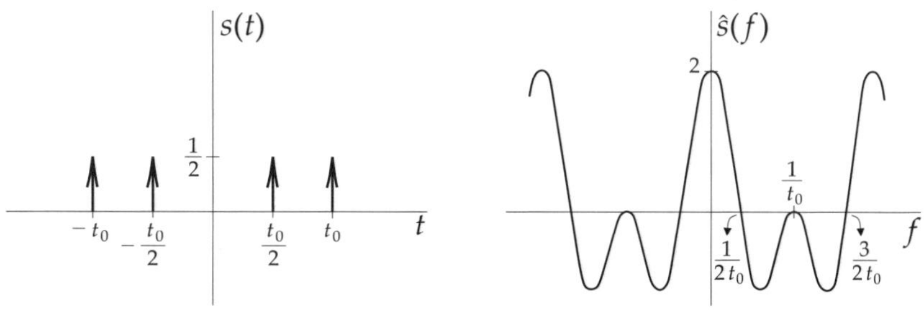

Figura 7.60: O sinal composto por dois pares de deltas simétricos e seu espectro (partes real e imaginária).

PAR TRANSFORMADO DOMÍNIO DO TEMPO DOMÍNIO DA FREQUÊNCIA

16.

$$s(t) = \sum_{k=-\infty}^{\infty} \delta(t - k\tau) \rightleftharpoons \frac{1}{\tau} \sum_{n=-\infty}^{\infty} \delta(f - n/\tau) = \hat{s}(f).$$

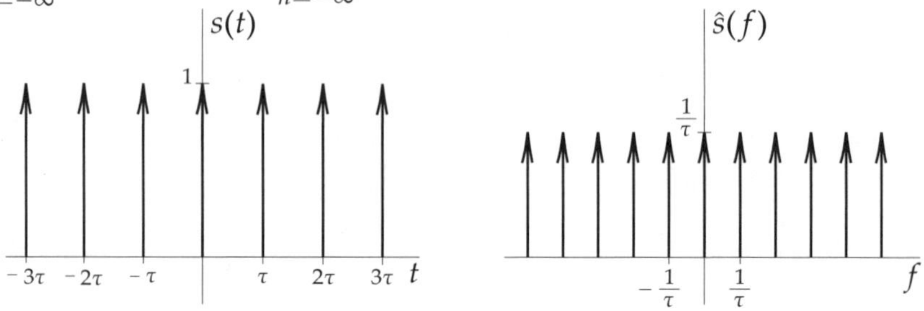

Figura 7.61: O sinal pente de deltas e seu espectro (partes real e imaginária).

17.

$$s(t) = A\cos(2\pi f_0 t) \sqcap_T(t) \rightleftharpoons A^2 T \left[\frac{\text{sen}(2\pi(f+f_0)T)}{2\pi(f+f_0)T} + \frac{\text{sen}(2\pi(f-f_0)T)}{2\pi(f-f_0)T}\right] = \hat{s}(f).$$

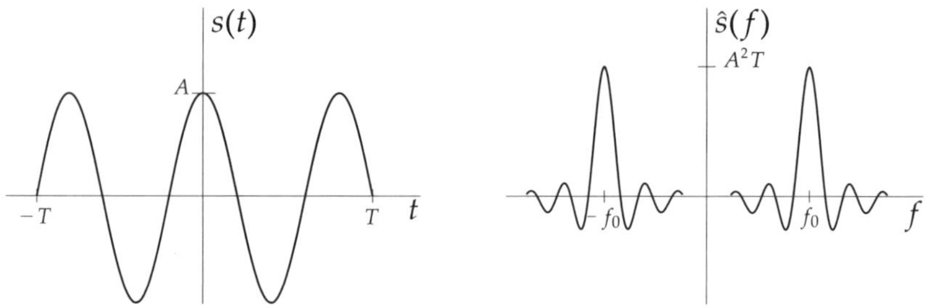

Figura 7.62: O sinal $s(t) = \cos(2\pi f_0 t)$ truncado e seu espectro (partes real e imaginária).

18.

$$s(t) = e^{-t}u(t) \rightleftharpoons \frac{1}{1 + \mathrm{j}2\pi f} = \frac{1}{1 + (2\pi f)^2}(1 - \mathrm{j}2\pi f) = \hat{s}(f).$$

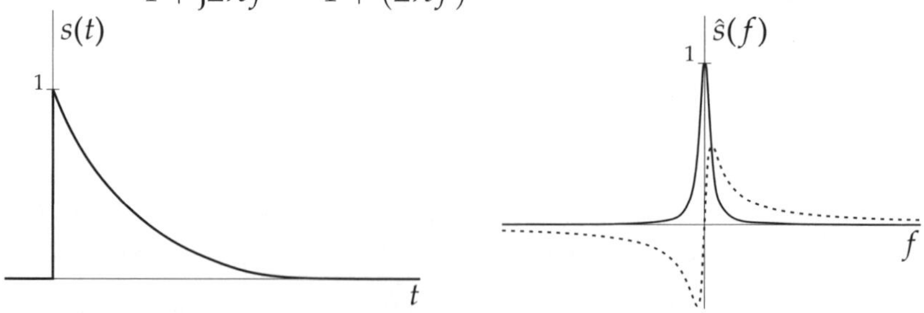

Figura 7.63: O sinal $s(t) = e^{-t}u(t)$ e seu espectro (partes real e imaginária).

PAR TRANSFORMADO DOMÍNIO DO TEMPO DOMÍNIO DA FREQUÊNCIA

19.

$$s(t) = u(t)\cos(\omega_0 t) \rightleftharpoons \frac{\pi}{2}[\delta(\omega+\omega_0)+\delta(\omega-\omega_0)] + \frac{j\omega}{\omega_0^2-\omega^2} = \hat{s}(f).$$

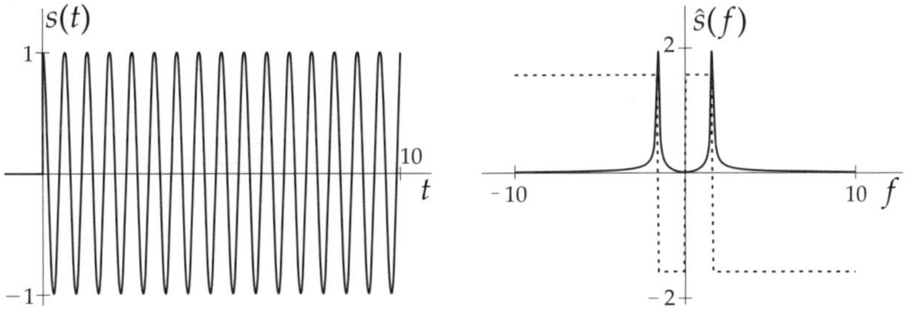

Figura 7.64: O sinal $s(t) = u(t)\cos(\omega_0 t)$ e seu espectro (módulo e fase).

20.

$$s(t) = u(t)\,\mathrm{sen}(\omega_0 t) \rightleftharpoons \frac{\pi}{2j}[\delta(\omega+\omega_0)-\delta(\omega-\omega_0)] + \frac{\omega^2}{\omega_0^2-\omega^2} = \hat{s}(f).$$

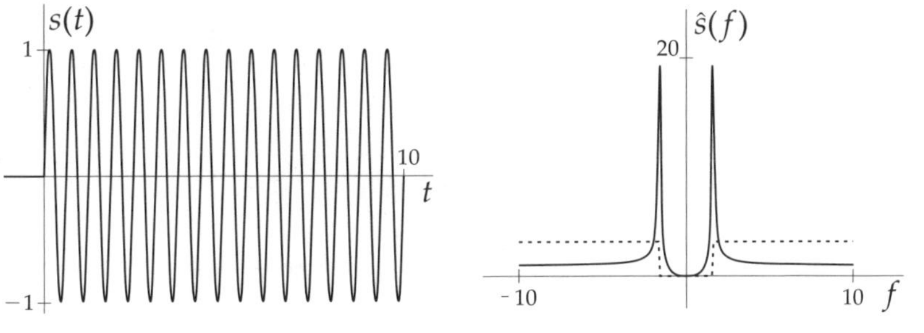

Figura 7.65: O sinal $s(t) = u(t)\,\mathrm{sen}(\omega_0 t)$ e seu espectro (módulo e fase).

21.

$$s(t) = u(t)e^{-\alpha t}\cos(\omega_0 t) \rightleftharpoons \frac{\alpha + j\omega}{\omega_0^2 + (\alpha + j\omega)^2} = \hat{s}(f).$$

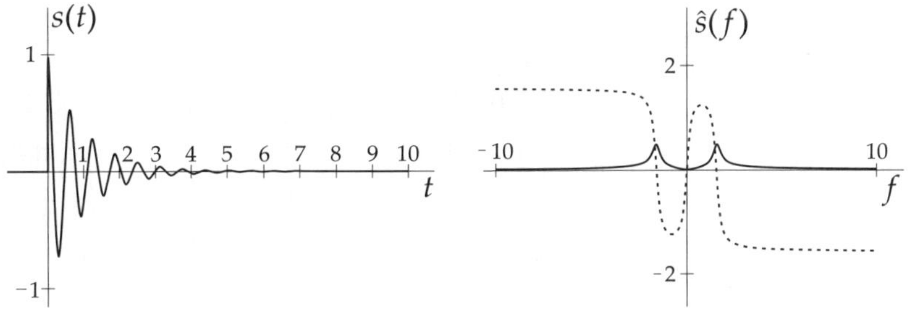

Figura 7.66: O sinal $s(t) = u(t)e^{-\alpha t}\cos(\omega_0 t)$ e seu espectro (módulo e fase).

PAR TRANSFORMADO DOMÍNIO DO TEMPO DOMÍNIO DA FREQUÊNCIA

22.

$$s(t) = u(t)\,e^{-\alpha t}\,\mathrm{sen}(\omega_0 t) \rightleftharpoons \frac{\omega_0}{\omega_0^2 + (\alpha + \mathrm{j}\omega)^2} = \hat{s}(f).$$

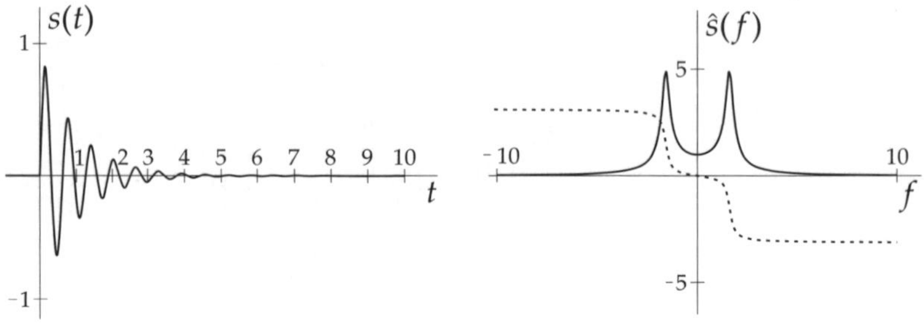

Figura 7.67: O sinal $s(t) = u(t)\,e^{-\alpha t}\,\mathrm{sen}(\omega_0 t)$ e seu espectro (módulo e fase).

23.

$$s(t) = u(t)te^{-\alpha t} \rightleftharpoons \frac{1}{(\alpha + \mathrm{j}\omega)^2} = \hat{s}(f).$$

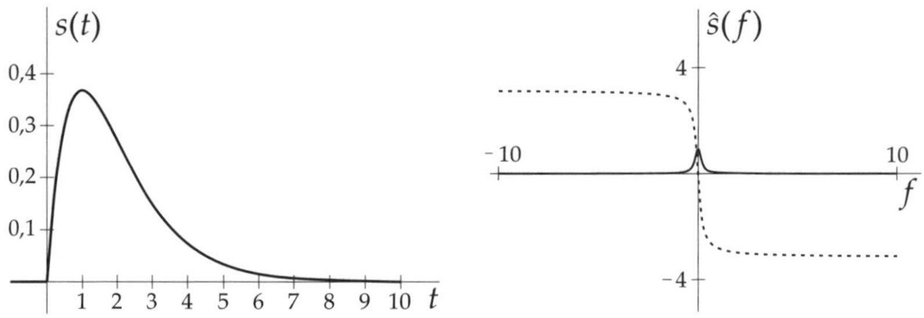

Figura 7.68: O sinal $s(t) = u(t)te^{-\alpha t}$ e seu espectro (módulo e fase).

24.

$$s(t) = \cos(at^2) \rightleftharpoons \frac{1}{\sqrt{2a}} \cos\left(\frac{\omega^2}{4a} - \frac{\pi}{4}\right) = \hat{s}(f).$$

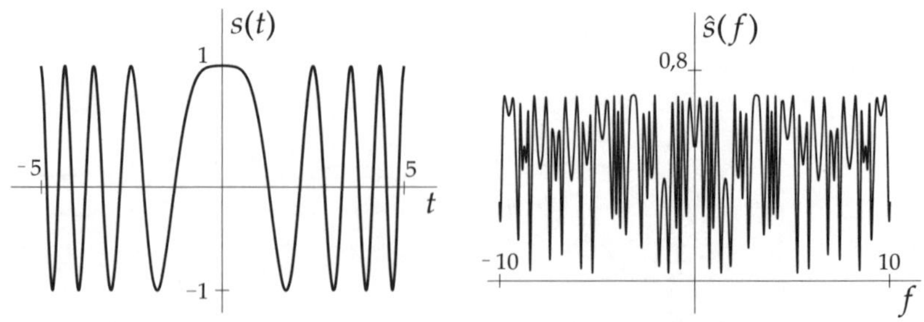

Figura 7.69: O sinal $s(t) = \cos(at^2)$ e seu espectro (módulo e fase).

PAR TRANSFORMADO DOMÍNIO DO TEMPO DOMÍNIO DA FREQUÊNCIA

25.

$$s(t) = \text{sen}(at^2) \rightleftharpoons \frac{-1}{\sqrt{2a}} \text{sen}\left(\frac{\omega^2}{4a} - \frac{\pi}{4}\right) = \hat{s}(f).$$

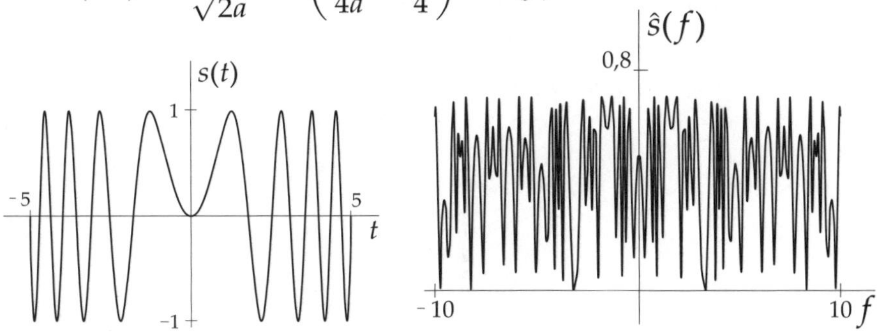

Figura 7.70: O sinal $s(t) = \text{sen}(at^2)$ e seu espectro (módulo e fase).

26.

$$s(t) = \text{sech}(at) \rightleftharpoons \frac{\pi}{a} \text{sech}\left(\frac{\pi^2}{a} f\right) = \hat{s}(f).$$

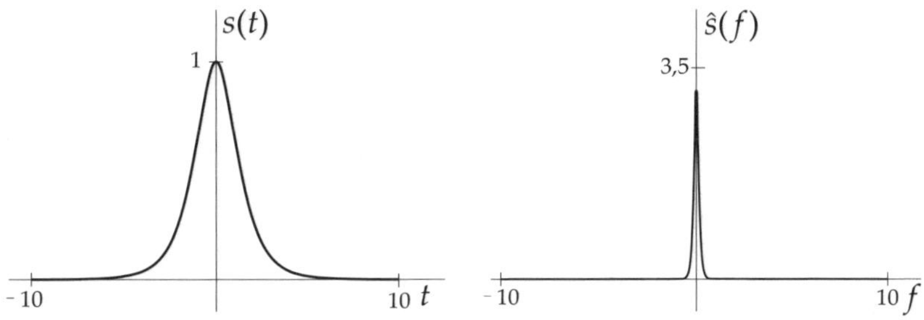

Figura 7.71: O sinal $s(t) = \text{sech}(at)$ e seu espectro (módulo e fase).

27.

$$s(t) = \frac{1}{t} \rightleftharpoons -\text{j}\,\text{sgn}(f) = \hat{s}(f).$$

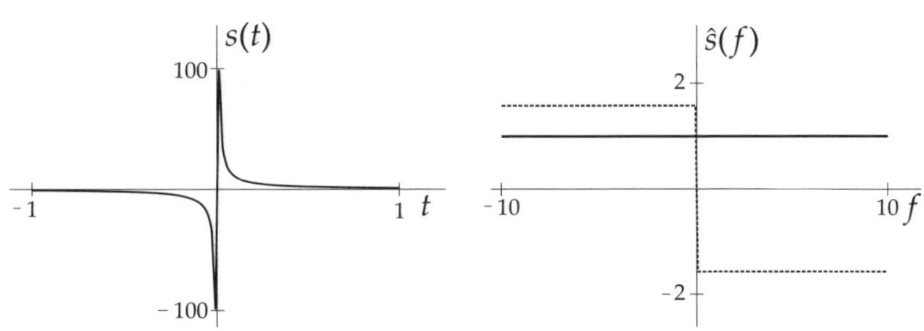

Figura 7.72: O sinal $s(t) = 1/t$ e seu espectro (módulo e fase).

PAR TRANSFORMADO DOMÍNIO DO TEMPO DOMÍNIO DA FREQUÊNCIA

28.

$$s(t) = \frac{1}{\sqrt{|t|}} \rightleftharpoons \frac{1}{\sqrt{|\omega|}} = \hat{s}(f).$$

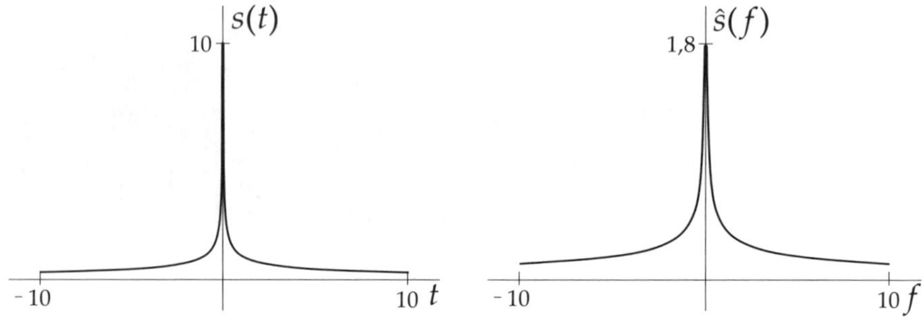

Figura 7.73: O sinal $s(t) = 1/\sqrt{|t|}$ e seu espectro (módulo e fase).

29.

$$s(t) = (\mp t)^{-\alpha} \rightleftharpoons \frac{(2\pi)^{\alpha}}{\Gamma(\alpha)} u(\pm f)(\pm f)^{\alpha-1} = \hat{s}(f),$$

em que $\Gamma(n) = (n-1)!$.

30.

$$s(t) = \log|t| \rightleftharpoons -\frac{1}{2|f|} - \gamma\delta(f) = \hat{s}(f),$$

em que $\gamma = \lim_{n\to\infty} \left(-\ln n + \sum_{k=1}^{n} \frac{1}{k}\right)$ é a *constante de Euler*.

II

Parte B — Sinais Discretos

Capítulo 8

Amostragem de Sinais

Felizmente, dispomos de um instrumento de medição cuja delicadeza não tem limites: nosso pensamento.
Max Planck

Conforme mencionado no Capítulo 2, a esmagadora maioria dos sinais encontrados na natureza são analógicos.[1] Portanto, para proceder ao *processamento* desses sinais utilizando um computador digital ou um processador dedicado, também digital, esses sinais deverão ser, antes de tudo, *discretizados*.

Do ponto de vista (ou escuta) operacional, todo processamento de sinais será efetuado no domínio discreto, de modo a lançarmos mão dos poderosos recursos que os computadores digitais nos oferecem. Este capítulo aborda, portanto, as técnicas de obtenção de sinais discretos a partir de sinais contínuos. Não serão discutidas aqui essas técnicas sob a ótica da máquina, ou, se preferirem, de *hardware*, mas do ângulo que mais interessa ao usuário, que é o do processamento em si, ou seja, de *software*, de modo a permitir a correta interpretação dos resultados. Colocando em outros termos, o procedimento de *amostragem* — que consiste, falando de forma ainda bem geral, em passar um sinal do *domínio contínuo* ao *domínio discreto* — introduzirá erros ou desvios em relação ao sinal original e o objetivo deste capítulo é estudar como contornar esses erros e desvios, quando possível, e, principalmente, examinar como interpretar essas diferenças, quando inevitáveis, de modo a "não levar gato por lebre".

[1] Ao menos, desconsiderando a natureza íntima (atômica) da matéria e seus fenômenos, mais bem descritos pela *teoria quântica da matéria*.

Na Seção 8.1 é introduzido o conceito geral de amostragem de um sinal e suas principais características, bem como de seus principais, por assim dizer, inconvenientes. Na Seção 8.2 veremos como pode ser executada uma amostragem ideal, que nos renderia a melhor aproximação entre o sinal contínuo e o sinal discretizado. Embora a amostragem ideal não seja fisicamente realizável, o conceito é fundamental para a compreensão de todo o processo de amostragem. Na Seção 8.3 o conceito de *dobramento*, também conhecido na literatura de língua inglesa como *aliasing*,[2] é explicado, mostrando-se a importância de ser o dobramento evitado para se obter uma amostragem bem-sucedida. Na Seção 8.4 demonstra-se o teorema da amostragem, cuja essência é garantir que uma amostragem bem-sucedida, ou seja, uma amostragem com um intervalo adequado, preserva toda informação presente no sinal original. Em outros termos, utilizando-se uma cadência de amostragem acima de um determinado valor, verifica-se que o sinal original é perfeitamente recuperável a partir do sinal amostrado. Esse resultado, a princípio um tanto surpreendente, tem importantes consequências teóricas e práticas. Por exemplo, viu-se no Capítulo 7 que a transformada de Fourier é um procedimento reversível, ou seja, a transformada inversa de Fourier da transformada de Fourier de um dado sinal é ele mesmo. Portanto, o teorema da amostragem, por assim dizer, estende essa reversibilidade ao domínio discreto. A Seção 8.5 discute como se procede em uma amostragem não ideal. Analisa-se nessa seção quais os erros intrínsecos devido à amostragem não ideal. Finalmente, na Seção 8.6 estuda-se o problema da quantização, mostrando-se os efeitos deletérios de uma quantização, por assim dizer, *pobre*. Nessa seção discute-se, por exemplo, a dinâmica alcançada por um sinal quantizado, seja em termos lineares, seja em termos de níveis logarítmicos (dB).

8.1 Amostragem e quantização

Suponha, então, que temos um sinal contínuo — analógico, portanto — da forma $x(t)$. Para processá-lo em um computador digital, o sinal deverá, primeiramente, passar por um conversor analógico-digital (A/D) que o converta em uma *sequência de bits*.[3] Uma vez convertido em um sinal digital, o sinal — agora discreto — pode ser processado no domínio digital. Em seguida, esse sinal deve passar por um outro conversor, este digital-analógico (D/A), para ser observado pelo intérprete do sinal processado.[4] A Fig. 8.1 ilustra o procedimento.

[2]Não há uma forma unânime na literatura técnica do país para traduzir para a língua portuguesa o termo *aliasing*, sendo aceitáveis expressões como *falsa identificação, (frequência) fantasma, superposição* ou *dobramento*. Neste texto, o autor optou por utilizar o termo *dobramento* para designar esse (d)efeito.

[3]A palavra *bit* é uma abreviação do termo em inglês *binary digit*, dígito binário, a menor unidade de informação.

[4]Nem sempre um conversor D/A se faz necessário, uma vez que o sinal processado pode, em inúmeros casos, ser satisfatoriamente interpretado diretamente na tela do computador ou do processador.

Figura 8.1: Procedimento padrão para, a partir de um sinal analógico, processá-lo em um computador digital, retornando em seguida ao domínio analógico.

Uma analogia simples pode ilustrar a questão da amostragem a que estamos nos referindo. Sabe-se que o cinema utiliza, classicamente, fotogramas que devem ser passados sucessivamente à taxa de 24 quadros por segundo de modo a propiciar, ao sistema visual humano, a ilusão de uma cena contínua. Cada fotograma — uma mera fotografia de cena — seria o análogo a uma amostra de um sinal, ao passo que o filme seria análogo ao sinal contínuo e a taxa de 24 quadros por segundo seria correspondente à taxa de amostragem.

Como mencionado, um conversor A/D necessita transformar um sinal $x(t)$ em uma sequência de bits. Como um computador (ou processador) digital só lida com valores discretos, tanto a variável independente 't' da função $x(t)$ como a variável dependente 'x' da mesma função, necessitam ser discretizadas. A discretização da variável independente 't' é denominada *amostragem* e o conversor A/D transformará um contínuo temporal (digamos) em uma sequência de $N+1$ valores inteiros, identificados pelo contador $k = 0, 1, 2, \ldots, N$, onde o número N de valores da conversão[5] dependerá de diversos fatores, tais como a capacidade do conversor, a aplicação em questão, o conteúdo em frequência do sinal etc. O nome *amostragem* provém do fato de se extrairem "amostras" da variável independente 't', o que é usualmente feito a intervalos regulares Δt.

Já a discretização da variável dependente 'x' é denominada *quantização* e o conversor A/D transmutará o contínuo de valores de x em M valores discretos, representados pelo contador $l = 0, 1, 2, \ldots, M-1$, em codificação binária (0 ou 1). Usualmente, por questões de *hardware*, utilizam-se valores para M iguais a uma potência de dois, $M = 2^n$, n inteiro. Entretanto, isso não é uma obrigatoriedade e existem quantizações em que M não constitui uma potência de 2. Neste texto, trataremos sempre de quantizações ótimas, ou seja, com $M = 2^n$, n inteiro.

Ambos os procedimentos (amostragem e quantização) envolvem *perdas*, ou seja, redução da precisão e/ou acurácia com relação ao sinal original. O principal objetivo do presente capítulo é examinar e discutir como minimizar os erros e perdas, naturalmente introduzidos pelo processo de conversão A/D, de modo a obter-se uma análise, por assim dizer, o mais sadia possível do sinal original.

Como se verá mais adiante neste capítulo, a minimização de perdas é uma questão, essencialmente, de custo. Taxas de amostragem mais altas e números maiores de degraus de quantização incrementam o custo de um conversor — e vice-versa. Se o sinal em análise tem uma frequência de corte — e todo sinal do

[5] Lembre-se que uma mão tem cinco dedos, mas entre estes há somente quatro espaços. Portanto, tem-se N intervalos e $N+1$ valores amostrados.

mundo real, na prática, o tem[6] —, então, sempre haverá uma taxa de amostragem acima da qual o sinal é perfeitamente recuperável a partir do procedimento de amostragem. Nesse aspecto, portanto, o erro poderá ser identicamente nulo e dizemos ter-se uma *amostragem bem-sucedida.*

Já no que toca à quantização, sempre haverá um erro inevitável, uma vez que a quantização constitui um processo irreversível e, portanto, o valor exato da variável dependente 'x' não é recuperável após o procedimento de quantização. Todavia, esse erro pode ser minimizado utilizando-se, se disponível, altos valores do expoente inteiro n.

A esmagadora maioria dos sinais, tal como discutido no Capítulo 2, pode ser modelado como uma função contínua de uma única variável, usualmente o tempo, t. Muito embora seja perfeitamente possível amostrar-se sinais que sejam funções de mais de uma variável, essa amostragem não será nada mais que uma generalização dos conceitos apresentados a seguir. Para todos os efeitos, portanto, discutiremos neste capítulo basicamente os procedimentos de amostragem de um sinal temporal contínuo.

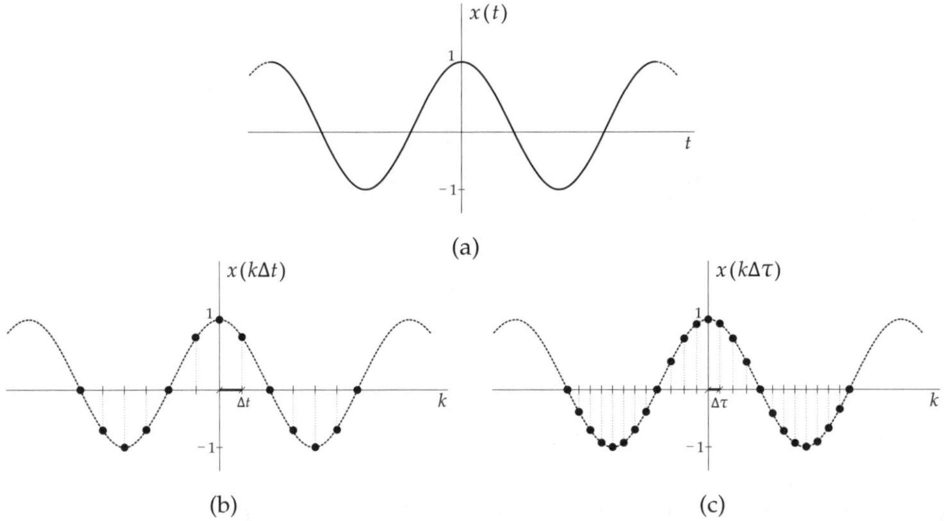

Figura 8.2: (a) Sinal contínuo $x(t) = \cos(\omega_0 t)$, (b) o mesmo sinal amostrado com um intervalo de amostragem Δt e (c) o mesmo sinal amostrado com um intervalo de amostragem $\Delta\tau < \Delta t$.

A Fig. 8.2(a) ilustra o sinal $x(t) = \cos(\omega_0 t)$, contínuo, e o resultado de duas amostragens distintas, uma com o intervalo de amostragem Δt, em (b), e outra com intervalo de amostragem $\Delta\tau < \Delta t$, em (c). Dado, então, um sinal temporal $x(t)$, *amostrá-lo* consiste em obter uma série temporal $\tilde{x}(k)$, onde k é um *contador*, inteiro, portanto, que, digamos assim, conta os *passos da amostragem*. Em outras

[6]O delta de Dirac, $\delta(t)$, não tem frequência de corte, seu conteúdo espectral estendendo-se para $\pm\infty$, mas não constitui um sinal do mundo real.

palavras, $\tilde{x}(k)$ deverá ser a melhor aproximação possível (e daí o '$\tilde{}$' da notação adotada) para o verdadeiro valor de $x(k\Delta t)$. Observe que está implícito na notação de amostragem que esta deverá ser efetuada a intervalos — ou passos — iguais, ou seja,

$$\Delta t = (k+1)\Delta t - k\Delta t, \tag{8.1}$$

denominado *intervalo de amostragem*. Isso significa dizer, por outro lado, que haverá uma *frequência de amostragem*,

$$\nu = \frac{1}{\Delta t}, \tag{8.2}$$

uniforme, também denominada *taxa de amostragem* ou, ainda, conhecida como *cadência de amostragem*.

8.2 Amostragem ideal

Amostrar um sinal $x(t)$ significa capturar o valor do sinal em instantes discretos. Uma maneira ideal de se obter o valor do sinal no instante $t = t_0$ seria multiplicar o sinal $x(t)$ pela distribuição de Dirac, $\delta(t - t_0)$, ou seja,

$$x_a(t_0) = x(t)\,\delta(t - t_0) = x(t_0)\,\delta(t - t_0), \tag{8.3}$$

em que o produto é definido no sentido das distribuições e $x_a(t_0)$ constitui uma *amostra* ou *valor amostrado* do sinal $x(t)$ em $t = t_0$. Se, agora, desejarmos amostrar o sinal $x(t)$ a intervalos igualmente espaçados, ou seja, obter amostras $x_a(t)$ em valores de $t = k\Delta t$, k inteiro, teremos que multiplicar o sinal $x(t)$ por um pente de deltas $P_{\Delta t}(t)$, veja Subseção 3.6.5. A *função sinal amostrado*, portanto, pode ser definida como o produto do sinal original, $x(t)$, por um pente de deltas $P_{\Delta t}(t)$ — uma distribuição periódica de período Δt —, resultando em

$$\begin{aligned}\tilde{x}(t) &= x(t)P_{\Delta t}(t) \\ &= x(t)\sum_{k=-\infty}^{\infty}\delta(t - k\Delta t) \\ &= \sum_{k=-\infty}^{\infty} x(k\Delta t)\,\delta(t - k\Delta t).\end{aligned} \tag{8.4}$$

Observe que $\tilde{x}(t)$ é a *função amostrada* — em realidade, uma função generalizada constituída de uma sequência de impulsos unitários ponderados pelos valores do sinal original nos instantes $t = k\Delta t$ — e os coeficientes $x(k\Delta t)$, $k = 0, \pm 1, \pm 2, \ldots$, constituem os *valores amostrados* nesses mesmos instantes.

Cumpre notar ainda que a integral em todo o domínio da função amostrada corresponde à soma de todas as amostras, ou seja,

$$\begin{aligned}\int_{-\infty}^{\infty} \tilde{x}(t)\,\mathrm{d}t &= \int_{-\infty}^{\infty} \sum_{k=-\infty}^{\infty} x(k\Delta t)\,\delta(t-k\Delta t)\,\mathrm{d}t \\ &= \sum_{k=-\infty}^{\infty} \int_{-\infty}^{\infty} x(k\Delta t)\,\delta(t-k\Delta t)\,\mathrm{d}t \\ &= \sum_{k=-\infty}^{\infty} < \delta(t-k\Delta t), x(k\Delta t) > \\ &= \sum_{k=-\infty}^{\infty} x(k\Delta t).\end{aligned} \tag{8.5}$$

Vale reiterar que a função sinal amostrado ideal constitui, por sua vez, uma função generalizada e, como tal, inapropriada para a manipulação computacional. Contudo, o que nos interessa desse ponto de vista (e escuta) são simplesmente os coeficientes ou valores amostrados $x(k\Delta t)$ que constituem uma *série temporal* — esta passível de manipulação em um computador digital — que representa adequadamente o sinal original $x(t)$. O quão adequada é essa representação é o principal objeto de estudo do restante deste capítulo. A Fig. 8.3 ilustra um sinal $x(t)$ e o correspondente sinal amostrado, $\tilde{x}(t)$, em uma amostragem ideal.

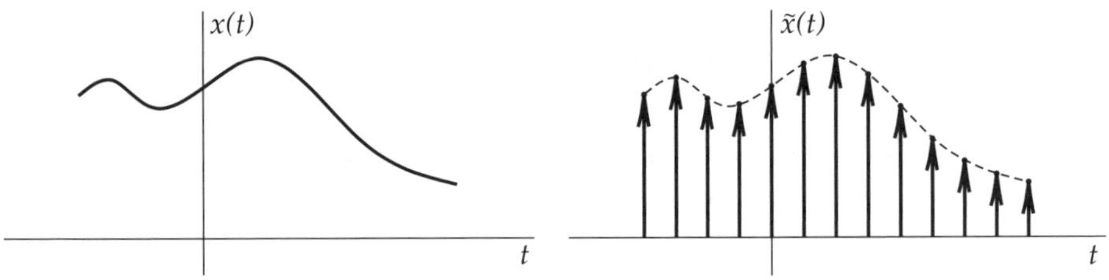

Figura 8.3: Sinal contínuo, $x(t)$, e o sinal amostrado, $\tilde{x}(k)$, em uma amostragem ideal.

Doravante indicaremos, por mera simplicidade,

$$x(k) \equiv x(k\Delta t), \tag{8.6}$$

o que significa que, efetivamente, tem-se uma série temporal, onde a variável x depende exclusivamente do parâmetro inteiro $k = 0, \pm 1, \pm 2, \ldots$.

As amplitudes ou coeficientes $x(k) \equiv x(k\Delta t)$ são, como já mencionado, os *valores amostrados* ou, simplesmente, *amostras* do sinal. Não seria demasiado insistir que somente a amostragem ideal fornece valores exatos para as amostras do sinal. Todas as outras formas de amostragem fornecerão, naturalmente, valores aproximados, conforme se verificará na Seção 8.5. Sabemos que a geração de um pente de deltas não é realizável fisicamente, o que constitui um óbice natural à amostragem ideal. Contudo, admitindo por ora o pente de deltas como factível, importa-nos examinar o que efetivamente ocorre com diversas características do sinal, após o processo de amostragem.

No domínio original do sinal — o domínio do tempo, digamos — já sabemos que o sinal original foi substituido por um pente de deltas ponderado justamente pelos valores do sinal extraídos a cada intervalo de amostragem. Portanto, o processo de amostragem reduziu a informação contínua original (infinitos valores) à informação discreta de $N+1$ valores amostrados, admitindo que o sinal é finito nesse domínio. A rigor, seriam também infinitos valores discretos, uma vez que o pente de deltas constitui um somatório infinito, mas, na prática, o sinal $x(t)$ sempre terá uma duração finita T. No procedimento de amostragem, tem-se então um conjunto de parâmetros que estão interrelacionados: Δt, o intervalo de amostragem; ν, a frequência ou taxa de amostragem; T, a duração temporal do sinal a ser amostrado; e $N+1$ o número de amostras do sinal. A relação entre esses parâmetros é dada por

$$T = N\Delta t = \frac{N}{\nu}. \tag{8.7}$$

Exemplo 8.1 Considere, visando apenas ilustrar os parâmetros presentes na Eq. (8.7), o sinal temporal $x(t)$ de formato triangular isósceles ilustrado na Fig. 8.4, não nulo no intervalo $(-t_0, t_0)$.

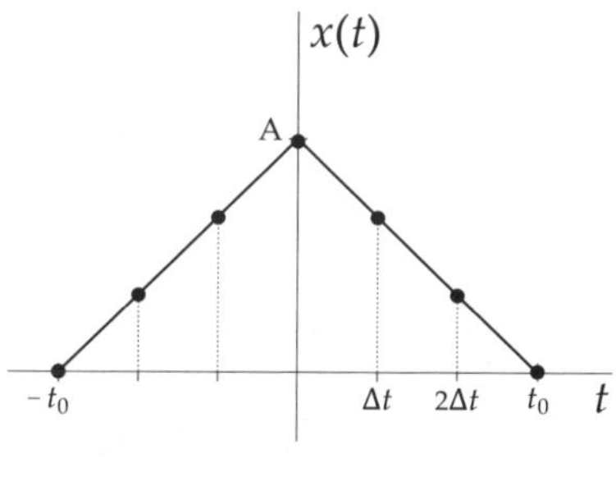

Figura 8.4: Sinal temporal triangular definido no intervalo $(-t_0, t_0)$ e sua amostragem.

Nesse caso, $T = 2t_0$. Admitamos que a amostragem (pobre) desse sinal seja feita com intervalo $\Delta t = t_0/3$, conforme ilustrado. A frequência de amostragem será, portanto,

$$\nu = \frac{1}{\Delta t} = \frac{3}{t_0}.$$

Finalmente, o número de pontos amostrados será $N+1=7$. Substituindo os parâmetros T, Δt, N e ν deste exemplo na Eq. (8.7) recairemos na identidade

$$2t_0 = 6\,\frac{t_0}{3} = \frac{6}{3/t_0}.$$

Observando mais uma vez a Fig. 8.3, se o intervalo de amostragem Δt for suficientemente pequeno, espera-se haver pouca diferença entre as duas curvas, o que parece indicar que não haverá diferenças sensíveis entre $x(t)$ e $\tilde{x}(t)$. Todavia, essa mera observação, por assim dizer, "no olhômetro" não nos garante nada, por exemplo, quanto ao que sucederá com o sinal amostrado no domínio da frequência. Portanto, antes de podermos afirmar categoricamente que o sinal amostrado — por meio de uma amostragem ideal — é de fato uma boa representação do sinal original, é necessário estudar o que acontece no domínio espectral.

Fazendo, então, a transformada de Fourier do sinal amostrado, tem-se

$$\begin{aligned}\hat{\tilde{x}}(f) &= \mathcal{F}[\tilde{x}(t)] \\ &= \mathcal{F}\left[x(t)P_{\Delta t}(t)\right] \\ &= \hat{x}(f) * \hat{P}_{\nu}(f) \\ &= \hat{x}(f) * \frac{1}{\Delta t}\sum_{n=-\infty}^{\infty}\delta(f-n\nu) \\ &= \frac{1}{\Delta t}\sum_{n=-\infty}^{\infty}\hat{x}(f)*\delta(f-n\nu) \\ &= \nu\sum_{n=-\infty}^{\infty}\hat{x}(f-n\nu).\end{aligned} \tag{8.8}$$

Observe que, ao longo da derivação da Eq. (8.8), que nos fornece o resultado da transformada de Fourier do sinal amostrado, foi utilizado o teorema da convolução para converter o produto simples no domínio do tempo em um produto de convolução no domínio da frequência (da segunda para a terceira linha) e foi aplicada a propriedade da distributividade do produto de convolução com respeito à soma (da quarta para a quinta linha). Por fim, da quinta para a última linha, aplicou-se a propriedade da convolução com um delta de Dirac deslocado.

Note também que a transformada de Fourier da função amostrada, $\hat{\tilde{x}}(f)$, é idêntica à transformada de Fourier da função original, $\hat{x}(f)$, a menos da constante multiplicativa ν, suprimindo o somatório e fazendo $n = 0$ na Eq. (8.8). Com efeito, a expressão final obtida para $\hat{\tilde{x}}(f)$ corresponde à função $\hat{x}(f)$ repetida a intervalos ν, que é o período — no domínio da frequência — do pente de deltas. Diz-se, portanto, que a transformada de Fourier do sinal amostrado é, essencialmente, a transformada de Fourier do sinal original *periodizada*, multiplicada pela frequência de amostragem $\nu = 1/\Delta t$.[7]

Cumpre assinalar, finalmente, que quanto menor for o intervalo de amostragem, Δt, maior será a frequência de amostragem e, portanto, maior será o espaçamento entre os diferentes períodos do espectro do sinal amostrado. Se multiplicarmos, então, a transformada de Fourier do sinal amostrado, $\hat{\tilde{x}}(f)$, por uma função janela no domínio da frequência, ou seja, por um *filtro passa-baixa* de largura adequada, restabeleceremos, satisfeitas determinadas condições, a transformada do sinal original, $\hat{x}(f)$, sempre a menos da constante ν, conhecida. Na Seção 8.3 es-

[7] É importante reiterar esse último resultado: a amostragem (ideal) de um sinal $x(t)$ resulta que seu espectro $\hat{x}(f)$ fica *periodizado* e multiplicado pela frequência de amostragem ν.

sas condições serão discutidas em detalhes e o exemplo a seguir ilustra uma das dificuldades que devem ser superadas no procedimento de amostragem.

Exemplo 8.2 Tomemos, agora, a transformada de Fourier do sinal triangular do Ex. 8.1, que, como indicado na Seção 7.9, Item 13, é o sinal $\text{sinc}^2(2\pi f t_0)$, como indicado na Fig. 8.5. Observando o resultado obtido na Eq. (8.8), nota-se que o espectro do sinal original, embora apresente um decaimento acentuado com a frequência, é ilimitado, ou seja, não tem uma frequência de corte. Portanto, o somatório indicado na última linha da Eq. (8.8) trará problemas na determinação do espectro, mesmo aplicando-se um filtro passa baixa no domínio da frequência. Isso ocorrerá, justamente por ser o espectro do sinal ilimitado, e por mais que afastemos (aumentando ν e reduzindo Δt) os termos $\hat{x}(f - n\nu)$, haverá alguma superposição dos componentes, distorcendo o espectro obtido.

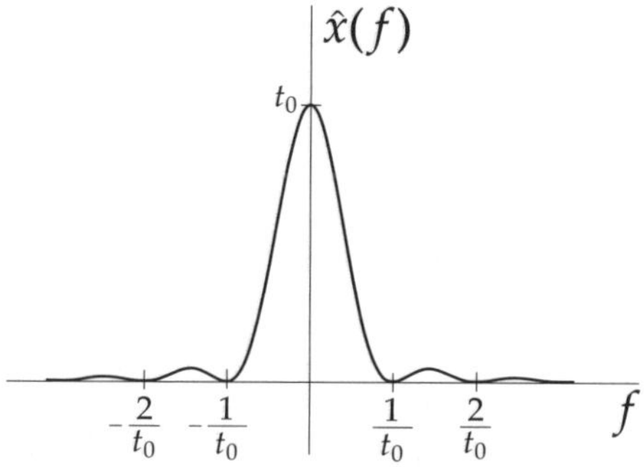

Figura 8.5: Transformada de Fourier do sinal triangular, cujo conteúdo é ilimitado.

Observando mais uma vez a Eq. (8.7), não é difícil compreender a questão que temos pela frente quando pretendemos fazer a análise espectral de um sinal amostrado. Quanto mais "Taketi" for o sinal, ou, em outros termos, quanto mais alta for a frequência de corte do sinal, maior deve ser a frequência de amostragem ν. Isso significa dizer que menor deve ser o valor do intervalo de amostragem Δt. Ora, dependendo do intervalo T em que desejamos capturar o sinal, o número $N + 1$ de amostras pode se tornar demasiadamente grande, o que poderá ensejar um alto custo computacional. Esse tema será discutido com mais detalhes na Seção 8.3.

8.3 Dobramento (*Aliasing*)

Qualquer sinal contínuo do mundo real tem espectro de suporte limitado, ou seja, o espectro de qualquer sinal fisicamente realizável possui uma frequência acima da qual não há mais conteúdo espectral; essa frequência é denominada *frequência de corte* do sinal. Suponhamos, então, que $x(t)$ tenha um espectro que, a partir da frequência $f = \nu_c$ — a frequência de corte —, se anule. Quando dizemos "nulo", estamos nos referindo, naturalmente, a valores efetivamente nulos ou valores tão pequenos que podem, para todos os efeitos, serem negligenciados. Ora, como foi visto na Seção 8.2, a periodização que a amostragem introduziu pode trazer algum inconveniente na interpretação do sinal no domínio da frequência. De fato, se a frequência de amostragem for baixa, ocorrerá a superposição entre os diversos elementos que compõem a função periódica $\hat{\hat{x}}(f)$, deformando o espectro original do sinal e caracterizando o fenômeno de *dobramento*.

Exemplo 8.3 Para ilustrar de forma bem simples a questão do dobramento, considere os dois sinais sinusoidais ilustrados na Fig. 8.6.

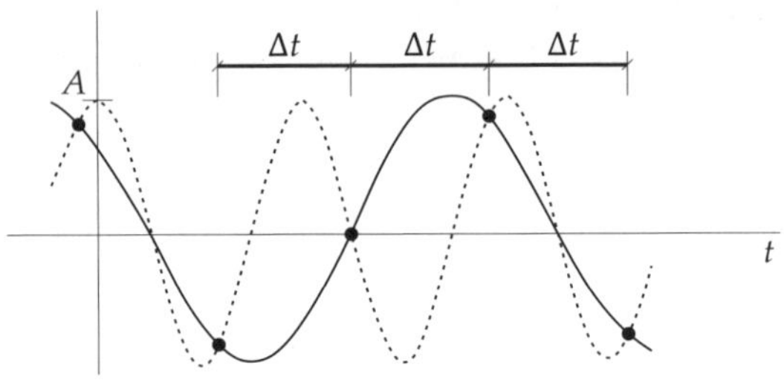

Figura 8.6: Dois sinais sinusoidais sendo amostrados com o mesmo intervalo de amostragem Δt.

Os dois sinais possuem a mesma amplitude A, porém frequências e fases distintas. Todavia, se for feita uma amostragem nos pontos indicados, utilizando um intervalo de amostragem Δt, os dois sinais serão indistinguíveis um do outro, uma vez que as amostras estão sendo capturadas exatamente em pontos de interseção das duas curvas (indicados com bolinhas pretas). Portanto, a partir das amostras obtidas, *não* é possível recuperar os sinais originais, uma vez que os pontos amostrados são comuns a ambos os sinais.

Exemplo 8.4 Tomemos como outro exemplo, para ilustrar o dobramento, o sinal

$$s(t) = \text{sinc}^2(2\pi f_0 t),$$

ilustrado na Fig. 8.7a.

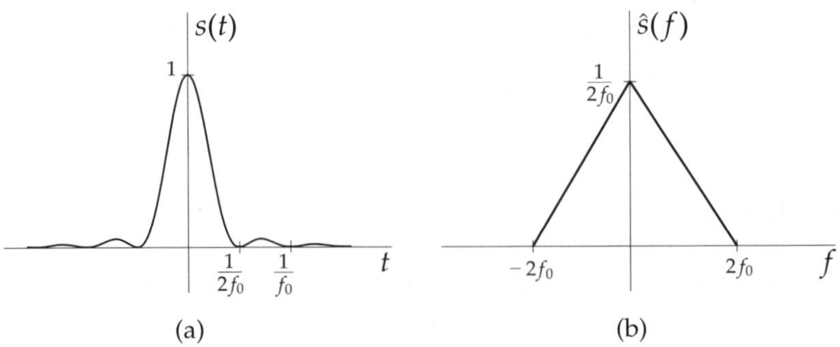

Figura 8.7: (a) Sinal $s(t)$ e (b) seu espectro, $\hat{s}(f)$.

Sua transformada de Fourier é o sinal

$$\hat{s}(f) = \frac{1}{2f_0}\begin{cases} \frac{f}{2f_0} + 1, & f \in (-2f_0, 0) \\ 1 - \frac{f}{2f_0}, & f \in (0, 2f_0), \end{cases}$$

conforme indica a Seção 7.9, Item 14. O sinal temporal é ilimitado, mas seu espectro tem uma frequência de corte $\nu_c = 2f_0$, como indica a Fig. 8.7b. Se, agora, amostrarmos o sinal $s(t)$ com um intervalo de amostragem $\Delta t = 1/(4f_0)$, teremos uma taxa de amostragem $\nu = 4f_0$ e o espectro da função amostrada, $\hat{\hat{s}}(f)$, terá, segundo a Eq. (8.8), o aspecto indicado na Fig. 8.8.

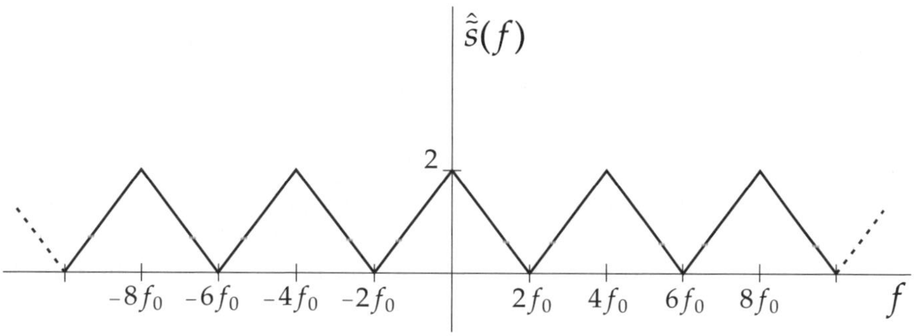

Figura 8.8: Espectro do sinal amostrado, indicando sua periodização.

Como se pode observar na Fig. 8.8, a amostragem utilizada parece ter sido feita "no limite", ou seja, se tivéssemos utilizado uma frequência de amostragem um pouco menor, teria ocorrido superposição dos componentes do espectro periodizado, caracterizando o fenômeno de dobramento. Por outro lado, se tivéssemos utilizado uma frequência de amostragem um pouco maior não haveria superposição dos componentes do espectro.

Para evitar, portanto, o fenômeno de *dobramento*, a frequência de amostragem deverá ser maior do que o dobro da frequência de corte do sinal, ou seja,

$$\nu > 2\nu_c. \tag{8.9}$$

A frequência de amostragem que satisfaz a Eq. (8.9) é denominada *frequência de Nyquist*,[8] também conhecida como *frequência de Nyquist-Shannon*.[9] Se a condição de Nyquist for atendida, não haverá dobramento e o espectro do sinal original poderá ser inteiramente recuperado através de uma filtragem em frequência. Essa filtragem é efetuada simplesmente multiplicando-se o espectro da função amostrada por uma janela em frequência — um filtro passa-baixa — de largura igual

[8]Harry Nyquist (1889–1976), físico e engenheiro eletrônico sueco-estadunidense.

[9]Claude Elwood Shannon (1916–2001), matemático e cientista da computação estadunidense.

(ou maior) à frequência de corte e com amplitude $1/\nu$. De fato, segundo a Eq. (8.8),

$$\begin{aligned}\hat{\hat{x}}(f) \cdot \frac{1}{\nu} \sqcap_{\nu_c}(f) &= \nu \left(\sum_{n=-\infty}^{\infty} \hat{x}(f - n\nu) \right) \cdot \frac{1}{\nu} \sqcap_{\nu_c}(f) \\ &= \hat{x}(f),\end{aligned} \tag{8.10}$$

obtendo-se, portanto, o espectro original do sinal.[10]

Caso a condição de Nyquist não seja atendida, só teremos informação confiável em frequência do sinal original até a frequência

$$f = \nu - \nu_c. \tag{8.11}$$

Contudo, se passarmos o sinal por um filtro passa-baixa com frequência de corte $\nu/2$, então a informação espectral do sinal é preservada até essa frequência.

Exemplo 8.5 Voltando ao Exemplo 8.4, suponhamos agora que o sinal temporal foi amostrado segundo a taxa $\nu = 6f_0$. Nesse caso, o espectro do sinal amostrado será como o indicado na Fig. 8.9. Note o prezado leitor que, efetivamente, $\nu = 6f_0 > 4f_0 = 2\nu_c$, e que, portanto, temos, por assim dizer, uma "folga" no espaçamento entre os componentes do espectro periódico. Observe, ainda, que se aplicarmos uma janela retangular em frequência (indicada pela linha pontilhada na figura) de largura total, digamos, $6f_0$ e amplitude $A = 1/6f_0$, recupera-se o espectro do sinal original, como desejado.

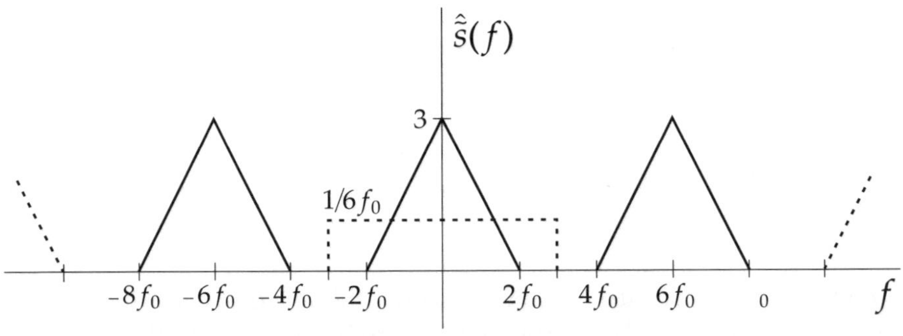

Figura 8.9: Espectro do sinal amostrado com frequência de amostragem superior à frequência de Nyquist.

Já a Fig. 8.10 ilustra o espectro do mesmo sinal, porém agora amostrado a uma taxa $\nu = 3f_0$. A condição de Nyquist não é atendida e ter-se-á uma condição de dobramento, havendo uma superposição dos diversos componentes do espectro do sinal amostrado. Note, ainda, que só teremos informação fidedigna sobre o espectro

[10] Bem, a historia completa é um pouco mais complicada, uma vez que filtros ideais nem sempre são factíveis e janelas também introduzem efeitos no espectro, o que será mais bem discutido no Capítulo 9. Ver, também, M. Hayes. Schaum's Outline of Digital Signal Processing. McGraw-Hill, New York, 1999 [99] ou S. Haykin. Sistemas de Comunicação Analógicos e Digitais. 4ª edição, Bookman, 2004 [101].

do sinal amostrado até a frequência $f = \nu - \nu_c = 3f_0 - 2f_0 = f_0$, como indica a Eq. (8.11) e pode ser verificado, no exemplo, comparando-se as Figs. 8.10 e 8.9.

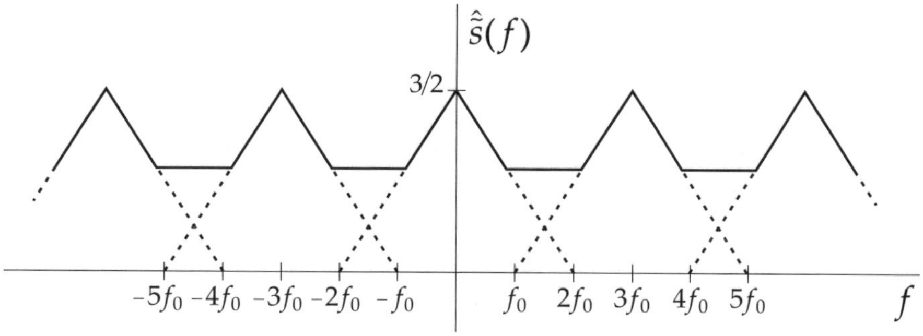

Figura 8.10: Espectro do sinal amostrado com frequência de amostragem inferior à frequência de Nyquist.

Na prática, todo analisador espectral introduz, automaticamente, um filtro passa-baixa com frequência de corte igual à metade da frequência de amostragem utilizada pelo amostrador, de modo a minimizar o erro. Contudo, se não possuímos nenhuma informação *a priori* sobre o sinal, ou seja, se não conhecemos sua frequência de corte, não é trivial sabermos se a taxa de amostragem adotada foi satisfatória ou não. Ao se fazer, contudo, a transformada inversa de Fourier, só recuperaremos plenamente o sinal $x(t)$ original se a filtragem for inócua, o que corresponde a termos satisfeito a condição de Nyquist. Isso será discutido com mais detalhes na Seção 8.4.

Há ainda um outro aspecto a ser discutido, que diz respeito à filtragem aplicada, ou seja, à multiplicação pela função janela no domínio da frequência, como indicado na Eq. (8.10). Todo processo de janelamento ou filtragem também introduz alterações no sinal e seu espectro, e esse tema voltará a ser discutido no Capítulo 9.

8.4 Teorema da amostragem

Se um determinado sinal $x(t)$ tem um espectro com frequência de corte ν_c e é amostrado com uma taxa de amostragem superior à de Nyquist, ou seja, $\nu > 2\nu_c$, então pode-se demonstrar que o sinal $x(t)$ pode ser completa e inequivocamente determinado a partir de seus valores amostrados. Antes de passarmos à demonstração desse resultado, conhecido como *Teorema da Amostragem*, vale nos determos um pouco em algumas de suas consequências. Em primeiro lugar, lembremo-nos do fato de que a transformada inversa de Fourier da transformada de Fourier de um sinal é o próprio sinal, se nenhuma deformação for introduzida entre essas duas operações, ou seja,

$$\mathcal{F}^{-1}\left[\mathcal{F}[x(t)]\right] = x(t). \tag{8.12}$$

Reproduzindo, aqui, a Eq. (8.10),

$$\hat{x}(f) = \frac{1}{\nu}\hat{\tilde{x}}(f)\sqcap_{\nu_c}(f) \tag{8.13}$$

e fazendo sua transformada inversa de Fourier, ou seja, passando para o domínio do tempo, obtém-se

$$\begin{aligned} x(t) &= \frac{1}{\nu}\tilde{x}(t) * 2\nu_c \frac{\text{sen}(2\pi\nu_c t)}{2\pi\nu_c t} \\ &= \frac{2\nu_c}{\nu}\sum_{k=-\infty}^{\infty} x(k\Delta t)\,\delta(t-k\Delta t) * \frac{\text{sen}(2\pi\nu_c t)}{2\pi\nu_c t} \\ &= \frac{2\nu_c}{\nu}\sum_{k=-\infty}^{\infty} x(k\Delta t)\frac{\text{sen}\big(2\pi\nu_c(t-k\Delta t)\big)}{2\pi\nu_c(t-k\Delta t)}. \end{aligned} \tag{8.14}$$

Examinemos com atenção a Eq. (8.14). Na primeira linha, temos, do lado esquerdo, a transformada inversa de Fourier da transformada de Fourier do sinal original, $x(t)$. Do lado direito, o que era um produto de sinais no domínio da frequência, $\hat{\tilde{x}}(f)$ e $\sqcap_{\nu_c}(f)$, tornou-se uma convolução no domínio do tempo, entre os sinais $\tilde{x}(t)$ e $\text{sinc}(2\pi\nu_c t)$. Na segunda linha, substituiu-se a expressão do sinal amostrado, $\tilde{x}(t)$, por sua definição, dada pela Eq. (8.4). Isso resultou em uma série que contém a convolução entre a função $\text{sinc}(2\pi\nu_c t)$ e o delta deslocado que, como sabemos (veja Seção 5.3), simplesmente desloca a função com a qual está sendo convoluída. O resultado, indicado na terceira linha, é uma série envolvendo os *valores amostrados*, $x(k\Delta t)$, a função $\text{sinc}\big(2\pi\nu_c(t-k\Delta t)\big)$ e as constantes conhecidas ν_c e ν. Pode-se afirmar, portanto, que é perfeitamente possível *recuperar o sinal original a partir de suas amostras* em uma amostragem ideal e atendendo à condição de Nyquist.

É importante reiterar que a Eq. (8.14) se presta essencialmente para demonstrar o assim chamado *Teorema da Amostragem*. O resultado é, de certo modo, surpreendente, ou seja, de que dado um conjunto *finito* de valores extraídos de uma função contínua seja plenamente possível — atendidas as condições de amostragem ideal e de frequência de amostragem superior à frequência de Nyquist — recuperar todos os infinitos valores da função original. O Ex. 8.6 ilustra a situação.

Exemplo 8.6 Tomemos o sinal temporal cossenoidal $x(t) = A\cos(2\pi f_0 t)$. Esse sinal tem, naturalmente, frequência de corte $\nu_c = f_0$. Se amostrarmos o sinal com frequência de amostragem $\nu = 4f_0$, a condição de Nyquist estará atendida, pois $\nu > 2\nu_c$. A Fig. 8.11 ilustra o sinal temporal e sua amostragem ideal, indicada pelas bolinhas pretas.

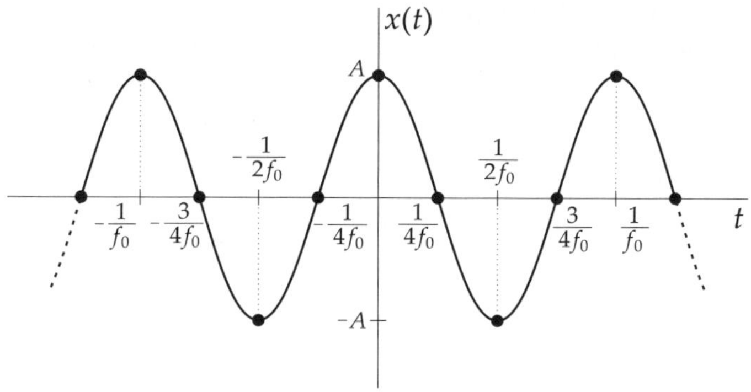

Figura 8.11: Ilustração de uma amostragem ideal bem-sucedida, com frequência de amostragem $\nu = 4f_0$ e frequência de corte $\nu_c = f_0$.

Note que os valores amostrados são: $x(0) = A$; $x(\pm 1/(4f_0)) = 0$; $x(\pm 1/(2f_0)) = -A$; $x(\pm 3/(4f_0)) = 0$; $x(\pm 1/f_0) = A$;..., para $k = 0, \pm 1, \pm 2, \ldots$. Observe, estimado leitor, que esses valores repetem-se indefinidamente e que, portanto, somente quatro valores amostrados são suficientes para reconstruir o sinal original $x(t)$. Então, segundo a Eq. (8.14), ter-se-á

$$\begin{aligned}
x(t) &= \frac{2\nu_c}{\nu} \sum_{k=-\infty}^{\infty} x(k\Delta t) \frac{\operatorname{sen}(2\pi\nu_c(t - k\Delta t))}{2\pi\nu_c(t - k\Delta t)} \\
&= \frac{A}{2} \left[\frac{\operatorname{sen}(2\pi f_0 t)}{2\pi f_0 t} + 0 + 0 - \frac{\operatorname{sen}(2\pi f_0 t - \pi)}{2\pi f_0 t - \pi} - \frac{\operatorname{sen}(2\pi f_0 t + \pi)}{2\pi f_0 t + \pi} + 0 + 0 \right. \\
&\quad \left. + \frac{\operatorname{sen}(2\pi f_0 t - 2\pi)}{2\pi f_0 t - 2\pi} + \frac{\operatorname{sen}(2\pi f_0 t + 2\pi)}{2\pi f_0 t + 2\pi} + 0 + 0 - \ldots \right].
\end{aligned}$$

A Fig. 8.13 ilustra os sete primeiros termos não nulos da série acima e o resultado de sua soma, em linha mais espessa. Com somente sete termos não nulos na série já se tem uma razoável aproximação da função original $x(t) = A\cos(2\pi f_0 t)$.[11]

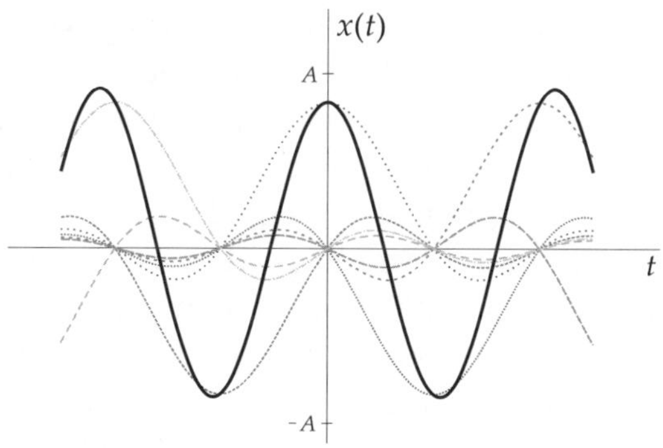

Figura 8.12: Ilustração da recuperação parcial do sinal $x(t)$ a partir de seus coeficientes em uma amostragem ideal bem-sucedida, com frequência de amostragem $\nu = 4f_0$.

[11] Para a convergência da série, veja D. Zwillinger. Standard Mathematical Tables and Formulae. 31st edition, CRC, Boca Raton, 2003 [257].

Em seguida, tomemos outra função cossenoidal $y(t) = A\cos(10\pi f_0 t)$, ou seja, um sinal com as mesmas amplitude e fase, porém com frequência cinco vezes maior que o sinal $x(t)$ e cuja frequência de corte é $\nu_c' = 5f_0$. A Fig. 8.12 indica $x(t)$ e $y(t)$, amostrados segundo a mesma frequência de amostragem anterior, ou seja, $\nu = 4f_0$.

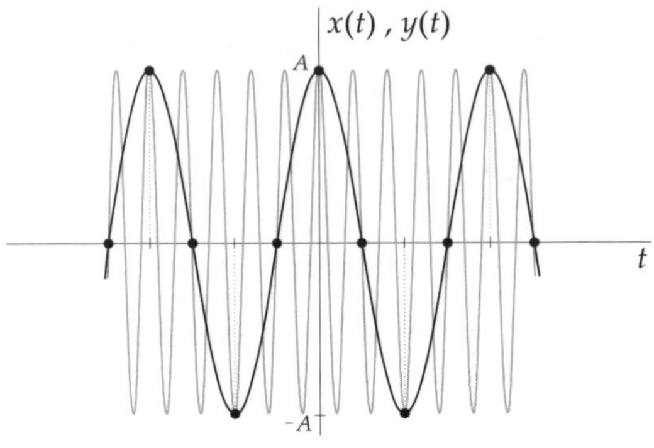

Figura 8.13: Dois sinais amostrados nos mesmos pontos: $x(t)$, com $\nu_c = f_0$, e $y(t)$, com $\nu_c' = 5f_0$. Os pontos amostrados não permitem recuperar as oscilações de $y(t)$.

Observe que os pontos amostrados são válidos para ambos os sinais e seria natural se perguntar se o sinal $y(t)$ não seria passível de reconstrução a partir dos mesmos valores amostrados anteriormente. Contudo, a condição de Nyquist não estaria sendo atendida, uma vez que $\nu < 2\nu_c'$. Nesse caso, portanto, a Eq. (8.13) não mais é válida, pois a aplicação de uma janela retangular de largura ν_c' *não mais* recupera a transformada de Fourier do sinal original. Assim sendo, a Eq. (8.14) também não será satisfeita e, portanto, o sinal $y(t)$ não é recuperável via a série infinita expressa naquela expressão.

8.5 Amostragem não ideal

Como, naturalmente, a amostragem de um sinal não pode ser realizada com um pente de deltas, comporta estudar o erro introduzido por uma amostragem real. Há diversas maneiras de amostrar efetivamente um sinal. Em todas elas necessitamos: abrir uma janela; observar o sinal durante um determinado intervalo de tempo; fechar a janela. Mesmo que fosse possível abrir (e fechar) instantaneamente uma janela precisaríamos de um certo tempo de observação do sinal para reter o seu valor.[12] Se alguém nos pergunta se está chovendo ou não lá fora — quiçá para prevenir-se com uma capa impermeável ou um guarda-chuva —, será necessário olhar para o tempo (metereológico) lá fora durante um pequeno intervalo de tempo (cronológico), por menor que seja este último, para podermos retornar uma informação confiável.

[12] Recomendo, para quem se interessa por temas um pouco mais filosóficos, sobre os "demônios de Maxwell", a leitura do prêmio Nobel J. Monod. O Acaso e a Necessidade. 4ª edição, Vozes, Petrópolis, 1976 [172]. Ver, também, sobre a questão da *informação*, A. Moles. Teoria da Informação e Percepção Estética. Edições Tempo Brasileiro, Rio de Janeiro, 1969 [173].

Suponhamos então que um sinal $x(t)$ seja amostrado por meio de impulsos, não mais infinitamente curtos, mas de duração finita τ, amplitude A e igualmente espaçados de Δt. Admitamos ainda que esses pulsos configuram uma sequência de janelas temporais estreitas, a que também chamamos *trem de pulsos*, conforme indica a Fig. 8.14.

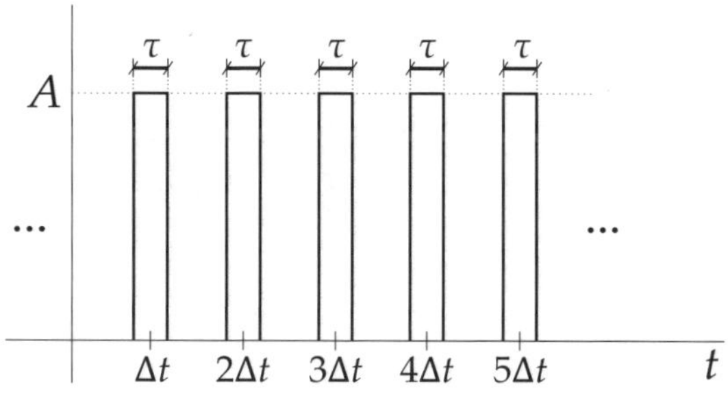

Figura 8.14: Sequência de pulsos retangulares de largura τ, amplitude A e igualmente espaçados de Δt.

Uma boa aproximação para o valor de $x(t_0)$ será o valor médio de x na vizinhança de raio $\tau/2$ de t_0, ou seja,

$$\tilde{x}(t_0) = \frac{1}{\tau}\int_{t_0-\tau/2}^{t_0+\tau/2} x(t)\,\mathrm{d}t. \tag{8.15}$$

Essa aproximação será, naturalmente, tão melhor quanto menor for o intervalo de integração τ. Mas, observe que a amostra $\tilde{x}(t_0)$ pode ser expressa como

$$\begin{aligned}\tilde{x}(t_0) &= \frac{1}{\tau}\int_{t_0-\tau/2}^{t_0+\tau/2} x(t)\,\sqcap_{\tau/2}(t-t_0)\,\mathrm{d}t.\\ &= \frac{1}{\tau}\int_{-\infty}^{\infty} x(t)\,\sqcap_{\tau/2}(t-t_0)\,\mathrm{d}t.\\ &= \frac{1}{\tau}\left[x(t) * \sqcap_{\tau/2}(t)\right]_{t=t_0}.\end{aligned} \tag{8.16}$$

Observe que, na Eq. (8.16), primeiramente multiplicou-se $x(t)$ pela janela de largura $\tau/2$ deslocada de t_0, o que não altera o valor da integral. Em seguida, ampliou-se o limite de integração para todo o domínio, o que também não altera o resultado da integração. Finalmente, reconheceu-se que a integral em todo o domínio nada mais é do que o resultado da convolução do sinal com a função janela, avaliada em $t = t_0$. Portanto, a *função amostrada* pode ser expressa por

$$\tilde{x}(t) = \frac{1}{\tau}x(t) * \sqcap_{\tau/2}(t)\sum_{k=-\infty}^{\infty}\delta(t-k\Delta t). \tag{8.17}$$

Aparentemente, essa forma de amostragem alterou significativamente o sinal, uma vez que a função sinal amostrado ficou agora convoluída com a função janela.

Vejamos, no entanto, o que sucede com seu conteúdo em frequência. Aplicando, então, a transformada de Fourier a ambos os membros da Eq. (8.17), ter-se-á

$$\begin{aligned}\hat{\tilde{x}}(f) &= \frac{1}{\tau}\hat{x}(f)\,\frac{\operatorname{sen}(\pi\tau f)}{\pi\tau f} * \nu \sum_{n=-\infty}^{\infty}\delta(f-n\nu)\\ &= \frac{\nu}{\tau}\sum_{n=-\infty}^{\infty}\hat{x}(f-n\nu)\,\frac{\operatorname{sen}\big(\pi\tau(f-n\nu)\big)}{\pi\tau(f-n\nu)}.\end{aligned} \tag{8.18}$$

Observe que o espectro do sinal amostrado é, tal como no caso da amostragem ideal, periódico na frequência, mas o espectro original (para $n = 0$, digamos) foi agora substituído por

$$\hat{\tilde{x}}(0) = \frac{\nu}{\tau}\,\hat{x}(f)\,\frac{\operatorname{sen}(\pi f\tau)}{\pi f\tau}. \tag{8.19}$$

Temos, portanto, um erro introduzido pela amostragem no espectro do sinal, que ficou multiplicado por um termo χ, conhecido, da forma

$$\chi = \frac{\nu}{\tau}\,\frac{\operatorname{sen}(\pi f\tau)}{\pi f\tau}. \tag{8.20}$$

Em resumo, embora tenhamos um desvio em relação ao espectro original do sinal devido à adoção de uma amostragem por médias, o espectro original ainda pode ser recuperado com razoável precisão se

$$\lim \frac{\tau}{\Delta t} \longrightarrow 0, \tag{8.21}$$

o que corresponde, naturalmente, a aproximar a janela de largura τ a um impulso ideal.

Exemplo 8.7 Voltemos ao Ex. 8.6, onde o sinal $x(t) = A\cos(2\pi f_0 t)$, cuja frequência de corte é $\nu_c = f_0$, foi amostrado com frequência $\nu = 4f_0$, atendendo, portanto, a condição de Nyquist. Agora, porém, ao invés de uma amostragem ideal, consideremos uma amostragem por médias com pulsos espaçados de $1/(4f_0)$ — tal como antes — e com largura $\tau = 1/(40f_0)$. A Fig. 8.15 ilustra o sinal e sua amostragem não ideal. Para $t = 0$, ou seja, $k = 0$, tem-se

$$\begin{aligned}\tilde{x}(0) &= \frac{1}{\tau}\int_{-\tau/2}^{\tau/2} x(t)\,\mathrm{d}t\\ &= 40f_0\int_{-\frac{1}{80f_0}}^{\frac{1}{80f_0}} A\cos(2\pi f_0 t)\,\mathrm{d}t\\ &= 40Af_0\,\frac{\operatorname{sen}(2\pi f_0 t)}{2\pi f_0}\Bigg|_{-\frac{1}{80f_0}}^{\frac{1}{80f_0}}\\ &= \frac{20A}{\pi}\left[\operatorname{sen}(\pi/40) - \operatorname{sen}(-\pi/40)\right].\end{aligned}$$

Ora, como para pequenos argumentos $\text{sen}(\theta) \approx \theta$, então,

$$\tilde{x}(0) \approx \frac{20A}{\pi}\left[\frac{\pi}{40} + \frac{\pi}{40}\right] = A,$$

ou seja, o mesmo valor obtido para $\tilde{x}(0)$ no Ex. 8.6.[13]

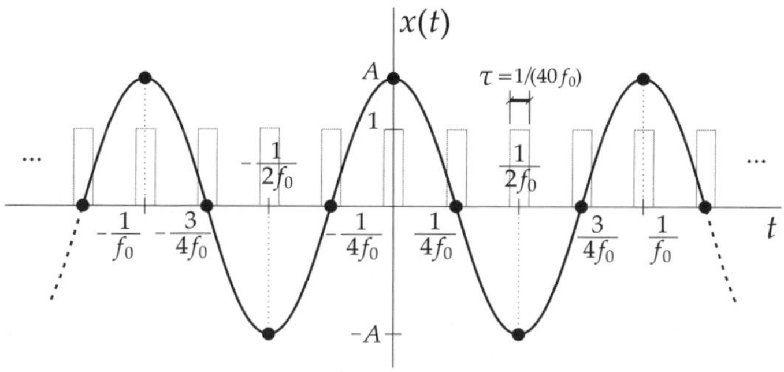

Figura 8.15: Sinal $x(t)$ amostrado por meio de um trem de pulsos retangulares de amplitude unitária, largura $\tau = 1/(40f_0)$ e espaçamento regular $\Delta t = 1/(4f_0)$.

Que fique claro para o amável leitor que isso só ocorreu devido ao fato de termos utilizado um trem de pulsos retangulares estreitos, de largura $\tau = 1/(40f_0)$, o que resultou na aproximação apontada. Naturalmente, resultados idênticos serão obtidos nos pontos $t = \pm 1/f_0, \ldots$. Nos pontos $t = \pm 1/(2f_0), \ldots$ análise similar conduzirá a que os valores amostrados valerão $-A$. Finalmente, nos pontos $t = \pm 1/(4f_0)$, $\pm 3/(4f_0), \ldots$ é fácil de verificar que a integração resultará nula. Em resumo, este exemplo indica que a utilização de uma amostragem real com pulsos estreitos e uma taxa de amostragem atendendo a condição de Nyquist fornece valores amostrados praticamente idênticos àqueles obtidos com uma amostragem ideal à mesma taxa. Já a transformada de Fourier do sinal amostrado, conforme indica a Eq. (8.20), é recuperável a menos de uma constante conhecida. Esse assunto será explorado no Capítulo 9.

8.6 Quantização

Se temos um sinal $x(t)$, da mesma forma que a variável independente t necessitou ser amostrada, tornando-se da forma $k\Delta t$, para poder ser manipulada em um computador ou processador digital, a variável dependente x também necessita ser discretizada. Essa discretizaçao, como já mencionado, é conhecida como *quantização*. Em outros termos, como um computador digital só lida, em essência, com os *bits* '0s' e '1s', formando *bytes* de oito bits e assim sucessivamente, é necessário estudarmos de que forma será quantizado um determinado sinal.

Exemplo 8.8 A Fig. 8.16 ilustra um exemplo de sinal amostrado e quantizado com três distintas quantizações.

[13]Vale observar que $\pi/40 = 0,0785398$ e que $\text{sen}(\pi/40) = 0,0784591$, a diferença surgindo apenas na quarta casa decimal.

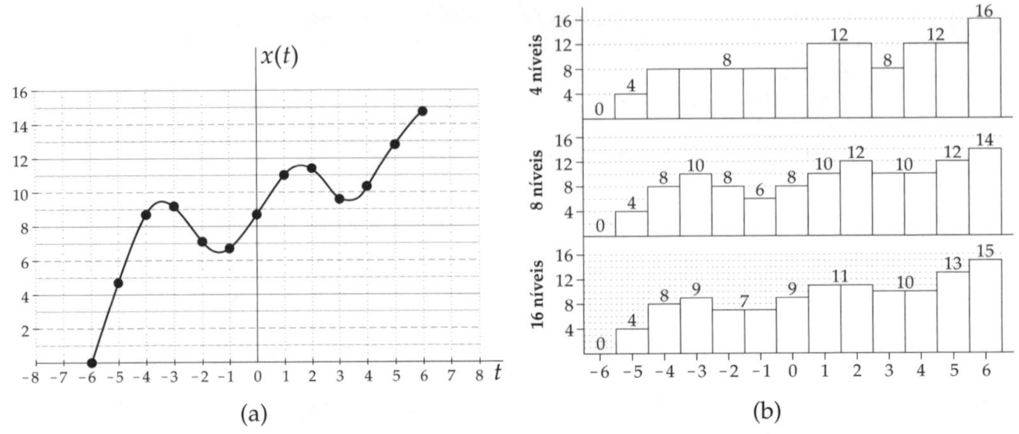

Figura 8.16: Ilustração de três distintas quantizações (2, 3 e 4 bits) de um mesmo sinal amostrado com $N+1=13$ amostras no intervalo $(-6,6)$.

Em (a) tem-se o sinal $x(t)$ que está sendo escalonado em uma quantização de quatro níveis (2 bits), oito níveis (3 bits) e 16 níveis (4 bits). O valor quantizado é aquele que fica mais próximo dos limites de amplitude, indicado pelas linhas horizontais da malha da figura em cada ponto de amostragem. Por exemplo, o escalonamento em quatro níveis resulta nos valores amostrados (verifique): 0, 4, 8, 8, 8, 8, 8, 12, 12, 8, 12, 12, e 16. Note que o sinal foi amostrado, no intervalo temporal $(-6,6)$, com $N+1=13$ amostras. Em (b), são apresentados os gráficos de barras com os valores extraídos nas três quantizações. Evidencia-se que, na quantização em quatro níveis, a resolução do sinal é bastante grosseira, aproximando-se mais do sinal original à medida que o número de níveis de escalonamento aumenta.

O número de bits que é utilizado para representar cada amostra de um sinal é denominado *resolução*. Se, por exemplo, só tivéssemos o '0' e o '1' para representar uma amostra, seria como se o sinal somente coubesse em duas categorias: pequeno (0) e grande (1), ou branco e preto, ou qualquer outra classificação em dualidade.

Se utilizarmos uma palavra de um *byte* para representar essa amostra, ela poderia ser quantificada em 256 (2^8) valores, ou níveis distintos. Por exemplo, cada amostra em um CD de áudio é quantificada em 16 bits, ou seja, $2^{16} = 65.534$ valores distintos. Já uma quantização de 24 bits (16.777.216 valores distintos) é considerada excelente em termos de sinais de áudio.

Se tivermos um sinal de áudio, a melhor forma de descrever sua extensão dinâmica é em níveis sonoros (dB). Admitindo, então, que utilizaremos uma quantização em bits, ou seja, em uma escala binária, a *resolução de amplitude*, $\mathcal{R}$, será dada por

$$\mathcal{R} = 2^n, \tag{8.22}$$

em que n é o *número de bits* adotado na quantização.

Portanto, a *extensão dinâmica*, $\mathcal{E}$, em dB, do sinal de áudio, como função do número de bits adotado na quantização será

$$\begin{aligned}\mathcal{E} &= 20\log_{10}\mathcal{R}\\ &= 20\log_{10}(2^n)\\ &= 20\,\frac{\log_2(2^n)}{\log_2 10}\\ &= \frac{20}{\log_2 10}\,n\\ &\approx 6,0206\,n.\end{aligned} \tag{8.23}$$

Exemplo 8.9 Como mencionado, o padrão adotado internacionalmente em CDs de áudio é uma quantização de 16 bits. Portanto, sua resolução de amplitude será

$$\mathcal{R} = 2^{16} = 65.536,$$

ou seja, os sinais sonoros são escalonados em 65.536 patamares distintos, em amplitude. Isso significará uma extensão dinâmica

$$\mathcal{E} = 20\log_{10} 65.536 = 96,3\text{ dB}.$$

Em outros termos, as amplitudes poderão possuir uma extensão, digamos, do pianíssimo ao fortíssimo, de cerca de 96 dB.

A Tabela 8.1 ilustra a resolução de amplitude e a extensão dinâmica, em dB (valores arredondados para o inteiro mais próximo), em função do número de bits utilizados na quantização.

Tabela 8.1: Resolução de amplitude e extensão dinâmica de um sinal como função do número de bits adotado na quantização.

Número de bits	Resolução	Ext. dinâmica (dB)
1	2	6
2	4	12
4	16	24
6	64	36
8	256	48
10	1024	60
16	65.536	96
20	1.048.576	120
24	16.777.216	144

Exemplo 8.10 Vejamos, agora, um exemplo de sinal de imagem 2D. O número de bits que se utiliza na quantização vai determinar a *dinâmica* do sinal amostrado, que se traduzirá por maior ou menor nitidez e constraste. A Fig. 8.17 ilustra a mesma fotografia quantizada em quatro diferentes níveis.

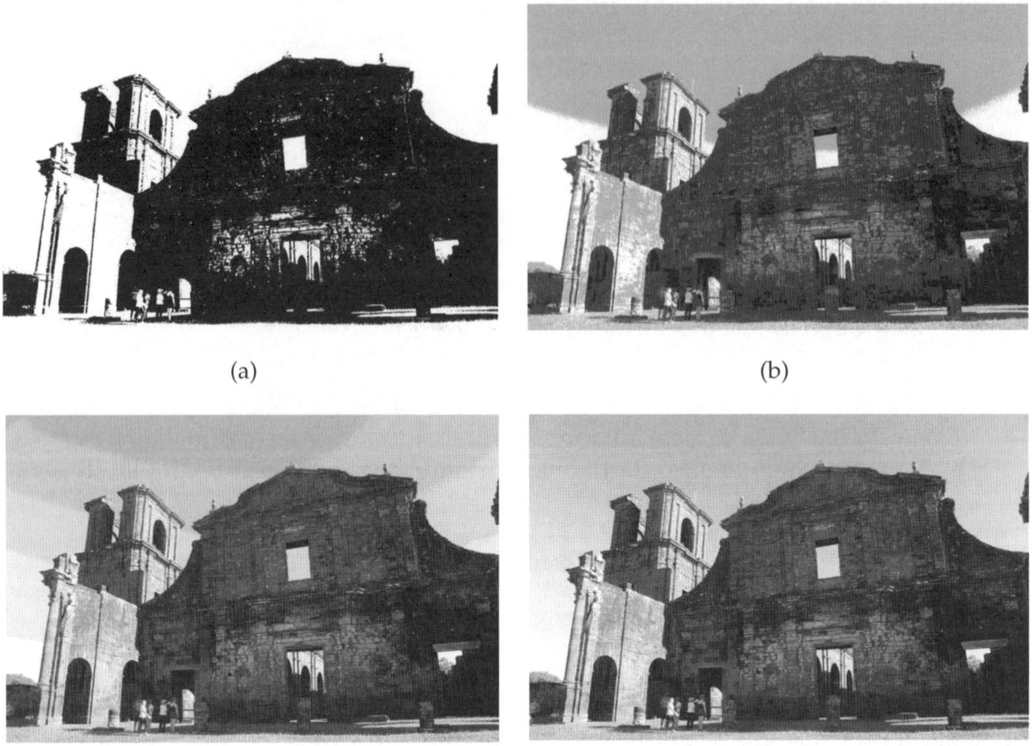

(a) (b) (c) (d)

Figura 8.17: Imagem com quatro distintas quantizações: (a) 1 bit; (b) 2 bits; (c) 4 bits e (d) 8 bits. (Imagem elaborada a partir de foto original de Shaliny D. Vattathara)

Por exemplo, na imagem ilustrada na Fig. 8.17, uma foto das ruínas de São Miguel das Missões, RS,[14] é quantizada com 2, 4, 16 e 256 níveis (respectivamente 1, 2, 4 e 8 bits). A quantização em dois níveis só nos permite observar regiões em preto "puro" e branco "puro" na foto. A quantização com dois bits já nos permite observar nuances de cinza, porém somente quatro tonalidades estão disponíveis. Já a quantização com quatro bits admite uma maior nuance de tonalidades e uma melhor formação da imagem. Pode-se observar, por exemplo, um *dégradé* de tonalidades de cinza no céu. Já na imagem com quantização de 8 bits, tem-se a impressão — mais realística com relação a que os olhos humanos percebem — de uma variação contínua nas tonalidades do céu.

Exemplo 8.11 Podemos também estimar o "custo" de armazenamento de, digamos, meia hora de um CD de áudio estéreo. Levando em consideração não só a quantização padrão, mas também a taxa de amostragem padrão de um CD que, como anteriormente mencionado, é $\nu = 44.100$ Hz, o tamanho do arquivo, $\mathcal{T}$, para armazenamento de, digamos, meia hora de música (duração $T = 1.800$ s) em dois canais

[14]O Sítio Arqueológico de São Miguel Arcanjo, popularmente conhecido como Ruínas de São Miguel das Missões, é tombado pelo Instituto do Patrimônio Histórico e Artístico Nacional. Sua construção teve início em 1687.

pode ser calculado por

$$
\begin{aligned}
\mathcal{T} &= \nu \times n \times 2 \times T \\
&= 44.100 \text{ Hz} \times 16 \text{ bits} \times 2 \times 1.800 \text{ s} \\
&= 2,54016 \times 10^9 \text{ bits} \\
&= 3,1752 \times 10^8 \text{ bytes} \\
&= 317,52 \text{ Mb},
\end{aligned}
$$

ou seja, são necessários cerca de 320 Mb para armazenar meia hora de música estéreo com a frequência de amostragem e a quantização padrões em um CD de áudio.

Exemplo 8.12 Seja $x(t) = \text{sinc}(2\pi f_0 t)$, definido no intervalo $(-\pi, \pi)$, com $f_0 = 0,2$, ilustrado na Fig. 8.18.

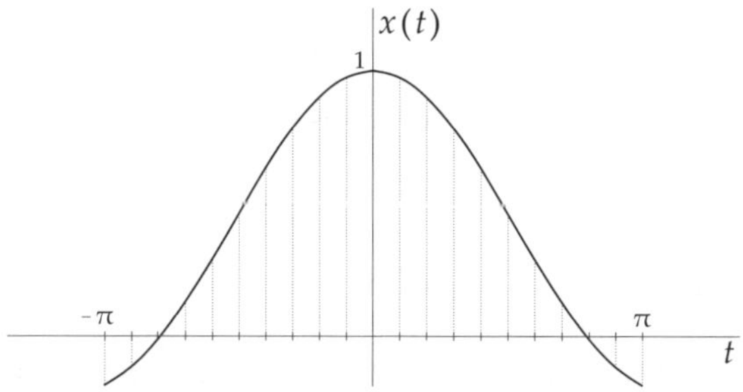

Figura 8.18: Sinal $x(t) = \text{sinc}(2\pi f_0 t)$ definido no intervalo $(-\pi, \pi)$, amostrado com $\Delta t = \pi/10$.

Amostrando o sinal em $t = 0$ e a intervalos $\Delta t = \pi/10$, os valores amostrados $(N + 1 = 21)$, com quatro casas decimais, para $t > 0$ serão os indicados na Tabela 8.2. (Para $t < 0$ a simetria garante os mesmos valores amostrados.)

Tabela 8.2: Valores amostrados para $t > 0$, com quatro casas decimais.

1	2	3	4	5	6	7	8	9	10
0,9765	0,9032	0,7868	0,6381	0,4703	0,2982	0,1359	$-0,0040$	$-0,1121$	$-0,1828$

Suponha, agora, que a quantização do sinal seja pobre, feita em oito níveis de resolução: $-0,4$; $-0,2$; 0; 0,2; 0,4; 0,6; 0,8; e 1,0. Os correspondentes valores amostrados, para $t > 0$, serão os indicados na Tabela 8.3.

Tabela 8.3: Valores amostrados para $t > 0$ com uma quantização pobre ($n = 3$).

1	2	3	4	5	6	7	8	9	10
1,0000	1,0000	0,8000	0,6000	0,4000	0,2000	0,2000	0,0000	0,0000	$-0,2000$

Observe o caro leitor que os valores amostrados indicam um erro de quantização que depende, naturalmente, da posição da amostra. Por exemplo, a amostra $\tilde{x}(0)$

tem valor exato, portanto o erro é nulo, confira comparando as Figs. 8.18 e 8.19; já a amostra $\tilde{x}(2\Delta t)$ apresenta um erro absoluto $\varepsilon = |1,0000 - 0,9032| = 0,0968$, ou seja, de cerca de 9,68% acima do valor efetivo do sinal. A Fig. 8.19 ilustra o sinal amostrado e quantizado tal como indica a Tabela 8.3.

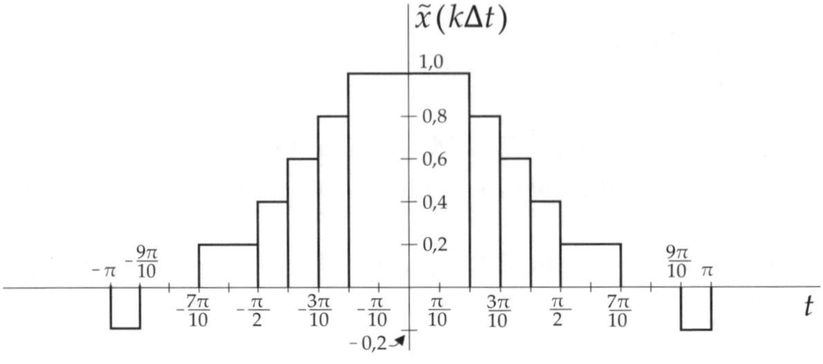

Figura 8.19: Sinal $x(t) = \text{sinc}(2\pi f_0 t)$, definido no intervalo $(-\pi, \pi)$, amostrado com $\Delta t = \pi/10$ e quantizado em oito níveis ($n = 3$).

Exemplo 8.13 É importante ressaltar que os erros de quantização — ao contrário dos erros induzidos pelo processo de amostragem — não são recuperáveis. Em outras palavras, suponha que uma determinada amostra de um sinal vale 22 unidades. Se a quantização estiver sendo feita de 10 em 10 unidades, o valor registrado será 20 unidades (o valor mais próximo, entre 10, 20 e 30), portanto cerca de 10% inferior ao valor real. Se, no entanto, a quantização estiver sendo feita de uma em uma unidade, o valor registrado daquela amostra será o valor exato, 22 unidades. No primeiro caso, os 10% perdidos serão irrecuperáveis.

Capítulo 9

Transformada Discreta de Fourier

Aquilo que precisamos aprender a fazer,
aprendemos fazendo.
Aristóteles

Transformadas de Fourier são calculadas — exceto nos casos excepcionalíssimos em que uma função analítica se apresenta — por meio de processadores digitais, sejam computadores, sejam processadores dedicados.[1] Isso significa dizer que esses sinais, antes de serem analisados ou processados, necessitam ser *digitalizados*, ou seja, deverão tornar-se *sinais discretos*, por um procedimento de amostragem e quantização, conforme discutido no Capítulo 8.

Todavia, no procedimento de amostragem, introduzem-se modificações no sinal original — algumas vezes inevitáveis — que, caso não sejam tomadas algumas precauções essenciais, podem nos levar à não obtenção, com exatidão, do espectro desejado. Visando, portanto, alertar o gentil leitor a "não levar gato por lebre" buscaremos, neste capítulo, além de introduzir a assim chamada *transformada discreta de Fourier*, ilustrar e discutir as modificações introduzidas no espectro pelo procedimento de discretização. A transformada discreta de Fourier é internacionalmente conhecida pela sigla DFT.[2]

O leitor irá perceber que a transformada discreta de Fourier nada mais é do que uma série de Fourier truncada, ou seja, ao discretizarmos os sinais, a transformada de Fourier, que é originalmente calculada por meio de uma integral ilimitada,

[1] Vulgarmente conhecidos como *analisadores espectrais* ou *analisadores FFT*.

[2] Do inglês, *Discrete Fourier Transform*.

Eq. (7.2), passa a ser calculada como um somatório — tal como a série de Fourier —, contudo com um número finito de valores.

Na Seção 9.1, introduz-se a expressão algébrica da transformada discreta de Fourier, bem como sua interpretação gráfica, sendo discutidos seus principais problemas, como os fenômenos de dobramento e vazamento. Apresenta-se nessa seção, também, a transformada inversa discreta de Fourier, mostrando-se inclusive a compatibilidade entre as duas expressões. Na Seção 9.2, discute-se como contornar os dois principais problemas que a discretização e o truncamento do sinal usualmente introduzem no cálculo de sua transformada discreta de Fourier. Na Seção 9.3 apresentam-se, então, as propriedades da transformada discreta de Fourier, que facilitam grandemente o cálculo de transformadas, e estuda-se sua relação de proximidade com a série de Fourier. A Seção 9.4 aborda a energia e potência de sinais discretos e sua equivalência no domínio transformado. Finalmente, a Seção 9.5 introduz o algoritmo denominado *transformada rápida de Fourier* que, por sua eficiência, popularizou a utilização de analisadores de espectro digitais.

9.1 A transformada discreta de Fourier

Para se computar a transformada discreta de Fourier de um sinal $x(t)$ com o auxílio de um computador ou processador dedicado — ambos digitais — é necessário o seguinte procedimento:

1. *amostrar* o sinal contínuo $x(t)$ de modo a se obter um sinal discreto $\tilde{x}(k\Delta t)$, o '$\tilde{}$' significando que se trata de uma aproximação;

2. *truncar* o sinal amostrado $\tilde{x}(k\Delta t)$ de modo a se obter uma série finita com $N+1$ valores, N inteiro, que notaremos como $\tilde{x}_N(k\Delta t)$, o subscrito 'N' indicando o truncamento em $N+1$ valores;

3. *amostrar* a transformada $\hat{\tilde{x}}_N(f)$ para ter-se um sinal discreto no domínio da frequência, da forma $\hat{\tilde{x}}_N(n\nu)$, onde $\nu = 1/\Delta t$ é o *intervalo de amostragem no domínio da frequência* e n, inteiro, é o contador nesse domínio;

4. *truncar* o sinal amostrado no domínio da frequência de modo a obter-se também uma série finita com os mesmos $N+1$ valores espectrais e tomar os $N+1$ primeiros valores da transformada discreta de Fourier obtida.

A Fig. 9.1 ilustra a primeira parte do procedimento. Recomenda-se ao gentil leitor que estude atentamente a Fig. 9.1, bem como a sua discussão nos parágrafos a seguir, de modo a poder saber interpretar adequadamente o resultado obtido por uma DFT.

Do lado esquerdo da figura tem-se a representação dos sinais no domínio do tempo; do lado direito tem-se a representação dos sinais no domínio da frequência. Na Fig. 9.1a tem-se o sinal contínuo, $x(t)$, e seu espectro, $\hat{x}(f)$. Esses são os sinais, por assim dizer, "verdadeiros", nos dois domínios, inter-relacionados pela transformada de Fourier.

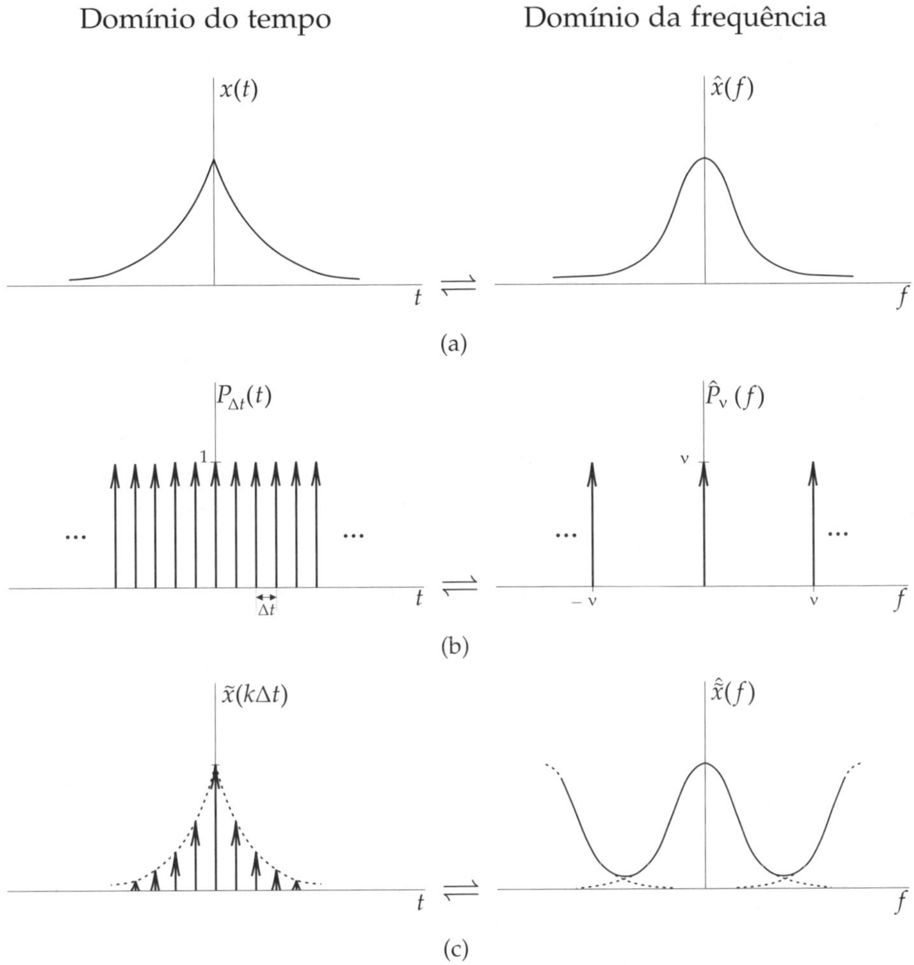

Figura 9.1: Procedimento ilustrativo da obtenção da transformada discreta de Fourier de um sinal: (a) sinal original (contínuo) nos dois domínios; (b) pente de deltas de espaçamento Δt, necessário para amostrar o sinal, e seu espectro, outro pente de deltas, este com espaçamento $\nu = 1/\Delta t$; (c) sinal amostrado, obtido a partir do produto do sinal $x(t)$ pelo pente de deltas e seu respectivo espectro, periodizado.

Na Fig. 9.1b tem-se um pente de deltas — um pente 'fino', digamos, no domínio do tempo, com espaçamento Δt, o *intervalo de amostragem* — e que corresponde, como já visto na Seção 7.9, a um pente de deltas 'grosso', ou seja, espaçado no domínio da frequência de $\nu = 1/\Delta t$, a *frequência de amostragem*. O pente de deltas, conforme se viu no Capítulo 8, é o amostrador ideal e será tão 'fino', ou seja, com um intervalo de amostragem Δt tão pequeno quanto possível.[3]

Na Fig. 9.1c, visualiza-se o resultado do *produto*, no domínio do tempo, dos sinais temporais indicados em (a) e (b), que resulta no sinal amostrado, $\tilde{x}(k\Delta t)$. No domínio da frequência ter-se-á, de acordo com a Eq. (7.38), o *produto de convolução* entre os espectros indicados em (a) e (b), resultando então no espectro $\hat{\tilde{x}}(f)$.

[3]Na Seção 9.2 serão discutidos os limites práticos para esse intervalo de amostragem.

As Figs. 9.1 (a), (b) e (c) indicam o resultado do Item 1 do procedimento anteriormente descrito, qual seja, a amostragem do sinal temporal original. Observe que, como resultado mais notável, a transformada de Fourier do sinal ficou *periodizada* e com uma alteração em sua amplitude devido ao fenômeno de *dobramento*[4] do espectro, que voltará a ser discutido na Seção 9.2. Completado o primeiro passo, Item 1, de amostragem do sinal temporal, é necessário, em seguida, truncar o sinal amostrado.

Na Fig. 9.2a tem-se uma função janela temporal de largura T e sua transformada de Fourier, uma função cosseno amortecido, como já discutido anteriormente. A função janela é, então, multiplicada pelo sinal amostrado, de modo a *truncar* o sinal, conforme descrito no Item 2 do procedimento anteriormente descrito, resultando no sinal amostrado e truncado, $\tilde{x}_N(k\Delta t)$, indicado na Fig. 9.2b. Isso, porém, segundo o teorema da convolução, significa convoluir a transformada do sinal amostrado, apresentada na Fig. 9.1b, com a função cosseno amortecido indicada na Fig. 9.2a, resultando no espectro indicado na Fig. 9.2b.

Observe que o que temos até a presente fase do procedimento é o sinal amostrado e truncado e seu espectro, periodizado e com flutuações introduzidas pela convolução com o sinal cosseno amortecido. Essas flutuações introduzidas no espectro do sinal original, observe a Fig. 9.2b, são usualmente denominadas como *vazamento*.[5]

Bem, mas ainda não completamos o procedimento para a realização da transformada discreta de Fourier do sinal amostrado, uma vez que o espectro indicado na Fig. 9.2b é contínuo, logo, este também precisa ser discretizado para poder ser calculado em um computador digital. Desse modo, introduz-se, como indicado na Fig. 9.2c, um pente de deltas 'grosso', espaçado de T no domínio do tempo, que corresponde a um pente de deltas 'fino', espaçado de $1/T$, no domínio da frequência.

Agora, para discretizar, ou seja, amostrar o espectro do sinal, multiplica-se o espectro indicado na Fig. 9.2b pelo pente de deltas ilustrado no lado direito da Fig. 9.2c, o que resulta no espectro indicado na Fig. 9.2d, cumprindo, assim, o disposto no Item 3 do procedimento.

Por outro lado, o teorema da amostragem — agora a relação inversa, Eq. (7.42) — estabelece que teremos, no domínio do tempo, um produto de convolução entre os sinais temporais indicados nas Fig. 9.2b e Fig. 9.2c. Como sabemos, o produto de convolução do sinal amostrado e truncado $\tilde{x}_N(k\Delta t)$ pelo pente de deltas espaçado no tempo de T resulta na periodização, com período T, do sinal no domínio do tempo, tal como indicado na Fig. 9.2d. Por outro lado, tem-se agora, no lado direito da Fig. 9.2d, um espectro discreto, como desejado.

---

[4]Na nomenclatura em língua inglesa, conforme foi visto no Capítulo 8, esse fenômeno é denominado *aliasing*.

[5]Na nomenclatura em língua inglesa, o fenômeno é conhecido como *leakage* (vazamento), trazendo a ideia de que a janela utilizada para o truncamento do sinal amostrado permite "vazar" conteúdo em frequência.

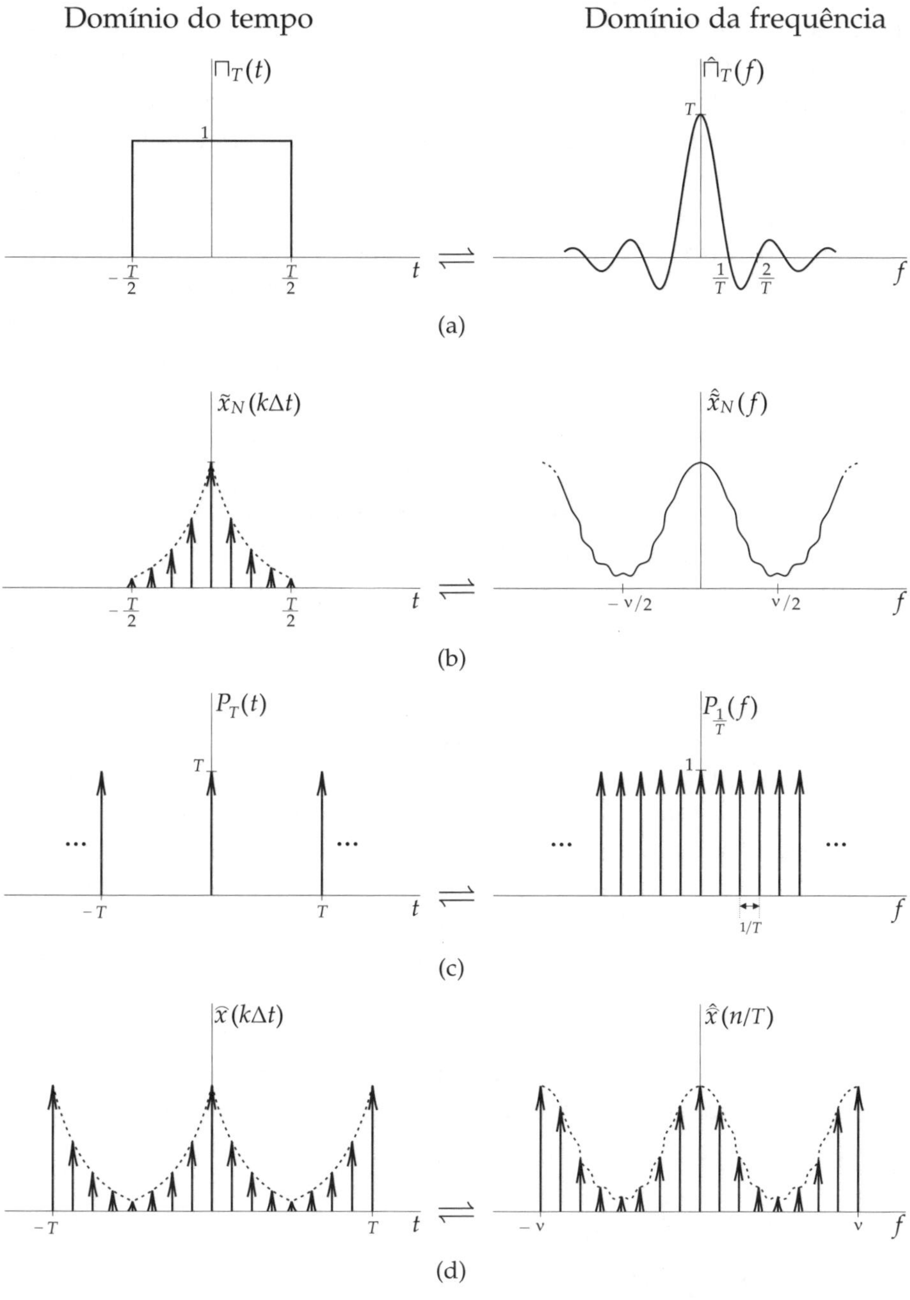

Figura 9.2: Procedimento ilustrativo da obtenção da transformada discreta de Fourier de um sinal: (a) janela unitária de largura T, utilizada para truncar o sinal amostrado, e seu espectro, a função cosseno amortecido; (b) sinal amostrado e truncado, resultante do produto do sinal amostrado pela função janela; (c) pente de deltas de espaçamento T e amplitude também T e seu correspondente espectro, um pente de deltas de espaçamento $\Delta f = 1/T$; (d) sinal amostrado e periodizado, resultante do produto de convolução entre o sinal amostrado e truncado com o pente de deltas de espaçamento T, e seu espectro, agora também um sinal amostrado e periodizado.

Como conclusão geral, o que desejaríamos era realizar a transformada de Fourier do sinal temporal original, tal como indicado na Fig. 9.1a (lado esquerdo), para obter seu espectro, indicado na Fig. 9.1a (lado direito), e o que realizamos efetivamente foi a operação de transformação indicada na Fig. 9.2d, ou seja, obtivemos a transformada discreta de Fourier de um sinal discretizado, truncado e periodizado e cujo espectro é periodizado, com dobramento, e com vazamento.

Ora, a periodização do espectro é irrelevante, uma vez que podemos tomar apenas os $N+1$ primeiros pontos (valores) do espectro, como indicado no Item 4 do procedimento. Contudo, o dobramento e o vazamento introduziram erros efetivos no espectro e alguns cuidados devem ser tomados para minimizar esses (d)efeitos.

Essa discussão sobre como evitar ou, ao menos, minimizar o dobramento e o vazamento será abordada, como já mencionado, na Seção 9.2. Não se esqueça, contudo, o estimado leitor, que uma discussão geral dobre o fenômeno de dobramento foi abordada com algum detalhe na Seção 8.3.

Antes, porém, de passar a essa importante discussão, vejamos primeiramente como será a expressão matemática para o cálculo da transformada discreta de Fourier. Na fundamentação que ora se segue, o leitor poderá interpretar as expressões obtidas com base nas distintas etapas das Figs. 9.1 e 9.2.

Cumpre observar que, tal como indicam as Figs. 9.1 e 9.2, adotou-se T como largura da janela de truncamento, o mesmo valor utilizado para o espaçamento do pente de deltas no domínio da frequência que periodiza o sinal temporal amostrado e truncado. Todavia, essa igualdade não se faz estritamente necessária, podendo se utilizar valores distintos para a largura da janela de truncamento e o espaçamento do trem de pulsos. Os exemplos ilustrarão este aspecto.

Iniciamos com o sinal temporal contínuo $x(t)$ dado. O sinal amostrado — admitindo uma amostragem ideal, tal como discutido na Seção 8.2 —, portanto, será resultante do produto do sinal original $x(t)$ com um pente de deltas, $P_{\Delta t}(t)$, de espaçamento Δt, lembrando que esse espaçamento deverá ser tão pequeno quanto possível,[6] conforme discutido a seguir.

Ter-se-á, então,

$$\begin{aligned}\tilde{x}(k\Delta t) &= x(t)\, P_{\Delta t}(t) \\ &= x(t) \sum_{k=-\infty}^{\infty} \delta(t-k\Delta t) \\ &= \sum_{k=-\infty}^{\infty} x(k\Delta t)\, \delta(t-k\Delta t).\end{aligned} \tag{9.1}$$

O sinal amostrado recebeu a notação $\tilde{x}(t)$ pelo fato, já mencionado no Capítulo 8, de se tratar de uma *aproximação*, por assim dizer, do sinal $x(t)$ original. Já o sinal amostrado e truncado será notado como $\tilde{x}_N(k\Delta t)$, sendo o resultado do

[6]Em essência, a limitação quanto a essa recomendação será uma questão de *hardware*, ou seja, dependerá do conversor A/D disponível.

produto do sinal amostrado $\tilde{x}(k\Delta t)$ com o sinal janela de largura T centrado na origem, sendo expresso da forma

$$\begin{aligned}\tilde{x}_N(k\Delta t) &= x(t)\, P_{\Delta t}(t)\, \sqcap_T(t) \\ &= \sum_{k=-N/2}^{N/2} x(k\Delta t)\, \delta(t-k\Delta t),\end{aligned} \tag{9.2}$$

em que $N = T/\Delta t$ é o número de intervalos amostrados e o número de pontos a serem utilizados na análise do sinal será $N+1$.[7]

Finalmente, a amostragem do sinal no domínio da frequência, que significa multiplicar o espectro de $\tilde{x}_N(k\Delta t)$, por um pente de deltas no domínio da frequência da forma $P_{\frac{1}{T}}(f)$, tal como ilustrado na Fig. 9.2c, é equivalente, segundo o teorema da convolução, ao produto de convolução do sinal temporal $\tilde{x}_N(k\Delta t)$ com um pente de deltas de espaçamento T e amplitude também T, veja Ex. 7.11 e Fig. 9.2c, resultando em

$$\begin{aligned}\widehat{x}(k\Delta t) &= \left[\sum_{k=-N/2}^{N/2} x(k\Delta t)\, \delta(t-k\Delta t)\right] * \left[T \sum_{r=-\infty}^{\infty} \delta(t-rT)\right] \\ &= T \sum_{r=-\infty}^{\infty} \sum_{k=-N/2}^{N/2} x(k\Delta t)\, \delta(t-k\Delta t-rT).\end{aligned} \tag{9.3}$$

Observe que a Eq. (9.3) envolve tanto a amostragem, dada pelo somatório finito em k, como a periodização do sinal temporal, indicada pelo somatório infinito em r, tal como representado graficamente na Fig. 9.2d.

Bem, o símbolo '$\frown$' sobre o sinal temporal $x(t)$, provisório, indica que nem o sinal $\widehat{x}(k\Delta t)$ é o sinal original, nem seu espectro, $\mathcal{F}\left[\widehat{x}(k\Delta t)\right]$, são exatamente aquilo que se esperava e que, por assim dizer, tanto o gentil leitor como o autor deste texto, ainda não estão lá muito satisfeitos com o resultado, devido às deformações encontradas, tanto no sinal temporal como em seu espectro. Note que $\widehat{x}(k\Delta t)$ constitui um sinal como o exemplificado na Fig. 9.2d, ou seja, ficou *periodizado*.

Para que não reste nenhuma dúvida com respeito à notação, no procedimento descrito nas Figs. 9.1 e 9.2, passamos, *no domínio do tempo*, do sinal contínuo original, $x(t)$, para o sinal amostrado, $\tilde{x}(k\Delta t)$, em seguida ao sinal amostrado e truncado, $\tilde{x}_N(k\Delta t)$, e, finalmente, ao sinal amostrado, truncado e periodizado, $\widehat{x}(k\Delta t)$. Essa notação — que, como se verá em breve, será posteriormente abandonada — tem o intuito único de, nessa fase inicial de abordagem do assunto, discriminar bem claramente os diferentes procedimentos por que passa o sinal original para poder ser calculada sua transformada discreta de Fourier com o auxílio de um computador digital.

Passemos, em seguida, ao cálculo da transformada de Fourier — em realidade a transformada discreta de Fourier — do sinal amostrado, truncado e periodizado. Como $\widehat{x}(k\Delta t)$ é um sinal periódico de período T, seu espectro pode ser obtido por

[7] Note que, segundo a Eq. (9.2), presume-se implicitamente que N é um número par.

meio de uma série de Fourier. Sua transformada de Fourier é, portanto, uma sequência de pulsos (uma distribuição) da forma

$$\hat{x}(n/T) = \mathcal{F}\left[\bar{x}(k\Delta t)\right] = \sum_{k=-\infty}^{\infty} \alpha_n\, \delta(f - n/T), \tag{9.4}$$

em que $1/T$ é o intervalo, no domínio da frequência, entre os pulsos, n é o contador nesse domínio e α_n são os *coeficientes de Fourier*, veja Seção 6.2.

Para determinar os coeficientes podemos utilizar a Eq. (6.15), o que resulta em

$$\begin{aligned}
\alpha_n &= \frac{1}{T}\int_0^T \bar{x}(k\Delta t)\, e^{-\mathrm{j}2\pi nt/T}\, \mathrm{d}t \\
&= \frac{1}{T}\int_0^T T \sum_{r=-\infty}^{\infty} \sum_{k=-N/2}^{N/2} \bar{x}(k\Delta t)\delta(t - k\Delta t - rT)\, e^{-\mathrm{j}2\pi nt/T}\, \mathrm{d}t \\
&= \sum_{k=-N/2}^{N/2} \bar{x}(k\Delta t) e^{-\mathrm{j}2\pi kn/N}, \qquad n = 0, \pm 1, \pm 2, \ldots.
\end{aligned} \tag{9.5}$$

Note que, da segunda para a terceira linha, o somatório em r foi eliminado devido ao fato de a integração ser feita em um período somente e que o delta de Dirac também é eliminado devido à propriedade de translação das distribuições, Eq. (3.28).

Substituindo, então, a Eq. (9.5) na Eq. (9.4), obtém-se a transformada discreta de Fourier de $\bar{x}(\Delta t)$, que será, então,

$$\hat{x}\,(n/T) = \hat{x}\,(n/(N\Delta t)) = \sum_{n=-\infty}^{\infty} \sum_{k=-N/2}^{N/2} \bar{x}(k\Delta t)\, e^{-\mathrm{j}2\pi kn/N}\, \delta(f - n/T). \tag{9.6}$$

Deve ficar claro para o amável leitor que a transformada discreta de Fourier expressa pela Eq. (9.6) constitui uma *distribuição infinita*. Há, portanto, dois aspectos a considerar para utilizar essa expressão em um computador digital: retirar a periodicidade, de modo que a distribuição seja finita; e utilizar somente os *coeficientes* dos deltas de Dirac.

Observe-se, que, como mostra a Fig. 9.2d, o somatório de '$-\infty$' a '∞' tem origem na periodização do espectro e só nos interessa um período. Com efeito, fazendo $n = r + N$, ter-se-á

$$\begin{aligned}
\hat{x}\left(\frac{r+N}{N\Delta t}\right) &= \sum_{k=-N/2}^{N/2} \bar{x}(k\Delta t) e^{-\mathrm{j}2\pi k(r+N)/N}\, \delta(f - n/T). \\
&= \sum_{k=-N/2}^{N/2} \bar{x}(k\Delta t) e^{-\mathrm{j}2\pi kr/N}\, \delta(f - n/T). \\
&= \hat{x}\left(\frac{r}{N\Delta t}\right),
\end{aligned} \tag{9.7}$$

ou seja, há somente $N + 1$ valores distintos para $\hat{x}$, o que confirma que o espectro de $\bar{x}$ é também periódico, de período $1/\Delta t$, conforme ilustra o lado direito da Fig. 9.2d.

Tem-se, então, como expressão para a transformada discreta de Fourier, restrita a $N+1$ valores espectrais e, abandonando os '$\tilde{\ }$'s e os '$\frown$'s da notação, a expressão

$$\hat{x}(n) = \sum_{k=-N/2}^{N/2} x(k)\, e^{-j2\pi nk/N}\, \delta(f - n/T), \qquad n = 0, 1, \ldots, N \tag{9.8}$$

e, correspondentemente, a expressão para a transformada inversa discreta de Fourier, também com $N+1$ valores espectrais,

$$x(k) = \frac{1}{N} \sum_{n=-N/2}^{N/2} \hat{x}(n)\, e^{j2\pi nk/N}\, \delta(t - k\Delta t), \qquad k = 0, 1, \ldots, N. \tag{9.9}$$

Observe o estimado leitor que, embora, matematicamente falando, o sinal temporal e seu espectro, tal como ilustrados na Fig. 9.2d, consistam em *distribuições*, só nos interessa, sob o aspecto computacional, os *coeficientes* dos deltas de Dirac, que constituem valores numéricos — lembrando, contudo, que estes podem ser complexos — que serão manipulados facilmente por um computador digital.[8]

Portanto, a partir de agora, designaremos como *transformada discreta de Fourier* e *transformada inversa discreta de Fourier* as expressões a seguir:[9]

$$\hat{x}(n) = \sum_{k=0}^{N} x(k)\, e^{-j2\pi nk/N}, \qquad n = 0, 1, \ldots, N; \tag{9.10}$$

$$x(k) = \frac{1}{N} \sum_{n=0}^{N} \hat{x}(n)\, e^{j2\pi nk/N}, \qquad k = 0, 1, \ldots, N, \tag{9.11}$$

sendo as Eqs. (9.10) e (9.11) as expressões a serem utilizadas na prática para o cálculo da transformada discreta de Fourier e da transformada inversa discreta de Fourier, respectivamente. Por uma questão de mera clareza, de modo a distinguir quando estamos falando da transformada contínua ou discreta, adotaremos a simbologia '$\mathcal{F}_d$' e '$\mathcal{F}_d^{\,-1}$' para a transformada discreta de Fourier e a transformada inversa discreta de Fourier, diferenciando, portanto, da notação utilizada para as transformadas contínuas direta e inversa. Todavia, para o par transformado, continuaremos a adotar a simbologia '$\rightleftharpoons$'.

Para verificarmos que, efetivamente, a Eq. (9.11) corresponde à transformada inversa discreta de Fourier, basta substituí-la na Eq. (9.10). E, com efeito,

$$\begin{aligned}
\hat{x}\,(n) &= \sum_{k=0}^{N} \left[\frac{1}{N} \sum_{n=0}^{N} \hat{x}(n)\, e^{j2\pi nk/N} \right] e^{-j2\pi nk/N} \\
&= \frac{1}{N} \sum_{n=0}^{N} \hat{x}(n) \left[e^{j2\pi nk/N}\, e^{-j2\pi nk/N} \right] \\
&= \hat{x}(n).
\end{aligned}$$

[8]Por óbvio, deltas de Dirac, no sentido estrito, não são tratáveis em um computador.

[9]Note que substituiu-se o somatório no intervalo $(-N/2, N/2)$ pelo intervalo $(0, N)$, com os mesmos $N+1$ pontos, por mera simplicidade de notação. Isso não altera o resultado da DTF, uma vez que se trata de uma mera translação.

Temos, portanto, o par transformado discreto

$$x(k) \rightleftharpoons \hat{x}(n), \tag{9.12}$$

ambos com $N+1$ valores.

Antes de passarmos aos exemplos, seria conveniente discutirmos a relação entre os parâmetros envolvidos na transformada discreta de Fourier. Temos dois parâmetros importantes no domínio do tempo: Δt, o *intervalo de amostragem* e T, o *tempo total de amostragem*. Esses dois parâmetros estão relacionados a um terceiro, o *número de intervalos*, N, de tal modo que[10]

$$N = \frac{T}{\Delta t}. \tag{9.13}$$

Do ponto de vista prático, portanto, será conveniente sempre escolhermos T como um número inteiro de intervalos de amostragem Δt.

No domínio da frequência, temos os parâmetros $\nu = 1/\Delta t$, a *frequência de amostragem*, e $1/T$, o espaçamento do pente de deltas no domínio da frequência com que o espectro é discretizado, veja Fig. 9.2c. Essas duas frequências estão relacionadas pelo mesmo parâmetro N, ou seja,

$$N = \nu T. \tag{9.14}$$

Portanto, fixada uma frequência de amostragem ν — normalmente estabelecida a partir de uma limitação de *hardware* do conversor A/D — quanto maior for o tamanho, ou seja, a duração T do sinal a ser analisado, maior será o número N de amostras a serem processadas, o que traz um problema de armazenamento (memória computacional). Uma alternativa prática bastante comum é cortar um sinal demasiadamente longo em trechos menores, analisar esses trechos e avaliar uma média. Voltaremos a esse assunto na Parte C do livro.

Exemplo 9.1 Vamos considerar um sinal janela de amplitude A e largura T_0, similar ao que foi visto no Ex. 7.5, e tomemos $T_0 = 3$.[11]

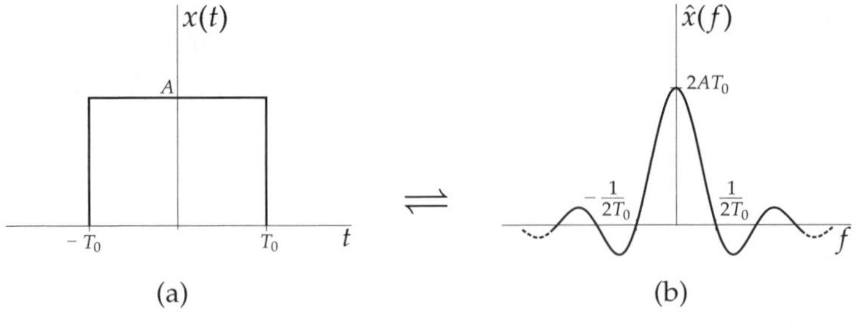

Figura 9.3: (a) Sinal janela temporal de amplitude A e largura $2T_0$ e (b) sua transformada de Fourier, o sinal $2AT_0\,\mathrm{sinc}(2\pi f T_0)$.

[10]Note, contudo, que o *número de amostras* será igual a $N+1$, nunca é demais reforçar.

[11]A unidade (de tempo) tanto poderia ser milissegundos, segundos, anos, ou qualquer outra. Nas discussões na Parte C deste livro as unidades se mostrarão de importância essencial.

Tem-se, então,

$$x(t) = A \sqcap_{T_0}(t),$$

cuja transformada de Fourier, como visto naquele exemplo, é

$$\hat{x}(f) = A\text{sinc}(2\pi f T_0) = 2AT_0 \frac{\text{sen}(2\pi f T_0)}{2\pi f T_0}.$$

A Fig. 9.3 reproduz o par transformado, visto naquele exemplo. Note o caro leitor que o espectro de $x(t)$ é ilimitado, ou seja, $\nu_c \to \infty$ e, portanto, a condição de Nyquist não é atendida, qualquer que seja a frequência de amostragem, o que significa que haverá dobramento. Faremos uma amostragem bem pobre, centrada na origem, com $\Delta t = T_0/3$ e um truncamento com $T = 8\Delta t$, portanto, teremos $N = T/\Delta t = 8$. No domínio da frequência, ter-se-á $\nu = 1/\Delta t = 3/T_0$. O sinal amostrado e truncado, $\tilde{x}(k)$, ilustrado na Fig. 9.4, terá os seguintes coeficientes:

$$\tilde{x}_8(-4) = \tilde{x}_8(4) = 0$$

e

$$\tilde{x}_8(-3) = \tilde{x}_8(-2) = \tilde{x}_8(-1) = \tilde{x}_8(0) = \tilde{x}_8(1) = \tilde{x}_8(2) = \tilde{x}_8(3) = A.$$

O objetivo primordial deste exemplo é verificar o quão distante da transformada de Fourier verdadeira — ou seja, contínua — do sinal $x(t)$ estará a transformada discreta de Fourier do sinal amostrado de forma tão rarefeita como a apresentada aqui.

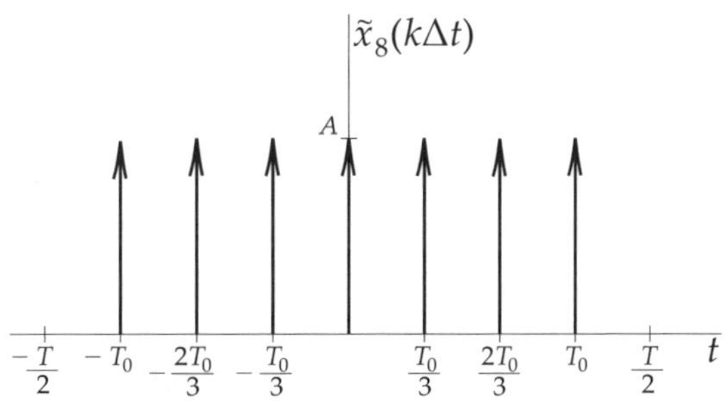

Figura 9.4: Sinal janela de amplitude A e largura $2T_0$, amostrado com intervalo $\Delta t = T_0/3$ e truncado com $T = 8\Delta t$, indicando um total de $N + 1 = 9$ amostras.

A transformada discreta de Fourier será, segundo a Eq. (9.10),

$$x(n) = \sum_{k=-4}^{4} x_8(k)\, e^{-j2\pi nk/8}.$$

Então, para $n = -4$, tem-se

$$\begin{aligned} x(-4) &= A(0 + e^{-j3\pi} + e^{-j2\pi} + e^{-j\pi} + e^{0} + e^{j\pi} + e^{j2\pi} + e^{j3\pi} + 0) \\ &= A(-1 + 1 - 1 + 1 - 1 + 1 - 1) = -A. \end{aligned}$$

Para $n = -3$, tem-se

$$\begin{aligned} x(-3) &= A(0 + e^{-j9\pi/4} + e^{-j3\pi/2} + e^{-j3\pi/4} + e^{0} + e^{j3\pi/4} + e^{j3\pi/2} + e^{j9\pi/4} + 0) \\ &= A\left(\frac{1}{\sqrt{2}}(1-j) + j + \frac{1}{\sqrt{2}}(-1-j) + 1 + \frac{1}{\sqrt{2}}(-1+j) - j + \frac{1}{\sqrt{2}}(1+j)\right) = A. \end{aligned}$$

Para $n = -2$, tem-se

$$\begin{aligned} x(-2) &= A(0 + e^{-j3\pi/2} + e^{-j\pi} + e^{-j\pi/2} + e^0 + e^{j\pi/2} + e^{j\pi} + e^{j3\pi/2} + 0) \\ &= A(j - 1 - j + 1 + j - 1 - j) = -A. \end{aligned}$$

Para $n = -1$, tem-se

$$\begin{aligned} x(-1) &= A(0 + e^{-j3\pi/4} + e^{-j\pi/2} + e^{-j\pi/4} + e^0 + e^{j\pi/4} + e^{j\pi/2} + e^{j3\pi/4} + 0) \\ &= A\left(\frac{1}{\sqrt{2}}(-1+j)+j+\frac{1}{\sqrt{2}}(1+j)+1+\frac{1}{\sqrt{2}}(1-j)-j+\frac{1}{\sqrt{2}}(-1-j)\right) = A. \end{aligned}$$

E, para $n = 0$, tem-se

$$x(0) = A(0 + e^0 + e^0 + e^0 + e^0 + e^0 + e^0 + e^0 + 0) = 7A.$$

Observe agora que, devido à simetria, tem-se

$$x(-n) = \hat{x}(n), \quad n = 1, 2, 3, 4,$$

de modo que os coeficientes de Fourier serão, pela ordem ($n = -4, -3, \ldots, 0, \ldots, 3, 4$):

$$-A,\ A,\ -A,\ A,\ 7A,\ A,\ -A,\ A,\ -A.$$

A Fig. 9.5 ilustra o resultado obtido para a transformada discreta de Fourier do sinal, comparado com a transformada de Fourier do sinal contínuo.

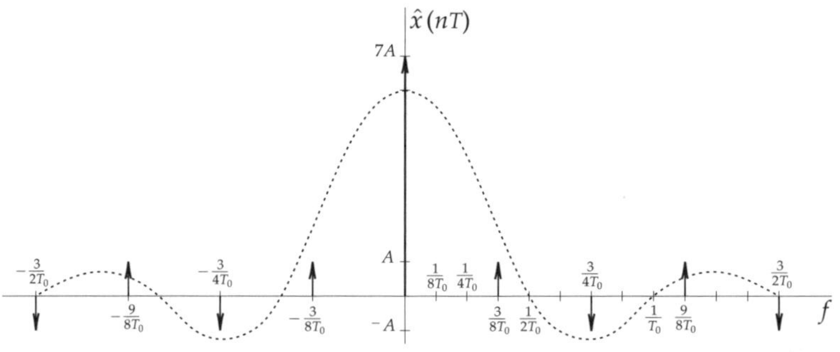

Figura 9.5: Transformada discreta de Fourier do sinal janela, também com nove amostras. Em linha pontilhada, a função $2AT_0 \operatorname{sinc}(2\pi f T_0)$.

Observe que, nesse caso, embora a transformada discreta de Fourier tenha sido calculada a partir de uma amostragem pobre ($N = 8$), o aspecto do espectro discreto, indicado na Fig. 9.5, guarda alguma semelhança com uma função do tipo $\operatorname{sinc}(2\pi f T_0)$, discretizada, que é o espectro verdadeiro do sinal, conforme indicado na Fig. 9.3b. Em particular, cumpre notar que o espectro obtido via DFT não contém componentes imaginários. Convém ainda relembrar que, como $\nu_c \to \infty$, esta *não* é uma amostragem bem-sucedida.

Exemplo 9.2 Tomemos agora como modelo o Ex. 7.6 (reveja-o). O sinal temporal é

$$x(t) = 2Af_0 \frac{\operatorname{sen}(2\pi f_0 t)}{2\pi f_0 t}.$$

Sua transformada de Fourier, como já visto no Capítulo 7, é a função janela, real, de largura $2f_0$ centrada na origem, com amplitude A, ou seja,

$$\hat{x}(f) = A \sqcap_{f_0}(f).$$

Faremos, novamente, uma amostragem "pobre", com intervalo de amostragem $\Delta t = 1/(4f_0)$ e um truncamento com $T = 3/f_0$, centrado na origem, de modo que nossa transformada discreta de Fourier terá $N = T/\Delta t = 12$. Observe, contudo, que $\nu = 4f_0$ e $\nu_c = f_0$, portanto, a condição de Nyquist é atendida nesse caso, ou seja, tem-se uma amostragem bem-sucedida, não havendo dobramento. Por outro lado, a janela de truncamento, de largura $T = 3/f_0$, é pequena e cortará parte do sinal temporal, gerando vazamento. O nosso sinal, amostrado e truncado, pode ser, então, expresso por

$$\begin{aligned}
\tilde{x}_{12}(k\Delta t) &= \sum_{k=-6}^{6} x(k\Delta t)\delta(t-k\Delta t) \\
&= 2Af_0\big[0 + 0,1273\,\delta(t+5\Delta t) + 0 - 0,2122\delta(t+3\Delta t) + 0 \\
&\quad + 0,6366\,\delta(t+\Delta t) + 1\delta(t) + 0,6366\delta(t-\Delta t) + 0 \\
&\quad - 0,2122\delta(t-3\Delta t) + 0 + 0,1273\,\delta(t-5\Delta t) + 0\big] \\
&= 2Af_0\big[0,1273\big(\delta(t+5\Delta t) + \delta(t-5\Delta t)\big) - 0,2122\big(\delta(t+3\Delta t) \\
&\quad + \delta(t-3\Delta t)\big) + 0,6366\big(\delta(t+\Delta t) + \delta(t-\Delta t)\big) + \delta(t)\big].
\end{aligned}$$

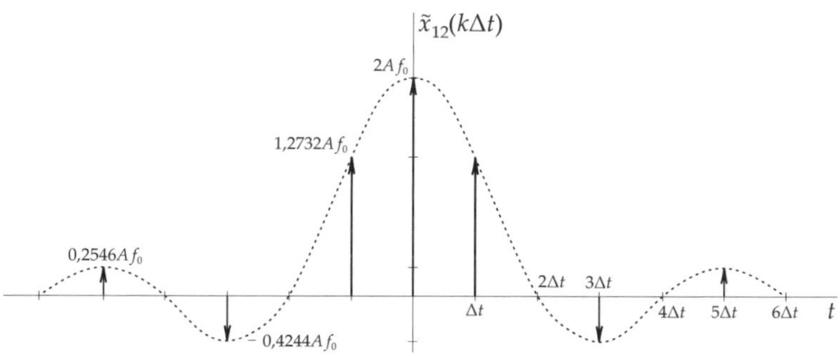

Figura 9.6: Sinal $x(t)$, em linha tracejada, e sinal amostrado e truncado, $\tilde{x}_{12}(k\Delta t)$, com $\Delta t = 1/(4f_0)$.

Observe que os coeficientes dos deltas, a saber: $2Af_0$; $0,6366(2Af_0)$; $-0,2122(2Af_0)$; e $0,1273(2Af_0)$, correspondem aos valores amostrados não nulos (com precisão de quatro casas decimais) da função $2Af_0\,\text{sinc}(2\pi f_0 k\Delta t)$, um sinal discreto e par, para $k = 0, \pm 1, \pm 3, \pm 5$. Note ainda que para seis valores de k ($k = \pm 2, \pm 4, \pm 6$) os coeficientes se anulam, o que corresponde aos pontos onde o sinal $x(t)$ intercepta o eixo horizontal, como indica a Fig. 9.6. Portanto, a transformada discreta de Fourier será, segundo a Eq. (9.10),

$$\hat{x}(n) = \sum_{k=-6}^{6} x(k)\, e^{-j2\pi nk/12}, \qquad n = -6, -5, \ldots, 0, \ldots, 5, 6.$$

Então, para $n = 0$, tem-se

$$
\begin{aligned}
x(0) &= \sum_{k=-6}^{6} x(k) \\
&= 2Af_0\left[1 + 2(0,6366 - 0,2122 + 0,1273)\right] \\
&= 2,1034\,(2Af_0).
\end{aligned}
$$

Para $n = 1$, tem-se

$$
\begin{aligned}
x(1) &= \sum_{k=-6}^{6} x(k)\, e^{-\mathrm{j}\frac{\pi}{6}k} \\
&= 2Af_0\left[1 + 0,6366(e^{\mathrm{j}\frac{\pi}{6}} + e^{-\mathrm{j}\frac{\pi}{6}}) - 0,2122(e^{\mathrm{j}\frac{3\pi}{6}} + e^{-\mathrm{j}\frac{3\pi}{6}})\right. \\
&\qquad \left. + 0,1273(e^{\mathrm{j}\frac{5\pi}{6}} + e^{-\mathrm{j}\frac{5\pi}{6}})\right] \\
&= 2Af_0\Big[1 + 0,6366\big((\sqrt{3} - \mathrm{j})/2 + (\sqrt{3} + \mathrm{j})/2\big) - 0,2122(-\mathrm{j} + \mathrm{j}) \\
&\qquad + 0,1273\big((-\sqrt{3} - \mathrm{j})/2 + (-\sqrt{3} + \mathrm{j})/2\big)\Big] \\
&= 2Af_0(1 + 0,6366\sqrt{3} - 0,1273\sqrt{3}) \\
&= 1,8821\,(2Af_0).
\end{aligned}
$$

Para $n = 2$, tem-se

$$
\begin{aligned}
x(2) &= \sum_{k=-6}^{6} x(k)\, e^{-\mathrm{j}\frac{\pi}{3}k} \\
&= 2Af_0\left[1 + 0,6366(e^{\mathrm{j}\frac{\pi}{3}} + e^{-\mathrm{j}\frac{\pi}{3}}) - 0,2122(e^{\mathrm{j}\frac{3\pi}{3}} + e^{-\mathrm{j}\frac{3\pi}{3}})\right. \\
&\qquad \left. + 0,1273(e^{\mathrm{j}\frac{5\pi}{3}} + e^{-\mathrm{j}\frac{5\pi}{3}})\right] \\
&= 2Af_0\Big[1 + 0,6366\big((1 - \sqrt{3}\mathrm{j})/2 + (1 + \sqrt{3}\mathrm{j})/2)\big) - 0,2122(-1 - 1) \\
&\qquad + 0,1273\big((1 + \sqrt{3}\mathrm{j})/2) + (1 - \sqrt{3}\mathrm{j})/2)\big) \\
&= 2Af_0(1 + 0,6363 + 2 \times 0,2122 + 0,1273)\Big] \\
&= 2,1883\,(2Af_0).
\end{aligned}
$$

Para $n = 3$, tem-se

$$
\begin{aligned}
\hat{x}(3) &= \sum_{k=-6}^{6} x(k)\, e^{-\mathrm{j}\frac{\pi}{2}k} \\
&= 2Af_0\left[1 + 0,6366(e^{\mathrm{j}\frac{\pi}{2}} + e^{-\mathrm{j}\frac{\pi}{2}}) - 0,2122(e^{\mathrm{j}\frac{3\pi}{2}} + e^{-\mathrm{j}\frac{3\pi}{2}})\right. \\
&\qquad \left. + 0,1273(e^{\mathrm{j}\frac{5\pi}{2}} + e^{-\mathrm{j}\frac{5\pi}{2}})\right] \\
&= 2Af_0(1 + 0 + 0 + 0) \\
&= 2Af_0\left[1 + 0,6366(\mathrm{j} - \mathrm{j}) - 02122(-\mathrm{j} + \mathrm{j}) + 0,1273(\mathrm{j} - \mathrm{j})\right] \\
&= (2Af_0).
\end{aligned}
$$

Para $n = 4$, tem-se

$$\begin{aligned}
\hat{x}(4) &= \sum_{k=-6}^{6} x(k)\, e^{-j\frac{2\pi}{3}k} \\
&= 2Af_0\big[1 + 0,6366(e^{j\frac{2\pi}{3}} + e^{-j\frac{2\pi}{3}}) - 0,2122(e^{j\frac{6\pi}{3}} + e^{-j\frac{6\pi}{3}}) \\
&\qquad + 0,1273(e^{j\frac{10\pi}{3}} + e^{-j\frac{10\pi}{3}})\big] \\
&= 2Af_0\big[1 + 0,6366((-1-\sqrt{3}j)/2 + (-1+\sqrt{3}j)/2) - 0,2122(1+1) \\
&\qquad + 0,1273((-1+\sqrt{3}j)/2 + (-1-\sqrt{3}j)/2)\big] \\
&= 2Af_0(1 - 0,6366 - 2\times 0,2122 - 0,1273) \\
&= -0,1883\,(2Af_0).
\end{aligned}$$

Para $n = 5$, tem-se

$$\begin{aligned}
\hat{x}(5) &= \sum_{k=-6}^{6} x(k)\, e^{-j\frac{5\pi}{6}k} \\
&= 2Af_0\big[1 + 0,6366(e^{j\frac{5\pi}{6}} + e^{-j\frac{5\pi}{6}}) - 0,2122(e^{j\frac{15\pi}{6}} + e^{-j\frac{15\pi}{6}}) \\
&\qquad + 0,1273(e^{j\frac{25\pi}{6}} + e^{-j\frac{25\pi}{6}})\big] \\
&= 2Af_0(1 + 0,6366((-\sqrt{3}-j)/2 + (-\sqrt{3}+j)/2)) - 0,2122(-j+j) \\
&\qquad + 0,1273((\sqrt{3}-j)/2 + (\sqrt{3}+j)/2)\big] \\
&= 2Af_0(1 - 0,6366\sqrt{3} + 0,1273\sqrt{3}) \\
&= 0,1179\,(2Af_0).
\end{aligned}$$

E, para $n = 6$, tem-se

$$\begin{aligned}
\hat{x}(6) &= \sum_{k=-6}^{6} x(k)\, e^{-j\pi k} \\
&= 2Af_0\big[1 + 0,6366(e^{-j\pi} + e^{j\pi}) - 0,2122(e^{-j3\pi} + e^{j3\pi}) + 0,1273(e^{-j5\pi} + e^{j5\pi})\big] \\
&= 2Af_0(1 - 2(0,6366 - 0,2122 + 0,1273)) \\
&= -0,1034\,(2Af_0).
\end{aligned}$$

Observe agora que, devido à simetria com respeito à origem, tem-se

$$\hat{x}(-n) = \hat{x}(n), \quad n = 1, 2, \ldots, 6.$$

Portanto, os coeficientes de Fourier estão todos determinados e a Fig. 9.7 ilustra o espectro discreto recém-calculado, inteiramente real. Comparando-se o espectro calculado no Ex. 7.6 e ilustrado na Fig. 7.6 com o resultado indicado na Fig. 9.7, fica patente que não obtivemos uma janela retangular propriamente dita no domínio da frequência, mas um espectro com oscilações, devidas ao fenômeno de vazamento resultante da janela de truncamento aplicada ao sinal.

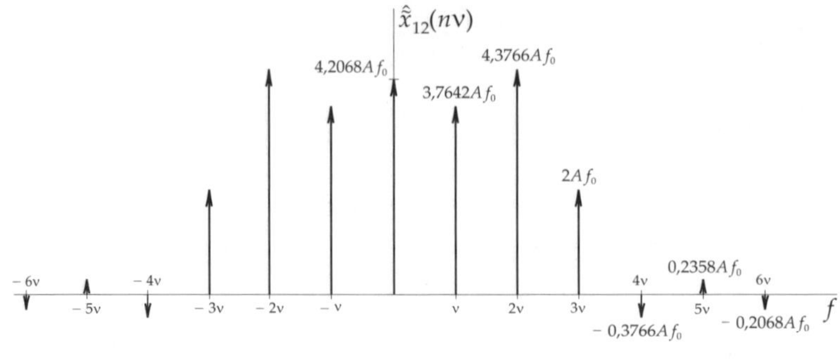

Figura 9.7: Espectro discreto de $\tilde{x}_{12}(k\Delta t)$ calculado via transformada discreta de Fourier.

Cumpre ainda observar que, neste caso, a amostragem foi bem-sucedida, uma vez que $\nu_c = f_0$ e $\nu = 4f_0$, sendo atendida a condição de Nyquist. Todavia, como a janela de truncamento foi relativamente estreita, cortando o sinal para $|t| > |T|$, o espectro obtido via DFT apresenta oscilações indesejáveis, oriundas do fenômeno de vazamento. Como o sinal temporal em questão tem suporte ilimitado, uma possível solução para atenuar o fenômeno de vazamento, como será visto adiante, é adotar uma janela com corte mais suave, ou seja, uma janela não retangular.

Exemplo 9.3 Voltando ao Ex. 9.2, podemos compreender melhor as diferenças entre a transformada de Fourier e a transformada discreta de Fourier, observando alguns aspectos. Devido à utilização de uma amostragem pobre, com $N = 12$, o sinal estudado naquele exemplo não foi, efetivamente, o sinal

$$x(t) = 2Af_0 \frac{\operatorname{sen}(2\pi f_0 t)}{2\pi f_0 t},$$

mas sim o sinal[12]

$$\begin{aligned}\tilde{x}_{12}(k\Delta t) = 2Af_0\big[&0,1273\big(\delta(t+5\Delta t)+\delta(t-5\Delta t)\big) - 0,2122\big(\delta(t+3\Delta t)\\ &+\delta(t-3\Delta t)\big) + 0,6366\big(\delta(t+\Delta t)+\delta(t-\Delta t)\big)+\delta(t)\big].\end{aligned}$$

Ora, $\tilde{x}_{12}(k\Delta t)$ nada mais é do que uma soma de três pares de distribuições de Dirac, simétricos com respeito à origem, mais um delta de Dirac em $t = 0$, com seus respectivos coeficientes. Seja, então, o sinal

$$\begin{aligned}y(t) = a\big[&b\big(\delta(t+5\Delta t)+\delta(t-5\Delta t)\big) + c\big(\delta(t+3\Delta t)+\delta(t-3\Delta t)\big)\\ &+ d\big(\delta(t+\Delta t)+\delta(t-\Delta t)\big)+\delta(t)\big],\end{aligned}$$

com $a = 2Af_0$, $b = 0,1273$, $c = -0,2122$ e $d = 0,6366$. Calculando, então, a transfor-

[12]Note que só foram incluídos os termos não nulos, em número de sete.

mada de Fourier (contínua) do sinal $y(t)$, ter-se-á[13]

$$\begin{aligned}\hat{y}(f) &= \mathcal{F}\left[y(t)\right]\\ &= a\left[2d\cos(2\pi f\Delta t) + 2c\cos(6\pi f\Delta t) + 2b\cos(10\pi f\Delta t) + 1\right]\\ &= 2Af_0\left[1{,}2732\cos(2\pi f\Delta t) - 0{,}4244\cos(6\pi f\Delta t)\right.\\ &\qquad \left. + 0{,}2546\cos(10\pi f\Delta t) + 1\right]\\ &= 2Af_0\left[1{,}2732\cos(\pi f/2f_0) - 0{,}4244\cos(3\pi f/2f_0)\right.\\ &\qquad \left. + 0{,}2546\cos(5\pi f/2f_0) + 1\right].\end{aligned}$$

A Fig. 9.8 ilustra o espectro $\hat{y}(f)$, para $A = 1$ e $f_0 = 1$, no intervalo $f \in (-2, 2)$.

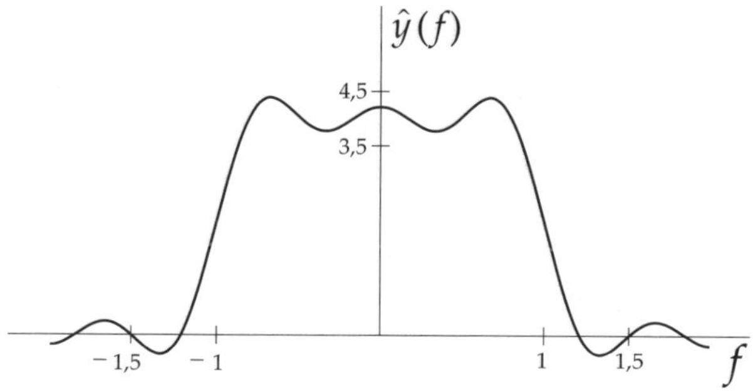

Figura 9.8: Gráfico de $\hat{y}(f)$, espectro contínuo de $y(t)$, calculado via transformada de Fourier.

Comparando-se as Figs. 9.7 e 9.8, evidencia-se que o gráfico indicado na Fig. 9.7 constitui uma versão discreta — e aproximada — do gráfico indicado na Fig. 9.8 e que este, por sua vez, constitui uma versão com vazamento do espectro indicado na Fig. 7.6b.

Exemplo 9.4 Tomemos, mais uma vez, o sinal

$$x(t) = 2Af_0\frac{\text{sen}(2\pi f_0 t)}{2\pi f_0 t},$$

com a mesma taxa de amostragem, $\nu = 4f_0 = 4\nu_c$, satisfazendo, portanto, a condição de Nyquist. Mas, diferentemente do Ex. 9.2, consideremos uma janela de truncamento de largura $T = 30/f_0$, ou seja, uma janela dez vezes mais larga que a anteriormente considerada. Nesse caso, teremos $N = T/\Delta t = 120$ e o truncamento pode ser considerado praticamente irrelevante, uma vez que o sinal temporal terá decaído substancialmente em $t \approx \pm T/2$.[14] A Fig. 9.9 ilustra o sinal temporal $x(t)$, para $A = 1$ e $f_0 = 1$, e seu espectro $\hat{x}(f)$, obtido via DFT.

[13]Lembrando que a cada par de deltas de Dirac simétricos corresponde uma função cosseno no domínio espectral e que a transformada de Fourier do delta na origem é o sinal $1(f)$.

[14]Em $t \approx \pm T/2$, $|x(t)| < 0{,}01\,Af_0$ (verifique).

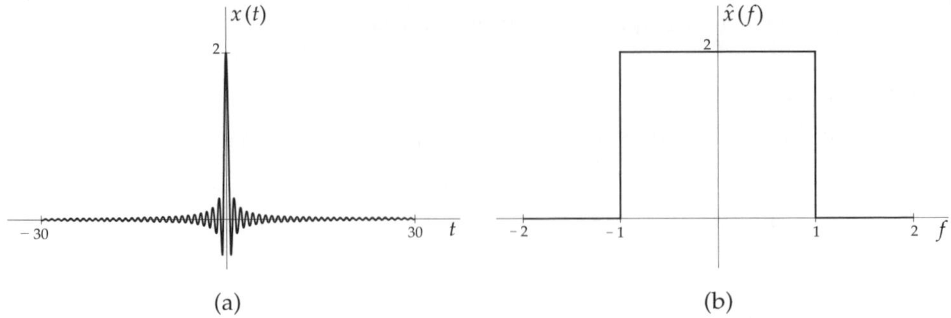

Figura 9.9: (a) Gráfico do sinal temporal $\text{sinc}(2\pi f_0 t)$, para $f_0 = 1$, com truncamento em $T = 30/f_0$. (b) Espectro calculado a partir da DFT, com $N = 120$.

Naturalmente, não temos como calcular o sinal amostrado e truncado, $\tilde{x}_{120}(k)$, e sua transformada discreta de Fourier, $\hat{\tilde{x}}_{120}(n)$, "na mão", como feito anteriormente, mas sim por meio de um algoritmo computacional, implementando a Eq. (9.10).[15] O que se observa, neste exemplo, é que a amostragem, obedecendo a condição de Nyquist, portanto sem apresentar dobramento, e o truncamento, capturando quase todo o conteúdo significativo do sinal, minimizando assim o fenômeno de vazamento, resultou em uma DFT praticamente equivalente à transformada de Fourier do sinal contínuo original.

Exemplo 9.5 A taxa de amostragem que se utiliza em áudio, em geral, é de 44.100 Hz; essa é a cadência de amostragem utilizada em CDs. Como o limiar superior em frequência da audição humana é considerado como sendo 20 kHz, a frequência de amostragem de 40 kHz já atenderia a condição de Nyquist (no limite). Contudo, conforme se observou na Fig. 9.1(e), o janelamento ou filtragem introduz outro elemento indesejável: as oscilações ou vazamento. Por essa razão, não se utilizam janelas ou filtros de corte abrupto (retangulares) de modo a minimizar o vazamento. Como os filtros normalmente utilizados têm um decaimento mais suave, é necessário dar uma folga maior em frequência.[16] Por exemplo, em cinema, utiliza-se $\nu = 48$ kHz, que é compatível com o padrão de 24 quadros por segundo, adotado na indústria cinematográfica.[17] Áudio para cinema, portanto, necessita ser amostrado nessa taxa.

9.2 Dobramento e vazamento

Como foi visto na Seção 9.1, partiu-se de um sinal contínuo $x(t)$, obteve-se em seguida um sinal amostrado $\tilde{x}(k\Delta t)$, que posteriormente foi truncado, levando a

[15]Conforme se verá na Seção 9.5, o algoritmo denominado FFT implementa o cálculo da DFT de forma eficiente.

[16]O valor de 44,1 kHz foi sugerido pela empresa *Sony* quando o padrão de gravação de áudio estava em discussão, em 1979. A empresa utilizou essa taxa amplamente naquela época, o que acabou permanecendo como padrão até os dias atuais. Em outras palavras, a verdadeira razão é meramente histórica (mas atendendo a condição de Nyquist).

[17]Ver, por exemplo, T.K. Rawat. Signals and Systems. Oxford University Press, New York, 2010 [201].

$\tilde{x}_N(k\Delta t)$ e, finalmente ao sinal que, além de amostrado e truncado, foi periodizado, tal como indica a Fig. 9.2d, devido à necessidade de também amostrar seu espectro. Isso resultou no sinal $\frown{x}(k\Delta t)$, cuja transformada discreta de Fourier, $\hat{\frown{x}}\,(n/T)$, onde $T = N\Delta t$, está definida pela Eq. (9.8). Todavia, para estarmos mais seguros quanto à exatidão do resultado, seria interessante se pudéssemos trocar o símbolo '$\frown$' pelo símbolo '$\smile$', ou seja, que possamos ter a garantia de que o sinal original e seu espectro foram obtidos — naturalmente de forma discretizada — mas sem deformações. Para tal, é necessário antes discutir as condições que garantam a não existência de *dobramento* e de *vazamento* no conteúdo espectral, que é o assunto abordado a seguir.

A questão do dobramento foi discutida na Seção 8.3.[18] Vimos ali que o dobramento ocorre quando a condição de Nyquist não é atendida, conforme se observa na Fig. 9.1c. Dizendo de outro modo, a periodização do espectro introduzida pelo procedimento de amostragem altera seu valor na região compreendida entre duas vezes a frequência de corte do sinal, ν_c, e a frequência de amostragem, ν.

Há duas maneiras básicas de resolver essa questão. A primeira, naturalmente, consiste em aumentar a frequência de amostragem de modo que a condição de Nyquist seja satisfeita, ou seja, adotando, como discutido na Seção 8.3,

$$\nu > 2\nu_c. \tag{9.15}$$

Nesse caso, não haverá dobramento e a periodização do espectro não prejudica a análise espectral, como ilustrado na Fig. 9.10.

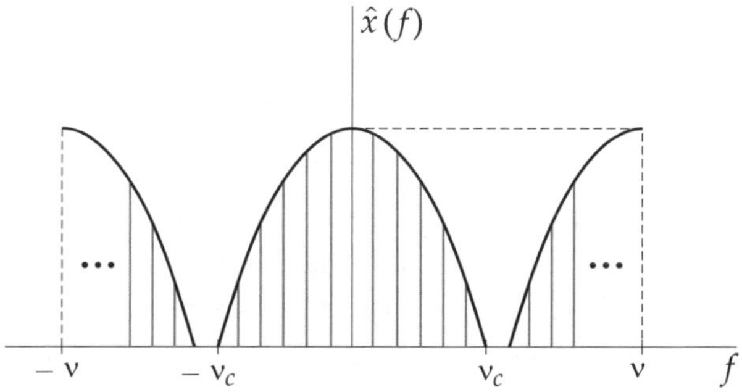

Figura 9.10: Espectro periodizado de um sinal amostrado com $\nu > 2\nu_c$.

O arguto leitor pode estar se perguntando o que fazer quando não dispomos de uma cadência de amostragem mais rápida, ou mesmo no caso — bastante comum — de não conhecermos a frequência de corte do sinal antes de determinarmos seu conteúdo espectral. Bem, como usualmente conhecemos a frequência de amostragem de nosso amostrador, o recurso alternativo é cortar ativamente o espectro do sinal por meio de um *filtro passa-baixa*, ou seja, um filtro que corte as

[18]Como o fenômeno do dobramento (*aliasing*) é de suma importância, o autor pede licença ao gentil leitor para ser um tanto repetitivo aqui.

altas frequências do sinal de tal modo que a condição de Nyquist seja atendida. Esse filtro é denominado *filtro antidobramento*.[19] A Fig. 9.11 ilustra o procedimento.

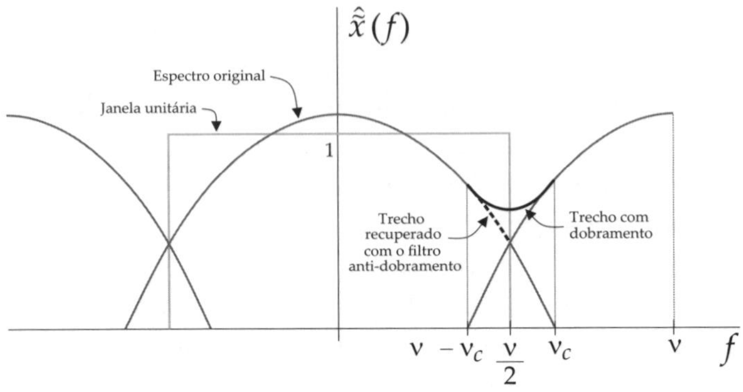

Figura 9.11: Espectro periodizado de um sinal amostrado, com dobramento, sendo filtrado para atender a condição de Nyquist. Observe que o trecho no intervalo $\nu/2 - (\nu - \nu_c) = \nu_c - \nu/2$ foi recuperado no espectro devido à aplicação da janela antidobramento.

A Fig. 9.11 ilustra o que sucede com o espectro do sinal devido à aplicação do filtro antidobramento. O espectro original do sinal indica uma frequência de corte ν_c, ou seja, não há conteúdo espectral para frequências $f > \nu_c$. Ora, como a frequência de amostragem de que dispomos não atende à condição de Nyquist, ou seja, $\nu < 2\nu_c$, resulta em um trecho do espectro em que há superposição dos espectros periodizados, havendo, portanto, dobramento no intervalo $(\nu - \nu_c, \nu_c)$, como indica a Fig. 9.11.

Todavia, ao aplicarmos um filtro ideal de largura ν, portanto, cortando o conteúdo em frequência do sinal em $\nu/2$, não mais haverá superposição dos espectros e, dessa forma, teremos preservado o conteúdo espectral do sinal original no intervalo $(\nu - \nu_c, \nu/2)$. Bem, isso é o que de melhor podemos fazer, dispondo de um amostrador que não atende a condição de Nyquist. Todavia, o filtro antidobramento recuperou o conteúdo espectral no trecho citado, muito embora não tenhamos podido recuperar o espectro no intervalo $(\nu/2, \nu_c)$.

Cumpre notar, contudo, que, como não sabemos *a priori* qual a frequência de corte do sinal a ser analisado, caso esta *atenda* a condição de Nyquist, como indicado na Fig. 9.10, a aplicação do filtro antidobramento não interferirá no resultado do espectro obtido, a menos do fenômeno de vazamento, que será discutido mais adiante, nesta seção.

[19]Também conhecido, na literatura em língua inglesa, como filtro *anti-aliasing*.

Exemplo 9.6 Vejamos um exemplo bem simples de amostragem bem-sucedida. Seja então o sinal, nosso velho conhecido, $x(t) = \cos(\omega_0 t)$, cujo espectro é dado por

$$\hat{x}(f) = \frac{1}{2}[\delta(f + f_0) + \delta(f - f_0)], \qquad f_0 = \frac{\omega_0}{2\pi},$$

ou seja, como trata-se de um sinal harmônico com uma única frequência f_0, ter-se-á $\nu_c = f_0$. Se tomarmos, por exemplo, $\nu = 8f_0$, então a condição de Nyquist está plenamente atendida e a amostragem de $x(t)$ será uma amostragem bem-sucedida. O intervalo de amostragem será $\Delta t = 1/(8f_0)$. De todo modo, precisamos truncar o sinal temporal para a realização da transformada discreta de Fourier e tomemos uma janela de largura $T = 8\Delta t$, portanto com $N = 8$, englobando um único período do sinal. O sinal amostrado e truncado será, então,

$$\tilde{x}_8(k\Delta t) = \sum_{k=-4}^{4} x(k\Delta t)\delta(t - k\Delta t),$$

conforme ilustrado na Fig. 9.12, que apresenta o sinal original, $x(t)$, e o sinal amostrado e truncado, $\tilde{x}_8(k\Delta t)$.

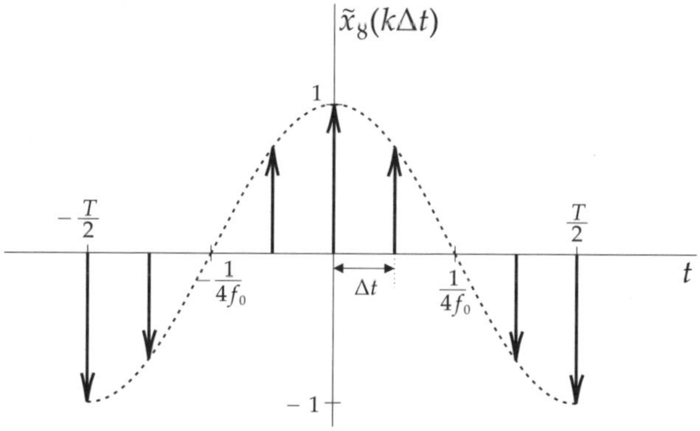

Figura 9.12: Sinal amostrado e truncado $\tilde{x}_8(k)$ e, em linha pontilhada, o sinal original $x(t)$.

Tem-se, então (simplificando a notação):

$$\begin{aligned}
&x(0) = 1;\\
&x(1) = x(-1) = \sqrt{2}/2;\\
&x(2) = x(-2) = 0;\\
&x(3) = x(-3) = -\sqrt{2}/2;\\
&x(4) = x(-4) = -1.
\end{aligned}$$

A transformada discreta de Fourier será, portanto, segundo a Eq. (9.10),

$$\begin{aligned}
\hat{x}(n) &= \sum_{k=-4}^{4} x(k)\, e^{-j2\pi nk/N}\\
&= \sum_{k=-4}^{4} x(k)\, e^{-j2\pi nk/8}.
\end{aligned}$$

Para $n = 0$, tem-se

$$\begin{aligned}\hat{x}(0) &= -1 - \frac{\sqrt{2}}{2} + 0 + \frac{\sqrt{2}}{2} + 1 + \frac{\sqrt{2}}{2} + 0 - \frac{\sqrt{2}}{2} - 1 \\ &= -1.\end{aligned}$$

Para $n = 1$, tem-se

$$\begin{aligned}\hat{x}(1) &= -1\,e^{j\pi} - \frac{\sqrt{2}}{2}\,e^{j3\pi/4} + 0 + \frac{\sqrt{2}}{2}\,e^{j\pi/4} + 1\,e^{0} + 0,7071\,e^{-j\pi/4} + 0 \\ &= -\frac{\sqrt{2}}{2}\,e^{-j3\pi/4} - 1\,e^{-j\pi} \\ &= -1(-1) - \frac{\sqrt{2}}{2}\frac{\sqrt{2}}{2}(-1+j) + 0 + \frac{\sqrt{2}}{2}\frac{\sqrt{2}}{2}(1+j) + 1(1) + \frac{\sqrt{2}}{2}\frac{\sqrt{2}}{2}(1-j) + 0 \\ &\quad - \frac{\sqrt{2}}{2}\frac{\sqrt{2}}{2}(-1-j) - 1(-1) \\ &= 5.\end{aligned}$$

Observe-se que os termos imaginários foram cancelados no cálculo de $\hat{x}(1)$. Como se verá em seguida, o mesmo sucede com os demais coeficientes, resultando que a transformada discreta de Fourier será puramente real. Para $n = 2$, tem-se

$$\begin{aligned}\hat{x}(2) &= -1\,e^{j2\pi} - \frac{\sqrt{2}}{2}\,e^{j3\pi/2} + 0 + \frac{\sqrt{2}}{2}\,e^{j\pi/2} + 1\,e^{0} + \frac{\sqrt{2}}{2}\,e^{-j\pi/2} + 0 \\ &= -\frac{\sqrt{2}}{2}\,e^{-j3\pi/2} - 1\,e^{-j2\pi} \\ &= -1(1) - \frac{\sqrt{2}}{2}(-j) + 0 + \frac{\sqrt{2}}{2}(j) + 1(1) + \frac{\sqrt{2}}{2}(-j) + 0 - \frac{\sqrt{2}}{2}(j) - 1(1) \\ &= -1.\end{aligned}$$

Para $n = 3$, tem-se

$$\begin{aligned}\hat{x}(3) &= -1\,e^{j3\pi} - \frac{\sqrt{2}}{2}\,e^{j9\pi/4} + 0 + \frac{\sqrt{2}}{2}\,e^{j3\pi/4} + 1\,e^{0} + \frac{\sqrt{2}}{2}\,e^{-j3\pi/4} + 0 \\ &\quad - \frac{\sqrt{2}}{2}\,e^{-j9\pi/4} - 1\,e^{-j3\pi} \\ &= -1(-1) - \frac{\sqrt{2}}{2}\frac{\sqrt{2}}{2}(1+j) + 0 + \frac{\sqrt{2}}{2}\frac{\sqrt{2}}{2}(-1+j) + 1(1) \\ &\quad + \frac{\sqrt{2}}{2}\frac{\sqrt{2}}{2}(-1-j) + 0 - \frac{\sqrt{2}}{2}\frac{\sqrt{2}}{2}(1-j) - 1(-1) \\ &= 1.\end{aligned}$$

Para $n = 4$, tem-se

$$\begin{aligned}\hat{x}(4) &= -1\,e^{j4\pi} - \frac{\sqrt{2}}{2}\,e^{j3\pi} + 0 + \frac{\sqrt{2}}{2}\,e^{j\pi} + 1\,e^{0} + \frac{\sqrt{2}}{2}\,e^{-j\pi} + 0 \\ &\quad - \frac{\sqrt{2}}{2}\,e^{-j3\pi} - 1\,e^{-j4\pi} \\ &= -1(1) - \frac{\sqrt{2}}{2}(-1) + 0 + \frac{\sqrt{2}}{2}(-1) + 1(1) + \frac{\sqrt{2}}{2}(-1) + 0 - \frac{\sqrt{2}}{2}(-1) - 1(1) \\ &= -1.\end{aligned}$$

Devido à simetria, tem-se que

$$\hat{x}(-n) = \hat{x}(n), \qquad n = 1, 2, 3, 4,$$

portanto, estão determinados os nove coeficientes de Fourier. A Fig. 9.13 ilustra o espectro discreto calculado, via transformada discreta de Fourier, $\hat{\tilde{x}}(n)$.

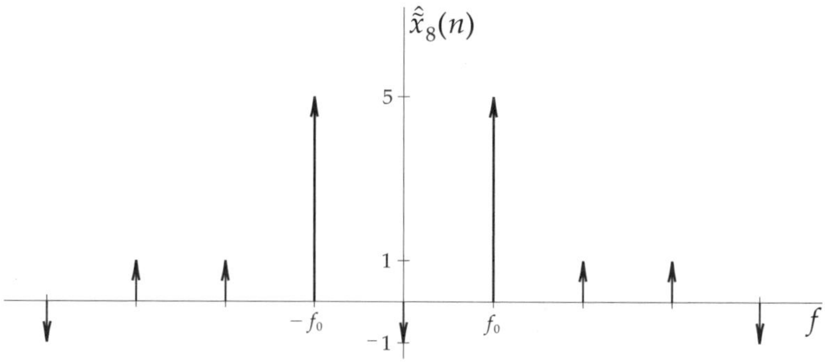

Figura 9.13: Espectro do sinal amostrado e truncado, obtido via transformada discreta de Fourier.

O que se pode extrair da Fig. 9.13, dentre outras informações, é que, devido ao fato de termos utilizado uma janela de truncamento contendo apenas um período do sinal, a DFT obtida não reproduz exatamente o espectro esperado do sinal, mas contém oscilações. Nesse caso, tivemos uma amostragem bem-sucedida, visto que $\nu = 8\nu_c = 8f_0$, mas com vazamento, devido à janela de truncamento anteriormente descrita. Se, ao invés da janela utilizada adotássemos uma janela com, digamos, $T = 1024\,\Delta t$, englobando 128 períodos do sinal, o espectro calculado via a DFT seria como o indicado no Item 6 da tabela de transformadas de Fourier apresentada na Seção 7.9, o que o leitor pode verificar calculando, por exemplo, via `Matlab`®.

Exemplo 9.7 Vejamos em seguida o que sucederia se, para o mesmo sinal estudado no Ex. 9.6, reduzíssemos a taxa de amostragem para $\nu_a = 4f_0$, ou seja, uma amostragem pobre de marré,[20] mas, ainda assim, uma amostragem bem-sucedida. Mantendo o truncamento com uma janela retangular de largura $T = 1/f_0$, ou seja, englobando um período inteiro do sinal. Nesse caso, teremos uma amostragem com $N = 4$. O sinal amostrado e truncado será, então,

$$\tilde{x}_4(k\Delta t) = \sum_{k=-2}^{2} x(k\Delta t)\delta(t - k\Delta t).$$

Os componentes do sinal amostrado serão:

$$x(0) = 1;$$
$$x(1) = x(-1) = 0;$$
$$x(2) = x(-2) = -1.$$

[20] A expressão *pobre de marré*, oriunda de brincadeiras populares infantis do Brasil, refere-se, como neste exemplo, a uma pobreza extrema, uma indigência.

A transformada discreta de Fourier será, portanto, segundo a Eq. (9.10),

$$\begin{aligned}\hat{x}(n) &= \sum_{k=-2}^{2} x(k)\, e^{-j2\pi nk/N} \\ &= \sum_{k=-2}^{2} x(k)\, e^{-j2\pi nk/4},\end{aligned}$$

cujos componentes são:

$$\begin{aligned}\hat{x}(0) &= (-1+1-1)e^{0} \\ &= -1; \\ \hat{x}(1) &= \hat{x}(-1) = -1\, e^{j\pi} + 1\, e^{0} - 1\, e^{-j\pi} \\ &= -1(-1) + 1(1) - 1(-1) \\ &= 3; \\ \hat{x}(2) &= \hat{x}(-2) = -1\, e^{j2\pi} + 1\, e^{0} - 1\, e^{-j2\pi} \\ &= -j + 1 - j \\ &= 1.\end{aligned}$$

A Fig. 9.14 apresenta o espectro obtido via transformada discreta de Fourier, para a amostragem, por assim dizer, indigente adotada. Comparando-se as Figs. 9.13 e 9.14, evidencia-se o fato de que, quanto maior for o número de intervalos de amostragem de um dado sinal, ou seja, quanto maior a cadência de amostragem, mais próximas se tornam as transformadas discretas de Fourier dos sinais amostrados das transformadas de Fourier dos sinais contínuos correspondentes.

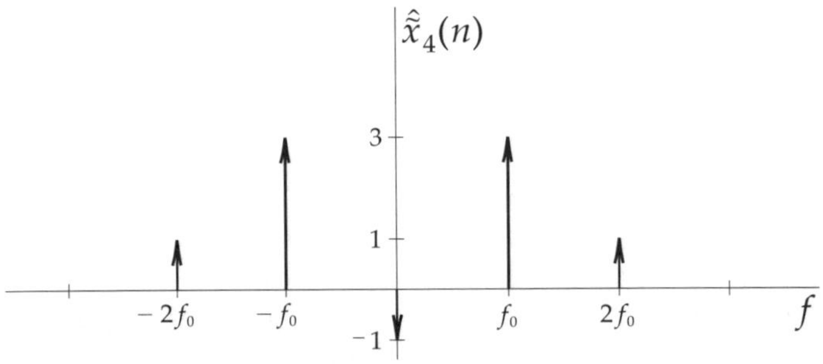

Figura 9.14: Espectro do sinal amostrado com poucos pontos e truncado, obtido via transformada discreta de Fourier.

De tudo o que foi discutido até agora, em especial quanto ao que foi visto nos Exs. 9.1 a 9.7, pode-se concluir que, quanto maior for a frequência de amostragem ν utilizada para discretizar um dado sinal e, simultaneamente, quanto maior for a largura T da janela de truncamento adotada, mais preciso será o cálculo da DFT correspondente.[21] Todavia, não podemos nos esquecer de que o número de

[21]Estamos querendo dizer com isso que a DFT, calculada a partir do sinal amostrado e truncado, mais se aproximará da transformada de Fourier do sinal contínuo original.

intervalos N a ser utilizado dependerá do *produto* desses dois fatores, ou seja,

$$N = T\nu. \tag{9.16}$$

Isso significa dizer que não podemos incrementar indefinidamente esses dois fatores, o que poderia tornar o valor de N demasiadamente grande para a manipulação computacional. Uma alternativa seria utilizar janelas não retangulares, cujas transformadas de Fourier não apresentem as oscilações típicas da função $\text{sinc}(2\pi f T)$, reduzindo, portanto, o fenômeno de vazamento.

Objetivando deixar bem claro esse aspecto, voltemos à Fig. 9.2. Note o amável leitor que, ao fazermos o truncamento do sinal temporal amostrado com uma janela retangular, introduz-se, no domínio da frequência, as oscilações características do sinal $\text{sinc}(2\pi f T)$, que são oriundas de seus *lobos laterais*.[22] Isso resulta no espectro mostrado na Fig. 9.2b, onde estão presentes as oscilações no espectro do sinal, conhecidas como vazamento. Portanto, se o fenômeno de vazamento provém dos lobos laterais do sinal $\text{sinc}(2\pi f T)$, possivelmente uma janela com decaimento mais suave, ou seja, que trunque de uma forma não abrupta o sinal original, possivelmente evita — ou ao menos reduz substancialmente — o fenômeno de vazamento.

A Fig. 9.15 ilustra um conjunto de quatro distintas janelas padronizadas, incluindo a janela Retangular, a janela Hanning, a janela Parzen e a janela Bartlett.

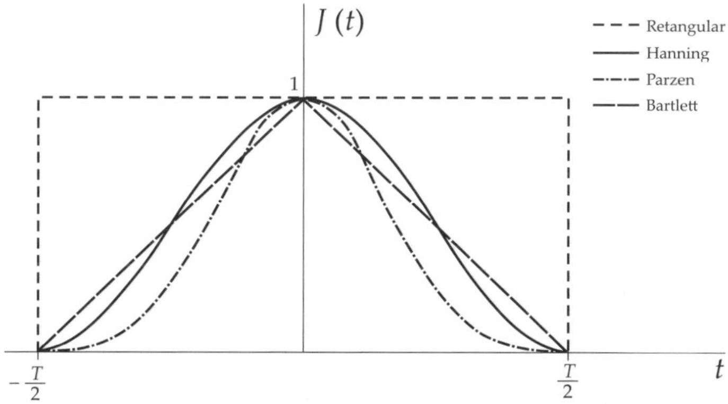

Figura 9.15: Gráfico de quatro das janelas utilizadas em processamento de sinais: Retangular, $J_R(t)$, Hanning, $J_H(t)$, Parzen, $J_P(t)$, e Bartlett, $J_B(t)$.

Essas quatro janelas são definidas por:

1. Janela Retangular

$$J_R(t) = \begin{cases} 1, & |t| < \frac{T}{2}, \\ 0, & |t| > \frac{T}{2}; \end{cases} \tag{9.17}$$

[22] Lobos laterais é como são designadas as flutuações típicas de sinais do tipo $\text{sinc}(\omega t)$, $\text{sinc}^2(\omega t)$ etc.

2. Janela Bartlet (triangular)

$$J_B(t) = \begin{cases} 1 - \dfrac{2|t|}{T}, & |t| < \frac{T}{2}, \\ 0, & |t| > \frac{T}{2}; \end{cases} \tag{9.18}$$

3. Janela Hanning

$$J_H(t) = \begin{cases} \frac{1}{2}\left[(1 + \cos(2\pi t/T)\right], & |t| < \frac{T}{2}, \\ 0, & |t| > \frac{T}{2}; \end{cases} \tag{9.19}$$

4. Janela Parzen

$$J_R(t) = \begin{cases} 1 - 24\left(\frac{t}{T}\right)^2 + 48\left(\frac{|t|}{T}\right)^3, & |t| < \frac{T}{4}, \\ 2\left(1 - \frac{2|t|}{T}\right)^3 & \frac{T}{4} < |t| < \frac{T}{2}, \\ 0, & |t| \geq \frac{T}{2}. \end{cases} \tag{9.20}$$

Os espectros correspondentes são expressos por:

1. Retangular

$$\hat{J}_R(f) = T\frac{\text{sen}(\pi f T)}{\pi f T}; \tag{9.21}$$

2. Bartlet

$$\hat{J}_B(f) = \frac{T}{2}\left(\frac{\text{sen}(\pi f T/2)}{\pi f T/2}\right)^2; \tag{9.22}$$

3. Hanning

$$\hat{J}_H(f) = \frac{T}{2}\frac{\text{sen}(\pi f T)}{\pi f T[1 - (fT)^2]}; \tag{9.23}$$

4. Parzen

$$\hat{J}_P(f) = \frac{3T}{8}\left(\frac{\text{sen}(\pi f T/4)}{\pi f T/4}\right)^4. \tag{9.24}$$

A Fig. 9.16 ilustra, comparativamente, os espectros das janelas Retangular e Parzen, para a mesma largura T. O que se evidencia é a ausência de oscilações no espectro da janela Parzen, o que praticamente elimina o fenômeno de vazamento.

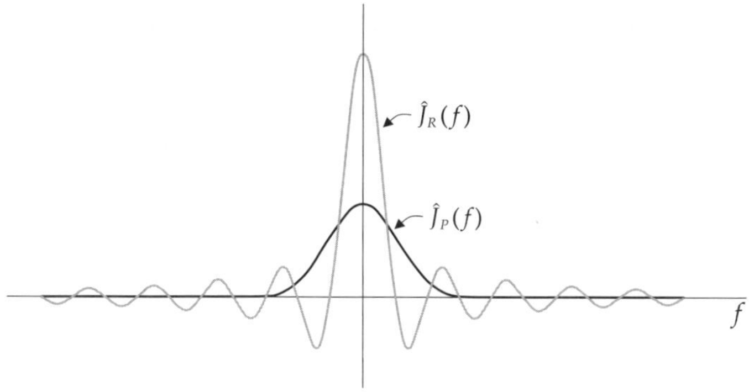

Figura 9.16: Gráfico do espectro das janelas Retangular, $\hat{J}_R(f)$, e Parzen, $\hat{J}_P(f)$.

O gentil leitor não deve se esquecer, todavia, que a Fig. 9.15 mostra bem claramente que, ao contrário da janela Retangular, a janela Parzen atenua significativamente o sinal fora do intervalo (-T/10,T/10), aproximadamente. Portanto, caso a largura da janela não seja grande o suficiente em relação à duração do sinal, a utilização desse gênero de janela pode envolver maiores erros de amplitude, embora sem introdução de vazamento em frequência.

Há inúmeras outros tipos de janelas utilizadas em processamento de sinais, tais como as janelas Hamming, Hamm, Chebyshev, Blackmann, Kaiser e muitas outras mais.[23] Na Parte C deste texto, serão vistos alguns exemplos práticos do resultado da seleção desta ou daquela janela, o que sempre será uma solução de compromisso entre precisão em frequência versus precisão em amplitude, e que sempre dependerá do tipo de sinal em análise.

9.3 Propriedades da transformada discreta de Fourier

As propriedades da transformada discreta de Fourier são, praticamente, as mesmas da transformada de Fourier ou, melhor dizendo, são meramente uma versão discreta das propriedades da transformada de Fourier.[24] São elas:

1. Linearidade;
2. Simetria;
3. Translação;
4. Rotação;
5. Paridade.

[23]Para maiores informações referentes a essas funções-janela, ver, por exemplo, P.S.R. Diniz, E.A.B. Silva, S.L. Netto. Processamento Digital de Sinais: Projeto e Análise de Sistemas. 2ª edição, Bookmann, Porto Alegre, 2014 [66] ou L.C. Ludeman. Fundamentals of Digital Signal Processing. John Willey & Sons, New York, 1987 [159] ou, ainda, K.M.M. Prabhu. Window Functions and Their Applications in Signal Processing. CRC Press, Boca Raton, 2014 [195].

[24]Cumpre notar, todavia, que para sinais discretos não se aplicam, por exemplo, as propriedades de escala e diferenciação.

Sejam, então, os pares transformados de sinais discretos

$$x(k) \rightleftharpoons \hat{x}(n) \quad \text{e} \quad y(k) \rightleftharpoons \hat{y}(n), \tag{9.25}$$

ambos com $N+1$ pontos. Veremos em seguida, com algum detalhe, cada uma dessas cinco propriedades.

9.3.1 Linearidade

Essa propriedade estabelece que a uma combinação linear de sinais discretos corresponde a mesma combinação linear de espectros discretos, ou seja,

$$\alpha x(k) + \beta y(k) \rightleftharpoons \alpha\hat{x}(n) + \beta\hat{y}(n), \tag{9.26}$$

sendo α e β constantes reais.

Para demonstrar a Eq. (9.26), basta aplicar a Eq. (9.10) à combinação linear dos sinais discretos, ou seja,

$$\begin{aligned}
\mathcal{F}_d[\alpha x(k) + \beta y(k)] &= \sum_{k=0}^{N} [\alpha x(k) + \beta y(k)]\, e^{-j2\pi nk/N} \\
&= \alpha \sum_{k=0}^{N} x(k)\, e^{-j2\pi nk/N} + \beta \sum_{k=0}^{N} y(k)\, e^{-j2\pi nk/N} \\
&= \alpha\hat{x}(n) + \beta\hat{y}(n).
\end{aligned}$$

Exemplo 9.8 Seja $x(t) = A \sqcap_{T_0}(t)$ e $y(t) = A\cos(2\pi f_0 t)$, com $f_0 = 1/(2T_0)$, ambos discretizados com $\nu = 3/T_0$ e truncados com uma janela de largura $T = 8T_0/3$. Estes dois sinais foram estudados, respectivamente, nos Exs. 9.1 e 9.6 (reveja-os). Tomemos, em seguida, o sinal $z(t) = x(t) - 3y(t)$, que constitui uma combinação linear dos sinais $x(t)$ e $y(t)$. Amostrando $z(t)$ segundo a mesma taxa e truncando com o mesmo número de pontos, ou seja, tomando $N = 8$ e $T = 8T_0/3$, então, segundo a Eq. (9.26), teremos

$$\mathcal{F}_d[z(k)] = \hat{x}(n) - 3\hat{y}(n).$$

Desse modo, portanto, os coeficientes de Fourier do espectro $\hat{\hat{z}}_8(n)$ serão, para $n = -4, -3, \ldots, 0, \ldots, 3, 4$, respectivamente (confira):

$$2A,\ -2A,\ 2A,\ -14A,\ 4A,\ -14A,\ 2A,\ -2A,\ 2A.$$

A Fig. 9.17 ilustra o espectro discreto calculado via transformada discreta de Fourier do sinal $z(t)$ discretizado e truncado.

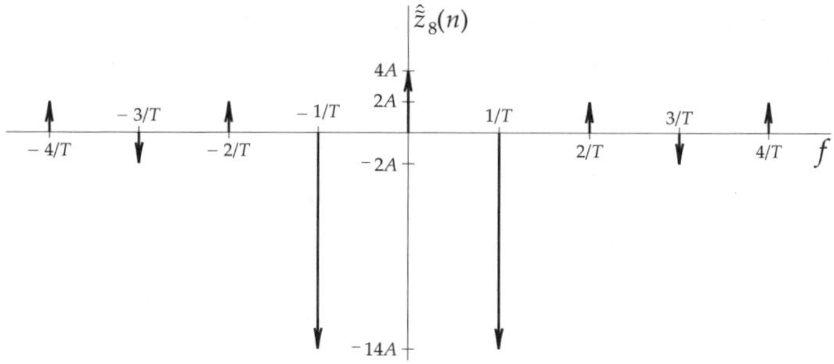

Figura 9.17: Espectro discreto de $\tilde{z}_8(k)$.

9.3.2 Simetria

A propriedade de simetria estabelece que a transformada discreta da transformada discreta rebate o sinal, ou seja,

$$\frac{1}{N}\hat{x}(k) \rightleftharpoons x(-n). \tag{9.27}$$

Com efeito, da Eq. (9.11) tem-se, substituindo k por $-k$,

$$x(-k) = \frac{1}{N}\sum_{n=0}^{N} \hat{x}(n)\, e^{\mathrm{j}2\pi n(-k)/N}$$

Intercambiando, agora, os contadores k e n, teremos

$$\begin{aligned} x(-n) &= \frac{1}{N}\sum_{k=0}^{N} \hat{x}(k)\, e^{-\mathrm{j}2\pi kn)/N} \\ &= \frac{1}{N}\mathcal{F}_d\big[\hat{x}(k)\big]. \end{aligned}$$

9.3.3 Translação

Se o sinal discreto $x(k)$ for deslocado para a direita por um valor inteiro e positivo i, então,

$$x(k-i) \rightleftharpoons \hat{x}(n)\, e^{-\mathrm{j}2\pi ni/N}, \tag{9.28}$$

ou seja, a uma translação no domínio do tempo corresponderá uma rotação no domínio da frequência, veja Subseção 7.3.4.

Para verificar a propriedade de translação, basta substituir $r = k - i$ na Eq. (9.11), ou seja,

$$\begin{aligned} x(k-i) &= \frac{1}{N}\sum_{n=0}^{N} \hat{x}(n)\, e^{\mathrm{j}2\pi n(k-i)/N} \\ &= \frac{1}{N}\sum_{n=0}^{N} \left[\hat{x}(n)\, e^{-\mathrm{j}2\pi ni/N}\right] e^{\mathrm{j}2\pi nk/N}. \end{aligned}$$

Portanto, a transformada discreta de Fourier de $x(k-i)$ é, efetivamente, igual à transformada discreta de Fourier de $x(k)$, multiplicada por $e^{-\mathrm{j}2\pi ni/N}$, como indica a Eq. (9.28).

Exemplo 9.9 Voltemos ao Ex. 9.2, onde foi determinada a transformada discreta de Fourier do sinal $x(t) = \mathrm{sinc}(2\pi f_0 t)$, amostrado com frequência $\nu = 4f_0$ e truncado com uma janela retangular de largura $T = 3/f_0$, resultando em $N = 12$ intervalos (reveja-o). Conforme calculado naquele exemplo,

$$\begin{aligned}\tilde{x}_{12}(k\Delta t) = 2Af_0\big[&0,1273\big(\delta(t+5\Delta t)+\delta(t-5\Delta t)\big)\\ &-0,2122\big(\delta(t+3\Delta t)+\delta(t-3\Delta t)\big)\\ &+0,6366\big(\delta(t+\Delta t)+\delta(t-\Delta t)\big)+\delta(t)\big].\end{aligned}$$

Por outro lado, o espectro obtido via transformada discreta de Fourier foi (veja Fig. 9.7)

$$\begin{aligned}\hat{\tilde{x}}_{12}(n\nu) = Af_0\big[&-0,2068\big(\delta(f+6\nu)+\delta(f-6\nu)\big)+0,2358\big(\delta(f+5\nu)\\ &+\delta(f-5\nu)\big)-0,3766\big(\delta(f+4\nu)+\delta(f-4\nu)\big)\\ &+2\big(\delta(f+3\nu)+\delta(f-3\nu)\big)+4,3766\big(\delta(f+2\nu)\\ &+\delta(f-2\nu)\big)+3,7642\big(\delta(f+\nu)\\ &+\delta(f-\nu)\big)+4,2068\,\delta(f)\big].\end{aligned}$$

Agora, se aplicarmos uma translação de, digamos, $i = 3$ para a direita no sinal amostrado $\tilde{x}_{12}(k\Delta t)$, seu espectro ficará, segundo a Eq. (9.28), multiplicado por

$$e^{-\mathrm{j}n\frac{\pi}{2}}.$$

Tem-se então que, para $n = 0$,

$$\hat{x}(0) = 4,2068Af_0\,\delta(t)\,e^0 = 4,2068Af_0\delta(t),$$

ou seja, esse componente de Fourier não se altera. Já para $n = \pm 1$, ter-se-á

$$\begin{aligned}\hat{x}(1)+\hat{x}(-1) &= 3,7642Af_0\big(\delta(f+\nu)e^{\mathrm{j}\pi/2}+\delta(f-\nu)e^{-\mathrm{j}\pi/2}\big)\\ &= 3,7642Af_0\big(\delta(f+\nu)-\delta(f-\nu)\big)\mathrm{j},\end{aligned}$$

ou seja, os componentes de Fourier tornaram-se imaginários. Para $n = \pm 2$, ter-se-á

$$\begin{aligned}\hat{x}(2)+\hat{x}(-2) &= 4,3766Af_0\big(\delta(f+2\nu)e^{\mathrm{j}\pi}+\delta(f-2\nu)e^{-\mathrm{j}\pi}\big)\\ &= -4,3766Af_0\big(\delta(f+2\nu)+\delta(f-2\nu)\big),\end{aligned}$$

ou seja, os componentes trocaram de sinal. Para $n = \pm 3$, ter-se-á

$$\begin{aligned}\hat{x}(3)+\hat{x}(-3) &= 2Af_0\big(\delta(f+3\nu)e^{\mathrm{j}3\pi/2}+\delta(f-3\nu)e^{-\mathrm{j}3\pi/2}\big)\\ &= 2Af_0\big(-\delta(f+3\nu)+\delta(f-3\nu)\big)\mathrm{j},\end{aligned}$$

também componentes imaginários. Para $n = \pm 4$, ter-se-á

$$\begin{aligned}\hat{x}(4)+\hat{x}(-4) &= -0,3766Af_0\big(\delta(f+4\nu)e^{\mathrm{j}2\pi}+\delta(f-4\nu)e^{-\mathrm{j}2\pi}\big)\\ &= -0,3766Af_0\big(\delta(f+4\nu)+\delta(f-4\nu)\big),\end{aligned}$$

ou seja, os componentes de Fourier ficaram inalterados. Para $n = \pm 5$, ter-se-á

$$\begin{aligned}\hat{x}(5) + \hat{x}(-5) &= 0,2358Af_0\big(\delta(f+5\nu)e^{\mathrm{j}5\pi/2} + \delta(f-5\nu)e^{-\mathrm{j}5\pi/2}\big)\\ &= 0,2358Af_0\big(\delta(f+5\nu) - \delta(f-5\nu)\big)\mathrm{j},\end{aligned}$$

também gerando coeficientes de Fourier imaginários. Finalmente, para $n = \pm 6$, ter-se-á

$$\begin{aligned}\hat{x}(6) + \hat{x}(-6) &= 0,2068Af_0\big(\delta(f+6\nu)e^{\mathrm{j}3\pi} + \delta(f-6\nu)e^{-\mathrm{j}3\pi}\big)\\ &= -0,2068Af_0\big(\delta(f+6\nu) + \delta(f-6\nu)\big),\end{aligned}$$

ou seja, esses componentes de Fourier são reais. A Fig. 9.18 apresenta o espectro do sinal amostrado, truncado e transladado em um diagrama 3D. Os valores dos componentes de Fourier foram normalizados, ou seja, estão divididos por Af_0. Observe o amável leitor que, embora esse espectro seja complexo, as amplitudes (módulos) dos coeficientes de Fourier são idênticos aos encontrados no Ex. 9.2.

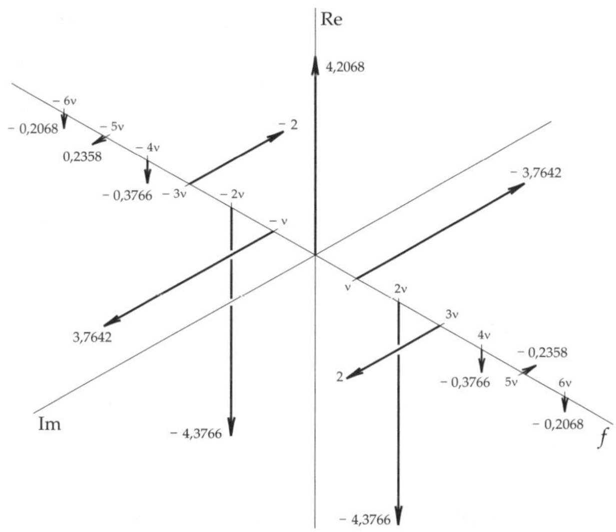

Figura 9.18: Espectro complexo discreto do sinal amostrado, truncado e transladado de $i = 3$, normalizado por Af_0, apresentado em um diagrama 3D.

9.3.4 Rotação

A propriedade de rotação, tal como sucede no caso da transformada contínua de Fourier, é uma propriedade simétrica com relação à propriedade de translação, ou seja, a uma rotação no domínio do tempo corresponde uma translação, ou deslocamento, no domínio da frequência. Expressando matematicamente, se i é um número inteiro,

$$x(k)\, e^{\mathrm{j}2\pi ik/N} \rightleftharpoons \hat{x}(n-i). \tag{9.29}$$

A demonstração da propriedade é bem similar à da propriedade de translação. Assim, substituindo-se n por $n - i$ na Eq. (9.11), tem-se

$$\begin{aligned}\hat{x}(n-i) &= \sum_{k=0}^{N} x(k)\, e^{-j2\pi(n-i)k/N} \\ &= \sum_{k=0}^{N} \left[x(k)\, e^{j2\pi ik/N}\right] e^{-j2\pi nk/N}.\end{aligned}$$

Portanto, a transformada inversa discreta de Fourier de $\hat{x}(n-i)$ é, efetivamente, igual à transformada inversa discreta de Fourier de $\hat{x}(n)$, multiplicada por $e^{j2\pi ik/N}$, como indica a Eq. (9.29).

9.3.5 Paridade

As relações de paridade para os sinais amostrados, $x(k)$, e seus espectros, também discretos, $\hat{x}(n)$, são as mesmas da transformada de Fourier contínua. A Tabela 9.1 reproduz, portanto, as condições de paridade mais comuns, vistas na Subseção 7.3.7.

Tabela 9.1: Paridade nos domínios do tempo e da frequência.

n°	**Tempo** $x(k)$	**Frequência** $\hat{x}(n)$
1	Real puro	Real par, Imaginária ímpar
2	Imaginário puro	Real ímpar, Imaginária par
3	Real par, Imaginária ímpar	Real puro
4	Real ímpar, Imaginária par	Imaginário puro
5	Real par	Real par
6	Real ímpar	Imaginário ímpar
7	Imaginário par	Imaginário par
8	Imaginário ímpar	Real ímpar
9	Complexo par	Complexo par
10	Complexo ímpar	Complexo ímpar

Exemplo 9.10 Viram-se, nos Exs. 9.1, 9.2, 9.6, 9.7 e 9.8, casos de sinais reais e pares, cujas transformadas discretas de Fourier mostraram-se reais e pares, conforme indica o Item 5 da Tabela 9.1. Já no Ex. 9.9, o sinal analisado era um sinal real puro, porém sem paridade definida, ou seja, não é nem par nem ímpar. Conforme indica o Item 1 da Tabela 9.1, seu espectro, obtido via transformada discreta de Fourier, é complexo, com parte real par e parte imaginária ímpar, conforme pode ser conferido na Fig. 9.18.

9.4 Energia e potência de sinais discretos

Sinais discretizados e truncados também podem ser avaliados em termos energéticos, ou seja, podem ter calculadas sua potência e sua energia. E, conforme veremos na sequência, as energias dos sinais discretos e de seus espectros, também discretos, também guardam um relação notável.

9.4.1 Potência e energia

Assim, poderíamos calcular a *potência instantânea* de um sinal amostrado e truncado $\tilde{x}_N(k)$ como

$$P_x(k) = \tilde{x}_N^2(k), \tag{9.30}$$

se $\tilde{x}_N(k)$ for real, ou como

$$P_x(k) = \tilde{x}_N(k)\tilde{x}_N^*(k), \tag{9.31}$$

se $\tilde{x}_N(k)$ for complexo.

O mesmo vale para a potência do espectro do sinal, ou seja, também podemos calcular a potência instantânea[25] do espectro de um sinal, tomando o valor quadrático para uma determinada frequência, ou seja,

$$P_{\hat{x}}(n) = \hat{\tilde{x}}_N^2(n), \tag{9.32}$$

se $\hat{\tilde{x}}_N(n)$ for real, ou como

$$P_{\hat{x}}(n) = \hat{\tilde{x}}_N(n)\hat{\tilde{x}}_N^*(n), \tag{9.33}$$

se $\hat{\tilde{x}}_N(n)$ for complexo.

Exemplo 9.11 A potência instantânea do sinal analisado no Ex. 9.1 em $k = 3$ vale, segundo a Eq. (9.30),

$$P_x(3) = \tilde{x}_8^2(3) = A^2.$$

A potência instantânea do espectro do sinal analisado no Ex. 9.9 em $n = 5$ vale, segundo a Eq. (9.33),

$$P_{\hat{x}}(5) = \hat{\tilde{x}}_8(5)\hat{\tilde{x}}_8^*(5) = -0,2358Af_0\mathrm{j} \cdot 0,2358Af_0\mathrm{j} = 0,0556(Af_0)^2.$$

A potência média do sinal amostrado e truncado $\tilde{x}_N(k)$ para um intervalo contendo l amostras, a partir da i-ésima amostra, será dada por

$$\bar{P}_x(l,i) = \frac{1}{l}\sum_{k=i}^{i+l} \tilde{x}_N^2(k). \tag{9.34}$$

[25]O termo "instantânea" não seria uma denominação exata, uma vez que, no caso do espectro, a variável em questão é a frequência, e não o tempo.

Caso o sinal seja complexo, a definição será, naturalmente,

$$\bar{P}_x(l,i) = \frac{1}{l}\sum_{k=i}^{i+l} \tilde{x}_N(k)\tilde{x}_N^*(k). \tag{9.35}$$

Da mesma forma, pode-se definir a potência média do espectro do sinal amostrado e truncado, contendo l amostras, a partir da i-ésima amostra espectral, da forma

$$\bar{P}_{\hat{x}}(l,i) = \frac{1}{l}\sum_{k=i}^{i+l} \hat{\tilde{x}}_N^2(n). \tag{9.36}$$

Caso o espectro seja complexo, a definição será, naturalmente,

$$\bar{P}_{\hat{x}}(l,i) = \frac{1}{l}\sum_{k=i}^{i+l} \hat{\tilde{x}}_N(n)\hat{\tilde{x}}_N^*(n). \tag{9.37}$$

Exemplo 9.12 Retomando os mesmos sinais vistos no Ex. 9.11, vamos agora determinar as potências médias deles contendo $l = 3$ amostras a partir da amostra $i = 1$. Assim, segundo a Eq. (9.34) para o sinal analisado no Ex. 9.1, teremos

$$\begin{aligned}
\bar{P}_x(3,1) &= \frac{1}{3}[\tilde{x}_8^2(1) + \tilde{x}_8^2(2) + \tilde{x}_8^2(3)] \\
&= \frac{1}{3}[A^2 + A^2 + A^2] \\
&= A^2.
\end{aligned}$$

Em seguida, vamos calcular a potência média do espectro do sinal discutido no Ex. 9.9, também para $l = 3$ e $i = 1$, agora, naturalmente, utilizando a Eq. (9.37).

$$\begin{aligned}
\bar{P}_{\hat{x}}(3,1) &= \frac{1}{3}\left[\hat{\tilde{x}}_8(1)\hat{\tilde{x}}_8^*(1) + \hat{\tilde{x}}_8(2)\hat{\tilde{x}}_8^*(2) + \hat{\tilde{x}}_8(3)\hat{\tilde{x}}_8^*(3)\right] \\
&= \frac{(Af_0)^2}{3}[(3{,}7642\,\mathrm{j})(-3{,}7462\,\mathrm{j}) + (-4{,}3766)(-4{,}3766) + (-2\,\mathrm{j})(2\,\mathrm{j})] \\
&= 12{,}4412(Af_0)^2.
\end{aligned}$$

Pode-se definir a potência instantânea de interação entre dois sinais amostrados e truncados $\tilde{x}_N(k)$ e $\tilde{y}_N(k)$ da forma

$$P_{xy}(k) = \tilde{x}_N(k)\tilde{y}_N(k), \tag{9.38}$$

no caso de ambos serem reais, e na forma

$$P_{xy}(k) = \tilde{x}_N(k)\tilde{y}_N^*(k), \tag{9.39}$$

no caso de um deles (ou os dois) ser(em) complexo(s).

Da mesma forma, pode-se definir a *potência média de interação* de dois sinais discretizados e truncados $\tilde{x}_N(k)$ e $\tilde{y}_N(k)$, ambos reais, em um intervalo contendo l amostras a partir da i-ésima amostra como

$$\bar{P}_{xy}(l,i) = \frac{1}{l}\sum_{k=i}^{i+l} \tilde{x}_N(k)\tilde{y}_N(k). \tag{9.40}$$

no caso de ambos serem reais, e na forma

$$\bar{P}_{xy}(l,i) = \frac{1}{l}\sum_{k=i}^{i+l} \tilde{x}_N(k)\tilde{y}_N^*(k), \tag{9.41}$$

no caso de ao menos um dos sinais ser complexo.

Pode-se definir a potência instantânea de interação entre dois espectros discretos $\hat{\tilde{x}}_N(n)$ e $\hat{\tilde{y}}_N(n)$ da forma

$$P_{\hat{x}\hat{y}}(n) = \hat{\tilde{x}}_N(n)\hat{\tilde{y}}_N(n), \tag{9.42}$$

no caso de ambos serem reais, e na forma

$$P_{\hat{x}\hat{y}}(n) = \hat{\tilde{x}}_N(n)\hat{\tilde{y}}_N^*(n), \tag{9.43}$$

no caso de um (ou os dois) ser(em) complexo(s).

Analogamente, pode-se definir a *potência média de interação* de dois espectros discretos $\hat{\tilde{x}}_N(n)$ e $\hat{\tilde{y}}_N(n)$, ambos reais, em um intervalo contendo l amostras a partir da i-ésima amostra como

$$\bar{P}_{\hat{x}\hat{y}}(l,i) = \frac{1}{l}\sum_{k=i}^{i+l} \hat{\tilde{x}}_N(n)\hat{\tilde{y}}_N(n). \tag{9.44}$$

no caso de ambos serem reais, e na forma

$$\bar{P}_{\hat{x}\hat{y}}(l,i) = \frac{1}{l}\sum_{k=i}^{i+l} \hat{\tilde{x}}_N(n)\hat{\tilde{y}}_N^*(n), \tag{9.45}$$

no caso de ao menos um dos espectros ser complexo.

A *energia* de um sinal real amostrado e truncado $\tilde{x}_N(k)$ será sempre finita, podendo ser calculada por

$$E_{xx} = \sum_{k=0}^{N} \tilde{x}_N^2(k). \tag{9.46}$$

Se, naturalmente, $\tilde{x}_N(k)$ for complexo, sua energia será calculada como

$$E_{xx} = \sum_{k=0}^{N} \tilde{x}_N(k)\tilde{x}_N^*(k). \tag{9.47}$$

A *energia do espectro* de um sinal — usualmente complexo — é definida como

$$E_{\hat{x}\hat{x}} = \frac{1}{N} \sum_{n=0}^{N} \hat{x}_N(n)\hat{x}_N^*(n). \tag{9.48}$$

Exemplo 9.13 A energia do sinal discretizado e truncado objeto do Ex. 9.2 (reveja-o) pode ser calculada, segundo a Eq. (9.46), como

$$\begin{aligned} E_{xx} &= (Af_0)^2[2(0 + (0,2546)^2 + 0 + (-0,4244)^2 + 0 + (1,2732)^2) + 2^2] \\ &= 7,73195(Af_0)^2. \end{aligned}$$

A energia do espectro estudado no Ex. 9.9, segundo a Eq. (9.48), será

$$\begin{aligned} E_{\hat{x}\hat{x}} &= \frac{1}{12}(Af_0)^2[(4,2068)^2 + (-3,7642\mathrm{j})(3,7642\mathrm{j}) + (-4,3766)^2 + (2\mathrm{j})(-2\mathrm{j}) \\ &\quad + (-0,3766)^2 + (-0,2358\mathrm{j})(0,2358\mathrm{j}) + (-0,2068)^2] \\ &= 7,7354(Af_0)^2. \end{aligned}$$

9.4.2 Teorema de Parseval

Como já seria de se esperar, sinais discretos também preservam a energia ao passar de um a outro domínio, através da transformada discreta de Fourier. Seja, então, $\tilde{x}_N(k)$ um sinal — complexo, em princípio — amostrado e truncado. O teorema de Parseval garante que sua energia no domínio do tempo será igual à sua energia no domínio da frequência, ou seja,

$$E_{xx} = \sum_{k=0}^{N} \tilde{x}_N(k)\tilde{x}_N^*(k) = \frac{1}{N} \sum_{n=0}^{N} \hat{x}_N(n)\hat{x}_N^*(n) = E_{\hat{x}\hat{x}}. \tag{9.49}$$

A Eq. (9.49) pode ser expressa, de forma simplificada, como

$$E_{xx} = \sum_{k=0}^{N} |\tilde{x}_N(k)|^2 = \frac{1}{N} \sum_{n=0}^{N} |\hat{x}_N(n)|^2 = E_{\hat{x}\hat{x}}. \tag{9.50}$$

Observe que, diferentemente do teorema de Parseval no campo dos sinais contínuos, no campo dos sinais discretos está presente o termo $1/N$ no cálculo da energia no domínio da frequência.

Para verificar a validade da Eq. (9.49), primeiramente, vamos lembrar que

$$\tilde{x}_N(k) = \frac{1}{N} \sum_{n=0}^{N} \hat{x}(n)e^{\mathrm{j}2\pi kn/N}$$

e que seu conjugado será

$$\tilde{x}_N^*(n) = \frac{1}{N} \sum_{n=0}^{N} \hat{x}_N^*(n)e^{-\mathrm{j}2\pi kn/N}.$$

Portanto, ter-se-á

$$\begin{aligned}
E_{xx} &= \sum_{k=0}^{N} \tilde{x}_N(k)\tilde{x}_N^*(k) \\
&= \sum_{k=0}^{N} \tilde{x}_N(k) \cdot \frac{1}{N} \sum_{n=0}^{N} \hat{\tilde{x}}_N^*(n) e^{-j2\pi kn/N} \\
&= \frac{1}{N} \sum_{n=0}^{N} \hat{\tilde{x}}_N^*(n) \sum_{k=0}^{N} \tilde{x}_N(k) e^{-j2\pi kn/N} \\
&= \frac{1}{N} \sum_{n=0}^{N} \hat{\tilde{x}}_N^*(n) \hat{\tilde{x}}_N(n) \\
&= E_{\hat{x}\hat{x}},
\end{aligned}$$

comprovando, portanto o teorema de Parseval para o campo dos sinais discretos.

Exemplo 9.14 Voltemos ao Ex. 9.2 (reveja-o). A energia do sinal no domínio do tempo pode ser calculada, segundo a Eq. (9.46), veja Fig. 9.6,

$$\begin{aligned}
E_{xx} &= (Af_0)^2 [2^2 + 2((1,2732)^2 + (-0,4244)^2 + (0,2546)^2))] \\
&= 7,73195\,(Af_0)^2
\end{aligned}$$

Observe que, no cálculo da energia no domínio do tempo, foram abandonadas as amostras nulas do sinal. A energia do sinal no domínio da frequência pode ser calculada, segundo a Eq. (9.48), veja Fig. 9.7, como

$$\begin{aligned}
E_{\hat{x}\hat{x}} &= \frac{1}{12}(Af_0)^2 [(4,2068)^2 + 2((3,7642)^2 + (4,3766)^2 + 2^2 + (-0,3766)^2 \\
&\quad + (0,2358)^2 + (-0,2068)^2)] \\
&= 7,73543\,(Af_0)^2.
\end{aligned}$$

Pode-se observar que as energias do sinal nos dois domínios diferem apenas a partir do quarto algarismo significativo. Isso se deve, naturalmente, em parte devido ao fenômeno de vazamento e, em parte, devido às aproximações efetuadas.

9.5 Transformada rápida de Fourier

A assim chamada *transformada rápida de Fourier*, internacionalmente conhecida por sua sigla FFT (do inglês, *Fast Fourier Transform*), nada mais é do que um algoritmo para o cálculo da DFT de forma expedita.[26] Com efeito, a FFT permitiu, a partir da década de 1970, a construção de processadores digitais para a execução da DFT de forma a chegarmos bem perto — o que dependerá da região de frequência em

[26] A gama de aplicações do algoritmo FFT no universo da física aplicada e outras áreas do conhecimento é tão vasta que foi denominado "o algoritmo que transformou o mundo". Isso faz sentido se pensarmos que a FFT foi utilizada, por exemplo, para detectar testes nucleares subterrâneos, o que certamente auxiliou a evitar (ao menos por ora) uma hecatombe nuclear.

que se está trabalhando — da assim chamada transformada de Fourier *em tempo real*.[27]

A Eq. (9.51) ilustra o procedimento para o cálculo da FFT para $N+1=8$. A matriz representa os vetores exponenciais complexos $e^{j2\pi kn/N}$. Ao multiplicarmos a matriz pelo vetor $x(k)$, $k=0,1,\ldots,7$, obtém-se o vetor $\hat{x}(n)$, $n=0,1,\ldots,7$. Observe que os vetores complexos têm fase $\phi_k = 2\pi kn/N$. Em particular, para $N+1=8$, tem-se as fases: $0, \pi/4, \pi/2, 3\pi/4, \pi, 5\pi/4, 3\pi/2$ e $7\pi/4$.

$$\begin{bmatrix} \hat{x}(0) \\ \hat{x}(1) \\ \hat{x}(2) \\ \hat{x}(3) \\ \hat{x}(4) \\ \hat{x}(5) \\ \hat{x}(6) \\ \hat{x}(7) \end{bmatrix} = \begin{bmatrix} \uparrow & \uparrow & \uparrow & \uparrow & \uparrow & \uparrow & \uparrow & \uparrow \\ \uparrow & \nearrow & \rightarrow & \searrow & \downarrow & \swarrow & \leftarrow & \nwarrow \\ \uparrow & \rightarrow & \downarrow & \leftarrow & \uparrow & \rightarrow & \downarrow & \leftarrow \\ \uparrow & \searrow & \leftarrow & \nearrow & \downarrow & \nwarrow & \rightarrow & \swarrow \\ \uparrow & \downarrow & \uparrow & \downarrow & \uparrow & \downarrow & \uparrow & \downarrow \\ \uparrow & \swarrow & \rightarrow & \nwarrow & \downarrow & \nearrow & \leftarrow & \searrow \\ \uparrow & \leftarrow & \downarrow & \rightarrow & \uparrow & \leftarrow & \downarrow & \rightarrow \\ \uparrow & \nwarrow & \leftarrow & \swarrow & \downarrow & \searrow & \rightarrow & \nearrow \end{bmatrix} \begin{bmatrix} x(0) \\ x(1) \\ x(2) \\ x(3) \\ x(4) \\ x(5) \\ x(6) \\ x(7) \end{bmatrix} \tag{9.51}$$

Isso sugere que, dos 64 elementos da matriz, há somente oito elementos distintos, o que implica na possibilidade de sua fatoração, gerando um algoritmo rápido. A matriz presente na Eq. (9.51) indica os vetores exponenciais complexos, com as setas indicando os oito ângulos de fase desses vetores. Por exemplo, a primeira coluna e a primeira linha da matriz é toda de elementos idênticos, e^{j0}, ou seja, com ângulo de fase nulo, indicando, portanto, a direção do eixo real.

De fato, o algoritmo criado por J.W. Cooley e J.W. Tukey[28] e publicado em 1965[29] permite a fatoração da matriz de exponenciais complexas de modo que o custo computacional para o cálculo da transformada discreta de Fourier com N pontos — da ordem de N^2 produtos complexos — fica reduzido à ordem de $N\log_2 N$ produtos complexos.[30]

A Fig. 9.19 apresenta o código computacional para o algoritmo FFT, em linguagem Fortran,[31] publicado em 1969.[32]

[27] Diz-se que um processamento é executado em *tempo real* quando o seu tempo de cálculo é da mesma ordem do tempo de aquisição de um conjunto de amostras do sinal a ser processado.

[28] James William Cooley (1926–2016) e John Wilder Tukey (1915–2000), ambos matemáticos estadunidenses.

[29] J.W. Cooley, J.W. Tukey. An algorithm for machine calculation of complex Fourier series. *Mathematics of Computation*, 19, 1965 [52]

[30] Esse cálculo considera o algoritmo original publicado por Cooley e Tukey, que é mais eficiente. Existem algoritmos para N distinto de uma potência inteira de dois, porém, como é natural — uma vez que computadores digitais operam em base binária —, menos eficazes.

[31] Fortran é um acrônimo para *formula translation*, interpretação de fórmula (matemática), em tradução livre.

[32] J.W. Cooley, P.A.W.Lewis, P.D. Welch. The fast Fourier transform and its applications. *IEEE Transactions in Education*, 12:1, 1969 [53].

```
      SUBROUTINE FFT(A,M)
      COPMLEX A(1024),U,W,T
      N = 2*M
      NV2 = N/2
      NM1 = N-1
      J=1
      DO 7 I=1,NM1
      IF(I.GE.J) GO TO 5
      T = A(J)
      A(J) = A(I)
      A(I) = T
5     K=NV2
6     IF(K.GE.J) GO TO 7
      J = J-K
      K=K/2
      GO TO 6
7     J = J+K
      PI = 3.14159265358979
      DO 20 L=1,M
      LE = 2**L
      LE1 = LE/2
      U = (1.0,0.)
      W = CMPLX(COS(PI/LE1),SIN(PI/LE1))
      DO 20 J=1,LE1
      DO 10 I=J,N,LE
      IP = I+LE1
      T = A(IP)*U
      A(IP) = A(I)-T
10    A(I) = A(I)+T
20    U=U*W
      RETURN
      END
```

Figura 9.19: Código computacional em liguagem Fortran para a determinação da DFT via algoritmo FFT de base 2, com 1024 pontos.

Desse modo, por exemplo, o custo computacional para executar uma transformada discreta de Fourier com $N = 1024$ pontos (2^{10}), que seria equivalente a executar 1.048.576 produtos complexos, se reduz, na FFT, a

$$N \log_2 N = 1024 \times 10 = 10.240 \tag{9.52}$$

operações complexas, com um custo computacional aproximadamente igual a 1% do custo original.[33] Analisadores modernos para áudio costumam realizar a transformada de Fourier com, tipicamente, $N = 4.096$ (2^{12}) pontos. Nesse caso, a DFT teria um custo de 16.777.216 produtos complexos, ao passo que a FFT tem um custo computacional de 49.152 produtos complexos, o que corresponde a um valor inferior a 0,3% do número de operações.[34]

A Fig. 9.20 ilustra o desempenho comparativo entre os algoritmos DFT e FFT em função do número de pontos amostrados N.[35]

---

[33]Bem, com efeito, segundo [196], o número efetivo de operações complexas da FFT é $O_{\text{FFT}} = 5N \log_2 N$.

[34]Uma curiosidade histórica: o algoritmo publicado pelos pesquisadores estadunidenses, descobriu-se mais tarde, já era conhecido, em 1805 (!), pelo grande matemático alemão Carl Friederich Gauss (1777–1855), que, naturalmente, não podia, em sua época, prever as suas poderosas implicações.

[35]Para maiores detalhes quanto ao algoritmo FFT, veja E.O Brigham. The Fast Fourier Transform and its Applications. Prentice Hall, New Jersey, 1982 [37] ou S.D. Stearns. Digital Signal Processing with Examples in MATLAB. 2nd edition, CRC, Boca Raton, 2011 [224] ou, ainda, M. Weeks. Digital Signal Processing Using MATLAB & Wavelets. Infinity Science, Hingham, 2007 [249].

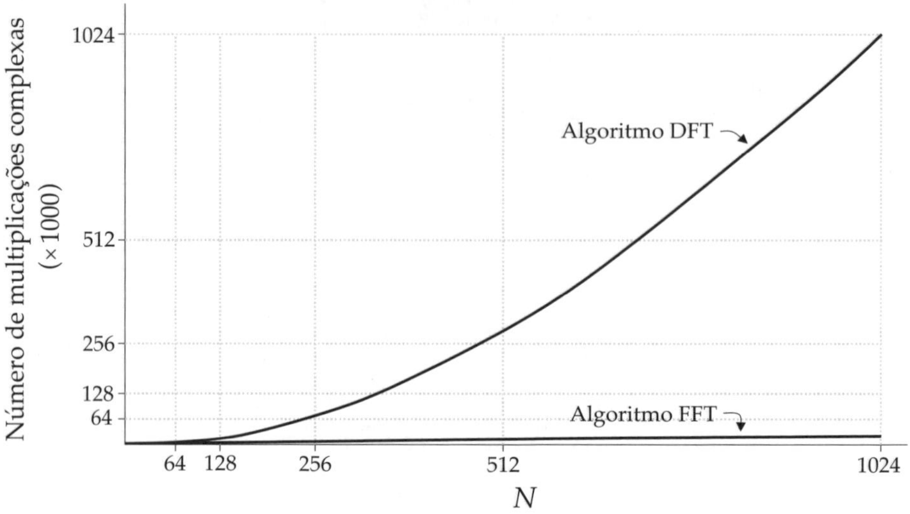

Figura 9.20: Eficiência computacional comparativa entre a DFT e a FFT.

No contexto dos algoritmos da transformada rápida de Fourier, o assim chamado algoritmo da borboleta é uma parte da computação que combina os resultados de pequenas transformadas discretas de Fourier (DFTs) em uma DFT maior, ou vice-versa. O nome "borboleta" provém da forma do diagrama de fluxo de dados que se dá em "X". A Fig. 9.21 ilustra uma imagem representativa do algoritmo da FFT — que é a mesma da IFFT, pois entre ambos há somente uma inversão de sinais da exponencial complexa. Essa simbologia será a adotada nos Capítulos 11 e 12 do presente texto.

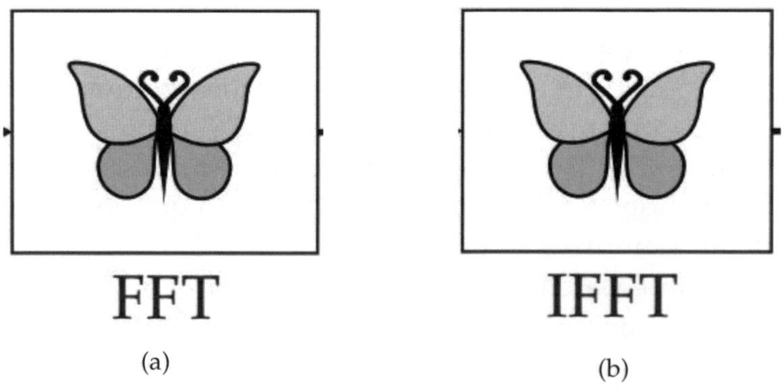

Figura 9.21: Representação simbólica do algoritmo da FFT (ou IFFT), conhecido como algoritmo da borboleta (*butterfly algorithm*), adotado neste texto: (a) algoritmo da FFT; (b) algoritmo da IFFT. Os algoritmos são idênticos a menos do sinal da exponencial complexa.

Capítulo 10

Convolução e Correlação Discretas

Se você não sabe onde quer ir,
qualquer caminho serve.
Lewis Carroll

Uma das mais importantes aplicações da transformada discreta e Fourier e, principalmente, da transformada rápida de Fourier, é a possibilidade de cálculo expedito de convoluções e correlações. Com efeito, a FFT permite o cômputo de convoluções e correlações discretas — fundamentais no processamento de sinais — de maneira bastante eficiente, conforme será visto nos Capítulos 11 e 12.

Na Seção 10.1 apresenta-se a expressão algébrica para o cálculo da convolução discreta de dois sinais — tanto de dimensão infinita como de dimensão finita —, incluindo sua interpretação gráfica. São também vistas as relações entre a convolução contínua e a convolução discreta. Na Seção 10.2 estudam-se as principais propriedades da convolução discreta, exemplificando-se. A Seção 10.3 aborda a correlação discreta entre dois sinais. Esta, além de ter sua expressão algébrica definida e sua interpretação gráfica apresentada, também é comparada com a correlação contínua. Finalmente, na Seção 10.4 examina-se como o cálculo do produto de convolução discreta e da correlação discreta podem ser efetuados via transformadas rápidas de Fourier, com economia computacional. São também apresentados, nessa seção, exemplos ilustrativos.

10.1 Convolução discreta

Suponhamos dados dois sinais discretos de dimensão infinita, $x(k\Delta t)$ e $h(k\Delta t)$, sendo $k = \ldots, -3, -2, -1, 0, 1, 2, 3, \ldots$, um inteiro, portanto. O produto de convolução de $x(k\Delta t)$ e $h(k\Delta t)$ é definido como o sinal discreto $y(k\Delta t)$, dado por[1]

$$y(k\Delta t) = \sum_{i=-\infty}^{\infty} x(i\Delta t)\, h[(k-i)\Delta t], \quad k = \ldots, -3, -2, -1, 0, 1, 2, 3, \ldots \tag{10.1}$$

que escreveremos, simplificadamente, como

$$y(k) = \sum_{i=-\infty}^{\infty} x(i)\, h[(k-i)], \quad k = \ldots, -3, -2, -1, 0, 1, 2, 3, \ldots. \tag{10.2}$$

Note o caro leitor que o cálculo expresso na Eq. (10.2), embora simples, cresce quadraticamente com o número de termos não nulos de cada um dos sinais $x(k)$ e $h(k)$. Dito de outro modo, digamos que $x(k)$ possui n termos não nulos e que $h(k)$ possua m termos não nulos. Nesse caso, para cada valor de $y(k)$ será necessário efetuar, segundo a Eq. (10.2), m produtos (e uma soma), significando que o número total de produtos para a obtenção de $y(k)$ será $n \times m$. Observe ainda o gentil leitor que a Eq. (10.1) (ou a Eq. (10.2)) nada mais é do que a versão discreta da Eq. (5.1), apresentada na Seção 5.1 (reveja-a).

Por simplicidade e conveniência, utilizaremos a mesma notação adotada para o produto de convolução contínua, veja Seção 5.1, para o produto de convolução discreta. Podemos, então, escrever

$$y(k) = x(k) * h(k). \tag{10.3}$$

Exemplo 10.1 Consideremos o sinal $x(k)$ com dois termos não nulos: $x(0) = 1/2$; $x(1) = 2$, e o sinal $h(k)$ com três termos não nulos: $h(0) = 1$; $h(1) = 1$; $h(2) = 1$. A Fig. 10.1 ilustra os dois sinais.

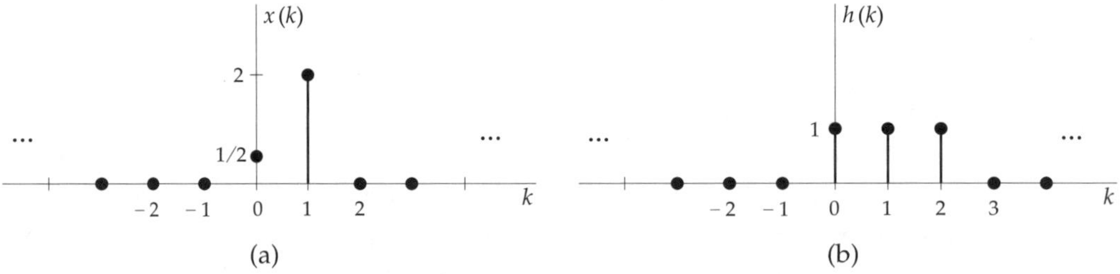

Figura 10.1: Sinais discretos: (a) $x(k)$, com dois termos não nulos; e (b) $h(k)$, com três termos não nulos.

A operação matemática expressa na Eq. (10.2) seria executada, naturalmente, em um computador digital mas, como temos poucos termos não nulos neste exemplo, vamos

[1]O leitor já deve ter observado que, da mesma forma que o fizemos no Capítulo 5, a notação aqui faz referência a uma possível entrada de um sistema linear, $x(k\Delta t)$, sua resposta impulsiva, $h(k\Delta t)$, e a saída correspondente, $y(k\Delta t)$, todas discretizadas.

calcular o produto de convolução $y(k) = x(k) * h(k)$ manualmente. Calculando o termo, digamos, $y(-1)$, tem-se

$$\begin{aligned} y(-1) &= x(0)h(-1) + x(1)h(-2) \\ &= 1/2 \times 0 + 2 \times 0 = 0. \end{aligned}$$

Note que, como $x(k)$ possui somente dois termos não nulos, o somatório constante da Eq. (10.2) terá sempre somente dois termos (essa sendo uma das razões para podermos calcular o resultado do produto de convolução manualmente). Calculando, em seguida, o termo $y(0)$, tem-se

$$\begin{aligned} y(0) &= x(0)h(0) + x(1)h(-1) \\ &= 1/2 \times 1 + 2 \times 0 = 1/2. \end{aligned}$$

Na sequência, calculemos o termo $y(1)$,

$$\begin{aligned} y(1) &= x(0)h(1) + x(1)h(0) \\ &= 1/2 \times 1 + 2 \times 1 = 5/2. \end{aligned}$$

Prosseguindo, calculemos o termo $y(2)$,

$$\begin{aligned} y(2) &= x(0)h(2) + x(1)h(1) \\ &= 1/2 \times 1 + 2 \times 1 = 5/2. \end{aligned}$$

Na sequência, calculemos o termo $y(3)$,

$$\begin{aligned} y(3) &= x(0)h(3) + x(1)h(2) \\ &= 1/2 \times 0 + 2 \times 1 = 2. \end{aligned}$$

E, finalmente, o termo $y(4)$ será

$$\begin{aligned} y(4) &= x(0)h(4) + x(1)h(3) \\ &= 1/2 \times 0 + 2 \times 0 = 0. \end{aligned}$$

Observe que todos os demais termos de $y(k)$ fora do intervalo $k = 0, 1, 2, 3$ serão nulos, portanto, o nosso cálculo manual termina aqui. A Fig 10.2 mostra o sinal discreto resultante do produto de convolução realizado.

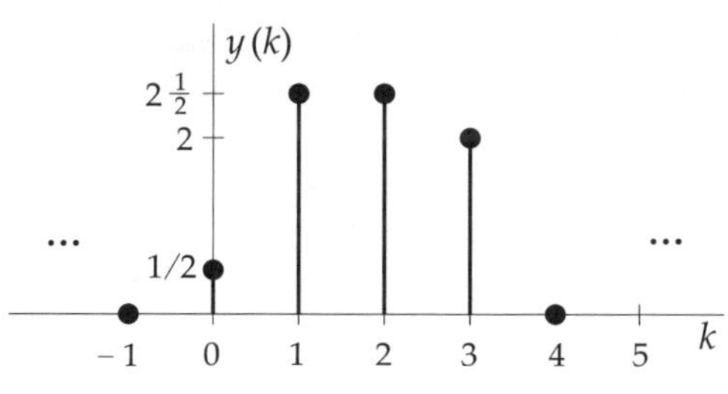

Figura 10.2: Sinal discreto $y(k) = x(k) * h(k)$, com quatro termos não nulos.

Observando com atenção o sinal $x(k)$, que tem somente dois termos não nulos, observa-se que seu suporte é Δt. Por outro lado, o sinal $h(k)$, com três termos não nulos, tem suporte $2\Delta t$. O sinal $y(k)$, que possui quatro termos não nulos, terá suporte $3\Delta t$, que é a soma dos suportes dos componentes do produto de convolução. Esse resultado consiste em uma regra geral, tal como visto no Ex. 5.2, Capítulo 5, relativo ao produto de convolução de sinais contínuos.

Como mencionado no Ex. 10.1, a operação algébrica expressa na Eq. (10.2) é, usualmente, executada por um computador digital e, desse modo, os somatórios deverão ser finitos. Por outro lado, vimos na Seção 9.1 que, ao discretizarmos os sinais e executarmos sua transformada de Fourier, os sinais ficam periodizados, tanto no domínio do tempo como no domínio da frequência. Por essa razão, tipicamente, procedimentos de convolução de sinais discretos são realizados com sinais periodizados, de período $N+1$, tal como foi discutido naquela seção.

Sejam dados os sinais discretos $x(k) \equiv x(k\Delta t)$ e $h(k) \equiv h(k\Delta t)$, periódicos de período $N+1$, onde $k = 0,1,2,\ldots,N$ e Δt é o intervalo de amostragem, veja Seção 8.2. A convolução discreta entre $x(k)$ e $h(k)$ é dada por

$$y(k\Delta t) = x(k\Delta t) * h(k\Delta t) = \sum_{i=0}^{N} x(i\Delta t)\, h[(k-i)\Delta t]. \tag{10.4}$$

Essa expressão pode ser escrita de forma simplificada como

$$y(k) = x(k) * h(k) = \sum_{i=0}^{N} x(i)\, h[(k-i)]. \tag{10.5}$$

A operação de convolução envolverá o rebatimento de um dos sinais, seu deslocamento a intervalos múltiplos de Δt, sua multiplicação com o outro sinal e, finalmente, o somatório expresso na Eq. (10.5).

Exemplo 10.2 Considere os sinais $x(k)$ e $h(k)$, periódicos de período $N+1 = 4$, indicados, respectivamente nas Figs. 10.3 e 10.4. Deseja-se determinar o produto de convolução entre esses sinais,

$$y(k) = x(k) * h(k).$$

Estudaremos, neste exemplo, dois sinais de periodicidade curta $(N+1 = 4)$ justamente para poder visualizar com maior facilidade o seu produto de convolução, segundo a Eq. (10.5). A Fig. 10.3 ilustra o sinal $x(k)$.

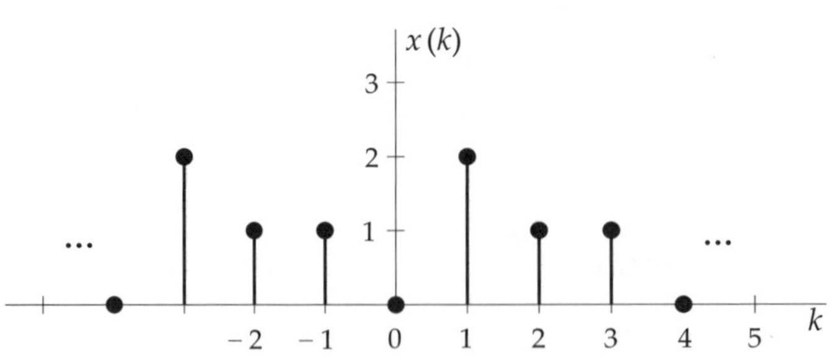

Figura 10.3: Sinal $x(k)$, discreto e periódico, de período $N+1 = 4$.

O sinal $x(k)$, para $k = 0, 1, 2, 3$, vale, veja Fig. 10.3,

$$x(0) = 0, \quad x(1) = 2 \quad x(2) = 1 \quad x(3) = 1.$$

A Fig 10.4 exibe o sinal $h(k)$.

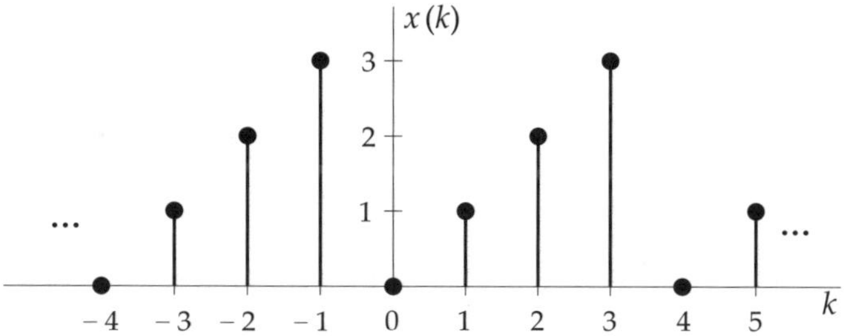

Figura 10.4: Sinal $h(k)$, discreto e periódico, de período $N + 1 = 4$.

Por sua vez, o sinal $h(k)$, para $k = 0, 1, 2, 3$, vale, veja Fig. 10.4,

$$h(0) = 0, \quad h(1) = 1, \quad h(2) = 2, \quad h(3) = 3.$$

O primeiro termo do produto de convolução, segundo a Eq. (10.5), é

$$\begin{aligned} y(0) &= x(0)h(0) + x(1)h(-1) + x(2)h(-2) + x(3)h(-3) \\ &= 0 \times 0 + 2 \times 3 + 1 \times 2 + 1 \times 1 \\ &= 9. \end{aligned}$$

O segundo termo será

$$\begin{aligned} y(1) &= x(0)h(1) + x(1)h(0) + x(2)h(-1) + x(3)h(-2) \\ &= 0 \times 1 + 2 \times 0 + 1 \times 3 + 1 \times 2 \\ &= 5. \end{aligned}$$

O terceiro termo será

$$\begin{aligned} y(2) &= x(0)h(2) + x(1)h(1) + x(2)h(0) + x(3)h(-1) \\ &= 0 \times 2 + 2 \times 1 + 1 \times 0 + 1 \times 3 \\ &= 5. \end{aligned}$$

O quarto termo será

$$\begin{aligned} y(3) &= x(0)h(3) + x(1)h(2) + x(2)h(1) + x(3)h(0) \\ &= 0 \times 3 + 2 \times 2 + 1 \times 1 + 1 \times 0 \\ &= 5. \end{aligned}$$

O restante dos termos repetem-se com periodicidade $N + 1 = 4$. Somente visando conferir, o quinto termo será, segundo a Eq. (10.5),

$$\begin{aligned} y(3) &= x(0)h(4) + x(1)h(3) + x(2)h(2) + x(3)h(1) \\ &= 0 \times 0 + 2 \times 3 + 1 \times 2 + 1 \times 1 \\ &= 9, \end{aligned}$$

igual, conforme esperado, ao primeiro termo. A Fig. 10.5 ilustra o resultado do produto de convolução.

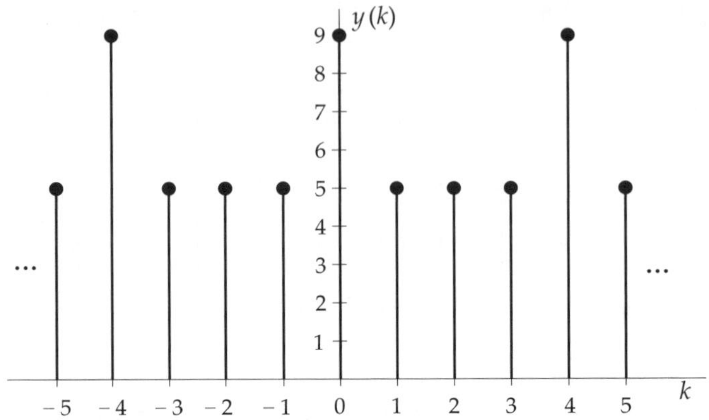

Figura 10.5: Sinal discreto e periódico $y(k)$, resultado do produto de convolução dos sinais $x(k)$ e $h(k)$.

Cumpre observar que, como visto no Ex. 10.2, sinais periódicos têm suporte infinito e, portanto, não mais vale a relação entre os suportes de $x(k)$, $h(k)$ e $y(k)$. O que se verificou, em verdade, é que o produto de convolução discreto, no caso de sinais periódicos de mesmo período, tem também período idêntico aos seus componentes, ou seja, $N+1$.

Exemplo 10.3 O produto de convolução discreta entre sinais periódicos de período $N+1$, conforme estabelece a Eq. (10.5), é também chamado de *convolução circular*. Consideremos os sinais $x(k)$ e $h(k)$, periódicos de período $N+1=8$, visualizados na Fig. 10.6.

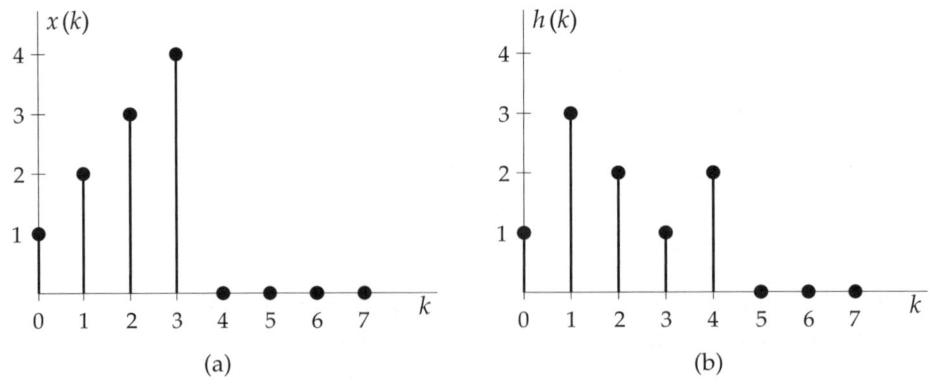

Figura 10.6: Sinais discretos e periódicos de período $N+1=8$ (somente um período é indicado): (a) $x(k)$; e (b) $h(k)$.

A operação de convolução entre esses sinais pode ser representada pela Fig. 10.7, que traduz pictoricamente o conceito de convolução circular.[2]

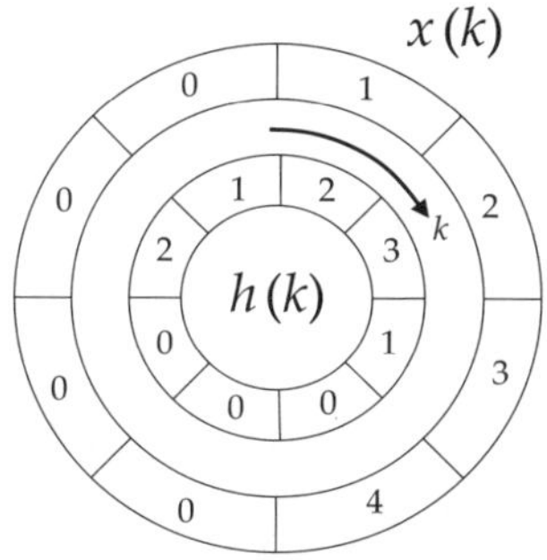

Figura 10.7: Representação gráfica da convolução circular para $N+1=8$. Fixando o anel externo, $x(k)$, e girando — como um motor de passo que se desloca de $\pi/4$ rad a cada etapa — o anel interno, $h(k)$, resulta na convolução circular. Observe que o anel interno apresenta os valores de $h(k)$ já rebatido e deslocado de $k=2$.

Tomando a configuração representada na Fig. 10.7, teríamos, portanto,

$$y(2) = 1\times2+2\times3+3\times1+4\times0+0\times0+0\times0+0\times2+0\times1 = 11.$$

O termo seguinte seria, rodando o anel interno de $\pi/4$ no sentido horário:

$$y(3) = 1\times3+2\times1+3\times0+4\times0+0\times0+0\times2+0\times1+0\times2 = 5,$$

e assim sucessivamente. Sugerimos ao dedicado leitor que complemente o cálculo do produto de convolução, calculando os seis demais termos, e faça o gráfico do resultado, a título de exercício.

10.2 Propriedades da convolução discreta

Foram apresentadas, na Seção 5.2, as principais propriedades do produto de convolução, a saber: comutatividade; linearidade; e associatividade. As mesmas propriedades são válidas para a convolução discreta, conforme se verificará a seguir. Sejam, então, $x(k)$, $h(k)$ e $g(k)$ sinais discretos.[3]

1. Comutatividade

Essa propriedade estabelece que a ordem no produto de convolução é irrelevante,

[2]Alguns autores denotam a convolução circular pelo símbolo "$\otimes$".

[3]Apresentaremos, aqui, as propriedades e suas demonstrações para sinais discretos de dimensão infinita, porém os resultados são válidos também para sinais periódicos, ver, por exemplo, B. Girod, R. Rabenstein, A. Stenger. Sinais e Sistemas. LTC, Rio de Janeiro, 2001 [92] ou R.D. Strum, D.E. Kirk. First Principles of Discrete Systems and Digital Signal Processing. Addison-Wesley, New York, 1988 [226].

ou seja,

$$\begin{aligned} y(k) &= x(k) * h(k) \\ &= \sum_{i=-\infty}^{\infty} x(i\Delta t)\, h[(k-i)\Delta t] \\ &= \sum_{i=-\infty}^{\infty} h(i\Delta t)\, x[(k-i)\Delta t] \\ &= h(k) * x(k). \end{aligned} \tag{10.6}$$

A prova é trivial, uma vez que, definindo-se o contador $l = k - i$ e, portanto, $i = k - l$, e substituindo na terceira linha da Eq. (10.6), obtém-se a segunda linha, já que as variáveis são mudas, portanto intercambiáveis.

Exemplo 10.4 Sejam $x(k)$, $y(k)$ e $z(k)$ três sinais discretos, contendo cada um apenas três elementos não nulos. Os cinco primeiros elementos ($k \in [0,4]$) de cada um desses sinais são:

$$\begin{aligned} &x(0) = 0;\ x(1) = 1;\ x(2) = 1;\ x(3) = 1;\ x(4) = 0; \\ &y(0) = 0;\ y(1) = 1/2;\ y(2) = 1/4;\ y(3) = 1/2;\ y(4) = 0; \\ &z(0) = 0;\ z(1) = 1/3;\ z(2) = 2/3;\ z(3) = 1;\ z(4) = 0, \end{aligned}$$

todos os demais termos sendo nulos. A Fig. 10.8 ilustra os sinais $x(k)$, $y(k)$ e $z(k)$.

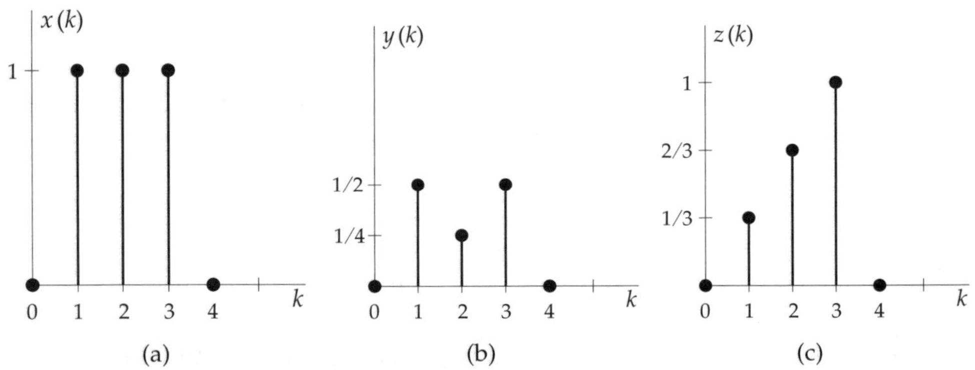

Figura 10.8: Sinais discretos periódicos de período $N + 1 = 4$: (a) $x(k)$; (b) $y(k)$; e $z(k)$.

Aplicando, então, a Eq. (10.2) para calcular convolução discreta entre cada par de siais, teremos (note que o somatório só necessita ser calculado com três termos, os demais sendo nulos). Então, digamos, para $k = 1$, tem-se:

$$\begin{aligned} [x * y](1) &= x(1)y(0) + x(2)y(-1) + x(3)y(-2) \\ &= 1 \times 0 + 1 \times 0 + 1 \times 0 = 0; \\ [y * z](1) &= y(1)z(0) + y(2)z(-1) + y(3)z(-2) \\ &= 1/2 \times 0 + 1/4 \times 0 + 1/2 \times 0 = 0; \\ [z * x](1) &= z(1)x(0) + z(2)x(-1) + z(3)x(-2) \\ &= 1/3 \times 0 + 2/3 \times 0 + 1 \times 0 = 0. \end{aligned}$$

Já para $k = 2$, tem-se:

$$\begin{aligned}
[x * y](2) &= x(1)y(1) + x(2)y(0) + x(3)y(-1) \\
&= 1 \times 1/2 + 1 \times 0 + 1 \times 0 = 1/2; \\
[y * z](2) &= y(1)z(1) + y(2)z(0) + y(3)z(-1) \\
&= 1/2 \times 1/3 + 1/4 \times 0 + 1/2 \times 0 = 1/6; \\
[z * x](2) &= z(1)x(1) + z(2)x(0) + z(3)x(-1) \\
&= 1/3 \times 1 + 2/3 \times 0 + 1 \times 0 = 1/3.
\end{aligned}$$

Na sequência, para $k = 3$, tem-se:

$$\begin{aligned}
[x * y](3) &= x(1)y(2) + x(2)y(1) + x(3)y(0) \\
&= 1 \times 1/4 + 1 \times 1/2 + 1 \times 0 = 3/4; \\
[y * z](3) &= y(1)z(2) + y(2)z(1) + y(3)z(0) \\
&= 1/2 \times 2/3 + 1/4 \times 1/3 + 1/2 \times 0 = 5/12; \\
[z * x](3) &= z(1)x(2) + z(2)x(1) + z(3)x(0) \\
&= 1/3 \times 1 + 2/3 \times 1 + 1 \times 0 = 1.
\end{aligned}$$

Dando prosseguimento, para $k = 4$, tem-se:

$$\begin{aligned}
[x * y](4) &= x(1)y(3) + x(2)y(2) + x(3)y(1) \\
&= 1 \times 1/2 + 1 \times 1/4 + 1 \times 1/2 = 5/4; \\
[y * z](4) &= y(1)z(3) + y(2)z(2) + y(3)z(1) \\
&= 1/2 \times 1 + 1/4 \times 2/3 + 1/2 \times 1/3 = 5/6; \\
[z * x](4) &= z(1)x(3) + z(2)x(2) + z(3)x(1) \\
&= 1/3 \times 1 + 2/3 \times 1 + 1 \times 1 = 2.
\end{aligned}$$

Continuando, para $k = 5$, tem-se:

$$\begin{aligned}
[x * y](5) &= x(1)y(4) + x(2)y(3) + x(3)y(2) \\
&= 1 \times 0 + 1 \times 1/2 + 1 \times 1/4 = 3/4; \\
[y * z](5) &= y(1)z(4) + y(2)z(3) + y(3)z(2) \\
&= 1/2 \times 0 + 1/4 \times 1 + 1/2 \times 2/3 = 7/12; \\
[z * x](5) &= z(1)x(4) + z(2)x(3) + z(3)x(2) \\
&= 1/3 \times 0 + 2/3 \times 1 + 1 \times 1 = 5/3.
\end{aligned}$$

Seguindo em frente, para $k = 6$, tem-se:

$$\begin{aligned}
[x * y](6) &= x(1)y(5) + x(2)y(4) + x(3)y(3) \\
&= 1 \times 0 + 1 \times 0 + 1 \times 1/2 = 1/2; \\
[y * z](6) &= y(1)z(5) + y(2)z(4) + y(3)z(3) \\
&= 1/2 \times 0 + 1/4 \times 0 + 1/2 \times 1 = 1/2; \\
[z * x](6) &= z(1)x(5) + z(2)x(4) + z(3)x(3) \\
&= 1/3 \times 0 + 2/3 \times 0 + 1 \times 1 = 1.
\end{aligned}$$

Veja que mais termos não há para calcular pois todos os demais serão nulos. Com efeito, como os suportes dos três sinais valem $2\Delta t$, o suporte de cada produto de convolução obtido será igual a $4\Delta t$. Tem-se, então, que (confira):[4]

$$[x * y](k) = [\ldots, 0, 1/2, 3/4, 5/4, 3/4, 1/2, 0, \ldots];$$
$$[y * z](k) = [\ldots, 0, 1/6, 5/12, 5/6, 7/12, 1/2, 0, \ldots];$$
$$[z * x](k) = [\ldots, 0, 1/3, 1, 2, 5/3, 1, 0, \ldots].$$

Vamos calcular, em seguida, o produto de convolução discreta $[x * z](k)$. Voltando à Eq. (10.2) teremos, para $k = 1, 2, \ldots, 6$:

$$\begin{aligned}
[x * z](1) &= x(1)z(0) + x(2)z(-1) + x(3)z(-2) \\
&= 1 \times 0 + 1 \times 0 + 1 \times 0 = 0; \\
[x * z](2) &= x(1)z(1) + x(2)z(0) + x(3)z(-1) \\
&= 1 \times 1/3 + 1 \times 0 + \times 0 = 1/3; \\
[x * z](3) &= x(1)z(2) + x(2)z(1) + x(3)z(0) \\
&= 1 \times 2/3 + 1 \times 1/3 + 1 \times 0 = 1; \\
[x * z](4) &= x(1)z(3) + x(2)z(2) + x(3)z(1) \\
&= 1 \times 1 + 1 \times 2/3 + 1 \times 1/3 = 2; \\
[x * z](5) &= x(1)z(4) + x(2)z(3) + x(3)z(2) \\
&= 1 \times 0 + 1 \times 1 + 1 \times 2/3 = 5/3; \\
[x * z](6) &= x(1)z(5) + x(2)z(4) + x(3)z(3) \\
&= 1 \times 0 + 1 \times 0 + 1 \times 1 = 1. \\
[x * z](7) &= x(1)z(6) + x(2)z(5) + x(3)z(4) \\
&= 1 \times 0 + 1 \times 0 + 1 \times 0 = 0.
\end{aligned}$$

Portanto,

$$[x * z](k) = [\ldots, 0, 1/3, 1, 2, 5/3, 1, 0, \ldots] = [z * x](k),$$

confirmando a propriedade de comutatividade do produto de convolução discreta, Eq. (10.6). O leitor pode verificar com facilidade que, de forma análoga,

$$[z * y](k) = [y * z](k) \quad \text{e} \quad [y * x](k) = [x * y](k), \quad \text{para qualquer valor de k inteiro.}$$

A Fig. 10.9 ilustra o gráfico do produto de convolução discreta $[z * x](k)$, $k = 0, 1, \ldots, 7$.

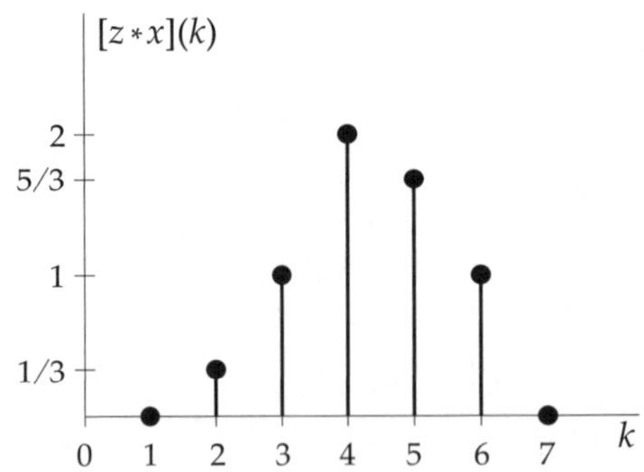

Figura 10.9: Sinal discreto resultante do produto de convolução entre $z(k)$ e $x(k)$.

[4]Note que os termos não nulos de cada um dos três produtos de convolução são em número de cinco, portanto o suporte será, efetivamente, de $4\Delta t$.

2. Linearidade

Se $h(k)$ for uma combinação linear de dois (ou mais) sinais discretos, $h_1(k)$ e $h_2(k)$, então, se α e β são números reais arbitrários,

$$\begin{aligned} y(k) &= x(k) * \left[\alpha h_1(k) + \beta h_2(k)\right] \\ &= \alpha x(k) * h_1(k) + \beta x(k) * h_2(k), \end{aligned} \tag{10.7}$$

ou seja, o produto de convolução discreta é distributivo com respeito a uma combinação linear. Para provar a propriedade, basta aplicar a Eq. (10.2) à convolução discreta de $x(k)$ com a combinação linear $h(k)$. Com efeito,

$$\begin{aligned} x(k) * \left(\alpha h_1(k) + \beta h_2(k)\right) &= \sum_{i=-\infty}^{\infty} x(i) \left(\alpha h_1(k-i) + \beta h_2(k-i)\right) \\ &= \alpha \sum_{i=-\infty}^{\infty} x(i)\, h_1(k-i) + \beta \sum_{i=-\infty}^{\infty} x(i)\, h_2(k-i) \\ &= \alpha x(k) * h_1(k) + \beta x(k) * h_2(k). \end{aligned}$$

Exemplo 10.5 Voltando aos sinais do Ex. 10.4, façamos a combinação linear

$$l(k) = x(k) + 2y(k),$$

ou seja, uma combinação linear de $x(k)$ e $y(k)$ com $\alpha = 1$ e $\beta = 2$. Tomando apenas os termos não nulos ($k = 1, 2, 3$), tem-se

$$l(k) = [2, 3/2, 2].$$

Executando, na sequência, o produto de convolução $p_1(k) = z(k) * l(k)$, tem-se:

$$\begin{aligned} p_1(1) &= z(1)l(0) + z(2)l(-1) + z(3)l(-2) \\ &= 1/3 \times 0 + 2/3 \times 0 + 1 \times 0 = 0; \\ p_1(2) &= z(1)l(1) + z(2)l(0) + z(3)l(-1) \\ &= 1/3 \times 2 + 2/3 \times 0 + 1 \times 0 = 2/3; \\ p_1(3) &= z(1)l(2) + z(2)l(1) + z(3)l(0) \\ &= 1/3 \times 3/2 + 2/3 \times 2 + 1 \times 0 = 11/6; \\ p_1(4) &= z(1)l(3) + z(2)l(2) + z(3)l(1) \\ &= 1/3 \times 2 + 2/3 \times 3/2 + 1 \times 2 = 11/3; \\ p_1(5) &= z(1)l(4) + z(2)l(3) + z(3)l(2) \\ &= 1/3 \times 0 + 2/3 \times 2 + 1 \times 3/2 = 17/6; \\ p_1(6) &= z(1)l(5) + z(2)l(4) + z(3)l(3) \\ &= 1/3 \times 0 + 2/3 \times 0 + 1 \times 2 = 2; \\ p_1(7) &= z(1)l(6) + z(2)l(5) + z(3)l(4) \\ &= 1/3 \times 0 + 2/3 \times 0 + 1 \times 0 = 0. \end{aligned}$$

Os demais termos serão nulos e podemos, então, escrever que

$$p_1(k) = z(k) * [x(k) + 2y(k)] = [\ldots, 0, 2/3, 11/6, 11/3, 17/6, 2, 0, \ldots].$$

Por outro lado, viu-se no Ex. 10.4 que

$$[z * x](k) = [\ldots, 0, 1/3, 1, 2, 5/3, 1, 0, \ldots]$$

e que

$$[z * y](k) = [\ldots, 0, 1/6, 5/12, 5/6, 7/12, 1/2, 0, \ldots].$$

Portanto,

$$2[z * y](k) = [\ldots, 0, 1/3, 5/6, 5/3, 7/6, 1, 0, \ldots].$$

Definindo, então,

$$\begin{aligned} p_2(k) &= [z * x](k) + 2[z * y](k)] \\ &= [\ldots, 0, 2/3, 11/6, 11/3, 17/6, 2, 0, \ldots]. \end{aligned}$$

Tem-se que

$$p_1(k) = z(k) * [x(k) + 2y(k)] = [z * x](k) + 2[z * 2y](k)] = p_2(k),$$

conforme estabelece a condição de linearidade do produto de convolução discreta, Eq. (10.7).

3. Associatividade

A propriedade de associatividade estabelece que a convolução discreta de, digamos, x com o produto de convolução discreta de, por exemplo, h_1 e h_2, é igual à convolução discreta de x com h_1 e seu resultado convoluído com h_2. Matematicamente, teremos

$$y(k) = x(k) * \big[h_1(k) * h_2(k)\big] = \big[x(k) * h_1(k)\big] * h_2(k). \tag{10.8}$$

A demostração da propriedade pode ser feita por meio de uma mudança de variáveis. Seja, então, $l = k - i$, $i = k - l$. Então,

$$\begin{aligned} x * [h_1 * h_2] &= \sum_{i=-\infty}^{\infty} x(k-i)(h_1 * h_2)(i) \\ &= \sum_{i=-\infty}^{\infty} x(k-i) \sum_{i=-\infty}^{\infty} h_1(k-l)h_2(l) \\ &= \sum_{i=-\infty}^{\infty} h_2(l) \sum_{i=-\infty}^{\infty} x(k-i)h_1(k-l) \\ &= \sum_{i=-\infty}^{\infty} h_2(l) \sum_{i=-\infty}^{\infty} x(k-i-l)h_1(i) \\ &= \sum_{i=-\infty}^{\infty} h_2(l)(x * h_1)(k-l) \\ &= [x * h_1] * h_2. \end{aligned}$$

Note que, ao longo da demostração da propriedade de associatividade foi utilizada livremente a propriedade de comutatividade.

A Eq. (10.8) pode ser generalizada para um número N de sinais discretos, ou seja,

$$\begin{aligned} y(k) &= x(k) * \left[h_1(k) * h_2(k) * \cdots * h_{N-1}(k) * h_N(k)\right] \\ &= \ldots \\ &= \left[x(k) * h_1(k) * h_2(k) * \cdots * h_{N-1}\right] * h_N(k). \end{aligned} \tag{10.9}$$

A prova pode ser feita por mera indução e — mais uma vez — será deixada a cargo do leitor.

Exemplo 10.6 Voltando mais uma vez ao Ex. 10.4, calculemos o produto de convolução discreta $p_3(k) = [(x * y) * z](k)$, operando a convolução entre o sinal $[x * y](k)$, calculada naquele exemplo, e o sinal $z(k)$. Como $[x * y](k)$ tem cinco termos não nulos e $z(k)$ tem três termos não nulos, o produto de convolução discreta $[(x * y) * z](k)$ terá, em princípio, sete termos não nulos.[5] Com esse número de manipulações algébricas, o cálculo do produto de convolução discreta pode ser executado, por exemplo, pelo programa Matlab.[6] Contudo, visando treinar o leitor no cálculo da convolução, segue o procedimento. Recapitulando, tem-se que

$$\begin{aligned} x(k) &= [\ldots, 0, 1, 1, 1, 0, \ldots]; \\ z(k) &= [\ldots, 0, 1/3, 2/3, 1, 0, \ldots]; \\ xy(k) &= [x * y](k) = [\ldots, 0, 1/2, 3/4, 5/4, 3/4, 1/2, 0, \ldots]; \\ yz(k) &= [y * z](k) = [\ldots, 0, 1/6, 5/12, 5/6, 7/12, 1/2, 0, \ldots]. \end{aligned}$$

Vamos assumir aqui que o primeiro termo não nulo dos sinais a serem convoluídos corresponde a $k = 2$. Denominando $p_3(k) = [x * (y * z)](k)$, ter-se á, segundo a Eq. (10.2), para os sete termos não nulos de $p_3(k)$:

$$\begin{aligned} p_3(4) &= x(2)yz(2) + x(3)yz(1) + x(4)yz(0) \\ &= 1 \times 1/6 + 1 \times 0 + 1 \times 0 = 1/6; \\ p_3(5) &= x(2)yz(3) + x(3)yz(2) + x(4)yz(1) \\ &= 1 \times 5/12 + 1 \times 1/6 + 1 \times 0 = 7/12; \\ p_3(6) &= x(2)yz(4) + x(3)yz(3) + x(4)yz(2) \\ &= 1 \times 5/6 + 1 \times 5/12 + 1 \times 1/6 = 17/12; \\ p_3(7) &= x(2)yz(5) + x(3)yz(4) + x(4)yz(3) \\ &= 1 \times 7/12 + 1 \times 5/6 + 1 \times 5/12 = 11/6; \\ p_3(8) &= x(2)yz(6) + x(3)yz(5) + x(4)yz(4) \\ &= 1 \times 1/2 + 1 \times 7/12 + 1 \times 5/6 = 23/12; \end{aligned}$$

[5]A ressalva *em princípio* se deve ao fato de que um ou mais termos do produto de convolução tomados como não nulos poderão, eventualmente, se anular. Note, entretanto, que, como neste exemplo *todos* os termos de $x(k)$, $y(k)$ e $z(k)$ são positivos, essa situação não ocorrerá e todos os sete termos previstos serão não nulos.

[6]Ver, por exemplo, A. Palamides, A. Veloni. Signals and Systems Laboratory with MATLAB. CRC Press, Boca Raton, 2011 [188] ou W.Y. Yang. Signals and Systems with MATLAB. Springer, Berlin, 2009 [253].

$$\begin{aligned} p_3(9) &= x(2)yz(7) + x(3)yz(6) + x(4)yz(5) \\ &= 1 \times 0 + 1 \times 1/2 + 1 \times 7/12 = 13/12; \\ p_3(10) &= x(2)yz(8) + x(3)yz(7) + x(4)yz(6) \\ &= 1 \times 0 + 1 \times 0 + 1 \times 1/2 = 1/2. \end{aligned}$$

Portanto,

$$p_3(k) = [x * (y * z)](k) = [\ldots, 0, 1/6, 7/12, 17/12, 11/6, 23/12, 13/12, 1/2, 0, \ldots].$$

Por outro lado, denominando $p_4(k) = [(x * y) * z](k)$, ter-se-á, ainda segundo a Eq. (10.2), para os termos não nulos de $p_4(k)$:

$$\begin{aligned} p_4(4) &= xy(2)z(2) + xy(3)z(1) + xy(4)z(0) + xy(5)z(-1) + xy(6)z(-2) \\ &= 1/2 \times 1/3 + 3/4 \times 0 + 5/4 \times 0 + 3/4 \times 0 + 1/2 \times 0 = 1/6; \\ p_4(5) &= xy(2)z(3) + xy(3)z(2) + xy(4)z(1) + xy(5)z(0) + xy(6)z(-1) \\ &= 1/2 \times 2/3 + 3/4 \times 1/3 + 5/4 \times 0 + 3/4 \times 0 + 1/2 \times 0 = 7/12; \\ p_4(6) &= xy(2)z(4) + xy(3)z(3) + xy(4)z(2) + xy(5)z(1) + xy(6)z(0) = \\ &= 1/2 \times 1 + 3/4 \times 2/3 + 5/4 \times 1/3 + 3/4 \times 0 + 1/2 \times 0 = 17/12; \\ p_4(7) &= xy(2)z(5) + xy(3)z(4) + xy(4)z(3) + xy(5)z(2) + xy(6)z(1) \\ &= 1/2 \times 0 + 3/4 \times 1 + 5/4 \times 2/3 + 3/4 \times 1/3 + 1/2 \times 0 = 11/6; \\ p_4(8) &= xy(2)z(6) + xy(3)z(5) + xy(4)z(4) + xy(5)z(3) + xy(6)z(2) \\ &= 1/2 \times 0 + 3/4 \times 0 + 5/4 \times 1 + 3/4 \times 2/3 + 1/2 \times 1/3 = 23/12; \\ p_4(9) &= xy(2)z(7) + xy(3)z(6) + xy(4)z(5) + xy(5)z(4) + xy(6)z(3) \\ &= 1/2 \times 0 + 3/4 \times 0 + 5/4 \times 1 + 3/4 \times 1 + 1/2 \times 2/3 = 13/12; \\ p_4(10) &= xy(2)z(8) + xy(3)z(7) + xy(4)z(6) + xy(5)z(5) + xy(6)z(4) \\ &= 1/2 \times 0 + 3/4 \times 0 + 5/4 \times 1 + 3/4 \times 0 + 1/2 \times 1 = 1/2. \end{aligned}$$

Portanto,

$$p_4(k) = [(x * y) * z] = [\ldots, 0, 1/6, 7/12, 17/12, 11/6, 23/12, 13/12, 1/2, 0, \ldots].$$

Como se pode verificar por mera inspeção dos termos não nulos,

$$p_3(k) = p_4(k),$$

confirmando, assim, a propriedade de associatividade, Eq. (10.8). A Fig. 10.10 apresenta o resultado do produto de convolução discreta $[(x * y) * z](k) = [x * (y * z)](k)$.

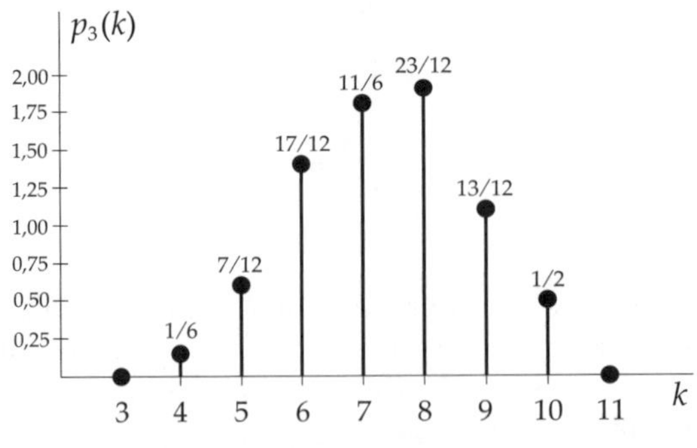

Figura 10.10: Gráfico indicando os sete termos não nulos do sinal $p_3(k) = p_4(k)$ resultante do produto de convolução dos sinais $x(k)$, $y(k)$ e $z(k)$.

10.3 Correlação discreta

Suponhamos que um navio pesqueiro esteja se utilizando de um sistema de sonar para a identificação da presença de um determinado cardume de interesse econômico. O sinal digital enviado pelo sonar, antes da passagem por um conversor D/A, é da forma $x(k)$. O sinal recebido pelo sonar, após a passagem por um conversor A/D, será da forma

$$y(k) = ax(k - \Delta) + r(k), \tag{10.10}$$

sendo a um fator de amplificação, usualmente menor do que um (fator de atenuação), Δ um número inteiro associado ao atraso correspondente ao percurso ida-e-volta do sinal sonoro, e $r(k)$ o ruído aditivo que se incorpora aos sinais, veja Seção 5.5. Calculando-se a função de correlação entre os sinais discretos $x(k)$ e $y(k)$, poder-se-á determinar se o alvo (o cardume, em nosso exemplo) está presente e a que distância do barco pesqueiro se encontra.

A função de correlação discreta entre dois sinais com energia finita $x(k)$ e $y(k)$ é definida como

$$S_{xy}(l) = \sum_{k=-\infty}^{\infty} x(k)y(k+l), \quad l = 0, \pm 1, \pm 2, \ldots. \tag{10.11}$$

Analogamente, trocando a ordem dos sinais discretos teremos que

$$S_{yx}(l) = \sum_{k=-\infty}^{\infty} y(k)x(k+l), \quad l = 0, \pm 1, \pm 2, \ldots. \tag{10.12}$$

As Eqs. (10.11) e (10.12) expressam o que é conhecido como *funções de correlação cruzada discretas*.

Tal como foi visto na Seção 5.5.1, Eq. (5.25), as funções de correlação cruzadas discretas $S_{xy}(l)$ e $S_{yx}(l)$ estão relacionadas por

$$S_{xy}(l) = S_{yx}(-l), \tag{10.13}$$

ou seja, uma é igual à outra rebatida com respeito à origem.

Exemplo 10.7 Considere o sinal discreto

$$x(k) = [\ldots, 0, 2, -1, 3, 7, 1, 2, -3, 0, \ldots],$$

com sete termos não nulos, e o sinal discreto

$$y(k) = [\ldots, 0, 1, -1, 2, -2, 4, 1, -2, 5, 0, \ldots]$$

com oito termos não nulos. Sua função de correlação cruzada discreta, $S_{xy}(l)$, pode ser obtida a partir da Eq. (10.11). Por exemplo, para $l = 0$, teremos

$$\begin{aligned} S_{xy}(0) &= \sum_{k=-\infty}^{\infty} x(k)y(k) \\ &= 2 \times 1 + (-1) \times (-1) + 3 \times 2 + 7 \times (-2) \\ &\quad + 1 \times 4 + 2 \times 1 + (-3) \times (-2) + 5 \times 0 = 7. \end{aligned}$$

Da mesma forma, para valores de $l > 0$, ter-se-á (verifique)

$$S_{xy}(1) = 13; \quad S_{xy}(2) = 18; \quad S_{xy}(3) = 16; \quad S_{xy}(4) = -7;$$
$$S_{xy}(5) = 5; \quad S_{xy}(6) = -3; \quad S_{xy}(l) = 0 \quad l \geq 7.$$

Analogamente, para valores de $l < 0$, ter-se-á (idem)

$$S_{xy}(-1) = 0; \quad S_{xy}(-2) = 33; \quad S_{xy}(-3) = -14; \quad S_{xy}(-4) = 36;$$
$$S_{xy}(-5) = 19; \quad S_{xy}(-6) = -9; \quad S_{xy}(-7) = 10; \quad S_{xy}(l) = 0 \quad l \leq -8.$$

Portanto, a função de correlação cruzada procurada pode ser expressa como

$$S_{xy}(l) = [\ldots, 0, 10, -9, 19, 36, -14, 33, 0, 7, 13, -18, 16, -7, 5, -3, 0, \ldots],$$

que contém 14 termos não nulos.[7] A Fig. 10.11 ilustra o resultado obtido.

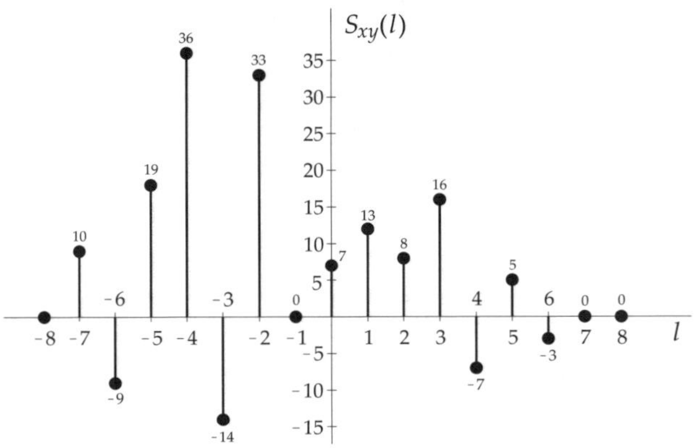

Figura 10.11: Gráfico da função de correlação discreta discreta $S_{xy}(l)$.

Note o caro leitor que o sinal $x(k)$, com sete termos não nulos, tem suporte $s_1 = 6\Delta t$, em que Δt é o intervalo de amostragem, e que o sinal $y(k)$ tem suporte $s_2 = 7\Delta t$. Por outro lado, o sinal $S_{xy}(l)$, com 14 termos "não nulos", terá suporte $s = s_1 + s_2 = 13\Delta t$. Finalmente, segundo a Eq. (10.13), a expressão para a função de correlação cruzada $S_{yx}(l)$ pode ser obtida por simples rebatimento, ou seja,

$$S_{yx}(l) = S_{xy}(-l) = [\ldots, 0, -3, 5, -7, 16, -18, 13, 7, 0, 33, -14, 36, 19, -9, 10, 0, \ldots].$$

As relações estabelecidas entre as operações de correlação e convolução no domínio contínuo, veja Subseção 5.5.1, permanecem válidas no domínio discreto. Desse modo, a função de correlação entre os sinais discretos $x(k)$ e $y(k)$ pode ser calculada a partir de um produto de convolução de $x(k)$ com $y(k)$ rebatido, na forma

$$S_{xy}(l) = x(l) * y(-l), \tag{10.14}$$

[7] Bem, estamos contando, entre os componentes "não nulos", o termo $S_{xy}(-1) = 0$, que calhou de, na manipulação algébrica expressa pela Eq. (10.11), se anular.

em que a operação '*' significa a convolução discreta, veja Seção 10.1.

Exemplo 10.8 Sejam os sinais discretos: $x_1(k)$, com $x_1(0) = 1/2$, $x_1(1) = 2$, $x_1(k) = 0$, se $k > 1$ ou $k < 0$; e $x_2(k)$ com $x_2(-2) = 1$, $x_2(-1) = 1$, $x_2(0) = 1$, $x_2(k) = 0$, se $k > 0$ ou $k < -2$. Deseja-se obter a função de correlação $S_{x_1x_2}(l)$. Voltando ao Ex. 10.1 (reveja-o), podemos observar, atentando para a Fig. 10.1, que $x_1(k) = x(k)$ e que $x_2(k) = h(-k)$, ou seja, $x_2(k)$ é $h(k)$ rebatida. Portanto, segundo a Eq. (10.14),

$$\begin{aligned} S_{x_1x_2}(l) &= x_1(l) * x_2(-l) \\ &= x(l) * h(l) \\ &= y(l) \\ &= [\ldots, 0, 1/2, 1, 5/2, 5/2, 2, 0, \ldots], \end{aligned}$$

conforme foi determinado naquele exemplo.

Ao contrário da operação de convolução de dois sinais, o cálculo da função de correlação desses sinais não é comutativa, excetuando-se o caso de os sinais serem idênticos. Nesse caso, tem-se uma *função de autocorrelação discreta*, definida por

$$S_{xx}(l) = \sum_{k=-\infty}^{\infty} x(k)x(l+k). \tag{10.15}$$

A função de autocorrelação indica, como se viu na Seção 5.5, o quanto um dado sinal tem a ver consigo próprio, por assim dizer. Com efeito, o valor máximo da função de autocorrelação de um dado sinal ocorre justamente quando o deslocamento entre o sinal e ele mesmo é nulo, ou seja, $l = 0$.

Exemplo 10.9 Vamos calcular a função de autocorrelação $S_{xx}(l)$ do sinal discreto $x(k) = r^k u(k)$, em que r é uma constante no intervalo $(0, 1)$ e $u(k)$ é o degrau unitário discretizado. Note que, devido à presença do degrau unitário, o somatório presente na Eq. (10.15) restringe-se ao intervalo $(0, \infty)$. Então tem-se[8]

$$\begin{aligned} S_{xx}(l) &= \sum_{k=0}^{\infty} x(k)x(l+k) \\ &= \sum_{k=0}^{\infty} r^k r^{(l+k)} \\ &= r^l \sum_{k=0}^{\infty} (r^2)^k \\ &= \frac{1}{1-r^2} r^l \end{aligned}$$

Naturalmente, se $l < 0$, $-l = |l|$, então a solução geral é

$$S_{xx}(l) = \frac{1}{1-r^2} r^{|l|}.$$

[8]Para a convergência da série, ver, por exemplo, M.R. Spiegel. Mathematical Handbook of Formulas and Tables. McGraw-Hill, New York, 1968 [223].

A Fig. 10.12 ilustra a função de autocorrelação discreta obtida, para $r = 1/2$.

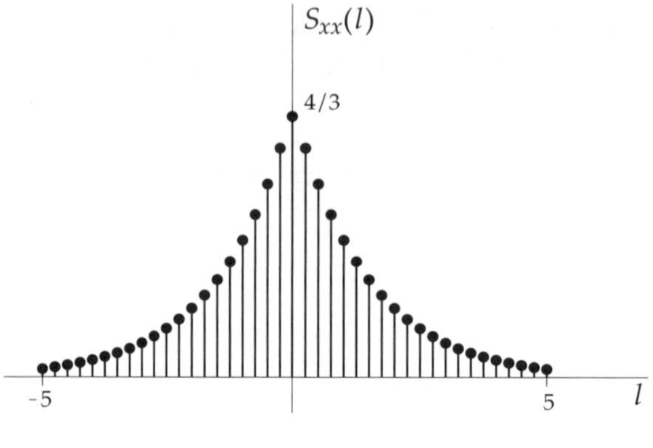

Figura 10.12: Gráfico da função de autocorrelação discreta $S_{xx}(l)$, para $r = 1/2$.

Além de, por sua construção, admitir comutatividade, a função de autocorrelação é igual a si mesma rebatida,[9] ou seja,

$$S_{xx}(l) = S_{xx}(-l), \tag{10.16}$$

portanto, a função de autocorrelação é invariavelmente uma função par, veja Seção 6.1.

Tanto a função de correlação cruzada como a função de autocorrelação podem ser normalizadas. Tal como foi feito na Subseção 5.5.2, a normalização é realizada pelo quociente entre as funções de correlação e a energia (finita) dos sinais. A função de correlação discreta normalizada é definida, portanto, por

$$\bar{S}_{xy}(l) = \frac{S_{xy}(l)}{\sqrt{E_x E_y}}, \tag{10.17}$$

em que E_x é a energia do sinal $x(k)$ e E_y é a energia do sinal $y(k)$. Analogamente, a função de autocorrelação discreta normalizada é definida por

$$\bar{S}_{xx}(l) = \frac{S_{xx}(l)}{E_x}. \tag{10.18}$$

Mas, como discutido anteriormente, a função de autocorrelação discreta envolve a "passagem" do sinal por si mesmo, o que significa que, quando $l = 0$, ou seja, quando não há deslocamento relativo, tem-se o valor máximo da correlação, que é o sinal quadrático. Portanto, a *energia do sinal* $x(k)$ pode ser estimada por

$$E_x = S_{xx}(0) = \sum_{k=-\infty}^{\infty} \left(x(k)\right)^2. \tag{10.19}$$

[9]Ver, por exemplo, J.G. Proakis, D.G. Manolakis. Digital Signal Processing: Principles, Algorithms, and Applications. 4th edition, Pearson Prentice Hall, New Jersey, 2007 [196].

Analogamente,

$$E_y = S_{yy}(0) = \sum_{k=-\infty}^{\infty} \big(y(k)\big)^2. \tag{10.20}$$

Portanto, a função de correlação cruzada discreta normalizada pode ser calculada como

$$\bar{S}_{xy}(l) = \frac{S_{xy}(l)}{\sqrt{S_{xx}(0)S_{yy}(0)}}. \tag{10.21}$$

E, de forma análoga, a função de autocorrelação discreta normalizada pode ser expressa como

$$\bar{S}_{xx}(l) = \frac{S_{xx}(l)}{S_{xx}(0)}. \tag{10.22}$$

Exemplo 10.10 Tomemos os sinais discretos $x(k)$ e $y(k)$, vistos no Ex. 10.7 (reveja-o). A energia do sinal $x(k)$ pode ser calculada como

$$\begin{aligned} E_x &= \sum_{k=-\infty}^{\infty} x^2(k) \\ &= 2^2 + (-1)^2 + 3^2 + 7^2 + 1^2 + 2^2 + (-3)^2 \\ &= 77. \end{aligned}$$

Já a energia do sinal $y(k)$ pode ser expressa como

$$\begin{aligned} E_y &= \sum_{k=-\infty}^{\infty} y^2(k) \\ &= 1^2 + (-1)^2 + 2^2 + (-2)^2 + 4^2 + 1^2 + (-2)^2 + 5^2 \\ &= 56. \end{aligned}$$

Portanto, a função de correlação cruzada discreta normalizada será dada, segundo a Eq. (10.17), por

$$\begin{aligned} \bar{S}_{xy}(l) &= \frac{S_{xy}(l)}{\sqrt{E_x E_y}} \\ &= \frac{1}{\sqrt{77 \times 56}} S_{xy}(l) \\ &= \frac{1}{65,66582}[\ldots,0,10,-9,19,36,-14,33,0,7,13,-18,16,-7,5,-3,0,\ldots]. \end{aligned}$$

Exemplo 10.11 Seja, agora, o sinal $x(k)$ visto no Ex. 10.4 (reveja-o). A sua função de autocorrelação discreta pode ser calculada, segundo a Eq. (10.15), por (confira)

$$S_{xx}(0) = 3; \quad S_{xx}(1) = 2; \quad S_{xx}(2) = 1; \quad S_{xx}(-1) = 2; \quad S_{xx}(-2) = 1,$$

com todos os demais termos nulos. Portanto, a função de autocorrelação discreta normalizada, segundo a Eq. (10.22), será

$$\bar{S}_{xx}(l) = \frac{1}{3}[\ldots,0,1,2,3,2,1,0,\ldots],$$

uma função discreta par, como evidencia a Fig. 10.13.

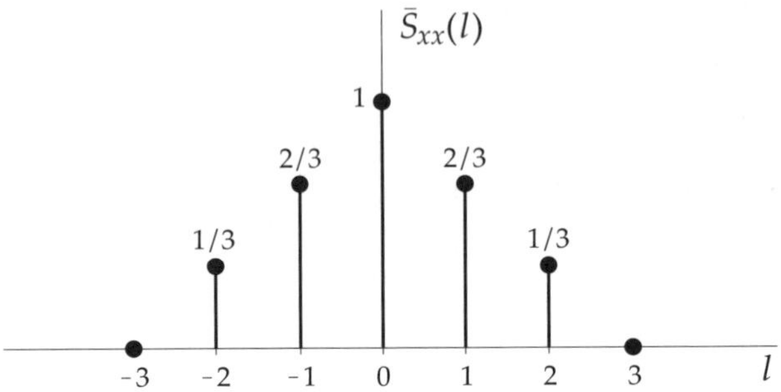

Figura 10.13: Gráfico da função de autocorrelação discreta normalizada $\bar{S}_{xx}(l)$.

Tratando-se de *sinais discretos periódicos* de período $N+1$, $x(k)$ e $y(k)$, sua função de correlação cruzada $S_{xy}(l)$ será dada por

$$S_{xy}(l) = \sum_{k=0}^{N} x(k)y(l+k), \tag{10.23}$$

um sinal periódico de mesmo período $N+1$. Naturalmente, com

$$S_{yx}(l) = S_{xy}(-l). \tag{10.24}$$

Analogamente, a função de autocorrelação do sinal $x(k)$ será dada por

$$S_{xx}(l) = \sum_{k=0}^{N} x(k)x(l+k) \tag{10.25}$$

e a função de autocorrelação do sinal $y(k)$ será dada por

$$S_{yy}(l) = \sum_{k=0}^{N} y(k)y(l+k), \tag{10.26}$$

ambas periódicas de período $N+1$.

A função de autocorrelação pode ser utilizada para detectar a periodicidade de um dado sinal corrompido por ruído aditivo. Essa característica será mais bem compreendida a partir de um exemplo.

Exemplo 10.12 Digamos que o sinal discreto $x(k) = A\cos(k\pi/5)$, com $0 \le k \le 99$ e A sendo uma amplitude constante, esteja corrompido por ruído aleatório branco aditivo $r(k)$ cujos valores estão compreendidos no intervalo $(-n, n)$, veja Seção 7.7. O sinal observado (medido), portanto, será

$$y(k) = x(k) + r(k). \tag{a}$$

A Fig. 10.14 ilustra o ruído branco $r(k)$, no intervalo $k \in (0, 99)$. Observe que trata-se, efetivamente, de um sinal aleatório, cuja média estatística, para uma amostra suficientemente grande, deverá ser nula. Todavia, não é demais lembrar que não temos acesso a esse sinal, ou seja, não podemos medi-lo diretamente.

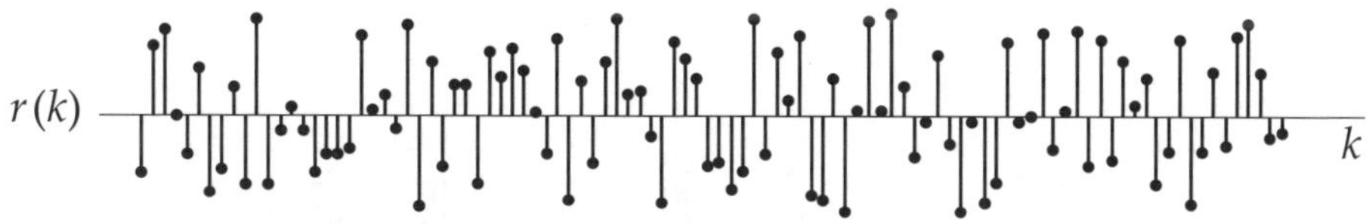

Figura 10.14: Sinal ruidoso $r(k)$, desconhecido, com amplitude limitada e, obviamente, nenhuma periodicidade.

A Fig. 10.15 mostra o sinal corrompido, $y(k)$, ou seja, é o sinal efetivamente medido. Observe que não é trivial observar a presença de uma periodicidade no sinal corrompido.

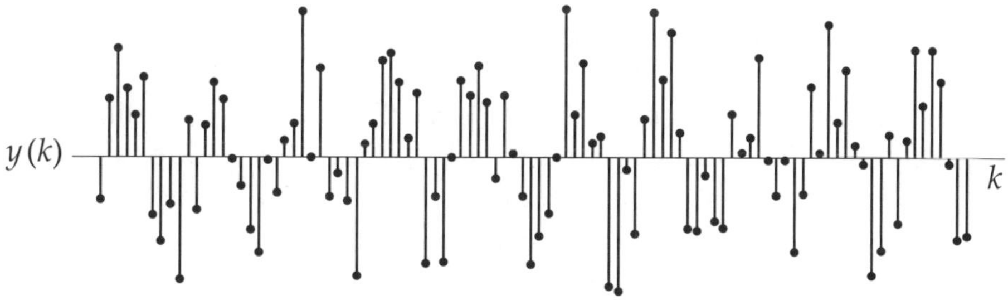

Figura 10.15: Sinal $y(k)$, medido, resultante do sinal original $x(k)$ adicionado ao sinal ruidoso $r(k)$, não apresentando uma periodicidade observável.

Contudo, se calcularmos a função de autocorrelação do ruído, $S_{rr}(l)$, veremos que esta é aproximadamente nula, exceto para $l = 0$ (lembre-se que a função de autocorrelação em $l = 0$ nada mais é que o sinal quadrático). Da mesma forma, as funções de correlação discreta $S_{xr}(l)$ e $S_{rx}(l)$ também fornecerão valores bem pequenos devido ao fato de que $x(k)$ e $r(k)$ não estarem correlacionados. Ora, substituindo a Eq. (a) na Eq. (10.15), ter-se-á (confira)

$$\begin{aligned}
S_{yy}(l) &= \sum_{k=-\infty}^{\infty} [x + r](k)[x + r](l + k) \\
&= \sum_{k=-\infty}^{\infty} x(k)x(l + k) + \sum_{k=-\infty}^{\infty} x(k)r(l + k) \\
&\quad + \sum_{k=-\infty}^{\infty} r(k)x(l + k) + \sum_{k=-\infty}^{\infty} r(k)r(l + k) \\
&= S_{xx}(l) + S_{xr}(l) + S_{rx}(l) + S_{rr}(l).
\end{aligned}$$

Portanto, como os três últimos termos são aproximadamente nulos (exceto em $l = 0$), pode-se afirmar que

$$S_{yy}(l) \approx S_{xx}(l), \quad l \neq 0.$$

Desse modo, a função de autocorrelação do sinal corrompido, ou seja, aquele que é efetivamente medido, se presta como uma boa estimativa da função de autocorrelação do sinal original — ao qual não temos acesso, naturalmente. A Fig. 10.16 mostra o resultado da função de autocorrelação do sinal medido, que indica a periodicidade procurada.

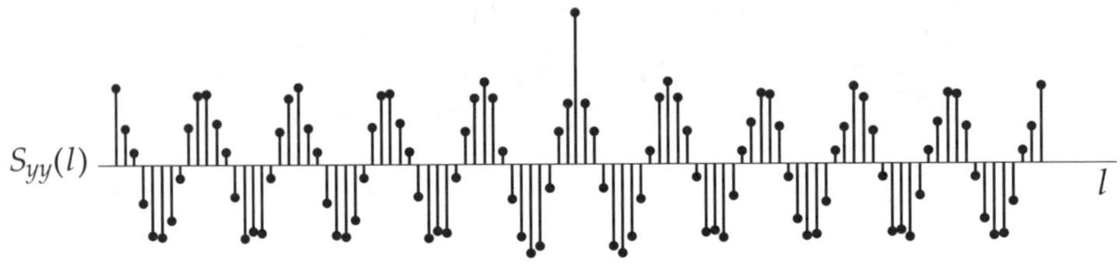

Figura 10.16: Função de autocorrelação discreta do sinal medido, $S_{yy}(l)$, bem similar à função de autocorrelação $S_{xx}(l)$, indicando a periodicidade procurada.

10.4 Domínio da frequência

Conforme foi discutido na Seção 7.5, ver Eqs. (7.38) e (7.49), tanto os produtos de convolução como as funções de correlação podem ser obtidos de forma mais expedita, passando-se, primeiramente, para o domínio da frequência.

Com efeito, se $\hat{x}(n)$ e $\hat{h}(n)$ são as transformadas de Fourier discretas dos sinais $x(k)$ e $h(k)$, respectivamente, então, seu produto de convolução no domínio da frequência pode ser expresso como

$$\hat{y}(n) = \hat{x}(n)\hat{h}(n). \tag{10.27}$$

Na Eq. (10.27), $\hat{y}(n)$ designa o *espectro discreto* de $y(k) = x(k) * h(k)$.

De modo análogo, se $\hat{x}(n)$ e $\hat{y}(n)$ são as transformadas de Fourier discretas dos sinais $x(k)$ e $y(k)$, respectivamente, então, a transformada de Fourier da função de correlação cruzada entre esses sinais, conhecida como *densidade espectral cruzada discreta* será dada por

$$\hat{S}_{xy}(n) = \hat{x}^*(n)\hat{y}(n), \tag{10.28}$$

em que '$*$' expressa o conjugado do sinal. Analogamente, teremos

$$\hat{S}_{yx}(n) = \hat{y}^*(n)\hat{x}(n). \tag{10.29}$$

Não custa reiterar que todas as transformadas de Fourier a que estamos nos referindo são transformadas discretas, mais especificamente, a FFT, veja Seção 9.5.

Por outro lado, a transformada de Fourier da função de autocorrelação, $\hat{S}_{xx}(n)$, também conhecida como *densidade espectral de potência discreta*, será dada por

$$\hat{S}_{xx}(n) = \hat{x}^*(n)\hat{x}(n). \tag{10.30}$$

As Eqs. (10.27–10.30) são, naturalmente, mais simples de computar do que as correspondentes expressões no domínio do tempo. O Ex. 10.13 apresenta um cálculo comparativo do custo computacional, avaliado em termos do número de operações necessárias em cada caso.

Exemplo 10.13 Admitamos, por simplicidade, sinais reais. Considere os sinais temporais discretos $x(k)$ e $h(k)$ contendo, digamos, $N = 4.096$ (2^{12}) amostras.[10] Nesse caso, o cálculo da operação de convolução discreta segundo a Eq. (10.2) necessita de

$$O_1 = 2 \times 2^{12}$$

operações de soma *e* multiplicação *para cada valor* de y e, portanto, o número total de operações será de[11]

$$\begin{aligned} O_2 &= [2 \times (2^{12})]^2 \\ &= 2^{26} \\ &= 67.108.864 \end{aligned}$$

operações. Por outro lado, a computação segundo a Eq. (10.27) exige somente

$$\begin{aligned} O_3 &= 2^{12} \\ &= 4.096 \end{aligned}$$

produtos. Todavia, dirá com toda a razão o atento leitor, seria necessário, para utilizarmos a Eq. (10.27), passarmos, previamente, do domínio do tempo para o domínio da frequência e vice-versa. Ora, isso pode ser executado via algoritmos FFT/IFFT que, conforme visto na Seção 9.5, têm custo computacional de $5N \log_2 N$ (em cada um dos sentidos). Para $N = 4096$ pontos esse custo seria de

$$\begin{aligned} O_4 &= 2 \times 5 \times 2^{12} \times 12 \\ &= 491.520 \end{aligned}$$

operações. O custo computacional total, incluindo as duas transformações de Fourier, seria, então,

$$\begin{aligned} O_5 &= 491.520 + 4096 \\ &= 495.616 \end{aligned}$$

operações, o que justifica plenamente o cálculo no domínio da frequência, uma vez que esse custo computacional (O_5) é cerca de $0,74\%$ do custo computacional via domínio temporal (O_2).

[10] Este é o número de amostras que um analisador FFT moderno tipicamente retém por vez para análise, por exemplo.

[11] Segundo S.C. Chapra, R.P Canale. Numerical Methods for Engineers. 7th edition, Mcgraw-Hill, New York, 2011 [46], nos computadores atuais o custo computacional de operações de soma/subtração e produto/divisão é equivalente.

III

Parte C — Aplicações

Capítulo 11

Aplicações em Acústica

Nada mais prático do que uma boa teoria.
Kurt Lewin

O dedicado leitor que chegou até aqui possivelmente deve ter fortes expectativas relativas às aplicações de técnicas de processamento de sinais em acústica, com respeito àquilo que foi visto em teoria nos dez capítulos anteriores. Todavia, vale lembrar que não só de teoria são constituídos os capítulos, tendo o autor tido o cuidado de espalhar inúmeros exemplos em A&V ao longo do texto. Neste capítulo, porém, nos dedicaremos ao estudo de aplicações, por assim dizer, do dia a dia, principalmente no que se refere aos ensaios e experimentos mais clássicos e usuais em acústica.

Talvez o leitor se pergunte o porquê da escolha da epígrafe, introduzindo este capítulo de aplicações em acústica. Bem, o texto de Kurt Lewin parece constituir um certo paradoxo, mas, ao menos, não está em desacordo com as convicções deste autor, que acredita que nada melhor do que o domínio teórico bem fundamentado de um determinado assunto para orientar com segurança os procedimentos de uma ação prática, como uma medição ou um experimento.[1]

Nas seções a seguir, serão abordados alguns dos ensaios mais comuns em acústica e algumas das técnicas utilizadas para a obtenção de resultados confiáveis, com a indicação dos procedimentos necessários à sua plena execução. Sempre que possível, será feita referência ao capítulo ou seção do livro, relativo às

[1]Há um aforismo famoso — e jocoso —, encontrado em alguns laboratórios de pesquisa espalhados mundo afora, que diz: "Teoria é quando se sabe a explicação de tudo, mas nada funciona. Prática é quando tudo funciona, mas não se sabe o porquê. Aqui se coaduna teoria e prática: nada funciona e ninguém sabe a razão".

Partes A ou B, onde se encontram as definições, equações e conceitos que foram introduzidos e que são afeitos aos ensaios ou técnicas de medição abordadas.[2]

Em particular, o leitor observará que as seções se referem — com exceção da última — a distintas *técnicas de medição*. Com efeito, como mencionado, o objetivo do presente capítulo é aplicar os conceitos que foram anteriormente estudados em ensaios, medições e avaliações de uso mais corriqueiro na área de acústica. Mesmo na última seção, que trata de simulação computacional em acústica de salas, será visto que nos próprios algoritmos dos programas de simulação estão implícitas algumas das técnicas fundamentais em processamento de sinais abordados ao longo do texto.

Em todas as expressões e equações, tanto deste capítulo como do Capítulo 12, adotam-se as unidades do *sistema internacional de unidades*, SI.[3] Nesse sistema, as sete grandezas fundamentais e suas correspondentes unidades e símbolos são: *comprimento* (metro – m); *massa* (quilograma – kg); *tempo* (segundo – s); *corrente elétrica* (Ampére – A); *temperatura termodinâmica* (Kelvin – K), *intensidade luminosa* (candela – cd); e *quantidade de substância* (mol – mol). Todavia, dentre estas, somente três terão interesse para as aplicações em acústica e vibrações, a saber: comprimento, massa e tempo. Sempre que possível, será indicada a unidade, no SI, das grandezas envolvidas.

Na Seção 11.1 discute-se a aplicação dos analisadores de sinais — em particular os analisadores FFT — às medições em acústica. Especial atenção é dada à utilização de analisadores FFT de dois canais, pela possibilidade de cálculo de autoespectro, espectro cruzado, coerência etc., de grande valia em ensaios acústicos. Na Seção 11.2 é feito um apanhado geral das técnicas de ensaio para a determinação de respostas impulsivas (RIs) e funções de transferência (FTs) de sistemas, particularmente para sistemas lineares e invariantes no tempo, mais comuns em A&V. A Seção 11.3 aborda a medição de ruído com a utilização de sonômetros. A estrutura básica de um sonômetro é estudada e seus diversos componentes são considerados. A Seção 11.4 verifica como é feita uma medição de dose de ruído utilizando-se um dosímetro. A medição de intensidade sonora por meio de sondas de intensidade é o tema discutido na Seção 11.5. Analisa-se, em particular, as chamadas sondas p–p, que consistem em sistemas com dois microfones, e os erros característicos desse sistema de medição são revistos. Já na Seção 11.6 analisa-se o levantamento, por medição, do tempo de reverberação em salas. Em particular, na Subseção 11.6.1, considera-se a técnica clássica de supressão de ruído; já na Subseção 11.6.2 estuda-se o método da integração reversa para, a partir da resposta impulsiva medida na sala, obterem-se as curvas de decaimento e, a partir destas, os tempos de reverberação por bandas de frequência.

Na Seção 11.7 disserta-se sobre métodos de medição de potência sonora de fontes acústicas. Já a Seção 11.8 trata de métodos de avaliação de coeficientes de

[2]Recomendamos aqui alguns dos excelentes livros-texto que abordam *aplicações de processamento de sinais em acústica e vibrações*: [35], [98], [139], [216], [238] e [240], ver Referências Bibliográficas.

[3]Ver, por exemplo, H.D. Young, R.A. Freedman. Física I. 10ª edição, Pearson, São Paulo, 2003 [254].

absorção de materiais. Na Subseção 11.8.1 estuda-se o método do tubo de impedância, suas vantagens e suas importantes restrições; na Subseção 11.8.2 analisa-se o método de campo difuso, ou de câmera reverberante, apontando-se também suas vantagens e desvantagens. A Seção 11.9 dedica-se à análise do método de medição de coeficientes de espalhamento. A Seção 11.10 trata da avaliação da inteligibilidade da fala, seja através do STI, seja a partir do levantamento do índice de articulação no ambiente em estudo. A Seção 11.11 trata, de maneira bem sumária, de acústica musical e de uma análise da questão do timbre de um instrumento musical. Finalmente, a Seção 11.12 — que não trata de medições acústicas, mas sim de simulação computacional — aborda os métodos de simulação de campo acústico em salas, discutindo adicionalmente a obtenção das respostas impulsivas biauriculares em salas e a técnica de geração de aurilização por meio da convolução dessas respostas com sinais monoauriculares anecoicos.

As seções a seguir podem ser estudadas em qualquer ordem. Todavia, vale alertar que as Seções 11.1 e 11.2, por seu conteúdo mais geral, são de singular importância e recomenda-se sua leitura prévia. Para fundamentação em acústica, recomendam-se os seguintes textos, todos constantes das Referências Bibliográficas: [17], [21], [42], [68], [131] [140], [150], [163], [193], [220], [233], [251] e [256].

11.1 Medições com analisador FFT de dois canais

O principal objetivo na análise de sistemas — lineares ou não — é medir relações entre entrada e saída de sinais. Um analisador FFT, ou seja, um analisador espectral digital, permite que seja calculada a transformada de Fourier de um dado sinal, geralmente incluindo a conversão A/D, veja Capítulo 8, a aplicação de um filtro antidobramento, veja Seção 8.3, a conversão do sinal discreto para o domínio da frequência via transformada rápida de Fourier (FFT), veja Seção 9.5, e a apresentação de resultados.

Análise em dois canais

Adicionalmente, um analisador espectral de dois canais permite a avaliação de diversas funções que descrevem o comportamento dinâmico do sistema em estudo, em particular o espectro cruzado entre os dois sinais, veja Seção 7.6. As funções caracterizam o sistema independentemente dos sinais de entrada e saída e podem ser utilizadas para prever a saída devido a uma entrada conhecida — um *problema direto* — ou para determinar a entrada que causará uma dada saída — um *problema inverso*. Uma aplicação essencial de análise de sinais em dois canais será, portanto, obter uma medida da validade do modelo linear que forma a base da análise do sistema, lembrando que sistemas acústicos e vibratórios podem ser considerados, em sua esmagadora maioria, como sistemas lineares invariantes no tempo. A função de dois canais que pode ser usada para isso é a chamada *função de coerência*, veja Seção 7.6. A função de coerência é, portanto, de importância fundamental em uma medição em dois canais. Todavia, vale lembrar que somente a prática propiciará o pleno aproveitamento dos inúmeros recursos de um analisador FFT de dois canais.

A realização de análise de um sistema com um analisador FFT de dois canais oferece uma série de vantagens. Em primeiro lugar, é possível medir a *função de transferência* (FT) ou *função de resposta em frequência* mesmo que o sinal de entrada ou o sinal de saída esteja contaminado com ruído espúrio, ou seja, mesmo em situações em que outras entradas além daquelas que se pretende medir estão presentes. Em segundo lugar, a função de transferência estimada representará o melhor ajuste linear (no sentido dos mínimos quadrados) para o sistema. Isso é muito importante, inclusive, na análise de *sistemas não lineares*, onde um melhor ajuste linear é necessário para a modelagem matemática.

Em várias aplicações, um analisador FFT de dois canais é utilizado para medir duas saídas de um sistema. O atraso de tempo (ou o atraso de fase) entre os dois sinais pode ser determinado a partir da *função de correlação cruzada*, veja Seção 5.5, que é uma das funções básicas de um analisador FFT de dois canais.

Se, a título de exemplo, os dois sinais de entrada do analisador forem sinais de pressão sonora medidos por dois microfones próximos, os sinais das medições podem ser utilizados para o cálculo da intensidade acústica, veja Subseção 11.5. A identificação da trajetória de transmissão e a localização da fonte sonora são alguns exemplos de aplicações de um analisador FFT de dois canais. A Fig 11.1 ilustra o diagrama de blocos de um analisador de espectro de dois canais.

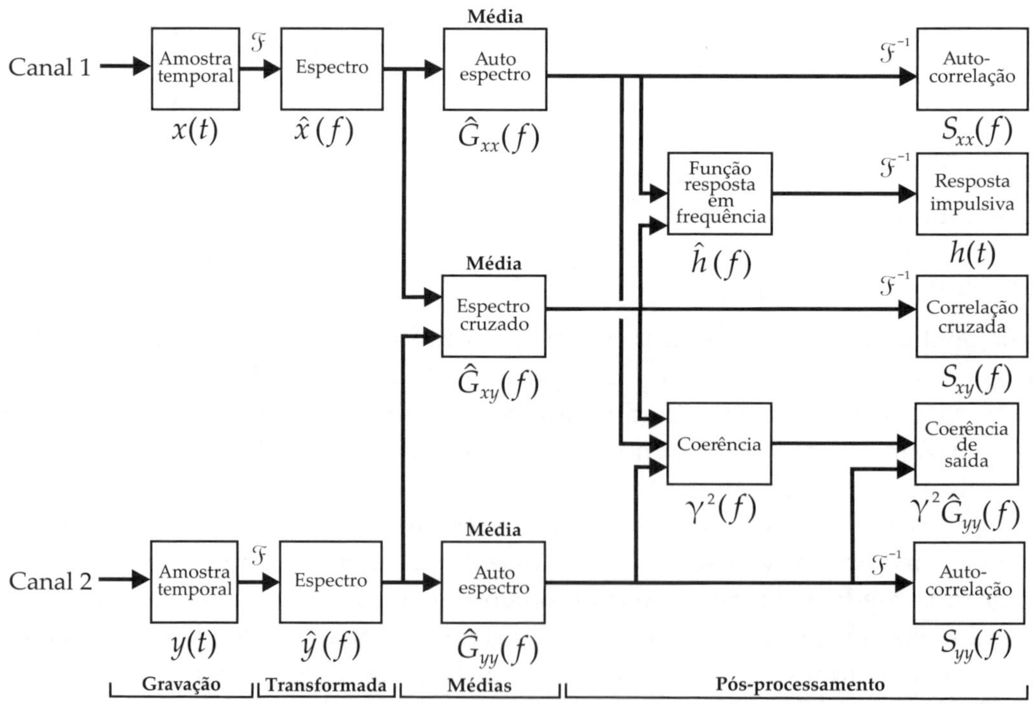

Figura 11.1: Diagrama de blocos de um analisador FFT de dois canais, indicando as suas duas entradas — Canal 1 e Canal 2 — e diversas saídas.

Analisadores dedicados

A Fig. 11.2 apresenta a face frontal de um analisador FFT de dois canais comercial. Usualmente, um grande conjunto de recursos para o condicionamento, análise e apresentação dos resultados está disponível.

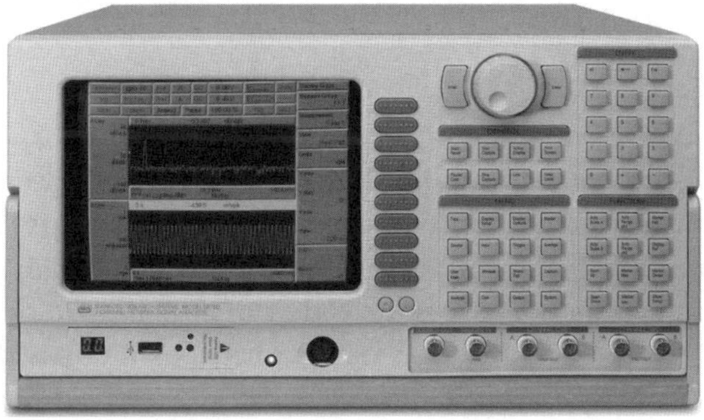

Figura 11.2: Imagem da face frontal típica de um analisador comercial FFT de dois canais (do fabricante Stanford Research Systems).

A medição com o analisador FFT de dois canais consiste em registrar os sinais nos dois canais, seguidos de uma transformada de Fourier dos sinais temporais em cada um desses canais. Isso resultará, após a multiplicação e a execução da média de 'N' amostras, nos dois autospectros e no espectro cruzado dos sinais, ver Seção 7.6. Todas as outras funções que constam do diagrama da Fig 11.1 podem ser calculadas por pós-processamento e, embora várias delas sejam necessárias na análise, apenas uma medição necessita ser realizada. Isso é muito importante em aplicações práticas. Por exemplo, uma estimativa da função de transferência de um sistema é calculada dividindo-se o *espectro cruzado* entre os sinais de entrada e saída pelo *autoespectro* do sinal de entrada. A *resposta impulsiva* correspondente pode então ser obtida simplesmente fazendo-se a transformada inversa de Fourier (IFFT). A *função de coerência* pode ser encontrada dividindo-se o quadrado do espectro cruzado pelo autospectro. Para maiores informações sugere-se a (re)leitura das Seções 5.5 e 7.6. Ver, também, as referências [12], [13], [98] e [221].

No diagrama de blocos ilustrado na Fig. 11.1 pode-se observar que os sinais temporais captados pelos Canais 1 e 2 do analisador, respectivamente, $x(t)$ e $y(t)$, são, em uma primeira etapa, transformados, via FFT, nos sinais frequenciais $\hat{x}(f)$ e $\hat{y}(f)$.[4] Numa segunda etapa, são executadas as *médias* e são calculados os autoespectros, ou melhor, as funções de densidade espectral unilaterais $\hat{G}_{xx}(f)$ e $\hat{G}_{yy}(f)$, bem como a função de densidade espectral cruzada unilateral, $\hat{G}_{xy}(f)$, veja Seção 7.6. Na região assumida como de *pós-processamento* tem-se, numa terceira etapa, o cálculo da *função de resposta em frequência* ou *função de transferência* do

[4]Na realidade, todos esses sinais são *discretos*, ou seja, passaram antes por um conversor A/D de modo que, efetivamente, os sinais de entrada no analisador são $x(k)$ e $y(k)$ e, após a aplicação da FFT, $\hat{x}(n)$ e $\hat{y}(n)$, veja Capítulo 8.

sistema em análise e o cálculo da *função de coerência*. Finalmente, na última etapa do diagrama de blocos do analisador, é realizada a IFFT de resultados anteriores, conduzindo à obtenção de: funções de autocorrelação, $S_{xx}(t)$ e $S_{yy}(t)$; resposta impulsiva do sistema, $h(t)$; e função de correlação cruzada, $S_{xy}(t)$. Adicionalmente, o analisador pode oferecer o sinal em frequência, denominado *coerência de saída*, dada por $\gamma^2\hat{G}_{yy}(f)$.

Processamento por *software*

Com a disseminação e barateamento de computadores pessoais — os assim chamados *laptops* ou *notebooks* —, uma tendência natural tem sido a substituição dos processadores dedicados, como o ilustrado na Fig. 11.2, por processamento de sinais utilizando-se do poderoso programa computacional `Matlab`®. Diversas *toolboxes*, que constituem ferramentas específicas de trabalho dentro do ambiente `Matlab`, têm sido desenvolvidas, em particular para aplicações na área de processamento de sinais, acústica e vibrações. Uma dessas *toolboxes* é conhecida como *ITA-toolbox*, ferramenta bastante completa, ou seja, dispondo de muitos recursos, desenvolvida por pesquisadores do IHTA (*Institute for Hearing Technology and Acoustics of RWTH Aachen University*), em Aachen, Alemanha.[5] Esta é uma ferramenta bastante utilizada por estudantes e pesquisadores brasileiros na área de acústica. Uma das grandes vantagens de se utilizarem códigos em `Matlab` consiste na possibilidade de programar, em um código relativamente simples, todos os procedimentos de um ensaio. Todavia, a utilização de placas conversoras A/D (e, eventualmente, D/A) — usualmente incorporadas a um processador dedicado — será sempre necessária.

11.2 Medição de respostas impulsivas e funções de transferência

A determinação da resposta impulsiva (RI) e/ou da função de transferência (FT)[6] de um sistema linear invariante no tempo ($\mathcal{SLI}$) constitui o problema inverso mais comum na área de acústica e vibrações (A&V).

Trata-se, efetivamente, de um problema inverso, uma vez que, conforme indicado na Fig. 11.3, conhece-se o sinal de excitação, $x(t)$, e o sinal de resposta do sistema, $y(t)$, e deseja-se determinar a resposta do sistema ao impulso unitário, $h(t)$, ou seja, sua RI. A função de transferência, naturalmente, é simplesmente a transformada de Fourier da RI, veja Seção 5.4.

---

[5]Ver, por exemplo, P. Dietrich, B. Masiero, M. Müller-Trapet, M. Pollow, R. Scharrer. MATLAB-Toolbox zum Verständnis digitaler Messtechnik und Signalverarbeitung – MATLAB Toolbox for the Comprehension of Acoustic Measurement and Signal Processing, in Fortschritte der Akustik – DAGA, 2010 [65] ou M. Berzborn, R. Bomhardt, J. Klein, J.-G. Richter, M. Vorländer. The ITA-Toolbox: An open source MATLAB toolbox for acoustic measurements and signal processing. Proceedings of the 43th Annual German Congress on Acoustics, Kiel, 2017 [19].

[6]A *função de transferência*, FT, é também conhecida como *função de resposta em frequência*, FRF. Aqui, adotaremos, por simplicidade, a abreviatura FT.

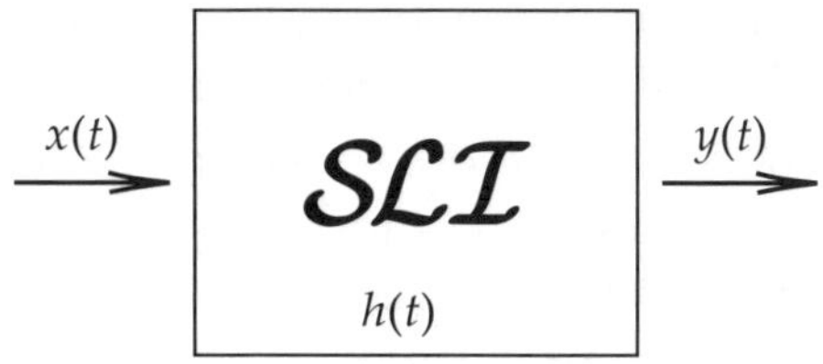

Figura 11.3: Excitação, $x(t)$, e resposta, $y(t)$, em um sistema linear invariante no tempo, $\mathcal{SLI}$, cuja resposta impulsiva é $h(t)$.

Excitação com ruído

O procedimento está presente em inúmeras situações, dentre as quais podemos citar: determinação da FT de um alto-falante; determinação da RI de uma sala para uma dada posição; avaliação da FT em uma viga vibrante; cálculo da RI do tampo de um violão clássico; medição da FT de um microfone ou de um fone de ouvido; dentre muitíssimos outros exemplos.

A Fig. 11.4 ilustra o diagrama de blocos para o procedimento geral visando a obtenção da resposta impulsiva e a função de transferência de um sistema linear invariante no tempo, partindo do pressuposto de que o procedimento utiliza sinais temporais. Em alguns casos, quando a obtenção da FT é obtida primeiramente, uma transformada inversa rápida de Fourier (IFFT) é necessária para a obtenção da RI.

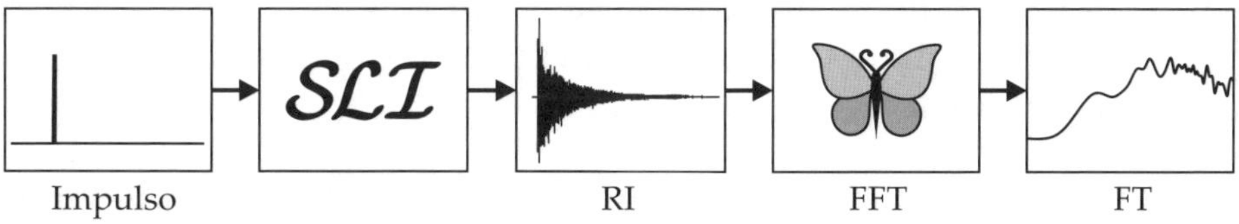

Figura 11.4: Procedimento genérico para a obtenção da RI e a FT de um sistema linear invariante no tempo, $\mathcal{SLI}$. FFT representa a transformada rápida de Fourier, ver Seção 9.5.

Conforme foi visto na Seção 7.5, a resposta impulsiva de um sistema linear invariante no tempo, $h(t)$, pode ser obtida via transformadas de Fourier segundo o procedimento de *deconvolução*, expresso pela Eq. (7.46), veja Seção 7.5, reproduzida a seguir,

$$h(t) = \mathcal{F}^{-1}\left[\frac{\mathcal{F}[y(t)]}{\mathcal{F}[x(t)]}\right], \tag{11.1}$$

em que $x(t)$ é o sinal de excitação e $y(t)$ é o sinal de resposta do sistema. Reitera-se aqui ser imperioso que o espectro do sinal de excitação seja não nulo em toda a região de interesse em frequência, de modo a não haver divisão por zero. Note-se que a Eq. (11.1) é de extrema utilidade, principalmente se considerarmos que as duas transformadas de Fourier e a transformada inversa de Fourier serão realizadas pelos algoritmos rápidos FFT e IFFT, veja Seção 9.5.

Uma alternativa de processamento de sinais é realizar a obtenção da RI diretamente no domínio do tempo utilizando um *filtro inverso*. No caso de utilizarmos como sinal de excitação o *ruído branco*, ver Seção 7.7, o filtro inverso é simplesmente o sinal temporal revertido no tempo. Este último sinal, convoluído com a saída do sistema, conduz à RI procurada, como indicado na Fig. 11.5. Desejando-se a FT do sistema, basta então aplicar uma FFT.

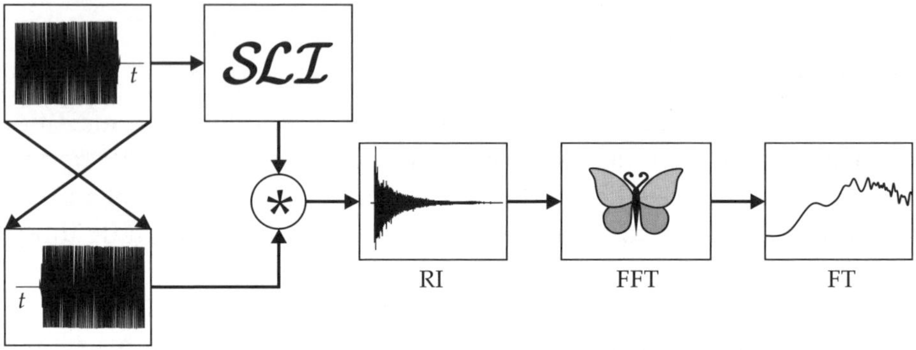

Figura 11.5: Procedimento de convolução do sinal de saída de um sistema linear invariante no tempo com o sinal de excitação revertido no tempo para a obtenção de sua RI.

Já se for utilizado um sinal de excitação com coloração,[7] transformadas de Fourier se farão necessárias para a construção do filtro inverso, o que deve ser executado no domínio da frequência, veja Fig. 11.6.

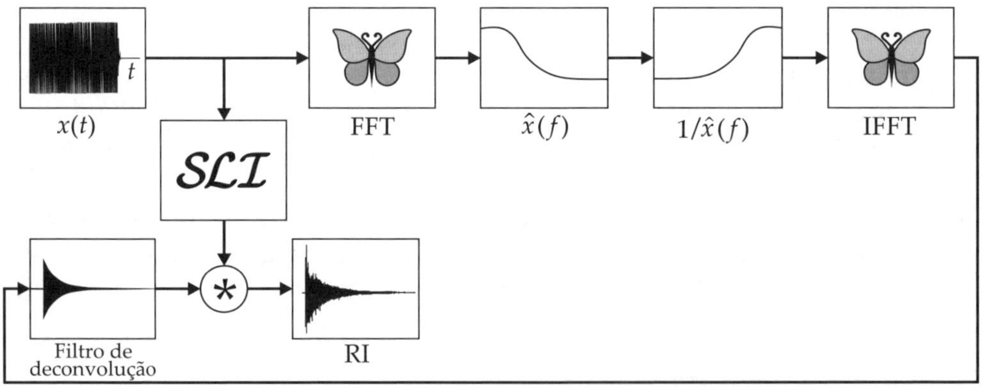

Figura 11.6: Procedimento de obtenção da RI de um sistema linear invariante no tempo via convolução do sinal de saída com o sinal de excitação invertido e corrigido em seu espectro.

[7]Referir-nos-emos a sinais ruidosos com coloração sempre que não se tratar de ruído branco, por exemplo, o ruído rosa, ver Seção 7.7.

O sinal temporal, então, é passado para o domínio da frequência; em seguida, seu espectro é invertido,[8] o que significa inverter o módulo e trocar o sinal ($\pm$) da fase; realizar a transformada inversa de Fourier; e, finalmente, convoluir o resultado com a saída do sistema. A Fig. 11.6 ilustra o diagrama de blocos do procedimento.

Rigorosamente falando, qualquer sinal $x(t)$ pode ser utilizado como sinal de excitação para a determinação da RI e a FT respectiva em um sistema linear invariante no tempo, *desde que* $x(t)$ *tenha suficiente energia em toda a região de interesse* e acima do ruído — sempre presente em um procedimento de medição. Portanto, podem-se utilizar sinais de excitação tais como ruídos os mais variados, sinais pseudorrandômicos, sinais periódicos, sinais de varredura em frequência, música etc.[9] Por exemplo, na utilização de sinais pseudorrandômicos para a determinação da RI em salas, tem-se a vantagem de poder avaliar a sala ocupada — o que oferecerá parâmetros de qualidade acústica muitas vezes distintos daqueles da sala vazia — e que pode ser alcançado por um procedimento de correlação cruzada, ver Seção 5.5.

Sinais MLS

Desde a década de 1970, sequências de comprimento máximo — conhecidas pela sigla MLS (do inglês, *maximum length sequences*) — vêm sendo utilizadas em aplicações em A&V [214]. Trata-se de sequências binárias, pseudorrandômicas e periódicas cuja geração é realizada por meio de um registro de deslocamento linear [89], como o ilustrado na Fig. 11.7.

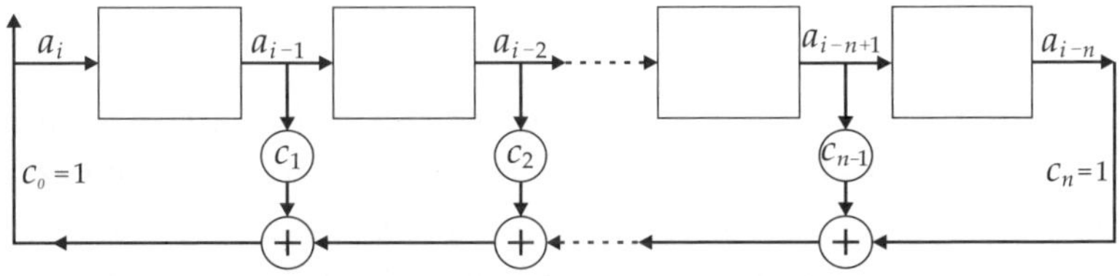

Figura 11.7: Registro de deslocamento linear de n estágios utilizado para gerar um sinal MLS.

Sequências MLS têm período ou comprimento $L = 2^n - 1$, n inteiro, e originam-se da teoria dos números.[10] A Fig. 11.8 ilustra um sinal MLS delimitado em amplitude no intervalo $(-1, 1)$ e com período $L = 7$.

[8] Não se deve confundir os termos *reverter* e *inverter*. Reverter um sinal temporal $x(t)$ significa tocá-lo de trás para a frente; inverter um espectro $\hat{x}(f)$ significa calcular seu inverso, $1/\hat{x}(f)$.

[9] Ver, por exemplo, S. Müller, P.M. Massarani. Transfer-function measurements with sweeps. *J. Audio Eng. Soc.*, 49:443–471, 2001 [175].

[10] A *Teoria dos Números* é um ramo da matemática usualmente considerada pelos não matemáticos como um tanto esotérica ou destituída de aplicação prática; todavia esse é um grande equívoco, como demonstrou, por exemplo, o famoso físico, matemático (e acústico) Manfred Schroeder (1926–2009) em seu livro: *Number Theory in Science and Communication with Applications in Cryptography, Physics, Digital Information, Computing, and Self-Similarity* [214].

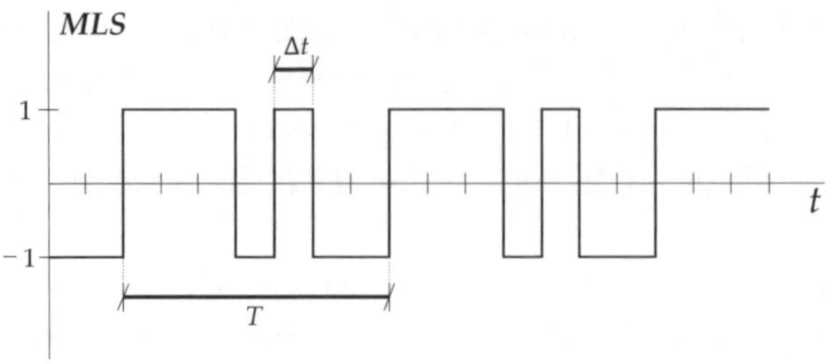

Figura 11.8: Um sinal MLS com determinação de amplitude $(-1, 1)$ e comprimento $L = 7$, periodizado. Note que $T = L\Delta t$.

A sequência MLS que gerou o sinal é: [0,0,1,1,1,0,1], que foi convertida para: [−1,−1,1,1,1,−1,1]. A sequência, em seguida, é periodizada, de modo a ter a duração necessária ao ensaio. Por exemplo, se estamos levantando a RI de uma sala que tem tempo de reverberação de, digamos, 2 segundos, a duração do sinal MLS de excitação deverá ter duração maior, tal como 3 segundos, e o número de períodos utilizado deve estar de acordo com essa duração.

Como mencionado, sinais pseudorrandômicos como o MLS foram bem comuns em ensaios na área de A&V a partir da década de 1970, com a vantagem de poderem ser utilizados para, por exemplo, levantar RI e FT em salas ocupadas. Todavia, o procedimento de ensaio exige o cálculo da função de correlação cruzada, o que, para sinais digitais, requer a utilização da transformada de Hadamard,[11] que constitui uma forma generalizada da transformada de Fourier.[12]

Sinais aleatórios

É possível, também, utilizarem-se sinais aleatórios, no lugar de sinais determinísticos, para a excitação do sistema. Como o sinal não é previsível, é necessário medir tanto a entrada como a saída do sistema linear invariante no tempo. É necessário processar $x(t)$ e $y(t)$ no domínio da frequência, via FFT, utilizando o arranjo clássico de um analisador de Fourier de dois canais,[13] ver Seção 11.1. O analisador toma o canal de entrada (C1: $x(t)$) e de saída (C2: $y(t)$) do sistema linear invariante no tempo e, após a aplicação de uma janela, os passa ao domínio da frequência via FFT. Em seguida, são feitas médias para os autoespectros, ver Seção 7.6, $\hat{G}_{xx}(f)$ e $\hat{G}_{yy}(f)$, e para o espectro cruzado, $\hat{G}_{xy}(f)$, na forma

$$\hat{G}_{xx}(f) = \frac{1}{n}\sum_{i=1}^{n} |\hat{x}_i(f)|^2; \tag{11.2}$$

[11] Jacques Salomon Hadamard (1865–1963), matemático francês.

[12] Ver, por exemplo, H.O. Kunz. On the equivalence between one-dimensional discrete Walsh-Hadamard and multidimensional discrete Fourier transforms. *IEEE Transactions on Computers*, 28(3):267–8, 1979 [148].

[13] Ver, por exemplo, H. Herlufsen. Dual Channel FFT Analysis (Part I, II), Brüel & Kjaer Technical Review N° 1, 1984 [104].

$$\hat{G}_{yy}(f) = \frac{1}{n}\sum_{i=1}^{n} |\hat{y}_i(f)|^2; \tag{11.3}$$

$$\hat{G}_{xy}(f) = \frac{1}{n}\sum_{i=1}^{n} \hat{x}_i^*(f)\hat{y}_i(f). \tag{11.4}$$

Nas Eqs. (11.2–11.4), n é o número de medições que se utilizam para extrair a média e '$*$' indica o conjugado. Note que os dois autoespectros são reais, enquanto o espectro cruzado é complexo. Ruído aditivo não correlacionado tende, portanto, a desaparecer com as médias, com n crescente.

A função de transferência complexa será obtida, naturalmente, a partir do quociente

$$\hat{h}(f) = \frac{\hat{y}(f)}{\hat{x}(f)}. \tag{11.5}$$

Multiplicando, em seguida, o numerador e o denominador por $\hat{x}^*(f)$, tem-se

$$\begin{aligned}\hat{h}(f) &= \frac{\hat{x}^*(f)\hat{y}(f)}{\hat{x}^*(f)\hat{x}(f)} \\ &= \frac{G_{xy}(f)}{G_{xx}(f)}.\end{aligned} \tag{11.6}$$

Portanto, a função de transferência do sistema pode ser calculada como o quociente entre o espectro cruzado e o autoespectro do sinal de excitação.[14]

Sinais de varredura

Finalmente, um sinal que tem sido muito utilizado em ensaios de acústica para o levantamento da resposta impulsiva de um dado sistema linear é o *sinal de varredura em frequência*, também conhecido como *sweep sine*, na terminologia em inglês. O sinal de varredura, como diz o nome, varre toda uma gama de frequências dentro do domínio desejado, excitando, portanto, o sistema em todas as frequências de interesse.

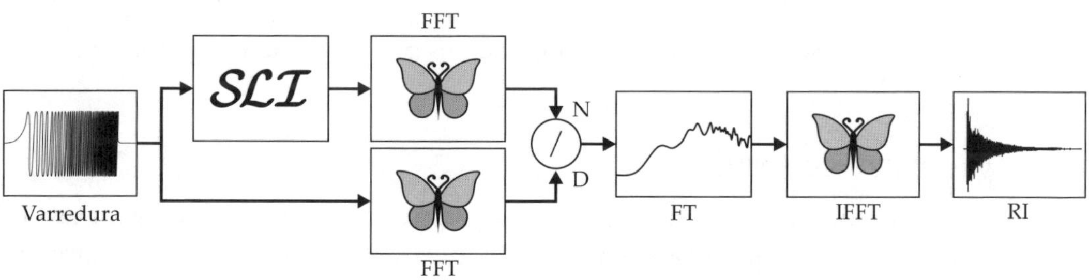

Figura 11.9: Esquema geral do ensaio para a obtenção da resposta impulsiva de um sistema linear invariante no tempo utilizando um sinal de varredura em frequência.

[14]Usualmente, há mais ruído aditivo sobre $y(t)$ do que sobre $x(t)$, o que indica ser essa a melhor forma de avaliar a função de transferência do sistema.

Sua programação, por exemplo, em Matlab®, é simples, podendo ser facilmente utilizada em medições comandadas por computador. A Fig. 11.9 ilustra o diagrama de blocos para o levantamento da FT e da RI de um sistema linear invariante no tempo utilizando um sinal de varredura em frequência.

O sinal de varredura em frequência é um sinal determinístico que tem vantagem de oferecer uma boa relação sinal-ruído aos ensaios.[15] Como todo sinal determinístico, podem ser efetuadas médias no domínio do tempo. Como indica a Fig. 11.9, o sinal de varredura excita o sistema linear invariante no tempo e sua saída é passada para o domínio da frequência via transformada de Fourier. Em seguida, esse espectro é dividido pelo espectro original do sinal de varredura, o que "corrige" a sua não planaridade. O resultado é então a função de transferência do sistema. Finalmente, uma transformada inversa de Fourier fornece a resposta impulsiva desejada.

11.3 Medição de ruído utilizando sonômetro[16]

A medição de níveis de pressão sonora é, provavelmente, o ensaio mais usual na área de acústica. Os equipamentos dedicados a essa função são denominados *medidores de nível de pressão sonora* ou, mais simplesmente, *sonômetros*. A Fig. 11.10 ilustra os elementos principais que constituem um sonômetro.

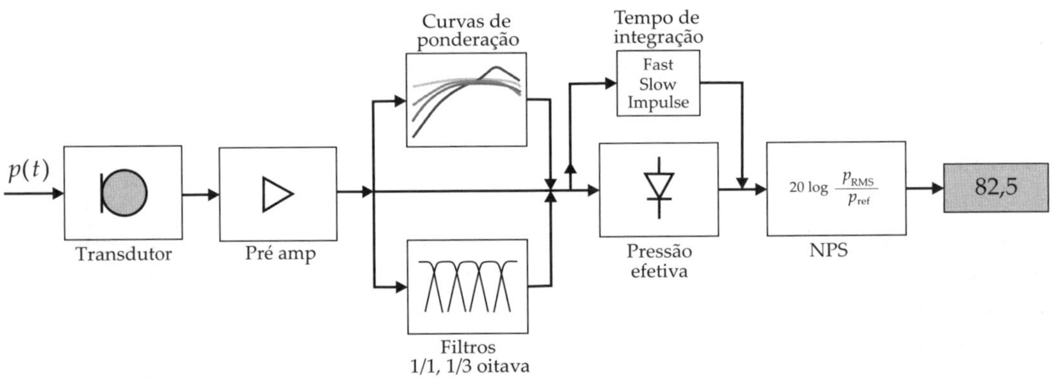

Figura 11.10: Esquema geral dos componentes principais de um sonômetro.

Elementos de um sonômetro

O primeiro elemento a considerar é, evidentemente, o *transdutor*, no caso, um microfone, cuja função é converter a flutuação de pressão acústica, $p(t)$, em uma flutuação de tensão elétrica, $V(t)$. A *sensibilidade de um microfone* é a razão entre a amplitude da tensão elétrica e a amplitude da pressão sonora, medida em

[15] Ver, por exemplo, S. Müller, P.M. Massarani. Transfer-function measurementes with sweeps. *J. Audio Eng. Soc.*, 49:443–471, 2001 [175].

[16] Esta seção foi elaborada em coautoria com o Prof. Paulo H. Mareze.

(Volt/Pa) no SI. O microfone deve ser energizado com uma tensão de alimentação (p. ex. 48 V).[17] O segundo elemento na cadeia de processamento de um sonômetro é a aplicação de um pré-amplificador. Isso é necessário pois é sabido que a flutuação da pressão sonora é de muito pequena amplitude,[18] resultando que a tensão $V(t)$ também será de pequena amplitude.

Em seguida, opcionalmente, o sinal passa por *curvas de ponderação*, que constituem filtros em frequência dedicados a compensar a medição de modo a aproximá-la à audição humana média. A Fig. 11.11 ilustra o comportamento de três curvas de ponderação mais utilizadas: A; C; e Z.

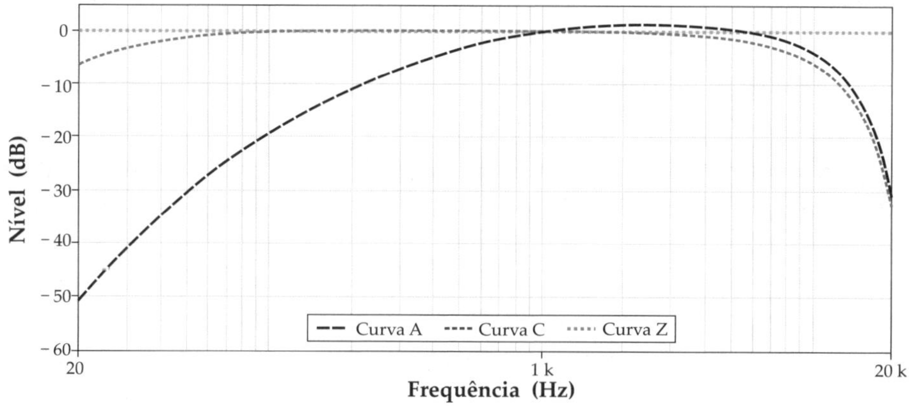

Figura 11.11: Curvas de ponderação em frequência: A; C; e Z.

Usualmente, utiliza-se a curva A para níveis sonoros menos elevados, sendo baseada na curva de 40 fones.[19] Utiliza-se curva C para níveis sonoros mais elevados, sendo baseada na curva de 100 fones. Finalmente, utiliza-se a curva Z, quando não há ponderação a ser aplicada, ou seja, corresponde à medição linear. Também opcionalmente, podem ser aplicados, nessa etapa da cadeia de medição com sonômetro, filtros de 1/1 oitava ou de 1/3 de oitava,[20] conforme ilustrado na Fig. 11.10, veja Seção 7.8. A aplicação desses filtros permite que o resultado medido restrinja-se à banda de frequência selecionada. A etapa seguinte considera o cálculo da *pressão efetiva*, também chamada de *pressão eficaz*, $\bar{p}$, ou, ainda, pressão

[17] Para maiores detalhes sobre microfones (tipos, sensibilidades, polaridades, curvas de resposta em frequência e demais especificações técnicas, o que escapa ao escopo deste texto), sugerimos ver D. Davis, C. Davis. Sound System Engineering. 2nd edition, Howard W. Sams & Co., Indianapolis, 1989 [63] ou D.M. Huber. Microphone Manual Design and Application. Howard W. Sams & Co., Indianapolis, 1988 [107] ou, ainda, S. Valle. Microfones. Editora Música & Tecnologia, Rio de Janeiro, 2002 [239].

[18] Em uma dinâmica de 0 a 130 dB, a pressão sonora varia entre 2×10^{-5} Pa e 63,25 Pa.

[19] Para o conceito de *fones*, ver, por exemplo, S.R. Bistafa. Acústica Aplicada ao Controle de Ruído. 2ª edição, Edgar Blücher, São Paulo, 2011 [21] ou V.L. Garcia. Acústica. Editorial Index, Madrid, 1970 [86].

[20] Ver norma ANSI-S1.11. Specification for octave-band and fractional-octave-band analog and digital filters, 2009 [6].

RMS (do inglês *root mean square*), raiz média quadrática, que é calculada como[21]

$$\bar{p} = p_{\text{RMS}} = \left(\frac{1}{T} \int_0^T p^2(t)\,\mathrm{d}t \right)^{1/2}, \tag{11.7}$$

em que o tempo de integração T, selecionado pelo operador, pode ser escolhido dentre as opções "*slow*", lento, com $T = 1$ s, "*fast*", rápido, com $T = 125$ ms ou "*impulse*", impulso, com $T = 35$ ms, valores estes padronizados pelas normas IEC 61672-1 e IEC 61672-2[22]

Finalmente, na sequência, a última operação consiste no cálculo do *nível de pressão sonora*, dado por

$$\text{NPS} = 10 \log \frac{\bar{p}^2}{p_{\text{ref}}^2} = 20 \log \frac{\bar{p}}{p_{\text{ref}}}, \tag{11.8}$$

em que p_{ref} é a *pressão de referência* que, em acústica aérea, vale 2×10^{-5} Pa. O valor do NPS, portanto, é o apresentado pelo visor do instrumento, indicado na parte direita da Fig. 11.10.

Adicionalmente, os sonômetros modernos permitem calcular o espectro do sinal sonoro filtrado por bandas, veja Seção 7.8, conforme indicado na Fig. 11.12. Os filtros de 1/1 oitava ou 1/3 oitava devem obedecer à especificações estabelecidas nas normas IEC 61260-1 e IEC 61260-2.[23]

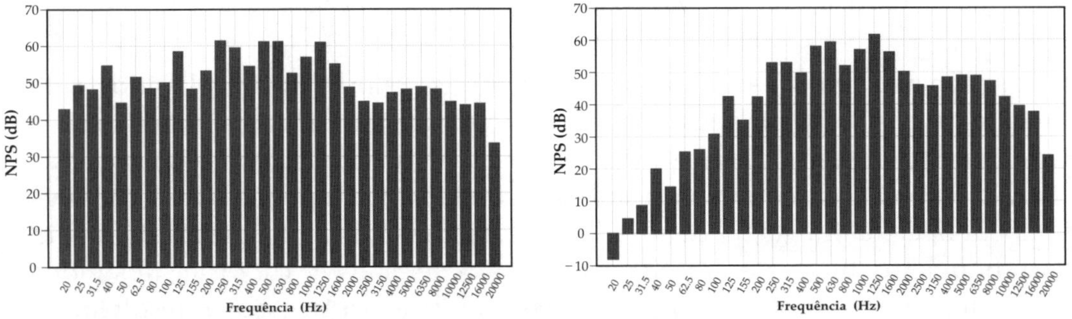

(a) (b)

Figura 11.12: Espectros em bandas de 1/3 oitava de um ruído de banda larga captado por um sonômetro: (a) sem aplicação de curva de ponderação (curva Z); (b) com aplicação da curva de ponderação A.

---

[21] Note que a Eq. (11.7) calcula p_{RMS} para um sinal de pressão sonora contínuo e que, no caso de um sinal discreto, a integral é substituída por um somatório.

[22] Ver normas IEC-61672-1. Electroacoustics – Sound level meters – Part 1: Specifications, 2013 [112] e IEC-61672-2. Electroacoustics – Sound level meters – Part 2: Pattern evaluation tests, 2013 [113].

[23] Ver as normas IEC-61260-1. Electroacoustics: Octave-band and fractional-octave-band filters – Part 1: Specifications, 2014 [110] e IEC-61260-2. Electroacoustics – Octave-band and fractional-octave-band filters – Part 2: Pattern-evaluation tests, 2016 [111].

Cálculos em um sonômetro

Uma vez calculados os níveis por bandas, é possível recuperar o nível sonoro global, NPS_T, segundo

$$\text{NPS}_T = 10 \log \sum_{i=1}^{N} 10^{\frac{\text{NPS}_i}{10}}, \tag{11.9}$$

em que N é o número de bandas considerado e NPS_i é o nível sonoro da i-ésima banda.

Desejando-se uma avaliação do nível de pressão sonora por um período mais prolongado $\mathcal{T}$ — que pode ser um minuto, uma hora, ou mesmo um dia —, sonômetros modernos têm capacidade de armazenamento em memória e podem calcular o *nível equivalente* em um intervalo de tempo $\mathcal{T}$, $\text{NPS}_{eq,\mathcal{T}}$,[24] calculado por

$$\text{NPS}_{eq,\mathcal{T}} = 10 \log \left(\int_0^{\mathcal{T}} 10^{\frac{\text{NPS}(t)}{10}} \, \mathrm{d}t \right) = 10 \log \frac{1}{N} \sum_{i=1}^{N} 10^{\frac{\text{NPS}_i}{10}}. \tag{11.10}$$

Observe que a Eq. (11.10) indica nada mais nada menos do que o correspondente a se calcular uma pressão efetiva por um tempo prolongado $\mathcal{T}$, calculando em seguida o NPS associado. O que o sonômetro faz, na prática, é medir diferentes valores de NPS, digamos, no circuito *"slow"*, e ir adicionando os resultados até completar o tempo $\mathcal{T}$ desejado, extraindo, então, uma média.

Alternativamente, o nível equivalente pode ser calculado com curva de ponderação. Se, por exemplo, quisermos avaliar o nível equivalente com curva de ponderação A em um intervalo $\mathcal{T}$, a Eq. (11.10) passa a assumir a forma

$$\text{NPS}_{Aeq,\mathcal{T}} = 10 \log \left(\int_0^{\mathcal{T}} 10^{\frac{\text{NPS}_A(t)}{10}} \, \mathrm{d}t \right) = 10 \log \frac{1}{N} \sum_{i=1}^{N} 10^{\frac{\text{NPS}_{Ai}}{10}}. \tag{11.11}$$

Na Eq. (11.11), $\text{NPS}_{Aeq,\mathcal{T}}$ é o nível equivalente com ponderação A em um intervalo $\mathcal{T}$ e NPS_{Ai} é uma medição de nível, usualmente no circuito *"slow"*, com curva de ponderação A.

A precisão de um sonômetro é definida pelo *tipo* de medidor de nível de pressão sonora, de acordo com as normas IEC-61672-1 e IEC-61672-2,[25] que definem Classes 1 e 2 para os sonômetros. Essas classes significam categorias de desempenho. Geralmente, especificações para Classes 1 e 2 têm a mesma meta de projeto e diferem principalmente nos limites de tolerância de medição, nas faixas operacionais de temperatura e quanto à qualidade do microfone.

Exemplo 11.1 Suponhamos que um sonômetro Tipo 1 está sendo utilizado para medir os níveis sonoros no interior de uma planta industrial. Os níveis de pressão

[24] Alguns autores adotam a notação em língua inglesa, L_{eq}, com L de *level*, ou nível, sendo essa também a indicação mais encontrada nos sonômetros comerciais.

[25] Ver normas IEC-61672-1. Electroacoustics – Sound level meters – Part 1: Specifications, 2013 [112] e IEC-61672-2. Electroacoustics – Sound level meters – Part 2: Pattern evaluation tests, 2013 [113].

sonora com curva de ponderação A no circuito *"slow"* medidos em quinze sucessivas medições constam da Tabela 11.1.

Tabela 11.1: Valores de NPS_A medidos no circuito *"slow"* em quinze medições subsequentes.

82,5	84,0	83,2
82,5	83,8	84,0
82,7	83,8	83,2
82,6	82,5	82,5
83,0	81,9	82,0

No circuito *"slow"* é medida uma média do NPS no intervalo de um segundo. Portanto, o nível equivalente com filtro de ponderação A durante um período $\mathcal{T}$ de 15 s seria calculado pelo sonômetro, segundo a Eq. (11.11), como

$$\begin{aligned}\text{NPS}_{Aeq,\mathcal{T}} = {} & 10\log\frac{1}{15}\Big[10^{8,25} + 10^{8,25} + 10^{8,27} + 10^{8,26} + 10^{8,30} \\ & + 10^{8,40} + 10^{8,38} + 10^{8,38} + 10^{8,25} + 10^{8,19} \\ & + 10^{8,32} + 10^{8,40} + 10^{8,32} + 10^{8,25} + 10^{8,20}\Big] \\ = {} & 83,0 \text{ dB}.\end{aligned}$$

11.4 Medição de dose de ruído

A longa exposição a altos níveis de ruído em ambientes laborais é uma das causas mais comuns para a perda auditiva. Essa situação é denominada *perda de audição induzida por ruído* (PAIR). Para desenvolver uma análise dos danos que a exposição ao ruído causa na audição humana, é fundamental investigar tanto os níveis de pressão sonora a que os trabalhadores estão expostos quanto o tempo de duração dessa exposição.[26] A *dose de ruído* é um parâmetro utilizado para a caracterização da exposição em ambientes de trabalho. As principais normas que regulamentam esse tema no país são a Norma de Higiene Ocupacional 01 (NHO 01) e a Norma Regulamentadora 15 (NR 15).[27]

Dosímetro

O instrumento utilizado para medir a dose de ruído acumulada durante um período de 8 horas de trabalho é o *dosímetro*. O dosímetro possui um ou dois micro-

[26]Ver, por exemplo, A.F.S. Gonçalves. Descomplicando a Perda Auditiva. Thieme Revinter Publicações, Rio de Janeiro, 2022 [93] ou A.A. Nudelmann, E.A. Costa, J. Seligman, R.N. Ibañez. PAIR: Perda Auditiva Induzida Pelo Ruído. Revinter, Rio de Janeiro, 2001 [182].

[27]Ver a norma NHO 01 – Avaliação da exposição ocupacional ao ruído. Ministério do Trabalho e Emprego, Brasília, 2001 [180] e a norma NR 15 – Atividades e operações insalubres. Ministério do Trabalho e Emprego, Brasília, 2021 [181].

fones que são fixados na roupa do trabalhador, normalmente próximo às orelhas do indivíduo, captando praticamente os mesmos sinais sonoros que estas.

A Fig. 11.13 ilustra dois dosímetros comerciais.

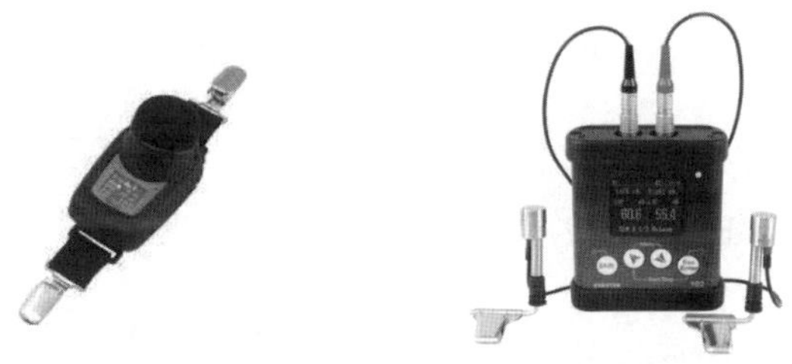

(a) (b)

Figura 11.13: Exemplo de dois dosímetros comerciais: (a) dosímetro de um canal; (b) dosímetro de dois canais.

Não se dispondo de um dosímetro, a dose de ruído pode ser estimada a partir de medições de níveis de pressão sonora equivalentes com um sonômetro, veja Seção 11.3. A dose de ruído pode ser estimada pela expressão

$$\text{Dose} = \sum_{i=1}^{N} \frac{C_i}{T_i} \times 100\,\%, \tag{11.12}$$

em que C_i é o tempo de cada avaliação de nível com ponderação A, NPS_{Ai}, e T_i é o tempo máximo estabelecido em norma para a exposição ao nível NPS_{Ai}, dado por

$$T_i = \frac{8}{2^{(\text{NPS}_{Ai} - \text{NPS}_B)/L}}, \tag{11.13}$$

em que L é o incremento de duplicação de dose, cujo valor depende da norma utilizada, como consta da Tabela 11.2, e NPS_B é o nível considerado padrão pelas normas brasileiras, de 85 dB.

Tabela 11.2: Tabela de valores para NPS_B e L para duas normas.

Norma	NPS_B (dB)	L
NR 15	85	5
NHO 01	85	3

Observe o caro leitor que, na Eq. (11.13), o "8" no numerador refere-se a uma jornada de oito horas de trabalho e que o expoente do "2" no denominador consiste na diferença entre o nível sonoro equivalente ponderado pela curva A, NPS_{Ai}, e o nível máximo que as normas admitem, NPS_B, dividido pelo fator de dobramento, L.

Exemplo 11.2 Visando esclarecer a utilização das Eqs. (11.12) e (11.13), vamos admitir que um operador, em sua jornada de oito horas de trabalho, esteja submetido durante quatro horas (C_1) a um nível equivalente com ponderação A de 81 dB, durante três horas (C_2) a um nível de 78 dB e durante a hora restante (C_3) a um nível equivalente de 90 dB. Qual será a dose de ruído a que esse operador está submetido? Bem, segundo a norma NR 15 $(L = 5)$ e a Eq. (11.13), teríamos

$$T_1 = \frac{8}{2^{(81-85)/5}} = 13,929; \quad T_2 = \frac{8}{2^{(78-85)/5}} = 21,112; \quad T_3 = \frac{8}{2^{(90-85)/5}} = 4,000.$$

Então, segundo a Eq. (11.12), ter-se-á

$$\text{Dose} = \left(\frac{4}{13,929} + \frac{3}{21,112} + \frac{1}{4,000}\right) \times 100 = 67,93\%, \tag{a}$$

portanto, um nível admissível (< 100%). Se, por outro lado, adotarmos a recomendação da norma NHO 01 $(L = 3)$, teríamos

$$T_1 = \frac{8}{2^{(81-85)/3}} = 20,159; \quad T_2 = \frac{8}{2^{(78-85)/3}} = 40,317; \quad T_3 = \frac{8}{2^{(90-85)/3}} = 2,520.$$

Portanto, segundo a Eq. (11.12), ter-se-á

$$\text{Dose} = \left(\frac{4}{20,159} + \frac{3}{40,317} + \frac{1}{2,520}\right) \times 100 = 66,97\%. \tag{b}$$

É interessante observar que, neste exemplo, a dose calculada pelas duas normas resultou em valores praticamente iguais. Isso se deveu ao fato de que o único intervalo de tempo (C_3) em que o nível equivalente com ponderação A excedeu os 85 dB de certa forma compensou os períodos de valores de níveis inferiores a 85 dB. Observe as três frações que levaram ao valor de 67,93% em (a) e as que conduziram ao valor de 66,97% em (b).

Vejamos, em seguida, o que sucede se as informações relativas aos níveis sonoros mudarem. Seja, então, a hipótese de, nas quatro primeiras horas, o nível equivalente com poderação A ser de 87 dB, mantidas as demais condições. Nesse caso, teríamos, segundo a norma NR 15,

$$T_1 = \frac{8}{2^{(87-85)/5}} = 6,063; \quad T_2 = \frac{8}{2^{(78-85)/5}} = 21,112; \quad T_3 = \frac{8}{2^{(90-85)/5}} = 4,000.$$

Segundo a Eq. (11.12), ter-se-á

$$\text{Dose} = \left(\frac{4}{6,063} + \frac{3}{21,112} + \frac{1}{4,000}\right) \times 100 = 105,18\%, \tag{c}$$

portanto, uma dose ligeiramente acima do admissível, segundo essa norma. Refazendo em seguida os cálculos, agora segundo a norma NHO 01, teríamos

$$T_1 = \frac{8}{2^{(87-85)/3}} = 5,040; \quad T_2 = \frac{8}{2^{(78-85)/3}} = 40,317; \quad T_3 = \frac{8}{2^{(90-85)/3}} = 2,520.$$

Portanto,

$$\text{Dose} = \left(\frac{4}{5,040} + \frac{3}{40,317} + \frac{1}{2,520}\right) \times 100 = 126,49\%. \tag{d}$$

Note que, segundo a norma NHO 01 ($L = 3$), a dose ficou efetivamente excessiva. Isso deveu-se ao fato de o nível de pressão sonora equivalente com curva de ponderação A, durante as primeiras quatro horas, ter se elevado de 81 dB para 87 dB. Entende-se, também, que a norma NHO 01 é mais conservativa do que a norma NR 15 e, por essa razão, buscando-se proteger a audição dos trabalhadores, é recomendável que seja preferencialmente aplicada.

11.5 Medição de intensidade sonora[28]

A intensidade sonora ou intensidade acústica[29] consiste em um vetor que é definido pelo produto

$$\mathbf{I}(\mathbf{x},t) = p(\mathbf{x},t)\mathbf{v}(\mathbf{x},t), \tag{11.14}$$

em que $p(\mathbf{x},t)$ é a pressão sonora e $\mathbf{v}(\mathbf{x},t)$ é o vetor velocidade de partícula, ambas função da posição vetorial $\mathbf{x}$ e do tempo t. A Fig. 11.14 ilustra um campo de intensidade acústica.

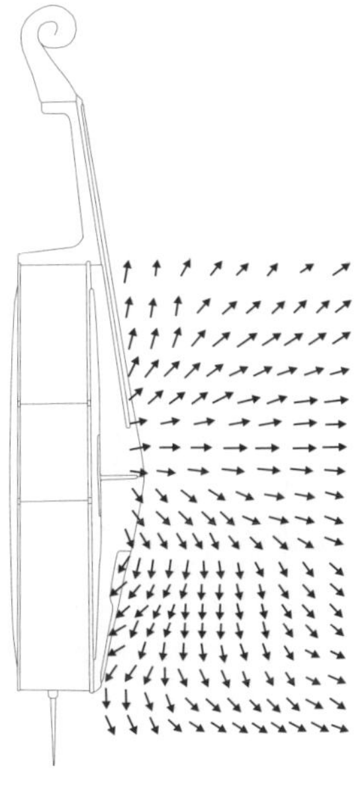

Figura 11.14: Exemplo de um campo de intensidade acústica, no caso, gerado por um violoncelo, na banda de 1/3 oitava de 315 Hz. Os comprimentos das setas são aproximadamente proporcionais à amplitude da intensidade e sua orientação indica a direção do vetor intensidade. Note que há recirculação de energia nessa banda de frequência, com alguns vetores apontando para dentro da caixa do instrumento, em sua parte inferior (Adaptado de Fahy [74]).

[28]Esta seção foi elaborada em coautoria com o Prof. Paulo H. Mareze.

[29]Intensidade acústica (ou sonora) consiste em uma redução do termo *intensidade de fluxo de energia acústica*, ou seja, energia acústica por unidade de tempo (fluxo), que cruza uma unidade de área (intensidade).

Note o estimado leitor que a intensidade sonora pode ser interpretada como o *trabalho* exercido pela pressão sonora sobre o ar circundante.[30] A intensidade acústica tem dimensão física [MT^{-3}], tendo como unidade no SI $W/m^2 = kg/s^3$. Trata-se de uma grandeza complexa, tendo, portanto, partes real e imaginária (ou módulo e fase). Seu significado físico indica, como diz o nome, a *intensidade* (ou seja, "por unidade de área") do *fluxo* (ou seja, o "escoamento") da *energia sonora*. Como o vetor $\mathbf{I}$ depende da posição $\mathbf{x}$ e do tempo t, em um regime permanente tem-se um campo de intensidade no espaço como o representado na Fig. 11.14, onde a orientação dos vetores indica que há recirculação de energia acústica, ou seja, uma parte da energia acústica retorna para a fonte.

Medição de intensidade

Estudos sobre como se medir o vetor intensidade remontam à década de 1930, quando H.F. Olson [185] submeteu uma patente para um instrumento de medição de intensidade acústica. Todavia, somente na década de 1970 técnicas mais modernas de medição de intensidade foram desenvolvidas, sendo criados, então, instrumentos dedicados, denominados *intensímetros* ou *sondas de intensidade*.[31] Há, basicamente, dois tipos de sondas de intensidade: as do tipo p–u e as do tipo p–p. As do tipo p–u combinam um transdutor de pressão (p) com um transdutor de velocidade (u); já as do tipo p–p se utilizam de dois transdutores de pressão, em geral dois microfones com casamento de fase. A Fig. 11.15 ilustra duas sondas de intensidade comerciais, uma do tipo p–u, e outra do tipo p–p.

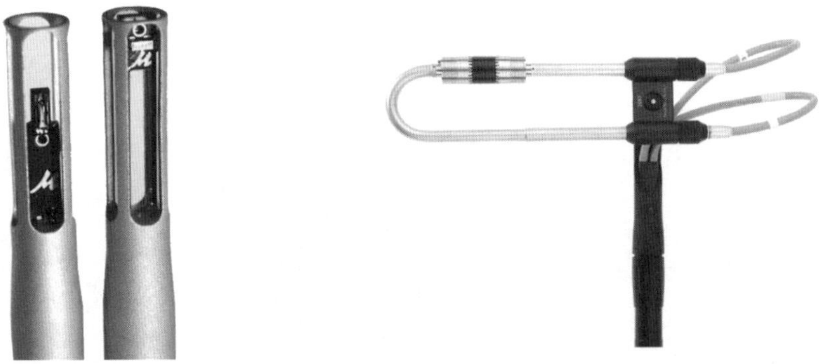

(a) (b)

Figura 11.15: Em (a) temos uma sonda do tipo p–u, com um sensor de velocidade de partícula, desenvolvido pela *Microflown Technologies*. Em (b) temos uma sonda clássica, do tipo p–p, da fabricante B&K.

As sondas do tipo p–p, que se utilizam de uma tecnologia bem mais conven-

[30] Com efeito, o trabalho exercido pela pressão sonora é o produto da força exercida pela velocidade de partícula, ver, por exemplo, M. Alonso, E.J. Finn. Fundamental University Physics. Volume I: Mechanics. Addison-Wesley, Reading, 1969 [4].

[31] Ver, por exemplo, F.J. Fahy. Sound Intensity. Elsevier, London, 1989 [74].

cional, baseada em dois microfones idênticos, serão abordadas nesta seção. As sondas p–p são todas baseadas no croqui da Fig. 11.16. Os dois microfones, geralmente de 1/2 polegada, são colocados frente a frente[32] com um espaçador de mesmo diâmetro e comprimento d, intercambiável. A direção assumida como a da intensidade positiva é a que incide sobre o Microfone 1, como indicado no croqui.

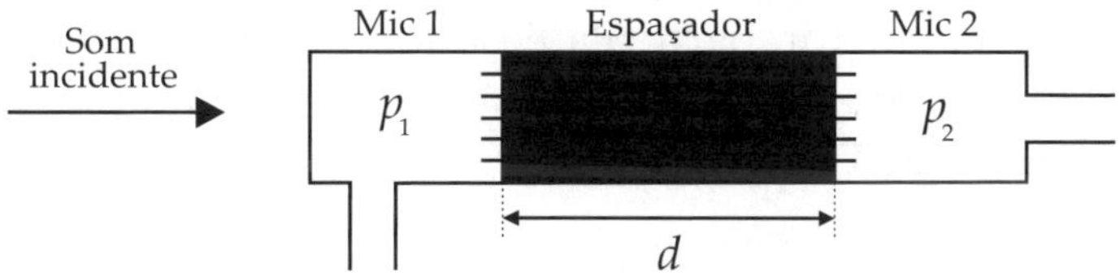

Figura 11.16: Croqui para o arranjo padrão de uma sonda de intensidade do tipo p–p.

Como a intensidade acústica sendo medida constitui um vetor, toda sonda de intensidade é *direcional*, ou seja, a medição é altamente sensível à orientação espacial da sonda. A Fig. 11.17 ilustra a direcionalidade no plano horizontal de uma sonda clássica p–p, admitindo-se que o campo de intensidade está orientado apontado para a parte anterior da sonda (0°).

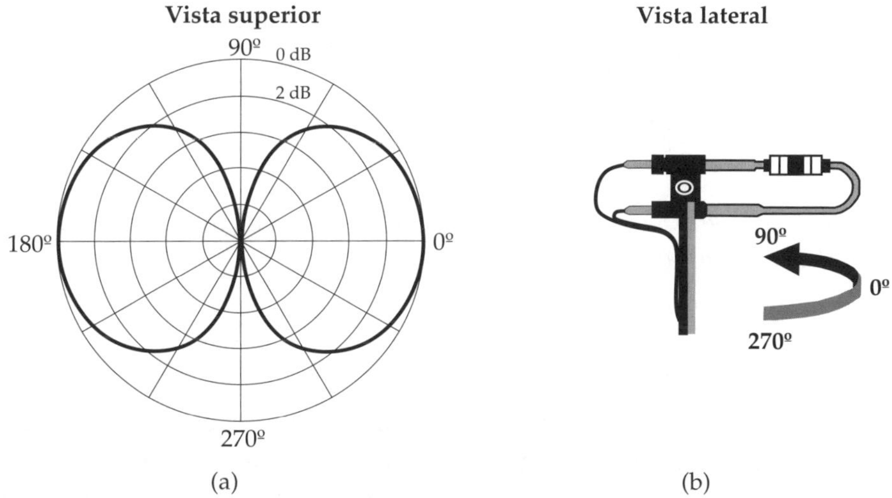

Figura 11.17: (a) Padrão de direcionalidade de uma sonda clássica tipo p–p no plano horizontal. (b) Orientação da sonda referente ao padrão de direcionalidade.

Domínio do tempo

O princípio de operação de uma sonda p–p é bastante simples. Como a sonda deve medir, a rigor, a pressão sonora, p, e a velocidade de partícula, $\mathbf{v}$, *no mesmo*

[32]Há, também, outros arranjos de microfones, como o "lado a lado", o "costas a costas" e o "tandem", onde os dois microfones ficam orientados no mesmo sentido (como em uma bicicleta para duas pessoas).

ponto (o que caracteriza, naturalmente, uma impossibilidade), o sinal de pressão é assumido como a média aritmética das pressões captadas por cada um dos microfones,

$$p(\mathbf{x},t) \approx \frac{1}{2}\big(p_1(\mathbf{x},t) + p_2(\mathbf{x},t)\big). \tag{11.15}$$

Já o sinal de velocidade de partícula é obtido por meio de uma aproximação por diferenças finitas do gradiente de pressão sonora na direção de interesse.

Segundo a equação de Euler,[33]

$$\frac{\partial(\rho\mathbf{v})}{\partial t} + \nabla p = 0. \tag{11.16}$$

Assumindo acústica linear, ou seja, que as variáveis mecânicas acústicas (pressão sonora, massa específica e velocidade de partícula) têm amplitudes pequenas, a equação de Euler para a acústica linear resulta em

$$\rho_0 \frac{\partial \mathbf{v}}{\partial t} + \nabla p = 0, \tag{11.17}$$

em que ρ_0 é a massa específica do meio (o ar, no caso). Escolhendo, digamos, a direção coordenada x para efetuar a medição da intensidade e resolvendo para o componente de velocidade de partícula nessa direção, u, tem-se

$$u(x,t) = -\frac{1}{\rho_0}\int \frac{\partial p(x,t)}{\partial x}\,\mathrm{d}t. \tag{11.18}$$

Aproximando, em seguida, o gradiente de pressão por sua diferença finita no ponto de medição, teremos

$$u(t) \approx -\frac{1}{\rho_0 d}\int \big(p_1(t) - p_2(t)\big)\,\mathrm{d}t, \tag{11.19}$$

em que d é a distância entre os microfones, dada pelo espaçador. Essa aproximação introduz erros, principalmente em altas frequências. Com efeito, a estimativa do gradiente pela diferença finita será mais imprecisa a partir do momento em que o comprimento de onda λ torna-se relativamente pequeno quando comparado ao comprimento d do espaçador entre os microfones.

O componente escalar da intensidade acústica pode ser avaliada, portanto, por

$$I(t) \approx -\frac{1}{2\rho_0 d}\big(p_1(t) + p_2(t)\big)\int \big(p_1(t) - p_2(t)\big)\,\mathrm{d}t. \tag{11.20}$$

[33] A equação de Euler em um fluido nada mais é do que o segundo princípio de Newton adaptado para fluidos. Ver, por exemplo, L.L. Beranek. Acoustics. 4th edition, Acoustical Society of America, Woodbury, 1996 [17] ou V.L. Garcia. Acústica. Editorial Index, Madrid, 1970 [86] ou, ainda, R.A. Tenenbaum. Acústica Aplicada. 2ª edição, R.A. Tenenbaum, Santa Maria, 2020 (disponível em https://ratenenbaum.wixsite.com/acustica) [233].

A Eq. (11.20) expressa o componente escalar do vetor intensidade acústica como função das pressões medidas nos dois microfones da sonda p–p. Naturalmente, a intensidade expressa pela Eq. (11.20) está associada ao eixo x, que é considerado como a reta que passa pelos centros dos dois microfones. Portanto, a direção do vetor intensidade medido dependerá da orientação dada ao eixo da sonda, conforme indica a Fig. 11.17. Em uma medição com sonda de intensidade, uma providência útil é orientar o eixo da sonda de modo a se obter o máximo valor para a intensidade medida, pois essa será a direção do maior fluxo de energia sonora. Embora a Eq. (11.20) expresse uma aproximação, para frequências não muito altas podem-se obter resultados confiáveis. Em seguida, vejamos como se comporta a sonda de intensidade no domínio frequencial.

Domínio da frequência

Passando ao domínio da frequência via transformadas de Fourier, o campo de pressão, para uma dada posição $\mathbf{x}$, será aproximado por

$$\hat{p}(f) \approx \frac{1}{2}(\hat{p}_1(f) + \hat{p}_2(f)). \tag{11.21}$$

Já o campo de velocidade de partícula na direção x será aproximado, por diferenças finitas, por

$$\hat{u}(f) \approx \frac{\hat{p}_1(f) - \hat{p}_2(f)}{\mathrm{j}\,2\pi f \rho_0 d}. \tag{11.22}$$

Portanto, a intensidade na direção x, no domínio da frequência, pode ser calculada pela expressão

$$\hat{I}(f) \approx \frac{1}{2}\Re\left[\hat{p}(f)\hat{u}^*(f)\right], \tag{11.23}$$

em que $\hat{u}^*(f)$ é o conjugado da transformada de Fourier da velocidade de partícula na direção x, ver Eq. (7.2), Seção 7.1, e $\Re$ significa parte real.

Substituindo-se as expressões para a pressão e a velocidade no domínio da frequência, em função das pressões nos dois microfones, Eqs. (11.21) e (11.22), chega-se, após alguma manipulação algébrica, a

$$\hat{I}(f) \approx -\frac{1}{4\pi f \rho_0 d}\Im\left[\hat{p}_1(f)\hat{p}_2^*(f)\right], \tag{11.24}$$

em que $\hat{p}_2^*(f)$ é o conjugado da transformada de Fourier do sinal no microfone p_2 e $\Im$ significa parte imaginária.

Finalmente, a intensidade na direção x, no domínio da frequência, pode ser obtida por meio da *função de correlação cruzada* entre os sinais nos microfones p_1 e p_2, veja Eq. (7.50), Seção 7.5,

$$\hat{I}(f) \approx -\frac{1}{4\pi f \rho_0 d}\Im\left[\hat{S}_{12}(f)\right], \tag{11.25}$$

em que $\hat{S}_{12}(f)$ é o espectro cruzado relativo aos sinais nos dois microfones.[34]

É possível, portanto, utilizar um analisador espectral de dois canais, cada canal alimentado com o sinal de um dos microfones de uma sonda p–p, para se determinar, com eficiência e rapidez, a intensidade acústica no domínio da frequência. Nesse caso, o espectro cruzado é calculado de forma expedita, devido aos algoritmos FFT implementados no analisador, veja Seções 9.5 e 11.1.

Medições com sonda de intensidade

Dentre as principais aplicações de medições de intensidade acústica por meio de sondas de intensidade, podemos citar algumas de significativa importância, tais como: determinação da potência acústica de fontes sonoras; medição de transmissão de energia através de partições; medição de propriedades de absorção de materiais; localização de fontes sonoras; dentre várias outras. Abordaremos aqui duas dessas aplicações

1. Determinação da potência acústica de fontes sonoras.
   A potência sonora de uma fonte é a quantidade de energia por unidade de tempo que a fonte emite. Tem, portanto, dimensão física $[\mathrm{ML^2T^{-3}}]$ e sua unidade no SI é o Watt (W). Uma maneira prática de se avaliar a potência sonora de uma fonte é medindo a intensidade acústica sobre uma superfície arbitrária que a envolve. Com efeito, a potência W de uma fonte sonora pode ser obtida da relação

$$W = \int_S I_n \, \mathrm{d}S, \tag{11.26}$$

   em que $I_n = \mathbf{I} \cdot \mathbf{n}$ é o componente escalar do vetor intensidade ortogonal à superfície S, $\mathbf{n}$ sendo o unitário normal à superfície e $\mathrm{d}S$ um elemento de superfície.

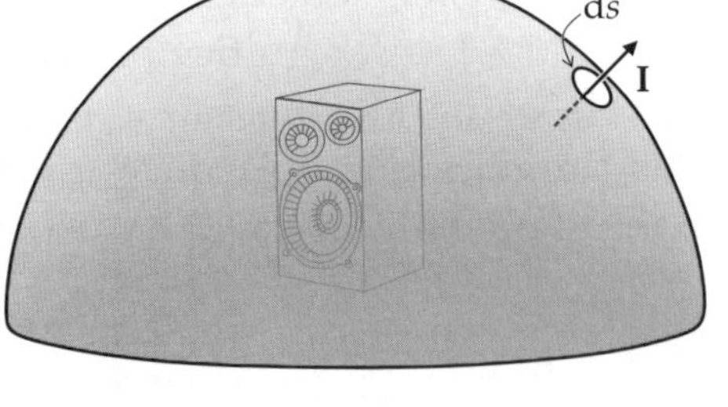

Figura 11.18: Uma superfície hemisférica virtual envolvendo uma fonte sonora apoiada sobre um piso perfeitamente refletor.

   A Fig. 11.18 ilustra uma fonte sonora, cuja potência deseja-se medir, apoiada sobre um piso refletor e uma superfície hemisférica (virtual) que a envolve, sobre a qual é efetuada uma medição de intensidade acústica.

[34]Chamo atenção ao leitor aqui que a Eq. (11.25) envolve $\hat{S}_{12}(f)$ e não $\hat{G}_{12}(f)$, veja Seção 7.6.

Naturalmente, o *nível de potência sonora* da fonte será estimado por

$$\text{NWS} = 10 \log \frac{W}{W_r}, \tag{11.27}$$

em que NWS é o nível de potência sonora, W é a potência sonora medida ou estimada pela Eq. (11.26) e $W_r = 10^{-12}$ Watts é a potência de referência padrão em acústica. Para se avaliar a potência sonora da fonte, a técnica de medição via intensidade preconiza subdividir a superfície em L elementos ΔS_i, $i = 1, 2, \ldots, L$ e efetuar a medição de intensidade normal, ou seja, na direção ortogonal à superfície, sobre cada um dos elementos finitos em que a superfície foi subdividida, de modo que ter-se-á

$$W \approx \sum_{i=1}^{L} I_i \, \Delta S_i, \tag{11.28}$$

em que I_i é a *intensidade normal* medida sobre o i-ésimo elemento de superfície, ΔS_i.

Note-se que a aproximação da integral, expressa pela Eq. (11.26), pelo somatório expresso pela Eq. (11.28) será tão mais exata quanto maior for o número L de subdivisões. Além disso, quanto mais direcional for a fonte sonora, o que usualmente depende da banda de frequência, maior será a diferença entre as intensidades avaliadas nos distintos elementos de superfície.

Figura 11.19: Configuração adotada para medir a potência sonora de uma fonte sonora de referência (ventoinha), apoiada sobre um piso refletor. Note as linhas de nylon na horizontal e na vertical, compondo superfícies retangulares que subdividem cinco dos planos do paralelepípedo (Imagem gentilmente cedida pelo Prof. Dr. Paulo H. Mareze).

A Fig. 11.19 ilustra uma configuração para medir a potência sonora de uma *fonte sonora de referência* em laboratório. Observe que a configuração adotada utiliza a superfície de um paralelepípedo, apoiado sobre um piso refletor, em torno da fonte sonora. Linhas de nylon visíveis na foto têm a função de delimitar as diferentes subdivisões das superfícies ΔS_i. O módulo do vetor intensidade é medido em cada retângulo delimitado pelas linhas de nylon e a potência sonora é avaliada segundo a Eq. (11.28).

Idealmente, mede-se a potência sonora de uma fonte em uma câmara anecoica. Todavia, a vantagem de medir com a sonda de intensidade acústica é que, em uma sala com reverberação, o fluxo de energia sonora não oriundo diretamente da fonte sonora em consideração entra por um lado da geometria virtual e sai por outro, fazendo com que o somatório da intensidade do campo reverberante se anule (aproximadamente).

O erro mais significativo na medição de intensidade via sonda p–p é resultante da aproximação linear do gradiente de pressão por diferenças finitas. Como mencionado, o erro é mais importante em altas frequências, quando o comprimento de onda λ é comparável ao comprimento do espaçador, d. A Fig. 11.20 mostra a dependência do erro de medição, em dB, como função da frequência para três distintos comprimentos do espaçador.[35]

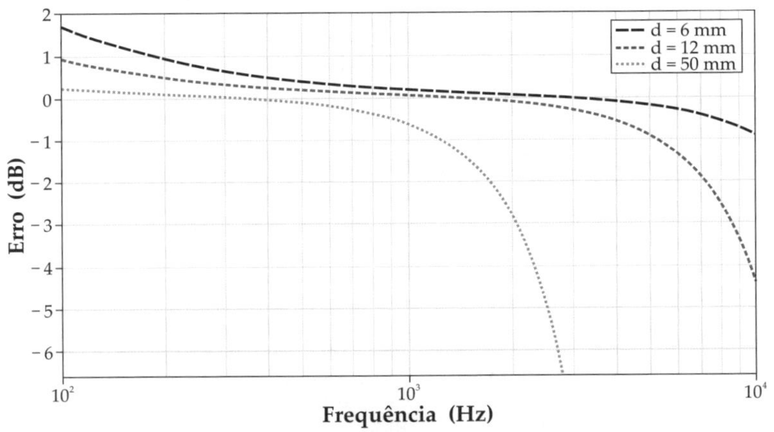

Figura 11.20: Erro devido à aproximação por diferenças finitas na medição de intensidade com sonda p–p, como função da frequência, para três distintos comprimentos d de espaçador (Figura gentilmente cedida pelo Prof. Dr. Paulo H. Mareze).

2. <u>Medição de transmissão de energia através de partições</u>
   Quando o som propagado por via aérea encontra uma partição, parte da energia sonora é refletida, parte é absorvida dentro do elemento e dissipada em forma de calor e parte é transmitida para o ambiente adjacente. O parâmetro utilizado para caracterizar a transmissão sonora de um elemento

[35]Além do erro introduzido pelo espaçador, há também um erro de fase em baixa frequência e a possibilidade de erro devido à orientação da sonda, veja, por exemplo, F.J. Fahy. Sound Intensity. Elsevier, London, 1989 [74].

construtivo é o *coeficiente de transmissão sonora* τ, definido pela razão entre a potência sonora transmitida e a potência sonora incidente, ou seja,

$$\tau = \frac{W_{\text{transmitida}}}{W_{\text{incidente}}}. \tag{11.29}$$

Segundo Long,[36] o coeficiente de transmissão em incidência não normal pode ser expresso por

$$\tau_\theta = \left[1 + \left(\frac{\pi f m_s \cos\theta}{\rho_0 c}\right)^2\right]^{-1}, \tag{11.30}$$

em que τ_θ é o coeficiente de transmissão sonora, função do ângulo de incidência θ, f é a frequência, m_s é a massa superficial da divisória, dada em kg/m^2 no SI, ρ_0 é a massa específica média do ar e c a velocidade de propagação no mesmo meio.

A *perda na transmissão*, $\text{TL}(\theta)$,[37] pode ser, então, avaliada por[38]

$$\text{TL}(\theta) = 10\log\left[1 + \left(\frac{\pi f m_s \cos\theta}{\rho_0 c}\right)^2\right]. \tag{11.31}$$

Se o campo sonoro incidente na divisória é difuso, ou seja, se há igual probabilidade de a onda sonora vir de todas as direções, o coeficiente de transmissão sonora pode ser integrado, usualmente no intervalo $(0, \theta_\text{M})$, onde θ_M é um valor máximo de ângulo de incidência. Nesse caso, o coeficiente de transmissão sonora para campo difuso, τ_{dif}, é dado por

$$\tau_{\text{dif}} = \frac{\int_0^{\theta_\text{M}} \tau_\theta \cos\theta \operatorname{sen}\theta \, \text{d}\theta}{\int_0^{\theta_\text{M}} \cos\theta \operatorname{sen}\theta \, \text{d}\theta}. \tag{11.32}$$

Todavia, experimentos mostraram que a Eq. (11.32) superestima a perda na transmissão. A expressão que se mostrou mais adequada foi a *perda na transmissão de campo*, dada, segundo Fahy,[39] por

$$\text{TL}_{\text{campo}} = 10\log\left[1 + \left(\frac{\pi f m_s}{1{,}8\rho_0 c}\right)^2\right]. \tag{11.33}$$

Cumpre notar que a Eq. (11.33) estabelece uma relação empírica entre a perda na transmissão e os dois parâmetros principais da qual depende, a saber: a massa superficial da divisória e a frequência.

---

[36] Ver M. Long. Architectural Acoustics. Elsevier Academic Press, San Diego, 2006 [158].

[37] A sigla TL origina-se do termo em inglês, *transmission loss*.

[38] Ver, por exemplo, J. Patrício. Acústica nos Edifícios. 7ª edição, Engebook, Porto, 2018 [192].

[39] Ver F.J. Fahy. Foundations of Engineering Acoustics. Academic Press, San Diego, 2001 [75].

A potência sonora transmitida por uma partição pode ser avaliada por meio da medição da intensidade acústica que a atravessa. Nesse caso, a utilização de uma malha próxima à superfície a ser avaliada é de extrema utilidade. A Fig. 11.21 ilustra a utilização de uma malha a jusante de uma divisória (porta). Os níveis sonoros são indicados em tons de cinza,

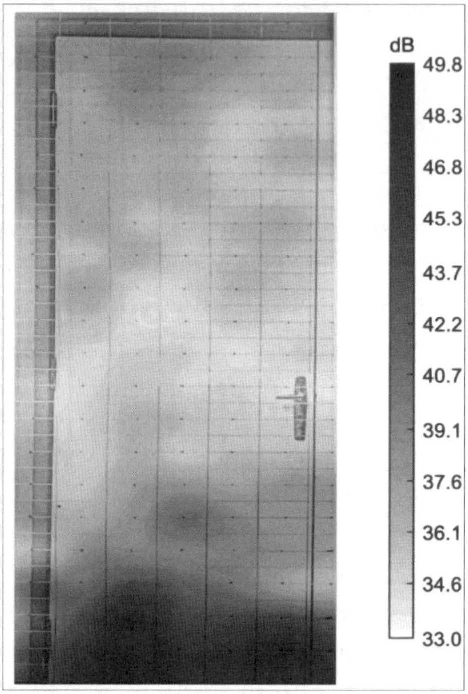

Figura 11.21: Detalhe da malha (aramado) próxima a uma porta para ser utilizada na medição da energia sonora que a atravessa. As distintas tonalidades de cinza indicam maior (cinza mais escuro) ou menor (cinza mais claro) intensidade sonora cruzando a partição (Imagem gentilmente cedida pelo Prof. Dr. Paulo H. Mareze).

11.6 Medição de tempo de reverberação em salas

A medição de tempo de reverberação em salas é uma das atividades mais usuais de ensaio na área de acústica. Embora o parâmetro *tempo de reverberação*, TR ou T_{60}, seja o mais emblemático, diversos outros parâmetros de qualidade acústica, tais como *tempo de decaimento inicial*, EDT, *tempo central*, T_s, *fator de clareza*, C_{80} e *definição*, D_{50}, dentre vários outros,[40] podem ser estimados a partir do levantamento da *resposta impulsiva*, RI, da sala para um par fonte-microfone. Portanto, a medição de tempo de reverberação em salas é, essencialmente, uma questão de

[40]Para uma visão mais completa relativa aos parâmetros objetivos de qualidade acústica, ver L.L. Beranek. Concert and Opera Halls: How They Sound. Acoustical Society of America, Woodbury, 1996 [18].

medição de RI em salas. Existem duas técnicas básicas para a medição da RI[41] em salas. Uma, mais clássica, é denominada *método de interrupção de ruído.*[42] A segunda, mais moderna, é conhecida como *método da integração reversa.*[43]

11.6.1 Método da interrupção de ruído

Decaimento em salas

Para medir a RI de uma sala pelo método da interrupção de ruído, excita-se a sala com ruído de banda larga, geralmente utilizando-se ruído branco ou ruído rosa, veja Seção 7.7, aguardando até que a sala chegue a um estado estacionário, ou seja, até que a potência sonora injetada pela fonte seja igual à potência sonora absorvida pela sala, o que levará os níveis de pressão sonora no ambiente a permanecerem constantes no tempo. Em seguida, suprime-se subitamente a energia da fonte e mede-se o decaimento sonoro em alguns pontos espalhados na sala. O decaimento em cada receptor será diferente, principalmente se as superfícies de acabamento forem heterogêneas, de modo a obter-se um decaimento distinto para cada receptor. Querendo, é possível obter-se o decaimento médio espacial da sala.

Embora mais antigo, o método ainda é utilizado por alguns laboratórios ao redor do mundo. Esse método é normatizado pela norma ISO 3382-2.[44]

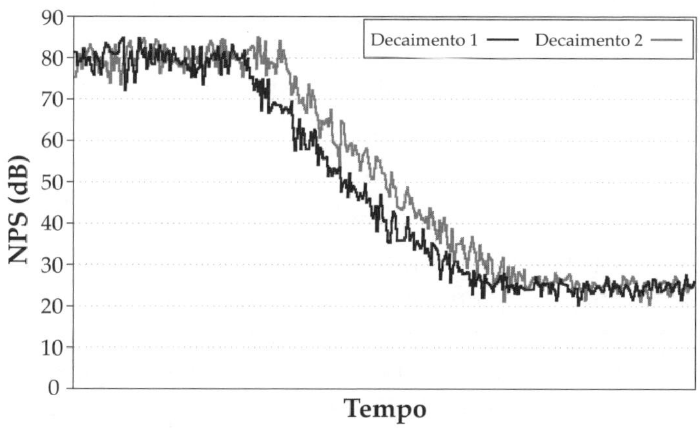

Figura 11.22: Dois decaimentos medidos no mesmo ponto de uma sala pelo método da interrupção de ruído.

[41]Na literatura em língua inglesa é comum utilizar-se a sigla RIR, de *room impulse response*, resposta impulsiva da sala. A sigla, por sua aplicação generalizada na literatura técnica, será adotada aqui. Contudo, é sempre bom lembrar que a RIR sempre dependerá do par fonte-receptor considerado.

[42]Ver, por exemplo, K.B. Ginn. Architectural Acoustics. 2nd edition, Brüel & Kjaer, 1978 [91].

[43]Também chamado *método do impulso integrado* ou *método da integral cumulativa invertida*. Ver, por exemplo, E. Brandão. Acústica de Salas: Projeto e Modelagem. Edgar Blucher, São Paulo, 2016 [31].

[44]Ver norma ISO 3382-2: Acoustics – measurement of the reverberation time of rooms with reference to other acoustical parameters: Part 2 – Reverberation time in ordinary rooms. International Standardization Organization, 1997 [120].

O método da interrupção de ruído consiste, de fato, em uma técnica para avaliar a *curva de decaimento* de uma sala. Uma desvantagem do método é que somente o decaimento é calculado, mas a resposta impulsiva da sala não é extraída, o que significa que parâmetros de qualidade acústica que dependem da resposta impulsiva, como, por exemplo, fator de clareza, definição ou tempo central, não podem ser avaliados por esse método.

A Fig. 11.22 ilustra dois decaimentos medidos em um mesmo receptor em uma sala. Note que, como o ruído constitui um sinal aleatório, a cada ensaio o ruído é interrompido em um ponto diferente, gerando ligeiras diferenças entre os decaimentos obtidos em distintos ensaios. Por essa razão, um número significativo de ensaios é necessário, de modo a se obter uma média confiável e representativa do verdadeiro decaimento sonoro na sala, para o ponto de medição considerado. A normalização para os ensaios de determinação de respostas impulsivas e curvas de decaimento em salas pode ser encontrada também em norma brasileira.[45]

A Fig. 11.23 mostra um diagrama de blocos para a obtenção das curvas de decaimento experimental em salas, tais como as indicadas na Fig. 11.22.

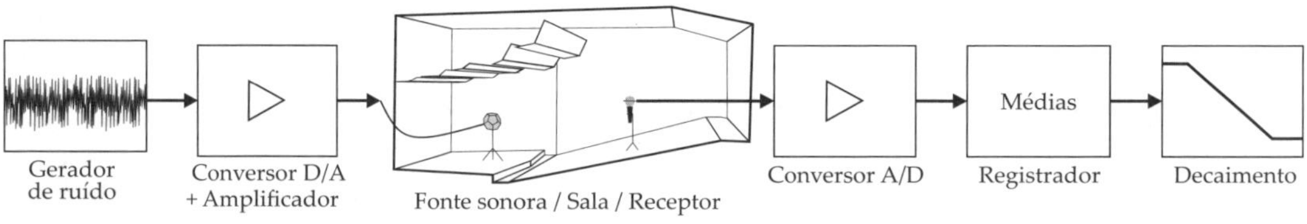

Figura 11.23: Diagrama de blocos de um experimento básico para o levantamento da curva de decaimento de uma sala pelo método da interrupção de ruído.

O ruído é produzido, seja por um gerador de ruído, seja por um computador, ambos digitais. Em seguida, o sinal passa por um conversor D/A e é enviado para um amplificador de sinais. O sinal analógico, amplificado o suficiente para excitar a sala, é então enviado à fonte sonora, que usualmente consiste em uma fonte onidirecional, de modo a excitar a sala democraticamente em todas as direções.[46] O ambiente em estudo (sala) é, portanto, preenchido pelo ruído e, após atingido o regime permanente, o sinal sonoro é desligado. O sinal captado pelo receptor, usualmente um microfone onidirecional e geralmente alimentado por um pré-amplificador, passa por um conversor A/D e é enviado a um registrador digital. Este tem como função somente registrar os distintos decaimentos e realizar um número de médias suficiente, de modo a extrair a curva de decaimento da sala para o par fonte-receptor.

[45] Ver a norma ABNT NBR ISO 3382-2 Acústica – Medição de parâmetros de acústica de salas: Parte 2 – Tempo de reverberação em salas comuns [1].

[46] Todavia, sabemos que fontes onidirecionais, tais como fontes sonoras dodecaédricas, *não* são, efetivamente, onidirecionais e começam a apresentar lóbulos a partir de, aproximadamente, 2 kHz.

11.6.2 Método da integração reversa

Decaimento via resposta impulsiva

O assim chamado *método da integração reversa* é baseado no artigo publicado em 1965 por M.R. Schroeder, em que o autor mostrou como se pode, com um único ensaio, obter resultados equivalentes a múltiplos ensaios pelo método de interrupção de ruído.[47] O autor demonstrou que a média das *curvas de decaimento da sala*, $\bar{d}(t)$, pode ser expressa por

$$\bar{d}(t) = C \int_t^{\infty} h^2(\tau)\, \mathrm{d}\tau, \tag{11.34}$$

em que $\bar{d}(t)$ é a média de diversas curvas de decaimento $d(t)$, $h(t)$ é a *resposta impulsiva da sala* para o par fonte-receptor considerado, C é uma constante e τ é uma variável temporal muda. A Eq. (11.34), portanto, estabelece que a curva de decaimento média $\bar{d}(t)$ da sala pode ser obtida a partir de um único ensaio — no lugar de repetidos ensaios para extrair uma média — fazendo-se a *integração reversa* da resposta impulsiva quadrática da sala para o par fonte receptor.[48]

A Fig 11.24 ilustra as curvas de decaimento medidas em um ponto de uma uma sala, filtradas por bandas de oitava, de 125 Hz a 8 kHz.

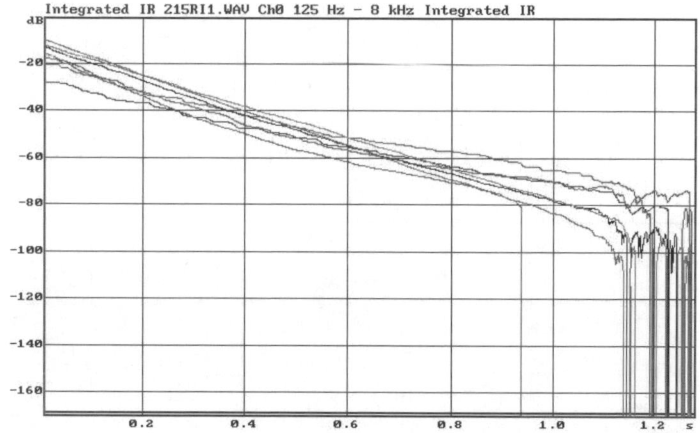

Figura 11.24: Curvas de decaimento medidas em uma sala pelo método da integração reversa, filtradas por bandas de oitava de 125 Hz a 8 kHz.

Note o leitor que, no eixo horizontal, tem-se uma escala linear, em segundos, e, no eixo vertical, uma escala logarítmica, em dB. Observe ainda que, como as

[47]Ver M.R. Schroeder. New method of measuring reverberation time. *J. Acoust. Soc. Am.*, 37, 409, 1965 [211] e M.R. Schroeder. Integrated-impulse method of measuring sound decay without using impulses. *J. Acoust. Soc. Am.*, 66, 497–500, 1979 [212].

[48]Observe, o caro leitor, que a integral definida, expressa na Eq. (11.34), é realizada de 't' a '∞' e, por essa razão, é denominada *integral reversa*.

curvas de decaimento foram obtidas a partir da Eq. (11.34), tem-se sempre, ao final dos decaimentos, uma queda brusca que indica o ponto a partir do qual $h(t)$, naquela banda, é nulo. Naturalmente, as curvas de decaimento da sala devem ser desconsideradas a partir desses pontos. O amável leitor pode observar também, olhando as curvas de decaimento por bandas de oitava levantadas experimentalmente, que, em uma escala logarítmica, estas se apresentam como quase lineares. Isso é o que ocorre, por assim dizer, em salas não exóticas, ou seja, salas comuns, com geometria não inusitada. Contudo, em salas com geometrias mais complexas, como aquelas com dois grandes volumes — como, por exemplo, em teatros, devido à presença da caixa de palco —, não é incomum termos curvas de decaimento com duas inclinações, ou seja, apresentando uma inflexão em determinado ponto.[49]

Determinação da resposta impulsiva

A questão que se coloca, em seguida, é: como obter a resposta impulsiva $h(t)$ em uma sala, sabendo que não é possível termos uma excitação impulsiva, ou seja, $x(t) = \delta(t)$? Bem, como foi visto na Seção 11.2, há diversas alternativas de sinais de excitação que podem ser utilizados.

A Fig. 11.25 ilustra o procedimento do levantamento da função de transferência em uma sala utilizando um analisador FFT de dois canais, veja Seção 11.1, e um sinal de excitação ruidoso.

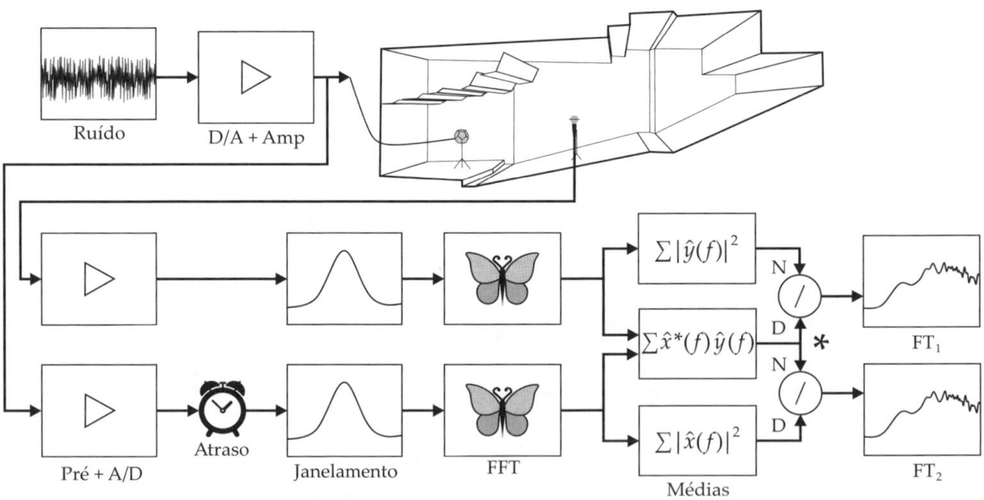

Figura 11.25: Diagrama de blocos de um procedimento de levantamento da FT em uma sala utilizando um analisador FFT de dois canais e sinal de excitação ruidoso.

Tratando-se de uma excitação $x(t)$ não síncrona, portanto, não previsível, é necessário registrar simultaneamente os sinais de entrada, $x(t)$, e de saída, $y(t)$, do sistema. Os sinais são fatiados em segmentos e passam por um janelamento e, em

[49]Ver, por exemplo, H. Kuttruff. Room Acoustics. 4th edition, Spon Press, New York, 1999 [149].

seguida, são transformados, via FFT, para o domínio da frequência. Na sequência, passam por um procedimento de médias, para o cálculo dos autoespectros, $G_{xx}(f)$ e $G_{yy}(f)$ e do espectro cruzado $G_{xy}(f)$, tal como expressos na Eq. (7.62), veja Seção 7.6. Daí são, então, determinadas duas funções de transferência:

$$\begin{aligned}\hat{h}_1(f) &= \frac{G_{xy}(f)}{G_{xx}(f)};\\ \hat{h}_2(f) &= \frac{G_{yy}(f)}{G^*_{xy}(f)}.\end{aligned} \tag{11.35}$$

Quando não há ruído aditivo em ambos os canais, naturalmente que

$$\hat{h}_1(f) = \hat{h}_2(f) = \hat{h}(f). \tag{11.36}$$

Havendo ruído aditivo, serão obtidas duas FT levemente distintas, sendo, em geral, $\hat{h}_1(f)$ mais confiável porque o ruído aditivo no canal de saída do sistema costuma ser maior.

Uma segunda opção para a obtenção da FT de uma sala para um dado par fonte-receptor, sem, porém, lançar mão de um analisador FFT de dois canais, é utilizar um sinal de referência e um sinal de excitação ruidoso, porém periódico (como o sinal MLS, por exemplo).

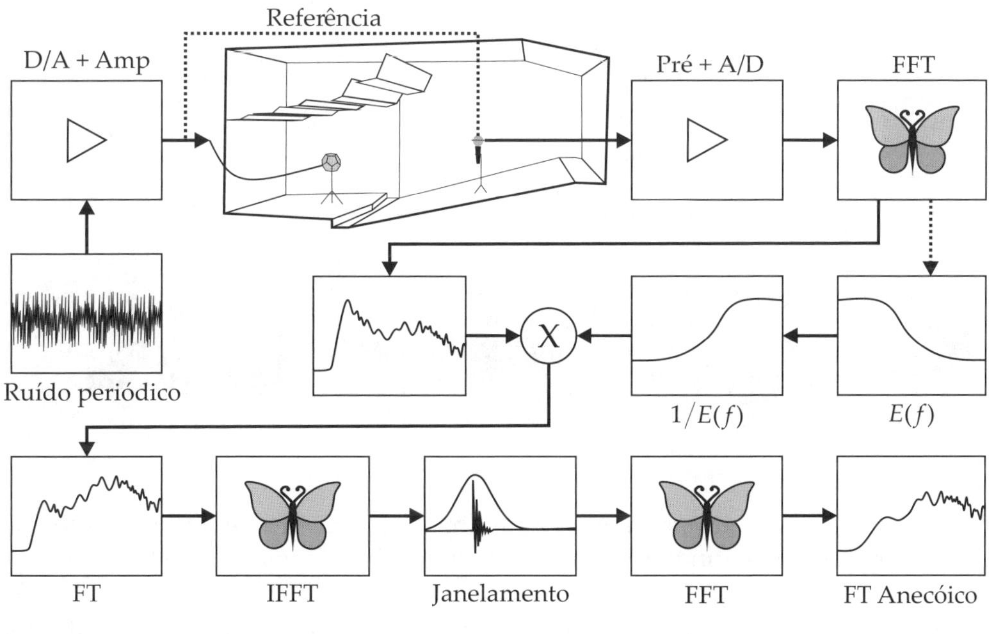

Figura 11.26: Diagrama de blocos de um procedimento de levantamento da resposta impulsiva em uma sala a partir da utilização de sinal ruidoso periódico.

A Fig. 11.26 ilustra o procedimento. Empregar um sinal de excitação predeterminado que se repete exatamente da mesma maneira em cada ciclo de medição significa que o espectro do sinal não mudará entre medições. Nesse caso, o espectro precisa ser estimado apenas uma vez no início de cada sessão de medição. A melhor maneira de fazer a medição de referência é substituir a sala por um cabo condutor passando o sinal de excitação pelo mesmo canal. O sinal capturado é submetido a uma FFT e o espectro resultante é invertido, produzindo um espectro de referência. Na medição real do sistema, este espectro de referência é aplicado como uma multiplicação complexa com a FFT do sinal de saída do sistema. O resultado do produto será, então, a função de transferência procurada.

Usualmente, um procedimento adicional de janelamento no domínio do tempo se faz necessário para garantir que o período adotado abarque toda a resposta impulsiva da sala, caso contrário, pode ocorrer um fenômeno conhecido como *dobramento temporal*.[50] Utilizar o mesmo canal tanto para o sinal de referência como para o levantamento da RI do sistema linear invariante no tempo traz uma importante vantagem. Ao eliminar um segundo canal, retardos e respostas em frequência de amplificadores e conversores são automaticamente compensados.

Mais recentemente, o sinal de excitação mais utilizado em experimentos de A&V em geral e no levantamento de RIs e FTs em salas tem sido um sinal determinístico conhecido como *varredura em frequência* ou *varredura de senos*, também conhecido pelo termo em inglês *sweep sine*.[51] A Fig. 11.27 ilustra o diagrama de blocos de um procedimento de ensaio para o levantamento de RI em salas utilizando um sinal de varredura em frequência.

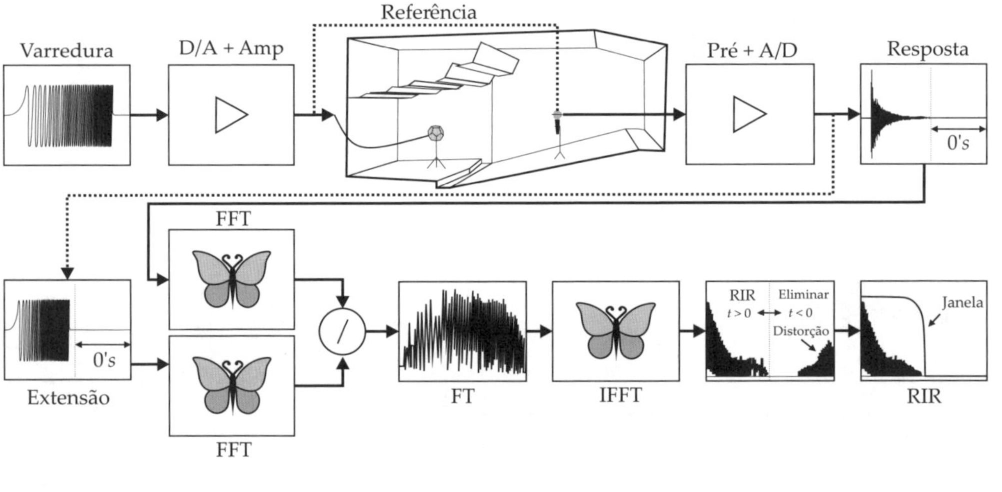

Figura 11.27: Diagrama de blocos de um procedimento de levantamento da resposta impulsiva em uma sala a partir de um sinal de varredura em frequência.

Algumas das vantagens da utilização do sinal de varredura, particularmente para ensaios em salas, são: o fato de, usualmente, ter conteúdo espectral consis-

[50] Ver, por exemplo, D.D. Rife, J. Vanderkooy. Transfer function measurements with maximum-length sequences. *J. Audio Eng. Soc.*, 37:419–444, 1989 [203].

[51] Ver, por exemplo, S. Müller, P.M. Massarani. Transfer-function measurementes with sweeps. *J. Audio Eng. Soc.*, 49:443–471, 2001 [175].

tente na faixa de frequência de interesse no ensaio; não necessitar ser periodizado; e apresentar boa relação sinal-ruído [175]. Com efeito, a faixa dinâmica de uma RI obtida com sinal de varredura é basicamente limitada pelo ruído residual presente na sala, ao passo que a RI obtida com um sinal pseudorrandômico periódico (como o MLS) é mais restrito devido às não linearidades da fonte emissora.

Algumas considerações sobre o método esquematizado na Fig. 11.27 se fazem necessárias. Observe que a resposta obtida após a conversão A/D (bloco superior direito) *não* é a RI da sala para o par fonte-receptor, mas tão somente a resposta ao *sweep*, que não tem espectro plano. A extensão com zeros visa eliminar erros na divisão entre as transformadas para a obtenção da função de transferência, ver Eq. (7.45), Seção 7.5. Adicionalmente, se, ao realizar a transformada rápida inversa de Fourier, ainda ocorrer uma distorção na RI, facilmente identificável à direita da resposta, após o decaimento (onde, tipicamente, não deveria haver nada), a alternativa é aplicar uma janela temporal de modo a eliminar as eventuais distorções.

11.7 Medição de potência sonora

A *potência sonora* de uma fonte consiste na quantidade de energia sonora que a fonte emite por unidade de tempo, e sua unidade no SI é o Watt (W). O *nível de potência sonora*, NWS,[52] é definido como

$$\text{NWS} = 10 \log \frac{W}{W_r} \quad \text{dB}, \tag{11.37}$$

em que W é a potência sonora da fonte e $W_r = 10^{-12}$ Watts é a potência sonora de referência em acústica aérea. Se a fonte sonora for *onidirecional*, ou seja, caso radie a mesma energia, ou potência, em todas as direções, sua potência sonora pode ser avaliada por meio de uma única medição de pressão sonora.[53]

Todavia, muito raramente uma fonte sonora é onidirecional, e nem mesmo fontes sonoras tidas como tais, como, por exemplo, dodecaedros, são onidirecionais e, para se medir sua potência sonora, é necessário medir a pressão sonora (ou a intensidade sonora) em diversos pontos em uma superfície virtual ao redor da fonte.

Há duas maneiras clássicas de se medir a potência sonora de uma fonte: em *campo livre* (por exemplo, em uma câmara anecoica) e em *campo difuso* (por exemplo, em uma câmara reverberante).

Há, ainda, a técnica de medir a potência sonora por meio de sondas de intensidade acústica, tema esse que foi abordado na Seção 11.5.

---

[52] Alguns autores adotam a notação em língua inglesa L_W, L de *level*, nível.

[53] Ver, por exemplo, C.M. Harris (Editor). Handbook of Acoustical Measurements and Noise Control. Acoustical Society of America, Woodbury, 1998 [96].

Medição de potência sonora em campo livre

As normas que regulam a medição de potência sonora em campo livre sobre uma superfície refletora são a ISO 3744 e a ISO 3745.[54]

O procedimento envolve as etapas a seguir.

1. Envolver a fonte sonora por uma superfície virtual, normalmente uma hemisfera, como na Fig. 11.18, ou um paralelepípedo, como indica a Fig. 11.19, veja Seção 11.5.
2. Avaliar a área total S da superfície virtual.
3. Medir o NPS_i, $i = 1, 2, \ldots, N$ em pontos distribuídos uniformemente sobre a superfície.
4. Calcular o nível de pressão sonoro médio, $\overline{\text{NPS}}$, segundo

$$\overline{\text{NPS}} = 10 \log \left[\frac{1}{N} \sum_{i=1}^{N} 10^{\frac{\text{NPS}_i}{10}} \right] \text{ dB.} \tag{11.38}$$

5. Determinar o nível de potência sonora, segundo

$$\text{NWS} = \overline{\text{NPS}} + 10 \log \frac{S}{S_0} \text{ dB,} \tag{11.39}$$

em que $S_0 = 1 \text{ m}^2$ é a área de referência.

Contudo, algumas restrições devem ser observadas.

1. O piso onde a fonte se assenta deve ser efetivamente refletor.
2. As dimensões da fonte sonora não devem ser excessivas (não é viável medir, por esse método, por exemplo, a potência sonora de uma locomotiva).
3. O ruído residual (ruído de fundo) deve estar ao menos 6 dB abaixo do nível NPS_i, para qualquer ponto i.

As normas estabelecem ainda diversos detalhes, como o número de pontos de medição, sua localização sobre a superfície virtual, filtragem em bandas de 1/1 oitava ou 1/3 oitava, entre outros.

Exemplo 11.3 Vejamos o ensaio de uma ventoinha utilizada como fonte sonora de referência, ilustrada na Fig. 11.28. Tomando o piso como sendo perfeitamente refletor, a fonte sonora é envolta por um paralelepípedo (um cubo) formado por um aramado fino de 1 m de lado e suas cinco faces quadradas, designadas pelas letras A, B, C, D e E, são subdivididas por meio de fios de nylon em 16 quadrados de $0{,}25$ m de lado cada. Tem-se, portanto, $N = 80$ quadrados de área $A_i = 0{,}0625 \text{ m}^2$ cada um.

[54]Ver normas ISO 3744 Acoustics – Engineering methods for free-field conditions over a reflecting plane. International Standardization Organization, Genève, 1981 [119] e ISO 3745 Acoustics – Precision methods for anechoic and semi-anechoic rooms. International Standardization Organization, Genève, 1977 [118].

Figura 11.28: Fonte sonora de referência (ventoinha) sendo ensaiada para medição de sua potência sonora por meio de intensimetria (Imagem gentilmente cedida pelo Prof. Dr. Paulo H. Mareze).

Medindo-se os níveis de pressão sonora com filtro de ponderação A, veja Seção 11.3, aproximadamente ao centro das áreas A_i, $i = 1, 2, \ldots, 16$, em cada uma das cinco faces, obtêm-se os resultados indicados na Tabela 11.3.

Tabela 11.3: Níveis de pressão sonora medidos (dBA)

A_i	Face A	Face B	Face C	Face D	Face E
1	88,9	88,1	88,3	88,2	88,0
2	88,0	88,1	87,9	87,9	88,0
3	88,0	88,1	88,2	88,2	88,3
4	88,0	88,3	88,2	88,2	88,3
5	87,8	87.9	88,0	88,0	87,9
6	88,4	88,4	88,3	88,3	88,2
7	87,9	87,9	88,2	88,2	88,0
8	89,0	88,7	88,5	88,5	88,4
9	88,2	88,2	88,1	88,1	88,0
10	88,4	88,4	88,3	88,2	88,2
11	88,0	88,0	88,1	88,1	88,1
12	88,3	88,3	88,4	88,1	88,1
13	88,0	88,0	88,2	88,1	88,1
14	88,3	88,3	88,1	88,1	88,1
15	88,2	88,2	88,1	88,0	88,1
16	88,3	88,3	88,1	88,1	88,0

Aplicando-se, em seguida, a Eq. (11.38) para o cálculo do nível de pressão sonora médio com filtro de ponderação A, obtém-se

$$\overline{\text{NPS}}_A = 10\log\left[\frac{1}{80}\sum_{i=1}^{80}10^{\frac{\text{NPS}_i}{10}}\right] = 88,2 \quad \text{dB}.$$

Finalmente, a potência sonora da fonte, com filtro de ponderação A, pode ser calculada, segundo a Eq. (11.39), por

$$\text{NWS}_A = 88,2 + 10\log 5 = 95,2 \quad \text{dB}.$$

Observe o caro leitor que, neste exemplo, não foram apresentados resultados de medição em bandas de 1/1 oitava ou 1/3 oitava — o que, naturalmente, ampliaria bastante as tabelas apresentadas.

Medição de potência sonora em campo difuso

Quando uma fonte sonora está no interior de uma sala com paredes altamente reflexivas, como ocorre em uma câmara reverberante, a relação entre o nível de pressão sonora, NPS, em qualquer ponto da câmara — admitida como perfeitamente difusa — e o nível de potência sonora, NWS, é dado por

$$\text{NPS} = \text{NWS} - 10\log A + 6 \quad \text{dB}, \tag{11.40}$$

em que A é a *absorção da sala*, dada em m^2 Sabin,[55] no SI. As normas que regulam medição de potência de fontes sonoras em câmaras reverberantes são a ISO 3741 e a ISO 3742.[56]

O procedimento para a determinação da potência sonora em câmara reverberante segue a sequência a seguir.

1. Medir o tempo de reverberação da câmara, T_{60}, veja Seção 11.6, com a fonte sonora presente, porém inoperante.
2. Medir (ou calcular) o volume V da câmara e sua área superficial S.
3. Medir a pressão barométrica, P_0, em atmosferas, na câmara.
4. Acionar a fonte sonora e aguardar que entre em regime permanente, o que, em alguns casos, envolve esperar que a fonte alcance uma temperatura estável de trabalho.
5. Medir o nível de pressão sonora em um determinado número de pontos na câmara ou, alternativamente, utilizando um *boom*, para extrair uma média espacial, $\overline{\text{NPS}}$, segundo a Eq. (11.38).

[55] A unidade *Sabin*, assim denominada em homenagem ao físico estadunidense Wallace Clement Sabine, considerado o "pai da acústica de salas", tem dimensão física $[\text{L}^2]$. Ver, por exemplo, K.B. Ginn. Architectural Acoustics. 2nd edition, Brüel & Kjaer, 1978 [91].

[56] Ver normas ISO 3741 Acoustics – Precision methods for broad-band sources in reverberation rooms. International Standardization Organization, Genève, 1975 [122] e ISO 3742 Acoustics – Precision methods for dicrete-frequency and narrow-band sources in reverberation rooms. International Standardization Organization, Genève, 1975 [117].

6. Calcular o nível de potência sonora da fonte utilizando a expressão

$$\begin{aligned} \text{NWS} = \overline{\text{NPS}} - 10\log(T_{60}) + 10\log(V) + 10\log(1 + S\lambda/8V) \\ - 10\log(P_0) - 14 \quad \text{dB}. \end{aligned} \tag{11.41}$$

Na Eq. (11.41), λ é o comprimento de onda correspondente à frequência central da banda de 1/1 oitava ou 1/3 oitava em que a medição está sendo feita.

A medição de potência sonora em campo difuso requer uma técnica mais apurada do que a medição em campo livre e, usualmente, os resultados são, por assim dizer, menos confiáveis. Por outro lado, uma câmera anecoica, ou mesmo semianecoica, consiste em uma equipamento mais incomum em laboratórios de acústica. Dispondo-se de uma fonte sonora de referência, é mais recomendável adotar o método comparativo, descrito a seguir.

Método comparativo

Há, ainda, uma forma alternativa de se avaliar a potência sonora de uma fonte em câmara reverberante, por comparação a uma outra fonte estável cuja potência sonora é bem conhecida. Por exemplo, a ventoinha ilustrada na Fig. 11.28 pode ser utilizada como fonte sonora de referência, uma vez que gera uma potência estável (regime permanente) com espectro amplo e também estável. O fato de a fonte sonora de referência prover um ruído com espectro em banda larga é importante pois a avaliação de potência sonora da fonte a ser ensaiada pode ser feita nas mais variadas bandas de 1/1 oitava ou de 1/3 oitava. O procedimento é como descrito a seguir.

1. A média espacial do nível de pressão sonora, $\overline{\text{NPS}}$,[57] com a fonte sonora que se deseja medir ativa, é avaliada tal como no procedimento anterior.

2. A fonte sonora é desligada e a fonte sonora de referência é ativada.

3. Avalia-se a média espacial da pressão sonora com a fonte sonora de referência ativa, $\overline{\text{NPS}}_r$, seguindo-se o mesmo método para a determinação de $\overline{\text{NPS}}$.

4. A potência sonora desejada é calculada por

$$\text{NWS} = \text{NWS}_r + \overline{\text{NPS}} - \overline{\text{NPS}}_r, \tag{11.42}$$

em que NWS_r é o nível de potência sonora da fonte de referência, previamente conhecida.

Todo esse procedimento, como mencionado, pode ser realizado por banda de 1/1 oitava ou de 1/3 oitava, bastando, para tal, serem aplicados os filtros correspondentes, veja Seção 7.8.

[57] A barra horizontal sobre o NPS indica, como de praxe, a média espacial

11.8 Medição de coeficiente de absorção de materiais[58]

O conforto acústico constitui uma das principais exigências do ser humano na atualidade. Requisitos de conforto acústico em diversas situações inserem a necessidade de desenvolver formas mais eficientes e econômicas de produção de materiais de absorção sonora. Atualmente, metamateriais têm realizado bem esse papel, apesar de ainda haver alguma dificuldade em produção de larga escala.[59]

Materiais de absorção sonora são amplamente utilizados no controle de ruído, seja industrial, seja residencial. Assim como para proporcionar conforto acústico em ambientes de entretenimento, tais como cinemas, teatros, salas de espetáculo, entre outros. Um dos problemas mais frequentes na engenharia de controle de ruído é o desenvolvimento de absorvedores sonoros que proporcionem atenuação acústica com mínimo custo, ou seja, minimizando a quantidade de material de absorção aplicado.

Suponha que, em uma determinada configuração, o som se propague em direção a uma superfície refletora (rígida) e a impedância acústica específica, Z, é determinada próximo a essa superfície. A impedância acústica será elevada, pois próximo à superfície a velocidade de partícula é praticamente nula e a pressão sonora é ampliada devido à reflexão. Toda a energia sonora é refletida e a intensidade é nula. A mesma quantidade energia que se propaga para um sentido também se propaga no sentido oposto. Dessa forma, não haverá fluxo líquido de energia acústica. Em termos práticos, a energia sonora não será muito afetada pela superfície rígida porque, em comparação com uma onda sonora em propagação livre, a pressão sonora aumenta, mas a velocidade de partícula se reduz.[60]

O coeficiente de absorção

O desempenho acústico de *materiais absorvedores* é caracterizado pelo seu *coeficiente de absorção*, α, definido como a razão entre a potência sonora não refletida e a potência sonora incidente, como expresso na Eq. (11.43).

$$\alpha = \frac{W_{\text{nrefl}}}{W_{\text{inc}}} = 1 - \frac{W_{\text{refl}}}{W_{\text{inc}}}, \tag{11.43}$$

em que W_{nrefl} é a potência sonora não refletida pela superfície, W_{inc} é a potência sonora incidente na superfície e W_{refl} é a potência sonora refletida por ela.

A potência sonora não refletida geralmente é dissipada ou absorvida no interior do próprio material, mas também pode ser transmitida através do absorvedor

[58] Esta seção foi elaborada em coautoria com o Prof. Paulo H. Mareze.

[59] Ver, por exemplo, Z. Liu, X. Zhang, Y. Mao, Y.Y. Zhu, Z. Yang, C.T. Chan, P. Sheng. Locally resonant sonic materials. *Science*, 289 (5485):1734–1736, 2000 [157] ou J. Costa-Baptista, E.R. Fotsing, J. Mardjono, D. Therriault, A. Ross. Design and fused filament fabrication of multilayered micro-channels for subwavelength and broadband sound absorption. *Additive Manufacturing*, 55, 102777, 2022 [55].

[60] Ver, por exemplo, R.A. Tenenbaum. Acústica Aplicada. 2ª edição, R.A. Tenenbaum, Santa Maria, 2020 (disponível em: https://ratenenbaum.wixsite.com/acustica) [233].

para outro ambiente, ou transmitida na forma de energia vibratória para outra estrutura. Mas observe que a definição pode ser feita considerando a *potência sonora que é refletida* pelo conjunto absorvedor.

Existem diversas técnicas para se determinar o coeficiente de absorção de materiais. Elas podem ser divididos em três grandes grupos: medição em câmara reverberante; medição em tubo de impedância; e medição em campo livre. Vários autores propuseram métodos para medir as propriedades acústicas de materiais absorventes em condições de campo livre. Em geral, os métodos são adequados para medições com incidência oblíqua das ondas sonoras. Uma técnica conhecida é, por exemplo, chamada de *técnica de impulso*. Um sinal curto é gerado e as ondas sonoras incidentes e refletidas são decompostas para o cálculo do coeficiente de reflexão. A amostra deve ser posicionada afastada do assim chamado *campo próximo*, o que significa uma restrição em baixas frequências. Outra técnica utiliza um ou dois microfones posicionados próximos à superfície absorvedora. Com esse método, é possível calcular em função da frequência a parte real e imaginária da impedância acústica de superfície para ondas de incidência normal.

Dentre as técnicas mais comuns para a medição de impedância de superfícies, a mais utilizada é a do *tubo de impedância*, também conhecido como *tubo de Kundt*, que será discutida na Subseção 11.8.1. Por outro lado, se o objetivo é determinar coeficientes de absorção para incidência difusa — que são os coeficientes de absorção utilizados, por exemplo, pelos programas de simulação numérica de campo acústico em salas —, veja Seção 11.12, a técnica mais adotada é o *método do campo difuso*, também conhecido como o *método da câmara reverberante*, que será discutido na Subseção 11.8.2.

Uma outra variante de método de medição de coeficiente de absorção de materiais é a técnica conhecida como *in situ*. Visa avaliar coeficientes de absorção de materiais já instalados em salas. Uma revisão bem abrangente desses métodos pode ser encontrada em Brandão *et al.*[61] Há, por exemplo, norma estabelecida para medir absorção sonora *in situ* para pavimentos rodoviários.[62] Todavia, a técnica para medição *in situ* em salas ainda está em fase de pesquisa[63] e desenvolvimento e não será abordada neste texto.

11.8.1 Método do tubo de impedância

Embora, como mencionado, várias técnicas de medição possam ser usadas para quantificar o comportamento da absorção sonora, em boa parte a determinação

[61] E. Brandão, A. Lenzi, S. Paul. A review of the *in situ* impedance and sound absorption measurement techniques. *Acta Acustica united with Acustica*, 101, 443–463, 2015 [32].

[62] Ver ISO 13472-1: Acoustics – Measurement of sound absorption properties of road surfaces in situ. Part 1: Extended surfaces measurement, 2002 [124].

[63] Ver, por exemplo, E. Brandão, E. Fernandez-Grande. Influence of edge diffraction on the *in situ* measurement of impedance using microphone arrays. Proc. 49th International Congress and Exposition on Noise Control Engineering, Seoul, 2020 [33] e E. Brandão, E. Fernandez-Grande. Analysis of the sound field above finite absorbers in the wave-number domain. *J. Acoust. Soc. Am*, 151(5), 3019–3030, 2022 [34].

das propriedades ocorre em um *tubo de ondas estacionárias*.[64] Isso acontece, basicamente, por três motivos:

- menor necessidade de grandes áreas ou volumes de material, como no método da câmara reverberante;
- o equacionamento com base na solução da equação da onda plana, veja Ex. 2.7, representa adequadamente o fenômeno físico (é um problema determinístico, não estatístico);
- atual facilidade de obtenção de funções de transferência, com analisadores de dois canais, ver Seção 11.1.

Em um tubo o problema matemático torna-se unidimensional (em uma certa largura de banda) e as ondas sonoras só podem se propagar na direção longitudinal do tubo. O advento da eletrônica digital contribuiu para popularizar o método. Na verdade, revolucionou muitos métodos de aquisição e processamento de sinais acústicos ou de vibração. Uma técnica de medição bem conhecida é o método da função de transferência de dois microfones, usando excitação aleatória. Foi inicialmente introduzido por Seybert e Ross,[65] em 1977, e, em seguida, aperfeiçoado por Chung e Blaser,[66] em 1980. A técnica tende a ser cerca de 40 vezes mais rápida que o método convencional da razão de ondas estacionárias.[67] O método do tubo de ondas estacionárias é descrito na Norma ISO-10534-1.[68]

A técnica da razão de onda estacionária (ROE) é medida para uma frequência tonal específica de cada vez, geralmente grupos de frequências das bandas de oitava ou de terços de oitava. Por meio de um microfone móvel, determina-se a relação entre a pressão máxima e a pressão mínima, em posições logo à frente do material. Essa relação é então usada para calcular o coeficiente de reflexão e a impedância acústica de superfície. Uma vantagem desse método é que não é necessária calibração do microfone móvel. As desvantagens são a configuração complexa com a passagem de uma sonda móvel (através do material, ou através da placa polo do alto-falante) e, além disso, o grande tempo necessário para encontrar o valor máximo e mínimo da pressão para cada frequência de interesse. Um carrinho com escala graduada é utilizado para buscar as posições de máxima e mínima pressão. Por isso, a técnica está sujeita à paciência e ao cuidado do

[64] Também conhecido como *tubo de impedância*, ou *tubo de Kundt*.

[65] Ver A.F. Seybert, D.F. Ross. Experimental determination of acoustic properties using a two microphone random excitation technique, *J. Acoust. Soc. Am.*, 61:1362–1370, 1977 [215].

[66] Ver J.Y. Chung, D.A Blaser. Transfer function method of measuring in-duct acoustic properties. I. Theory, *J. Acoust. Soc. Am.*, 68(3):907–913, 1980 [49] e J.Y. Chung, D.A Blaser. Transfer function method of measuring in-duct acoustic properties. II. Experiment, *J. Acoust. Soc. Am.*, 68(3):914–921, 1980 [50].

[67] A técnica mais antiga, conhecida por *razão de onda estacionária*, na língua portuguesa geralmente possui o acrônimo ROE. Na literatura de língua inglesa, é conhecida como *standing wave ratio*, ou *SWR*.

[68] Ver norma ISO 10534-1. Acoustics – Determination of sound absorption coefficient and impedance in impedance tubes, Part 1: Method using standing wave ratio. International Standardization Organization, Genève, 1998 [121].

operador em realizar as leituras de posição e amplitude da forma mais precisa possível, mas sempre suscetível a erros. Para minimizar incertezas de medição, o tempo para encontrar as respectivas amplitudes e posições para cada frequência de análise acaba sendo entediantemente longo.

Por outro lado, o método de dois microfones é bem menos suscetível a erros e está apresentado na Norma ISO-10534-2,[69] ao qual se refere a Parte 2. O erros se concentram no sistema de medição e no processamento dos sinais. Em relação aos erros do sistema de medição, podemos citar:

- vazamentos de ar nos flanges ou nos acopladores de microfones;
- posicionamento e distâncias errôneas de amostra ou microfones;
- problemas de calibração de microfones (sensibilidades errôneas);
- problemas com a resposta em frequência de excitação da fonte (alto-falante ou amplificador de potência) que não cobrem a faixa de frequência de medição;
- ruído externo excessivo;
- microfones ou pré-amplificadores problemáticos;
- nivelamento ruim de microfones;
- estrutura do tubo inadequada e em vibração na faixa de frequência de medição;
- ruído da rede elétrica (60 ou 120 Hz);
- nível de ruído da fonte excessivo (acústica não linear);
- canais de entrada do analisador com problemas.

Por outro lado, em relação aos erros de processamento de sinal, é possível ressaltar:

- janelamento inadequado;
- erros de dobramento;
- número de médias insuficiente.

Fahy,[70] em 1984, demonstrou a possibilidade de utilizar apenas um único microfone, ao invés de dois. Dessa forma, o microfone é colocado alternadamente em cada posição e então duas capturas de função de transferência são obtidas

[69]ISO 10534-2. Acoustics – Determination of sound absorption coefficient and impedance in impedance tubes, Part 2: Transfer-function method, International Standardization Organization, Genève, 2001 [123].

[70]Ver F.J. Fahy. Rapid method for the measurement of sample acoustic impedance in a standing wave tube, *J. Sound Vib.*, 97(1):168–170, 1984 [73].

em relação ao sinal enviado ao amplificador da fonte sonora (saída do analisador). A impedância é calculada a partir da razão de funções de transferência, ou *transfer function ratio,*

$$\hat{h}_{12} = \frac{\hat{h}_{\mathrm{f2}}}{\hat{h}_{\mathrm{f1}}} = h\, e^{\mathrm{j}\phi}. \tag{11.44}$$

O uso da razão de funções de transferência praticamente elimina a influência da resposta em frequência do *grid* ou sonda de microfone, quando utilizado. Também elimina os erros relativos de amplitude e de fase, quando utilizados dois microfones.

Na forma mais tradicional, são necessários dois microfones, um para cada posição.[71] Eles devem ser calibrados, com respeito à amplitude e fase relativa entre si. Pequenas diferenças construtivas ou de pré-amplificação dos microfones, assim como efeitos dos cabos ou até mesmo descasamento da própria entrada do analisador, podem causar esses erros de fase. Para isso, um procedimento de calibração usando uma troca de posições é recomendado, como é descrito adiante. Basicamente existem duas normas para a medição das propriedades de absorção dos materiais em tubo de impedância com dois microfones: a ASTM E1050,[72] e a ISO 10534-2,[73] a segunda já comentada anteriormente. Essas duas normas funcionam em paralelo, de forma complementar uma à outra; a primeira foi desenvolvida nos Estados Unidos pela ASTM *International* (originalmente conhecida como *American Society for Testing and Materials*). A segunda foi desenvolvida pela *International Standard Organization*, ISO. Ambas descrevem o que passou a ser tradicionalmente conhecido como o *método de dois microfones* ou da *função de transferência* para medir a absorção e impedância de materiais acústicos. Essas normas estabelecem condições necessárias e de boas práticas sob as quais dados confiáveis podem ser obtidos se seguidas à risca.

Instrumentação e equacionamento da técnica de dois microfones

O princípio de funcionamento baseia-se na propagação de ondas planas ao longo do tubo e na medição da função de transferência de pressão sonora entre duas posições distintas, conforme ilustra a Fig. 11.29.

[71] Microfones de campo de pressão de um quarto de polegada são os mais indicados para essa técnica, ao invés de microfones de campo difuso ou de campo livre de meia polegada. Apesar de que, se calibrados de forma correta, os dois últimos funcionarão adequadamente.

[72] Ver norma ASTM E1050. Standard test method for impedance and absorption of acoustical materials using a tube, two microphones and a digital frequency analysis system, American Society for Testing and Materials, 1050–98, 1990 [9].

[73] Ver norma ISO 10534-2. Acoustics – Determination of sound absorption coefficient and impedance in impedance tubes, Part 2: Transfer-function method, International Standardization Organization, Genève, 2001 [123].

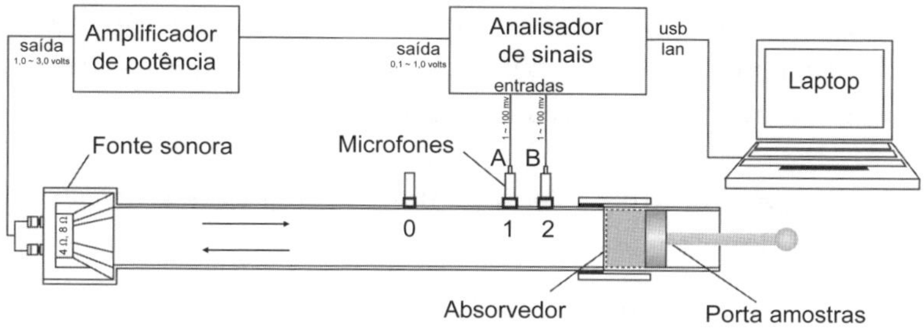

Figura 11.29: Cadeia de medição da impedância de superfície e coeficiente de absorção para incidência normal, pelo método da função de transferência (Figura gentilmente cedida pelo Prof. Dr. Paulo H. Mareze).

No lado esquerdo, um alto-falante é instalado e, no lado oposto, uma amostra do material de teste é posicionada. No tubo, um padrão de onda estacionária é formado, sendo o resultado de uma onda sonora progressiva em direção do material absorvedor (onda incidente no material, ou divergente da fonte), p_{I}, e onda sonora convergente para a fonte (ou refletida pelo material), p_{R}. A frequência de geração e principalmente de análise das ondas sonoras são mantidas abaixo da frequência de corte do duto, de modo a garantir ondas planas.

Um êmbolo rígido com profundidade ajustável é colocado atrás da amostra para fornecer uma superfície refletora. Esse êmbolo contribui com posicionamentos ou possíveis ajustes de cavidade de ar, atrás da amostra. No entanto, o êmbolo é opcional e, se não construído com boa vedação, pode causar sérios problemas na medição. Um par de microfones é montado de forma nivelada com a parede interna do tubo, próximo à extremidade da amostra a ser medida.[74] Um analisador de espectro de dois canais, veja Seção 11.1, é utilizado para obter a função de transferência entre os dois microfones. Nessa medição, o microfone mais próximo da fonte fornecerá o sinal de referência. E, por conseguinte, o canal do analisador associado a esse microfone será também o canal de referência. A temperatura ambiente, a pressão barométrica e umidade relativa do ar devem ser registradas e aplicadas ao cálculo da velocidade do som e da densidade do ar.

Antes de tudo, cabe comentar que o método é destrutivo, visto que é necessário cortar materiais de uma placa original, e apenas propriedades de incidência normal são determinadas com confiabilidade. Alguns autores aconselham o uso de propriedades acústicas que são independentes da configuração de teste, como a impedância característica complexa e o número de onda da propagação no material. Uma forma de derivar esses dois coeficientes é medir a impedância da superfície do material com duas espessuras diferentes ou duas cavidades.

Em configurações práticas, três microfones são usados para aumentar simultaneamente a faixa de frequência de análise. Em frequências mais baixas, é utilizado um espaçamento maior. A Tabela 11.4 apresenta os condicionantes das normas ISO 10534-2 e ASTM 1050 para as frequências e números de onda adotados.

[74]O termo utilizado na literatura em língua inglesa é *flush mounting of microphones.*

Para a frequência superior, vale sempre o menor valor, ou pela condição de espaçamento de microfones e pela condição do aparecimento do primeiro modo circunferencial ao longo do diâmetro do duto.

Tabela 11.4: Valores comparativos para avaliar a faixa de frequência útil de medição em tubo de impedância.

Expressão	ISO 10534-2	ASTM 1050
$f_\mathrm{i} > k_\mathrm{i} c_0/s$	$k_\mathrm{i} = 0,050$	$k_\mathrm{i} = 0,010$
$f_\mathrm{s} < k_{\mathrm{s}_1} c_0/d$ e $f_\mathrm{s} < k_{\mathrm{s}_2} c_0/s$	$k_{\mathrm{s}_1} = 0,580$ e $k_{\mathrm{s}_2} = 0,450$	$k_{\mathrm{s}_1} = 0,586$ e $k_{\mathrm{s}_2} = 0,400$

Além disso, a fim de garantir estritamente a condição de ondas planas no interior do tubo, a maior frequência de análise deve ser calculada por

$$f_\mathrm{c} = \frac{1,84\,c}{\pi d}. \tag{11.45}$$

A Fig. 11.30 ilustra as duas configurações de microfones da técnica.

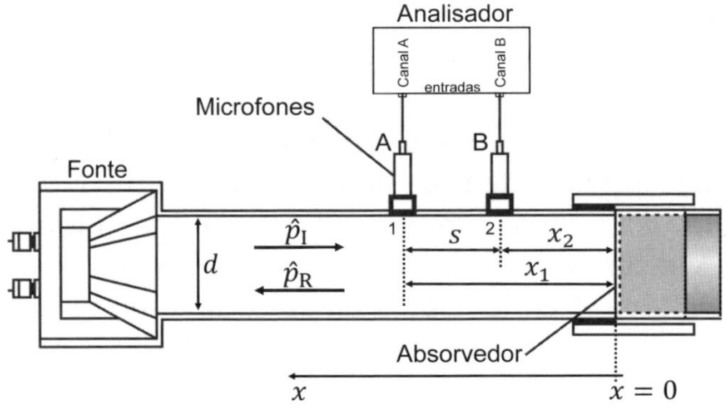

(a) Configuração I, normal ou direta.

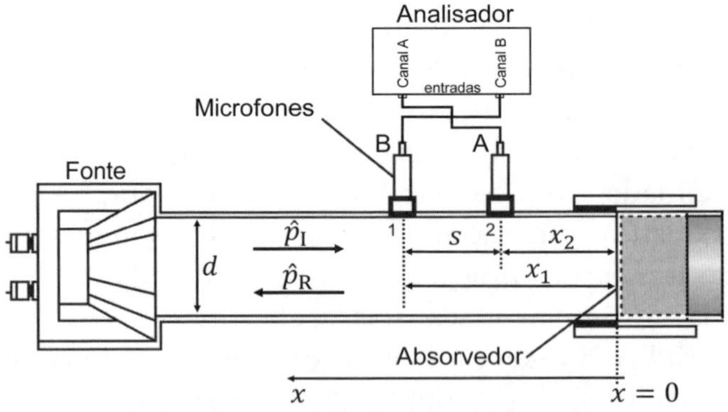

(b) Configuração II, invertida ou intercambiada.

Figura 11.30: Configurações da medição da impedância de superfície e coeficiente de absorção para incidência normal, pelo método da função de transferência (Figura gentilmente cedida pelo Prof. Dr. Paulo H. Mareze).

Pode-se, como sinal de excitação, utilizar tanto a varredura em frequência, ver Seção 11.2, como o ruído branco, ver Seção 7.7, e, com os dados captados pelos dois microfones, é possível decompor a propagação da onda sonora em uma onda refletida e em uma onda incidente e, dessa forma, calcular o *coeficiente de reflexão*, dado por

$$R = \frac{\hat{h}_{\mathrm{AB}}^{\mathrm{cal}} - e^{-\mathrm{j}k_c s}}{e^{\mathrm{j}k_c s} - \hat{h}_{\mathrm{AB}}^{\mathrm{cal}}} e^{2\mathrm{j}k_c x_1}, \tag{11.46}$$

em que x_1 é a distância da amostra até o microfone mais distante e s é a distância entre os microfones. O termo $\hat{h}_{\mathrm{AB}}^{\mathrm{cal}}(f)$ é a função de transferência entre os microfones, calculada pela razão entre o espectro cruzado dos sinais capturados pelo microfone B em relação ao microfone A, $\hat{S}_{\mathrm{AB}}(f)$, e o autoespecro do sinal capturado pelo microfone A, $\hat{S}_{\mathrm{AA}}(f)$. O espectro cruzado em problemas de acústica é uma ferramenta usada para analisar a relação entre as características no domínio da frequência de dois sinais sonoros distintos. É especialmente útil para entender como os sinais sonoros interagem, seja em cavidades acústicas, dutos, sistemas de comunicação, entre outros. Por isso, contribui em determinar se existe alguma correlação ou influência mútua entre os dois sinais avaliados.

À primeira vista, a função $\hat{h}_{\mathrm{AB}}^{\mathrm{cal}}(f)$ normalmente é calculada encaixando-se o microfone de referência A, na posição 1, mais próxima da fonte sonora. E o microfone B fica na posição 2, mais próximo do material de absorção que está sendo caracterizado, conforme a Figura 11.30a. O fato de $\hat{h}_{\mathrm{AB}}^{\mathrm{cal}}(f)$ carregar o superescrito 'cal' indica a sugestão de um processo de calibração de amplitude e fase da função de transferência entre os microfones. O processo geralmente é descartado quando se utilizam microfones de campo de pressão e são pares casados de fábrica. Para o caso de microfones de campo difuso não casados, indica-se fortemente o procedimento, na qual a função de transferência é medida duas vezes. Uma delas ocorre após o intercambiamento de posições, visto na Figura 11.30b. Note que tanto os canais do analisador, os microfones e a direção de cálculo da função de transferência se mantêm. Porém, há a alteração das posições dos microfones no tubo de impedância (microfone A vai para a posição 2, microfone B vai para posição 1). Essa é uma das opções do método e mais detalhes podem ser encontrados na ISO 10534-2. A expressão para $\hat{h}_{\mathrm{AB}}^{\mathrm{cal}}(f)$ é dada por

$$\begin{aligned} \hat{h}_{\mathrm{AB}}^{\mathrm{cal}}(f) &= \frac{\hat{S}_{\mathrm{AB}}(f)}{\hat{S}_{\mathrm{AA}}(f)} \\ &= \frac{\hat{p}_{\mathrm{B}}(f)\hat{p}_{\mathrm{A}}^{*}(f)}{\hat{p}_{\mathrm{A}}(f)\hat{p}_{\mathrm{A}}^{*}(f)} \\ &= \frac{\hat{p}_{\mathrm{B}}(f)}{\hat{p}_{\mathrm{A}}(f)}. \end{aligned} \tag{11.47}$$

A calibração, definida por uma média geométrica entre as duas funções de transferência, é obtida por meio de

$$\hat{h}_{\text{AB}}^{\text{cal}}(f) = \left(\frac{\hat{h}_{\text{AB}}^{I}}{\hat{h}_{\text{AB}}^{II}}\right)^{1/2}, \tag{11.48}$$

com I referindo-se à medição com os microfones na posição direta e II com os microfones na posição invertida.

O termo k_c na Eq. (11.46) refere-se às perdas viscotérmicas que ocorrem no tubo. Segundo a norma, esse termo pode ser avaliado por

$$k_c = \frac{\omega}{c} - \text{j}\,1{,}94 \times 10^{-2} \times \frac{\sqrt{f}}{cd}, \tag{11.49}$$

sendo d o diâmetro do tubo e f a frequência.

A partir do coeficiente de reflexão R de ondas planas estacionárias no interior do tubo, pode-se obter a *impedância de superfície*, Z_s, do material, dada por

$$Z_s = \rho_0 c\,\frac{1+R}{1-R}. \tag{11.50}$$

Assim, a partir do quadrado da magnitude coeficiente de reflexão, pode-se obter o *coeficiente de absorção para incidência normal* sobre a superfície do material como

$$\alpha = 1 - |R|^2. \tag{11.51}$$

A Fig. 11.31 ilustra os resultados encontrados em um ensaio com o método descrito, tanto para a impedância do material como para seu coeficiente de absorção, ambos como função da frequência, no intervalo de 100 Hz a 6 kHz.

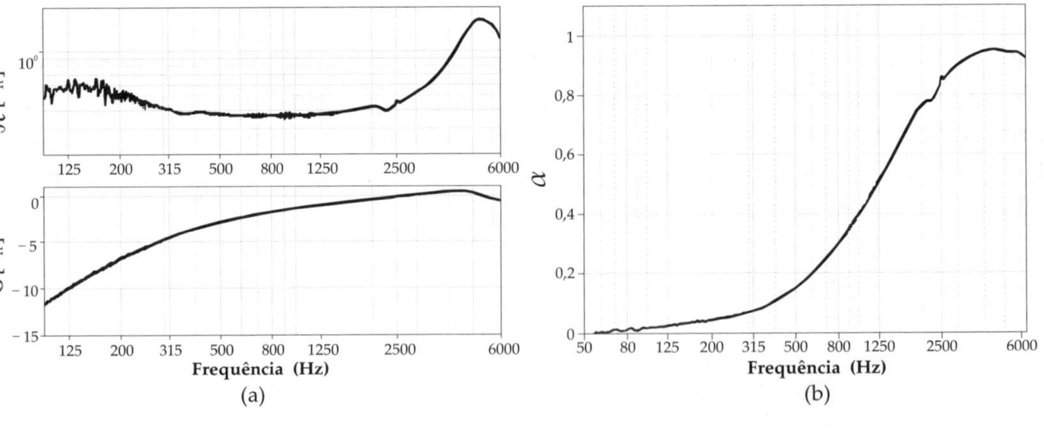

Figura 11.31: (a) Impedância da amostra, como função da frequência, indicando a parte real (acima) e a parte imaginária (abaixo). (b) Coeficiente de absorção da mesma amostra, também como função da frequência, avaliada no mesmo experimento (Figura gentilmente cedida pelo Prof. Dr. Paulo H. Mareze).

A amostra utilizada no experimento cujos resultados são apresentados na Fig. 11.31 foi uma bolacha de espuma de melamina de 25 mm de espessura. Observe que tanto a parte real como a parte imaginária da impedância têm um máximo em cerca de 5 kHz, o mesmo sucedendo com o coeficiente de absorção.

A impedância complexa, Z, pode ser normalizada pela impedância característica do ar, $Z_0 = \rho_0 c$, valendo cerca de 415 rayls,[75] em que ρ_0 é a massa específica do ar e c a velocidade de propagação do som, ou seja,

$$Z_n = \frac{Z}{Z_0}. \tag{11.52}$$

11.8.2 Método de campo difuso

A medição do coeficiente de absorção, α, de um dado material instalado em uma sala é de difícil realização, uma vez que o coeficiente, além de ser dependente da frequência, também depende da maneira como o material é instalado, do tamanho da amostra de material, do ângulo de incidência do som na amostra e, também, de características da sala onde o material é medido.

Normas para medição em câmara reverberante

O método de medição do coeficiente de absorção de materiais em câmara reverberante é regulado por meio da Norma ISO 354.[76] A medição deve ser realizada em uma câmara reverberante devidamente qualificada, onde se considera que o campo acústico seja difuso. Em um campo perfeitamente difuso, pressupõe-se que a pressão sonora é distribuída de maneira uniforme e que o ângulo de incidência da frente de onda sobre qualquer superfície pode assumir qualquer valor, ou, em outros termos, que a incidência poderá originar-se de qualquer direção (incidência aleatória).

Definindo-se o *coeficiente de reflexão*, R, como a razão entre as amplitudes complexas das pressões refletida e incidente, ou seja,

$$R = \frac{p_{\text{refletida}}}{p_{\text{incidente}}}, \tag{11.53}$$

o coeficiente de absorção, função do ângulo de incidência, θ, é dado por

$$\alpha(\theta) = 1 - |R|^2. \tag{11.54}$$

O coeficiente de absorção por incidência difusa, α_s, é calculado, então, pela integração de $\alpha(\theta)$ entre os ângulos de incidência no intervalo $(0, \pi/2)$, na forma

$$\alpha_s = \int_0^{\pi/2} \alpha(\theta)\,\text{sen}(2\theta)\,\text{d}\theta. \tag{11.55}$$

[75] O *rayl*, unidade no SI para impedância, equivale a $\text{kg}/(\text{m}^2\text{s})$ e foi designado em homenagem a Lord Rayleigh (John William Strutt, 1842–1919), físico e matemático britânico que formulou as equações da acústica, tal como as conhecemos hoje em dia.

[76] Ver norma ISO 354. Acoustics – Measurement of sound absorption in a reverberation room. International Standardization Organization, 2003 [125].

Na Eq. (11.55) está implícita a hipótese de a amostra ser infinita e localmente reativa.[77] A Fig. 11.32 ilustra difusores em diversas câmaras reverberantes ao redor do mundo.

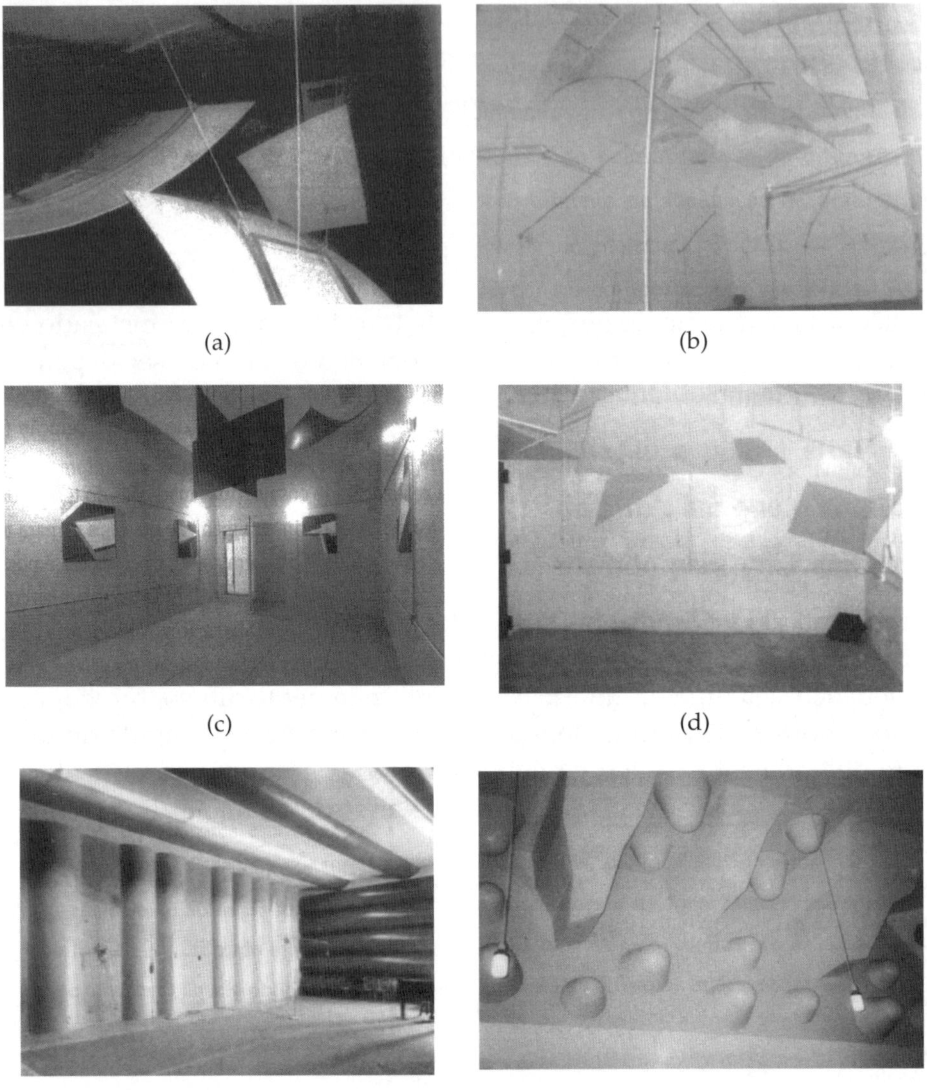

(a) (b) (c) (d) (e) (f)

Figura 11.32: Difusores em distintas configurações no interior de câmaras reverberantes (CRs) ao redor do mundo: (a) detalhes dos difusores da CR do Laboratório de Ensaios Acústicos do Inmetro, Xerém, RJ; (b) visão geral da CR do mesmo laboratório; (c) CR do Laboratório de Acústica e Vibrações da UFSM, Santa Maria, RS; (d) CR do *Physikalisch-Technische Bundesanstalt*, Braunschweig, Alemanha; (e) CR do RCA *Studio*, EUA, com paredes cilíndricas; e (f) CR da *Technical University of Denmark*, Dinamarca, com difusores parabólicos (Adaptado de [7]).

[77] Ver, por exemplo, A.D. Pierce. Acoustics: An Introduction to Its Physical Principles and Applications. Acoustical Society of America, Woodbury, 1989 [193].

Uma câmara reverberante constitui uma sala medianamente volumosa com paredes rígidas e reflexivas e, usualmente, não paralelas, de modo a aumentar a difusividade do campo. Todavia, isso não é suficiente para *qualificar* a câmara e absorvedores de baixa frequência e difusores são acrescentados de modo a se obter o campo de pressões sonoras o mais difuso possível. Portanto, o coeficiente de absorção medido em câmara reverberante é o *coeficiente de absorção por incidência difusa*, α_S.

São bem variadas as estratégias adotadas nos diversos laboratórios ao redor do mundo para tornar as câmaras reverberantes o mais difusas possível. Além da utilização de paredes não paralelas, é comum dotar as câmeras com difusores curvos suspensos ao teto, utilizar paredes com superfícies cilíndricas, paredes com elementos convexos etc., como ilustra a Fig. 11.32. É sempre importante lembrar que as superfícies de contorno de uma câmara reverberante (paredes, piso e teto) devem ser rígidas, portanto o mais reflexivas possível.

A fórmula de Sabine

Uma vez qualificada a câmara,[78] medem-se as condições atmosféricas (pressão barométrica, temperatura ambiente e umidade relativa do ar). Em seguida, mede-se o *tempo de reverberação* da sala sem a amostra, T_{60_1}.[79] O passo seguinte é recobrir uma superfície da câmara com o material a ser testado. A Norma ISO 354 recomenda áreas superficiais entre 10 e 12 m^2, que são aplicadas no piso da câmara, por uma questão de facilidade. Em seguida, medem-se novamente as condições atmosféricas e o tempo de reverberação da câmara com a amostra aplicada, T_{60_2}. Considera-se aplicável a *fórmula de Sabine*,[80] dado que o campo sonoro no interior da câmara reverberante é altamente difuso, portanto,

$$T_{60} = 0,161 \frac{V}{S\bar{\alpha} + 4mV}, \tag{11.56}$$

em que T_{60}, o tempo de decaimento sonoro no interior da câmara reverberante a um milionésimo da energia inicial, é dado em segundos, V é o volume da sala, dado em m^3, S é a área da superfície de contorno da sala, dada em m^2, $\bar{\alpha}$ é o coeficiente médio de absorção da sala, adimensional, e m é o coeficiente de absorção devido à propagação no ar, com unidade 1/m.[81] A partir da diferença entre os tempos de reverberação encontrados, com e sem a amostra instalada,

[78]Para as exigências de qualificação de câmaras reverberantes, ver as normas ISO 354 Acoustics – Measurement of sound absorption in a reverberation room. International Standardization Organization, 2003 [125] e ASTM C423-17: Standard test method for sound absorption and sound absorption coefficients by the reverberation room method. American Society for Testing and Materials, 2002 [10].

[79]O tempo de reverberação de uma câmara reverberante é usualmente grande, não sendo incomum chegar a quase 20 segundos em baixas frequências.

[80]Wallace Clement Sabine (1868–1919), físico estadunidense, considerado o "pai da acústica de salas".

[81]Ver, por exemplo, R. Lamoral. Acoustique et Architecture. Masson, Paris, 1975 [151].

chega-se à expressão para o cálculo do coeficiente de absorção para incidência difusa do material,[82]

$$\alpha_s = 0,161\frac{V}{S}\left(\frac{1}{T_{60_2}} - \frac{1}{T_{60_1}}\right) - 4V(m_2 - m_1). \qquad (11.57)$$

Observe-se que os coeficientes m_1 e m_2 são calculados a partir dos resultados das medições de condições atmosféricas. A Eq. (11.57) pode ser utilizada tanto de forma global, como por bandas de 1/1 oitava ou de 1/3 oitava.[83]

Alguns aspectos relativos aos procedimentos adotados no ensaio de determinação de coeficiente de absorção de materiais em campo difuso valem ser comentados aqui. Primeiramente, quanto ao tipo de sinal de excitação para o levantamento dos tempos de reverberação por bandas de 1/1 oitava ou 1/3 oitava, mostrou-se que o tempo de ensaio reduz-se significativamente com o uso de varredura em frequência, veja Seção 11.2.[84]

Por outro lado, no que toca à qualificação da câmara reverberante, é notável a influência do número de difusores utilizados, como mostra a Fig. 11.33. O gráfico ilustra a variação do desvio padrão nas medições do tempo de reverberação em função da área de difusores instalados em uma câmera reverberante, o que mostra que, principalmente em baixa frequência, há bastante dispersão dos resultados.

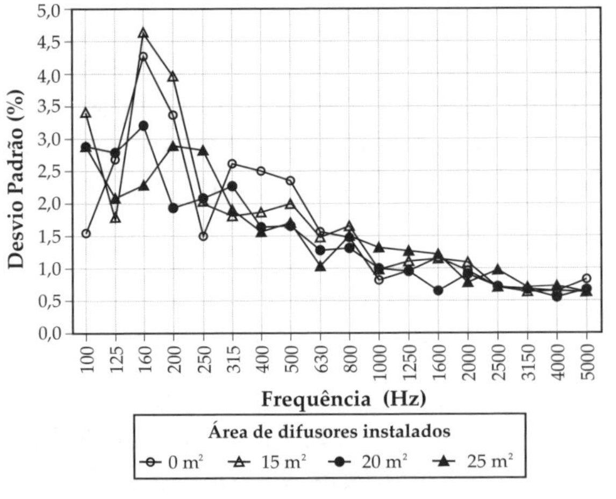

Figura 11.33: Desvio padrão espacial do tempo de reverberação da câmara com a amostra, para quatro distintas áreas de difusores instalados (Adaptado de [7]).

[82]Ver, por exemplo, E. Brandão. Acústica de Salas: Projeto e Modelagem. Edgar Blucher, São Paulo, 2016 [31] ou T.J. Cox, P. D'Antonio. Acoustic Absorbers and Diffusers: Theory, Design and Applications. 3rd edition, CRC Press, Boca Raton, 2017 [57] ou, ainda, L. Cremer, H.A. Müller. Principles and Applications of Room Acoustics. Volume 1, Applied Science Publishers, London, 1982 [58].

[83]Ver, por exemplo, M.A.N. Araujo. Investigações sobre os parâmetros envolvidos na medição de absorção sonora em câmaras reverberantes. Tese de D.Sc., Coppe, UFRJ, 2002 [7].

[84]Ver, por exemplo, M.A.N. Araújo, P.M. Massarani, R.A. Tenenbaum, A. Schmitz e P. Brandão. Influência das dimensões e geometria de amostras planas no coeficiente de absorção sonora medido em câmaras reverberantes. Anais do XX Encontro da Sociedade Brasileira de Acústica, Rio de Janeiro, RJ, 2002 [8].

Difração e efeito de borda

Finalmente, quanto aos resultados obtidos para os coeficientes de absorção por bandas, alguns relatórios de ensaios por meio da técnica de campo difuso reportam coeficientes $\alpha > 1$, o que, naturalmente, constitui uma impossibilidade física. Diversos artigos analisam essa questão, sendo inclusive citada em livros-texto em acústica de salas.[85] Essencialmente, isso ocorre devido ao fenômeno de *difração*, que não é considerado na teoria original de Sabine, resultando daí que o assim chamado *efeito de borda* das amostras implica que a área efetiva da amostra é maior do que a considerada no cálculo. Isso se dá devido ao fato de as laterais das amostras ficarem expostas ao campo sonoro, o que pode ser evitado sendo elas cobertas por material reflexivo. Ao final, se a área efetiva da amostra é maior do que a verdadeira, os coeficientes de absorção calculados serão maiores do que os valores reais.[86]

Exemplo 11.4 Consideremos dois ensaios de absorção em câmara reverberante. No primeiro, uma amostra de 6 m^2 de área superficial é testada, segundo a configuração ilustrada na Fig. 11.34a.

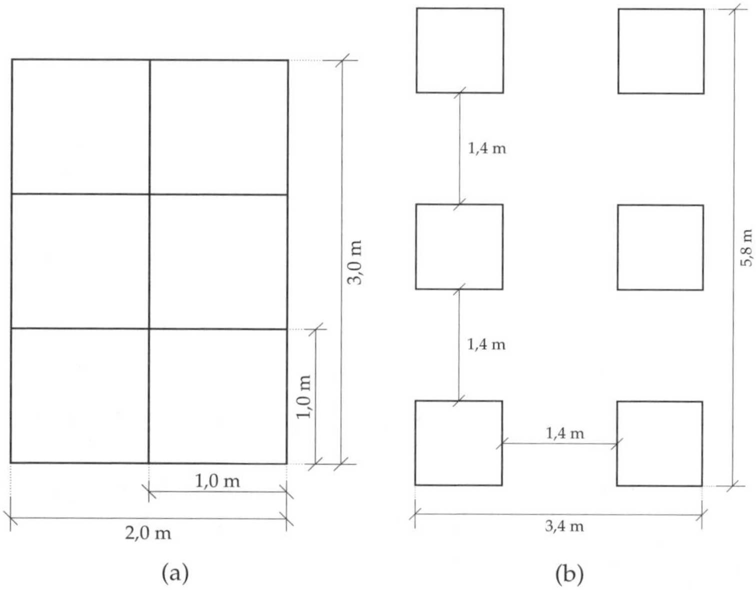

Figura 11.34: (a) Amostra de 6 m^2 composta de seis quadrados de um metro de lado, justapostas. (b) Amostra com os seis componentes espalhados no piso da câmara (Adaptado de [7]).

[85] Ver, por exemplo, L. Cremer, H.A. Müller. Principles and Applications of Room Acoustics. Volume 1, Applied Science Publishers, London, 1982 [59] ou H. Kuttruff. Room Acoustics. 4th edition, Spon Press, New York, 1999 [149].

[86] Ver, por exemplo, M.A.N. Araújo, P.M. Massarani, R.A. Tenenbaum, A. Schmitz e P. Brandão. Influência das dimensões e geometria de amostras planas no coeficiente de absorção sonora medido em câmaras reverberantes. Anais do XX Encontro da Sociedade Brasileira de Acústica, Rio de Janeiro, RJ, 2002 [8].

No segundo ensaio, a amostra é subdividida em seis amostras de 1 m^2, que são espalhadas sobre o piso da câmara, com a geometria como ilustrado na Fig. 11.34b. Os ensaios são realizados em condições idênticas e a Fig. 11.35 apresenta os resultados obtidos para os valores do coeficiente de absorção por banda de 1/3 oitava.

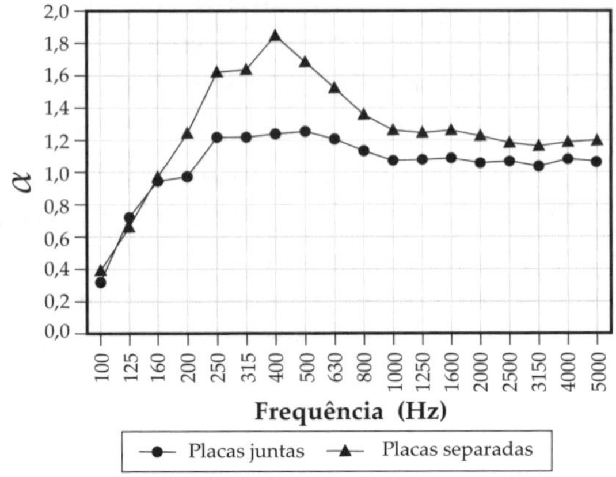

Figura 11.35: Resultados dos coeficientes de absorção por banda de 1/3 oitava medidos, com a amostra em placas unidas e em placas separadas, evidenciando o efeito de borda (Adaptado de [7]).

Evidencia-se que, acima de 160 Hz, o coeficiente de absorção por banda de 1/3 oitava cresce substancialmente (chegando a 1,8 em 400 Hz!), o que se deve a efeitos de borda não considerados no modelo e não atendendo os requisitos estabelecidos em norma. Com efeito, na configuração (b) a área superficial da amostra exposta ao campo sonoro é significativamente maior do que na configuração (a), o que explica, ao menos parcialmente, os altos valores encontrados para os coeficientes de absorção. (Todavia, mesmo para a configuração de norma da Fig. 11.34a, nas bandas de 1/3 oitava acima de 200 Hz obtiveram-se valores de α superiores à unidade.)

11.9 Medição de coeficiente de espalhamento de difusores

Conforme veremos na Seção 11.12, além dos *coeficientes de absorção*, α, por bandas de 1/1 oitava ou 1/3 oitava dos materiais de contorno do recinto, são também importantes dados de entrada em programas de simulação de acústica de salas e demais métodos de predição, os *coeficientes de espalhamento*, δ, de suas superfícies. Sobre esses coeficientes, a literatura técnica dispõe de muito menos informação do que a respeito de coeficientes de absorção, muito certamente devido ao fato de que a atenção dada a esse fator é, historicamente, muito mais recente.

<u>Método de ensaio</u>

Essencialmente baseada nos trabalhos pioneiros de Vorländer e Mommertz,[87] a

[87]Ver M. Vorländer, E. Mommertz. Definition and measurement of random-incidence scattering coefficients. *Applied Acoustics*, 60, 187–199, 2000 [245].

norma ISO 17497-1, de 2004,[88] estabelece os requisitos para a medição dos coeficientes de espalhamento por bandas. A Fig. 11.36 ilustra o esquema de ensaios com uma mesa giratória no interior de uma câmara reverberante.

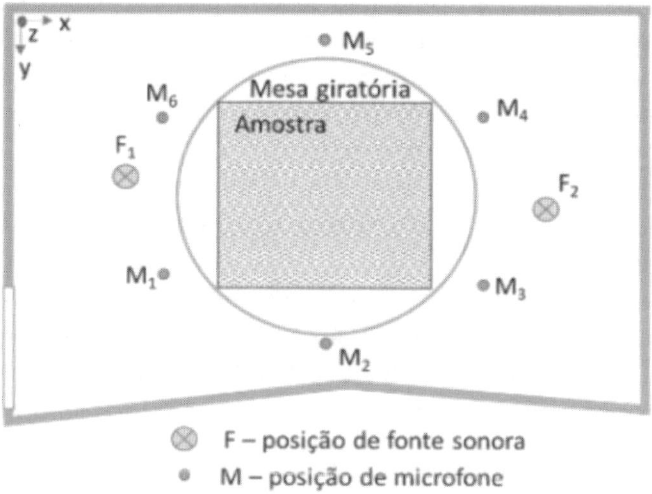

(a)

(b)

Figura 11.36: (a) Esquema de posicionamento de amostra, mesa giratória, fontes sonoras e microfones no interior de uma câmara reverberante. (b) Mesa circular giratória horizontal, exibindo uma amostra de material difusor em teste. As dimensões atendem à norma ISO 17497-1 [126] (Imagem gentilmente cedida pelo Prof. Dr. Christian dos Santos).

[88] Ver norma ISO 17497-1: Acoustics – Sound-scattering properties of surfaces. Part 1: Measurement of the random-incidence scattering coefficient in a reverberation room. International Standardization Organization, 2004 [126].

Grosso modo, utiliza-se uma mesa circular giratória no interior de uma câmara reverberante e medem-se os tempos de reverberação da câmara *com* uma amostra do elemento difusor sobre a mesa e *sem* a amostra. O giro da mesa é essencial pois é necessário caracterizar o material corrugado para todas as direções do som incidente. Conforme explica a noma ISO 17497-1, as partes iniciais das reflexões são altamente correlacionadas, ver Seção 5.5. Essa parte coerente é idêntica ao componente da reflexão. Por outro lado, as partes finais não estão em fase e dependem fortemente da orientação da amostra com relação ao campo sonoro. Essa energia da parte final do pulso refletido pela amostra é responsável pelo espalhamento sonoro. A norma dispõe, ainda, sobre dimensões da mesa, número de fontes sonoras, número de microfones e fórmula de cálculo dos coeficientes, dentre diversos outros detalhes.

Segundo a norma ISO 17497-1, o sinal de teste deve ser determinístico (p. ex., uma varredura em frequência), veja Seção 11.2, uma vez que a avaliação requer médias coerentes. Quatro tempos de reverberação são medidos, segundo a Tabela 11.5. Portanto, os tempos e reverberação são medidos sem e com a amostra difusora sobre a mesa e com esta parada e em movimento.

Tabela 11.5: Tempos de reverberação medidos.

Tempo de reverberação	**Amostra**	**Mesa giratória**
T_1	Ausente	Parada
T_2	Presente	Parada
T_3	Ausente	Rodando
T_4	Presente	Rodando

Em seguida, os seguintes coeficientes são calculados:[89]

$$\begin{aligned} \alpha_s &= 55,3\frac{V}{S}\left[\frac{1}{c_2T_2}-\frac{1}{c_1T_1}\right]-\frac{4V}{S}(m_2-m_1); \\ \alpha_{\text{spec}} &= 55,3\frac{V}{S}\left[\frac{1}{c_4T_4}-\frac{1}{c_3T_3}\right]-\frac{4V}{S}(m_4-m_3); \\ \delta_{\text{base}} &= 55,3\frac{V}{S}\left[\frac{1}{c_3T_3}-\frac{1}{c_1T_1}\right]-\frac{4V}{S}(m_3-m_1). \end{aligned} \tag{11.58}$$

Nas Eqs. (11.58), α_s é o *coeficiente de absorção para incidência aleatória*, α_{spec} é o *coeficiente de absorção especular para incidência aleatória*, δ_{base} é o *coeficiente de espalhamento da base* (mesa giratória), V é o volume da câmara, S é a área da amostra, T_1, T_2, T_3 e T_4 são os tempos de reverberação indicados na Tabela 11.5, c_1, c_2, c_3 e c_4 são as velocidades do som no ar nas quatro medições e m_1, m_2, m_3 e m_4 são os coeficientes de atenuação do ar correspondentes, tudo em unidades do SI.

[89]Note o estimado leitor que as expressões das Eqs. (11.58) baseiam-se no cálculo do tempo de reverberação de Sabine, com atenuação do ar, ver Seção 11.8, uma vez que o ensaio é realizado em uma câmara reverberante, portanto a hipótese é de campo difuso.

Em seguida, o *coeficiente de espalhamento para incidência difusa* é calculado por

$$\delta = \frac{\alpha_{\text{spec}} - \alpha_s}{1 - \alpha_s}. \tag{11.59}$$

A Fig. 11.37 ilustra o resultado dos coeficientes de espalhamento, medidos no ensaio descrito para uma determinada amostra, apresentados por bandas de 1/3 oitava, entre 100 Hz e 10 kHz.

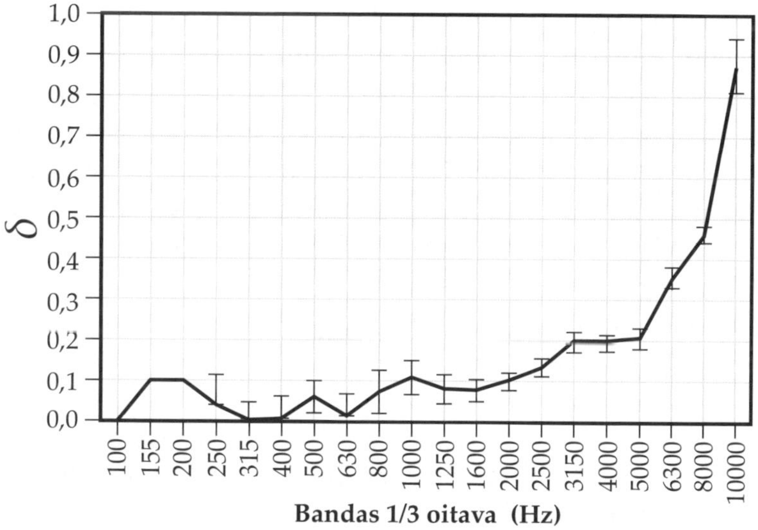

Figura 11.37: Coeficientes de espalhamento medidos segundo o ensaio estabelecido na norma ISO 17497-1, por bandas de 1/3 oitava no intervalo (100 Hz a 10 kHz). As barras verticais indicam os desvios, avaliados segundo o Anexo A da norma supracitada (Figura gentilmente cedida pelo Prof. Dr. Christian dos Santos).

11.10 Medição de inteligibilidade da fala

A boa comunicação oral é uma preocupação antiga do ser humano. Locutor e ouvinte dependem de diversos fatores acústicos para que um compreenda o outro. O som emitido pelo orador pode sofrer várias modificações antes de atingir o ouvinte, de modo a não ser perfeitamente compreendido por este. O primeiro legado escrito que temos dessa preocupação é o do arquiteto e engenheiro romano Vitruvius.[90]

A qualidade acústica de uma sala depende de sua utilização principal. Salas destinadas à apreciação da música devem possuir alguma reverberação e alguma difusão sonora de modo a propiciar ao ouvinte uma sensação de envolvimento. Já em teatros, assim como em auditórios, a reverberação deve ser menor de modo

[90]Marcus Vitruvius Pollio, Séc. I a.C., deixou escritos intitulados *De Architectura*, em dez tomos, onde trata de diversos assuntos, incluindo um pouco de noções de acústica. Ver Vitruvio. Tratado de Arquitetura. Martins Fontes, São Paulo, 2007 [243].

a favorecer a maior compreensão da palavra falada.[91] Quando proporcionar a boa comunicação verbal é o objetivo fundamental de um recinto — como é o caso em teatros, auditórios e salas de aula — o parâmetro que melhor caracteriza sua qualidade acústica é a *inteligibilidade da fala*. Quanto maior a inteligibilidade da fala, mais facilmente se ouvirá — e se entenderá — o que uma pessoa diz em um desses ambientes. Dois fatores influenciam de modo preponderante na inteligibilidade: a acústica interna da sala, ou seja, seus parâmetros acústicos, como o tempo de reverberação, T_{60}, a definição, D_{50}, e o fator de clareza para a fala, C_{50}, veja Seção 11.6; e o ruído residual presente, como o ruído externo que penetra no recinto ou o ruído gerado por equipamentos em seu interior, como equipamentos de condicionamento de ar.

Contudo, não é simples avaliar a inteligibilidade da fala, por exemplo, em salas de aula, a partir de parâmetros que envolvem exclusivamente a resposta impulsiva monoauricular da sala. Por essa razão, algumas métricas, como o U_{50}, concebido por Bradley,[92] e o U_{50}^k, proposto por Medrado,[93] buscam prever a influência do ruído de fundo no ambiente.

No final da década de 1970, Houtgast *et al.*[94] propuseram uma nova métrica para a avaliação da inteligibilidade da fala, baseada em um conceito então novo, o STI, sigla em inglês para *Speech Transmission Index*, índice de transmissão da fala, que leva em consideração o efeito do ruído residual presente no ambiente e é baseada na MTF, sigla em inglês para *Modulation Transfer Function*, função de transferência de modulação.

A sala é interpretada como um sistema de transmissão acústico que suaviza o envelope do sinal da fala. O STI, de uma certa maneira, se propõe a avaliar a capacidade da sala em preservar a nitidez do sinal sonoro. O mesmo tem sido objeto de norma[95] e de estudo de diversos autores, entre os quais podemos citar Schroeder[96] e Müller.[97] Todavia, como chama atenção Müller, se tomarmos um sinal de fala e simplesmente o revertermos, tocando-o de trás para a frente, o STI será rigorosamente o mesmo, mas a inteligibilidade do sinal ficará terminantemente comprometida.

---

[91] Ver, por exemplo, A. Tomatis. L'Oreille et le Language. Éditions du Seuil, Paris, 1991 [237].

[92] Ver J.S. Bradley, R.D. Reich, S.G. Norcross. On the combined effects of signal-to-noise ratio in room acoustics on speech inteligibility. *J. Acoust. Soc. Am.*, 106, 1820–1828, 1999 [30].

[93] Ver L.O. Medrado, R.A. Tenenbaum. Speech intelligibility study in university classrooms: An improved metric to assess high background noise levels. Proceedings of 34th Internoise, Rio de Janeiro, 2005 [166].

[94] Ver T. Houtgast, H.J.M. Steenkenen, R. Plomp. Predicting spech inteligibility in rooms from the modulation transfer function. *Acustica*, 46, 60–72, 1980. [106].

[95] Ver IEC-60268-16. Objective rating of speech inteligibility by speech transmission index. Version 4, 2010 [109].

[96] Ver M.R. Schroeder. Modulation transfer function: Definition and measurement, *Acustica*, 49:179–182, 1981 [213].

[97] Ver, por exemplo, S. Müller. Avaliação da inteligibilidade com o STI. *Acústica e Vibrações*, 38, 25–38, 2007 [176] e, também, S. Müller. Novidades do STI. Anais do XXIII Encontro da Sociedade Brasileira de Acústica, Salvador, 2010 [177].

Índice de articulação

Em 1947, os pesquisadores French e Steinberg,[98] objetivando avaliar a inteligibilidade da fala em salas, criaram o *índice de articulação*, AI, obtido a partir de *testes de articulação*. Um teste de articulação, geralmente, consiste em se apresentar ditados constituídos de monossílabos ou palavras curtas sem coerência que deverão ser anotados pelos presentes no recinto. A correção desse ditado fornecerá um valor médio percentual de acertos que constituirá o índice de articulação da fala na sala.

Embora a concepção original da técnica de medição do índice de articulação de salas seja antiga, ainda consiste em uma das mais confiáveis e seguras para a avaliação da inteligibilidade da fala em salas, apesar de exigir um procedimento custoso sob o aspecto do tempo de execução. Um resumo dos procedimentos de ensaio em salas de aula, onde a inteligibilidade da fala é fundamental, pode ser como descrito a seguir.

1. Preparação de um conjunto de listas, de 20 monossílabos cada, a partir de gravações registradas em câmara anecoica, por orador(a) com boa dicção.[99]
2. Levantamento da curva de resposta do orador artificial utilizado como fonte sonora e geração da respectiva curva de compensação; levantamento da resposta dos fones de ouvido e respectiva geração da curva de compensação.
3. Condução dos testes de articulação em salas de aula, onde um conjunto de listas anecoicas é apresentado aos alunos de cada turma.
4. Emissão, com orador artificial, de varreduras em frequência, veja Seção 11.2, devidamente compensadas, com a presença dos alunos, para o levantamento das respostas impulsivas biauriculares da sala de aula.
5. Registrar o nível de ruído residual presente em cada uma das salas ensaiadas, bem como a temperatura ambiente e a umidade relativa do ar.
6. Em laboratório, é executada a convolução, veja Seção 5.1, entre o sinal contendo cada uma das gravações biauriculares realizadas durante os testes de articulação, com a resposta impulsiva dos fones de ouvido a serem utilizados.
7. Ainda em laboratório, os sinais de varredura registrados para cada posição da cabeça artificial são deconvoluídos, veja Seção 5.4, com o sinal de varredura enviado ao orador artificial de forma a obterem-se as respostas impulsivas biauriculares para cada posição da cabeça artificial.
8. As respostas impulsivas biauriculares são, então, convoluídas com as listas anecoicas que foram apresentadas aos alunos daquela sala de aula, de modo a obter-se um sinal com as listas tal como foram ouvidas naquela sala, porém sem o ruído residual.

[98]Ver N.R. French, J.C. Steinberg. Factors governing the intelligibility of speech sounds, *J. Acous. Soc. Am.*, 19, 90–119, 1947 [83].

[99]Ver, por exemplo, T.C. Silva, I. Seara, A. Silva, A.S. Rauber, M. Cantoni. Fonética Acústica: Os Sons do Português Brasileiro. Contexto, São Paulo, 2019 [218].

9. Em laboratório, é executado um procedimento que consiste em, a partir das gravações biauriculares registradas durante os testes de articulação, extrair o ruído residual.
10. O ruído residual extraído na Etapa 9 é adicionado aos sinais obtidos na Etapa 8 e o resultado é convoluído com a resposta impulsiva dos fones de ouvido.
11. A aurilização, veja Seção 7.5, é reproduzida, através dos fones de ouvido, para alguns dos alunos das turmas avaliadas e seus resultados nos testes de articulação virtuais são registrados.
12. Os resultados dos testes de articulação virtuais são comparados com os dos testes de articulação reais, ou seja, aqueles conduzidos originalmente em sala de aula.

O método de trabalho acima descrito foi desenvolvido por Melo[100] e aplicado em diversos outros estudos de avaliação de inteligibilidade, com sucesso.[101] A técnica foi proposta, originamente, para estudar a inteligibilidade da fala em escolas públicas, envolvendo, além da avaliação do índice de articulação da sala, uma medição de respostas impulsivas biauriculares visando testar a possibilidade de levantamento de índices de articulação virtuais, conforme detalhado em [169].

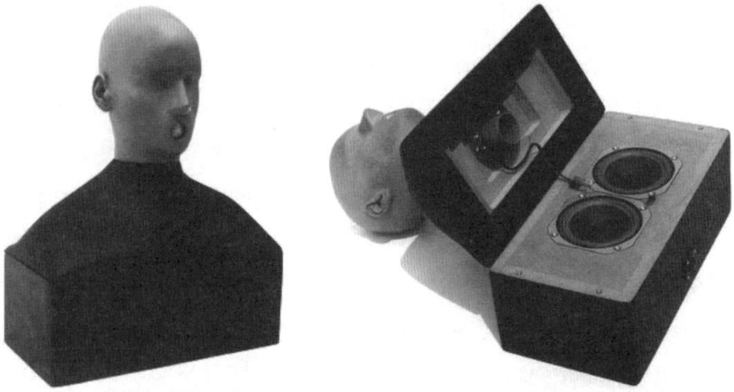

Figura 11.38: Orador artificial adotado como fonte sonora. À direita, o instrumento aberto exibindo seus alto-falantes.

Naturalmente, alguns equipamentos específicos são necessários aos ensaios. A Fig. 11.38 apresenta o orador artificial utilizado como fonte sonora. O ins-

[100]Ver, por exemplo, V.S.G. Melo. Avaliação de inteligibilidade em salas de aula do ensino fundamental a partir das respostas impulsivas biauriculares obtidas com cabeça artificial de dimensões infantis, Tese de D.Sc., PEM/COPPE/UFRJ, 2012 [169] ou V.S.G. Melo, R.A. Tenenbaum, R.E. Musafir. Intelligibility assessment in elementary school classrooms from binaural room impulse responses measured with a childlike dummy head. *Applied Acoustics*, 74:1436–1447, 2013 [170].

[101]Ver, por exemplo, R.A. Tenenbaum, V.S.G. Melo, F.O. Taminato, T.C. Santos. Validating auralizations by using articulation indexes. Proceedings of the 22nd International Congress on Acoustics, Buenos Aires, 2016 [231] ou A.L. Mahl. Avaliação de inteligibilidade da fala em salas de aula utilizando aurilizações simuladas. Dissertação de Mestrado, PPGEC/UFSM, 2022 [161].

trumento traz as vantagens de manter o ganho constante durante todo o ensaio, apresentar padrão de direcionalidade similar ao de um humano e, principalmente, evitar a leitura orofacial por parte do público participante.

A Fig. 11.39 apresenta a cabeça artificial, padrão adulto, utilizada para gravar as respostas impulsivas biauriculares nas salas. Observe as orelhas de silicone acopladas ao manequim.

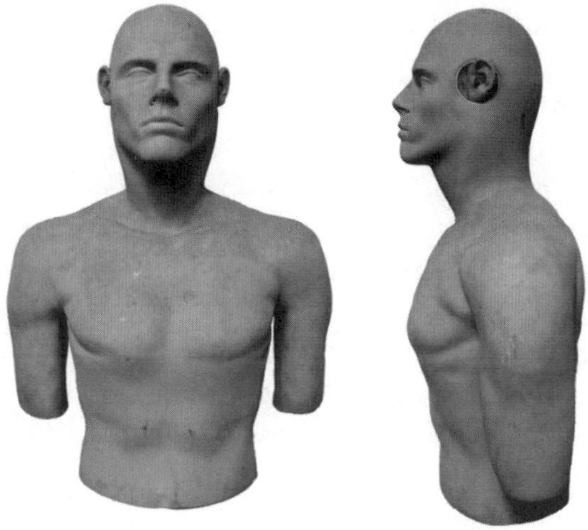

Figura 11.39: Cabeça artificial utilizada como receptor biauricular.

A Fig. 11.40 ilustra a cabeça artificial infantil (apx. 8 anos), utilizada para gravar as respostas impulsivas biauriculares em salas de aula do ensino fundamental.

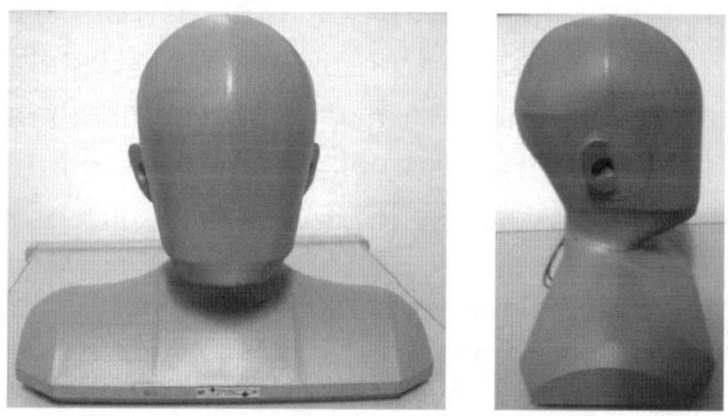

Figura 11.40: Cabeça artificial infantil utilizada como receptor nos ensaios de inteligibilidade em salas de aula do ensino fundamental.

Conforme demonstrou Fels,[102] crianças ouvem de forma diferente de adultos, tendo HRTFs também distintas. Por essa razão, também não se pode avaliar a inteligibilidade da fala em salas de aula do ensino fundamental utilizando-se de cabeças artificiais de padrão adulto, o que leva a resultados inconsistentes, como demonstrou Melo em [169].

[102]Ver J. Fels. From children to adults: How binaural cues and ear canal impedances grow. Ph.D. Thesis, Institut für Technische Akustik, RWTH Aachen University, Aachen, Germany, 2008 [78].

11.11 Medições em acústica musical

A acústica musical constitui, por si só, todo um universo à parte, justamente porque reúne em si tanto o arcabouço físico e matemático da acústica técnico-científica como o gigantesco reinado da arte. Abordaremos nesta seção somente um pequeníssimo aspecto da acústica musical que se refere à noção de *timbre*.

O timbre é o nome que se dá a um conjunto de características do sinal sonoro que nos permite distinguir uma nota, digamos, A_4 (Lá), emitida por um piano[103] daquela mesma nota produzida por um saxofone, ou mesmo emitida por duas cantoras distintas (timbre da voz). O timbre, segundo originalmente definido por Helmholtz,[104] seria a propriedade que permite distinguir dois sons, gerados com a mesma *frequência*, ou tonalidade, e a mesma *audibilidade*.[105] O timbre é um conceito complexo, psicoacústico, sendo, portanto, um aspecto subjetivo da qualidade sonora.[106] Uma referência bastante atual e completa a esse respeito pode ser encontrada em Dolan e Rehding.[107]

Segundo a *Acoustical Society of America*, a sociedade note-americana de acústica, o *timbre* (tradução livre deste autor) é o "atributo da sensação auditiva que permite a um ouvinte reconhecer que dois tons com a mesma *audibilidade* e a mesma *nota musical* não sejam idênticos".

O timbre e sua multidimensionalidade

O timbre é um conceito multidimensional, ou seja, é composto por várias características distintas.[108] Duas dentre estas são consideradas fundamentais: o *ataque* de um instrumento e sua *composição de harmônicos*.[109] O ataque constitui uma *qualidade temporal* do sinal sonoro emitido por um instrumento musical. O ataque caracteriza a rapidez com que um dado tom musical é estabelecido. Por exemplo, em um piano, o surgimento da nota musical, ao ser pressionada uma dada tecla, é relativamente súbito — embora isso seja sempre parcialmente dependente da interpretação do músico. Já num clarinete ou num saxofone o estabelecimento

---

[103] A nota A_4 (440 Hz) é uma nomenclatura norte-americana, que na nomenclatura brasileira e de alguns países da Europa corresponde ao A_3.

[104] Hermann Ludwig Ferdinand von Helmholtz (1821–1824), considerado o pai da acústica musical.

[105] Ver H.L.F. Helmholtz. On the Sensations of Tone. Dover, New York, 1954. (Republication of the original 2nd edition of the translation published in 1885) [102].

[106] Alexander Ellis, tradutor para o inglês de "*On the Sensations of Tone*", escolheu o termo "*compound tone*" (tom composto) para o que hoje é conhecido como "timbre". O termo original (em alemão) adotado por Helmholtz foi *klangfarbe*.

[107] E.I. Dolan, A. Rehding (Editors). The Oxford Handbook of Timbre, Oxford University Press, New York, 2021 [67].

[108] Ver, por exemplo, J.C.R. Licklider. Basic correlates of the auditory stimulus. *In* Handbook of Experimental Psycology. S.S. Stevens – Editor, Wiley, New York, 1951 [156] ou R. Plomp. Timbre as a multidimensional attribute of complex tones. *In* Frequency Analysis and Periodicy Detection in Hearing. R. Plomp and G.F. Smooremburg – Editors, Leiden, 1970 [194].

[109] Alguns especialistas preferem, aqui, o termo *parciais* no lugar de *harmônicos*, uma vez que nem sempre os componentes de um tom são efetivamente harmônicos.

da nota musical é comumente mais lenta, portanto o ataque é bem distinto.[110] Já a composição dos parciais — na verdade o elemento predominante no timbre — consiste no número e intensidade dos componentes espectrais de que uma dada nota musical é composta, veja Seção 6.2. O Ex. 11.5 ilustra o conceito.

Exemplo 11.5 Façamos um experimento que consiste no seguinte. A nota A_4, de frequência igual a 440 Hz, será adotada como referência. Na emissão dessa nota, são gravados os sinais sonoros emitidos por três instrumentos: um diapasão, uma flauta transversa e um saxofone alto.

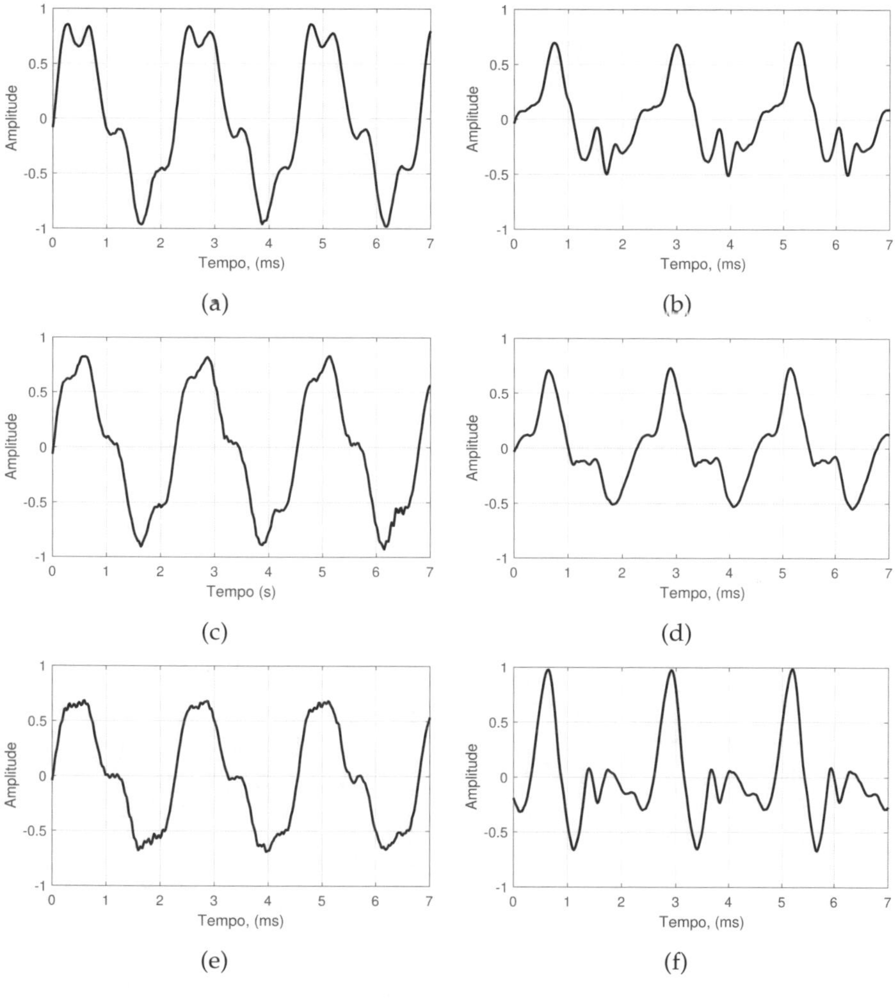

Figura 11.41: Trechos de sinais temporais gravados de uma flauta transversa e um saxofone alto emitindo a nota A_4: (a), (c) e (e), flauta; (b), (d) e (f) saxofone. Note que os sinais são observados em uma janela de sete milissegundos, capturando pouco mais de três períodos completos de cada sinal, já que o período, nessa frequência, é $T = 2,2727$ segundos. As amplitudes estão normalizadas no intervalo $(-1,1)$.

[110]Quem conhece, por exemplo o estilo musical do "choro", tipicamente carioca, sabe que chegar lentamente numa nota faz parte do estilo para clarinetistas e saxofonistas.

A Fig. 11.41 ilustra três trechos gravados do sinal sonoro emitido pela flauta transversa e três trechos gravados do sinal sonoro emitido pelo saxofone alto. Observe que as curvas são similares, porém distintas entre si, tanto para os trechos da gravação da flauta transversa como para os trechos gravados do saxofone alto. Todavia, comparando os sinais sonoros de cada um desses instrumentos, não é fácil observar, a olho nu, que o sinal temporal do saxofone seja mais "Taketi" e que o sinal temporal da flauta seja mais "Maloma", veja Seção 6.3. A Fig. 11.42 mostra o sinal temporal emitido pelo diapasão. Nesse caso, fica evidente que esse sinal sonoro é bem mais "Maloma" do que os sinais emitidos pela flauta e pelo saxofone. Uma discussão mais detalhada sobre o sinal sonoro emitido pelo diapasão será apresentada na Seção 12.5.

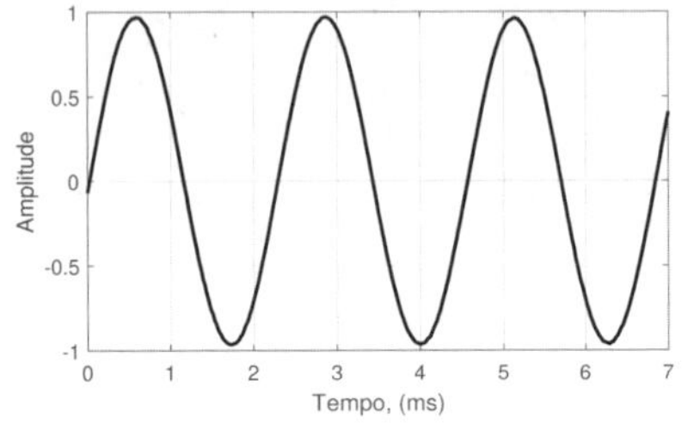

Figura 11.42: Sinal temporal emitido por um diapasão A_4.

Passando, em seguida, os sinais temporais para o domínio da frequência via transformada rápida de Fourier, obtêm-se os espectros apresentados na Fig. 11.43.

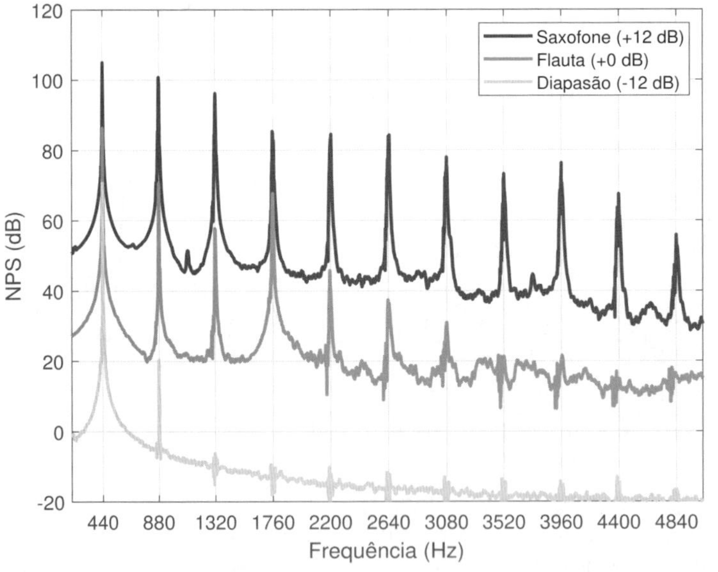

Figura 11.43: Espectros dos três instrumentos (saxofone alto, flauta transversa e diapasão) vistos no mesmo gráfico. Para melhor visualização, os espectros foram deslocados em amplitude: saxofone alto (+12 dB); flauta transversa, (0 dB); e diapasão (−12 dB) (Figura elaborada pelo Prof. Paulo H. Mareze a partir de ensaios executados juntamente com o autor).

Observando a Fig. 11.43, pode-se extrair informações interessantes sobre a composição dos parciais dos instrumentos. Em primeiro lugar, observa-se que o espectro do saxofone alto contém uma série harmônica bem definida, com um decaimento de amplitude razoavelmente uniforme (na figura são visualizados somente os 11 primeiros harmônicos). Já a série harmônica da flauta apresenta um decaimento mais acentuado e, a partir do oitavo harmônico, não mais se observam picos nas frequências respectivas. Portanto, a análise espectral — muito mais claramente do que a visualização do comportamento temporal dos sinais — indica nitidamente que o sinal sonoro do saxofone alto é mais "Taketi" do que o sinal sonoro da flauta transversa, este mais "Maloma", portanto. É essa composição de parciais que nos permite distinguir de forma patente o *timbre* de um saxofone alto daquele de uma flauta transversa. Por outro lado, o espectro do diapasão, que só permite visualizar nitidamente os dois primeiros componentes harmônicos, é, sem sombra de dúvida, o mais "Maloma" dos três. Para finalizar, a Tabela 11.6 apresenta o decaimento, em dB, dos três instrumentos, relativos à amplitude do primeiro harmônico (440 Hz).

Tabela 11.6: Atenuação, em dB, das amplitudes dos dez primeiros harmônicos dos instrumentos: "saxofone alto"; "flauta transversa"; e "diapasão", relativos ao primeiro harmônico (0 dB), para a nota A_4.

Harmônico	Saxofone	Flauta	Diapasão
1	0	0	0
2	−4,1	−9,9	−50,0
3	−8,7	−28,6	–
4	−20,5	−18,7	–
5	−20,4	−37,5	–
6	−20,9	−46,4	–
7	−26,9	−50,7	–
8	−31,7	–	–
9	−28,5	–	–
10	−37,4	–	–

Conforme anteriormente mencionado, o timbre é um atributo multidimensional. Por exemplo, segundo Bismark,[111] termos que são utilizados como *escalas verbais* para designar atributos do timbre de um dado instrumento podem ser: fino–grosseiro; reservado–intrusivo; escuro–brilhante; maçante–afiado; macio–duro; suave–áspero; largo–estreito; amplo–apertado; limpo–sujo; sólido–oco; compacto–disperso; e aberto–fechado. Obviamente, são termos bastante subjetivos, mais adequados ao universo da arte, mas que sugerem que, efetivamente, o timbre é uma característica multidimensional.[112]

Para quem se interessa em conhecer com mais detalhes aspectos técnicos, filosóficos e/ou históricos associados à acústica musical, sugiro ao gentil leitor as notórias e excepcionais referências: [29], [39], [40], [54], [95], [97], [108], [129], [132], [153], [154], [155], [179], [206], [208], [209], [217] e [242].

[111] Ver G. Von Bismark. Timbre of steady sounds: a factorial investigation of its verbal attributes. *Acustica*, 30:146–159, 1974 [20].

[112] Do mesmo modo, em acústica de salas, músicos, maestros e melômanos se utilizam de termos subjetivos para caracterizar os "instrumentos-salas" tais como: intimidade; vivacidade; espaciosidade; envolvimento; clareza; calor; brilho; balanço; mistura; conjunto; textura; entre vários outros.

11.12 Simulação computacional e aurilização em salas

Esta seção, ao contrário das demais neste capítulo, trata de *simulação computacional em acústica de salas* e seus principais métodos, técnicas e aplicações.

Principais modelos

A modelagem computacional de acústica de salas teve seus primórdios com as publicações de Allred e Newhouse[113] e de Schroeder.[114] Desde então, ao longo dos últimos 60 anos, diferentes métodos de simulação, algoritmos, técnicas numéricas e programas comerciais foram desenvolvidos, particularmente para aplicações nas médias-altas frequências, no que se convencionou chamar de *acústica geométrica* (AG). Como afirma Brandão,[115] a teoria da AG parte da premissa da propagação retilínea da onda sonora, atendendo ao princípio de Fermat,[116] o que, naturalmente, está restrito a frequências tais que o comprimento de onda k seja pequeno se comparado com as dimensões dos principais aparatos da sala.

Para a região de baixa frequência, onde imperam os modos acústicos da sala,[117] há modelos que se utilizam do método dos elementos finitos (MEF), do método das diferenças finitas (MDF) e do método dos elementos de contorno (MEC).[118]

A fronteira entre o que, em salas, é considerado o reino da análise modal, ou seja, da baixa frequência, e o domínio da acústica geométrica, contemplando as médias e altas frequências, é dado pela *frequência de Schroeder*, empiricamente estabelecida como sendo

$$f_S = 2000\sqrt{\frac{T_{60}}{V}}, \tag{11.60}$$

em que f_S é a frequência de Schroeder, também conhecida como *frequência de corte* da sala, T_{60} é o tempo de reverberação da sala e V o seu volume, todos em unidades SI. Note que a constante 2000 é dimensional, expressa em $(\text{m/s})^{3/2}$, no mesmo sistema de unidades.

Como a acústica geométrica abrange a maior parte da região em frequência de interesse em salas, os programas comerciais disponíveis operam com essa pre-

---

[113] J.C. Allred, A. Newhouse. Applications of monte-carlo method to architectural acoustics. *J. Acoust. Soc. Am.* 30(1):1–3, 1962 [3].

[114] M.R. Schroeder. Digital computers in room acoustics. Proceedings of the 4th International Congress on Acoustics, Copenhagen, 1962 [210].

[115] E. Brandão. Acústica de Salas: Projeto e Modelagem. Edgar Blucher, São Paulo, 2016 [31].

[116] Pierre de Fermat (1601–1665), matemático francês. O princípio de Fermat — formulado originariamente para a óptica — estabelece que o caminho seguido pelo raio (óptico ou sonoro) deve sempre ser aquele que demanda o menor tempo, o que, no caso de um meio homogêneo, corresponde à linha reta.

[117] Ver H. Kuttruff. Room Acoustics. 4th edition, Spon Press, New York, 1999 [149].

[118] Ver, por exemplo, F. Magoulès (Editor). Computational Methods for Acoustics Problems. Saxe-Couburg, Kippen, 2008 [160] ou M.C. Soares, E. Brandão, R.A. Tenenbaum, P.H. Mareze. Low-frequency room acoustical simulation of a small room with BEM and complex-valued surface impedances. *Applied Acoustics*, 188, 108570, 2022 [222] ou, ainda, T.W. Wu. Boundary Element Acoustics: Fundamentals and Computer Codes. Wit Press, Southampton, 2005 [252].

missa, dentre os quais podemos citar (em ordem alfabética): CATT-Acoustic [44]; COMSOL [51]; EASE [70]; Odeon [183]; RAIOS [198]; e RAVEN [200].[119]

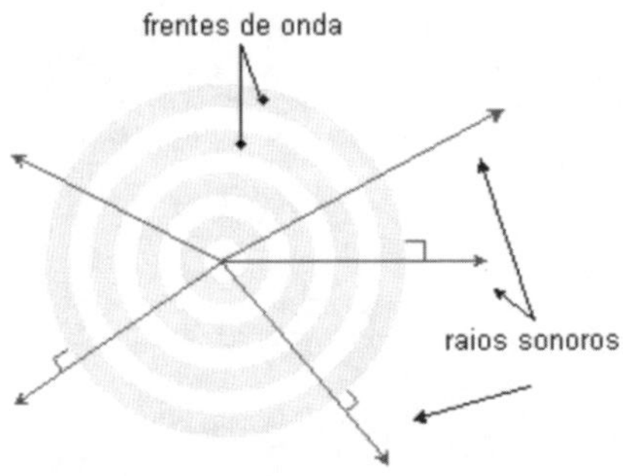

Figura 11.44: Modelo da acústica geométrica, em que raios acústicos retilíneos são considerados como ortogonais às frentes de onda.

A Fig. 11.44 ilustra o modelo básico adotado na AG. As frentes de onda, que consistem em cascas esféricas concêntricas com centro na fonte sonora, são ortogonais aos raios acústicos.

Os principais elementos que devem ser modelados ao se pensar em acústica de salas são:

1. a geometria do recinto;
2. os materiais de acabamento interno, com seus coeficientes de absorção e espalhamento;
3. as fontes sonoras com suas potências, espectros e direcionalidades;
4. os receptores monoauriculares (microfones onidirecionais) e biauriculares (cabeças), estas com suas respostas impulsivas e/ou funções de transferência (HRIRs/HRTFs).[120]

As fontes sonoras devem conter, em sua modelagem, as seguintes informações características: número de raios sonoros que emite; direcionalidade segundo duas coordenadas esféricas (azimute e elevação); nível de potência sonora total; e espectro de potência por banda de 1/1 oitava ou de 1/3 oitava. Já os receptores devem ser modelados como onidirecionais, caso trate-se de recepção monoauricular; ou como direcionais, caso trate-se de recepção biauricular. Neste caso devem estar munidos das HRIRs/HRTFs correspondentes. A Fig. 11.45 ilustra um recinto com sua representação geométrica e diversos elementos inseridos.

[119]Um apanhado geral sobre programas de simulação acústica de salas desenvolvidos em universidades brasileiras pode ser encontrado em W.D'A. Fonseca, M. Avelar, R.A. Tenenbaum, J.C.B. Torres, E. Brandão. Simulação de acústica de salas desenvolvidas nas universidades do Brasil. *Acústica e Vibrações*, 53, 217–240, 2021 [81].

[120]HRIR é a sigla em língua inglesa para *head-related impulse response*, resposta impulsiva associada à cabeça, e sua contrapartida no domínio da frequência é a HRTF, sigla para *head-related transfer function*, função de transferência associada à cabeça.

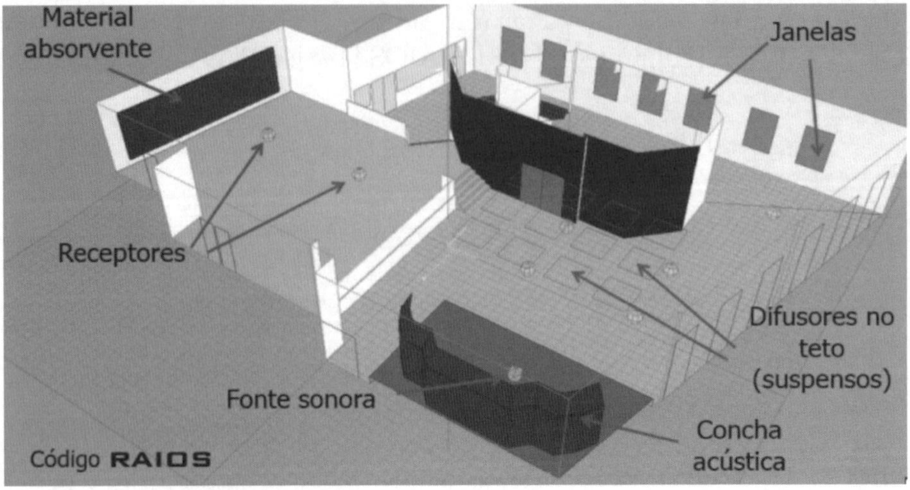

Figura 11.45: A imagem, extraída da tela principal do código computacional RAIOS, exibe a geometria de um dado recinto, apresentando alguns materiais de acabamento, como janelas, material absorvente acústico e difusores, fonte sonora e diversos receptores, bem como a presença de uma concha acústica (com distintas cores, no original).

Principais métodos e fenômenos

Na AG, os principais métodos que são utilizados para modelar a propagação dos raios sonoros são os seguintes:

1. o método dos raios acústicos, conhecido como *método de traçado de raios*, ou *ray-tracing*, na literatura de língua inglesa;
2. o *método dos cones* ou *método das pirâmides*, que consistem em variações do método de traçado dos raios;
3. o *método das fontes virtuais*;
4. o *método da radiosidade* ou das *matrizes de transição;*
5. os *métodos híbridos* que abarcam uma combinação dos métodos anteriores.

Um bom apanhado geral dos métodos utilizados na acústica geométrica pode ser encontrado em Savioja e Svenson.[121] Uma bela coleção das salas de concerto construídas entre as décadas de 1980 e 2000 podem ser encontradas em Hoffman *et al.*[122] Estudos em acústica de salas de pequenas dimensões podem ser vistos em Kleiner e Tichy.[123]

Os distintos métodos de simulação visam modelar diferentes fenômenos que ocorrem em acústica de salas, dentre os quais podemos apontar os principais:

[121] Ver L. Savioja, U.P. Svenson. Overview of geometrical room acoustics modeling techniques. *J. Acoust. Soc. Am.*, 138(2):708–728, 2015 [207].

[122] I.B. Hoffnan, C.A. Storch, T.J. Foulkes. Halls for Music Performance – Another two Decades of Experience 1982–2002, Acoustical Society of America, Melville, 2003 [105].

[123] Ver M. Kleiner, J. Tichy. Acoustics of Small Rooms. CRC Press, Boca Reaton, 2014 [143].

1. *reflexão especular*, em que se assume que os ângulos de incidência e reflexão são iguais e o raio incidente, o raio refletido e a normal à superfície refletora estão contidos no mesmo plano;
2. *absorção sonora*, promovida pelas superfícies de acabamento da sala, que depende dos *coeficientes de absorção* por banda, α_i;
3. *reflexão difusa*, onde uma parcela da reflexão se dá em diferentes direções, parcela essa que dependerá do *coeficiente de espalhamento*[124] por banda de frequência, δ_i característico das superfícies de acabamento;
4. *atenuação devida à propagação sonora*, particularmente considerável em altas frequências, caracterizada pelo coeficiente m_i;
5. *difração*, fenômeno também dependente da frequência, especialmente importante na presença de aparatos na sala, como balcões, guarda-corpos etc.

Validação dos métodos de simulação

A validação dos métodos e algoritmos de simulação em acústica de salas tem sido feito por meio dos assim chamados *round-robins*. Trata-se de intercomparações internacionais em que determinada sala — ou salas — têm os seus dados geométricos e acústicos (coeficientes de absorção e espalhamento) divulgados pelos organizadores e as equipes interessadas dispõem de um prazo para efetuar as simulações de forma anônima. Ao final, os resultados das simulações enviados pelos participantes é divulgado pelos organizadores, juntamente com os dados medidos. Cada equipe tem a oportunidade, assim, de confrontar os seus resultados com os de outras equipes e, principalmente, com os resultados das medições.

Quatro *round-robins* já ocorreram. O primeiro foi aberto em 1994,[125] o segundo em 1999,[126] o terceiro foi iniciado em 2004[127] e o último foi lançado em 2016,[128] este bem completo e com a inclusão, pela primeira vez, de respostas impulsivas mono e biauriculares. Do último *round-robin* resultou um importante material para o estudo de simuladores de acústica de salas, que é o *Benchmark for Room Acoustical Simulation* (BRAS),[129] que consiste em um repositório com um grande número

[124]Para maiores detalhes quanto à definição do coeficiente de espalhamento, consultar M. Vorländer, E. Mommertz. Definition and measurement of random-incidence scattering coefficients. *Applied Acoustics*, 60, 187–199, 2000 [245]. Ver, também, a Seção 11.9.

[125]Ver M. Vorländer. International round robin on room acoustical computer simulation. Proc. 15th International Congress on Acoustics, Trondheim, 1995 [244].

[126]Ver I. Bork. A comparison of room simulation software – the 2nd round robin on room acoustical computer simulation. *Acta Acustica united with Acustica*, 86(6):943–956, 2000 [24].

[127]Ver I. Bork. Report on the 3rd round robin on room acoustical computer simulation. Part I – Measurements. *Acta Acustica united with Acustica*, 91(4):740–752, 2005 [25] e I. Bork. Report on the 3rd round robin on room acoustical computer simulation. Part II – Calculations. *Acta Acustica united with Acustica*, 91(4):753–763, 2005 [26].

[128]Ver F. Brinkmann, L. Aspöck, D. Ackermann, S. Lepa, M. Vorländer, S. Weinzierl. A round robin on room acoustical simulation and auralization. *J. Acoust. Soc. Am.*, 145(4):2746–2760, 2019 [38].

[129]Disponível em: https://api-depositonce.tu-berlin.de/server/api/core/bitstreams/61eeb83c-54a2-4dc7-b1df-b857 0ea0ac5a/content. Acesso em fevereiro de 2023 [36].

de informações sobre 11 salas, incluindo geometrias, materiais de acabamento, direcionalidades de fontes sonoras e receptores etc., de grande utilidade para quem desenvolve simuladores de acústica de salas.

O acompanhamento dos *round-robins* tem demonstrado que, embora os métodos de simulação sejam essencialmente os mesmos, os algoritmos têm se aperfeiçoado, particularmente no que toca à sua eficiência computacional. Por exemplo, o programa RAIOS, em sua Versão 7, utiliza inteligência artificial para modelar as HRIRs via redes neurais artificiais, o que conduziu a uma redução do custo computacional no cálculo das respostas impulsivas biauriculares da sala da ordem de 90%.[130] Todavia, por assim dizer, o calcanhar de Aquiles dos programas de simulação de acústica de salas ainda repousa na incerteza das medições de coeficientes de absorção e espalhamento das superfícies de contorno, que constituem uma parcela significativa dos dados de entrada dos algoritmos de simulação.[131] O código computacional RAIOS participou ativamente dos *round-robins* 3 e 4,[132] obtendo resultados com boa acurácia.

Aurilização

O termo *aurilização*[133] é derivado do termo original em língua inglesa *auralization*, cunhado por Kleiner *et al.*[134] Significa gerar um sinal de áudio biauricular que possa ser escutado por um ouvinte e que passe a impressão auditiva de *imersão* em um dado ambiente sonoro. A aurilização pode ser obtida a partir de dados numéricos medidos, simulados ou sintetizados. Devido justamente ao fato de a aurilização poder propiciar a sensação de imersão do ouvinte no campo sonoro de um recinto, o termo é conhecido também como *realidade virtual acústica*.

No caso de simuladores de acústica de salas, o sinal que pode ser gerado é a resposta impulsiva biauricular da sala (BRIR) para um dado par fonte-receptor em seu interior. Esse sinal é, então, convoluído, veja Seção 5.1, com um sinal

[130]Ver R.A. Tenenbaum, F.O. Taminato, V.S.G. Melo. Fast auralization using radial basis functions type of artificial neural network techniques. *Applied Acoustics*, 157, 106993, 2020 [235] e W.D'A. Fonseca, M. Avelar, R.A. Tenenbaum, J.C.B. Torres, E. Brandão. Simulação de acústica de salas desenvolvidas nas universidades do Brasil. *Acústica e Vibrações*, 53, 217–240, 2021 [81].

[131]Ver M. Vorländer. Computer simulations in room acoustics: Concepts and uncertainties. *J. Acoust. Soc. Am.*, 133(3):1203–1213, 2013 [247].

[132]Ver R.A. Tenenbaum, T.S. Camilo, J.C.B. Torres, L.T. Stutz. Hybrid method for numerical simulation of room acoustics: Part 2 – Validation of the computational code RAIOS 3. *J. Braz Soc. Mech.Sci. Eng.*, 29(2):222–231, 2007 [229] e R.A. Tenenbaum, F.O. Taminato, V.S.G. Melo. Resultados comparativos para a Sala 10 do Round Robin 4 obtidos pelo código computacional RAIOS 7. *Acústica e Vibrações*, 50, 39–52, 2018 [232].

[133]Apesar de os acústicos brasileiros em geral traduzirem do inglês o termo *auralization* como "auralização", este autor entende que o correto seja a palavra "aurilização" que possui o prefixo "auri", ouvido, audição: "auricular" é relativo a orelha. O prefixo "aura", segundo o Dicionário Houaiss da língua portuguesa, significa "brisa amena" ou "substância etérea que irradia de todos os seres vivos", não se associando, portanto, à audição. Assim, o correto é dizermos "monoauricular", "biauricular", "interauricular", "intra-auricular", aurícula etc. Esta é a terminologia adotada aqui.

[134]Ver M. Kleiner, B.I. Dalenbäck, P. Svensson. Auralization – An Overview. *J. Audio Eng. Soc.*, 41, 861–875, 1993 [142].

anecoico (p. ex., um sinal de fala ou música), o que resulta no sinal de aurilização, correspondente àquele par fonte-receptor no interior da sala.

A Fig. 11.46 apresenta a janela de cálculo para as respostas impulsivas biauriculares da sala para um dado par fonte-receptor do programa de simulação de acústica de salas RAIOS 7.

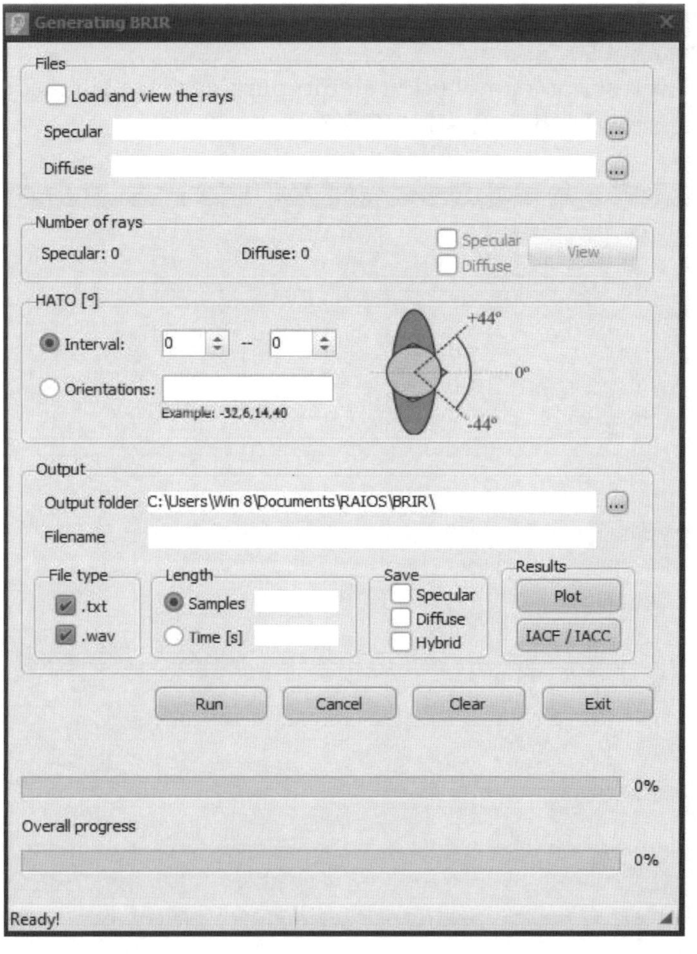

Figura 11.46: Janela para gerar as BRIRs no programa RAIOS 7.

Na janela para a geração de BRIRs, ilustrada na Fig. 11.46, carregam-se, inicialmente, os arquivos `.ray` resultantes dos algoritmos de traçado de raios, na caixa "Specular", e de transição de energia, na caixa "Diffuse". O número de raios de cada categoria é apresentado no quadro "Number of rays".

Em seguida, é selecionada a rotação da cabeça em relação ao torso, dentre 45 posições no intervalo $(-44°, 44°)$, no quadro "HATO" (*head above torso*). Não havendo nenhuma seleção nesse quadro, assume-se rotação nula, o que significa que se adota a HRIR/HRTF padrão, ou seja, cabeça voltada para a frente. Na sequência, no quadro "Output" escolhe-se o diretório e o nome do arquivo de saída. Caso o diretório e o nome do arquivo de saída não sejam selecionados, o diretório será o padrão do programa (BRIR) e o sinal será armazenado em um arquivo contendo inequivocamente todos as informações para ser identificado.

Finalmente, aperta-se a tecla "Run" e é dado início ao processamento da BRIR, cuja evolução pode ser acompanhada pelas barras de progresso na parte inferior da janela. Uma vez processada a BRIR, no quadro "Results" pode-se plotar o sinal obtido, em dois canais, e visualizar o resultado do cálculo da família das IACF/IACC, veja Subseção 5.5.2.

A Fig. 11.47 apresenta a janela de cálculo para gerar aurilizações no programa de simulação de acústica de salas RAIOS 7.

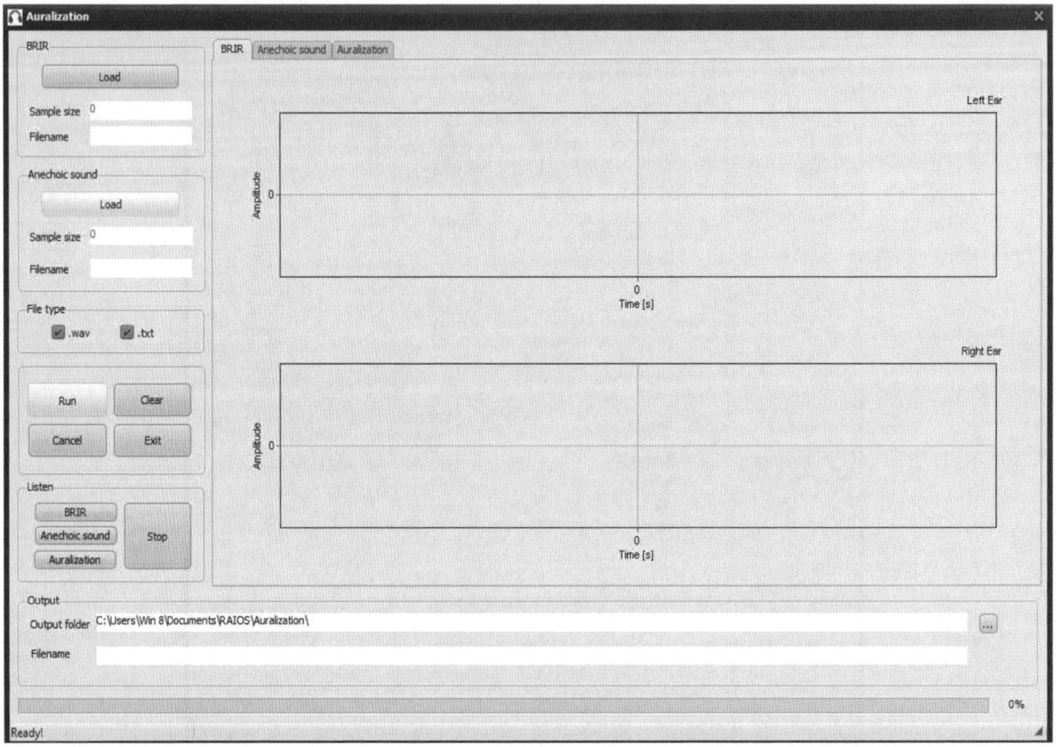

Figura 11.47: Janela para gerar aurilizações no programa RAIOS 7.

Uma vez gerada a BRIR desejada, pode-se produzir uma aurilização utilizando-se a janela indicada na Fig. 11.47. Inicialmente, carrega-se a BRIR no botão "Load" do quadro "BRIR". A BRIR carregada é plotada automaticamente na aba "BRIR" do quadro de gráficos à direita da janela. Em seguida, no quadro "Anechoic sound", também com o botão "Load" carrega-se o som anecoico (monoauricular) desejado, que é plotado na aba "Anechoic sound" do quadro de plotagem. A seguir, aperta-se o botão "Run" e é dado início ao procedimento de convolução entre a BRIR e o sinal anecoico escolhido. A evolução do procedimento pode, então, ser acompanhado pela barra de progresso na parte inferior, no quadro "Output". Finalmente, o sinal da aurilização, em dois canais (orelhas esquerda e direita), é plotado na aba "Auralization". No quadro "Listen" tem-se ainda a opção de ouvir a BRIR, o sinal anecoico e o sinal resultante da aurilização. Todos os sinais são armazenados nos formatos "`.txt`", para gráficos, e "`.wav`", para serem escutados.

A Fig. 11.48 ilustra a janela da Fig. 11.47 após a geração de uma aurilização.

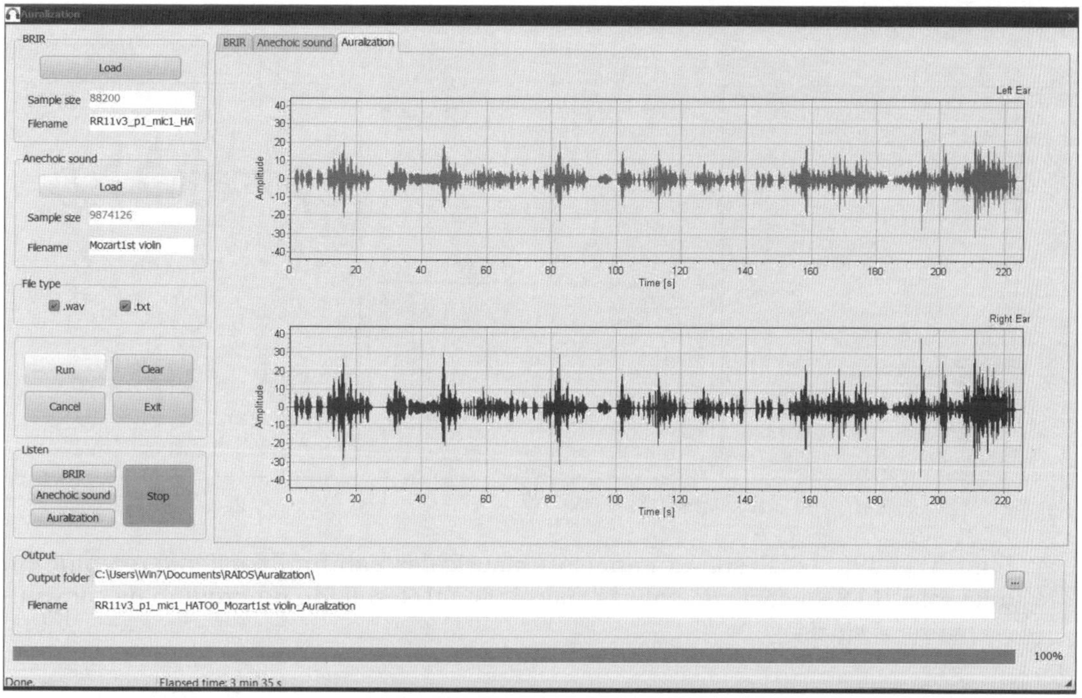

Figura 11.48: Janela para gerar aurilizações no programa RAIOS 7, após a produção de uma aurilização.

Pode-se observar que, na Fig. 11.48, foi carregada uma BRIR (arquivo denominado `RR11v3_P1mic1_HATO`), que corresponde à Sala 11 do *round robin* 4 com as demais especificações, contendo 88.200 amostras, ou seja, com duração de 2 segundos,[135] e, em seguida, foi carregado um sinal musical anecoico denominado `Mozart1st_violin` (primeiro violino de um quarteto de Mozart), com 9.874.126 amostras, o que corresponde a, aproximadamente, uma duração de 223,9 segundos. O resultado, plotado na parte gráfica da janela (orelha esquerda na parte superior e orelha direita na parte inferior), é apresentado na janela. Note que, como padrão, o arquivo da aurilização, em formatos `.txt` (gráficos) e `.wav` (sonoros) é indicado no campo "Filename" do quadro "Output".

A Fig. 11.49 reproduz a Fig. 5.13, vista no Ex. 5.14, Seção 5.4. Em (a), tem-se o gráfico da resposta impulsiva biauricular, com duração de 1,5 segundos, para um determinado par fonte-receptor em uma sala. Em (b), tem-se a plotagem de um conjunto de sete palmas, gravadas em câmara anecoica, podendo-se observar que

[135] A frequência de amostragem adotada no código computacional RAIOS é de 44,1 kHz, padrão de áudio, ver Capítulo 8, portanto, cada segundo de sinal sonoro compreende 44.100 amostras.

o sinal é bastante "seco". Em (c), tem-se o resultado da convolução, gerada pelo simulador RAIOS 7, da BRIR com o sinal anecoico, ou seja, sua aurilização para o par fonte-receptor, que resulta em um sinal de palmas mas com a reverberação característica da sala, para o ponto em questão. Esse sinal sonoro é o que seria ouvido na posição do receptor se as palmas fossem produzidas na posição da fonte sonora, gerando, assim, uma realidade virtual acústica.

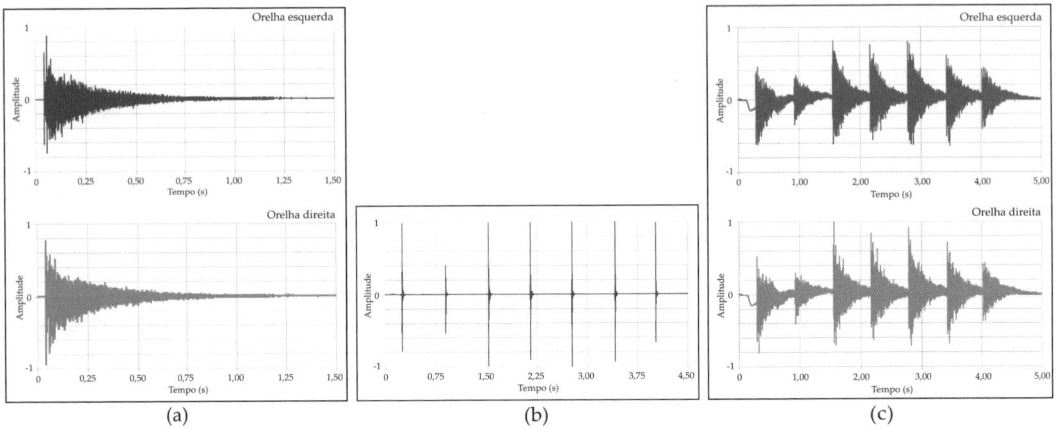

Figura 11.49: (a) Resposta impulsiva biauricular para um par fonte-receptor em uma sala. (b) Sequência de palmas anecoicas. (c) Resultado do produto de convolução entre os sinais.

Cumpre observar que as operações executadas pelo código RAIOS 7 na janela ilustrada na Fig. 11.49 são executadas por meio da Eq. (7.39), que traduz o teorema da convolução, veja Seção 7.5. Para efeito do tema que estamos discutindo aqui, $y(t)$ é o sinal de aurilização que desejamos produzir, $h(t)$ é a resposta impulsiva da sala[136] e $x(t)$ seria o sinal anecoico. Para a execução de forma mais expedita do produto de convolução

$$y(t) = x(t) * h(t), \tag{11.61}$$

passa-se, via FFT, ambos os sinais para o domínio da frequência, obtendo-se, assim, $\hat{h}(f)$ e $\hat{x}(f)$, veja Seção 9.5. Executa-se, em seguida, o produto simples dos dois sinais complexos, veja Seção 4.1, calculando-se

$$\hat{y}(f) = \hat{x}(f) \cdot \hat{h}(f) \tag{11.62}$$

e, finalmente, por meio de uma transformada inversa de Fourier (IFFT), veja Seção 9.5, obtém-se o sinal aurilizado, $y(t)$.

Para concluir, enquanto assistimos às cenas, digamos, teatrais, apresentadas pela janela de aurilização mostrada na Fig. 11.48 no proscênio, ou seja, à vista do

[136]Todavia, como se trata de resposta biauricular, tem-se, em realidade, duas respostas impulsivas: orelha esquerda, $h_e(t)$, e orelha direita, $h_d(t)$.

publico, no poscênio — os bastidores, por trás das cortinas — operam-se transformadas rápidas de Fourier, produtos de funções complexas, transformadas inversas etc., conforme descrito acima, de modo que o resultado da cena seja apresentado de modo efetivo e em tempo adequado. Esse talvez seja o grande papel de todo o processamento digital de sinais.

Capítulo 12

Aplicações em Vibrações

Reúno em mim mesmo a teoria e a prática.
Machado de Assis

A grande maioria dos ensaios em vibrações visa a determinação de *parâmetros* ou *propriedades mecânicas* de sistemas. Tomemos um exemplo bem simples. Uma atleta de massa m está em equilíbrio na extremidade de um trampolim, veja Fig 12.1a. A deflexão $\Delta = y(L)$ dessa extremidade dependerá de propriedades mecânicas do material do trampolim, tais como a geometria de sua seção reta, seu módulo elástico, E, seu momento de inércia de área J, dentre outros fatores. Portanto, ao colocarmos um carga conhecida na extremidade do trampolim — que pode ser modelado como uma viga engastada-livre — e medirmos a deflexão estática Δ, pode-se determinar alguns desses parâmetros.[1] Todavia, ao mover-se ritmicamente, flexionando as pernas de modo a fazer o trampolim oscilar de modo que a atleta adquira impulso suficiente para seu salto, teremos agora não mais uma deflexão estática, mas uma deflexão dinâmica, portanto em cada ponto de coordenada x ter-se-á agora um deslocamento vertical $y(x,t)$, veja Fig 12.1b, ou seja, dependente do tempo t. Em particular, teremos, na extremidade livre, $\Delta = y(L,t)$.

A modelagem dinâmica torna-se um pouco mais complexa que a modelagem estática, principalmente se for levada em conta, por exemplo, a massa distribuída do próprio trampolim — o que geralmente é necessário pois sua massa é, comparativamente à da atleta, considerável. Mas, mais do que tudo, introduzem-se na análise dinâmica as frequências naturais do sistema e o amortecimento, que sempre estará presente. Levantar as características de *propriedades dinâmicas de um*

[1]Ver, por exemplo, J.L. Meriam. Statics. 2nd edition, John Wiley & Sons, New York, 1971 [171].

sistema vibratório será um dos objetivos do presente capítulo.

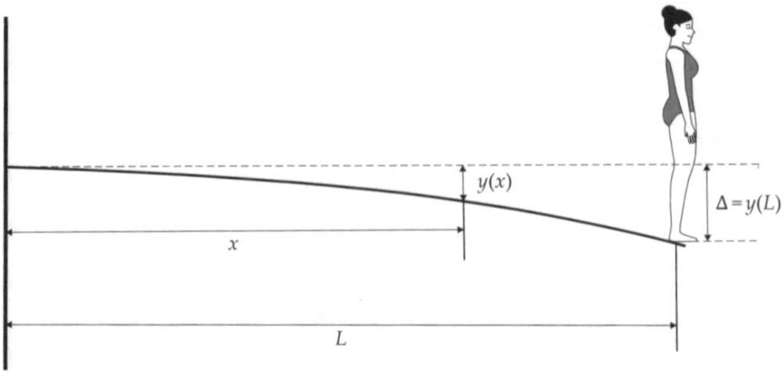

(a)

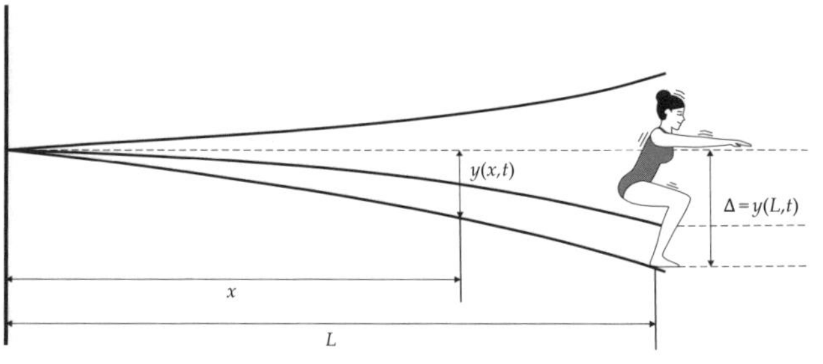

(b)

Figura 12.1: (a) Deflexão estática $\Delta = y(L)$ da extremidade livre de um trampolim de comprimento L, devido ao peso da atleta em sua extremidade livre. (b) Deflexão dinâmica (vibração) do trampolim, $\Delta = y(L, t)$, devido ao movimento da atleta preparando-se para saltar.

Abordaremos nas seções que se seguem diversos aspectos de sistemas vibrantes. Em todos eles analisaremos como é possível, utilizando as técnicas de processamento de sinais discutidas nas Partes A e B do texto, extrair informações sobre os sistemas em análise. A utilização de um *osciloscópio digital com memória* para estudar sinais temporais ou de um *analisador espectral* para estudar o comportamento do sistema no domínio da frequência, permitem extrair informações sobre parâmetros nem sempre fáceis de serem mensurados.[2]

Na Seção 12.1 estuda-se a vibração livre, não amortecida, de sistemas de um grau de liberdade, o caso mais simples no estudo de vibrações. Na Seção 12.2 considera-se o caso de vibração livre, porém com amortecimento, de sistemas com um grau de liberdade. Nas Seções 12.3 e 12.4, aborda-se o problema de vibração forçada e amortecida, ainda com um grau de liberdade. Nas Seções 12.5 e 12.6 considera-se a vibração de sistemas contínuos unidimensionais (vigas). A Seção 12.7 introduz o estudo de sistemas contínuos bidimensionais (placas). A Se-

[2]Por exemplo, a massa de um corpo ou o comprimento de uma viga não necessitam de um ensaio dinâmico para serem medidos. Contudo, fatores de amortecimento de uma estrutura são, essencialmente, parâmetros que demandarão um ensaio dinâmico para sua determinação.

ção 12.8 analisa o problema da vibração em cordas. Finalmente, a Seção 12.9 examina alguns sistemas mecânicos oscilatórios incomuns.

12.1 Medição da frequência de um oscilador harmônico

A determinação da frequência natural de um sistema vibrante não amortecido pode ser obtida a partir de demais parâmetros mecânicos do sistema. No caso de um sistema massa-mola, conhecida a massa, m, e a constante elástica da mola, k, a frequência natural, ver Ex. 2.6 com coeficiente de amortecimento $d = 0$, é calculada simplesmente como

$$f_n = \frac{1}{2\pi}\sqrt{\frac{k}{m}}. \tag{12.1}$$

No SI, m é dado em kg, k é dado em N/m e f_n é dado em Hz. Todavia, para sistemas um pouco mais complexos a frequência natural pode não ser tão simples de ser obtida.

Exemplo 12.1 Tomando como primeiro exemplo o sistema oscilatório não amortecido ilustrado na Fig. 12.2, tem-se que a equação de movimento que governa o movimento do pêndulo para pequenos deslocamentos angulares $\theta(t)$ é[3]

$$\ddot{\theta}(t) + \frac{g}{r}\theta(t) = 0,$$

sendo g a aceleração gravitacional e r o comprimento do suporte do pêndulo.

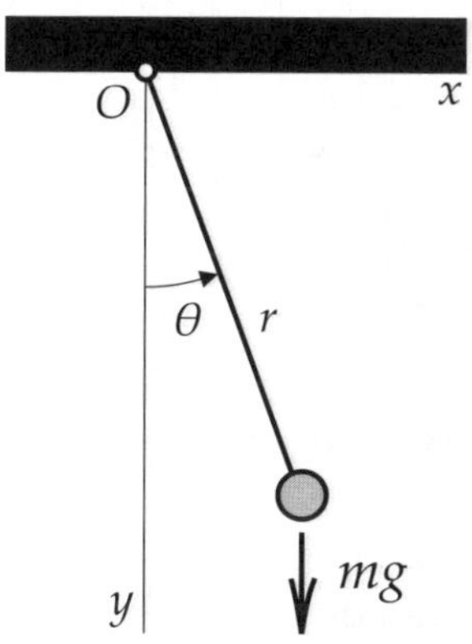

Figura 12.2: Pêndulo simples oscilando no plano vertical com pequenos deslocamentos angulares $\theta(t)$.

Conforme foi visto no Ex. 2.5, a solução geral da equação de movimento é

$$\theta(t) = A\cos(\omega_n t) + B\,\text{sen}(\omega_n t),$$

[3]Veja Ex. 2.5.

em que as constantes A e B dependem das condições iniciais (deslocamento e velocidade da massa) e

$$\omega_n^2 = \frac{g}{r}.$$

Portanto, a frequência natural do pêndulo para pequenas oscilações será[4]

$$f_n = \frac{1}{2\pi}\sqrt{\frac{g}{r}},$$

ou seja, depende de parâmetros do sistema, como anteriormente mencionado. Nesse caso simples, contudo, é sem dúvida mais fácil medir o comprimento r do cabo do que a frequência natural do pêndulo.

Exemplo 12.2 Considere o sistema vibrante, não amortecido, de um grau de liberdade ilustrado na Fig. 12.3. A massa m está suspensa na vertical por um cabo leve que circunda a periferia de uma roldana de raio r, com seu centro O fixo e momento de inércia I com respeito ao ponto O. O cabo, após contornar meia volta da roldana, é preso a uma mola linear de constante elástica k e cuja outra extremidade está fixa, como mostrado. Note que, na condição de repouso estático, há uma deformação inicial z_0 da mola dada por

$$z_0 = mg/k. \tag{a}$$

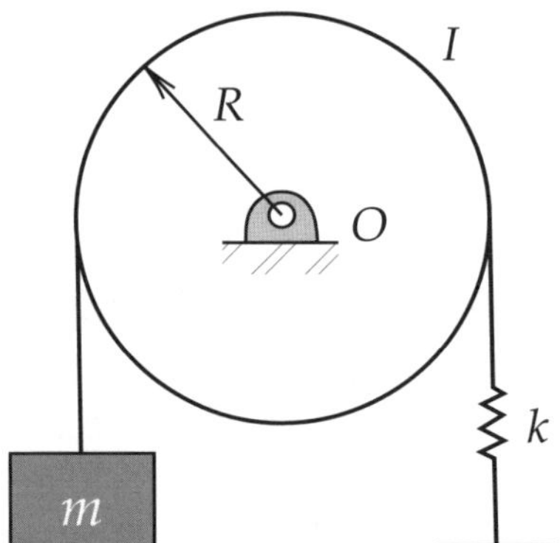

Figura 12.3: Sistema mecânico vibrante com um grau de liberdade.

Ao deslocarmos na vertical a massa, abandonando-a a seguir, o sistema como um todo passará a vibrar. A equação de movimento (translação) para a massa será

$$mg - T = m\ddot{z}, \tag{b}$$

sendo $z(t)$ o deslocamento vertical da massa e T a tração no lado esquerdo do cabo. A equação de movimento (rotação) para a roldana será

$$r\big(T - k(z + z_0)\big) = I\ddot{\theta}, \tag{c}$$

[4]Para o estudo do pêndulo não linearizado, ou seja, para oscilações de maior amplitude, ver R.A. Tenenbaum. Dinâmica Aplicada. 4ª edição, Manole, Barueri, 2016 [230].

em que o termo $k(z + z_0)$ expressa a força aplicada sobre o lado direito do cabo, exercida pela mola, e $\theta(t)$ mede a rotação da roldana em torno do ponto O. Admitindo que não ocorra deslizamento entre o cabo e a roldana, temos uma restrição cinemática dada por

$$z(t) = r\theta(t). \tag{d}$$

Das Eqs. (a–d) obtém-se (verifique)

$$\ddot{z}(t) + \omega_n^2 z(t) = 0, \quad \text{sendo} \quad \omega_n^2 = \frac{k}{m + I/r^2}.$$

Portanto, a frequência natural do sistema, dada em Hz, será

$$f_n = \frac{1}{2\pi}\sqrt{\frac{k}{m + I/r^2}}.$$

Viu-se no Ex. 12.2 que, como anteriormente mencionado, a frequência natural do sistema pode ser expressa como função de seus demais parâmetros mecânicos. Se algum desses parâmetros é, eventualmente, desconhecido, este poderá ser determinado a partir da medição da frequência natural do sistema.

Exemplo 12.3 Suponhamos então que, no Ex. 12.2, o momento de inércia da roldana é desconhecido. Nesse caso, colocando um pequeno acelerômetro de massa m' acoplado à massa m e excitando o sistema com pequenas oscilações, pode-se medir a sua frequência natural por meio de um analisador FFT, veja Seção 11.1. Com efeito, o sinal do acelerômetro, uma vez feita a conversão para o domínio da frequência, indicará a frequência de ressonância do sistema. Resolvendo, então, a expressão para a frequência natural obtida no Ex. 12.2 para o momento de inércia procurado, teremos

$$I = r^2\left[\frac{k}{(2\pi f_n)^2} - m\right].$$

Observe que, caso necessário, deve-se substituir, na expressão acima, m por $(m + m')$ caso a massa do acelerômetro seja significativa. Note, ainda, que, dimensionalmente falando, a expressão obtida para o momento de inércia da roldana está adequada, ou seja, Dim $[I] = [\mathrm{ML}^2]$, ou seja, $\mathrm{kg\,m}^2$ no SI (verifique).

12.2 Medição do amortecimento de um sistema vibrante

Usualmente, a quantidade de amortecimento de uma estrutura ou sistema não é conhecida e necessita ser determinada experimentalmente. O *fator de amortecimento viscoso* de um dado sistema de um grau de liberdade, ζ, adimensional, é dado por[5]

$$\zeta = \frac{d}{2m\omega_n}, \tag{12.2}$$

[5] Ver, por exemplo, A. Fonseca. Vibrações. Ao Livro Técnico, Rio de Janeiro, 1964 [80] ou S. Rao. Vibrações Mecânicas. 4ª edição, Pearson Education, São Paulo, 2009 [199] ou, ainda, A.P. Ripper Neto. Vibrações Mecânicas. E-Papers, Rio de Janeiro, 2007 [204].

em que d é o *coeficiente de amortecimento viscoso*, dado, no SI, em kg/s, m é a *massa*, dada em kg, e ω_n é a *frequência circular natural* do sistema, dada em rad/s. Sistemas em que $\zeta < 1$ são chamados de *sistemas subamortecidos* e constituem a maioria dos sistemas vibrantes. Quando $\zeta = 1$, tem-se *amortecimento crítico* e, quando $\zeta > 1$, o sistema é dito ser *superamortecido*.

A resposta impulsiva de um sistema vibrante de um grau de liberdade com amortecimento — conhecido como sistema *massa-mola-amortecedor* — é dada por, veja Seção 5.4,

$$h(t) = \frac{1}{m\omega_d} \operatorname{sen}(\omega_d t)\, e^{-\zeta\omega_n t}, \quad \text{para} \quad t > 0, \tag{12.3}$$

em que ω_n é a frequência natural do sistema não amortecido, ζ é o fator de amortecimento viscoso e ω_d é a frequência natural do sistema amortecido, dada por

$$\begin{aligned} \omega_d &= \omega_n \sqrt{1 - \zeta^2} \\ &= \sqrt{k(1 - \zeta^2)/m}, \end{aligned} \tag{12.4}$$

em que k é a constante elástica do sistema e m sua massa. A perda por atrito viscoso pode ser oriunda de um amortecedor típico, contendo gás ou óleo em seu interior, ou devido a outro elemento que dissipa energia com uma força proporcional à velocidade. A Fig. 12.4 ilustra a resposta impulsiva (RI) de um sistema como o descrito.

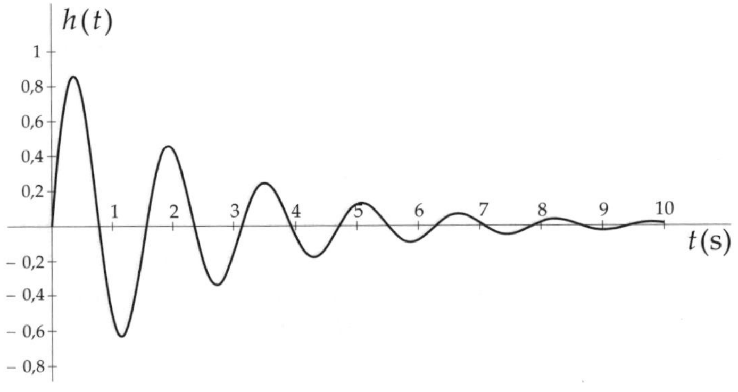

Figura 12.4: Resposta impulsiva típica, $h(t)$, de um sistema massa-mola-amortecedor.

O amortecimento viscoso, portanto, gera um decaimento exponencial da amplitude de vibração, como mostra a Eq. (12.3). O comportamento do sistema, consequentemente, apresenta um termo oscilatório e um termo exponencial decrescente, como ilustra a Fig. 12.4.

Uma maneira conveniente e relativamente simples de se avaliar a quantidade de amortecimento de um sistema seria medir as amplitudes de deslocamento, digamos, $x(t)$, em dois instantes temporais afastados de um período T, conforme ilustra a Fig. 12.5.

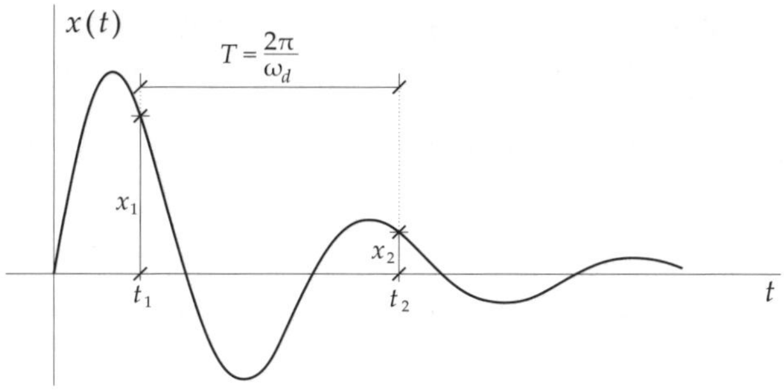

Figura 12.5: Medição dos deslocamentos $x_1(t_1)$ e $x_2(t_2)$, com $t_2 - t_1 = T = 2\pi/\omega_d$.

Pode-se, então, calcular a razão

$$r = \frac{x_1}{x_2} = \frac{e^{-\zeta\omega_n t_1}}{e^{-\zeta\omega_n(t_1+T)}} = e^{\zeta\omega_n T}. \tag{12.5}$$

Dessa razão, extrai-se o *decremento logaritmo*, δ, definido por

$$\delta = \ln\frac{x_1}{x_2} = \zeta\omega_n T = \frac{2\pi\zeta}{\sqrt{1-\zeta^2}}. \tag{12.6}$$

Resolvendo a Eq. (12.6) para o fator de amortecimento, obtém-se

$$\zeta = \frac{\delta}{\sqrt{4\pi^2+\delta^2}}. \tag{12.7}$$

Observe que, se o amortecimento for pequeno, ocorrerá que $\delta^2 << 4\pi^2$ e a Eq. (12.7) poderá ser aproximada por

$$\zeta \approx \frac{\delta}{2\pi}. \tag{12.8}$$

Adicionalmente, o decremento logarítmico poderá ser avaliado a partir de um número inteiro de ciclos. Então, se x_1 e x_{1+n} forem as amplitudes correspondentes aos instantes t_1 e $t_{1+n} = t_1 + nT$, n inteiro, ter-se-á

$$\frac{x_1}{x_{1+n}} = \prod_{k=1}^{n}\frac{x_k}{x_{k+1}} = e^{n\zeta\omega_n T}. \tag{12.9}$$

Portanto, o decremento logarítmico poderá ser expresso por

$$\delta = \frac{1}{n}\ln\frac{x_1}{x_{1+n}}. \tag{12.10}$$

O fator de amortecimento após n ciclos de oscilação será, portanto,

$$\zeta = \frac{\frac{1}{n}\ln\frac{x_1}{x_{1+n}}}{\sqrt{4\pi^2+\left(\frac{1}{n}\ln\frac{x_1}{x_{1+n}}\right)^2}}. \tag{12.11}$$

Exemplo 12.4 Somente para fixar os conceitos, vejamos um exemplo numérico. Suponhamos que se mediu a amplitude de um sistema dinâmico amortecido de um grau de liberdade durante 12 ciclos, obtendo-se um decaimento de 90%. Nesse caso, teremos $x_1 = 10x_{13}$, portanto, segundo a Eq. (12.10),

$$\delta = \frac{1}{12}\ln 10 = 0,19188.$$

Substituindo, então, na Eq. (12.11), obtém-se (com cinco casas decimais)

$$\zeta = 0,03052.$$

Note que δ é pequeno e, utilizando-se a Eq. (12.8), teríamos

$$\zeta \approx 0,03054,$$

com um erro somente na quinta casa decimal.

Cumpre observar que, para medir com exatidão os valores de x_1 e x_{1+n} e os instantes correspondentes, t_1 e t_{1+n}, pode-se lançar mão de um osciloscópio digital com memória. Com esse recurso, a oscilação temporal, tal como indicada na Fig. 12.5, fica registrada na memória do instrumento e os valores podem, então, ser determinados utilizando os cursores horizontal (amplitude) e vertical (tempo). A Fig. 12.6 ilustra cursores de amplitude e de tempo em um osciloscópio digital com memória.

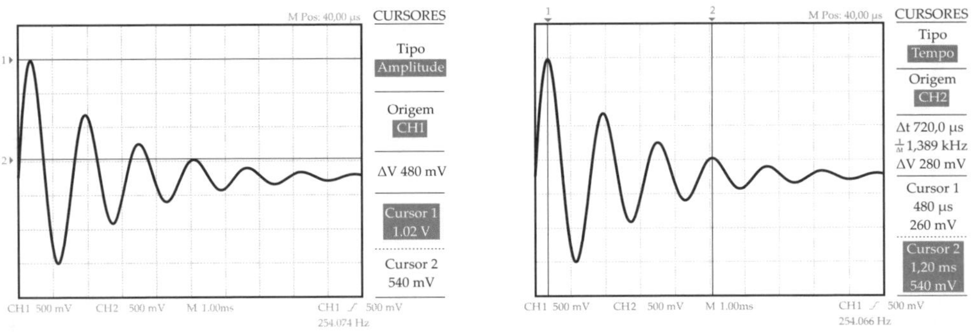

(a) (b)

Figura 12.6: Tela de um osciloscópio digital com memória mostrando: (a) cursores de amplitude; (b) cursores de tempo. Ambos os cursores estão identificando os primeiro e quarto máximos da oscilação de um sistema de um grau de liberdade com amortecimento.

12.3 Medição de parâmetros de um isolador de vibrações[6]

Visando a medição de parâmetros de um *isolador de vibrações* (borracha, neoprene, ou outro material elástico com a mesma função de isolar vibrações), vamos identificar os procedimentos, a instrumentação e o arranjo experimental necessários. A Fig. 12.7 ilustra a montagem experimental padrão para o ensaio.

[6]Esta seção foi elaborada em coautoria com o Prof. Paulo H. Mareze.

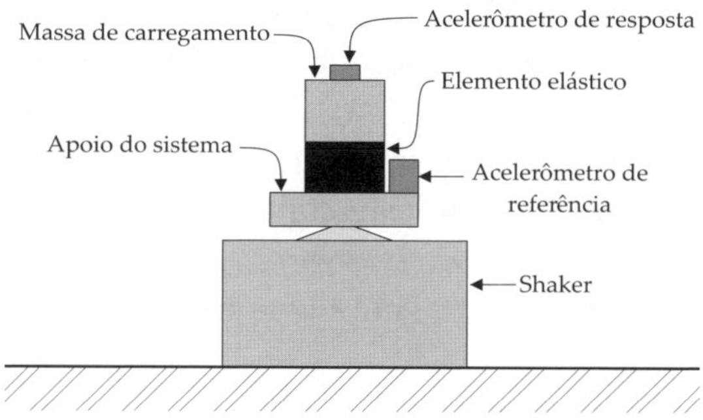

Figura 12.7: Esquema da montagem experimental para avaliar os parâmetros de um elemento elástico (Figura gentilmente cedida pelo Prof. Dr. Paulo H. Mareze).

O procedimento experimental pode ser estruturado em etapas como descrito a seguir:

1. medir a massa, a altura e o diâmetro do elemento elástico, obtendo sua massa específica;
2. medir a massa total do carregamento (massa do acelerômetro mais a massa aplicada);
3. colocar a base no excitador de vibrações (*shaker*), fixar o isolador e a massa de carregamento, e medir a função de transferência (FT) de aceleração do topo pela aceleração na base (note que há dois acelerômetros) obtendo, assim, a *curva de transmissibilidade*, adimensional, que é uma função complexa;
4. com a frequência de ressonância, determinar o módulo de elasticidade do material. Determinar, em seguida, o fator de perda do isolador de vibração.

O diagrama da Fig. 12.8 indica a cadeia de medição necessária ao ensaio.

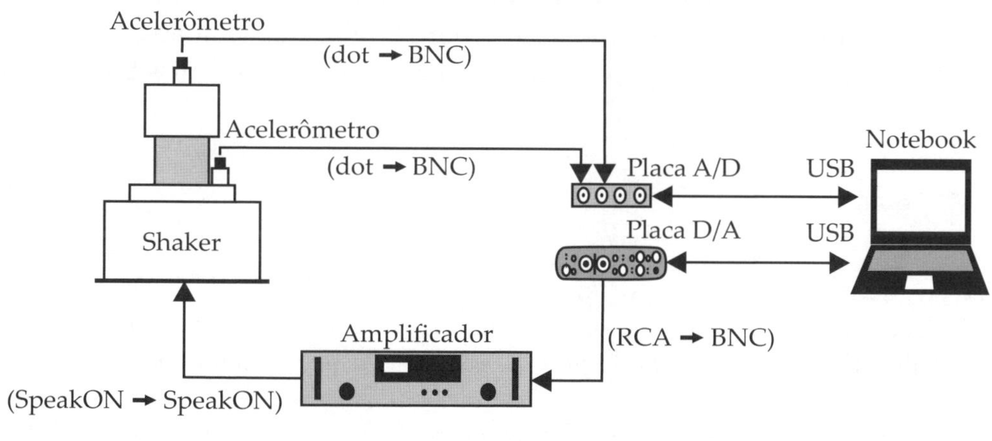

Figura 12.8: Cadeia de medição para avaliação de parâmetros de um elemento elástico (Figura gentilmente cedida pelo Prof. Dr. Paulo H. Mareze).

A cadeia de medição é controlada por um computador digital (notebook). O sinal de vibração é enviado para um módulo com um conversor D/A que alimenta um amplificador de sinais e que, por sua vez, aciona com energia suficiente o excitador de vibrações. Os sinais captados pelos dois acelerômetros são então enviados para uma placa com dois canais e conversor A/D e remetido de volta para o sistema de análise (notebook).

O módulo de elasticidade, em Pa, para a primeira frequência de ressonância é calculado por[7]

$$E = \frac{\omega_n^2 m L}{A}, \tag{12.12}$$

em que ω_n é a frequência circular natural, dada em rad/s, m é a massa total de carregamento, incluindo a massa do acelerômetro e do cabo suspenso, dada em kg, L é a altura do isolador, dada em m, e A é a área da seção transversal do isolador, dada em m^2.

O modelo histerético de um isolador de vibrações é baseado em um sistema de um grau de liberdade e o módulo da *transmissibilidade adimensional*, T, entre os dois acelerômetros é dada por

$$|T| = \left| \frac{\tilde{E}A/L}{\tilde{k} - \omega^2 m} \right|, \tag{12.13}$$

em que $\tilde{E}$ é o *módulo de elasticidade complexo*,[8] em Pa, expresso por

$$\tilde{E} = E(1 + \mathrm{j}\eta). \tag{12.14}$$

Na Eq. (12.14), η é o *fator de perda por amortecimento*, adimensional, definido como a razão entre a energia dissipada por ciclo e a energia de deformação total e E, naturalmente, é a parte real do módulo de elasticidade.

Já a *fase* da transmissibilidade adimensional, Φ, é determinada como o arco tangente da razão entre as partes imaginária e real da transmissibilidade, veja Seção 4.1,

$$\Phi = \tan^{-1} \frac{\Im(T)}{\Re(T)}. \tag{12.15}$$

A Fig. 12.9 ilustra o comportamento da transmissibilidade teórica como função da frequência excitadora adimensionalizada pela frequência natural, ou seja, ω/ω_n, para diferentes valores do *fator de perda por amortecimento*, η.

---

[7] Ver, por exemplo, A.P. Ripper Neto. Vibrações Mecânicas. E-Papers, Rio de Janeiro, 2007 [204] ou A. Sinha. Vibration of Mechanical Systems. Cambridge University Press, London, 2014 [219].

[8] Observe o caro leitor que o '~' sobre as variáveis visam indicar que se trata de quantidades complexas.

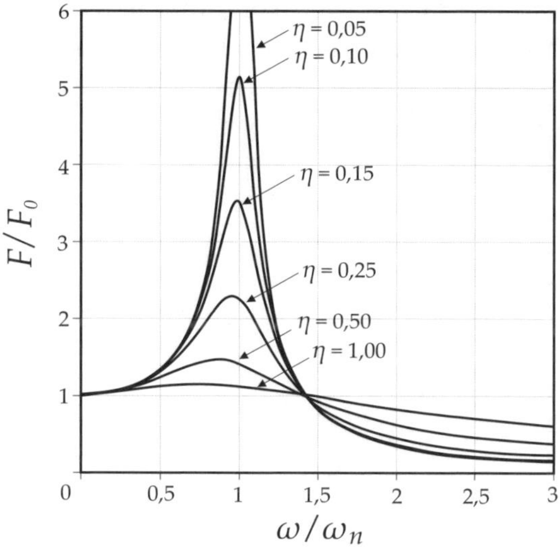

Figura 12.9: Comportamento teórico da transmissibilidade de forças, F/F_0, como função da frequência de excitação normalizada pela frequência natural do sistema para distintos valores do fator de perda por amortecimento η.

A Fig. 12.10 ilustra duas montagens experimentais para a medição de parâmetros de um elemento elástico. A Fig. 12.10a apresenta apenas um isolador, enquanto a Fig. 12.10b indica dois isoladores idênticos, em série. Neste caso, a rigidez equivalente é o inverso da soma dos inversos de cada rigidez, ou seja,

$$k_{\text{eq}} = \frac{1}{1/k + 1/k} = \frac{k}{2}. \tag{12.16}$$

(a) (b)

Figura 12.10: Exemplo de montagem experimental para a determinação de parâmetros de um isolador de vibrações: (a) ensaio com um isolador; (b) ensaio com dois isoladores em série (Imagem gentilmente cedida pelo Prof. Dr. Paulo H. Mareze).

Podem ser observadas a massa de carregamento, cilíndrica, e o elemento elástico a ser testado sob ela, bem como os dois acelerômetros, um apoiado sobre a massa e outro, de referência, diretamente acoplado à parte móvel do excitador. A Fig. 12.11 apresenta os resultados do ensaio.

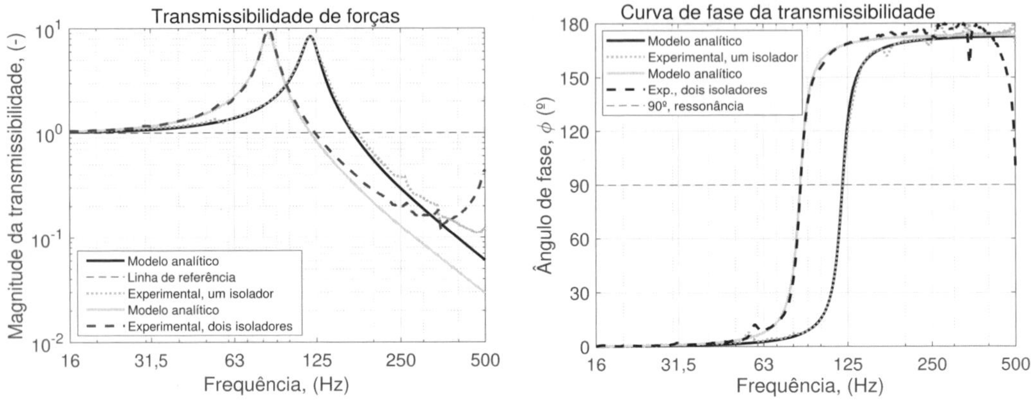

(a) (b)

Figura 12.11: (a) Magnitude das curvas de transmissibilidade experimental e analítica para um e dois isoladores de vibração. (b) Fase das curvas de transmissibilidade experimental e analítica para os dois experimentos (Figura gentilmente cedida pelo Prof. Dr. Paulo H. Mareze).

A Fig. 12.11 mostra os resultados, comparados aos teóricos, obtidos no experimento. A Fig. 12.11a apresenta a magnitude da curva de transmissibilidade do isolador, ou seja, a função de transferência entre o acelerômetro situado acima da massa de carregamento e o acelerômetro da base. Percebe-se uma diferença de amplitude entre os dados experimental e teórico, bem como uma instabilidade da transmissibilidade na curva experimental acima de 300 Hz. Isso ocorre por conta do aparecimento de modos longitudinais ou torsionais, que não nos interessam nessa análise de 1 grau de liberdade.

Essa instabilidade pode ser mais uma vez constatada analisando-se o gráfico de fase, indicado na Fig. 12.11b, em que é possível identificar as mudanças de fase típicas da região de ressonância, mas também alguns artefatos adicionais. A segunda mudança de fase ocorre por conta do início de uma nova ressonância que irá aparecer por volta de 600 Hz.

O procedimento experimental dá-se como descrito a seguir. O sinal de excitação é o ruído branco, veja Seção 7.7, enviado por meio de uma placa de áudio e devidamente amplificado, como mostra a Fig. 12.8. Obtém-se a função de transferência (FT) por meio da divisão do espectro cruzado entre o sinal de saída (acelerômetro do topo) e o sinal de entrada (acelerômetro da base) e o autoespectro do sinal de entrada, veja Seção 7.6.

12.4 Medição de parâmetros de uma mola helicoidal[9]

Vamos, nesta seção, abordar um ensaio similar ao estudado na Seção 12.3, agora, porém, visando a determinação de parâmetros mecânicos de uma mola helicoidal, em particular sua rigidez, sua frequência de ressonância para uma dada massa de carregamento e o módulo de cisalhamento de suas espiras. A Fig. 12.12a ilustra uma mola helicoidal e seus parâmetros geométricos: D_m é o seu diâmetro externo e d_m é o diâmetro do fio da espira. A Fig. 12.12b apresenta a mola helicoidal que será testada experimentalmente, observando que ela possui espiras inativas no topo e na base. A Fig. 12.12c mostra a montagem experimental.

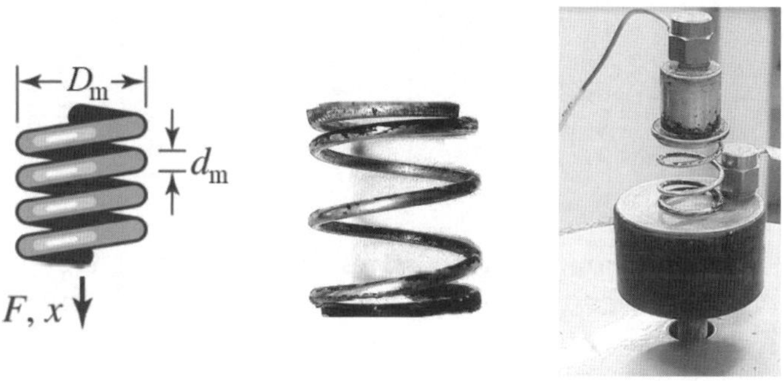

(a) (b) (c)

Figura 12.12: (a) Mola helicoidal e seus parâmetros geométricos. (b) Mola helicoidal a ser testada. (c) Montagem experimental para a determinação dos parâmetros mecânicos de uma mola helicoidal (Imagem gentilmente cedida pelo Prof. Dr. Paulo H. Mareze).

O esquema da montagem experimental para o ensaio é o mesmo apresentado na Fig. 12.7, simplesmente substituindo o elemento elástico (isolador de vibrações) pela mola helicoidal, conforme ilustrado na Fig. 12.12c.

O procedimento experimental é, essencialmente o mesmo utilizado na Seção 12.3. Os sinais fornecidos pelos dois acelerômetros são adquiridos nas duas entradas de um analisador FFT de dois canais — ou processados via programa MatLab® — e a transmissibilidade entre o sinal do acelerômetro fixo à base e aquele fixo à massa é estabelecida, sempre como função da frequência de excitação. A Fig. 12.13 apresenta os resultados da transmissibilidade, ou seja, da função de transferência, em amplitude e fase, obtidas no experimento.

Uma vez determinada a frequência de ressonância — indicada pelo pico na Fig. 12.13a, ou a inversão da fase, indicada na Fig. 12.13b —, pode-se calcular a *constante da mola*, k, segundo

$$k = \omega_n^2 m = 4\pi^2 f_n^2 m, \tag{12.17}$$

[9]Esta seção foi elaborada em coautoria com o Prof. Paulo H. Mareze.

em que f_n é a frequência de ressonância ou a frequência natural medida no experimento, em Hz, e m é a massa de carregamento utilizada, em kg. A unidade de k no SI, portanto, é dada em $\text{N/m} = \text{kg/s}^2$.

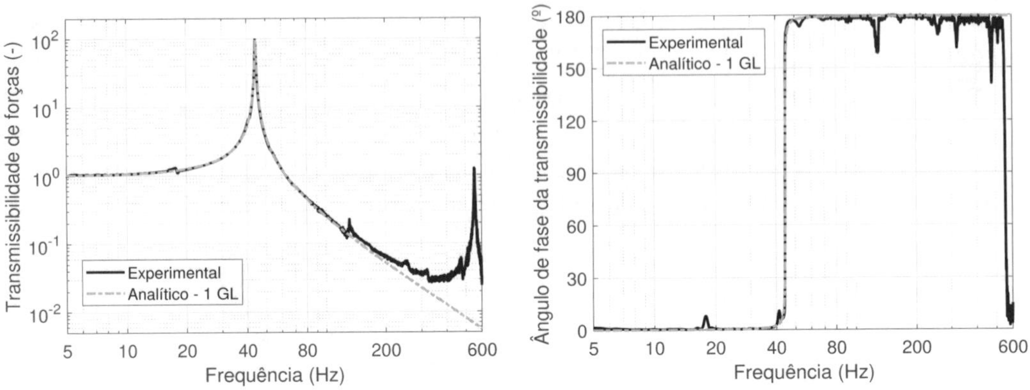

(a) (b)

Figura 12.13: Comparação entre os resultados teóricos e experimentais para: (a) amplitude da função de transferência entre os dois acelerômetros; (b) fase da função de transferência entre os dois acelerômetros (Figura gentilmente cedida pelo Prof. Dr. Paulo H. Mareze).

Finalmente, pode-se estimar o módulo de cisalhamento G do material da mola a partir da expressão

$$G = 8nk\,\frac{D_m^3}{d_m^4}, \tag{12.18}$$

em que n é o número de voltas da espira, D_m é o diâmetro externo da mola e d_m é o diâmetro do fio da mola, conforme ilustrado na Fig. 12.12a. A unidade de G no SI é dada em Pa.[10]

Exemplo 12.5 No caso do experimento em consideração, $f_{\text{n}} = 44,5$ Hz, veja Fig. 12.13, e $m = 0,059$ kg (incluindo a massa do acelerômetro), logo, segundo a Eq. (12.17),

$$k = 4\pi^2 \times (44,5)^2 \times 0,059 = 4.612,45\ \text{N/m}.$$

Os dado geométricos da mola são: $D_m = 22$ mm, $d_m = 1,8$ mm e $n = 2,2$. Portanto, segundo a Eq. (12.18),

$$G = 8 \times 2,2 \times 4.612,45 \times \frac{(22 \times 10^{-3})^3}{(1,8 \times 10^{-3})^4} = 82,34\ \text{GPa},$$

o que está de acordo com o que consta na literatura para o aço-carbono SAE 1020.

---

[10]É bem comum utilizarem-se, para expressar os módulos elásticos, como E ou G, unidades em $\text{GPa} = 10^6$ Pa.

12.5 Medição de frequência de um diapasão

Tons puros são bastante incomuns em acústica, uma vez que geralmente há harmônicos acompanhando um dado tom ou nota fundamental. Um utensílio comumente utilizado para gerar tons aproximadamente puros é o *diapasão*, muito útil para a afinação de instrumentos musicais.

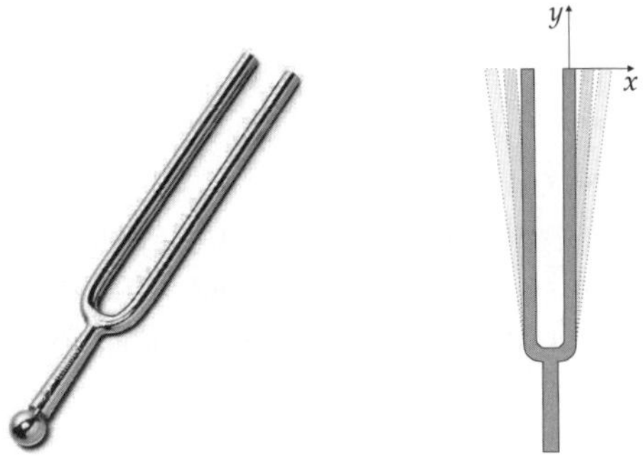

(a) (b)

Figura 12.14: (a) Um diapasão para afinação da nota A_4 de 440 Hz; (b) croqui da vibração das hastes de um diapasão.

Na Fig. 12.14a se vê a imagem de um diapasão para a afinação da nota A_4 (Lá) de 440 Hz, imediatamente acima da nota C_4 (Dó) central do piano. Na Fig. 12.14b tem-se um esquema da vibração livre de um diapasão após ser percutido em uma de suas extremidades.

Quando excitado em uma de suas extremidades por meio de um impacto, o diapasão passa a vibrar harmonicamente, com suas duas hastes metálicas, mecanicamente idênticas, vibrando em oposição de fase, de modo a produzir o que é chamado de um *dipolo acústico*.[11] Devido às propriedades elásticas da liga de que o diapasão é constituído, tem-se que a vibração de suas hastes apresenta baixo amortecimento (amortecimento subcrítico), o que resulta em uma duração razoavelmente prolongada do tom emitido pelo diapasão. Mas qual a razão de a vibração das hastes do diapasão ser harmônica? É o que vamos investigar em seguida.

Cada haste do diapasão pode ser modelada como uma *viga engastada*, portanto, sua equação de movimento será[12]

$$\frac{\partial^2}{\partial y^2}\left[(EJ)(y)\frac{\partial^2 x(y,t)}{\partial y^2}\right] + (\rho A)(y)\frac{\partial^2 x(y,t)}{\partial t^2} = 0, \quad 0 < y < L. \tag{12.19}$$

Na Eq. (12.19), $E(y)$ é o módulo elástico da viga, $J(y)$ seu momento de inércia de

[11] Ver, por exemplo, A.P. Dowling, J.E.F. Williams. Sound and Sources of Sound. John Wiley & Sons, New York, 1983 [68] ou P. Morse. Vibration and Sound. American Institute of Physics, Melville, 1991 [174].

[12] Ver, por exemplo, L. Meirovitch. Elements of Vibration Analysis. McGraw-Hill, New York, 1975 [167].

área, $\rho(y)$ sua massa específica, $A(y)$ é a área da seção reta e L é o comprimento da haste. No caso do diapasão em consideração, E, J, ρ e A são uniformes, ou seja, não dependem da coordenada y, ver Fig. 12.14b, e a equação de movimento fica na forma

$$EJ\left[\frac{\partial^4 x(y,t)}{\partial y^4}\right] + \rho A \frac{\partial^2 x(y,t)}{\partial t^2} = 0, \quad 0 < y < L. \tag{12.20}$$

Tem-se uma equação diferencial parcial de quarta ordem para a vibração na direção x, o que exigirá, para sua solução, quatro condições de contorno e duas condições iniciais. (A título de exemplo, duas das condições de contorno são: 1. o deslocamento em $y = 0$ é nulo, portanto $x(0,t) = 0$; 2. a inclinação em $y = 0$ é nula, portanto $\partial x/\partial y(0,t) = 0$, ver mais detalhes em Meirovitch [167].)

A Eq. (12.20) admite solução separável,[13] ou seja, pode-se expressar

$$x(y,t) = X(y)F(t), \tag{12.21}$$

em que $X(y)$ descreve a *forma* da deformação da haste do diapasão, também conhecida como a *elástica da viga*, e $F(t)$ é uma função exclusiva do tempo. É fácil de verificar que a função $X(y)$ satisfaz a

$$EJ\frac{d^4 X(y)}{dy^4} - \omega^2 \rho X(y) = 0, \quad 0 < y < L, \tag{12.22}$$

em que ω é a frequência circular de

$$F(t) = C\cos(\omega t - \phi). \tag{12.23}$$

Na Eq. (12.23), a amplitude C depende, naturalmente, da intensidade do impacto inicial fornecido ao diapasão e $F(t)$ é a solução temporal.[14] Portanto, a solução no domínio do tempo é harmônica e, no caso do diapasão A_4, teríamos[15]

$$\omega = 2\pi f = 2\pi \times 440 \text{ Hz} \approx 2{,}7646 \times 10^3 \text{ rad/s}. \tag{12.24}$$

O atento leitor pode ter observado que, no início desta seção, falou-se em "tons aproximadamente puros". Isso se deve ao fato de termos desconsiderado, em nossa análise, algumas imperfeições, como o arco na raiz do diapasão, que não constitui exatamente uma viga engastada, tal como no modelo matemático adotado, ou eventuais inomogeneidades nas hastes do diapasão. Observando o sinal temporal $p(t)$ em um osciloscópio, o que se visualiza é um sinal sinusoidal, com as eventuais imperfeições não perceptíveis, como mostra a Fig. 12.15a.

[13] Diz-se que uma equação diferencial parcial admite uma solução *separável* quando esta pode ser expressa como o produto de duas (ou mais) funções de uma única variável da forma $f(x,y) = f_x(x)f_y(y)$. Ver, por exemplo, L.M. Kells. Elementary Differential Equations. 6th edition, McGraw-Hill, New York, 1965 [137].

[14] Há, ainda, um termo exponencial decrescente, como o indicado na Eq. (12.3), mas que, neste caso, pode ser considerado negligenciável devido a que, no diapasão, $\zeta \approx 0$.

[15] A fase ϕ é irrelevante, nesse caso.

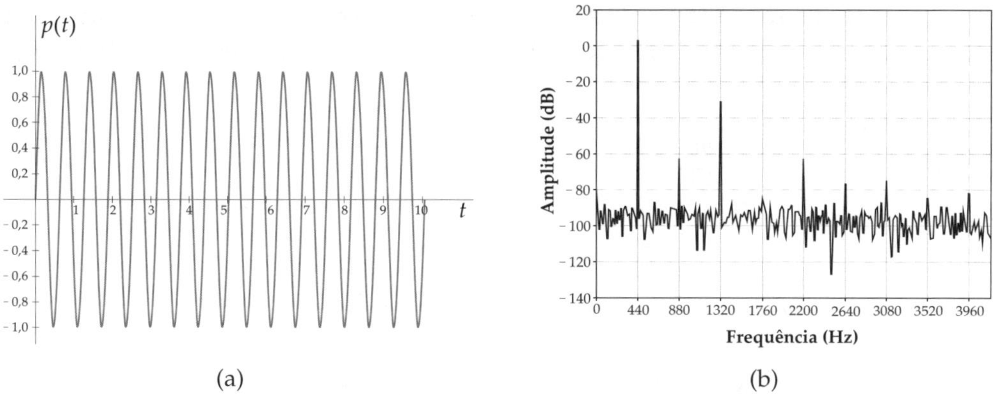

Figura 12.15: (a) Sinal sinusoidal $p(t)$, como registrado em um osciloscópio. (b) Espectro de amplitude $|\hat{p}(f)|$, como registrado em um analisador FFT. Note que o segundo harmônico tem amplitude de -60 dB e que o quarto harmônico tem amplitude que se mistura com o ruído de fundo (-100 dB).

Todavia, fazendo uma análise espectral com um analisador FFT, veja Seção 11.1, percebemos que há componentes harmônicos, embora com amplitudes bem menores do que o tom fundamental, como indica a Fig. 12.15b. Isso afasta definitivamente o sinal sonoro do conceito de "tom puro" no sentido estrito do termo. Naturalmente, esse fato não nos impedirá de utilizarmos o diapasão para afinar adequadamente instrumentos musicais.

12.6 Medição de parâmetros elásticos em vigas[16]

Vigas podem ser caracterizadas como estruturas que estão sujeitas a variadas formas de carregamento, podendo estes ser estáticos ou dinâmicos. Quando ações dinâmicas são aplicadas, as vigas assumem um estado de vibração, como ilustrado na Fig. 12.1b. Vigas podem ser classificadas, segundo o seu vínculo com elementos fixos, como *livres*, *apoiadas* ou *engastadas*. As Figs. 12.1 e 12.14 ilustram exemplos de vigas engastadas em uma extremidade e livres na outra.

A *viga de Euler-Bernoulli*[17] é o modelo mais adotado para vigas esbeltas vibrantes e a Fig. 12.16 ilustra os elementos principais do modelo.[18] A viga possui uma seção transversal retangular $A(x)$ com largura b e espessura h, que podem variar com x, e tem comprimento L nessa direção. O material da viga possui uma rigidez à flexão $EJ(x)$, em que $E(x)$ é o módulo de elasticidade[19] e $J(x)$ é o momento de

[16]Esta seção foi elaborada em coautoria com o Prof. Paulo H. Mareze.

[17]Ver, por exemplo, D.J. Inman. Engineering Vibration. 4th edition, Prentice Hall, New Jersey, 2014 [115] ou L. Meirovitch. Analytical Methods in Vibration. The Macmillan Company, New York, 1989 [168].

[18]Para vigas esbeltas, o modelo de Euler-Bernoulli aplica-se bem; já para vigas curtas, o modelo mais adequado é a *viga de Timoshenko*, ver, por exemplo, W.J. Bottega. Engineering Vibrations. CRC Press, Boca Raton, 2006 [27].

[19]Também conhecido como *módulo de Young*.

inércia de área da seção transversal em torno do eixo z. Uma viga pode sustentar um momento fletor $M(x,t)$ que está relacionado à deflexão da viga, $w(x,t)$, segundo

$$M(x,t) = EJ(x)\frac{\partial^2 w(x,t)}{\partial x^2}. \tag{12.25}$$

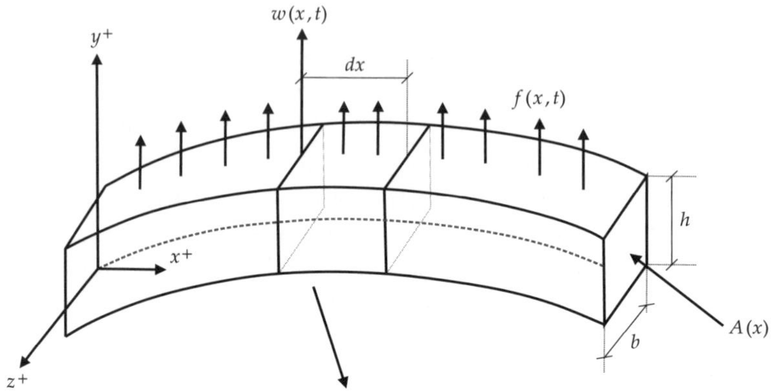

Figura 12.16: Elementos principais de uma viga de Euler-Bernoulli vibrando na direção y. A variável dependente $w(x,t)$ expressa o *deslocamento* ou *deflexão*, nessa direção, de uma seção reta da viga, função da posição x e do tempo t.

Se um carregamento $f(x,t)$ é aplicado à viga, a sua equação de movimento será dada por[20]

$$\frac{\partial^2}{\partial x^2}\left[EJ(x)\frac{\partial^2 w(x,t)}{\partial x^2}\right] + \rho A(x)\frac{\partial^2 w(x,t)}{\partial t^2} = f(x,t). \tag{12.26}$$

A Eq. (12.26) rege o movimento de uma viga em vibração forçada, sendo ρ a massa específica do material da viga. No caso em que $f(x,t) = 0$ teremos vibração livre e a Eq. (12.26) se reduz a

$$\frac{\partial^2}{\partial x^2}\left[EJ(x)\frac{\partial^2 w(x,t)}{\partial x^2}\right] + \rho A(x)\frac{\partial^2 w(x,t)}{\partial t^2} = 0. \tag{12.27}$$

Se, adicionalmente, a viga for homogênea, ou seja, se E, J, ρ e A forem *uniformes*, a equação de movimento simplifica como

$$EJ\left[\frac{\partial^4 w(x,t)}{\partial x^4}\right] + \rho A\frac{\partial^2 w(x,t)}{\partial t^2} = 0, \tag{12.28}$$

que é exatamente a equação de movimento, Eq. (12.20), encontrada no estudo das hastes do diapasão, na Seção 12.5.

[20]Ver, por exemplo, I. Kovacic, D. Radomirovic. Mechanical Vibration: Fundamentals with Solved Examples. John Wiley, West Sussex, 2018 [146] ou J.J. Thomsen. Vibrations and Stability. Springer, 2003 [236].

A Fig. 12.17 apresenta uma das formas possíveis de ensaio de uma viga de *Euler-Bernoulli* com comprimento L. A viga é posicionada na horizontal, tendo o seu centro $(L/2)$ fixado à parte móvel de um excitador de vibrações (*shaker*). Desse modo, teremos as duas metades atuando como vigas engastadas-livres.

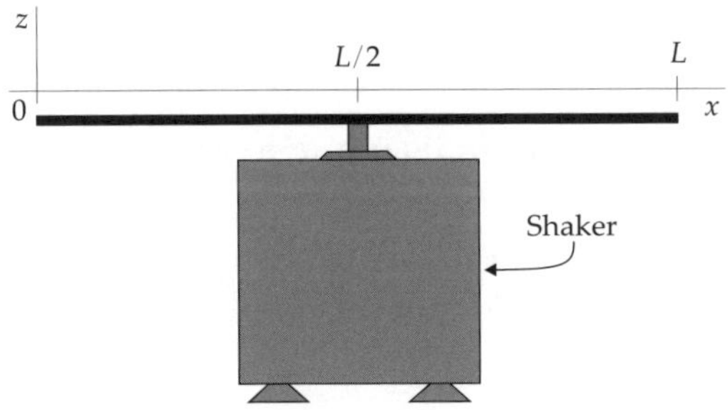

Figura 12.17: Esquema do ensaio de vibração de uma viga engastada-livre (Figura gentilmente cedida pelo Prof. Dr. Paulo H. Mareze).

A *mobilidade* da viga, $\tilde{Y}(L/2)$, que nada mais é que a relação entre a velocidade (harmônica) e a força aplicada no centro da viga, é dada pela expressão[21]

$$\begin{aligned}\tilde{Y}(L/2) &= \frac{\mathrm{j}\omega\tilde{w}(L/2)}{\tilde{f}(L/2)} \\ &= \frac{\mathrm{j}\omega\left[1+\cosh(\beta L/2)\cos(\beta L/2)\right]}{\left[\cosh(\beta L/2)\mathrm{sen}(\beta L/2)+\mathrm{senh}(\beta L/2)\cos(\beta L/2)\right]\beta^3 EI},\end{aligned} \tag{12.29}$$

em que[22]

$$\beta = \left[\frac{\rho A\omega^2}{EI}\right]^{1/4}, \tag{12.30}$$

sendo ρ a massa específica da viga, $A = bh$ a área de sua seção reta, $I = bh^3/12$ seu momento de inércia de área com respeito ao eixo z e, naturalmente, ω é a frequência circular de excitação da viga. Assim, pode-se mostrar que a resposta dinâmica de aceleração da viga na extremidade $x = 0$ (ou $x = L$) pela aceleração no centro é[23]

$$\tilde{h}(0) = \frac{\tilde{w}(0)}{\tilde{w}(L/2)} = \frac{\cosh(\beta L/2)\cos(\beta L/2)}{1+\cosh(\beta L/2)\cos(\beta L/2)}. \tag{12.31}$$

[21]Ver, por exemplo, A. Renault, L. Jaquen, F. Sgard. Characterization of elastic parameters of acoustical porous materials from beam bending vibrations. *J. Sound and Vibration*, 330(9):1950–1963, 2011 [202]. Note que a velocidade v é a derivada temporal do deslocamento w, daí o termo $\mathrm{j}\omega$ presente na Eq. (12.29)

[22]Note que o '~' sobre as variáveis destina-se a lembrar o leitor de que elas são complexas, portanto, com amplitude e fase.

[23]Ver, por exemplo, J.L. Wotowicki, L. Jaquen, R. Panneton. New approach for the measurement of damping properties of materials using the oberst beam. *Review of scientific instruments*, American Institute of Physics, 75(8):2569–2574, 2004 [255].

A *impedância mecânica* da viga será o inverso da mobilidade, ou seja,

$$\tilde{Z}(L/2) = \frac{1}{\tilde{Y}(L/2)}. \tag{12.32}$$

Já a *inertância pontual*, $\tilde{S}(L/2)$, será dada por

$$\tilde{S}(L/2) = \mathrm{j}\omega\tilde{Y}(L/2). \tag{12.33}$$

ou seja, a inertância pontual nada mais é que a relação entre a aceleração e a força aplicada no centro da viga.

Segundo a norma ASTM-E756-04 [11], o módulo elástico da viga engastada-livre de comprimento $L/2$ pode ser calculado por[24]

$$E_n = \frac{12\rho(L/2)^4 f_n^2}{h^2 C_n^2}, \tag{12.34}$$

em que, para as cinco primeiras frequências de ressonância, tem-se os coeficientes constantes da Tabela 12.1.

Tabela 12.1: Valores dos cinco primeiros coeficientes C_n segundo a norma ASTM-E756-04.

Coeficiente	Valor
C_1	0,55959
C_2	3,50690
C_3	9,81940
C_4	19,2420
C_5	31,8090

Já os fatores de perda podem ser obtidos de

$$\eta_n = \frac{f_2 - f_1}{f_n} \tag{12.35}$$

em que f_2 e f_1 são as frequências em que o decaimento da curva de impedância tem valor igual ao valor de pico em f_n, digamos, $A_{n_{\mathrm{MAX}}}$, menos $A_{n_{\mathrm{MAX}}}/\sqrt{2}$, que correspondem aos chamados *pontos de meia potência*, enquanto $\Delta f = f_2 - f_1$ é a chamada *banda de meia potência*.

O ensaio experimental segue o seguinte esquema básico.

1. Medir a massa da viga, espessura, comprimento e largura, determinando sua massa específica.
2. Conectar o centro da viga ao pino do transdutor de força, que, por sua vez, está fixo ao excitador de vibrações, e medir a inertância pontual (centro da viga). Dados no domínio do tempo do transdutor de força e do acelerômetro de pequena massa também no centro são utilizados para determinar a FT.

[24]O centro da viga até a sua extremidade comporta-se como uma viga engastada-livre, por isso o equacionamento leva em conta apenas metade de seu comprimento L.

3. Colocar o acelerômetro em uma extremidade. Para balancear a viga, é necessário aplicar uma pequena massa, equivalente à do acelerômetro, na outra extremidade.
4. Medir a inertância de transferência, que é a resposta em frequência de aceleração da extremidade da viga, com referência à força medida no transdutor.
5. Dividindo a resposta pelo sinal de inertância medido no Item 2, é possível obter uma resposta dinâmica da viga, adimensional.
6. Para as, digamos, quatro primeiras ressonâncias ($n = 1, \ldots, 4$), encontrar o módulo de elasticidade (em cada frequência de ressonância).

Exemplo 12.6 A Fig. 12.18 ilustra um experimento de vibração de uma viga engastada-livre, tal como descrito até aqui.

Figura 12.18: Ensaio experimental de uma viga, onde se podem observar o acelerômetro posicionado em uma extremidade livre (balanceado com auxílio de uma pequena massa na outra extremidade da viga) e o acelerômetro posicionado ao centro (Imagem gentilmente cedida pelo Prof. Dr. Paulo H. Mareze).

No caso do experimento ilustrado na Fig. 12.18, os dados da viga ensaiada são os que constam da Tabela 12.2:

Tabela 12.2: Propriedades da viga ensaiada no experimento ilustrado na Fig. 12.18.

Parâmetro	Valor
Massa m	72,7 g
Comprimento L	41,60 mm
Largura b	11,25 mm
Espessura h	2,09 mm

Portanto, pode-se calcular os parâmetros da viga derivados: $A = 2,4035 \times 10^{-3}$ m^2; $\rho = 7,271 \times 10^4$ kg/m^3; e $J = 8,5587 \times 10^{-12}$ m^4, em unidades do SI. A Fig. 12.19 ilustra o resultado obtido no experimento para a curva de *impedância mecânica*, $\tilde{Z}(f)$ da viga — o inverso da curva de mobilidade —, apresentando até a quarta frequência de ressonância.

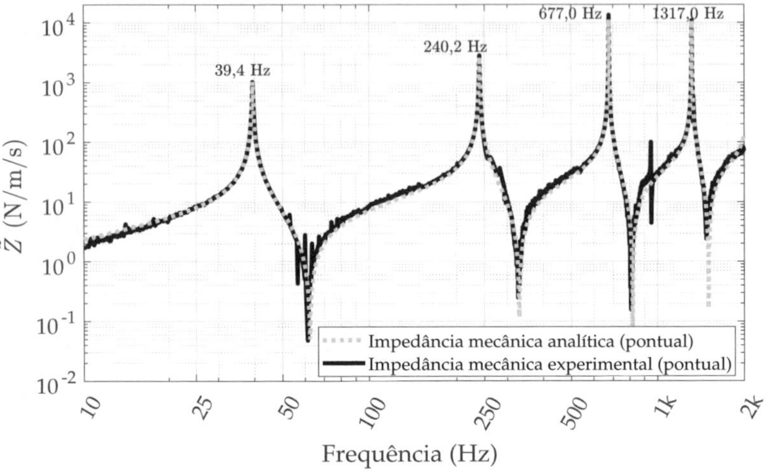

Figura 12.19: Curva de impedância mecânica da viga como função da frequência, obtida como resultado do experimento ilustrado na Fig. 12.18, apresentando quatro picos de impedância (Figura gentilmente cedida pelo Prof. Dr. Paulo H. Mareze).

A Fig. 12.20 mostra o resultado da resposta dinâmica de transferência, $\tilde{h}(f)$, obtida no ensaio.

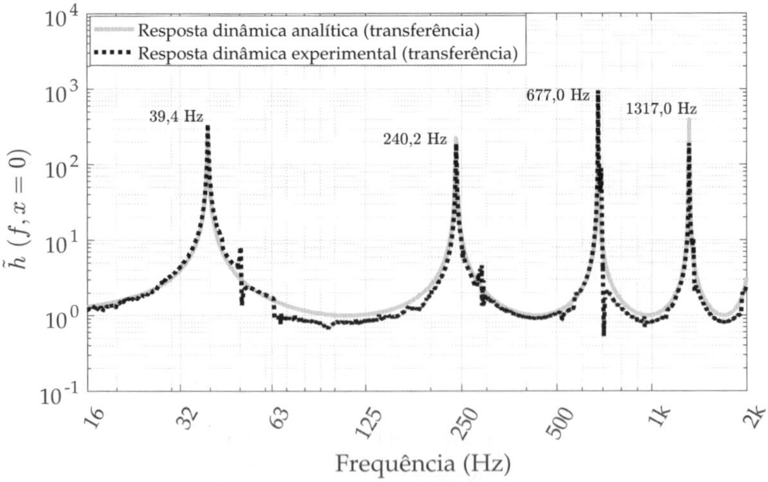

Figura 12.20: Curva de resposta dinâmica de transferência como função da frequência, obtida como resultado do experimento ilustrado na Fig. 12.18, apresentando quatro picos de ressonância (Figura gentilmente cedida pelo Prof. Dr. Paulo H. Mareze).

Segundo as Eqs. (12.34) e (12.35), os quatro primeiros módulos elásticos e fatores de perda podem ser calculados para as frequências de ressonância e os resultados constam da Tabela 12.3. Observe que os valores coincidem com os dados experimentais constantes da Fig. 12.19.

Tabela 12.3: Valores de frequências naturais e fatores de perda em uma viga engastada em uma extremidade.

Frequência (Hz)	E (GPa)	η ($\times 10^{-4}$)
39,4	209,48	53
204,2	198,24	38
677,0	200,86	9
1317,0	197,95	8

Finalmente, a Fig. 12.21 ilustra a magnitude do módulo de elasticidade e do fator de perda, interpoladas por um polinômio de grau três suave,[25] como função da frequência.

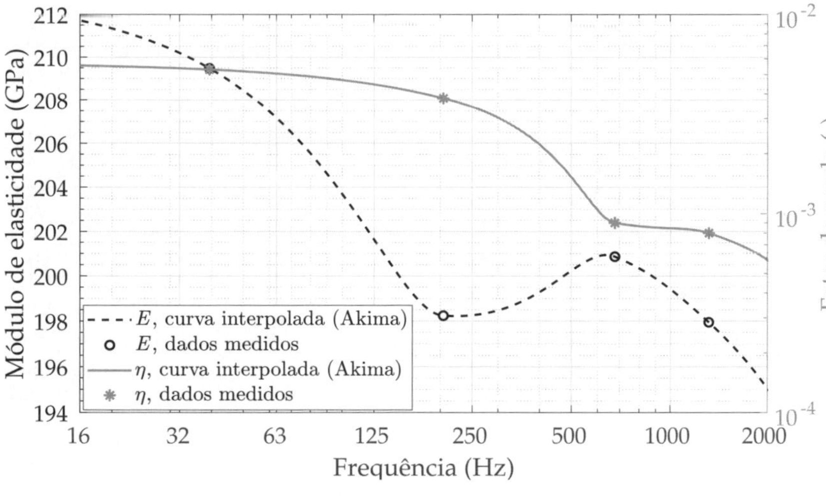

Figura 12.21: Curvas experimentais obtidas para o módulo de elasticidade E, em Pa, e o fator de perda η, adimensional (Figura gentilmente cedida pelo Prof. Dr. Paulo H. Mareze).

12.7 Medição de vibração em placas[26]

O objetivo do ensaio discutido nesta seção é caracterizar o tempo de reverberação estrutural de uma placa metálica, ou seja, obter o tempo necessário para que sua energia vibratória decaia a um milionésimo da energia inicial, ou seja, 60 dB. Cumpre notar que os métodos aplicados à placa metálica, bem como os cálculos

[25]Ver, por exemplo, H. Akima. A new method of interpolation and smooth curve fitting based on local procedures. *Journal of the ACM* (JACM), 17(4):589–602, 1970 [2].

[26]Esta seção foi elaborada em coautoria com o Prof. Paulo H. Mareze.

para obtenção do tempo de reverberação, são bastante similares ao empregados em acústica de salas para a determinação de seu tempo de reverberação, veja Seção 11.6. De posse do tempo de reverberação da placa pode-se, então, calcular o fator de perda médio para todas as bandas de frequência de interesse.

A energia pode ser introduzida na placa por meio de um sinal de excitação com o uso de um *shaker*, podendo esse sinal ser uma varredura em frequência ou um ruído aleatório conhecido, como o ruído branco ou o rosa, ver Seção 11.2. O método de ensaio pode ser o do ruído interrompido, no qual o sinal de excitação é subitamente suspenso de modo a permitir a análise do decaimento.

Entretanto, o acoplamento do *shaker* à placa pode afetar significativamente o decaimento do sinal, bem como os modos de vibração da placa. Esse inconveniente pode ser contornado com o uso de um excitador eletromagnético sem contato ou com o uso de um martelo de impacto. A Fig 12.22 ilustra uma placa metálica retangular sendo excitada com um excitador de vibrações e com um martelo de impacto.

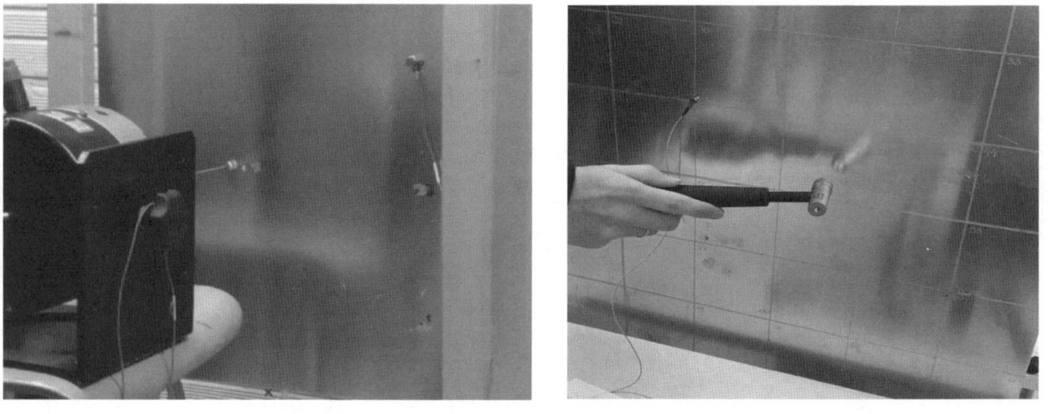

(a) (b)

Figura 12.22: Esquema do ensaio de vibração de placa metálica: (a) excitação por meio de *shaker* acoplado à placa; (b) excitação por meio de impacto de martelo instrumentado (Imagem gentilmente cedida pelo Prof. Dr. Paulo H. Mareze).

Para o ensaio utilizando o martelo de impacto instrumentado, pode-se pendurar a placa por meio de fios de nylon, de modo a termos uma condição livre nas quatro extremidades da placa retangular. O sinal de excitação impulsivo resulta de um impacto seco, ou seja, sem promover o movimento de corpo rígido da placa. O sinal de excitação que percorre a placa é captado por um acelerômetro de massa reduzida que mede o decaimento da energia vibratória na placa. Nos ensaios descritos a seguir, são utilizadas quatro posições de transdutor — acelerômetro.

O acelerômetro, em cada posição, registra o decaimento da energia vibratória da placa e esse decaimento, filtrado por bandas de 1/3 de oitava, pode ser calculado por *integração reversa*,[27] tal como discutido para acústica de salas. A Fig 12.23 ilustra o decaimento obtido em uma posição de acelerômetro para uma dada posição de impacto na banda de 1/3 de oitava de 2500 Hz.[28]

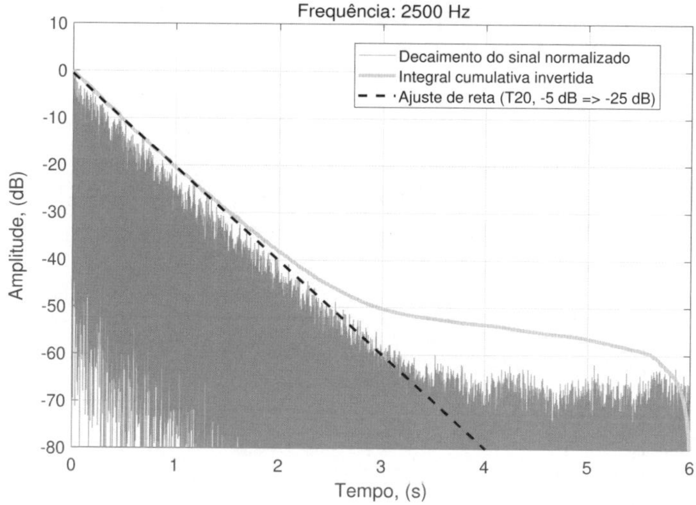

Figura 12.23: Curva de decaimento na banda de 1/3 oitava de 2500 Hz obtida por integração reversa da resposta impulsiva filtrada (Figura gentilmente cedida pelo Prof. Dr. Paulo H. Mareze).

A partir das curvas de decaimento obtidas para cada banda de 1/3 oitava, são calculadas, também de forma análoga à utilizada em acústica de salas, os tempos de reverberação, T_{60}. A Fig. 12.24 mostra os resultados obtidos, para quatro distintas posições de acelerômetro, dos tempos de reverberação por bandas de 1/3 oitava, bem como o tempo de reverberação médio espacial, por banda, da placa.

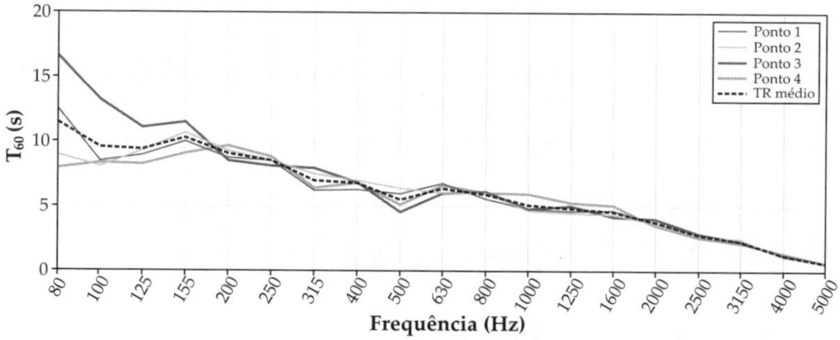

Figura 12.24: Tempos de reverberação como função das bandas de 1/3 oitava obtidas para os quatro pontos de medição na placa e o tempo de reverberação médio espacial (Figura gentilmente cedida pelo Prof. Dr. Paulo H. Mareze).

[27] Também chamada de *integral cumulativa invertida*, veja Seção 11.6.

[28] Note o estimado leitor que o par "ponto de impacto-posição do acelerômetro" desempenha papel bem similar ao par "fonte-receptor" em acústica de salas.

Nota-se que, em frequências como 80 Hz e 100 Hz, quando a densidade modal da placa é mais baixa, a dispersão espacial dos tempos de reverberação é muito maior do que, por exemplo, acima de 500 Hz.

A partir do tempo de reverberação estrutural obtém-se o fator de perda, η, segundo a norma ISO 10848-1,[29] como

$$\eta = \frac{2,2}{fT_{60}}. \tag{12.36}$$

A Fig. 12.25 mostra o fator de amortecimento ou fator de perda em função da frequência, obtida no experimento.

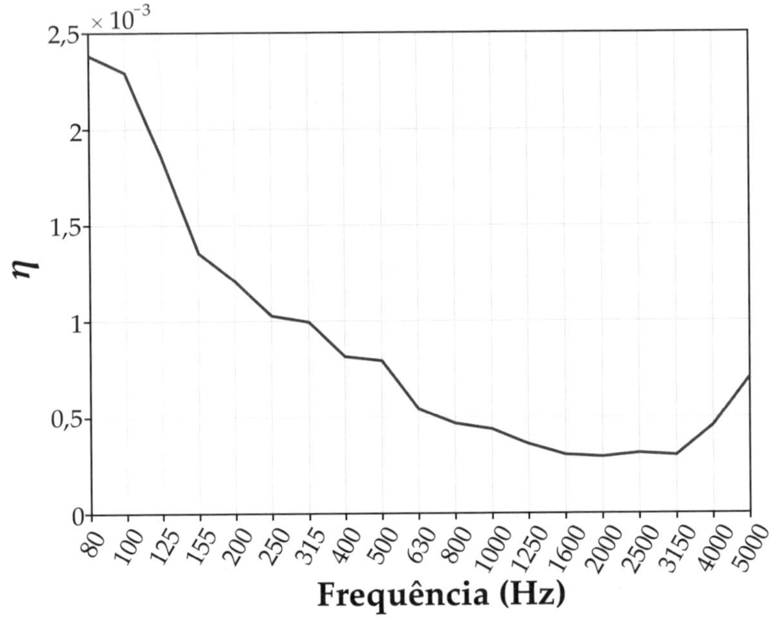

Figura 12.25: Fator de amortecimento da placa como função da frequência, obtida no experimento (Figura gentilmente cedida pelo Prof. Dr. Paulo H. Mareze).

12.8 Medição de vibração em cordas

Consideremos, nesta seção, o problema de vibração de uma corda. A corda está fixa entre dois pontos, como ilustrado na Fig. 12.26, e vibrará na direção y apresentando um deslocamento transversal $w(x,t)$ nessa direção, conforme a ilustração. Adicionalmente, vamos admitir que a corda, tracionada com uma tensão T, possui seção reta A e massa específica ρ, ambos constantes e uniformes.

[29]Ver norma ISO-10848-1. Acoustics – Laboratory and field measurement of flanking transmission for airbone, impact and building service equipament sound between adjoining rooms – Part 1: Frame document. International Standardization Organization, Genève, 2017 [127].

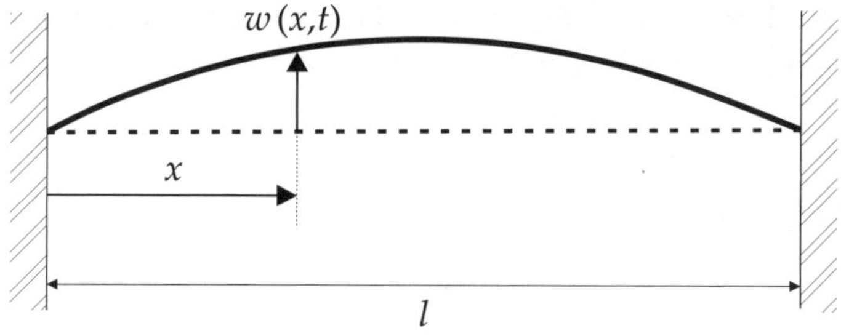

Figura 12.26: Vibração transversal de uma corda de comprimento l fixa entre dois pontos.

A equação de movimento para o deslocamento $w(x,t)$ é[30]

$$\rho A \frac{\partial^2 w(x,t)}{\partial t^2} - T \frac{\partial^2 w(x,t)}{\partial x^2} = 0. \tag{12.37}$$

Remetendo ao Ex. 2.7, que trata de propagação de ondas unidimensionais (reveja-o), é fácil verificar que a velocidade de propagação da onda na corda será dada por

$$c = \sqrt{\frac{T}{\rho A}}, \tag{12.38}$$

crescente, portanto, com a tensão aplicada a ela.[31] A solução geral da Eq. (12.37) é da forma

$$w(x,t) = \sum_{j=1}^{\infty} W_j(x) C_j \cos(\omega_j t - \phi_j). \tag{12.39}$$

Na Eq. (12.39), tem-se uma composição de *modos vibrantes*, em que a j-ésima *função modal* é da forma

$$W_j(x) = A_j \cos(\beta_j x) + B_j \operatorname{sen}(\beta_j x), \tag{12.40}$$

em que A_j e B_j são as *amplitudes do componente modal* e o j-ésimo *número de onda* vale

$$\beta_j = \frac{\omega_j}{\sqrt{T/\rho A}}. \tag{12.41}$$

Naturalmente, nas Eqs. (12.39) e (12.41), os ω_j constituem as *frequências naturais* de vibração da corda. Os valores dos números de onda e das frequências naturais, bem como das correspondentes funções modais, serão determinados pelas condições de contorno.

[30] Ver, por exemplo, W.J. Bottega. Engineering Vibrations. CRC Press, Boca Raton, 2006 [27]

[31] Com efeito, ao aumentarmos a tensão T em uma corda, a frequência também aumenta — a nota musical emitida ficará mais alta —, portanto estará crescendo a velocidade de propagação c da onda na corda.

Exemplo 12.7 Tomemos, então, uma corda homogênea de comprimento l, fixa em suas extremidades e sujeita a uma tensão T. Nesse caso simples, as condições de contorno serão:

$$w(0,t) = 0; \qquad w(l,t) = 0.$$

Assumindo a forma da solução como

$$w(x,t) = W(x)e^{j\omega t}$$

e, substituindo nas condições de contorno, ter-se-á:

$$W(0) = 0; \qquad W(l) = 0.$$

Ainda, das condições de contorno, tem-se que

$$A\cos(\beta l) + B\,\mathrm{sen}(\beta l) = 0$$

e, daí, que

$$\mathrm{sen}(\beta l) = 0,$$

cujas raízes são

$$\beta_j l = j\pi, \quad j = 1, 2, \ldots.$$

Portanto, da Eq. (12.41), tem-se que as frequências modais serão

$$\omega_j = j\pi\sqrt{\frac{T}{\rho A l^2}}, \quad j = 1, 2, \ldots.$$

Portanto, as formas modais serão

$$W_j = C_j\,\mathrm{sen}(\beta_j x), \quad j = 1, 2, \ldots.$$

A Fig. 12.27 ilustra os três primeiros modos de vibração da corda com as extremidades fixas. Naturalmente, a solução para as formas modais se deu a menos das constantes C_j, que dependem das condições iniciais, ou seja, da força transversal que é aplicada à corda para ela começar a vibrar. Na Fig. 12.27 assumiu-se $C_j = 1$, $j = 1, 2, 3$.

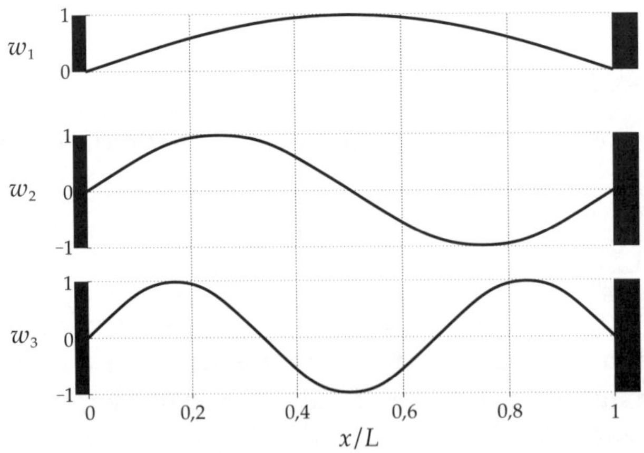

Figura 12.27: Três primeiros modos de vibração de uma corda com extremidades fixas, também chamadas de *formas modais da corda*.

Ficou patente, a partir da discussão desta seção e do Ex. 12.7, que as frequências naturais em cordas são múltiplos inteiros da frequência fundamental,

$$f_1 = \frac{1}{2}\sqrt{\frac{T}{\rho A l^2}}, \tag{12.42}$$

ou seja, constituem *harmônicos*. Isso significa que cordas se prestam bem a constituir o elemento gerador sonoro de instrumentos musicais (o que, evidentemente, o gentil leitor já sabia de há muito, mesmo que nunca tenha tocado um piano, que pode ter mais de 230 cordas).

Cumpre notar também que as frequências naturais — do mesmo modo que o que foi verificado nas demais seções deste capítulo — dependem de parâmetros mecânicos do sistema. No caso das cordas, as frequências dependerão, como mostra a Eq. (12.42), da tensão de esticamento da corda, da massa específica de seu material, da área de sua seção reta e de seu comprimento.

Adicionalmente, pode-se determinar a composição de seus harmônicos, ou seja, as amplitudes das distintas formas modais, estudando-se o espectro do sinal sonoro emitido pela corda em um analisador FFT.

12.9 Sistemas dinâmicos oscilatórios

Alguns sistemas dinâmicos possuem frequências naturais, ou seja, oscilam com dadas frequências, embora nem sempre seja trivial verificar que frequências são essas. Porém, as frequências naturais serão sempre dependentes de parâmetros mecânicos do sistema, como já sobejamente demonstrado em variados exemplos vistos neste capítulo.

Exemplo 12.8 Estudou-se, no Ex. 2.9, Seção 2.2, um interessante mecanismo que estabelece um movimento periódico uma vez abandonado, por assim dizer, à própria sorte (reveja-o, antes de continuar). A Fig. 12.28 reproduz o sistema.

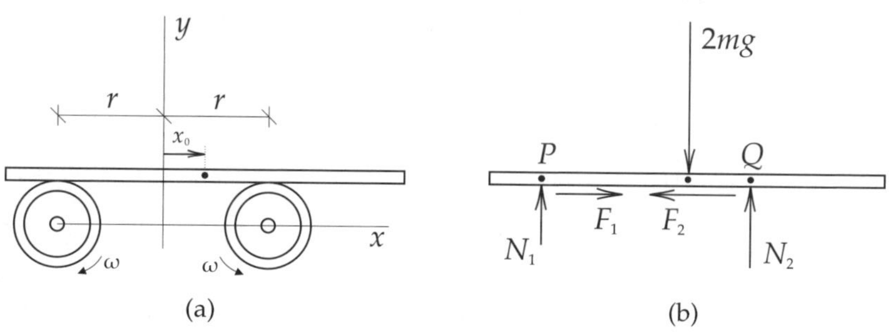

Figura 12.28: (a) Mecanismo composto por uma barra homogênea apoiada na horizontal sobre duas polias idênticas girando com velocidades angulares opostas de mesmo módulo, resultando em um sistema com movimento periódico. (b) Diagrama de forças aplicadas sobre a barra em uma posição genérica.

Conhecidos os parâmetros m, r, ω, e μ, estabeleceu-se naquele exemplo que a frequência natural do sistema era dada por

$$f_n = \frac{1}{2\pi}\sqrt{\frac{\mu g}{r}}.$$

Todavia, dentre os parâmetros acima, o mais difícil de determinar é justamente o coeficiente de atrito μ. Pode-se medir, então, o período do movimento, T, ou sua frequência natural, f_n, utilizando um acelerômetro de pequeno porte fixado ao centro de massa da barra e um analisador FFT, veja Seção 11.1, calculando o coeficiente de atrito segundo uma das expressões alternativas:

$$\mu = \frac{4\pi^2 r}{T^2 g};$$

ou

$$\mu = \frac{4\pi^2 r f_n^2}{g}.$$

Vamos, em seguida, estudar o caso de um sistema dinâmico *não holonômico*[32] com três graus de liberdade.

Exemplo 12.9 Uma esfera homogênea E, de massa m e raio r, move-se no interior de um tubo vertical de raio R, rolando sobre a superfície interna deste, veja Fig 12.29.

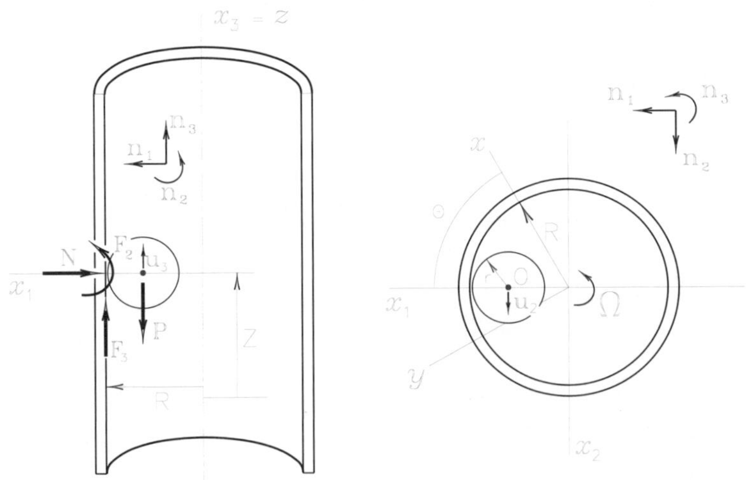

Figura 12.29: Esfera de massa m e raio r que rola no interior de um tubo cilíndrico de raio R com eixo vertical.

[32]Ver, para o conceito de não holonimicidade, por exemplo, T.R. Kane. Dynamics. 2nd edition, Stanford University, Stanford, 1972 [133] ou T.R. Kane, D.A. Levinson. Dynamics: Theory and Applications. McGraw-Hill, New York, 1985 [134] ou, ainda, R.A. Tenenbaum. Dinâmica Aplicada. 4ª edição, Manole, Barueri, 2016 [230].

Dada uma condição inicial de velocidade do centro da esfera, deseja-se estudar como evolui sua posição no tempo. Este é um sistema em princípio não holonômico, uma vez que envolve uma condição de rolamento, com três graus de liberdade. Com efeito, temos uma restrição holonômica exigindo o contato entre as superfícies (esfera e tubo) e duas restrições não holonômicas para garantir o não deslizamento entre elas. Os eixos $\{x_1, x_2, x_3\}$ estão fixos no plano que contém o eixo de simetria do tubo e, a cada instante, o centro O da esfera; a base $\mathbf{n}_1, \mathbf{n}_2, \mathbf{n}_3$ é paralela a esses eixos. Podemos tomar, como coordenadas para a descrição do movimento, as variáveis $z(t)$ e $\theta(t)$, que determinam a posição de O, e três ângulos para caracterizar a *atitude*, ou seja, a orientação espacial da esfera. Todavia, como o corpo é esférico, sua orientação espacial é, por assim dizer, irrelevante. Interessa-nos, portanto, essencialmente, a determinação da posição do centro de massa da esfera, que será dada pelas funções $z(t)$ e $\theta(t)$. As forças atuantes na esfera são: o seu peso, $\mathbf{P} = -mg\mathbf{n}_3$, e os componentes no contato com o tubo, N, F_2 e F_3, como indicado na Fig. 12.29. A redução ao centro de massa desse sistema de forças é:

$$
\begin{aligned}
\mathbf{F} &= -N\mathbf{n}_1 + F_2\mathbf{n}_2 + (F_3 - mg)\mathbf{n}_3; \\
\mathbf{M}^{\mathcal{F}_e/O} &= -rF_3\mathbf{n}_2 + rF_2\mathbf{n}_3,
\end{aligned}
$$

em que $\mathbf{F}$ é a força resultante aplicada ao ponto O e $\mathbf{M}^{\mathcal{F}_e/O}$ é o momento resultante das forças externas com respeito ao mesmo ponto. O tensor de inércia (matriz de inércia) da esfera E com respeito a O é

$$
\mathbb{I}^{E/O} = I\mathbb{1}, \quad \text{em que} \quad I = \frac{2}{5}mr^2 \text{ e } \mathbb{1} \text{ é o tensor identidade.}
$$

O vetor velocidade angular da esfera em relação ao tubo, expresso na mesma base, pode ser expresso como

$$
\boldsymbol{\omega}^E = \omega_1\mathbf{n}_1 + \omega_2\mathbf{n}_2 + \omega_3\mathbf{n}_3.
$$

A base $\mathbf{n}_1, \mathbf{n}_2, \mathbf{n}_3$ está fixa em um referencial que gira com velocidade angular $\dot{\theta}\mathbf{n}_3$ em relação ao tubo, logo suas derivadas temporais são

$$
\dot{\mathbf{n}}_1 = \dot{\theta}\mathbf{n}_2; \quad \dot{\mathbf{n}}_2 = -\dot{\theta}\mathbf{n}_1; \quad \dot{\mathbf{n}}_3 = 0.
$$

O vetor aceleração angular é, então, por diferenciação,

$$
\boldsymbol{\alpha}^E = (\dot{\omega}_1 - \dot{\theta}\omega_2)\mathbf{n}_1 + (\dot{\omega}_2 + \dot{\theta}\omega_1)\mathbf{n}_2 + \dot{\omega}_3\mathbf{n}_3.
$$

A velocidade do ponto O pode ser calculada como

$$
\mathbf{v}^O = (R - r)\dot{\theta}\mathbf{n}_2 + \dot{z}\mathbf{n}_3.
$$

A aceleração do centro de massa é, então, por diferenciação,

$$
\mathbf{a}^O = (R - r)(-\dot{\theta}^2\mathbf{n}_1 + \ddot{\theta}\mathbf{n}_2) + \ddot{z}\mathbf{n}_3.
$$

A velocidade do ponto de contato C vale, utilizando o teorema cinemático de velocidades,[33]

$$
\begin{aligned}
\mathbf{v}^C &= \mathbf{v}^O + \boldsymbol{\omega}^E \times \mathbf{p}^{C/O} \\
&= \big((R - r)\dot{\theta} + r\omega_3\big)\mathbf{n}_2 + (\dot{z} - r\omega_2)\mathbf{n}_3.
\end{aligned}
$$

[33] Ver R.A. Tenenbaum. Dinâmica Aplicada. 4ª edição, Manole, Barueri, 2016 [230].

Ora, a condição de rolamento exige que essa velocidade seja nula, o que resulta nas seguintes relações:

$$\omega_2 = \frac{\dot{z}}{r}; \qquad \omega_3 = -\frac{R-r}{r}\dot{\theta}.$$

Observe que essas relações não são integráveis, portanto as restrições cinemáticas são de fato não holonômicas. Podemos, então, escrever as equações de movimento em termos das coordenadas selecionadas. As equações de movimento de primeiro tipo (translação do ponto O) resultam em:

$$-m(R-r)\dot{\theta}^2 = -N; \tag{a}$$

$$m(R-r)\ddot{\theta} = F_2; \tag{b}$$

$$m\ddot{z} = F_3 - mg. \tag{c}$$

As equações de movimento do segundo tipo (rotação da esfera) resultam em:

$$\dot{\omega}_1 - \dot{\theta}\frac{\dot{z}}{r} = 0; \tag{d}$$

$$\frac{2}{5}m\left(\ddot{z} + r\dot{\theta}\omega_1\right) = -F_3; \tag{e}$$

$$-\frac{2}{5}m\left(R-r\right)\ddot{\theta} = F_2. \tag{f}$$

Interessa-nos resolver o sistema de equações para $z(t)$ e $\theta(t)$, sendo as incógnitas ω_1, F_2, F_3 e N secundárias. Consideremos dadas, então, as seguintes condições iniciais:

$$\omega_1(0) = 0; \quad \mathbf{v}^O(0) = u_2\mathbf{n}_2 + u_3\mathbf{n}_3,$$

ou seja, a esfera rola inicialmente sem pivotar, tendo um componente de velocidade de seu centro O na direção horizontal tangencial (u_2) e outro componente de velocidade na direção vertical (u_3). A segunda condição pode também ser expressa equivalentemente por

$$\dot{\theta}(0) = \Omega, \qquad \text{em que} \quad \Omega = \frac{u_2}{R-r} \qquad \text{e} \qquad \omega_2(0) = \frac{\dot{z}}{r} = \frac{u_3}{r}.$$

Resolvendo algebricamente as Eqs. (a–f) para a variável $z(t)$, obtém-se a seguinte equação diferencial (confira)

$$\ddot{z} + \frac{2}{7}\Omega^2 z + \frac{5}{7}g = 0.$$

Trata-se de uma equação diferencial linear e sua solução geral é (verifique: basta substituir)

$$z(t) = \frac{r}{\omega_0}\left[A\,\text{sen}(\omega_0 t) + B\big(1 - \cos(\omega_0 t)\big)\right],$$

em que

$$\omega_0 = \sqrt{\frac{2}{7}}\,\Omega; \qquad A = \frac{u_3}{r}; \qquad B = -\frac{5g}{7r\omega_0}.$$

Tem-se, portanto, para a variável $z(t)$, uma solução periódica com frequência

$$f_0 = \frac{1}{2\pi}\sqrt{\frac{2}{7}}\Omega = \frac{1}{2\pi}\sqrt{\frac{2}{7}}\frac{u_2}{R-r} \tag{g}$$

para o componente vertical da posição do centro de massa da esfera e uma solução linear para a coordenada $\theta(t)$, na forma

$$\theta(t) = \theta(0) + \Omega t.$$

A Fig. 12.30 ilustra a solução obtida para $z(t)$.

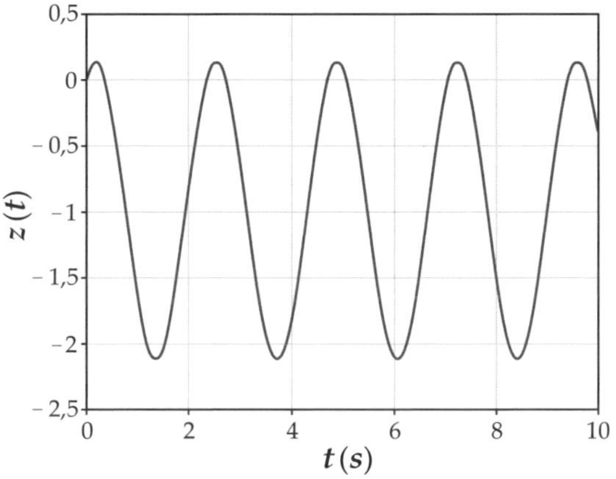

Figura 12.30: Gráfico de $z(t)$, em cm, para os parâmetros $r = 10$ cm, $R = 30$ cm, $u_2 = 1$ m/s e $u_3 = 1,5$ m/s.

Em resumo, o centro O da esfera E move-se, no plano $\{x_1, x_2\}$, em movimento circular de velocidade de módulo constante, enquanto a coordenada $z(t)$ do ponto O, na direção x_3, tem um movimento periódico com frequência f_0, como indicado na Eq. (g). A Fig 12.30 ilustra o comportamento de $z(t)$ para $r = 10$ cm, $R = 30$ cm, $u_2 = 1$ m/s, $u_3 = 1,5$ m/s (e $g = 9,81$ m/s^2), o que resulta em

$$f_0 = 0,4254 \text{ Hz}.$$

O Ex. 12.9 estudou um sistema dinâmico não holonômico de três graus de liberdade cujo comportamento — que se mostrou oscilatório — é um tanto inesperado. Com efeito, o rolamento da esfera no interior do tubo vertical apresenta um movimento de subida e descida do centro da esfera, como mostra a Fig 12.30, que parece contrariar, por assim dizer, o senso comum. Todavia, a frequência natural obtida dependeu exclusivamente de parâmetros do sistema e do componente vertical da velocidade inicial (u_2). Contudo, cabe alertar o gentil leitor que não foi considerado na análise o *atrito de rolamento* que roubará, lentamente, energia do sistema, fazendo com que o comportamento oscilatório seja similar a um sistema amortecido e, no limite, leve a esfera a despencar tubo abaixo.

Referências bibliográficas

[1] ABNT NBR ISO 3382-2 Acústica – Medição de parâmetros de acústica de salas: Parte 2 – Tempo de reverberação em salas comuns, 2017.

[2] H. Akima. A new method of interpolation and smooth curve fitting based on local procedures. *Journal of the ACM* (JACM), 17(4):589–602, 1970.

[3] J.C. Allred, A. Newhouse. Applications of monte-carlo method to architectural acoustics. *J. Acoust. Soc. Am.*, 30(1):1–3, 1962.

[4] M. Alonso, E.J. Finn. Fundamental University Physics. Volume I: Mechanics. Addison-Wesley, Reading, 1969.

[5] Y. Ando. Architectural Acoustics: Blending Sound Sources, Sound Fields and Listeners. Springer, New York, 1998.

[6] ANSI-S1.11. Specification for octave-band and fractional-octave-band analog and digital filters, 2009.

[7] M.A.N. Araujo. Investigações sobre os parâmetros envolvidos na medição de absorção sonora em câmaras reverberantes. Tese de D.Sc., Coppe, UFRJ, 2002.

[8] M.A.N. Araújo, P.M. Massarani, R.A. Tenenbaum, A. Schmitz, P. Brandão. Influência das dimensões e geometria de amostras planas no coeficiente de absorção sonora medido em câmaras reverberantes. Anais do XX Encontro da Sociedade Brasileira de Acústica, Rio de Janeiro, RJ, 2002.

[9] ASTM E1050. Standard test method for impedance and absorption of acoustical materials using a tube, two microphones and a digital frequency analysis system, American Society for Testing and Materials, 1050–98, 1990.

[10] ASTM C423-17: Standard test method for sound absorption and sound absorption coefficients by the reverberation room method. American Society for Testing and Materials, 2002.

[11] ASTM-E756-04. Standard test method for measuring vibration-damping properties of materials. Annual Book of ASTM Standards, American Society for Testing and Materials, 2005.

[12] B&K. Technical Review – Dual Channel FFT Analysis (Part I), 1984.

[13] B&K. Technical Review – Dual Channel FFT Analysis (Part II), 1984.

[14] M. Barron. Auditorium Acoustics and Architectural Design. E&FN Spon, London, 1993.

[15] H.J. Bartsch. Handbook of Mathematical Formulas. Academic Press, New York, 1974.

[16] J.S. Bendat., A.G. Piersol. Random Data: Analysis and Measurement Procedures. John Wiley & Sons, London, 2011.

[17] L.L. Beranek. Acoustics. 4th edition, Acoustical Society of America, Woodbury, 1996.

[18] L.L. Beranek. Concert and Opera Halls: How They Sound. Acoustical Society of America, Woodbury, 1996.

[19] M. Berzborn, R. Bomhardt, J. Klein, J.-G. Richter, M. Vorländer. The ITA-Toolbox: An open source MATLAB toolbox for acoustic measurements and signal processing. Proceedings of the 43th Annual German Congress on Acoustics, Kiel, 2017.

[20] G. Von Bismark. Timbre of steady sounds: a factorial investigation of its verbal attributes. *Acustica*, 30:146–159, 1974.

[21] S.R. Bistafa. Acústica Aplicada ao Controle de Ruído. 2ª edição, Edgar Blücher, São Paulo, 2011.

[22] J. Blauert. Spatial Hearing: The Psycophysics of Human Sound Localization. Revised Edition, The MIT Press, London, 1983.

[23] J. Blauert, N. Xiang. Acoustics for Engineers – Troy Lectures. Springer, Berlin, 2008.

[24] I. Bork. A comparison of room simulation software – the 2nd round robin on room acoustical computer simulation. *Acta Acustica united with Acustica*, 86(6):943–956, 2000.

[25] I. Bork. Report on the 3rd round robin on room acoustical computer simulation. Part I – Measurements. *Acta Acustica united with Acustica*, 91(4):740–752, 2005.

[26] I. Bork. Report on the 3rd round robin on room acoustical computer simulation. Part II – Calculations. *Acta Acustica united with Acustica*, 91(4):753–763, 2005.

[27] W.J. Bottega. Engineering Vibrations. CRC Press, Boca Raton, 2006.

[28] B. Boulet. Fundamentals of Signals and Systems. Da Vinci Engineering Press, Hingham, 2006.

[29] P. Boulez. A Música Hoje. Perspectiva, São Paulo, 1986.

[30] J.S. Bradley, R.D. Reich, S.G. Norcross. On the combined effects of signal-to-noise ratio in room acoustics on speech inteligibility. *J. Acoust. Soc. Am.*, 106:1820–1828, 1999.

[31] E. Brandão. Acústica de Salas: Projeto e Modelagem. Blucher, São Paulo, 2016.

[32] E. Brandão, A. Lenzi, S. Paul. A review of the *in situ* impedance and sound absorption measurement techniques. *Acta Acustica united with Acustica*, 101:443–463, 2015.

[33] E. Brandão, E. Fernandez-Grande. Influence of edge diffraction on the *in situ* measurement of impedance using microphone arrays. Proc. 49th International Congress and Exposition on Noise Control Engineering, Seoul, 2020.

[34] E. Brandão, E. Fernandez-Grande. Analysis of the sound field above finite absorbers in the wave-number domain. *J. Acoust. Soc. Am.*, 151(5):3019–3030, 2022.

[35] A. Brandt. Noise and Vibration Analysis: Signal Analysis and Experimental Procedures. John Willey, West Sussex, 2011.

[36] BRAS – https://api-depositonce.tu-berlin.de/server/api/core/bitstreams/61eeb83c-54a2-4dc7-b1df-b8570ea0ac5a/content.

[37] E.O. Brigham. The Fast Fourier Transform and Its Applications. Prentice-Hall, New Jersey, 1982.

[38] F. Brinkmann, L. Aspöck, D. Ackermann, S. Lepa, M. Vorländer, S. Weinzierl. A round robin on room acoustical simulation and auralization. *J. Acoust. Soc. Am.*, 145(4):2746–2760, 2019.

[39] A. Buchner. Encyclopédie des Instruments de Musique. Gründ, Paris, 1980.

[40] M. Campbell, C. Greated. The Musician's Guide to Acoustics. Schirmer Books, New York, 1987.

[41] W.A.M. Carneiro. Perturbações sonoras nas Edificações Urbanas. 4ª edição, Del Rey, Belo Horizonte, 2014.

[42] R.P. Carvalho. Acústica Arquitetônica. 2ª edição, Thesaurus, Brasília, 2010.

[43] J.V. Candy. Signal Processing: The Modern Approach. McGraw-Hill, New York, 1988.

[44] CATT-Acoustic – https://www.catt.se.

[45] L.F. Chaparro, A. Akan. Signals and Systems Using MATLAB. 3rd edition, Academic Press, London, 2019.

[46] S.C. Chapra, R.P Canale. Numerical Methods for Engineers. 7th edition, Mcgraw-Hill, New York, 2011.

[47] C.T. Chen. Signals and Systems. 3rd edition, Oxford University Press, Oxford, 2004.

[48] J.S. Chitode. Signals and Systems. Technical Publications Pune, Pune, 2009.

[49] J.Y. Chung, D.A Blaser. Transfer function method of measuring in-duct acoustic properties. I. Theory, *J. Acoust. Soc. Am.*, 68(3):907–913, 1980.

[50] J.Y. Chung, D.A Blaser. Transfer function method of measuring in-duct acoustic properties. II. Experiment, *J. Acoust. Soc. Am.*, 68(3):914–921, 1980.

[51] Comsol (Acoustics Module) – https://www.comsol.com/acoustics-module

[52] J.W. Cooley, J.W. Tukey. An algorithm for machine calculation of complex Fourier series. Mathematics of Computation, 19, 1965.

[53] J.W. Cooley, P.A.W. Lewis, P.D. Welch. The fast Fourier transform and its applications. IEEE Transactions in Education, 12:1, 1969.

[54] S. Cordier. Piano Bien Tempéré. Buchet/Castel, Paris, 1982.

[55] J. Costa-Baptista, E.R. Fotsing, J. Mardjono, D. Therriault, A. Ross. Design and fused filament fabrication of multilayered microchannels for subwavelength and broadband sound absorption. *Additive Manufacturing*, 55, 102777, 2022.

[56] R. Courant. Differential and Integral Calculus. 2nd edition, Vol. 1, John Wiley, New York, 1940.

[57] T.J. Cox, P. D'Antonio. Acoustic Absorbers and Diffusers: Theory, Design and Applications. 3rd edition, CRC Press, Boca Raton, 2017.

[58] L. Cremer, M. Heckl, B.A.T. Petersson. Structure-borne Sound: Structure Vibrations and Sound Radiation at Audio Frequencies. 3rd edition, Springer, Berlin, 2005.

[59] L. Cremer, H.A. Müller. Principles and Applications of Room Acoustics. Volume 1, Applied Science Publishers, London, 1982.

[60] L. Cremer, H.A. Müller. Principles and Applications of Room Acoustics. Volume 2, Applied Science Publishers, London, 1982.

[61] M.J. Crocker (Editor). Handbook of Noise and Vibration Control. John Wiley & Sons, New Jersey, 2007.

[62] S. Das, I. Pan. Fractional Order Signal Processing: Introductory Concepts and Applications. Springer, Heidelberg, 2012.

[63] D. Davis, C. Davis. Sound System Engineering. 2nd edition, Howard W. Sams & Co., Indianapolis, 1989.

[64] D. Deutsch. Editor. The Psychology of Music. 3rd edition, Academic Press, New York, 2013.

[65] P. Dietrich, B. Masiero, M. Müller-Trapet, M. Pollow, R. Scharrer. MATLAB-Toolbox zum Verständnis digitaler Messtechnik und Signalverarbeitung – MATLAB Toolbox for the Comprehension of Acoustic Measurement and Signal Processing, in Fortschritte der Akustik – DAGA, 2010.

[66] P.S.R. Diniz, E.A.B. Silva, S.L. Netto. Processamento Digital de Sinais: Projeto e Análise de Sistemas. 2ª edição, Bookmann, Porto Alegre, 2014.

[67] E.I. Dolan, A. Rehding (Editors). The Oxford Handbook of Timbre, Oxford University Press, New York, 2021.

[68] A.P. Dowling, J.E.F. Williams. Sound and Sources of Sound. John Wiley & Sons, New York, 1983.

[69] J.F. Doyle. Wave Propagation in Structures: Spectral Analysis Using Fast Discrete Fourier Transforms. 2nd edition, Springer, New York, 1997.

[70] EASE – https://ease.afmg.eu.

[71] T.S. Eiali, M.A. Karim. Continuous Signals and Sistems with MATLAB. CRC Press, Boca Raton, 2001.

[72] F.A. Everest, K.C. Pohlmann. Master Handbook of Acoustics. 6th edition, McGraw-Hill, New York, 2001.

[73] F.J. Fahy. Rapid method for the measurement of sample acoustic impedance in a standing wave tube, *J. Sound Vib.*, 97(1):168–170, 1984.

[74] F.J. Fahy. Sound Intensity. Elsevier, London, 1989.

[75] F.J. Fahy. Foundations of Engineering Acoustics. Academic Press, San Diego, 2001.

[76] D.R. Fanin, R.E. Ziemer, W.H. Tranter. Signals and Systems: Continuous and Discrete. 4th edition, Prentice Hall, London, 1988.

[77] H. Fastl, E. Zwicker. Psycoacoustics: Facts and Models. 3rd edition, Springer, Berlin, 2007.

[78] J. Fels. From children to adults: How binaural cues and ear canal impedances grow. Ph.D. Thesis, Institut für Technische Akustik, RWTH Aachen University, Aachen, 2008.

[79] D.G. Figueiredo. Análise de Fourier e Equações Diferenciais Parciais. Blucher, São Paulo, 1977.

[80] A. Fonseca. Vibrações. Ao Livro Técnico, Rio de Janeiro, 1964.

[81] W.D'A. Fonseca, M. Avelar, R.A. Tenenbaum, J.C.B. Torres, E. Brandão. Simulação de acústica de salas desenvolvidas nas universidades do Brasil. *Acústica e Vibrações*, 53, 217–240, 2021.

[82] J.P. Fouque, J. Garnier, G. Papanicolau, K. Solna. Wave Propagation and Time Reversal in Randomly Layered Media. Springer, New York, 2007.

[83] N.R. French, J.C. Steinberg. Factors governing the intelligibility of speech sounds, *J. Acous. Soc. Am.*, 19, 90–119, 1947.

[84] F.G. Friedlander. Sound Pulses. Cambridge University Press, London, 1958.

[85] D.L. Fugal, R.G. Lyons. The Essential Guide to Digital Signal Processing. Prentice Hall, London, 2014.

[86] V.L. Garcia. Acústica. Editorial Index, Madrid, 1970.

[87] I.M. Gel'fand, G.E. Shilov. Generalized Functions. Academic Press, New York, 1964.

[88] I.M. Gel'fand, S.V. Fomin. Calculus of Variations. Prentice-Hall, Englewood Cliffs, 1963.

[89] K.L. Gemba, H.J. Vazquez, J. Fialkowski, G.F. Edelmann, M.A. Dzieciuch, W.S. Hodgkiss. A performance comparison between m-sequences and linear frequency-modulated sweeps for the estimation of travel-time with a moving source. *J. Acous. Soc. Am.*, 150(4):2613–2623, 2021.

[90] M. Géradin, D.J. Rixen. Mechanical Vibrations: Theory and Applications to Structural Dynamics. 3rd edition, Chichester, 2015.

[91] K.B. Ginn. Architectural Acoustics. 2nd edition, Brüel & Kjaer, 1978.

[92] B. Girod, R. Rabenstein, A. Stenger. Sinais e Sistemas. LTC, Rio de Janeiro, 2001.

[93] A.F.S. Gonçalves. Descomplicando a Perda Auditiva. Thieme Revinter Publicações, Rio de Janeiro, 2022.

[94] D.E. Hall. Basic Acoustics. Harper & Row, New York, 1987.

[95] D.E. Hall. Musical Acoustics. 3rd edition, Brooks/Cole, Pacific Grove, 2002.

[96] C.M. Harris (Editor). Handbook of Acoustical Measurements and Noise Control. Acoustical Society of America, Woodbury, 1998.

[97] W.M. Hartmann. Signals, Sound, and Sensation. Springer, New York, 2005.

[98] D. Havelock, S. Kuwano, M. Vorländer (Editors). Handbook of Signal Processing in Acoustics. Springer, New York, 2008.

[99] M. Hayes. Schaum's Outline of Digital Signal Processing. McGraw-Hill, New York, 1999.

[100] S. Haykin, B.V. Veen. Sinais e Sistemas. Bookman, Porto Alegre, 2001.

[101] S. Haykin. Sistemas de Comunicação Analógicos e Digitais. 4ª edição, Bookman, 2004.

[102] H.L.F. Helmoltz. On the Sensations of Tone. Dover, New York, 1954. (Republication of the original 2nd edition of the translation published in 1885.)

[103] C.J. Hemond, Jr. Engineering Acoustics & Noise Control. Prentice-Hall, Englewood Cliffs, 1983.

[104] H. Herlufsen. Dual Channel FFT Analysis (Part I, II), Brüel & Kjaer Technical Review N° 1, 1984.

[105] I.B. Hoffnan, C.A. Storch, T.J. Foulkes. Halls for Music Performance – Another two Decades of Experience 1982–2002, Acoustical Society of America, Melville, 2003.

[106] T. Houtgast, H.J.M. Steenkenen, R. Plomp. Predicting spech inteligibility in rooms from the modulation transfer function. *Acustica*, 46:60–72, 1980.

[107] D.M. Huber. Microphone Manual Design and Application. Howard W. Sams & Co., Indianapolis, 1988.

[108] F.V. Hunt. Origins in Acoustics: The Science of Sound from Antiquity to the Age of Newton. Acoustical Society of America, Woodbury, 1992.

[109] IEC-60268-16. Objective rating of speech inteligibility by speech transmission index. Version 4, 2010.

[110] IEC-61260-1. Electroacoustics: Octave-band and fractional-octave-band filters – Part 1: Specifications, 2014.

[111] IEC-61260-2. Electroacoustics – Octave-band and fractional-octave-band filters – Part 2: Pattern-evaluation tests, 2016.

[112] IEC-61672-1. Electroacoustics – Sound level meters – Part 1: Specifications, 2013.

[113] IEC-61672-2. Electroacoustics – Sound level meters – Part 2: Pattern evaluation tests, 2013.

[114] V.K. Ingle, J.G. Proakis. Digital Signal Processing Using MATLAB. 3rd edition, CL Engineering, Boston, 2012.

[115] D.J. Inman. Engineering Vibration. 4th edition, Prentice Hall, New Jersey, 2014.

[116] ISO 3741 Acoustics – Precision methods for broad-band sources in reverberation rooms. International Standardization Organization, Genève, 1975.

[117] ISO 3742 Acoustics – Precision methods for dicrete-frequency and narrow-band sources in reverberation rooms. International Standardization Organization, Genève, 1975.

[118] ISO 3745 Acoustics – Precision methods for anechoic and semi-anechoic rooms. International Standardization Organization, Genève, 1977.

[119] ISO 3744 Acoustics – Engineering methods for free-field conditions over a reflecting plane. International Standardization Organization, Genève, 1981.

[120] ISO 3382-2: Acoustics – Measurement of the reverberation time of rooms with reference to other acoustical parameters: Part 2 – Reverberation time in ordinary rooms. International Standardization Organization, Genève, 1997.

[121] ISO 10534-1. Acoustics – Determination of sound absorption coefficient and impedance in impedance tubes, Part 1: Method using standing wave ratio. International Standardization Organization, Genève, 1998.

[122] ISO 3741. Acoustics – Determination of sound power levels of noise sources using sound pressure – precision methods for reverberation rooms. International Standardization Organization, Genève, 1999.

[123] ISO 10534-2. Acoustics – Determination of sound absorption coefficient and impedance in impedance tubes, Part 2: Transfer-function method, International Standardization Organization, Genève, 2001.

[124] ISO 13472-1: Acoustics – Measurement of sound absorption properties of road surfaces in situ. Part 1: Extended surfaces measurement, International Standardization Organization, Genève, 2002.

[125] ISO 354. Acoustics – Measurement of sound absorption in a reverberation room. International Standardization Organization, 2003.

[126] ISO 17497-1. Acoustics – Sound-scattering properties of surfaces. Part 1: Measurement of the random-incidence scattering coefficient in a reverberation room. International Standardization Organization, Genève, 2004.

[127] ISO-10848-1. Acoustics – Laboratory and field measurement of flanking transmission for airbone, impact and building service equipament sound between adjoining rooms – Part 1: Frame document. International Standardization Organization, Genève, 2017.

[128] R.N. Iyengar. Elements of Mechanical Vibrations. I.K. International Publishing House, New Delhi, 2010.

[129] J. James. The Music of The Spheres: Music, Science and The Natural Order of The Universe. Springer, New York, 1993.

[130] A. Jeffrey. Handbook of Mathematical Formulas and Integrals. Academic Press, San Diego, 1995.

[131] M. Jessel. Acoustique Théorique: Propagation et Holophonie. Masson, Paris, 1973.

[132] R. Jourdan. Música, Cérebro e Êxtase: Como a Música Captura Nossa Imaginação. Objetiva, Rio de Janeiro, 1997.

[133] T.R. Kane. Dynamics. 2nd edition, Stanford University, Stanford, 1972.

[134] T.R. Kane, D.A. Levinson. Dynamics: Theory and Applications. McGraw-Hill, New York, 1985.

[135] A.N. Kani. Signals and Systems: Simplified. McGraw-Hill, New Delhi, 2016.

[136] Z.Z. Karu. Signals and Systems Made Ridiculously Simple. ZiZi Press, Cambridge, 1995.

[137] L.M. Kells. Elementary Differential Equations. 6th edition, McGraw-Hll, New York, 1965.

[138] S.G. Kelly. Mechanical Vibrations: Theory and Applications. Cengage Learning, Stamford, 2012.

[139] G.S. Kino. Acoustic Waves: Devices, Imaging, and Analog Signal Processing. Prentice Hall, Englewood Cliffs, 1987.

[140] L.E. Kinsler, A.R. Frey, A.B. Coppens and J.V. Sanders. Fundamentals of Acoustics. 4th edition, John Wiley, New York, 2000.

[141] A. Kirsch. An Introduction to the Mathematical Theory of Inverse Problems. Springer, New York, 1996.

[142] M. Kleiner, B.I. Dalenbäck, P. Svensson. Auralization – An Overview. *J. Audio Eng. Soc.*, 41, 861–875, 1993.

[143] M. Kleiner, J. Tichy. Acoustics of Small Rooms. CRC Press, Boca Reaton, 2014.

[144] K. Knopp. Theory and Application of Infinite Series, Dover, London, 1990.

[145] E.M. Kohen. Impedancia Acustica. Panamericana, Buenos Aires, 1985.

[146] I. Kovacic, D. Radomirovic. Mechanical Vibration: Fundamentals with Solved Examples. John Wiley, West Sussex, 2018.

[147] D.L. Kreider, R.G. Kuller, D.R. Ostberg, F.W. Perkins. An Introduction to Linear Analysis. Addison-Wesley, Palo Alto, 1966.

[148] H.O. Kunz. On the equivalence between one-dimensional discrete Walsh-Hadamard and multidimensional discrete Fourier transforms. *IEEE Transactions on Computers*, 28(3):267–8, 1979.

[149] H. Kuttruff. Room Acoustics. 4th edition, Spon Press, New York, 1999.

[150] R. Lamoral. Problèmes D'acoustique des Salles et des Studios. Chirron, Paris, 1967.

[151] R. Lamoral. Acoustique et Architecture. Masson, Paris, 1975.

[152] B.P. Lathi. Linear Systems and Signals. 2nd edition, Oxford University Press, New York, 2005.

[153] E. Leipp. Acoustique et Musique. Masson, Paris, 1971.

[154] S. Levarie, E. Levy. Tone: A Study in Musical Acoustics. 2nd edition, The Ken State University Press, Kent, 1980.

[155] D.J. Levitin. A Música no Seu Cérebro: A Ciência de Uma Obsessão Humana. 2a edição, Civilização Brasileira, Rio de Janeiro, 2010.

[156] J.C.R. Licklider. Basic correlates of the auditory stimulus. *In* Handbook of Experimental Psycology. S.S. Stevens – Editor, Wiley, New York, 1951.

[157] Z. Liu, X. Zhang, Y. Mao, Y.Y. Zhu, Z. Yang, C.T. Chan, P. Sheng. Locally resonant sonic materials. *Science*, 289(5485):1734–1736, 2000.

[158] M. Long. Architectural Acoustics. Elsevier Academic Press, San Diego, 2006.

[159] L.C. Ludeman. Fundamentals of Digital Signal Processing. John Willey & Sons, New York, 1987.

[160] F. Magoulès (Editor). Computational Methods for Acoustics Problems. Saxe-Couburg, Kippen, 2008.

[161] A.L. Mahl. Avaliação de inteligibilidade da fala em salas de aula utilizando aurilizações simuladas. Dissertação de Mestrado, PPGEC/UFSM, 2022.

[162] S. Mallat. A Wavelet Tour of Signal Processing. Academic Press, San Diego, 1998.

[163] C.S. de Marco. Elementos de Acústica Arquitetônica. Nobel, São Paulo, 1982.

[164] J. Max. Méthodes et Techniques de Traitement du Signal et Applications aux Mesures Physiques. Tome 1, Masson et Cie, Paris, 1972.

[165] J.H. McClellan, R.W. Schafer, M.A. Yoder. Signal Processing First. Prentice-Hall, New Jersey, 2003.

[166] L.O. Medrado, R.A. Tenenbaum. Speech intelligibility study in university classrooms: An improved metric to assess high background noise levels. Proceedings of 34th Internoise, Rio de Janeiro, 2005.

[167] L. Meirovitch. Elements of Vibration Analysis. McGraw-Hill, New York, 1975.

[168] L. Meirovitch. Analytical Methods in Vibration. The Macmillan Company, New York, 1989.

[169] V.S.G. Melo. Avaliação de inteligibilidade em salas de aula do ensino fundamental a partir das respostas impulsivas biauriculares obtidas com cabeça artificial de dimensões infantis, Tese de D.Sc., PEM/COPPE/UFRJ, 2012.

[170] V.S.G. Melo, R.A. Tenenbaum, R.E. Musafir. Intelligibility assessment in elementary school classrooms from binaural room impulse responses measured with a childlike dummy head. *Applied Acoustics*, 74, 1436–1447, 2013.

[171] J.L. Meriam. Statics. 5th edition, John Wiley & Sons, New York, 2001.

[172] J. Monod. O Acaso e a Necessidade. 4ª edição, Vozes, Petrópolis, 1976.

[173] A. Moles. Teoria da Informação e Percepção Estética. Edições Tempo Brasileiro, Rio de Janeiro, 1969.

[174] P. Morse. Vibration and Sound. American Institute of Physics, Melville, 1991.

[175] S. Müller, P.M. Massarani. Transfer-function measurements with sweeps. *J. Audio Eng. Soc.*, 49:443–471, 2001.

[176] S. Müller. Avaliação da inteligibilidade com o STI. *Acústica e Vibrações*, 38, 25–38, 2007.

[177] S. Müller. Novidades do STI. Anais do XXIII Encontro da Sociedade Brasileira de Acústica, Salvador, 2010.

[178] F. Nebeker (Editor). Fifty Years of Signal Processing: The IEEE Signal Processing Society and its Technologies 1948–1988. Piscataway, 1998.

[179] E. Neuwirth. Musical Temperaments. Springer, Wien, 1997.

[180] NHO 01 – Avaliação da exposição ocupacional ao ruído. Ministério do Trabalho e Emprego, Brasília, 2001.

[181] NR 15 – Atividades e operações insalubres. Ministério do Trabalho e Emprego, Brasília, 2021.

[182] A.A. Nudelmann, E.A. Costa, J. Seligman, R.N. Ibañez. PAIR: Perda Auditiva Induzida Pelo Ruído. Revinter, Rio de Janeiro, 2001.

[183] Odeon – https://www.odeon.dk.

[184] K. Ogata. Engenharia de Controle Moderno. 4ª edição, Pearson Education do Brasil, São Paulo, 2003.

[185] H.F. Olson. Field-type acoustic wattmeter. *J. Audio Eng. Soc.*, 22:311–328, 1974.

[186] A.V. Oppenheim, A.S. Willsky. Signals and Systems. 2nd edition, Prentice Hall, New Jersey, 1983.

[187] M. Owen. Practical Signal Processing. Cambridge University Press, Cambridge, 2007.

[188] A. Palamides, A. Veloni. Signals and Systems Laboratory with MATLAB. CRC Press, Boca Raton, 2011.

[189] W.J. Palm. Mechanical Vibrations. John Wiley, New York, 2007.

[190] A. Papoulis. The Fourier Integral and Its Applications. 2nd edition, McGraw-Hill, New York, 1984.

[191] A. Papoulis. Signal Analysis. McGraw-Hill, New York, 1984.

[192] J. Patrício. Acústica nos Edifícios. 7ª edição, Engebook, Porto, 2018.

[193] A.D. Pierce. Acoustics: An Introduction to Its Physical Principles and Applications. Acoustical Society of America, Woodbury, 1989.

[194] R. Plomp. Timbre as a multidimensional attribute of complex tones. *In* Frequency Analysis and Periodicy Detection in Hearing. R. Plomp and G.F. Smoorenburg – Editors, Leiden, 1970.

[195] K.M.M. Prabhu. Window Functions and Their Applications in Signal Processing. CRC Press, Boca Raton, 2014.

[196] J.G. Proakis, D.G. Manolakis. Digital Signal Processing: Principles, Algorithms, and Applications. 4th edition, Pearson Prentice Hall, New Jersey, 2007.

[197] V. Prodonoff. Vibrações Mecânicas: Simulação e Análise. Maity, Rio de Janeiro, 1990.

[198] RAIOS – https://www.grom.com.br.

[199] S. Rao. Vibrações Mecânicas, 4a edição, Pearson Education, São Paulo, 2009.

[200] RAVEN – https://www.virtualacoustics.org/RAVEN/.

[201] T.K. Rawat. Signals and Systems. Oxford University Press, New York, 2010.

[202] A. Renault, L. Jaquen, F. Sgard. Characterization of elastic parameters of acoustical porous materials from beam bending vibrations. *J. Sound and Vibration*, 330(9):1950–1963, 2011.

[203] D.D. Rife, J. Vanderkooy. Transfer function measurements with maximum-length sequences. *J. Audio Eng. Soc.*, 37, 419–444, 1989.

[204] A.P. Ripper Neto. Vibrações Mecânicas. E-Papers, Rio de Janeiro, 2007.

[205] M.J. Roberts. Signals and Systems: Analysis of Signals Through Linear Systems. McGraw-Hill, New York, 2003.

[206] J.G. Roederer. The Physics and Psycophysics of Music: An Introduction. 3rd edition, Springer, New York, 1995.

[207] L. Savioja, U.P. Svenson. Overview of geometrical room acoustics modeling techniques. *J. Acoust. Soc. Am.*, 138(2):708–728, 2015.

[208] R.M. Schafer. O Ouvido Pensante. Unesp, São Paulo, 1992.

[209] R.M. Schafer. A Afinação do Mundo. Unesp, São Paulo, 1997.

[210] M.R. Schroeder. Digital computers in room acoustics. Proceedings of the 4th International Congress on Acoustics, Copenhagen, 1962.

[211] M.R. Schroeder. New method of measuring reverberation time. *J. Acoust. Soc. Am.*, 37, 409, 1965.

[212] M.R. Schroeder. Integrated-impulse method of measuring sound decay without using impulses. *J. Acoust. Soc. Am.*, 66, 497–500, 1979.

[213] M.R. Schroeder. Modulation transfer function: Definition and measurement. *Acustica*, 49:179–182, 1981.

[214] M.R. Schroeder. Number Theory in Science and Communication: With Applications in Cryptography, Physics, Digital Information, Computing, and Self-Similarity. 3rd edition, Springer, Berlin, 1997.

[215] A.F. Seybert, D.F. Ross. Experimental determination of acoustic properties using a two microphone random excitation technique, *J. Acoust. Soc. Am.*, 61:1362–1370, 1977.

[216] K. Shin, J.K. Hammond. Fundamentals of Signal Processing for Sound and Vibration Engineers. John Wiley, West Sussex, 2008.

[217] K. Siedenburg, C. Reuter. Beyond Helmholtz: 150 years of timbral paradigms. Proc. 12th International Conference on Music Perception and Cognition, Tessaloniki, 2012.

[218] T.C. Silva, I. Seara, A. Silva, A.S. Rauber, M. Cantoni. Fonética Acústica: Os Sons do Português Brasileiro. Contexto, São Paulo, 2019.

[219] A. Sinha. Vibration of Mechanical Systems. Cambridge University Press, London, 2014.

[220] E. Skudrzyk. The Foundations of Acoustics: Basic Mathematics and Basic Acoustics, Springer, New York, 1971.

[221] S.W. Smith. The Scientist and Engineer's Guide to Digital Signal Processing. 2nd edition, California Technical Publishing, San Diego, 1999.

[222] M.C. Soares, E. Brandão, R.A. Tenenbaum, P.H. Mareze. Low-frequency room acoustical simulation of a small room with BEM and complex-valued surface impedances. *Applied Acoustics*, 188, 108570, 2022.

[223] M.R. Spiegel. Mathematical Handbook of Formulas and Tables. McGraw-Hill, New York, 1968.

[224] S.D. Stearns. Digital Signal Processing with Examples in MATLAB. 2nd edition, CRC, Boca Raton, 2011.

[225] D. Stranneby, W. Walker. Digital Signal Processing and Applications. 2nd edition, Newnes, Amsterdam, 2004.

[226] R.D. Strum, D.E. Kirk. First Principles of Discrete Systems and Digital Signal Processing. Addison-Wesley, New York, 1988.

[227] L. Tan. Digital Signal Processing: Fundamentals and Applications. Academic Press, Amsterdam, 2008.

[228] R.A. Tenenbaum, M. Zindeluk. An exact solution for the one-dimensional elastic wave equation in layered media. *J. Acoust. Soc. Am*, 92(6):3364–3370, 1992.

[229] R.A. Tenenbaum, T.S. Camilo, J.C.B. Torres, L.T. Stutz. Hybrid method for numerical simulation of room acoustics: Part 2 – Validation of the computational code RAIOS 3. *J. Braz Soc. Mech.Sci. Eng.*, 29(2):222–231, 2007.

[230] R.A. Tenenbaum. Dinâmica Aplicada. 4ª edição, Manole, Barueri, 2016.

[231] R.A. Tenenbaum, V.S.G. Melo, F.O. Taminato, T.C. Santos. Validating auralizations by using articulation indexes. Proceedings of the 2016 International Congress on Acoustics, Buenos Aires, 2016.

[232] R.A. Tenenbaum, F.O. Taminato, V.S.G. Melo. Resultados comparativos para a Sala 10 do Round Robin 4 obtidos pelo código computacional RAIOS 7. *Acústica e Vibrações*, 50, 39–52, 2018.

[233] R.A. Tenenbaum. Acústica Aplicada. 2ª edição, R.A. Tenenbaum, Santa Maria, 2020 (disponível em: https://ratenenbaum. wixsite.com/acustica).

[234] R.A. Tenenbaum. Manual do Usuário do código computacional RAIOS 7. Versão 7.12, 2019 (disponível em: https://ratenenbaum.wixsite.com/acustica).

[235] R.A. Tenenbaum, F.O. Taminato, V.S.G. Melo. Fast auralization using radial basis functions type of artificial neural network techniques. *Applied Acoustics*, 157, 106993, 2020.

[236] J.J. Thomsen. Vibrations and Stability. Springer, 2003.

[237] A. Tomatis. L'Oreille et le Language. Éditions du Seuil, Paris, 1991.

[238] M. Tohyama, T. Koike. Fundamentals of Acoustic Signal Processing. Academic Press, San Diego, 1998.

[239] S. Valle. Microfones. Editora Música & Tecnologia, Rio de Janeiro, 2002.

[240] S.V. Vaseghi. Advanced Digital Signal Processing and Noise Reduction. 4th edition, John Willey, West Sussex, 2008.

[241] I.L. Vér, L.L. Beranek. Noise and Vibration Control Engineering: Principles and Applications. 2nd edition, John Wiley & Sons, New Jersey, 2006.

[242] J.M. Visnik. O Som e o Sentido: Uma Outra História das Músicas. Companhia das Letras, São Paulo, 1990.

[243] Vitruvio. Tratado de Arquitetura. Martins Fontes, São Paulo, 2007.

[244] M. Vorländer. International round robin on room acoustical computer simulation. Proc. 15th International Congress on Acoustics, Trondheim, 1995.

[245] M. Vorländer, E. Mommertz. Definition and measurement of random-incidence scattering coefficients. *Applied Acoustics*, 60, 187–199, 2000.

[246] M. Vorländer. Auralization: Fundamentals of Acoustics, Modeling, Simulation, Algorithms and Acoustic Virtual Reality. Springer, Berlin, 2008.

[247] M. Vorländer. Computer simulations in room acoustics: Concepts and uncertainties. *J. Acoust. Soc. Am.*, 133(3):1203–1213, 2013.

[248] D. Wagg, S. Neild. Nonlinear Vibration with Control for Flexible and Adaptive Structures. 2nd edition, Springer, London, 2010.

[249] M. Weeks. Digital Signal Processing Using MATLAB & Wavelets. Infinity Science, Hingham, 2007.

[250] N. Wiener, D. Jerison, I. Singer, D. Stroock. The Legacy of Norbert Wiener: A Centennial Symposium: A Centennial Symposium in Honor of the 100th Anniversary of Norbert Wiener's Birth. American Mathematical Soc., Massachusetts Institute of Technology, Cambridge, Massachusetts, 1997.

[251] E.G. Williams. Fourier Acoustics: Sound Radiation and Nearfield Acoustical Holography. Academic Press, San Diego, 1999.

[252] T.W. Wu. Boundary Element Acoustics: Fundamentals and Computer Codes. Wit Press, Southampton, 2005.

[253] W.Y. Yang. Signals and Systems with MATLAB. Springer, Berlin, 2009.

[254] H.D. Young, R.A. Freedman. Física I. 10ª edição, Pearson, São Paulo, 2003.

[255] J.L. Wotowicki, L. Jaquen, R. Panneton. New approach for the measurement of damping properties of materials using the oberst beam. *Review of scientific instruments*, American Institute of Physics, 75(8):2569–2574, 2004.

[256] M.C.M. Wright. Lecture Notes on the Mathematics of Acoustics, Imperial College Press, London, 2008.

[257] D. Zwillinger. Standard Mathematical Tables and Formulae. 31st edition, CRC, Boca Raton, 2003.

Índice remissivo

GRÁFICA PAYM
Tel. [11] 4392-3344
paym@graficapaym.com.br